DELIUS KLASING

Dr. Etzold
Diplom-Ingenieur für Fahrzeugtechnik

So wird's gemacht

pflegen – warten – reparieren

Band 59

AUDI 80/90 mit quattro und AUDI Coupé

Benziner

1,6 l/	51 kW	(70 PS)	1/87 – 8/91
1,6 l/	55 kW	(75 PS)	9/86 – 8/87
1,6 l/	75 kW	(102 PS)	11/90 – 8/91
1,8 l/	55 kW	(75 PS)	9/86 – 8/91
1,8 l/	65 kW	(88 PS)	9/86 – 7/90
1,8 l/	66 kW	(90 PS)	9/86 – 8/87
1,8 l/	66 kW	(90 PS)	9/86 – 2/88
1,8 l/	66 kW	(90 PS)	3/88 – 8/91
1,8 l/	82 kW	(112 PS)	9/86 – 8/88
1,9 l/	83 kW	(113 PS)	9/86 – 7/88
2,0 l/	83 kW	(113 PS)	5/88 – 7/90
2,0 l/	85 kW	(115 PS)	1/87 – 8/91
2,0 l/	101 kW	(137 PS)	4/90 – 8/91
2,2 l/	162 kW	(220 PS)	9/90 – 8/91
2,3 l/	100 kW	(136 PS)	5/87 – 8/87
2,3 l/	100 kW	(136 PS)	5/87 – 8/91
2,3 l/	125 kW	(170 PS)	5/88 – 8/91

Diesel

1,6 l/	40 kW	(54 PS)	9/87 – 3/89
1,9 l/	50 kW	(68 PS)	4/89 – 8/91
1,6 l/	59 kW	(80 PS)	9/86 – 8/91

Delius Klasing Verlag

Bibliografische Information der Deutschen Nationalbibliothek
Die Deutsche Nationalbibliothek verzeichnet diese Publikation in der Deutschen Nationalbibliografie; detaillierte bibliografische Daten sind im Internet über http://dnb.dnb.de abrufbar.

14. Auflage
ISBN 978-3-7688-0576-6

Alle Angaben ohne Gewähr
Druck: Books on Demand, Norderstedt

Die in diesem Buch enthaltenen Angaben und Ratschläge werden nach bestem Wissen und Gewissen erteilt, jedoch unter Ausschluss jeglicher Haftung!

Delius Klasing Verlag, Siekerwall 21, D - 33602 Bielefeld
Tel.: 0521/559-0, Fax: 0521/559-115
E-Mail: info@delius-klasing.de
www.delius-klasing.de

Lieber Leser,

in letzter Zeit werde ich von Autofahrern öfters angesprochen und gefragt, ob man bei den modernen Fahrzeugen überhaupt noch etwas selbst reparieren kann. Das vorliegende Buch ist meine Antwort. Seite für Seite sind Arbeiten beschrieben, die von einem fachlich interessierten Autofahrer selbst durchgeführt werden können.

Selbstverständlich hat es in den vergangenen Jahren im Automobilbau erhebliche Fortschritte gegeben, so daß erfreulicherweise viele Einstell- und Kontrollarbeiten nicht mehr erforderlich sind. Weggefallen sind beispielsweise das Einstellen der Zündung und, je nach Motor, das Einstellen des Leerlaufs und des Ventilspiels. Und durch den vermehrten Einbau von langzeitstabilen Bauteilen, zu denen beispielsweise die elektronische Zündanlage oder die elektronischgesteuerte Einspritzanlage zählen, entfällt der Austausch von Verschleißteilen. Andere Arbeiten wiederum, wie das Überprüfen elektronischer Bauteile, sind nur noch mit teuren Prüfgeräten möglich, die speziell auf den betreffenden Fahrzeugtyp abgestimmt sind und deren Anschaffung sich in der Regel für den Hobbymonteur nicht lohnt.

Obwohl also das Fahrzeug technisch immer aufwendiger und komplizierter wird, greifen dennoch von Jahr zu Jahr immer mehr Heimwerker zum »So wird's gemacht«-Handbuch. Die Erklärung dafür ist einfach: Weil die Technik des Automobils komplizierter geworden ist, kommt man bei Arbeiten am Fahrzeug ohne eine spezielle Anleitung nicht mehr aus. Das gilt auch für den Fachmann. Außerdem gibt es nach wie vor am Auto eine Reihe von Verschleißteilen, die in regelmäßigen Abständen kontrolliert und gegebenenfalls ausgewechselt werden müssen. Dazu zählen unter anderem Bremsbeläge, Stoßdämpfer sowie Teile der Abgasanlage.

Grundsätzlich muß sich der Heimwerker natürlich darüber im klaren sein, daß man mit Hilfe eines Handbuches nicht automatisch zum Kfz-Handwerker wird. Man sollte also nur Arbeiten durchführen, die man sich selbst zutraut. Das gilt insbesondere natürlich bei Arbeiten, die die Verkehrssicherheit des Fahrzeugs beeinträchtigen können. Gerade in diesem Punkt sorgt das »So wird's gemacht«-Handbuch für praktizierte Verkehrssicherheit. Durch die exakte Beschreibung der erforderlichen Arbeitsschritte und den nötigen Warnhinweisen wird der Heimwerker bei der Arbeit entsprechend sensibilisiert und fachlich richtig informiert. Auch wird darauf hingewiesen, im Zweifelsfall die Arbeit lieber einem Fachmann zu überlassen.

In der Öffentlichkeit wird hin und wieder von interessierten Kreisen der Vorwurf erhoben, Heimwerker würden durch ihre Eigenarbeiten am Fahrzeug die Verkehrssicherheit negativ beeinflussen. Aus den Kontakten, die ich zu Hobbymonteuren habe, kann ich nur vom Gegenteil berichten. Derjenige Fahrzeugbesitzer, der sein Fahrzeug selbst pflegt und wartet, hat ein großes Interesse an einem verkehrssicheren, gepflegten Auto.

Vor jedem Arbeitsgang empfiehlt sich ein Blick in das vorliegende Buch. Dadurch wird schnell der Umfang und auch der Schwierigkeitsgrad der Reparatur deutlich. Außerdem erfährt man, welche Ersatz- oder Verschleißteile eingekauft werden müssen und ob unter Umständen die Arbeit nur mit Hilfe von Spezialwerkzeug durchgeführt werden kann.

Für die meisten Schraubverbindungen ist das Anzugsmoment angegeben. Bei Schraubverbindungen, die in jedem Fall mit einem Drehmomentschlüssel angezogen werden müssen (Zylinderkopf, Achsverbindungen usw.), ist der Wert fett gedruckt. Nach Möglichkeit sollte man jede Schraubverbindung mit einem Drehmomentschlüssel anziehen. Übrigens: Für viele Schraubverbindungen sind die neuen Innen- und Außen-Torxschlüssel erforderlich.

Auch der fachkundige Hobbymonteur, der sein Fahrzeug selbst wartet und repariert, sollte bedenken, daß der Fachmann viel Erfahrung hat und durch die Weiterschulung und den ständigen Erfahrungsaustausch über den neuesten Technik-Stand verfügt. Mithin kann es für die Überwachung und Erhaltung der Betriebs- und Verkehrssicherheit des eigenen Fahrzeugs sinnvoll sein, in regelmäßigen Abständen eine AUDI-Werkstatt aufzusuchen.

Das vorliegende Buch kann zwangsläufig auch nicht auf jede aktuelle, technische Frage eingehen. Dennoch hoffe ich, daß die getroffene Auswahl an Reparatur-, Wartungs- und Pflegehinweisen in den meisten Fällen die auftretenden Probleme zufriedenstellend löst.

Rüdiger Etzold

Inhaltsverzeichnis

Der Motor

Der AUDI 80/90 wird von einem flüssigkeitsgekühlten Reihenmotor angetrieben. Der AUDI 80 ist grundsätzlich mit dem 4-Zylinder-Motor und der AUDI 90 mit dem 5-Zylinder-Motor ausgerüstet.

Das Triebwerk ist im Motorraum längs zur Fahrtrichtung eingebaut und kann nur mit einem geeigneten Kran nach oben herausgehoben werden.

In den aus Grauguß bestehenden Motorblock sind die Zylinderbohrungen eingelassen. Bei hohem Verschleiß oder Riefen an den Zylinderwänden können die Zylinder von einer Fachwerkstatt gehont, also ausgeschliffen werden. Anschließend müssen dann allerdings Kolben mit Übermaß eingebaut werden. Im unteren Teil des Motorblocks befindet sich die Kurbelwelle, die von den Kurbelwellenlagern abgestützt wird. Über Gleitlager sind die Pleuel, die die Verbindung zu den Kolben herstellen, mit der Kurbelwelle verbunden. Den unteren Abschluß des Motors bildet die Ölwanne, in der sich das für die Schmierung und Kühlung erforderliche Motoröl sammelt. Oben auf den Motorblock ist der Leichtmetall-Zylinderkopf aufgeschraubt. Er besteht aus Aluminium, weil dieses Metall eine bessere Wärmeleitfähigkeit und ein geringeres spezifisches Gewicht gegenüber Grauguß aufweist.

Abgas- und Ansaugkrümmer sind platzsparend auf einer Seite an den Zylinderkopf angeschraubt. Oben im Zylinderkopf befindet sich die Nockenwelle. Sie wird über einen Zahnriemen von der Kurbelwelle angetrieben. Die Nockenwelle betätigt über hydraulische Tassenstößel die senkrecht hängenden Ein- und Auslaßventile. Die Hydrostößel gleichen automatisch jegliches Ventilspiel aus, so daß das Einstellen des Ventilspiels im Rahmen der Wartung entfällt.

Für die Motorschmierung sorgt eine Ölpumpe, die beim 5-Zylinder-Motor vorn am Zylinderkurbelgehäuse befestigt ist und von der Kurbelwelle angetrieben wird. Beim 4-Zylinder-Motor befindet sich die Ölpumpe in der Ölwanne und wird durch die Nebenwelle angetrieben. Das im Ölsumpf angesaugte Öl gelangt über Bohrungen und Kanäle zu den Lagern der Kurbel- und Nockenwelle sowie in die Zylinderlaufbahnen.

Die Kühlmittelpumpe befindet sich beim 5-Zylinder-Motor vorn im Kurbelgehäuse und wird durch den Zahnriemen angetrieben. Beim 4-Zylinder-Motor ist die Kühlmittelpumpe seitlich am Motorblock angeflanscht. Der Antrieb der Pumpe erfolgt über einen Keilriemen, der unter anderem auch den Generator antreibt. Ein zusätzlicher Keilriemen sorgt für den Antrieb der Lenkhilfpumpe. Zu beachten ist, daß der Kühlmittelkreislauf ganzjährig mit einer Mischung aus Kühlerfrost- und Korrosionsschutzmittel sowie kalkarmem Wasser befüllt sein muß.

Für die Aufbereitung eines zündfähigen Kraftstoff-Luftgemisches steht ein elektronisch geregelter Vergaser beziehungsweise eine Kraftstoffeinspritzung zur Verfügung, die in der Regel wartungsfrei arbeiten.

Der Zündfunke wird durch eine Transistorzündanlage erzeugt, die den Zündzeitpunkt praktisch konstant hält. Der Zündverteiler ist, je nach Motor, an der linken Seite des Motorblocks beziehungsweise hinten am Zylinderkopf angeflanscht. Er wird beim 4-Zylinder-Motor über eine Verzahnung durch die Nebenwelle angetrieben. Die Nebenwelle ihrerseits wird über den Zahnriemen von der Kurbelwelle angetrieben. Beim 5-Zylinder-Motor erfolgt der Antrieb des Verteilers direkt durch die Nockenwelle.

Warnhinweis: Der Kühler-Lüfter kann sich auch bei abgestelltem Motor und ausgeschalteter Zündanlage einschalten. Hervorgerufen durch Stauwärme im Motorraum kann dies auch mehrmals geschehen. Bei Arbeiten im Motorraum und warmem Motor muß deshalb immer mit einem plötzlichen Einschalten des Kühler-Lüfters gerechnet werden.

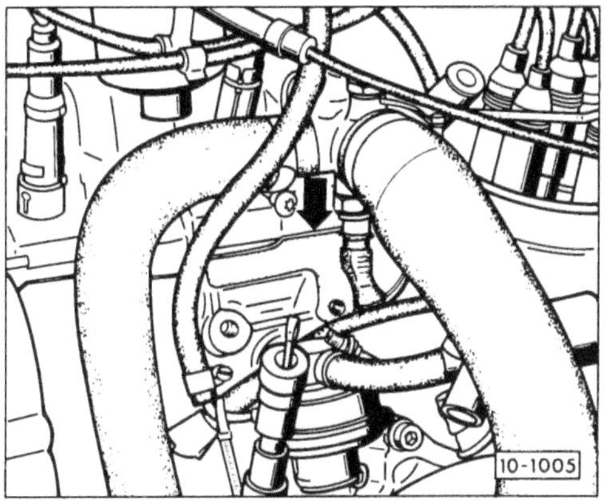

- Motornummer und Kennbuchstaben sind am Motorblock links eingeschlagen –Pfeil–. Die Abbildung zeigt den 4-Zylinder-Vergasermotor.

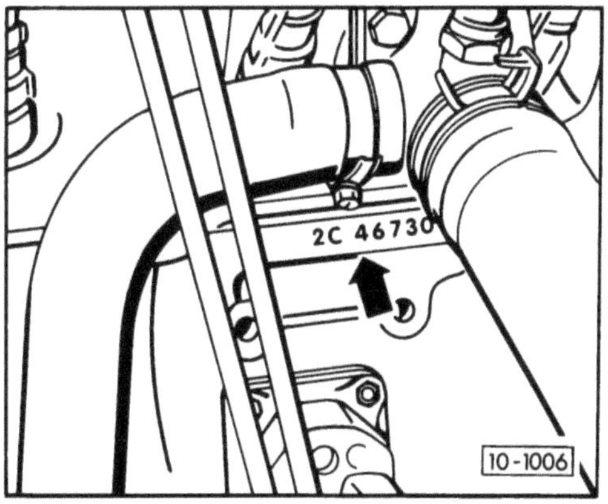

- Bei neueren Modellen kann die Motorkennzeichnung aus einer Ziffer und einem Buchstaben bestehen; bisher 2 Buchstaben.

Die wichtigsten Motordaten

Modell	AUDI 80							
Kennbuchstaben	PP	RN[1]	ABB[5]	RU	SF	NE	JN	PM
Fertigung von - bis	1.87 - 8.91	9.86 - 8.87	11.90 - 8.91	9.86 - 8.91	9.86 - 7.90	9.86 - 8.87	9.86 - 2.88	3.88 - 8.91
Zylinderanzahl	4	4	4	4	4	4	4	4
Hubraum cm³	1595	1595	1595	1781	1781	1781	1781	1781
Leistung kW bei 1/min PS bei 1/min	51/5200 70/5200	55/5200 75/5200	75/6300 102/6300	55/4500 75/4500	65/5200 88/5200	66/5200 90/5200	66/5500 90/5500	66/5500 90/5500
Drehmoment Nm bei 1/min	118/2700	125/2700	135/3500	140/2500	142/3300	150/3300	140/3350[2]	142/3250
Bohrung mm Ø	81	81	81	81	81	81	81	81
Hub mm	77,4	77,4	77,4	86,4	86,4	86,4	86,4	86,4
Verdichtung	9	9	10,0	9	9	10	9	9
Vergaser/Einspritzung	2 EE	Keihin I	K-Jetronic	Keihin II	Keihin I/II[8]	Keihin I	KE-Jetronic	Mono-Jetronic
Kraftstoff bleifrei ROZ	N 91	N 91	S 98[6]	N 91	N 91	S 98	N 91	N 91
Zündanlage	TSZ-H	TSZ-H	TSZ-H	TSZ-H	TSZ-H	TSZ-H	TSZ-H	TSZ-H
Katalysator	X	–	–	X[9]	X[9]	X[9]	X	X

Modell	AUDI 80					AUDI 80/90 Diesel		
Kennbuchstaben	DZ	SD	3A	AAD	6A	JK[1]	1Y	RA/SB
Fertigung von - bis	9.86 - 8.88	9.86 - 7.88	5.88 - 7.90	8.90 - 8.91	4.90 - 8.91	9.87 - 3.89	4.89 - 8.91	9.86 - 8.91
Zylinderanzahl	4	4	4	4	4	4	4	4
Hubraum cm³	1781	1847	1984	1984	1984	1588	1896	1588
Leistung kW bei 1/min PS bei 1/min	82/5800 112/5800	83/5600 113/5600	83/5300 113/5300	85/5400 115/5400	101/5800 137/5800	40/4800 54/4800	50/4400 68/4400	59/4500 80/4500
Drehmoment Nm bei 1/min	160/3400	160/3400	170/3250	168/3700	181/4500	100/2500	127/2200	155/2600
Bohrung mm Ø	81	82,5	82,5	82,5	82,5	76,5	79.5	76,5
Hub mm	86,4	84,4	92,8	92,8	92,8	86,4	95.5	86,4
Verdichtung	10	10,5	10,4	10,4	10,5	23	23	23
Vergaser/Einspritzung	K-Jetronic	KE-Jetronic	KE-Motronic	KE-Motronic	KE-Motronic	Diesel	Diesel	Turbo-Diesel
Kraftstoff bleifrei ROZ	S 98	S 95	S 95	S 95	S 95	Diesel	Diesel	Diesel
Zündanlage	TSZ-H	VEZ	Motronic	Motronic	Motronic	–	–	–
Katalysator	–	X	X	X	X	–	–	–

Modell	AUDI 90/AUDI Coupé					
Kennbuchstaben	PS	NM[3]	KV	NG	7A	3B
Fertigung von - bis	1.87 - 8.91	2.88 - 8.91	5.87 - 8.87	5.87 - 8.91	5.88 - 8.91	9.90 - 8.91
Zylinderanzahl	5	5	5	5	5	5
Hubraum cm³	1994	1994	2309	2309	2309	2226
Leistung kW bei 1/min PS bei 1/min	85/5400 115/5400	118/6200 160/6200	100/5700 136/5700	100/5700 136/5700	125/6000 170/6000	162/5900 220/5900
Drehmoment Nm bei 1/min	172/4000	200/4500	186/3500	190/4500	220/4500	309/1950
Bohrung mm Ø	81	81	82,5	82,5	82,5	81
Hub mm	77,4	77,4	86,4	86,4	86,4	86,4
Verdichtung	10	10	10	10	10	9,3
Vergaser/Einspritzung	K-/KE-Jetronic[7]	MPI[4]	K-Jetronic	KE-Jetronic	MPI[4]	Motronic
Kraftstoff bleifrei ROZ	S 98/95	S 98	S 98	S 95	S 95	S 95
Zündanlage	TSZ-H / VEZ	MPI[4]	TSZ-H	VEZ	MPI[4]	Motronic
Lambda-Regelung	–/X	–	–/X	X	X	X

[1]) In Österreich werden die Motoren »JK« und »RN« mit reduzierter Leistung angeboten. Die Motoren besitzen dann die Kennbuchstaben »JKA« und »RNA«. Der JKA-Motor leistet 50 PS/ 37 kW bei 4800/min, der RNA-Motor leistet 70 PS/ 51 kW bei 5200/min und hat ein Drehmoment von 123 Nm bei 2700/min. [2]) Quattro-Ausführung: 145 Nm bei 3350/min. [3]) Nur Ausland. [4]) MPI = Multi-Point-Injection = Mehrfacheinspritzung = Vollelektronische Zünd- und Einspritzanlage. [5]) Technisch weitgehend identisch mit Motor »DZ«. [6]) Bei S95-Kraftstoff: Zündzeitpunkt = 3 ± 1° vor OT. [7]) Erkennungsmerkmal K-Jetronic: **mit** Warmlaufregler; KE-Jetronic: **ohne** Warmlaufregler. [8]) Keihin I: 9.86 - 7.88; Keihin II: 8.88 - 7.90. [9]) ungeregelter Katalysator.

Motor aus- und einbauen

Der Motor wird ohne Getriebe nach oben ausgebaut. Abgas- und Ansaugkrümmer sowie Vergaser und Generator bleiben am Motor angebaut. Zum Ausbau des Motors wird ein Kran benötigt. In **keinem Fall** darf der Motor mit einem Rangierheber nach unten abgesenkt werden, da der Heber am Motor schwere Schäden verursachen würde.

Da auch auf der Wagenunterseite einige Verbindungen gelöst werden müssen, werden vier Unterstellböcke sowie zum Aufbocken des Wagens ein Rangierheber benötigt. Vor der Montage im Motorraum sollten die Kotflügel mit Decken geschützt werden.

Je nach Baujahr und Ausstattung können die elektrischen Leitungen beziehungsweise Unterdruck- oder Kühlmittelschläuche unterschiedlich im Motorraum verlegt sein. Da im einzelnen nicht auf jede Variante eingegangen werden kann, empfiehlt es sich, die jeweilige Leitung mit Tesaband zu kennzeichnen, bevor sie abgezogen wird.

Ausbau

- Massekabel (–) von der Batterie abklemmen.
- Kühlmittel ablassen, Kühlmittelschläuche von der Kühlmittelpumpe abziehen, siehe Seite 67.
- Kühler ausbauen, siehe Seite 66.

Achtung: Falls die Kühlmittelschläuche durch Quetschschellen gesichert sind, Schellen mit Seitenschneider durchkneifen und beim Einbau Schraubschellen verwenden.

- Luftfilter ausbauen und Vergaser mit Lappen abdecken, siehe Seite 81.
- Kühlmittelschläuche am Zylinderkopf und am Ansaugkrümmer abnehmen.
- Unterdruckschläuche am Ansaugkrümmer und am Vergaser abziehen. Zum leichteren Einbau Schläuche vorher mit Tesaband kennzeichnen.
- Gaszug abklemmen, Steckraste nicht entfernen.
- Kaltstartzug abklemmen.
- Kraftstoffleitungen am Dampfblasenabscheider mit Tesaband kennzeichnen, abziehen und mit geeignetem Stopfen verschließen. Dazu saubere Schraube mit gleichem Gewindedurchmesser in die Schläuche stecken.
- Steckverbindungen für Saugrohrbeheizung und Leerlaufabschaltventil trennen. Kabelbinder am Zylinderkopfdeckel lösen.
- Elektrische Leitung und braune Unterdruckleitung vom Steuerventil am Vergaser abziehen.
- Elektrische Leitungen von Temperaturgeber und Öldruckschaltern sowie Generator kennzeichnen und abklemmen.
- Fahrzeug aufbocken, siehe Seite 273.
- Untere Motorraumabdeckung ausbauen, siehe Seite 15.
- Abgasrohr am Abgaskrümmer und am Getriebehalter abschrauben. Abgasanlage etwas absenken und mit Draht aufhängen, siehe auch Seite 122.
- Kupplungsnehmerzylinder am Getriebe abschrauben und mit angeschlossener Leitung zur Seite legen. **Achtung:** Leitung nicht abschrauben.
- **Fahrzeuge mit Servolenkung:** Keilriemen ausbauen, Hydraulikpumpe abschrauben und mit angeschlossenen Leitungen zur Seite legen beziehungsweise mit Draht am Aufbau aufhängen. Die Halter bleiben am Motorblock angeschraubt. **Achtung:** Wenn die Hydraulikleitungen geöffnet werden, muß das System nach dem Einbau entlüftet werden, siehe Seite 160.

Fahrzeuge mit Klimaanlage

- Keilriemen für Kompressor entspannen und abnehmen, siehe Seite 232.
- Kältekompressor mit Halter abschrauben und mit angeschlossenen Leitungen seitlich am Aufbau aufhängen.

Achtung: Der Kältemittelkreislauf darf nicht geöffnet werden.

5-Zylinder-Motor

- Stoßfänger vorn ausbauen, siehe Seite 194.
- Schloßträger-Mittelteil abschrauben.
- Querträger unten abschrauben.

Dieselmotor

- Kraftstoffvorlaufleitung und Rücklaufleitung an der Einspritzpumpe abschrauben.
- Elektrische Leitungen vom Absteller und den Glühkerzen abklemmen.

- Vorderes Abgasrohr vom Abgaskrümmer abschrauben.
- Anlasser ausbauen, siehe Seite 250.

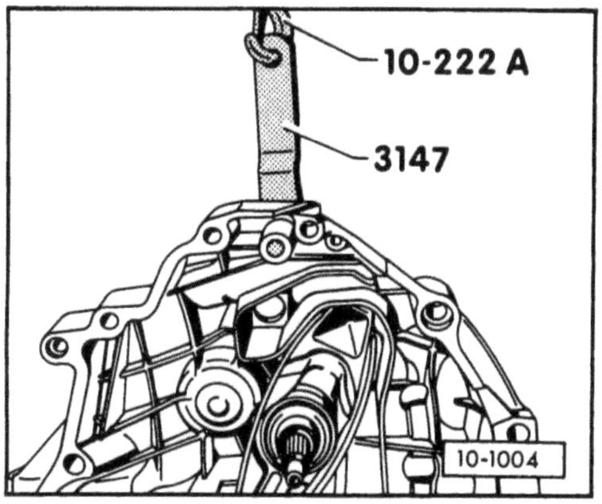

- Getriebe mit Abfangvorrichtung V.A.G-10-222A und 3147 abfangen. Dazu Getriebeaufnahme 3147 in die obere Bohrung für die Motor/Getriebe-Befestigungsschraube einsetzen. **Achtung:** Steht das V.A.G-Werkzeug nicht zur Verfügung, Werkstattwagenheber mit breiter Holzauflage unter das Getriebe fahren und Getriebe leicht vorspannen.

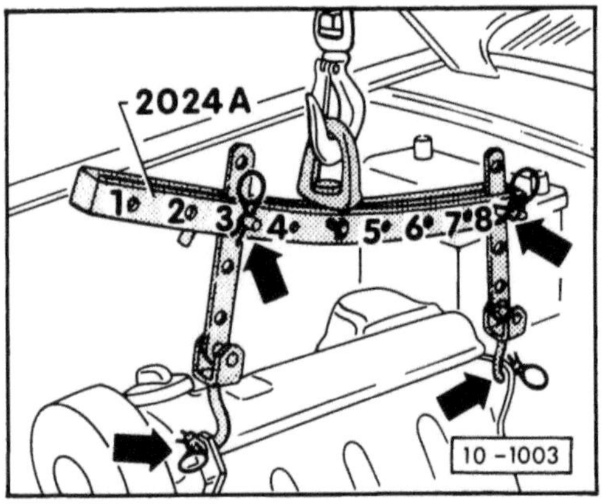

● Aufhängevorrichtung wie folgt in die Aufhängeösen –Pfeile– des Motors einhängen. Riemenscheibenseite: 3. Bohrung der Lochschiene in Position 3; Schwungradseite: 3. Bohrung der Lochschiene in Position 8; Bolzen mit Sicherungsbügel sichern. Die Abbildung zeigt den 4-Zylinder-Motor. **5-Zylinder-Motor:** An der Riemenscheibenseite 1. Bohrung der Lochschiene in Position 3; an der Schwungradseite 4. Bohrung in Position 8.

Achtung: Zur Abstimmung auf die Schwerpunktlage des Aggregates müssen die Lochschienen der Aufnahmehaken in Position und Länge richtig abgesteckt werden. Die mit 1–4 beschrifteten Absteckpositionen des Tragbügels zeigen zur Riemenscheibe. Die Bohrungen in den Lochschienen werden vom Haken ab gezählt.

● Steht die Aufhängevorrichtung nicht zur Verfügung, geeignete Kette in die Aufhängeösen des Motors einhängen.

● Motor mit Werkstattkran so weit anheben, bis die Motorlager entlastet sind.

● Haltevorrichtung für Getriebe beziehungsweise Wagenheber nachspannen.

● Motorlager links und rechts abschrauben, dazu selbstsichernde Mutter herausdrehen.

● Motorstütze vorn am Motorblock abschrauben.

● Verbindungsschrauben Motor/Getriebe herausschrauben.

● Abdeckblech für Schwungrad abschrauben.

● Motor mit Montierhebel vom Getriebe abdrücken.

Achtung: Bei automatischem Getriebe vorher Drehmomentwandler von der Mitnehmerscheibe mit 3 Schrauben abschrauben und Drehmomentwandler gegen herausfallen sichern.

● Prüfen, ob sämtliche Schläuche und Leitungen, die vom Motor zum Aufbau führen, abgezogen sind. Anschließend Motor herausheben.

Achtung: Der Motor muß beim Herausheben sorgfältig geführt werden, um Beschädigungen am Aufbau zu vermeiden.

Einbau

● Motorlager, Kühlmittel-, Öl- und Kraftstoffschläuche auf Porosität oder Risse prüfen, falls erforderlich erneuern.

● Kupplungs-Mitnehmerscheibe auf ausreichende Belagdicke sowie Belagzustand prüfen. Bei fortgeschrittenem Verschleiß beziehungsweise hoher Kilometerleistung Kupplung komplett austauschen. Falls das Kupplungsausrücklager beim Treten des Kupplungspedals Geräusche verursachte, Lager auswechseln.

● Kupplungsausrücklager und Verzahnung der Antriebswelle reinigen und dünn mit MoS_2-Fett schmieren. **Achtung:** Führungshülse des Ausrücklagers **nicht** schmieren.

● Prüfen, ob die Paßhülsen zur Zentrierung von Motor und Getriebe im Motorblock vorhanden sind, gegebenenfalls Paßhülsen einsetzen.

● Zwischenplatte auf Paßhülsen aufsetzen und an einigen Punkten mit etwas Fett am Motorblock ankleben.

● Motor vorsichtig in den Motorraum einführen. Beim Absenken darauf achten, daß der Motor sorgfältig geführt wird, um Beschädigungen an Antriebswelle, Kupplung und Aufbau zu vermeiden.

● **Neue,** selbstsichernde Muttern für Motorlager anschrauben, nicht festziehen.

● Verbindungsschrauben Motor/Getriebe festziehen, siehe Seite 130.

● Abdeckblech für Schwungrad mit **10 Nm** anschrauben.

● Motorstütze vorn an Motorblock mit **40 Nm** anschrauben.

● Motor durch Schüttelbewegungen spannungsfrei einrichten. Anschließend Motorlager mit **40 Nm** anziehen.

● **5-Zylinder-Motor:** Querträger unten anschrauben. Schloßträger-Mittelteil anschrauben. Stoßfänger vorn einbauen, siehe Seite 194.

● Vorderes Abgasrohr am Krümmer und am Getriebehalter mit **25 Nm** festschrauben.

● Anlasser einbauen, siehe Seite 250.

● Falls ausgebaut, Kältekompressor und Servopumpe anschrauben. Anzugsdrehmomente: Kompressorhalter an Motorblock, M8-Schrauben: **25 Nm**, M10-Schrauben: **30 Nm**; Befestigungsschrauben Servopumpe: **20 Nm**. Keilriemen auflegen und spannen, siehe Seite 232.

● Untere Motorraumabdeckung einbauen, siehe Seite 15.

● Fahrzeug ablassen, siehe Seite 273.

● Elektrische Leitungen für Saugrohrbeheizung und Leerlaufabschaltventil verbinden. Kabelbinder am Zylinderkopfdeckel einclipsen.

● Elektrische Leitung und braune Unterdruckleitung am Steuerventil aufschieben.

● Unterdruckschläuche am Ansaugkrümmer und am Vergaser entsprechend den angebrachten Markierungen aufschieben. Falls erforderlich, Leitungen mit Schraubschellen sichern.

● Vergaserzug anklemmen.

● Kaltstartzug anklemmen und einstellen, siehe Seite 75.

- Kraftstoffleitungen am Dampfblasenabscheider entsprechend den angebrachten Markierungen aufschieben und mit Schellen sichern.
- Elektrische Leitungen an Temperaturgeber, Öldruckschalter und Generator anschließen.
- Sämtliche Kühlmittelschläuche anbringen und mit Schellen sichern.
- Prüfen, ob alle elektrischen Leitungen, Unterdruck-, Kühlmittel- und Kraftstoffschläuche entsprechend den angebrachten Markierungen angeschlossen sind. Schläuche mit Schellen sichern. Elektrische Leitungen mit Kabelbindern fixieren.
- Kühler einbauen, siehe Seite 66.

Dieselmotor:

- Kraftstoffvorlauf und Rücklauf an der Einspritzpumpe anschrauben. Dabei **Hohlschrauben nicht vertauschen,** da sie unterschiedliche Bohrungen besitzen. Die Schraube für die Rücklaufleitung ist mit »OUT« auf dem Sechskantkopf gekennzeichnet. Vertauschte Schrauben verursachen folgende Beanstandungen: Motorleistung unbefriedigend; nebelartige Rauchgase im Vollastbereich; Höchstdrehzahl wird nicht erreicht; Motor sägt im Leerlauf.
- Betätigungszug für Kaltstartbeschleuniger einstellen, siehe Seite 114.
- Elektrische Leitungen an Absteller und Glühkerzen anklemmen.
- Förderbeginn der Einspritzpumpe überprüfen, siehe Seite 116.

- Ölstand in Motor und Getriebe prüfen, gegebenenfalls auffüllen.
- Kühlmittel erneuern, siehe Seite 67.
- Luftfiltereinsatz und -gehäuse reinigen, gegebenenfalls Einsatz erneuern, siehe Seite 83.
- Luftfilter einbauen, siehe Seite 81.
- Massekabel (–) an die Batterie anklemmen.
- Zündzeitpunkt prüfen, falls erforderlich einstellen, siehe Seite 45.
- Leerlauf prüfen, gegebenenfalls einstellen.
- Motor auf Betriebstemperatur bringen, Kühlmittelstand überprüfen und sämtliche Schlauchanschlüsse auf Dichtheit prüfen.

Untere Motorraumabdeckung aus- und einbauen

Ausbau

- Fahrzeug aufbocken, siehe Seite 273.

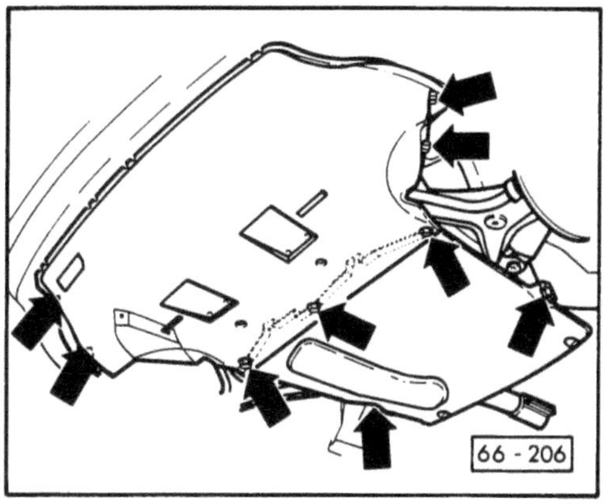

- Links und rechts im Radlauf vorn je 2 Muttern abschrauben und 1 Spreizclip herausziehen, vorher Kreuzschlitzschraube herausdrehen.
- 3 Schrauben an der Trennfläche zwischen vorderer und hinterer Abdeckung herausdrehen.
- Vordere Abdeckung von den Stehbolzen im Radlauf abdrücken, nach hinten schieben und herausnehmen.
- Hintere Abdeckung mit 4 Muttern abschrauben und nach unten abnehmen.

Einbau

- Hintere Abdeckung an den Stehbolzen ansetzen und mit selbstsichernden Muttern anschrauben. Muttern noch nicht festziehen, damit die hintere Abdeckung ausgerichtet werden kann.
- Vordere Abdeckung nach vorn in Kunststoffhalter der Stoßfängerabdeckung einschieben.
- Abdeckung links und rechts in die Radlaufverkleidung einsetzen, über die Stehbolzen ziehen und mit den Muttern fixieren.
- Spreizclips einsetzen und mit Kreuzschlitzschrauben arretieren.
- Vordere und hintere Abdeckung mit 3 Schrauben am Halter anschrauben, dabei hintere Abdeckung nach den Bohrungen ausrichten.
- Anschließend Muttern im Radlauf und für hintere Verkleidung festziehen. Dabei Muttern nur handfest anziehen, also mit Steckschlüssel ohne Hebelarm.
- Fahrzeug ablassen.

Keilriementrieb/Zahnriementrieb

4-Zylinder-Vergasermotor

1 – **Zahnriemenschutz oben**

2 – **Schraube, 10 Nm**

3 – **Stopfen**

4 – **Zahnriemen**

5 – **Spannrolle**

6 – **Befestigungsmutter, 45 Nm**

7 – **Zahnriemenabdeckung hinten**

8 – **Schraube, 30 Nm**
Mit V.A.G.-Sicherungsmittel D6 sichern.

9 – **Schraube, 30 Nm**

10 – **Keilriemen**
Spannung durch Daumendruck prüfen. Keilriemen für Generator: Neu – ca. 2 mm, gelaufen – ca. 5 mm. Keilriemen für Zusatzgeräte: ca. 10 mm.

11 – **Kurbelwellen-Riemenscheibe**
Bei der Montage Fixierung beachten. Die Montage des Schwingungsdämpfers beim Einspritzmotor ist nur in einer Stellung möglich, Bohrungen versetzt.

12 – **Schraube, 20 Nm**

13 – **Zahnriemenschutz unten**

14 – **Kurbelwellen-Zahnriemenrad**

15 – **Schraube**
Anzugsdrehmoment beachten: 6-Kant-Schraube (M 12 x 1,5): **80 Nm** mit V.A.G-Sicherungsmittel D6 sichern. 6-Kant-Schraube (M 14 x 1,5): **180 Nm**, Gewinde ölen. 12-Kant-Schraube: **90 Nm + ¼ Umdrehung (90°)**. Die Schraube kann in mehreren Stufen weitergedreht werden, wichtig ist, daß die 90° eingehalten werden. 12-Kant-Schraube immer erneuern. Zum Lösen und Anziehen Gegenhalter VW-3099 verwenden.

16 – **Zwischenwellenrad**

17 – **Schraube, 80 Nm**

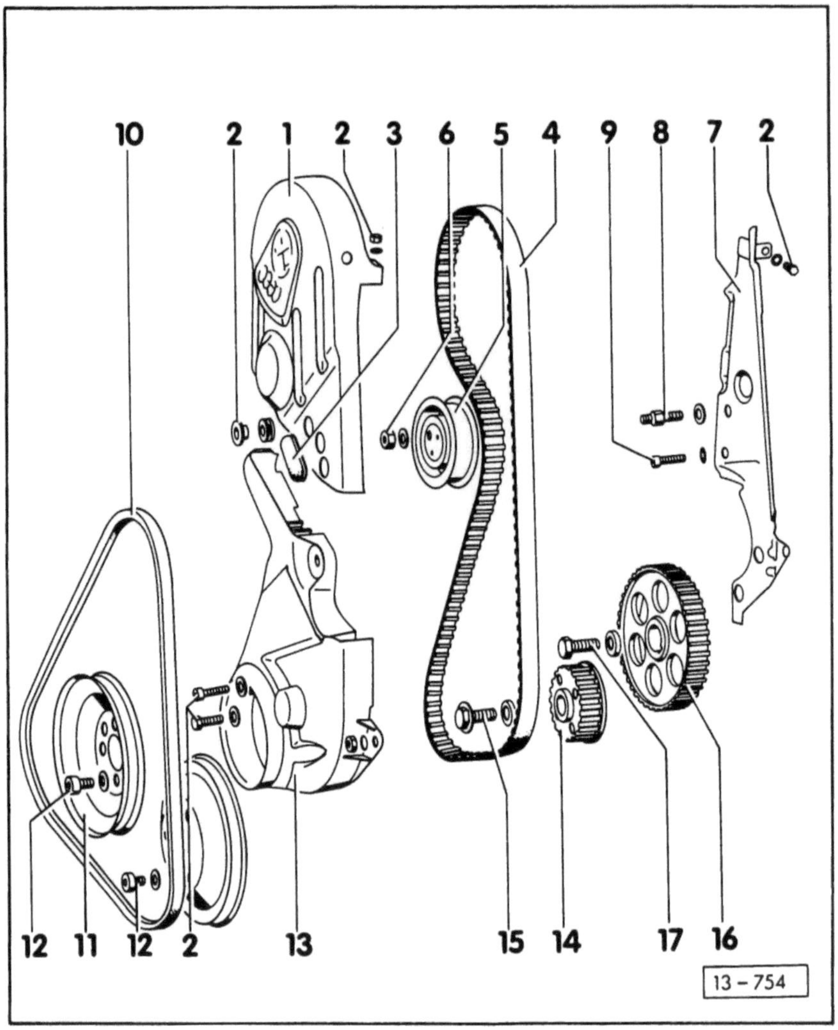

Zahnriemen entspannen/spannen

Achtung: Hier wird nur der Arbeitsablauf beim Benzinmotor beschrieben; Dieselmotor, siehe Seite 111.

Entspannen 4-Zylinder-Motor

- Oberen Zahnriemenschutz ausbauen.

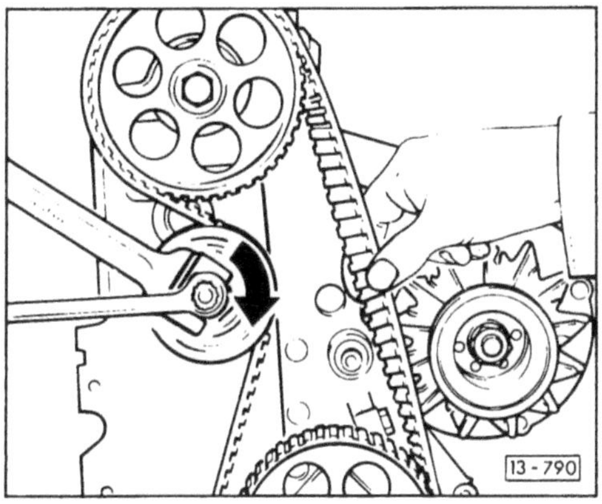

- Mutterndreher, zum Beispiel HAZET 2587, an der Spannrolle ansetzen.
- Befestigungsmutter für Spannrolle mit Ringschlüssel lösen.
- Spannrolle nach links drehen und Zahnriemen entspannen.

Achtung: Wenn Zahnriemen abgenommen oder versetzt wird, müssen die Steuerzeiten neu eingestellt werden. Siehe Zahnriemen aus- und einbauen, Seite 18.

Spannen

- Spannrolle nach rechts drehen –Pfeilrichtung– und Zahnriemen spannen.
- Der Zahnriemen muß sich mittig zwischen Nocken- und Zwischenwellenrad mit Daumen und Zeigefinger gerade noch um 90° verdrehen lassen.
- Klemmutter an der Spannrolle mit **45 Nm** festziehen.

115-PS-Motor, Kennbuchstabe AAD

Dieser Motor ist mit einer Thermospannrolle ausgerüstet. Diese Spannrolle gleicht die temperaturbedingte Längenausdehnung des Zahnriemens automatisch aus; dennoch ist der Zahnriemen innerhalb der Wartungsintervalle nachzuspannen.

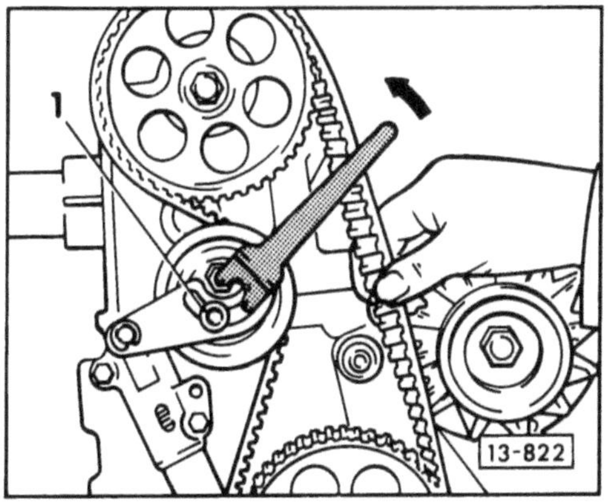

Entspannen

- Zahnriemen entspannen wie bei 4-Zylinder-Motor ohne Thermospannrolle. Zum Entspannen des Zahnriemens Schraube –1– lösen.

Spannen

- Motor muß Raumtemperatur haben.
- Mutterndreher in Pfeilrichtung drehen und Zahnriemen spannen.
- Der Zahnriemen muß sich mittig zwischen Nocken- und Zwischenwellenrad mit Daumen und Zeigefinger gerade noch um 90° verdrehen lassen.
- Schraube –1– mit **20 Nm** anziehen.

- Oberen Zahnriemenschutz einbauen.
- Motor laufen lassen. Ein pfeifender Zahnriemen ist in der Regel zu stark gespannt.

Entspannen 5-Zylinder-Motor

- Schutzhaube für Zahnriemen ausbauen.

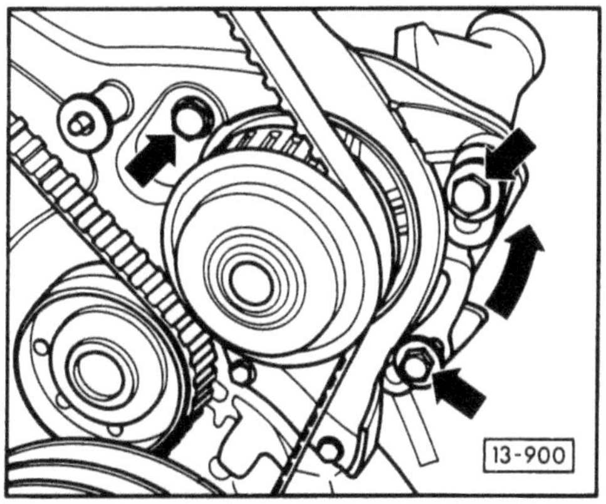

- 3 Befestigungsschrauben für Kühlmittelpumpe lösen, Pumpe nach rechts drehen und Zahnriemen entspannen.

Spannen

- Kühlmittelpumpe mit Montierhebel nach links (oben) drehen und Zahnriemen spannen.

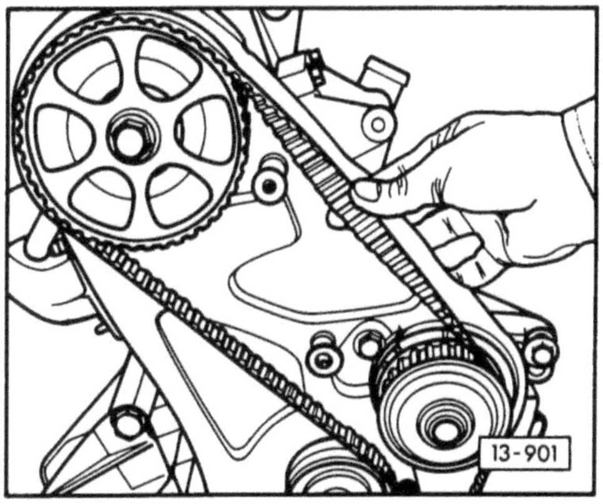

- Der Zahnriemen muß sich mittig zwischen Nockenwellenrad und Kühlmittelpumpe mit Daumen und Zeigefinger gerade noch um 90° (¼ Umdrehung) verdrehen lassen.
- Befestigungsschrauben für Kühlmittelpumpe festziehen.

- Anschließend Zahnriemenspannung nochmals prüfen.
- Zahnriemenschutz einbauen.
- Motor laufen lassen. Ein pfeifender Zahnriemen ist in der Regel zu stark gespannt.

Zahnriemen aus- und einbauen

Achtung: Hier wird nur der Arbeitsablauf beim Benzinmotor beschrieben; Dieselmotor, siehe Seite 111.

Ausbau 4-Zylinder-Benzinmotor

- Keilriemen ausbauen, siehe Seite 246.
- Kurbelwelle auf OT für Zylinder 1 stellen, siehe Seite 42.
- An der Kurbelwelle beide Keilriemenscheiben beziehungsweise Schwingungsdämpfer abschrauben.
- Oberen und unteren Zahnriemenschutz ausbauen.
- Laufrichtung auf dem Zahnriemen mit Filz- oder Fettstift durch einen Pfeil kennzeichnen.
- Zahnriemen entspannen und abnehmen.

Achtung: Der Zahnriemen darf nicht geknickt werden. Ein einmal geknickter Zahnriemen muß immer ersetzt werden, da der Riemen im späteren Betrieb reißen kann, was zu schweren Motorschäden führt.

Einbau

- Zahnriemen auf Kurbelwellen- und Zwischenwellenrad auflegen. **Achtung:** Wird der bisherige Zahnriemen wiederverwendet, unbedingt Laufrichtung beachten. Der Einbau des Zahnriemens in umgekehrter Laufrichtung kann zum Reißen des Riemens und dadurch zu Motorschäden führen.
- Kurbelwellen-Riemenscheibe mit einer Schraube befestigen. Schwingungsdämpfer beim Einspritzmotor mit allen 4 Schrauben anschrauben.

- Prüfen, ob sich die Nockenwelle in OT-Stellung für Zylinder 1 befindet. Gegebenenfalls Nockenwelle verdrehen, bis die Markierung auf dem Nockenwellenrad mit dem Zylinderkopfdeckel übereinstimmt. **Achtung:** Falls die Nockenwelle über einen größeren Winkel verdreht werden muß, darauf achten, daß kein Kolben im oberen Totpunkt (OT) steht, sonst können Ventile oder Kolben beschädigt werden. Gegebenenfalls Kurbelwelle ca. 90° (¼ Umdrehung) vor oder nach OT stellen. Dabei Riemenscheibe jedoch insgesamt nicht weiter als 90° verdrehen.

115-PS-Motor, Kennbuchstabe AAD

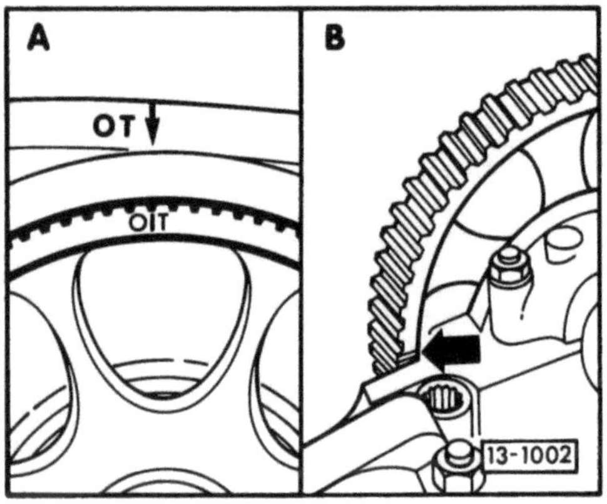

- Prüfen, ob sich die Nockenwelle in OT-Stellung für Zylinder 1 befindet. Gegebenenfalls Nockenwelle verdrehen, bis die Markierung, wie in Abbildung A bei eingebautem Zylinderkopfdeckel oder in Abbildung B bei abgebautem Deckel, übereinstimmt.

Achtung: Falls die Nockenwelle über einen größeren Winkel verdreht werden muß, darauf achten, daß kein Kolben im oberen Totpunkt (OT) steht, sonst können Ventile und Kolben beschädigt werden. Gegebenenfalls Kurbelwelle ca. 90° (¼ Umdrehung) vor oder nach OT stellen. Dabei Riemenscheibe jedoch insgesamt nicht weiter als 90° verdrehen.

- Prüfen, ob die Markierungen an der Kurbelwellen-Riemenscheibe und am Zwischenwellenrad übereinstimmen. Der Motor befindet sich dann in OT-Stellung für Zylinder 1.
- Zahnriemen auf das Nockenwellenrad auflegen.

Achtung: Beim Auflegen des Zahnriemens darf weder die Nockenwellenstellung noch die Kurbelwellen- oder Zwischenwellenstellung verändert werden. Sonst können schwerwiegende Schäden am Motor entstehen beziehungsweise der Motor gibt nicht mehr seine volle Leistung ab.

Nachdem der Zahnriemen gespannt wurde, Einstellung von Nockenwelle, Zwischenwelle und Riemenscheibe nochmals kontrollieren. Das bedeutet: Wenn die Markierung auf dem Nockenwellenrad mit der Bezugsmarke übereinstimmt, muß gleichzeitig die Markierung auf der Riemenscheibe an der Kurbelwelle mit der Markierung am Zwischenwellenrad übereinstimmen. Andernfalls ist die Einstellung von Nockenwellenrad und Riemenscheibe bei abgenommenem Zahnriemen zu wiederholen.

- Zahnriemen spannen.
- Kurbelwelle zweimal in Motordrehrichtung durchdrehen und Einstellung nochmals überprüfen.
- Kurbelwellen-Riemenscheibe abnehmen.
- Zahnriemenschutz unten einbauen.
- Oberen Zahnriemenschutz einbauen.
- Kurbelwellen-Riemenscheibe ansetzen und mit 20 Nm festschrauben.
- Keilriemen einbauen und spannen, siehe Seite 246.
- Zündzeitpunkt prüfen, gegebenenfalls einstellen.

Achtung: Bei Reparaturen, die das Abnehmen des Zahnriemens nur vom Nockenwellenrad erfordern, ist die Zahnriemeneinstellung wie folgt vorzunehmen:

- Kurbelwelle auf OT für Zylinder 1 stellen, siehe Seite 42.
- Markierung am Nockenwellenrad muß mit Zylinderkopfdeckel übereinstimmen, siehe Abbildung 28-207.
- Zahnriemen entspannen und vom Nockenwellenrad abnehmen. **Achtung:** Anschließend Stellung von Nockenwelle und Zwischenwelle nicht mehr verändern.
- Zahnriemen auflegen und spannen.
- Prüfen, ob Verteilerläufer zur Markierung für Zylinder 1 am Verteilergehäuse zeigt. Sollte das nicht der Fall sein, ist der Zündverteiler zu lösen und so weit zu drehen, bis die Markierungen übereinstimmen. Gegebenenfalls Zündverteiler neu einsetzen, siehe Seite 42.
- Kurbelwelle zweimal durchdrehen, nun müssen Nockenwellen- und Kurbelwellenmarkierung mit ihren Bezugspunkten übereinstimmen, andernfalls muß die Einstellung wiederholt werden.
- Zündzeitpunkt prüfen, gegebenenfalls einstellen, siehe Seite 45.
- Motor laufen lassen. Ein pfeifender Zahnriemen ist in der Regel zu stark gespannt.

Ausbau 5-Zylinder-Motor (Zwei-Ventiler)

Der Arbeitsablauf entspricht grundsätzlich dem beim 4-Zylinder-Motor. Im folgenden wird nur auf die Unterschiede hingewiesen.

- Pumpe für Servolenkung ausbauen, siehe Seite 160.
- Schwingungsdämpfer ausbauen, siehe Seite 56.

Einbau

- Prüfen, ob die Markierung am Nockenwellenrad mit der Oberkante der Zylinderkopfdeckel-Dichtung, siehe Bild 28-207, übereinstimmt.
- Zahnriemen auf Zahnriemenrad auflegen und mit Schwingungsdämpfer auf Kurbelwelle aufsetzen. **Achtung:** Dabei darf der Zahnriemen nicht zwischen Ölpumpe und Zahnriemenrad eingeklemmt werden.

Achtung: Wird der bisherige Zahnriemen wiederverwendet, unbedingt Laufrichtung beachten. Der Einbau des Zahnriemens in umgekehrter Laufrichtung beziehungsweise ein scharfes Knicken kann zum Reißen des Zahnriemens und dadurch zu Motorschäden führen.

- Schwingungsdämpfer festschrauben, siehe Seite 56.

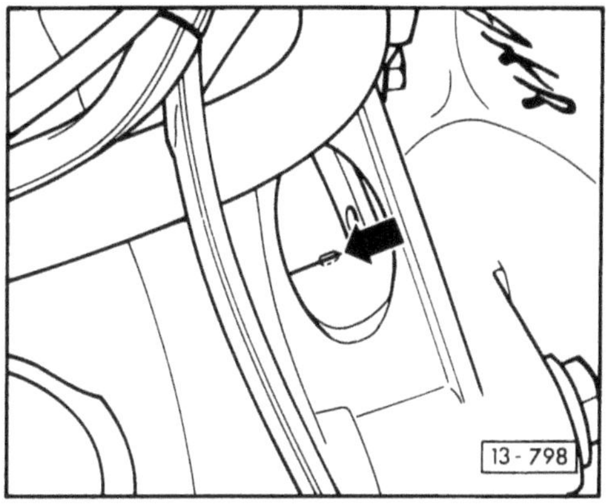

- Prüfen, ob die Kurbelwelle auf OT für Zylinder 1 steht. Im Fenster der Kupplungsglocke muß die OT-Markierung –O– auf dem Schwungrad genau unterhalb der Einstellkante stehen.

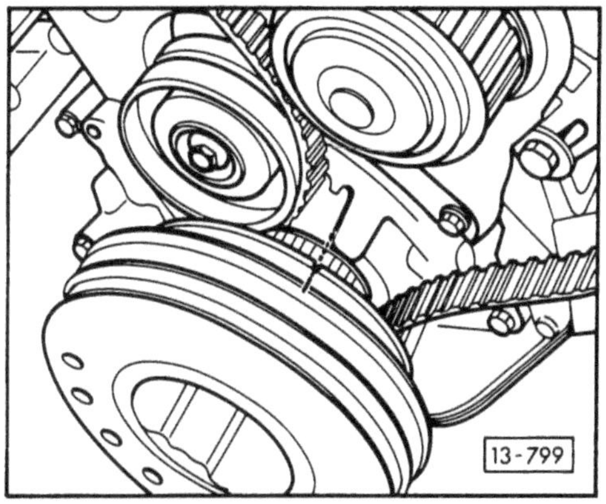

- Falls der Zahnriemen am ausgebauten Motor eingebaut wird, muß die Kerbe an der Riemenscheibe mit der Einstellmarke am Ölpumpengehäuse übereinstimmen. Die Kurbelwelle befindet sich dann in OT-Stellung für Zylinder 1.
- Zahnriemen aufsetzen und spannen.
- Pumpe für Servolenkung einbauen, siehe Seite 160.

Nockenwelle/Ventiltrieb

1 – **Lagerdeckel**
Auf Mittenversatz der Bohrungen achten. Beim Dieselmotor ist die Nockenwelle 5fach gelagert.

2 – **Mutter, 20 Nm**

3 – **Nockenwelle**
Radialspiel mit Plastikgage prüfen (Werkstattarbeit). Verschleißgrenze: 0,1 mm. Max. Schlag: 0,01 mm.

4 – **Scheibenfeder**
Auf festen Sitz prüfen

5 – **Befestigungsschraube, 80 Nm**

6 – **Verschlußstopfen**

7 – **Tassenstößel (Hydrostößel)**
Mit der Lauffläche nach unten ablegen. Vor dem Einbau Axialspiel der Nockenwelle prüfen. Lauffläche der Tassenstößel ölen, beim Einbau Stößel nicht vertauschen.

8 – **Ventilkegelstücke**

9 – **Ventilfederteller oben**
Kennzeichnung: Fase innen, breite Fase außen. Fase = abgeschrägte Kante.

10 – **Ventilfeder außen**
Ventilfeder innen

11 – **Ventilschaftabdichtung**

12 – **Ventilfederteller unten**

13 – **Ventilführung**
Verschleiß prüfen.

14 – **Zylinderkopf**

15 – **Dichtring**

16 – **a = Zylinderkopfhöhe**
Nacharbeitungsmaß = Mindesthöhe des Zylinderkopfes beim 4-Zylinder-Benzinmotor: a = 132,6 mm; 5-Zylinder-Motor: a = 132,75 mm.

17 – **Ventile**
Dürfen nur eingeschliffen, nicht nachgearbeitet werden. Außer Einlaßventile beim Dieselmotor.

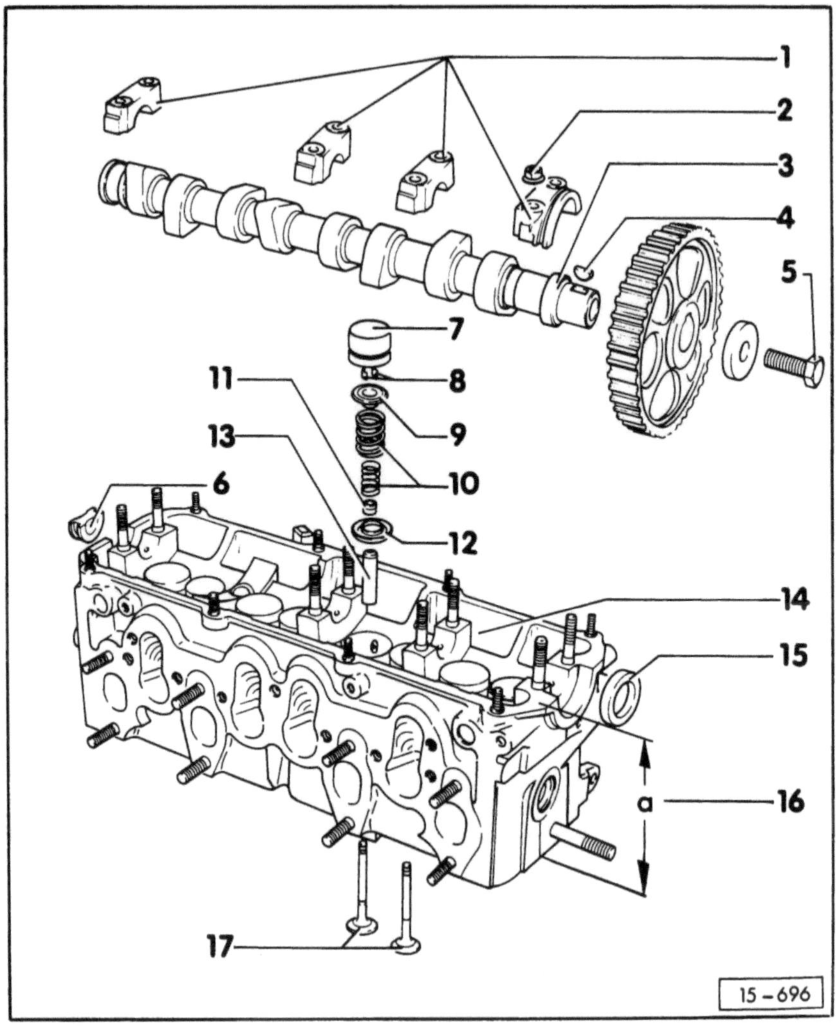

Nockenwelle aus- und einbauen

Ausbau

- Luftfilter ausbauen, siehe Seite 81.
- Oberen Zahnriemenschutz ausbauen, siehe Seite 18.
- **5-Zylinder-Motor:** Sammelsaugrohr-Oberteil ausbauen.
- Zylinderkopfdeckel ausbauen.
- Kurbelwelle auf OT Zylinder 1 stellen, siehe Seite 42.

Achtung: Motorstellung nicht mehr verändern.

- Zahnriemen entspannen und nur oben vom Nockenwellenrad abnehmen, siehe Seite 18.
- **5-Zylinder-Motor:** Zündverteiler ausbauen, siehe Seite 42.
- Nockenwellenrad von vorn mit einem Dorn arretieren. Nockenwellenrad abschrauben und abnehmen, gegebenenfalls mit leichten Schlägen eines Gummihammers abtreiben. Scheibenfeder für Nockenwelle entfernen.

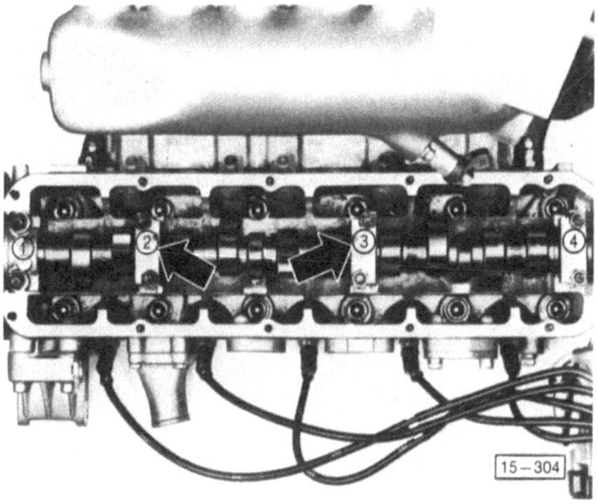

- Sämtliche Lagerdeckel kennzeichnen, siehe Abbildung.
- Lagerdeckel 1 und 3 ausbauen. Dann Lagerdeckel 2 und 4 abwechselnd über Kreuz lösen.
- **Dieselmotor:** Zuerst Lagerdeckel 5, 1 und 3 ausbauen, dann Lagerdeckel 2 und 4 abwechselnd über Kreuz lösen.
- Nockenwelle herausnehmen.

Achtung: Falls die Tassenstößel herausgenommen werden, diese kennzeichnen, damit sie an gleicher Stelle wieder eingesetzt werden können. Tassenstößel mit der **Lauffläche** (Nokkenwellenseite) **nach unten** ablegen.

Einbau

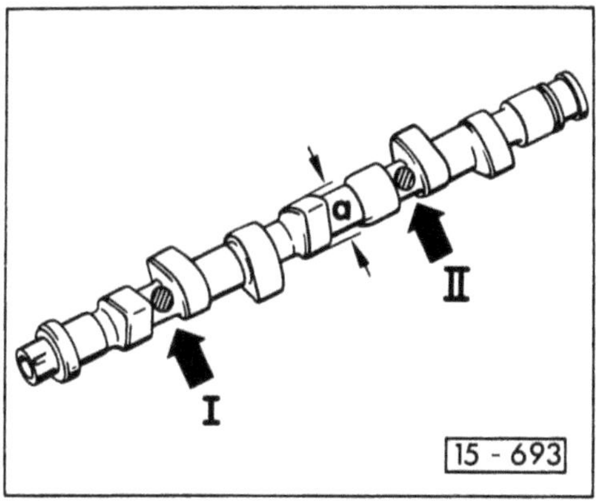

- Die Nockenwelle ist durch eingeprägte Zahlen und Buchstaben zwischen Ein- und Auslaßnocken gekennzeichnet.

Motor	Kennzeichnung	
	1. Zylinder (I)	3. Zylinder (II)
55 kW	M	026
65/66 kW (NE*)	L	026
66 kW Kat. (JN*)	N	026
82/83 kW	G	026
85 kW (AAD*)	048 D	–
85 kW	034 R	–
100 kW	034 L	–
Diesel	keine Kennzeichnung	

*) Motor-Kennbuchstaben

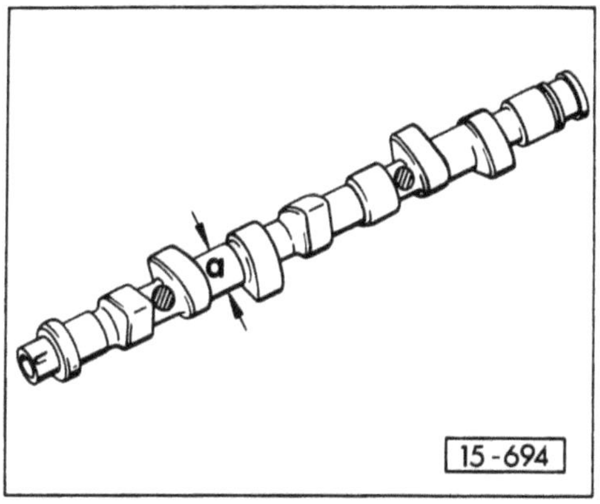

Achtung: Beim 4-Zylinder-Benzinmotor werden Austausch-Zylinderköpfe teilweise mit Lagerschalen für die Nockenwelle geliefert. Hierbei gibt es zwei verschiedene Ausführungen: Zylinderkopf mit nachgearbeiteter Nockenwellenlagerung unter Verwendung einer Normalmaß-Nockenwelle (a = 26,00 mm Ø). Zylinderkopf mit nachgearbeiteter Nockenwellenlagerung sowie einer Nockenwelle mit Untermaß-Lagerzapfen (Untermaß-Nockenwelle a = 25,75 mm Ø und gelber Farbpunkt auf VW-AUDI-Zeichen). Die Untermaß-Nockenwelle wird nicht als Ersatzteil geliefert, gegebenenfalls Normalmaß-Nockenwelle mit entsprechenden Lagerschalen einbauen.

- Vor dem Einbau kann die Nockenwelle gegebenenfalls von einer Werkstatt auf Schlag geprüft werden. Verschleißgrenze: 0,01 mm.
- Wird bei Motoren mit höherer Laufleistung oder Geräuschen im Ventiltrieb die bisherige Nockenwelle wieder eingebaut, ist es zweckmäßig, das Axialspiel prüfen zu lassen. Verschleißgrenze: 0,15 mm. Die Messung erfolgt bei ausgebauten Tassenstößeln und montierten Lagerdeckeln 1 und 4, beim Dieselmotor 1 und 5.
- Neuen Dichtring für Nockenwelle einsetzen. Vorher Dichtlippe und äußeren Rand des Dichtringes leicht einölen.
- Verschlußstopfen bei Beschädigungen erneuern.

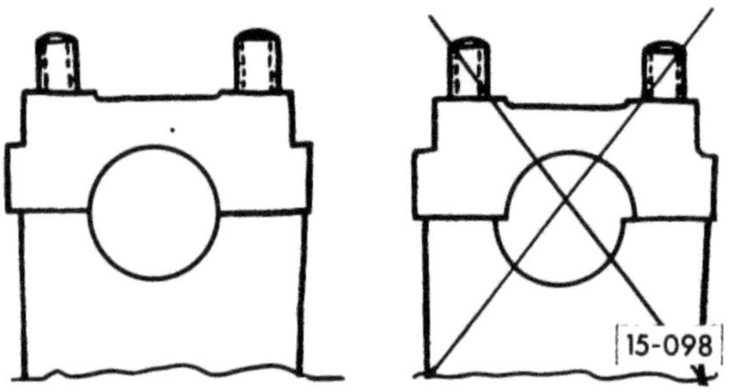

- Lagerdeckel probeweise aufsetzen und auf Mittenversatz der Bohrung achten. Die Lagerdeckel müssen so aufgesetzt werden, daß die Bohrungen von Lagerdeckel und Zylinderkopf übereinstimmen. Auf Markierung der Lagerdeckel achten.
- Falls die Tassenstößel herausgenommen waren, Tassenstößel an der gleichen Stelle wieder einsetzen. Tassenstößel leicht einölen und beim Einsetzen nicht verkanten.

Achtung: Die Tassenstößel dürfen nicht vertauscht werden.

- Nockenwelle einölen und einsetzen. **Achtung:** Dabei müssen die Nocken für Zylinder 1 nach oben zeigen. Lagerdeckel entsprechend der Markierung einsetzen. Auf Mittenversatz achten: Lagerdeckel 2 und 4 abwechselnd über Kreuz mit **20 Nm** anziehen.
- Lagerdeckel 1 und 3 einbauen und mit **20 Nm** festziehen.
- **Dieselmotor:** Lagerdeckel 5, 1 und 3 einbauen und mit **20 Nm** festziehen. Dabei Lagerdeckel 5 durch leichte Schläge mit einem Kunststoffhammer auf die Stirnfläche der Nockenwelle einpassen.
- Scheibenfeder für Nockenwellenrad einsetzen. Nockenwellenrad aufsetzen und mit **80 Nm** festziehen. Dabei Nockenwellenrad mit Dorn gegenhalten.
- Zahnriemen auf Nockenwellenrad auflegen. Auf richtige Stellung von Zwischenwelle und Keilriemenscheibe achten, siehe Seite 18.
- Zahnriemen spannen, siehe Seite 17.
- Neue Deckeldichtungen für Zylinderkopfdeckel verwenden, Schrauben für Zylinderkopfdeckel vorsichtig mit 10 Nm festziehen.

5-Zylinder-Motor

- Zündverteiler einbauen, siehe Seite 42.
- Sammelsaugrohr-Oberteil einbauen.

- Zahnriemenschutz einbauen.
- Luftfilter einbauen, siehe Seite 81.

Achtung: Falls neue Tassenstößel eingebaut wurden, darf der Motor ca. 30 Minuten nicht gestartet werden, sonst setzen die Ventile auf den Kolben auf.

Der Zylinderkopf

1 – **Verschlußdeckel**
2 – **Befestigungsmutter, 10 Nm**
3 – **Verstärkungsleiste**
4 – **Zylinderkopfdeckel**
5 – **Ölabweiser**
6 – **Dichtungen für Zylinderkopfdeckel**
7 – **Zylinderkopfschraube**
Anzugsreihenfolge und Drehmoment beachten.
8 – **Nockenwellenrad**
9 – **Verschlußstopfen**
10 – **Zylinderkopf**
11 – **Aufhängeöse**
12 – **Haltebügel für Generator**
Keilriemenspannung an der Zahnstange einstellen.
13 – **Schraube, 25 Nm**
14 – **Zylinderkopfdichtung**
Ohne Dichtmittel auflegen. Kennzeichnung »oben« muß zum Zylinderkopf zeigen.

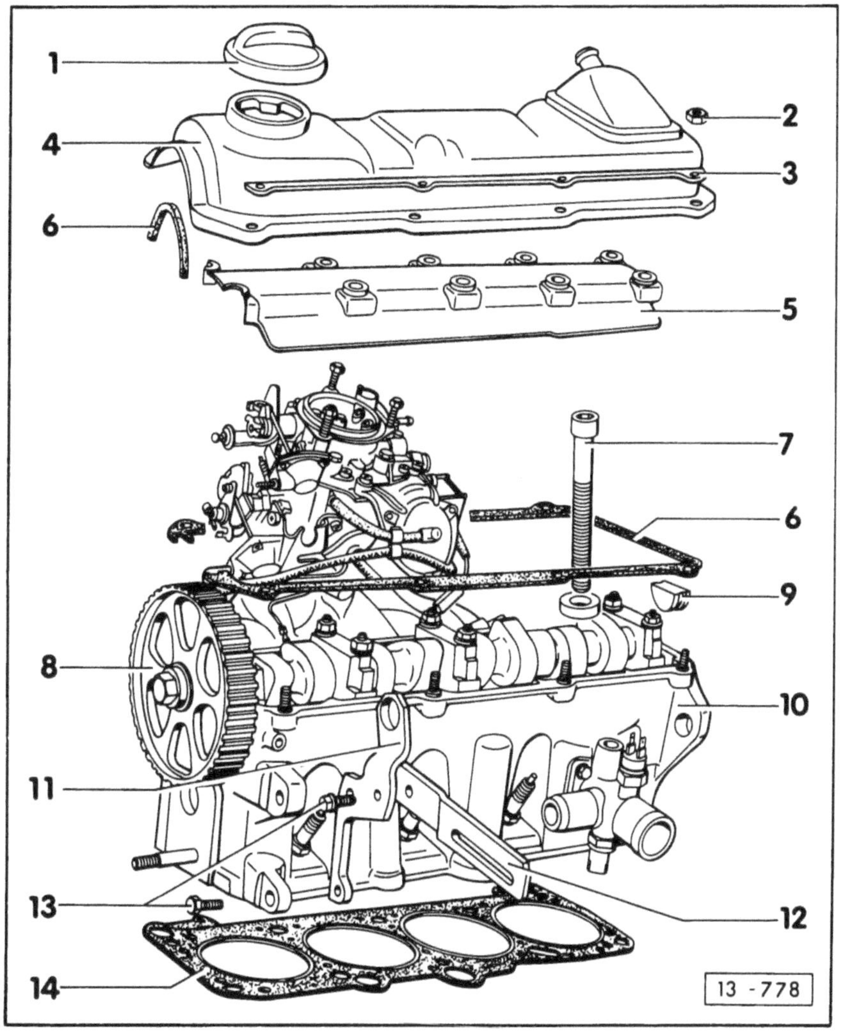

Zylinderkopfdeckel 5-Zylinder-Motor

Seit 12.88 wird eine geänderte Gummidichtung für den Zylinderkopfdeckel eingebaut. Diese Dichtung wird in Verbindung mit Stehbolzen ohne Bund verbaut. Bei Motoren bis 11.88 wurden Stehbolzen mit Bund verwendet. Bei Ölundichtigkeiten ist bei diesen Motoren grundsätzlich die Gummidichtung 034103483J zu verwenden, wobei beim Ersteinbau auch der Zylinderkopfdeckel ersetzt werden muß.

- Zylinderkopfdeckel in der Reihenfolge von 1 bis 12 mit folgenden Drehmomenten anziehen:
  1. Stufe – **5 Nm**
  2. Stufe – **10 Nm**
  3. Stufe – **12 Nm**

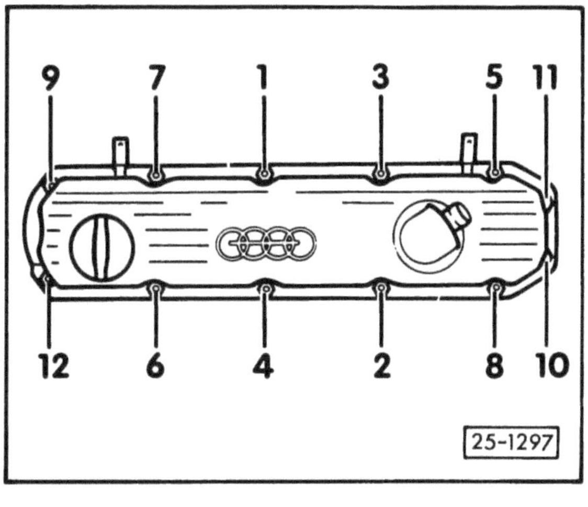

Zylinderkopf aus- und einbauen

Achtung: Es wird der Ausbau am Benzinmotor beschrieben. Da jedoch nicht auf jede Modellvariante eingegangen werden kann, vor dem Abheben des Zylinderkopfes nochmals prüfen, ob alle Leitungen und sonstigen Verbindungen von und zum Zylinderkopf gelöst wurden. Besonderheiten, die den Dieselmotor betreffen, stehen am Ende des Kapitels.

Zylinderkopf nur bei abgekühltem Motor ausbauen. Abgas- und Ansaugkrümmer bleiben angeschlossen.

Eine defekte Zylinderkopfdichtung ist an einem oder mehreren der folgenden Merkmale erkennbar:

- Leistungsverlust.
- Kühlflüssigkeitsverlust. Weiße Abgaswolken bei warmem Motor.
- Ölverlust.
- Kühlflüssigkeit im Motoröl, Ölstand nimmt nicht ab, sondern zu. Graue Farbe des Motoröls, Schaumbläschen am Peilstab, Öl dünnflüssig.
- Motoröl in der Kühlflüssigkeit.
- Kühlflüssigkeit sprudelt stark.
- Keine Kompression auf 2 benachbarten Zylindern.

Ausbau

- Batterie-Masseband abklemmen.
- Kühlmittel ablassen, siehe Seite 68.
- Luftfilter ausbauen, siehe Seite 81.
- **5-Zylinder-Motor:** Sammelsaugrohr-Oberteil ausbauen.
- Generatorstütze am Zylinderkopf abschrauben.
- Kühlmittelschläuche am Zylinderkopf und am Ansaugkrümmer abnehmen.
- Unterdruckschläuche am Ansaugkrümmer und am Vergaser abziehen. Zum leichteren Einbau Schläuche vorher mit Tesaband kennzeichnen.
- Vergaserzug abklemmen, Steckraste nicht entfernen.
- Kaltstartzug abklemmen.
- Kraftstoff-Zulaufleitung am Vergaser abziehen und mit geeignetem Stopfen verschließen.
- Steckverbindungen für Saugrohrbeheizung und Leerlaufabschaltventil trennen. Kabelbinder am Zylinderkopfdekkel lösen.
- Elektrische Leitung und braune Unterdruckleitung vom Steuerventil am Vergaser abziehen.
- Abgasrohr am Abgaskrümmer abbauen, siehe Seite 122.
- Schutzhaube oben für Zahnriemen ausbauen, siehe Seite 16.
- Zahnriemen entspannen und oben von der Nockenwelle abnehmen, siehe Seite 18.
- Elektrische Leitung vom Temperaturgeber kennzeichnen und abziehen.
- Zündkerzenstecker abziehen.
- Unterdruckschlauch für Zündverteiler am Vergaser abziehen.
- Dampfblasenabscheider am Zylinderkopfdeckel abschrauben und mit angeschlossenen Leitungen zur Seite legen.
- Halter am Zylinderkopfdeckel für den Wiedereinbau markieren und zusammen mit Zylinderkopfdeckel abschrauben. Ölabweiser herausnehmen, siehe Seite 23.

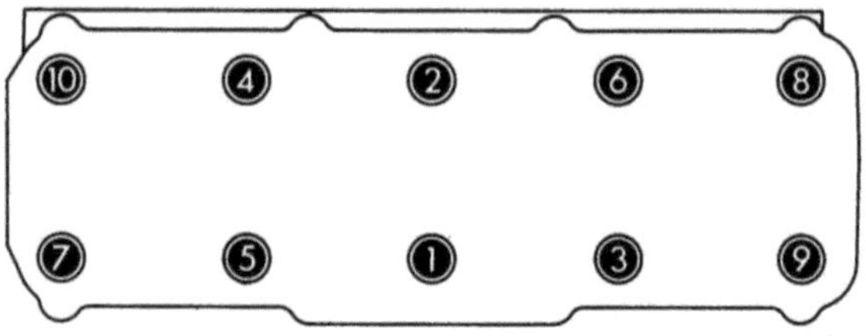

02-098

- Zylinderkopfschrauben mit Innenvielzahnschlüssel (z. B. HAZET 990 Slg-12) herausdrehen.

Achtung: Die Schrauben müssen entgegen ihrer Numerierung (von 10 nach 1 beziehungsweise von 12 nach 1) gelöst werden.

- Zylinderkopf abheben und auf zwei Holzleisten legen. Zylinderkopfdichtung abnehmen.

Einbau

Vor dem Einbau Zylinderkopf und Zylinderblock mit geeignetem Schaber von Dichtungsresten freimachen. Darauf achten, daß kein Schmutz in die Motorblock-Öffnungen fällt. Bohrungen mit Lappen verschließen.

- Zylinderkopf mit Stahllineal auf Verzug prüfen.

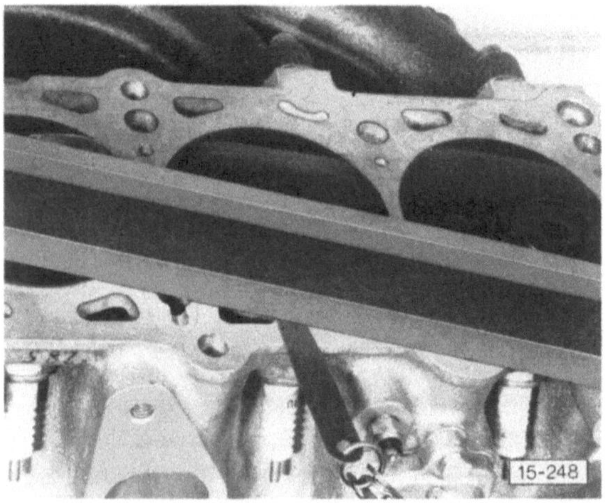

- Verzug mit Stahllineal und Fühlerblattlehre an verschiedenen Stellen des Zylinderkopfes prüfen. Die zulässigen Unebenheiten dürfen maximal 0,1 mm nicht überschreiten.

- Nacharbeitungsmaß für Zylinderkopf. Mindesthöhe 4-Zylinder-Motor: a = 132,6 mm; 5-Zylinder-Motor: 132,75 mm. **Achtung:** Der Zylinderkopf des Dieselmotors darf **nicht** nachgearbeitet werden.

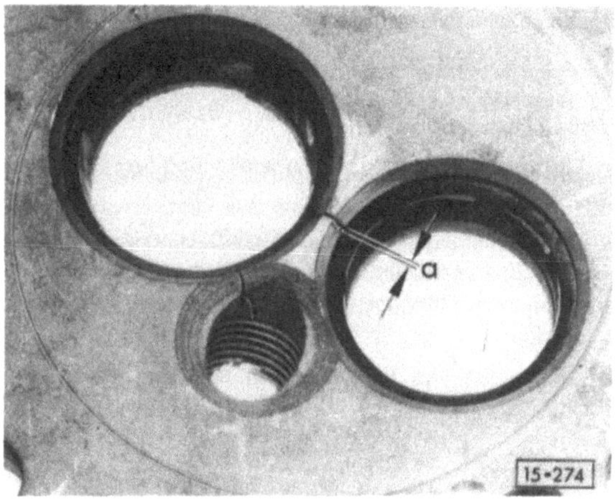

- Zylinderköpfe mit Rissen zwischen den Ventilsitzen beziehungsweise dem Ventilsitzring und den ersten Gewindegängen des Zündkerzengewindes können ohne Herabsetzung der Lebensdauer weiterverwendet und überholt werden, wenn der oder die Risse eine Breite von a = max. 0,5 mm nicht überschreiten.
- Zylinderkopfdichtung grundsätzlich ersetzen.

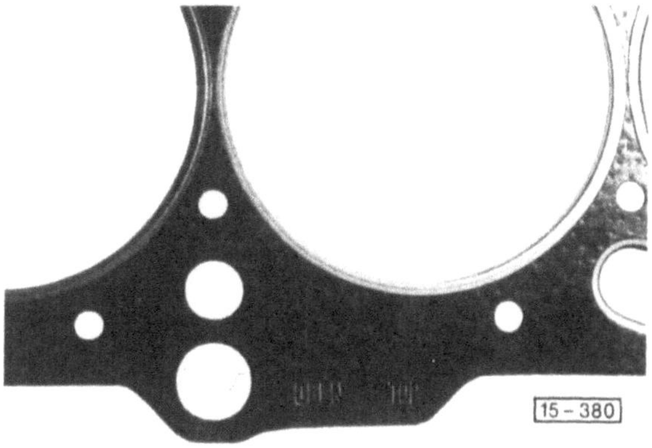

- Die Aufschrift »oben« muß zum Zylinderkopf zeigen. Zylinderkopfdichtung ohne Dichtungsmittel so auflegen, daß keine Bohrungen verdeckt werden. Beim Dieselmotor darauf achten, daß die richtige Zylinderkopfdichtung verwendet wird.

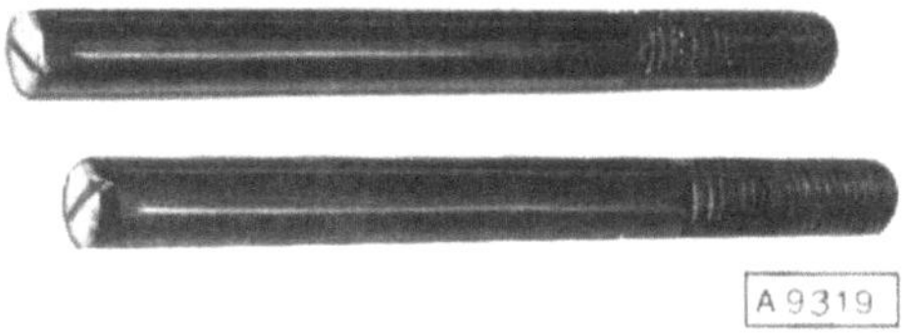

- Zum Zentrieren des Zylinderkopfes Führungsstifte anfertigen, indem man an zwei alten Zylinderkopfschrauben den Kopf absägt und jeweils eine Nut für den Schraubendreher anbringt.
- Führungsstifte in die Bohrungen 8 und 10, beim 5-Zylinder-Motor 9 und 10, einschrauben.
- Kurbelwelle an der Riemenscheibe so verdrehen, daß alle Kolben ungefähr auf gleicher Höhe stehen.
- Zylinderkopf aufsetzen.
- Die übrigen 8 beziehungsweise 10 Zylinderkopfschrauben mit Unterlegscheiben ansetzen und handfest anziehen. **Zylinderkopfschrauben grundsätzlich ersetzen.**
- Führungsstifte mit Schraubendreher herausschrauben, die restlichen 2 Zylinderkopfschrauben mit Unterlegscheiben einsetzen und handfest anziehen.

Achtung: Das Anziehen der Zylinderkopfschrauben ist mit größter Sorgfalt durchzuführen. Vor dem Anziehen der Schrauben sollte der Drehmomentschlüssel auf seine Genauigkeit geprüft werden. Die Zylinderkopfschrauben müssen bei kaltem Motor angezogen werden.

4-Zylinder-Motor

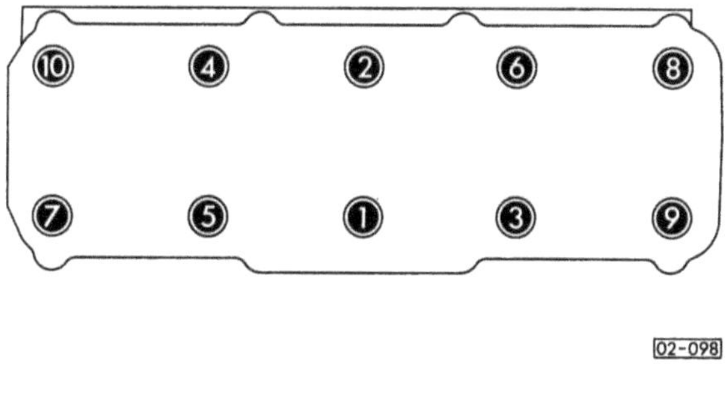

5-Zylinder-Motor

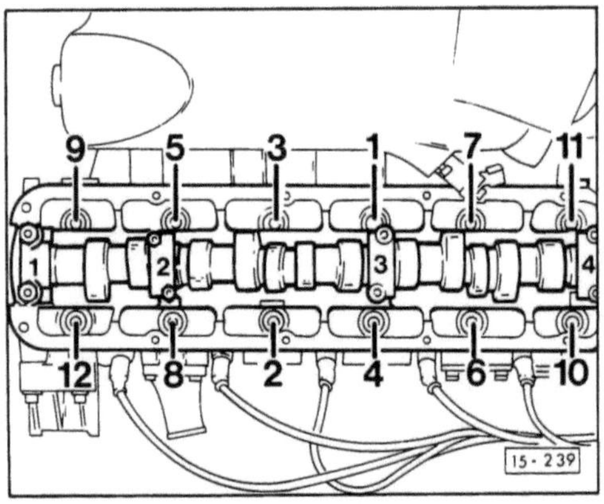

- Die Zylinderkopfschrauben werden in 3 Stufen angezogen. Kopfschrauben in jeder Stufe jeweils in der Reihenfolge von 1 bis 10 beziehungsweise 1 bis 12 anziehen.

1. Stufe: mit Drehmomentschlüssel **40 Nm**
2. Stufe: mit Drehmomentschlüssel **60 Nm**
3. Stufe: **½ Umdrehung (180°)** mit **starrem** Schlüssel ohne abzusetzen weiterdrehen. Stattdessen 2 x 90° weiterdrehen ist ebenfalls zulässig.

- Beim Anziehen der Zylinderkopfschrauben Drehwinkel abschätzen. Schlüsselgriff längs zum Motor ansetzen und in einem Zug drehen, bis der Griff quer zum Motor steht (¼ Umdrehung, 90°). Anschließend Schlüssel weiterdrehen bis der Griff wieder längs zum Motor steht.

Achtung: Ein Nachziehen der Zylinderkopfschrauben bei warmem Motor im Rahmen der Wartung oder nach Reparaturen ist beim Benzinmotor **nicht zulässig.** Beim Dieselmotor Zylinderkopfschrauben bei warmem Motor nachziehen.

- Zahnriemen montieren, siehe Seite 18.

Achtung: Beim Einbau eines Austausch-Zylinderkopfes mit montierter Nockenwelle müssen die Berührungsflächen zwischen Tassenstößel und Nockenbahn nach Einbau des Zylinderkopfes geölt werden.

- Zylinderkopfhaube mit Ölabweiser und neuen Dichtungen aufsetzen und mit 10 Nm anschrauben. Dabei gleichzeitig Dampfblasenabscheider und Massekabel für Vergaser mit anschrauben. Zylinderkopfhaube für 5-Zylinder-Motor einbauen, siehe Seite 23.
- Schutzhaube für Zahnriemen einbauen, siehe Seite 16.
- Generatorstütze montieren. Keilriemen spannen, s. S. 243.
- Abgasrohr am Abgaskrümmer montieren, siehe Seite 122.
- Elektrische Leitungen für Saugrohrbeheizung und Leerlaufabschaltventil verbinden. Kabelbinder am Zylinderkopfdeckel einclipsen.
- Elektrische Leitung und braune Unterdruckleitung am Steuerventil aufschieben.
- Unterdruckschläuche am Ansaugkrümmer und am Vergaser entsprechend den angebrachten Markierungen aufschieben. Falls erforderlich, Leitungen mit Schraubschellen sichern.
- Vergaserzug anklemmen.
- Kaltstartzug anklemmen und einstellen, siehe Seite 75.
- Kraftstoff-Zulaufleitung am Vergaser aufschieben und mit Schelle sichern.
- Unterdruckschlauch für Zündverteiler auf Vergaser aufschieben.
- Sämtliche Kühlmittelschläuche anbringen und mit Schellen sichern.
- Neues Kühlmittel einfüllen, siehe Seite 67.
- Elektrische Anschlüsse am Temperaturgeber aufstecken, Zündkerzenstecker aufschieben.
- **5-Zylinder-Motor:** Sammelsaugrohr-Oberteil einbauen.
- Luftfilter anbauen, siehe Seite 81.
- Ölstand im Motor kontrollieren. Falls die Zylinderkopfdichtung defekt war, Ölwechsel durchführen.
- Batterie-Masseband (–) anklemmen.
- Bei betriebswarmem Motor Kühlflüssigkeitsstand kontrollieren. Kühlmittelschläuche und -anschlüsse auf Dichtheit prüfen.
- Zündeinstellung überprüfen, siehe Seite 45.
- Leerlaufeinstellung überprüfen.

Ausbau Dieselmotor

- Elektrische Leitungen vom Absteller und den Glühkerzen abklemmen.
- Einspritzleitungen an den Anschlüssen der Pumpe und den Einspritzdüsen mit Kaltreiniger reinigen und abschrauben. Öffnungen mit entsprechenden Kappen verschließen.
- Glühkerzen und Einspritzdüsen ausbauen, siehe Seite 112, 115.

Einbau

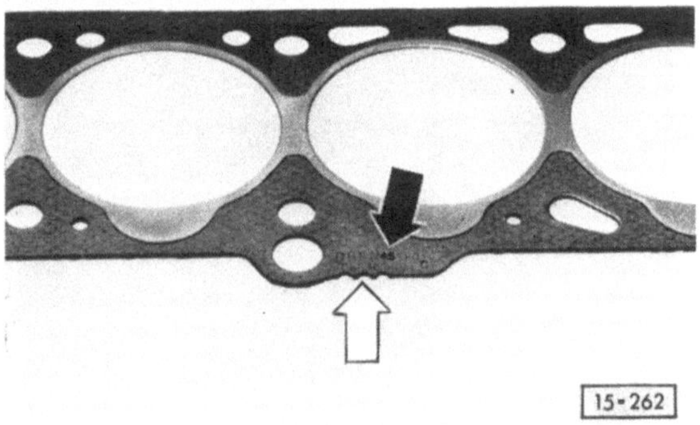

- Je nach Kolbenüberstand werden in der Dicke unterschiedliche Zylinderkopfdichtungen eingebaut. Beim Ersetzen der Dichtung Kennzeichnung beachten und nur eine neue Dichtung gleicher Kennzeichnung einbauen. Schwarzer Pfeil = Ersatzteil-Nummer, weißer Pfeil = Kerben.

- Zylinderkopfschrauben bei warmem Motor nachziehen. Dazu Motor warm fahren und im Leerlauf drehen lassen bis der Lüfter für Kühler einschaltet (Öltemperatur über 50° C). Schrauben mit starrem Schlüssel **ohne vorheriges Lösen und ohne abzusetzen** ¼ Umdrehung (90°) weiterdrehen. Reihenfolge beachten, siehe Abb. 02-098.
- Glühkerzen einbauen, siehe Seite 112.
- Einspritzdüsen einbauen, siehe Seite 115.
- Anschlüsse der Einspritzleitungen mit Kaltreiniger säubern. Überwurfmutter mit 25 Nm festziehen.
- Elektrische Leitungen an Absteller und Glühkerzen anklemmen.
- Förderbeginn der Einspritzpumpe überprüfen, siehe Seite 116.
- **Nur 1,6-l-Motor:** Ca. 1000 km nach der Reparatur müssen die Zylinderkopfschrauben nachgezogen werden. Dazu Schrauben mit einem starren Schlüssel, **ohne vorheriges Lösen und ohne abzusetzen,** ¼ Umdrehung (90°) weiterdrehen. Anzugsreihenfolge beachten. Das Nachziehen der Schrauben kann bei kaltem oder bei warmem Motor erfolgen.

Hydraulische Tassenstößel prüfen

Alle Motoren sind mit hydraulischen Tassenstößeln ausgerüstet. Dadurch ergibt sich eine Geräuschminderung im Ventiltrieb, außerdem muß das Ventilspiel im Rahmen der Wartung **nicht** mehr eingestellt werden.

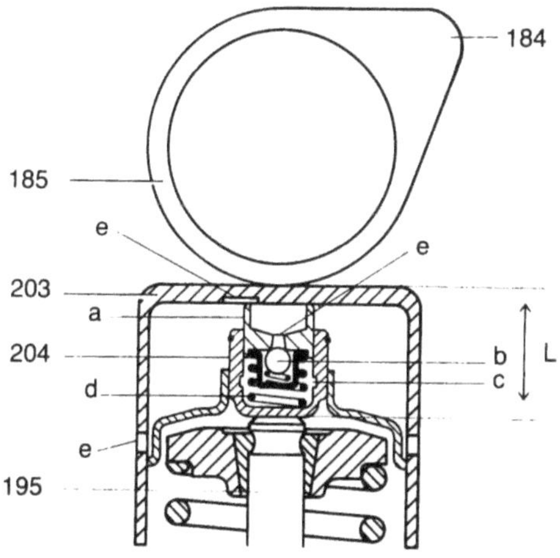

Bei laufendem Motor wird der Tassenstößel -203- entlastet, wenn der Nocken -184- der Nockenwelle -185- nach oben zeigt.

Die Feder -d- drückt dann das Ausgleichelement -204- auseinander, so daß es unten am Ventilschaft -195- anliegt und oben der Druckbolzen -a- den Tassenstößel -203- gegen die Nockenwelle drückt. In dieser Stellung kann über kleine Bohrungen -e- Motoröl in oder aus dem Arbeitsraum -c- fließen. Sobald der Tassenstößel durch den Nocken der sich drehenden Nockenwelle wieder belastet wird, schließt sich das Kugelventil -b- und das eingeschlossene Öl wirkt, da es sich nicht verdichten läßt, wie ein fester Körper. Die Länge -L- wird also bei jeder Umdrehung der Nockenwelle den entsprechenden Größenänderungen der Bauteile im Ventiltrieb angepaßt.

Äußerliches Kennzeichen der hydraulischen Tassenstößel sind eine umlaufende Ölnut und fehlende Einstellscheiben. Reparaturen an den Hydrostößeln sind nicht möglich.

Achtung: Geräusche im Ventiltrieb beim Anlassen des Motors sind normal. Beim Motorstillstand wird je nach Stellung des Nockens mehr oder weniger Öl aus dem einzelnen Ventilstößel herausgedrückt. Dies führt zu Geräuschen, bis sich die Hydrostößel bei laufendem Motor wieder mit Motoröl gefüllt haben. Unter Umständen kann dieser Vorgang so lange dauern, bis der Motor seine Betriebstemperatur erreicht hat. Um eine einwandfreie Funktion der Hydrostößel zu gewährleisten, befindet sich im Zylinderkopf eine Ölrücklaufsperre, welche verhindert, daß sich die Ölkanäle im Zylinderkopf bei abgestelltem Motor vollständig entleeren.

Prüfen

Die hydraulischen Ventilstößel sind zu prüfen, wenn nach Erreichen der Betriebstemperatur Geräusche im Ventiltrieb auftreten.

- Motor warmfahren, dann im Leerlauf drehen lassen, bis der Lüfter für Kühler einschaltet.
- Motordrehzahl 2 Minuten lang auf ca. 2500/min erhöhen.
- Falls die hydraulischen Stößel immer noch laut sind, Motor abstellen und Zylinderkopfdeckel ausbauen.
- Nockenwelle so weit drehen, bis die Nocken des zu prüfenden Zylinders nach oben stehen. Dazu Getriebe in Leerlaufstellung bringen, Handbremse anziehen und Kurbelwelle an der Befestigungsschraube der Riemenscheibe mit geeignetem Schlüssel im Uhrzeigersinn drehen.

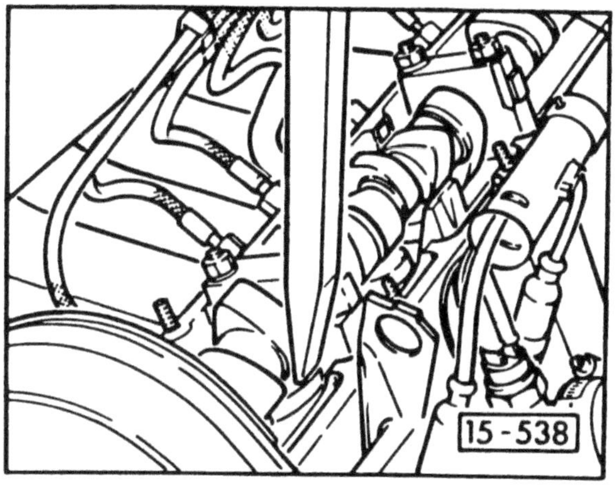

- Tassenstößel mit Holz- oder Kunststoffkeil nach unten drücken. Falls dabei ein Leerweg von mehr als 0,1 mm zu spüren ist, bevor das Ventil bewegt wird, Tassenstößel austauschen.

Achtung: Nach dem Einbau eines neuen Hydrostößels darf der Motor ca. 30 Minuten nicht gestartet werden, sonst kann das Ventil auf dem Kolben aufsetzen und dadurch Kolben und/oder Ventil beschädigen.

Ventil aus- und einbauen

Ausbau

- Zylinderkopf ausbauen, siehe Seite 24.

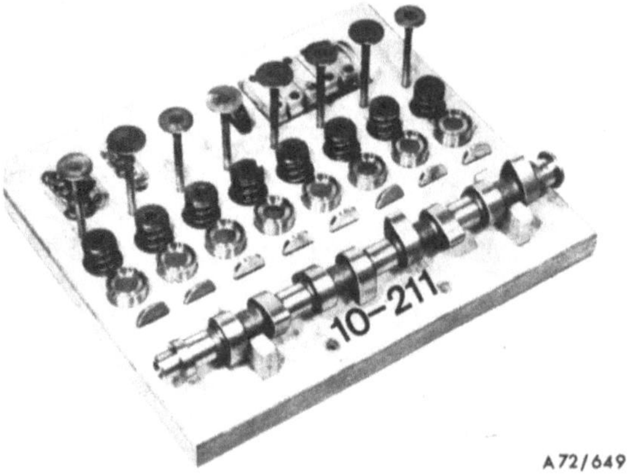

A72/649

Achtung: Werden Teile der Ventilsteuerung wieder verwendet, müssen diese an gleicher Stelle eingebaut werden. Damit keine Verwechslungen vorkommen, empfiehlt es sich, ein entsprechendes Ablagebrett anzufertigen.

- Nockenwelle ausbauen, siehe Seite 20.
- Tassenstößel markieren und herausnehmen. **Achtung:** Tassenstößel mit der **Lauffläche** (Nockenwellenseite) **nach unten** ablegen.

- Ventilfedern ausbauen. Hierzu benutzen die Werkstätten ein Spezialwerkzeug (VW 2037). Man kann die Ventilkegelstücke – und damit die Ventile einschließlich der Ventilfedern – auch mit Hilfe einer handelsüblichen Ventilfederzange ausbauen. Allerdings müssen dann unter Umständen Ansaug- oder Abgaskrümmer abgeschraubt werden. Falls die Ventilfedern mit dem HAZET-Werkzeug 2577-2 zusammengedrückt werden, Lappen in den Brennraum legen, damit das Ventil nicht nach unten durchfallen kann.
- Ventilfedern zusammendrücken und Ventilkegelstücke herausnehmen. Ventilfederteller oben und Ventilfedern abnehmen. Ventil herausziehen.
- Ventilschaftabdichtung herausziehen, siehe Seite 29.

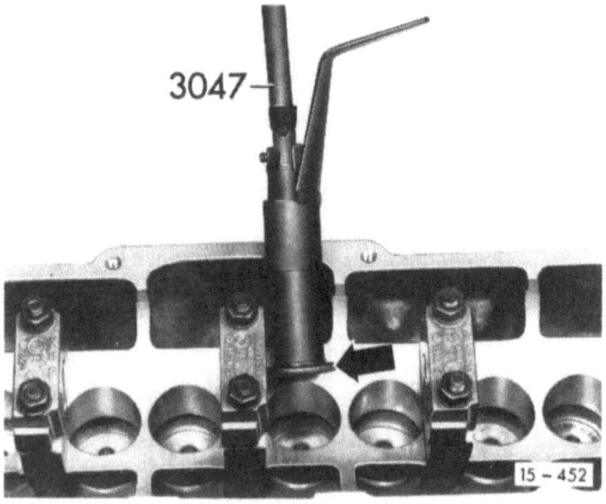

- Unteren Ventilfederteller –Pfeil– mit Werkzeug VW-3047 oder HAZET-Werkzeug 791-5/791-2 ausbauen.

Einbau

Vor Einbau der Ventile Ventilführungen prüfen und eventuell Ventilsitze nacharbeiten bzw. einschleifen, siehe Seite 32.

Achtung: Neue Ventilfederteller sind an der Unterkante der Bohrung für die Kegelstücke vereinzelt sehr scharfkantig. Dadurch können die Ventilschäfte beschädigt werden (Riefen etc.). Beschädigte Ventile ersetzen, Ventilfederteller vor dem Einbau gegebenenfalls entgraten.

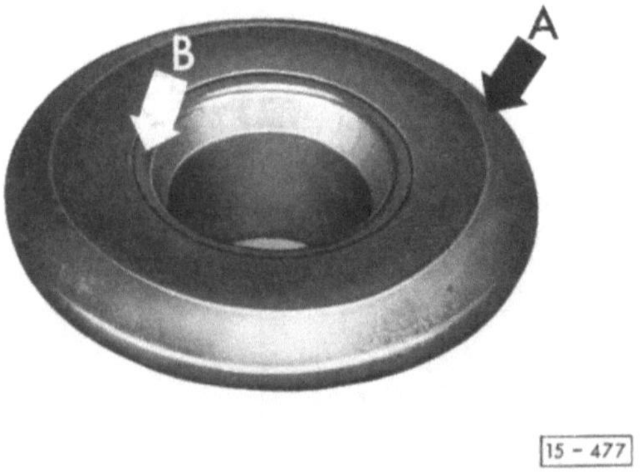

- Untere Federauflage einsetzen. Die Ventilfederteller haben außen eine breite Fase –A– und eine Fase innen –Pfeil B–.
- Ventilschaft an den Anlageflächen der Ventilkegelstücke entgraten.
- Aus Sicherheitsgründen Ventilschaftabdichtungen **grundsätzlich erneuern.**
- Ventilschaft leicht einölen und Ventil einsetzen.
- Neue Ventilschaftabdichtung aufschieben, siehe Seite 29.

Achtung: Erfolgt die Montage ohne Verwendung der Kunststoffhülse, werden die Ventilschaftabdichtungen beschädigt! Der Motor braucht dann übermäßig viel Öl!

- Ventilfedern und Ventilteller oben einsetzen. Werden die Ventilfedern ersetzt, Ventilfedern nur paarweise auswechseln.
- Ventilfedern mit Ventilfederzange zusammendrücken und Ventilkegelstücke so einsetzen, daß sie in den Nuten des Ventils einrasten. Ventilfederzange entspannen und nächstes Ventil einsetzen.
- Alle Tassenstößel mit Motoröl einölen und nach der Kennzeichnung in die Bohrung einsetzen.
- Nockenwelle einbauen, siehe Seite 20.
- Zylinderkopfdichtung erneuern, Zylinderkopf einbauen, siehe Seite 24.

Ventilschaftabdichtungen ersetzen

Hoher Ölverbrauch kann auf verschlissene Ventilschaftabdichtungen zurückzuführen sein. Die Ventilschaftabdichtungen können auch **bei eingebautem Zylinderkopf** ausgebaut werden, allerdings werden dann das Spezialwerkzeug VW 2036 mit VW 541/1 oder HAZET 2577-2 sowie beim Benzinmotor Preßluft benötigt.

Achtung: Beschrieben wird der Ausbau am Benzinmotor. Beim Dieselmotor wird keine Preßluft benötigt, allerdings muß der Kolben des betreffenden Zylinders im **oberen Totpunkt (OT)** stehen. Motor auf OT für Zylinder 1 stellen, siehe Seite 42.

Ausbau

- Nockenwelle und Tassenstößel ausbauen, siehe Seite 20.
- Kolben des jeweiligen Zylinders in den **unteren** Totpunkt (UT) stellen. Dazu Kurbelwelle mit Steckschlüssel an der Kurbelwellen-Riemenscheibe so verdrehen, daß die Kerbe auf der Riemenscheibe mit der Bezugsmarke der Zahnriemenabdeckung übereinstimmt (Zylinder 1 steht jetzt im OT). Gleichzeitig stehen die Zylinder 2 und 3 im unteren Totpunkt (UT). Kurbelwellen-Riemenscheibe von unten mit Kreide markieren, dann Riemenscheibe um ½ Umdrehung (180°) weiterdrehen, bis die Kreidemarkierung mit der Bezugsmarke übereinstimmt. Jetzt stehen die Zylinder 1 und 4 im UT.
- Sämtliche Zündkerzen herausschrauben.
- Druckluft-Adapter VW 653/3 oder HAZET 3428 mit Druckschlauch in das Zündkerzengewinde des betreffenden Zylinders einschrauben.

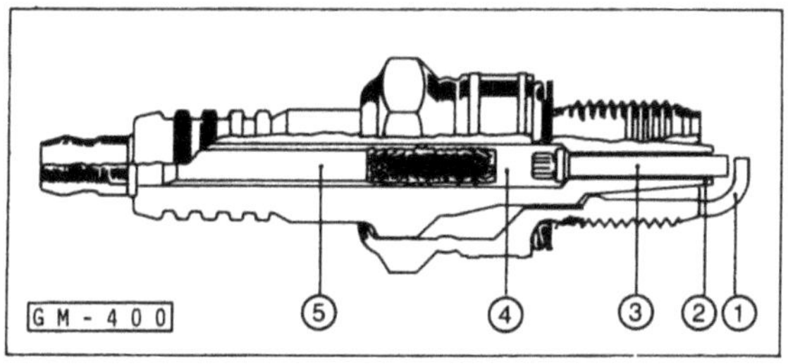

- Falls das Spezialwerkzeug nicht zur Verfügung steht, Druckluft-Adapter aus einer alten Zündkerze anfertigen. Dazu Masseelektrode –1– abkneifen. Keramik-Isolator –2– mit Schraubendreher abbrechen und Mittelelektrode –3– durch Hin- und Herbiegen abbrechen und herausnehmen. Rest der Mittelelektrode zusammen mit Glasschmelze –4– und Anschlußbolzen –5– mit geeignetem Durchschlag (ca. 3 mm) heraustreiben. Dabei Zündkerze in Schraubstock einspannen oder in entsprechendem Schraubendrehereinsatz (Stecknuß) einsetzen. **Achtung:** Das Gewinde der Zündkerze darf nicht beschädigt werden, um Folgeschäden an der Gewindebohrung im Zylinderkopf zu vermeiden.
- Zündkerze in den betreffenden Zylinder einschrauben und mit Druckluftschlauch verbinden.
- Über Druckluftschlauch ständig mindestens 6 bar Überdruck in den Zylinder blasen.

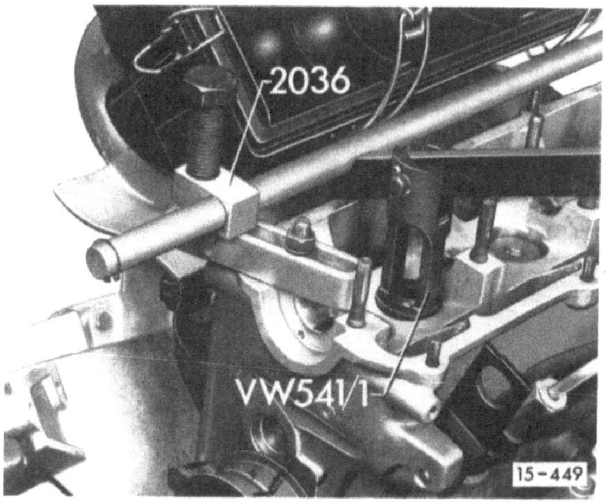

- VW-Werkzeug 2036 am Lagerbock 1 und 4 anschrauben und Ventilfedern mit Werkzeug VW 541/1 zusammendrücken. Es kann auch das HAZET-Werkzeug 2577-2 verwendet werden. In diesem Fall die am Werkzeug angebrachte Gegenhaltevorrichtung am Stehbolzen für die Nockenwellenbefestigung anschrauben und Ventilfedern mit Spannwerkzeug zusammendrücken.

Achtung: Der Kolben muß dabei im UT stehen.

- Ventilkegelstücke herausnehmen, Ventilfedern entspannen.

Achtung: Festsitzende Ventilkegelstücke mit **leichten** Hammerschlägen auf den Montagehebel lösen.

- Ventilfederteller und Ventilfedern herausnehmen.

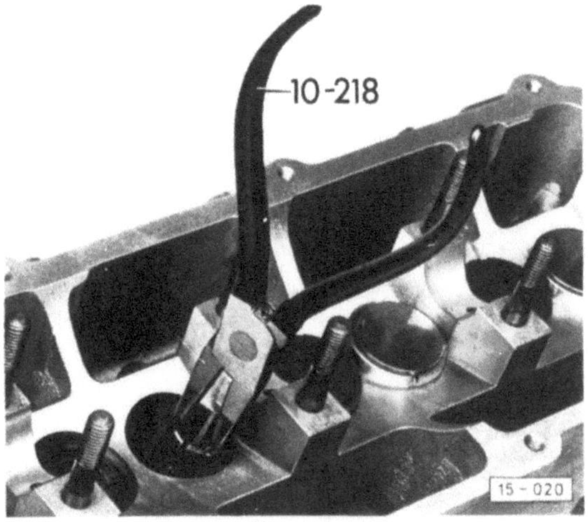

- Ventilschaftabdichtung herausziehen. Zum Ausbau benutzen die Werkstätten ein Spezialwerkzeug (VW 10-218 oder VW 3047, HAZET 791-5 oder Schlagauszieher HAZET 791-2). Die Ventilschaftabdichtungen sitzen in der Regel sehr fest. Für den Ausbau sollte deshalb möglichst ein Schlagauszieher benutzt werden.

Einbau

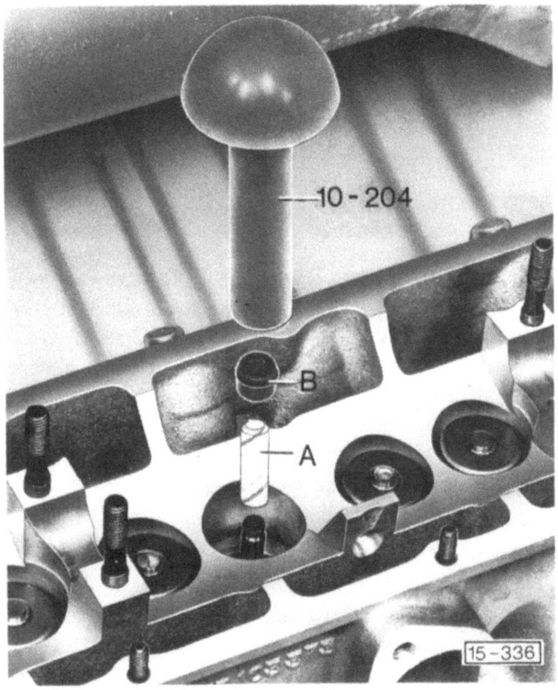

- Kunststoffhülse -A- (wird mit Dichtungen mitgeliefert) auf Ventilschaft stecken. Ventilschaftabdichtung -B- leicht einölen, in den Aufdrücker VW 10-204 oder HAZET 2577 einsetzen und vorsichtig auf die Ventilführung schieben. Hülse und Aufdrücker abnehmen.

Achtung: Erfolgt die Montage ohne Verwendung der Kunststoffhülse, werden die Ventilschaftabdichtungen beschädigt! Der Motor braucht dann übermäßig viel Öl!

- Ventilfedern und Ventilfederteller einsetzen und spannen.
- Ventilkegelstücke einsetzen, Ventilfedern entspannen.
- Auf die gleiche Weise sämtliche Ventilschaftabdichtungen erneuern. Tassenstößel und Nockenwelle einbauen, siehe Seite 20.

Ventilführungen prüfen

Bei Instandsetzungsarbeiten von Motoren mit undichten Ventilen genügt es nicht, die Ventile zu bearbeiten beziehungsweise zu ersetzen. Es ist außerdem dringend erforderlich, die Ventilführungen auf Verschleiß zu prüfen. Besonders wichtig ist die Prüfung an Motoren mit längerer Laufzeit. Ist der Verschleiß zu groß, sind entweder die Ventilführungen zu erneuern (Werkstattarbeit!), oder der Zylinderkopf ist auszutauschen.

- Rückstände an Ventilführungen mit Reinigungsahle entfernen.
- Neues Ventil ersetzen. Ventilschaftende muß mit Führung abschließen.

Achtung: Wegen der unterschiedlichen Schaftdurchmesser nur **Einlaßventil in Einlaßführung** beziehungsweise **Auslaßventil in Auslaßführung** verwenden.

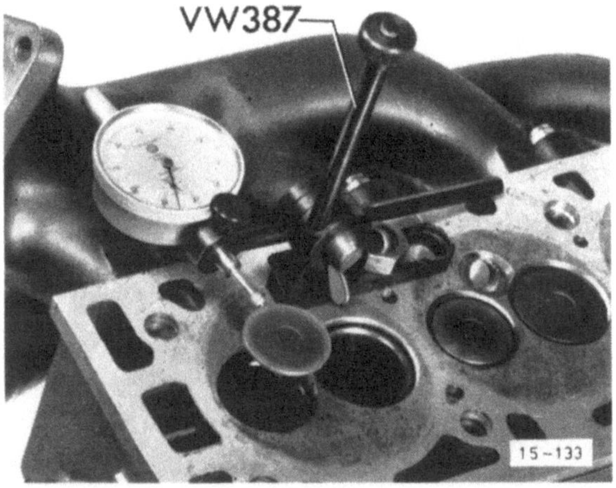

- Kippspiel ermitteln. Hierzu benutzen die VW/AUDI-Werkstätten das Spezialwerkzeug VW 689/1. Verschleißgrenze Einlaßventilführung: 1,0 mm, Auslaßventilführung: 1,3 mm.
- Bei zu großem Kippspiel Ventilführungen von Werkstatt erneuern lassen.

Ventilsitz im Zylinderkopf/ Ventil nacharbeiten

Ventilsitze mit Verschleiß- oder Verbrennungsspuren können nachgearbeitet werden, solange das maximal zulässige Nacharbeitungsmaß eingehalten wird. Wird das Nacharbeitungsmaß überschritten, ist die Funktion des hydraulischen Ventilspielausgleiches nicht mehr gewährleistet. In diesem Fall Zylinderkopf ersetzen. Ventilsitze immer nur so weit nacharbeiten, daß ein einwandfreies Tragbild erreicht wird. Ventilsitzringe können mit den üblichen Werkstattmitteln erneuert werden. Für das Nacharbeiten werden Reibahlen benötigt. Da der Umgang mit diesen Werkzeugen eine spezielle Erfahrung erfordert, sollte man die Arbeiten von einer Werkstatt durchführen lassen.

Achtung: Auslaßventilsitzringe sind zusätzlich mit einer Verengung versehen. Beim Nacharbeiten ist unbedingt darauf zu achten, daß der Radius der Verengung nicht beschädigt wird.

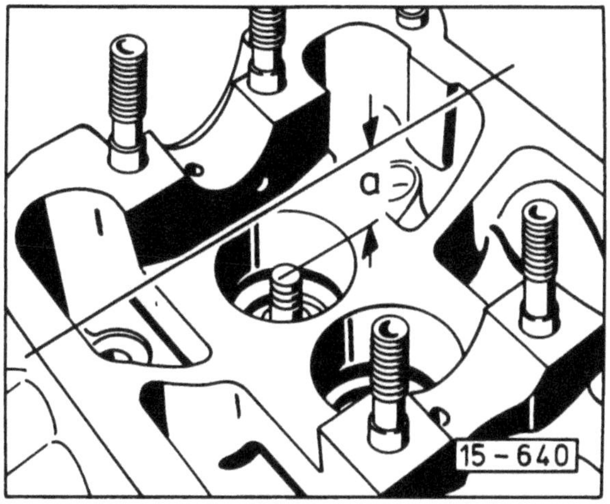

Maximal zulässiges Nacharbeitungsmaß errechnen

- Ventil einstecken und fest gegen den Ventilsitz drücken.
- Abstand –a– zwischen Ventilschaftende und Zylinderkopf-Oberkante messen.

Motor	Mindestmaß	
	Einlaßventil	Auslaßventil
Benzinmotor 55 – 100 kW 118 – 125 kW	 33,80 mm 36,00 mm	 34,10 mm 36,30 mm
Dieselmotor	35,80 mm	36,10 mm

- Um das maximal zulässige Nacharbeitungsmaß zu erhalten, muß das Mindestmaß vom gemessenen Abstand –a– abgezogen werden.
  Also:
  . . . mm = gemessener Abstand –a–
  – . . . mm = Mindestmaß
  . . . mm = max. zulässiges Nacharbeitungsmaß

Einlaßventilsitz Benzinmotor

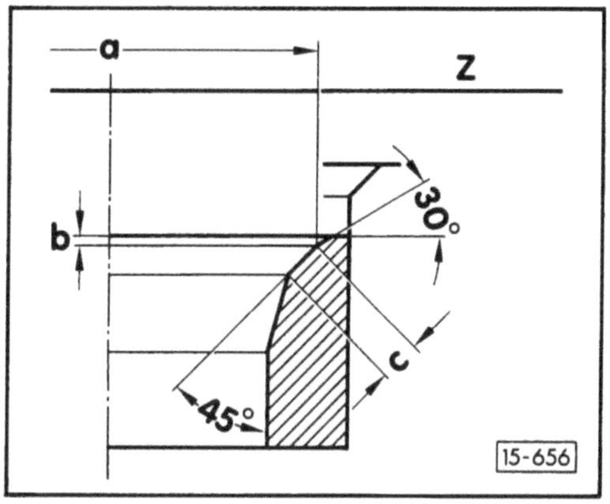

Auslaßventilsitz Benzinmotor

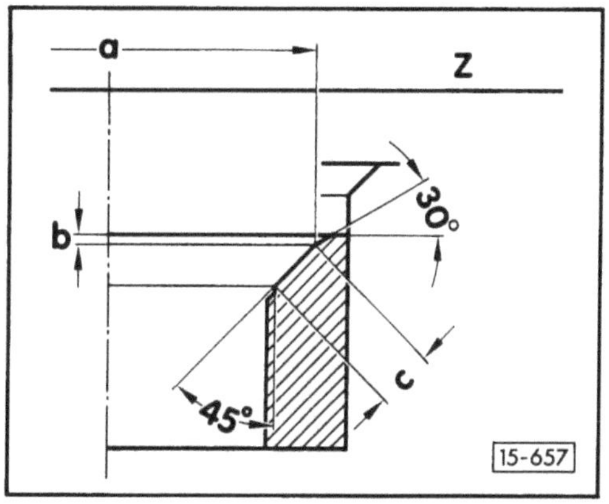

Bearbeitungswinkel und Sitzbreiten für Ventilsitz

Benzinmotor	Einlaßventil	Auslaßventil
55 – 66 kW 100 kW (KV[1])	a = 37,20 mm ∅	a = 32,40 mm ∅
82/83/85 kW 100 kW (NG[1])	a = 39,20 mm ∅	a = 32,40 mm ∅
55 – 100 kW	c = ca. 2,0 mm	c = ca. 2,4 mm
118 – 162 kW	a = 31,20 mm ∅ c = 1,5 – 1,8 mm[2]	a = 27,60 mm ∅ c = ca. 1,8 mm

[1]) Motor-Kennbuchstaben
[2]) Gegebenenfalls mit 75°-Korrekturfräser nacharbeiten

b = maximal zulässiges Nacharbeitungsmaß (errechnet)

Z = Zylinderkopf-Unterkante

30° = Korrekturwinkel oben

45° = Ventilsitzwinkel

Ventilsitz Dieselmotor

Einlaßventil 1,9-l	Einlaßventil 1,6-l	Auslaßventil
a = 37,20[1] mm ∅ b = 34,8 mm ∅ c = ca. 2,7 mm d = 1,5 mm max.	a = 35,20[1] mm ∅ b = 32,8 mm ∅ c = ca. 2,0 mm d = 1,5 mm max.	a = 33,20[1] mm ∅ b = 30,4 mm ∅ c = 2,4 mm (1,6-l) c = 2,05 mm (1,9-l) d = 1,5 mm max.

[1]) Maximaler Außendurchmesser des Korrekturfräsers

Korrekturwinkel = 15° Ventilsitzwinkel = 45°

Ventilmaße

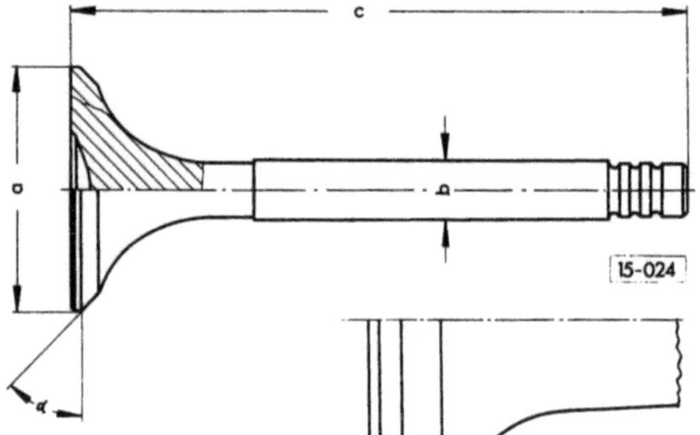

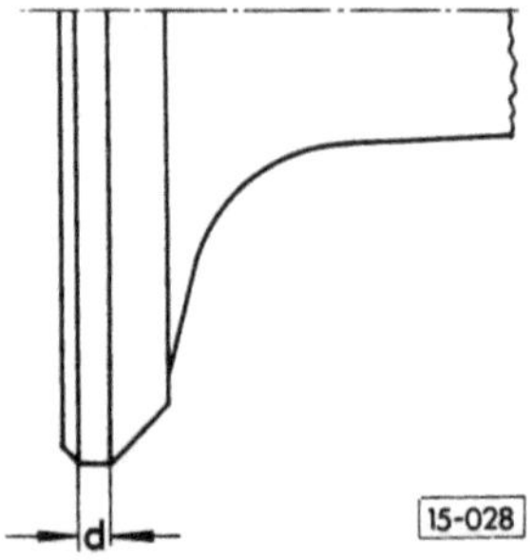

Motor	Einlaßventil	Auslaßventil
55 – 66 kW 100 kW (KV[1])	a = 38,00 mm ∅ b = 7,97 mm ∅ c = 91,00 mm	a = 33,00 mm ∅ b = 7,95 mm ∅ c = 90,80 mm
82/83/85 kW 100 kW (NG[1])	a = 40,00 mm ∅ b = 7,97 mm ∅ c = 91,00 mm	a = 33,00 mm ∅ b = 7,95 mm ∅ c = 90,80 mm
118/125/162 kW[2])	a = 32,00 mm ∅ b = 6,97 mm ∅ c = 95,50 mm	a = 28,00 mm ∅ b = 6,94 mm ∅ c = 98,20 mm
Diesel 40/50 kW Turbo-Diesel 59 kW	a = 34,00 mm ∅[3]) b = 7,97 mm ∅ c = 95,00 mm	a = 31,00 mm ∅ b = 7,95 mm ∅ c = 95,00 mm
Alle Motoren	α = 45°	α = 45°

[1]) Motor-Kennbuchstaben

[2]) Auslaßventile besitzen eine Natriumfüllung und dürfen deshalb nicht ohne weiteres verschrottet werden. Ventile in der Schaftmitte mit einer Eisensäge in 2 Teile trennen. Dabei dürfen die Ventile **nicht** mit Wasser in Berührung kommen. Anschließend die Ventilteile in einen Eimer mit Wasser werfen und zurücktreten. **Achtung:** Sobald das Natrium ins Wasser kommt, tritt eine plötzliche chemische Reaktion ein bei der das Natrium verbrennt.

[3]) 50-kW-/68-PS-Motor: a = 36,00 mm ∅

Ventile nacharbeiten

Achtung: Ventile an Benzinmotoren sowie Auslaßventile an Dieselmotoren dürfen **nicht** nachgearbeitet werden. Nur das Einschleifen ist zulässig.

- Beim Nacharbeiten von Einlaßventilen am Dieselmotor darf das Maß d = 0,5 mm nicht unterschritten werden.

Ventilsitz einschleifen

Bei einwandfrei bearbeiteten Ventilsitzringen und neuen Ventilen ist das Einschleifen der Ventilsitze im Zylinderkopf nicht unbedingt erforderlich.

- Die Ventile dürfen nur mit feinkörniger Schleifpaste eingeschliffen werden. Für die notwendigen Drehbewegungen wird ein Gummisauger auf den Ventilteller gesetzt. Rillenbildung auf den Sitzflächen beim Einschleifen läßt sich durch häufiges Anheben und gleichmäßiges Weiterdrehen des Ventils während des Schleifvorgangs vermeiden.

Achtung: Die Schleifpaste ist nach dem Einschleifen sorgfältig zu entfernen.

- Geprüft werden kann der Schleifvorgang am Tragbild sowie mit Kraftstoff: Ventil lose einsetzen, Kraftstoff in Brennraum einfüllen, Kraftstoff darf nicht aus der Ventilführung auslaufen. Sonst Schleifvorgang wiederholen.

Wartungsarbeiten am Motor

Sichtprüfung auf Ölverlust

Bei ölverschmiertem Motor und hohem Ölverbrauch überprüfen, wo das Öl austritt. Dazu folgende Stellen überprüfen:

- Öleinfülldeckel öffnen und Dichtung auf Porosität oder Beschädigung prüfen.
- Belüftungsschlauch vom Zylinderkopfdeckel zum Luftfilter auf festen Sitz prüfen.
- Zylinderkopfdeckel-Dichtungen
- Zylinderkopf-Dichtung
- Trennstelle Zündverteilerflansch
- Ölfilterdichtung: Ölfilterflansch am Motorblock sowie Ölfilter am Ölfilterflansch
- Öldruckschalter (Dichtring)
- Ölablaßschraube (Dichtring)
- Ölwannendichtung
- Trennstelle zwischen Motor und Getriebe (Dichtung an Schwungrad oder Getriebewelle).
- Wellendichtringe für Nockenwelle, Zwischenwelle und Kurbelwelle (Zahnriemenseite des Motors).

  Da sich bei Undichtigkeiten das Öl meistens über eine größere Motorfläche verteilt, ist der Austritt des Öls nicht auf den ersten Blick zu erkennen. Bei der Suche geht man zweckmäßigerweise wie folgt vor:

- Motorwäsche durchführen. Motor mit handelsüblichem Kaltreiniger einsprühen und nach einer kurzen Einwirkungszeit mit Wasser abspritzen. Vorher Zündverteiler und Generator mit Plastiktüte abdecken.
- Trennstellen und Dichtungen am Motor von außen mit Kalk oder Talkumpuder bestäuben.
- Ölstand kontrollieren, gegebenenfalls auffüllen.
- Probefahrt durchführen. Da das Öl bei heißem Motor dünnflüssig wird und dadurch schneller an den Leckstellen austreten kann, sollte die Probefahrt über eine Strecke von ca. 30 km auf einer Schnellstraße durchgeführt werden.
- Anschließend Motor mit Lampe absuchen, undichte Stelle lokalisieren und Fehler beheben.

Kompression prüfen

Die Kompressionsprüfung erlaubt Rückschlüsse über den Zustand des Motors. Und zwar läßt sich bei der Prüfung feststellen, ob die Ventile oder die Kolben (Kolbenringe) in Ordnung beziehungsweise verschlissen sind. Außerdem zeigen die Prüfwerte an, ob der Motor austauschreif ist beziehungsweise komplett überholt werden muß. Für die Prüfung wird ein Kompressionsdruckprüfer benötigt, der für Benzinmotoren recht preiswert in Fachgeschäften angeboten wird.

Achtung: Für den Dieselmotor wird ein Kompressiondruckprüfer mit größerem Meßbereich benötigt.

Der Druckunterschied zwischen den einzelnen Zylindern darf maximal 3,0 bar (Diesel 5,0 bar) betragen. Falls ein oder mehrere Zylinder gegenüber den anderen einen Druckunterschied von mehr als 3,0 bar (Diesel 5,0 bar) haben, ist dies ein Hinweis auf defekte Ventile, verschlissene Kolbenringe beziehungsweise Zylinderlaufbahnen. Ist die Verschleißgrenze erreicht, muß der Motor überholt beziehungsweise ausgetauscht werden.

Motor	Kompressionsdruck in bar	
	Neu	Verschleißgrenze
55–65 kW/ 66 kW (JN*)	9–12	7,0
162 kW (3B*)	9–13	7,0
66 kW (NE*) /82 kW	10–13	7,5
83 kW /85 kW (AAD*)	10,5–13,5	7,5
85 – 125 kW	10–14	8,0
Diesel 40/50/59 kW	34,0	26,0

*) Motor-Kennbuchstaben

- Zur Prüfung der Kompression sollte der Motor betriebswarm sein. Die Motoröltemperatur muß jedoch mindestens +30° C betragen.
- Zündung ausschalten.

Achtung: Hochspannungskabel (mittleres Kabel, Klemme 4) aus dem Zündverteiler herausziehen und mit geeignetem Hilfskabel gegen Masse legen. Das Hilfskabel muß den gleichen Querschnitt wie das Zündkabel haben und an beiden Enden mit Krokodilklemmen bestückt sein.

- Sämtliche Zündkerzenstecker abziehen. Hierzu gibt es eine spezielle Zange, zum Beispiel HAZET 1849. Damit dürfen die Stecker jedoch nur an den Blechhülsen gefaßt werden.
- Anschließend Zündkerzen-Nischen im Zylinderkopf mit Preßluft ausblasen, und alle Zündkerzen mit geeignetem Kerzenschlüssel herausschrauben.
- Motor mit Anlasser ein paarmal durchdrehen, damit Rückstände und Ruß herausgeschleudert werden. **Achtung:** Getriebe in Leerlaufstellung und Handbremse angezogen.
- Kompressionsdruckprüfer entsprechend der Bedienungsanleitung in die Zündkerzenöffnung drücken oder einschrauben.
- Von Helfer Gaspedal ganz durchtreten lassen und während der ganzen Prüfung mit dem Fuß festhalten.
- Motor ca. 8 Umdrehungen drehen lassen, bis kein Druckanstieg mehr auf dem Meßgerät erfolgt.
- Nacheinander sämtliche Zylinder prüfen und mit Sollwert vergleichen.
- Anschließend Zündkerzen einschrauben und Zündkabel aufstecken, siehe Seite 49.

Dieselmotor

- Elektrische Leitung vom Absteller an der Einspritzpumpe abnehmen.
- Einspritzleitungen mit Kaltreiniger reinigen und ausbauen.
- Einspritzdüsen ausbauen, siehe Seite 115.
- Kompressiondruckprüfer anstelle der Einspritzdüsen einschrauben. Dabei zwischen Druckprüfer und Zylinderkopf alte Wärmeschutzdichtung einlegen.

Achtung: Der angegebene Kompressionsdruck hat nur für die Prüfung mit dem Kompressionsdruckprüfer V.A.G-1381 und Adapter V.A.G-1323/2A Gültigkeit.

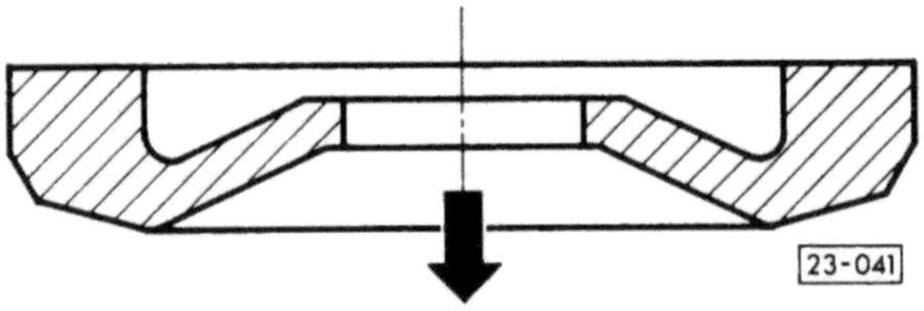

- Einspritzdüsen einschrauben und mit **70 Nm** festziehen.

Achtung: Wärmeschutzdichtung zwischen Zylinderkopf und Einspritzdüse immer ersetzen. Die Vertiefung muß nach oben zeigen.

- Einspritzleitungen mit **25 Nm** anschrauben.
- Leitung am Absteller aufschieben.

Starthilfe

Bei der Starthilfe mit einem Starthilfekabel sind einige Punkte zu beachten:

- Der Leitungsquerschnitt der Starthilfekabel soll bei Ottomotoren bis ca. 2,5 l Hubraum mindestens 16 mm^2 (Durchmesser ca. 5 mm) betragen. Bei Dieselmotoren oder Ottomotoren über ca. 2,5 l Hubraum soll der Leitungsquerschnitt mindestens 25 mm^2 betragen. Maßgebend ist dabei jeweils das Fahrzeug mit der entladenen Batterie. Der Leitungsquerschnitt ist in der Regel auf der Packung der Starthilfekabel angegeben. Beim Neukauf ist grundsätzlich ein Starthilfekabel mit isolierten Kabelzangen und 25 mm^2 Querschnitt empfehlenswert, da es sich auch für Motoren mit geringerem Hubraum eignet.
- Beide Batterien müssen eine Spannung von 12 Volt haben.
- Eine entladene Batterie kann bereits bei −10° C gefrieren. Vor Anschluß der Starthilfekabel muß eine gefrorene Batterie unbedingt aufgetaut werden.
- Die entladene Batterie muß ordnungsgemäß am Bordnetz angeklemmt sein.
- Flüssigkeitsstand der entladenen Batterie prüfen, gegebenenfalls mit destilliertem Wasser auffüllen.
- Fahrzeuge so weit auseinanderstellen, daß kein metallischer Kontakt besteht. Andernfalls könnte bereits beim Verbinden der Pluspole ein Strom fließen.
- Bei beiden Fahrzeugen Handbremse anziehen. Schaltgetriebe in Leerlaufstellung, automatisches Getriebe in Parkstellung »P« schalten.
- Alle Stromverbraucher ausschalten.
- Motor des stromgebenden Fahrzeuges im Leerlauf laufen lassen.

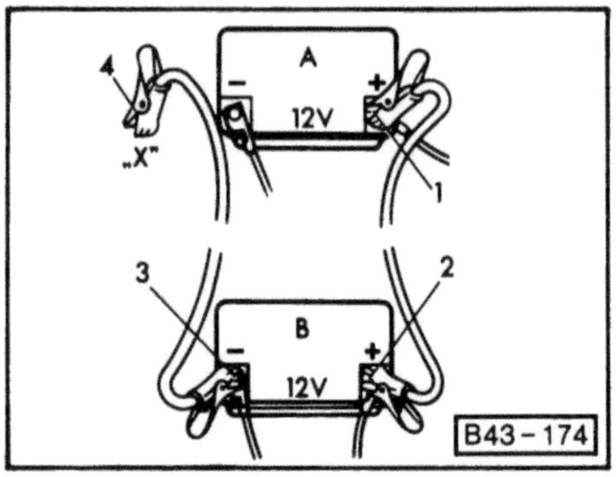

- Starthilfekabel in folgender Reihenfolge anschließen:
  1. Rotes Kabel an den Pluspol der entladenen Batterie –A– anklemmen.
  2. Das andere Ende des roten Kabels an den Pluspol der stromgebenden Batterie –B– anklemmen.
  3. Schwarzes Kabel an den Minuspol der stromgebenden Batterie anklemmen.
  4. Das andere Ende des schwarzen Kabels an eine gute Massestelle –X– des Empfängerfahrzeuges anschließen. Dadurch werden Masseverluste vermieden. Am besten eignet sich hierzu ein fest mit dem Motorblock verschraubtes Metallteil oder der Motorblock selbst. Unter ungünstigen Umständen könnte beim Anschließen des Kabels an den Minuspol der leeren Batterie, durch Funkenbildung und Knallgasentwicklung, die Batterie explodieren.
- Polzangen nochmals auf festen Sitz prüfen. Darauf achten, daß die Starthilfekabel nicht durch sich drehende Teile, wie etwa durch den Kühlerventilator, beschädigt werden können.

Achtung: Die Klemmen der Starthilfekabel dürfen bei angeschlossenen Kabeln nicht in Kontakt miteinander kommen, beziehungsweise die Plusklemmen dürfen keine Massestellen (Karosserie oder Rahmen) berühren.

- Motor des Empfängerfahrzeuges (leere Batterie) starten und laufen lassen. Beim Starten Anlasser nicht länger als 15 Sekunden ununterbrochen betätigen, da sich durch die hohe Stromaufnahme Polzangen und Kabel erwärmen. Deshalb zwischendurch eine »Abkühlpause« von mindestens 1 Minute einlegen.
- Grundsätzlich Motor des Spenderfahrzeuges während des Startvorganges mit Leerlaufdrehzahl drehen lassen. Dadurch wird eine eventuelle Beschädigung des Generators durch Spannungsspitzen beim Startvorgang vermieden. Sinkt allerdings die Leerlaufdrehzahl stark ab, kann etwas Gas gegeben werden.
- Während des Starthilfevorganges offene Flammen oder brennende Zigaretten in der Nähe der Batterie vermeiden, weil aus der Batterie brennbare Gase austreten können.
- Nicht über die Batterien beugen – Verätzungsgefahr!
- **Nach der Starthilfe** Kabel in **umgekehrter** Reihenfolge abklemmen.

Achtung: Werden die vorgeschriebenen Anschlußhinweise nicht genau eingehalten, besteht die Gefahr der Verätzung durch austretende Batteriesäure. Außerdem können Verletzungen oder Schäden durch eine Batterieexplosion entstehen. Zudem können Defekte an den elektrischen Anlagen beider Fahrzeuge auftreten.

Fahrzeug abschleppen

- Zündung einschalten, damit das Lenkrad nicht blockiert ist und die Blinkleuchten, das Signalhorn und gegebenenfalls die Scheibenwischer betätigt werden können.
- Da der Bremskraftverstärker nur bei laufendem Motor arbeitet, muß bei Fahrzeugen mit Bremskraftverstärker bei nicht laufendem Motor das Bremspedal entsprechend kräftiger getreten werden!
- Bei Fahrzeugen mit Servolenkung muß zum Lenken mehr Kraft aufgewendet werden, da bei stehendem Motor die Servo-Unterstützung fehlt.
- Das Abschleppseil soll elastisch sein, damit das schleppende und das gezogene Fahrzeug geschont werden. Nur Kunstfaserseile oder Seile mit elastischen Zwischengliedern verwenden.
- Fahrzeuge, bei denen ein Defekt an der Zündanlage besteht oder vermutet wird, dürfen nur mit abgezogenem Stecker am TSZ-H-Schaltgerät abgeschleppt werden.
- Ohne Getriebeöl darf das Fahrzeug nur mit angehobenen Antriebsrädern abgeschleppt werden.
- Bei Allrad-Fahrzeugen darauf achten, daß beim Abschleppen mit angehobener Vorderachse die Differentialsperre nicht eingelegt ist. Falls sich die angehobenen Räder nicht frei drehen können, darf nicht schneller als 50 km/h und nicht weiter als 50 km gefahren werden.
- Fahrzeuge mit automatischem Getriebe abschleppen, siehe Seite 137.

Störungsdiagnose Motor

Wenn der Motor nicht anspringt, Fehler systematisch einkreisen. Damit der Motor überhaupt anspringen kann, müssen beim Benzinmotor immer zwei Grundvoraussetzungen erfüllt sein. Das Kraftstoff-Luftgemisch muß bis in die Zylinder gelangen und der Zündfunke muß an den Zündkerzen vorhanden sein. Als erstes ist deshalb immer zu prüfen, ob überhaupt Kraftstoff gefördert wird. Wie man dabei vorgeht, steht in den Kapiteln »Kraftstoff-« und »Einspritzanlage«.

Um festzustellen, ob ein Zündfunke vorhanden ist, Zündkerzen herausschrauben, in Zündkerzenstecker stecken und einzeln gegen Masse halten. Dabei Kerzenstecker oder Zündkabel **nicht** mit der Hand festhalten, sondern eine gut isolierte Zange nehmen. Von Hilfsperson Motor starten lassen. Wenn kein Zündfunke überspringt, Fehler entsprechend dem Kapitel »Zündanlage« aufspüren. **Achtung: Sicherheitshinweise für elektronische Zündanlage beachten.**

Beim Dieselmotor Vorglüh- und Kraftstoffanlage prüfen.

Störung: Der Motor springt schlecht oder gar nicht an

Ursache		Abhilfe
Bedienungsfehler beim Starten	**Vergasermotor:**	■ **Bei kaltem Motor:** Kupplung treten, Zündung einschalten, Starterzug ganz herausziehen, starten, **kein Gas geben.** Nachdem der Motor angesprungen ist, Starterzug 2 Rasten reinschieben und sofort losfahren. Bei Temperaturen unter 0° C Starterzug nur 1 Raste reinschieben. Bei wärmer werdendem Motor Starterzug nach und nach ganz zurückschieben. Grundsätzlich sofort losfahren, nur bei strengem Frost Motor ca. 30 Sekunden (Automatikgetriebe: 1 Minute) warmlaufen lassen. Wenn der Motor nach mehreren Startversuchen trotz einzelner Zündungen nicht anspringt, nochmals mit vollständig niedergetretenem Gaspedal starten. ■ **Bei warmem Motor:** Während des Anlassens Gaspedal langsam niedertreten. Nach dem Anspringen Gaspedal loslassen. ■ **Bei heißem Motor:** Vor dem Anlassen Gaspedal ganz niedertreten und Vollgas-Stellung beibehalten – nicht pumpen.
	Benzin-Einspritzmotor:	■ Gaspedal etwas niederdrücken und festhalten. Kupplung durchtreten. ■ Zündschlüssel drehen und starten bis der Motor anspringt. Dann erst Zündschlüssel loslassen.
	Dieselmotor:	■ **Bei kaltem Motor:** Kaltstarthilfe ganz herausziehen. Zündung einschalten, bis die Kontrollampe erlischt. Kupplung durchtreten. Sofort nach verlöschen der Kontrollampe Motor anlassen, kein Gas geben. Zugknopf der Kaltstarthilfe ca. 1 Minute nach Anspringen des Motors wieder ganz hineinschieben. ■ **Bei warmem Motor:** Es braucht nicht vorgeglüht zu werden, Motor kann sofort angelassen werden.
Benzinmotor: Zündanlage defekt, verschmutzt oder verstellt		■ Zündanlage entsprechend Störungsdiagnose überprüfen
Dieselmotor: Vorglühanlage defekt		■ Vorglühanlage prüfen
Kraftstoffanlage defekt, verschmutzt		■ Kraftstoffanlage entsprechend Störungsdiagnose überprüfen
Anlasser dreht zu langsam		■ Batterie laden. Falls Einbereichs-Motoröl eingefüllt ist, in der kalten Jahreszeit Mehrbereichsöl bzw. Winteröl einfüllen. Anlasser überprüfen
Kompressionsdruck zu niedrig		■ Hydrostößel prüfen, Motor überholen
Falsche Steuerzeiten		■ Steuerzeiten überprüfen, Zahnriemenspannung kontrollieren
Zylinderkopfdichtung defekt		■ Dichtung ersetzen

Die Zündanlage

Die Zündanlage erzeugt für jeden Zylinder des Motors im richtigen Augenblick den Zündfunken. Dieser setzt das angesaugte Kraftstoffluftgemisch in Brand. In der Zündspule wird hierzu die Batteriespannung von 12 Volt auf 25 000 bis 30 000 Volt umgeformt.

Je nach Modell besitzt der AUDI 80/90 eine Transistor-Spulen-Zündung (TSZ) oder eine Vollelektronische Zündanlage (VEZ) mit Klopfregelung. Die Zündanlage der 118-/125-kW-Motoren entspricht weitgehend der VEZ, ist jedoch in die vollelektronische Motorsteuerung (MPI) integriert.

Die Zündanlage besteht aus der Zündspule, den Zündkerzen, dem Zündverteiler mit Hallgeber und Verteilerläufer sowie dem elektronischen Steuergerät.

Die Grundplatte des TSZ-Schaltgerätes dient zur Wärmeabfuhr. Vor Montage des Schaltgerätes Grundplatte und Auflagefläche sorgfältig reinigen und mit Wärmeleitpaste bestreichen, damit eine gute Wärmeabgabe möglich ist.

Achtung: Die Arbeitswärme des Gerätes wird über die Karosserie abgeleitet, deshalb darf der Motor nicht laufen, wenn das Schaltgerät nicht fest installiert ist.

Funktion der TSZ-H-Anlage

Die Transistorzündanlage (TSZ) ist ein kontaktloses Zündsystem. Anstelle des Unterbrecherkontaktes ist der Zündverteiler mit einem wartungsfreien Hallgeber (TSZ-H) ausgestattet. Ein Zündkondensator ist nicht erforderlich. Der Hallgeber besteht aus einer berührungslos arbeitenden Magnetschranke und einer an der Verteilerwelle befestigten Rotorblende.

Der Hallgeber steuert das TSZ-Schaltgerät an und bestimmt somit den Aus- und Einschaltpunkt des Zündspulenstromes. Dadurch bestimmt der Hallgeber auch den Zündzeitpunkt.

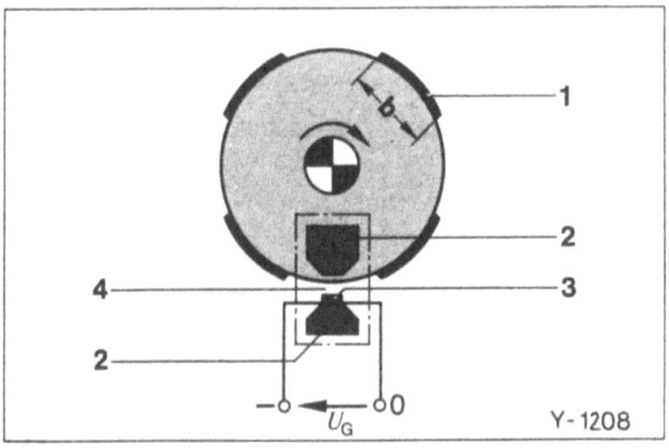

Da sich der Rotor mit der Verteilerwelle dreht, laufen die Blenden –1– berührungslos durch den Luftspalt –4– der Magnetschranke –2–. Sobald sich die Blende in den Luftspalt der Magnetschranke dreht, lenkt sie das Magnetfeld an der integrierten Halbleiterschaltung (Hall-IC) –3– vorbei. Dadurch sinkt die Hallspannung –U_G– nahezu auf Null, und über das TSZ-Schaltgerät wird der Primärstrom der Zündspule eingeschaltet. Dreht sich die Blende aus dem Luftspalt der Magnetschranke, wird der Primärstrom abgeschaltet und die Zündung erfolgt.

Die Anzahl der Blenden am Rotor entspricht immer der Zylinderzahl des Motors. Die Breite –b– der einzelnen Blenden entspricht dem Schließwinkel dieses Zündsystems. Der Schließwinkel bleibt über die gesamte Lebensdauer des Hallgebers konstant; eine Schließwinkeleinstellung entfällt also.

Um das Schaltgerät und die Zündspule vor hoher Erwärmung zu schützen, schaltet das Schaltgerät bei eingeschalteter Zündung und stehendem Motor die Spannungsversorgung der Zündspule ab.

Aus Sicherheitsgründen hat die Zündspule eine 5,5 mm große Öffnung mit Verschlußstopfen. Sie dient dazu, die Vergußmasse der Zündspule im Falle eines Schaltdefektes im TSZ-Schaltgerät gezielt austreten zu lassen.

Funktion der VEZ

Die Vollelektronische Zündanlage (VEZ) ist eine Transistor-Zündanlage mit einem elektronischen Steuergerät. Das Steuergerät hat die Aufgabe, die Zündverstellung, die bei der TSZ-Zündanlage mit Fliehgewichten und durch Unterdruck vorgenommen wird, durch ein Kennfeld zu steuern.

Bei der kennfeldgesteuerten Zündanlage ist der optimale Zündzeitpunkt vom jeweiligen Betriebszustand des Motors abhängig. Als Meßgrößen dienen die Motordrehzahl, die Motortemperatur und der Lastzustand (Saugrohrunterdruck, Drosselklappenstellung). Darunter versteht man die momentane Belastung des Motors. Denn es ist ein Unterschied, ob das Fahrzeug beispielsweise mit 4000/min einen Berg rauf- oder runterfährt.

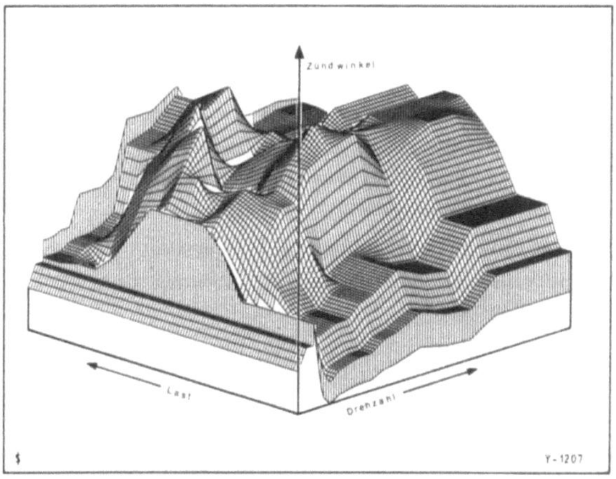

Das erforderliche Kennfeld für die Zündanlage wird durch Versuche auf dem Motorprüfstand ermittelt und anschließend in Fahrversuchen so abgestimmt, daß sich die günstigsten Werte für Verbrauch, Abgas und Fahrverhalten ergeben. Die ermittelten Werte werden im Steuergerät gespeichert.

Während der Fahrt werden aus den Funktionen Motordrehzahl, Motortemperatur und Lastzustand Signale an das Steuergerät gegeben, welches dann aus dem festgelegten Zündkennfeld für den momentanen Betriebszustand den richtigen Zündzeitpunkt, zum Beispiel 10° vor OT oder 0°, bestimmt.

Neben diesen Steuerungsgrößen wird der Zündzeitpunkt auch noch von einem Klopfsensor beeinflußt. Da der Kraftstoffverbrauch bei hoher Verdichtung am besten ist, werden die modernen Motoren möglichst hoch verdichtet. Durch die hohe Verdichtung kann es jedoch zu einer unkontrollierten Verbrennung kommen, man spricht dann vom Motorklopfen.

Das Motorklopfen kann auf Dauer zu Motorschäden führen. Um das zu vermeiden, ist ein Klopfsensor erforderlich, der die falsche Verbrennung registriert und dafür sorgt, daß die Zündung in Richtung spät verändert wird. Der Klopfsensor sitzt am Motorblock und ist über eine elektrische Leitung mit dem VEZ-Steuergerät verbunden.

Bei Ausfall der Steuerungsgrößen können Mängel im Fahrverhalten auftreten, und zwar durch verringerte Motorleistung. Eventuell kann sich auch der Verbrauch erhöhen. Langfristige Schäden am Motor sind nicht zu befürchten, wenn der Defekt alsbald behoben wird.

Achtung: Bei Arbeiten an der VEZ sind die Sicherheitsmaßnahmen bei elektronischen Zündanlagen zu beachten.

Sicherheitsmaßnahmen zur elektronischen Zündanlage

Bei elektronischen Zündanlagen beträgt die Zündspannung bis zu 30 kV (Kilovolt). Unter ungünstigen Umständen, zum Beispiel Feuchtigkeit im Motorraum, können Spannungsspitzen die Isolation durchschlagen, was bei Berührung zu Elektroschocks führt.

Um Verletzungen von Personen und/oder die Zerstörung der elektronischen Zündanlage zu vermeiden, ist bei Arbeiten an Fahrzeugen mit elektronischer Zündanlage folgendes zu beachten:

- Zündkabel nicht bei laufendem Motor bzw. bei Anlaßdrehzahl mit der Hand berühren bzw. abziehen.
- Leitungen der Zündanlage nur bei ausgeschalteter Zündung abklemmen. Bei eingeschalteter Zündung kann durch Erschütterung des Verteilers ein Hochspannungsstoß ausgelöst werden.
- Das An- und Abklemmen von Meßgeräteleitungen (Drehzahlmesser/Zündungstester) nur bei ausgeschalteter Zündung vornehmen.
- An Klemme 1 (–) dürfen kein Entstörkondensator und keine Prüflampe angeschlossen werden.
- Bevor der Motor mit Anlaßdrehzahl betrieben (z. B. Kompressionsdruckprüfung) wird, Zündung ausschalten und mittleres Hochspannungskabel (Klemme 4) aus dem Zündverteiler ziehen und mit Hilfsleitung gegen Masse legen. Die Hilfsleitung muß den gleichen Querschnitt haben wie das Zündkabel.
- Beim Abschleppen von Fahrzeugen, bei denen ein Defekt an der Zündanlage besteht oder vermutet wird, vorher Stecker am TSZ-H-Schaltgerät oder an der Leistungsendstufe der Zündspule (VEZ/MPI) abziehen.
- Die Starthilfe mit einem Schnellader ist nur bis zu 1 Minute mit maximal 16,5 Volt zulässig.
- Die Zündspule darf nicht durch eine andere Ausführung ersetzt werden. Auf keinen Fall darf eine für unterbrechergesteuerte Zündanlagen vorgesehene Zündspule eingebaut werden.
- Den Zündverteilerläufer mit 1 kΩ (Kennzeichnung R 1) nicht gegen einen anderen tauschen, auch nicht bei Radioentstörung.
- Bei der Entstörung an den Hochspannungsleitungen nur Widerstände mit 1 kΩ und Zündkerzenstecker mit 5 kΩ verwenden.
- Bei Erhitzung auf mehr als +80° C (z. B. Lackieren, Dampfstrahlen) darf der Motor nicht unmittelbar nach der Aufheizphase gestartet werden.
- Bei Elektro- und Punktschweißen Batterie komplett abklemmen.
- Motorwäsche nur bei ausgeschalteter Zündung durchführen.
- Personen mit einem Herzschrittmacher sollen keine Arbeiten an der elektronischen Zündanlage durchführen.

Die TSZ-H-Zündanlage

1 – **Zündleitung**

2 – **Entstörstecker**

3 – **Abschirmung**
Bei Radioentstörung

4 – **Verteilerkappe**
Vor dem Aufsetzen reinigen.

5 – **Schleifkohle mit Feder**

6 – **Zündkerzenstecker**

7 – **Zündkerze, 25 Nm**

8 – **Schutzkappe**

9 – **Klemme 4**

10 – **Klemme 1 (–)**

11 – **Klemme 15 (+)**

12 – **Zündspule**

13 – **TSZ-Schaltgerät**
Einbaulage: Im Innenraum unter der Abdeckung vorn links im Fußraum.

14 – **Kühlkörper**

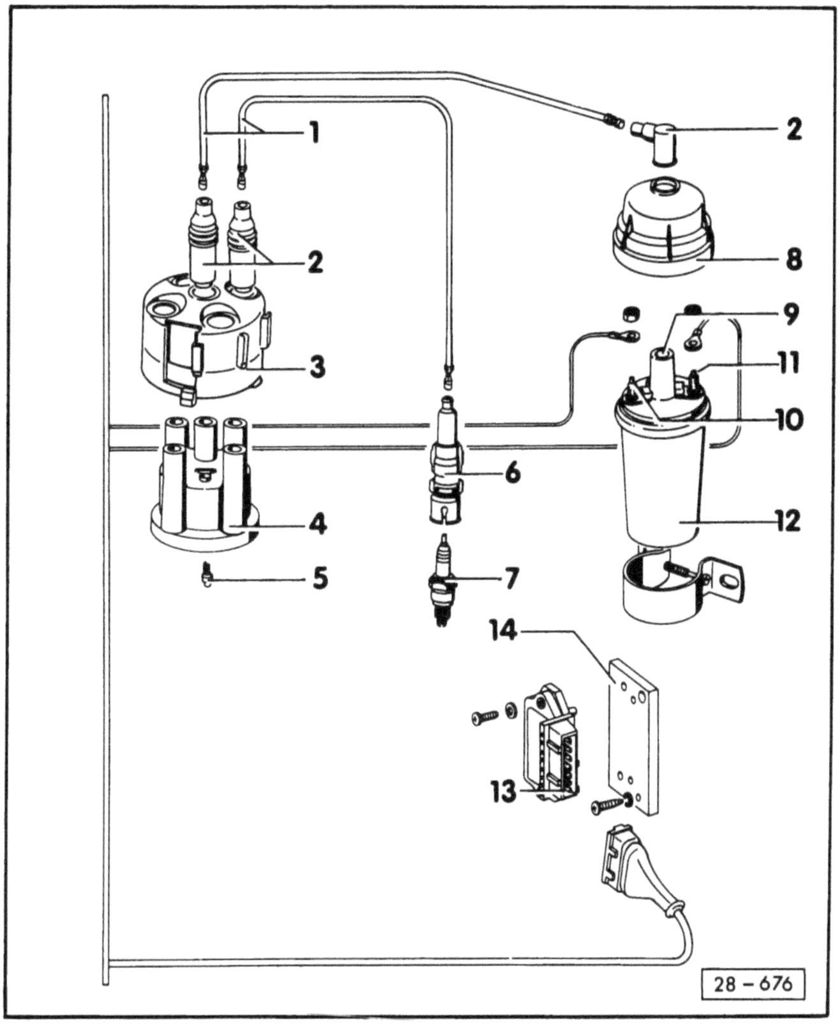

VEZ-Zündanlage

Das VEZ-Steuergerät ist mit einem Fehlerspeicher ausgestattet. Hier werden Fehler gespeichert, die in der Motorelektronik während der Fahrt auftreten. Vor Reparaturen an der Zündanlage muß zunächst der Fehlerspeicher abgerufen werden. Voraussetzung dafür ist, daß nach der Fahrt die Zündung nicht ausgeschaltet wird, denn dadurch wird der Fehlerspeicher jedesmal gelöscht. Abgerufen wird der Fehlerspeicher indem eine Ersatzsicherung mindestens 4 Sekunden lang oben in das Kraftstoffpumpenrelais gesteckt wird. Die Kontrollampe für Motorelektronik beginnt dann in einem bestimmten Rhythmus zu blinken und zeigt dadurch den Fehlercode an. Da die Darstellung aller Fehlercodes äußerst umfangreich ist und die Deutung der Impulse Fachkenntnisse voraussetzt, kann sie in diesem Buch leider nicht abgedruckt werden. Kein Fehler ist gespeichert, wenn die Lampe 4mal hintereinander 4mal kurz aufleuchtet.

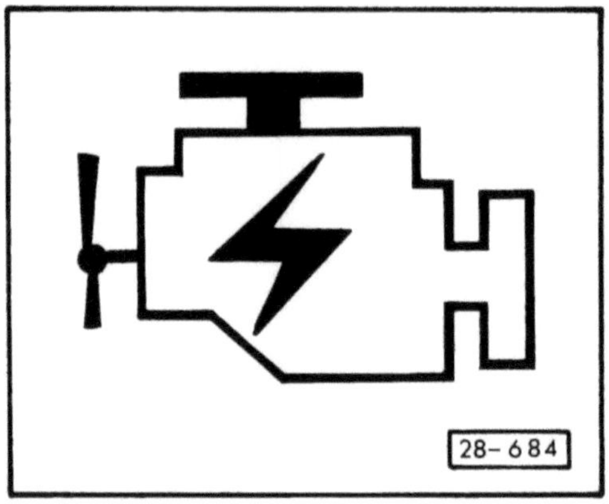

1 – **Zündleitung**
2 – **Entstörstecker**
3 – **Abschirmring**
4 – **Verteilerkappe**
5 – **Schleifkohle mit Feder**
6 – **Zündkerzenstecker**
7 – **Zündkerze, 25 Nm**
8 – **Schutzkappe**
9 – **Klemme 4**
10 – **Klemme 1 (–)**
11 – **Klemme 15 (+)**
12 – **Zündspule**
13 – **Zündverteilerläufer**
14 – **Anschlußstecker**
15 – **Zündverteiler**
16 – **Dichtring**
17 – **Leitungsstrang für VEZ, KE-Jetronic**
18 – **Klemme**
19 – **Befestigungsschraube, 25 Nm**
20 – **Anschlußstecker**
21 – **Anschlußröhrchen**
Für Unterdruckleitung vom Drosselklappenstutzen. Nur bei Motor mit Kennbuchstaben »PS« vorhanden.
22 – **VEZ-Steuergerät**
23 – **Schraube, 20 Nm**
Achtung: Anzugsdrehmoment hat Einfluß auf die Funktion des Klopfsensors.
24 – **Klopfsensor**
Am Motorblock.
25 – **Leistungsendstufe**
26 – **Kontrolleuchte Motorelektronik**

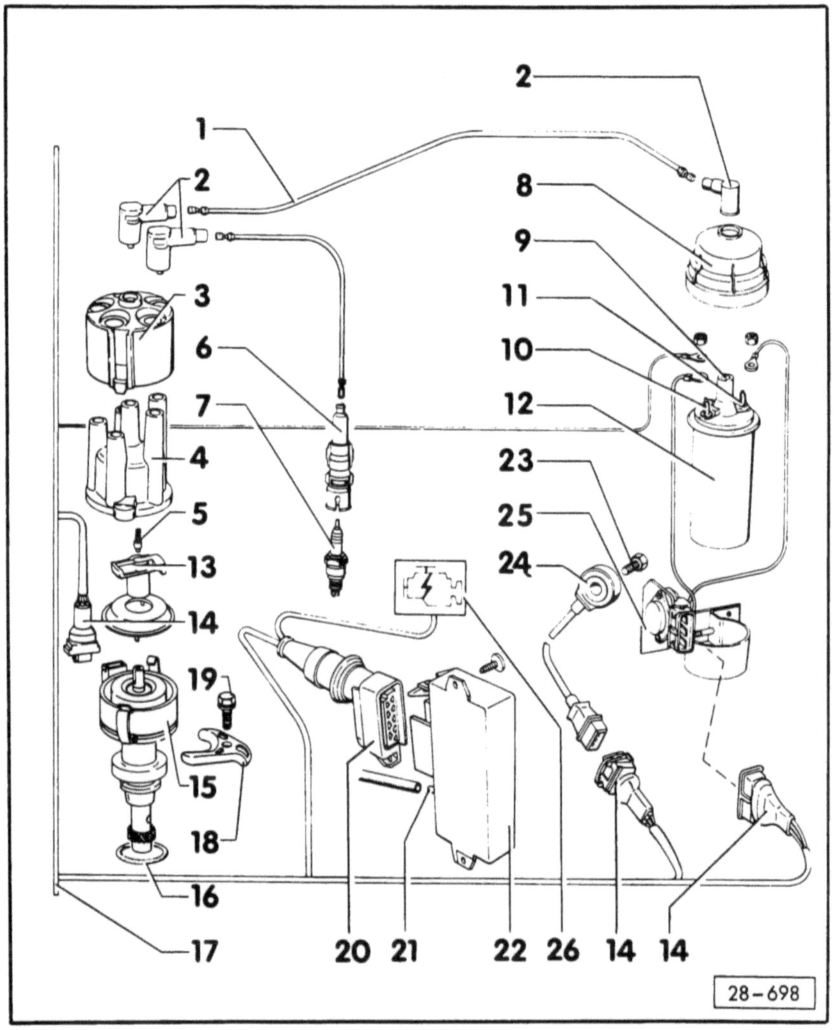

Zündspule prüfen

Die Zündspule kann mit einem Ohmmeter geprüft werden.

- Massekabel von der Batterie abklemmen.
- Abdeckkappe für Zündspule abziehen.
- Anschlüsse an der Zündspule abklemmen. Dazu beim 5-Zylinder-Motor gegebenenfalls Halteschraube für Abdeckkappe herausdrehen und Abdeckung zur Seite klappen.

- Wenn der Stopfen –Pfeil– an der Zündspule herausgedrückt ist, Zündspule ersetzen.
- Zündspule auf Haarrisse prüfen, gegebenenfalls ersetzen.
- Primärwiderstand der Zündspule prüfen, dazu Ohmmeter an die Klemmen 1 und 15 anschließen.
- Sekundärwiderstand prüfen, dazu Ohmmeter an die Klemmen 15 und 4 anschließen.

Zündanlage	Zündspulenwiderstand	
	primär	sekundär
TSZ-H	0,52 – 0,76 Ω	2,4 – 3,5 kΩ
VEZ/Motronic	0,5 – 1,5 Ω	5 – 9 kΩ
MPI	ca. 0 – 1 Ω	6,5 – 8,0 kΩ

- Elektrische Leitungen an Zündspule anklemmen.
- Abdeckkappe aufdrücken.
- Massekabel an Batterie anklemmen.

Achtung: Wird die Zündspule ersetzt, auf keinen Fall eine Zündspule für eine herkömmliche, unterbrechergesteuerte Zündanlage einbauen, sonst wird das Steuergerät zerstört.

Zündkabel prüfen

- Massekabel (–) von der Batterie abklemmen.
- Kerzenstecker abziehen, Zündkabel von Verteilerkappe und Zündspule abziehen. **Achtung:** Dabei am Stecker und nicht am Kabel ziehen.
- Ohmmeter anschließen und Widerstand messen.

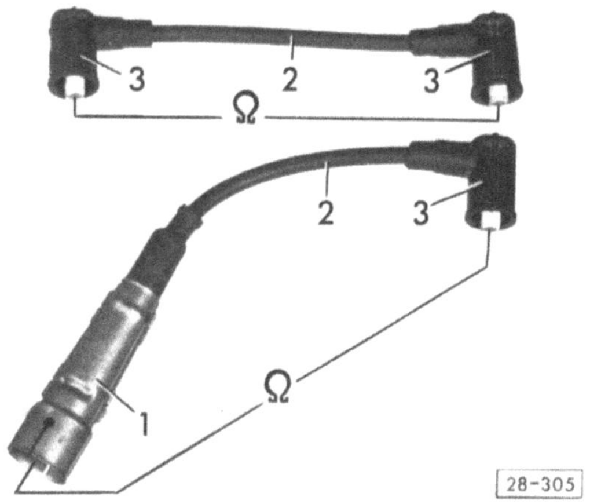

Bauteil	Sollwert
Zündkerzenkabel mit angeschlossenen Steckern	4,6 – 7,4 kΩ
Zündspulenkabel mit angeschlossenen Steckern	1,2 – 2,8 kΩ
Zündkerzenstecker –1–	4 – 6 kΩ
Zündleitung –2–	0 kΩ
Entstörstecker –3–	0,6 – 1,4 kΩ

- Bei zu hohem Widerstand Kabelanschlüsse reinigen und Prüfung wiederholen, gegebenenfalls Kabel erneuern.
- Isolation der Zündleitungen prüfen, dazu Kabel im Bereich der Kerzenstecker in engem Radius biegen und auf Risse kontrollieren, gegebenenfalls alle Zündkabel ersetzen.
- Verteilerläufer prüfen.
- Massekabel (–) an Batterie anklemmen.

Zündverteilerläufer prüfen

Für einen einwandfreien Zündfunken darf der Widerstand des Verteilerläufers nicht zu hoch sein.

- Zündverteilerkappe ausbauen.

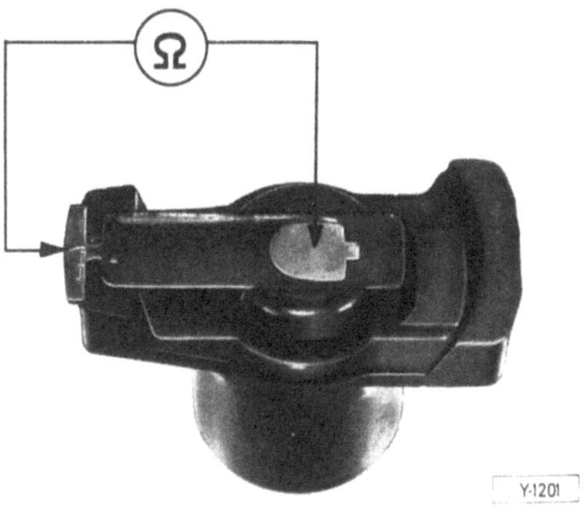

- Ohmmeter an Zündverteilerläufer anschließen. Der Sollwert: 0,6 bis 1,4 kΩ, Kennzeichnung R 1.

Zündverteiler aus- und einbauen

Die Abbildung zeigt den Zündverteiler der TSZ-H-Anlage.

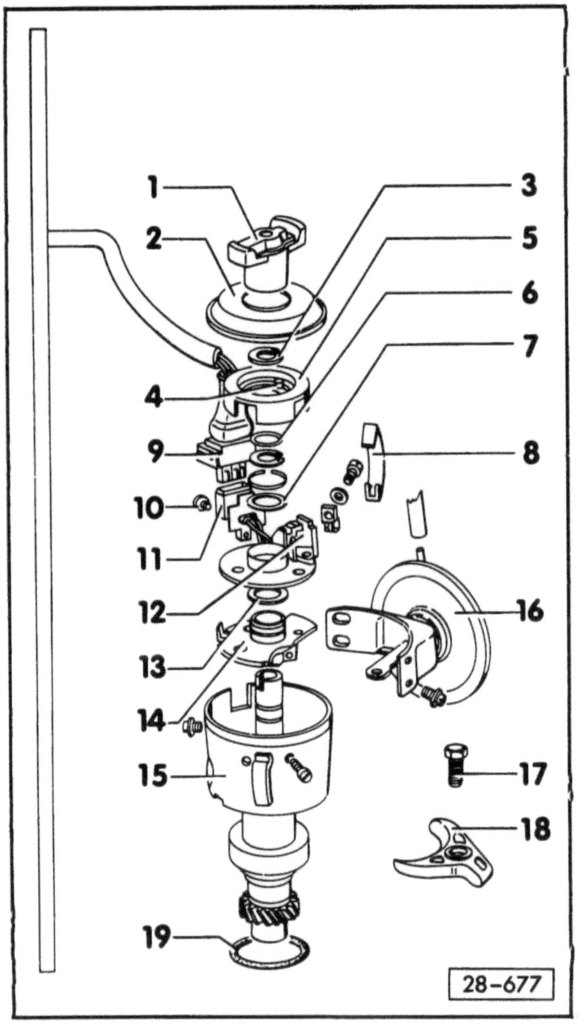

1 – Zündverteilerläufer
2 – Staubschutzkappe
3 – Sicherungsring
4 – Stift
5 – Rotorblende
6 – Federscheibe(n)
7 – Scheibe(n)
8 – Klemmbügel. Darf bei abgenommener Staubschutzkappe **nicht** nach innen stehen, sonst kann die Rotorblende beschädigt werden.
9 – Anschlußstecker. Beim Abziehen und Aufstecken muß die Zündung ausgeschaltet sein.
10 – Halteknopf
11 – Anschlußteil
12 – Hallgeber, Lagerflächen dünn fetten.
13 – Scheibe
14 – Grundplatte
15 – Zündverteiler
16 – Unterdruckdose
17 – Klemmschraube, 25 Nm
18 – Halter
19 – O-Ring

Ein kompletter Ausbau des Zündverteilers ist nur bei größeren Reparaturen notwendig.

Ausbau

- Batterie-Massekabel (–) abklemmen.

Motor auf Zünd-OT für Zylinder 1 stellen

- Getriebe in Leerlaufstellung bringen und Handbremse anziehen.

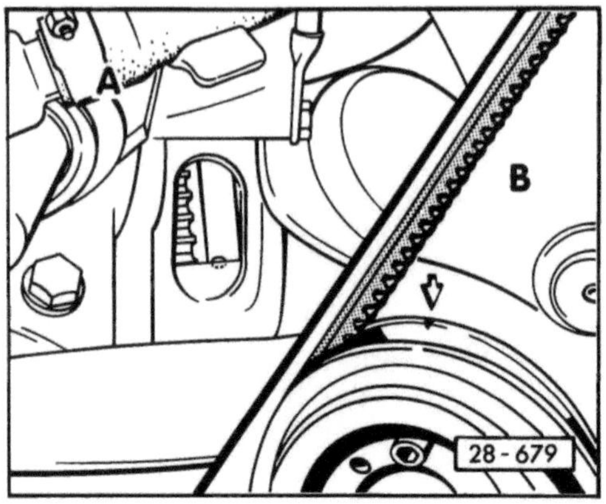

- Mit Stecknuß SW 19 Kurbelwellen-Riemenscheibe an der Zentralschraube in Motordrehrichtung (im Uhrzeigersinn) drehen, bis die Kerbe auf der Riemenscheibe mit dem Pfeil auf der Zahnriemen-Abdeckung übereinstimmt –B–. Gleichzeitig muß in der Kupplungsglocke die Markierung „O“ auf dem Schwungrad mit der Bezugskante übereinstimmen –A–. **Achtung:** Je nach Modell wird zum Durchdrehen des Motors eine etwas längere Stecknuß, z. B. HAZET 880TZ-19 mit ⅜"-Antrieb, benötigt.

- Prüfen, ob die Markierung am Nockenwellenrad mit der Oberkante des Abdeckbleches übereinstimmt, andernfalls Kurbelwelle um eine Umdrehung weiterdrehen. Dazu gegebenenfalls 4. oder 5. Gang einlegen und Fahrzeug verschieben oder Fahrzeug vorn anheben, mit Unterstellböcken sichern, und bei eingelegtem Gang Vorderrad verdrehen.

90-,115-PS-Motor, Kennbuchstabe PM (ab 8.90), AAD:

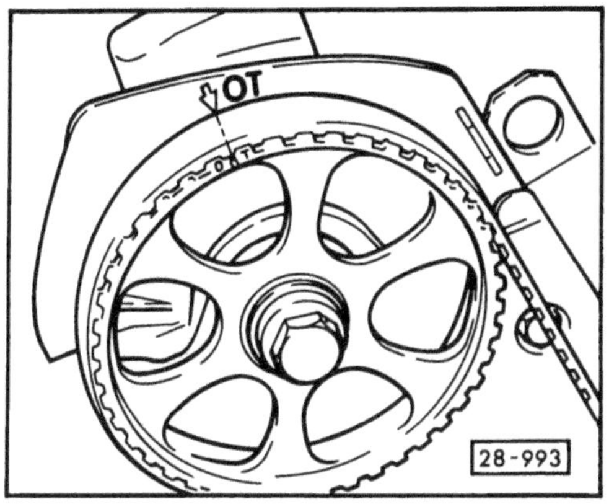

- Prüfen, ob Markierung am Nockenwellenrad mit Pfeil auf Zahnriemenschutz oben fluchtet, andernfalls Kurbelwelle um eine Umdrehung weiterdrehen. Dazu gegebenenfalls 4. oder 5. Gang einlegen und Fahrzeug verschieben oder Fahrzeug vorn anheben, mit Unterstellböcken sichern, und bei eingelegtem Gang Vorderrad verdrehen.

- Zündkabel am Verteiler abziehen oder Verteilerkappe abnehmen, dazu Klemmbügel mit Schraubendreher seitlich abhebeln.
- Schlauch von der Unterdruckdose am Zündverteiler abziehen.
- Klemmschraube am Verteilerfuß herausdrehen, Halter abnehmen und Zündverteiler herausziehen.

Achtung: Motorstellung bei ausgebautem Zündverteiler **nicht** verändern.

Einbau

Vor dem Einbau prüfen, ob der Motor auf Zünd-OT für Zylinder 1 steht. Das heißt, die Markierungen an Kurbelwellen-Riemenscheibe (Kerbe und Pfeil) beziehungsweise Schwungrad („0" und Bezugskante) und Nockenwellenrad (Kerbe und Kante) müssen gleichzeitig übereinstimmen.

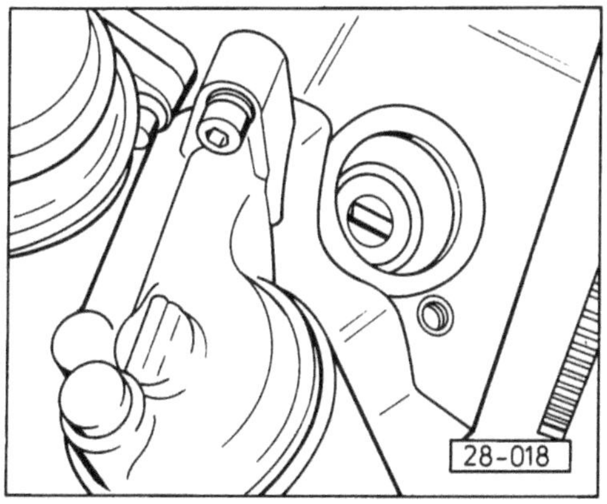

- In der Zündverteilerbohrung Aufnahmezapfen der Ölpumpenwelle parallel zur Kurbelwelle (Längsachse des Motors) stellen.

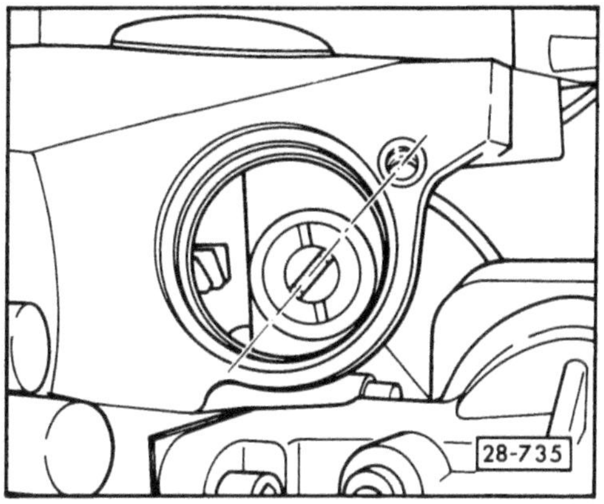

90-PS-Motor, Kennbuchstabe PM (ab 8.90):

- Wie in der Zeichnung gezeigt, muß der Aufnahmezapfen der Ölpumpenwelle fluchtend zur danebenliegenden Gewindebohrung gestellt werden.

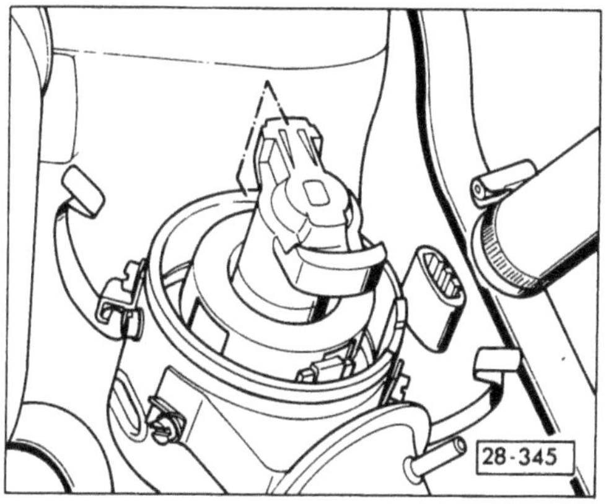

- Verteilerläufer so stellen, daß die Markierung an der Zunge über der Kerbe am Rand des Verteilergehäuses steht. Dazu muß die Staubkappe abgenommen werden.
- Zündverteiler in dieser Stellung einsetzen und mit Schraube und Halter befestigen. O-Ring nicht vergessen.
- Verteilerläufer abnehmen, Staubkappe aufsetzen und Läufer wieder aufstecken. Durch leichtes Hin- und Herdrehen prüfen, ob der Verteilerläufer eingerastet ist.
- Zündverteilerkappe aufsetzen, Blechklammern aufdrücken. Vorher Verteilerkappe auf Risse und auf Spuren von Kriechströmen prüfen, gegebenenfalls ersetzen.
- Falls ausgebaut, Zündkabel entsprechend der Zündfolge auf die Verteilerkappe aufstecken. Zündfolge 4-Zylinder-Motor: **1–3–4–2**; 5-Zylinder-Motor: **1–2–4–5–3**.

Hinweis: Der Anschluß für das Zündkabel von Zylinder 1 befindet sich über der OT-Kerbe am Zündverteilerrand, dann folgen im Uhrzeigersinn die Anschlüsse für Zylinder 3, dann für Zylinder 4 und schließlich für Zylinder 2. Die Zylinder des Motors werden von vorn nach hinten gezählt. Zylinder 1 liegt in Fahrtrichtung vorn, an der Keilriemenseite des Motors.

- Schlauch an der Unterdruckdose aufschieben.
- Batterie-Massekabel anklemmen.
- Zündzeitpunkt einstellen.

TSZ-H-Schaltgerät prüfen

Achtung: Um ein Zerstören der elektronischen Bauteile zu vermeiden, folgende Arbeitsabläufe nur bei ausgeschalteter Zündung vornehmen: Stecker am Schaltgerät abziehen und aufstecken; Meßgeräte anschließen; Meßbereich umschalten. Beim Anschließen von Meßleitungen an die Mehrfachstecker darauf achten, daß die empfindlichen Kontakte der Stecker nicht beschädigt werden.

Die konstruktiven Innenwiderstände der Prüfgeräte und die Umgebungstemperatur beeinflußen die Prüfwerte. Deshalb beziehen sich die angegebenen Sollwerte auf die V.A.G-Meßgeräte 1315A und 1526 sowie auf eine Temperatur von 0° bis +40° C.

- Zündspule prüfen, siehe Seite 41.
- Untere Verkleidung im linken Fußraum ausbauen, siehe Seite 216.
- Stecker vom TSZ-H-Schaltgerät abziehen, dazu Drahtsicherung eindrücken.

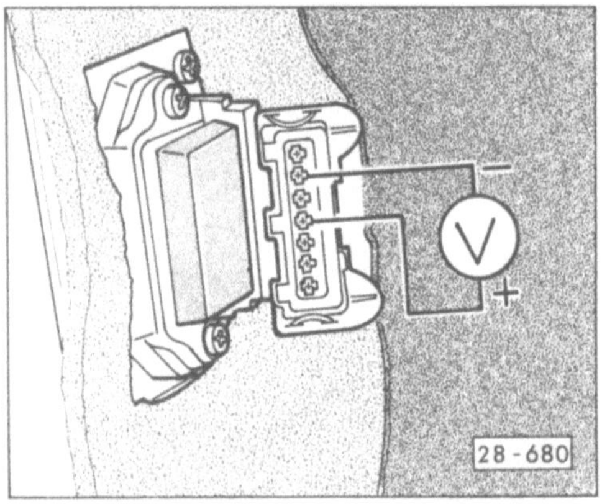

28-680

- Voltmeter zwischen Kontakt 4 und 2 am Stecker anschließen.
- Zündung einschalten. Das Meßgerät muß Batteriespannung (ca. 12 V) anzeigen, andernfalls Unterbrechung nach Stromlaufplan ermitteln und beseitigen.
- Zündung ausschalten.
- Stecker am TSZ-H-Schaltgerät wieder aufstecken.
- Stecker für Hall-Geber am Zündverteiler abziehen, dazu Drahtsicherung eindrücken.
- Schutzkappe von der Zündspule abziehen. Voltmeter an die Klemmen 1 (–) und 15 (+) der Zündspule anschließen.
- Zündung einschalten. Sollwert: mindestens 2 Volt, muß nach 1 bis 2 Sekunden auf 0 Volt abfallen. Andernfalls TSZ-H-Schaltgerät ersetzen. Zündspule prüfen, ob Vergußmasse ausgetreten ist, gegebenenfalls Zündspule ebenfalls ersetzen.

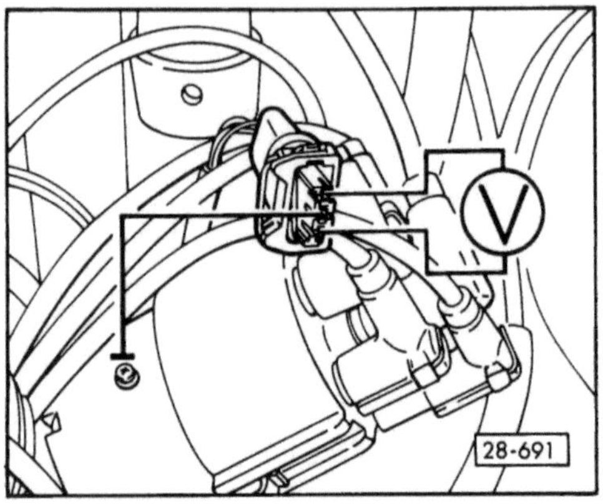

28-691

- Mittlere Leitung am Stecker für Hall-Geber mit Hilfsleitung kurz gegen Masse tippen. Die Spannung muß kurzzeitig auf mindestens 2 Volt ansteigen. Andernfalls Unterbrechung der mittleren Leitung ermitteln und Leitung ersetzen beziehungsweise TSZ-H-Schaltgerät ersetzen.
- Zündung ausschalten.
- Voltmeter an die äußeren Kontakte des Steckers anschließen.
- Zündung einschalten. Sollwert: mindestens 5 Volt.
- Leitungen und Kontakte zwischen Hallgeber auf Unterbrechung prüfen. Wenn Durchgang vorhanden ist, Schaltgerät ersetzen.

Hallgeber prüfen

TSZ-H-Anlage

- TSZ-H-Schaltgerät sowie Stecker und Leitungen zum Zündverteiler prüfen.
- Hochspannungsleitung Klemme 4 aus dem Zündverteiler ziehen (mittlere Leitung) und über Hilfskabel gegen Masse legen. Darauf achten, daß die Hilfsleitung den gleichen Querschnitt wie die Zündleitung hat.

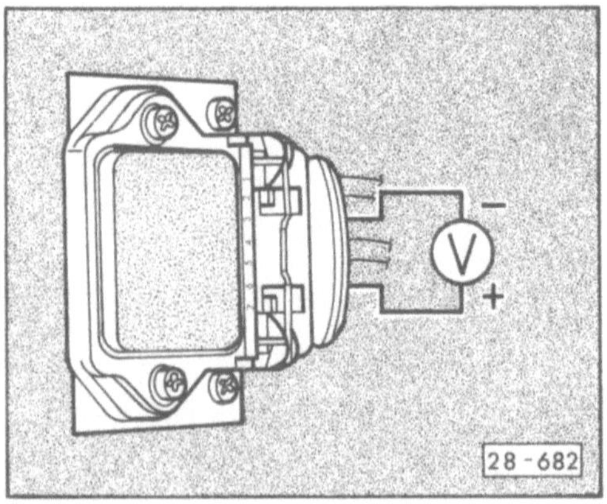

28-682

- Voltmeter zwischen Kontakt 6 und 3 am aufgesteckten Stecker für TSZ-H-Schaltgerät anschließen.
- Zündung einschalten.

- Motor von Hand in Motordrehrichtung (im Uhrzeigersinn) durchdrehen. Das Meßgerät muß dabei abwechselnd ca. 0 Volt und mindestens 2 Volt anzeigen, je nachdem ob sich die Blende gerade im Luftspalt des Hall-Gebers befindet oder nicht.
- Wird der Sollwert nicht erreicht, Hall-Geber ersetzen.

VEZ-Anlage

Achtung: Die Prüfung des Hall-Gebers ist nur erforderlich, wenn kein Zündfunke vorhanden ist.

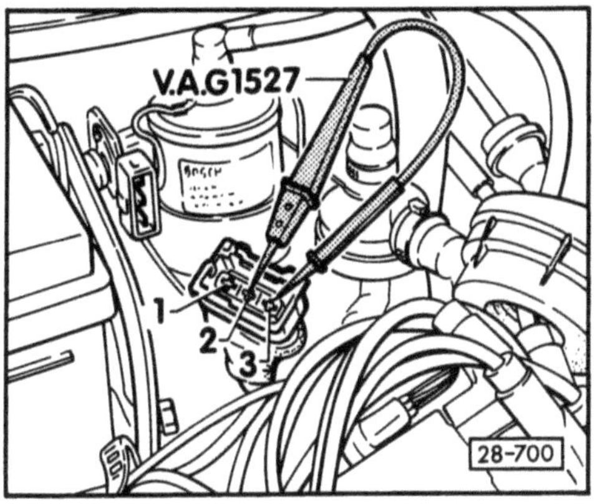

- Stecker von der Leistungsendstufe an der Zündspule abziehen und Spannungsmesser an die Klemmen 2 und 3 anschließen.
- Anlasser betätigen. Wenn die Leuchtdiode flackert, ist der Hall-Geber in Ordnung.
- Andernfalls Stecker vom Hall-Geber abziehen und Spannungsversorgung für Hall-Geber vom VEZ-Steuergerät prüfen.
- Dazu Voltmeter zwischen die beiden äußeren Kontakte des Steckers anschließen.
- Zündung einschalten, das Meßgerät muß mindestens 9 Volt anzeigen.
- Stecker am Hall-Geber aufschieben und Spannungsprüfer an mittleren Kontakt des Steckers und an Masse anschließen. Vorher Gummitülle vom Stecker abziehen.
- Anlasser betätigen. Wenn die Leuchtdiode flackert, ist der Hall-Geber in Ordnung.
- Andernfalls Zündverteiler beziehungsweise Hallgeber oder VEZ-Steuergerät defekt.

Zündzeitpunkt prüfen/einstellen

Zum Prüfen und Einstellen werden ein Drehzahlmesser und eine Zündblitzlampe benötigt.

- Motor auf Betriebstemperatur bringen. Die Betriebstemperatur ist erreicht, wenn der Kühlmittelschlauch unten am Kühler gerade warm wird. Öltemperatur beim Vergasermotor mindestens +60° C, beim Einspritzmotor mindestens +80° C.
- Klimaanlage ausschalten.
- **VEZ:** Klopfsensor ist in Ordnung, das heißt keine Fehleranzeige durch die Kontrolleuchte für Motorelektronik.
- **VEZ bei 83- / 85-kW-Motor:** Drosselklappenschalter I (Leerlaufschalter) ist eingeschaltet.

Achtung: Leerlaufschalter und Klopfsensor haben Einfluß auf den Zündzeitpunkt. Wenn der Klopfsensor nicht funktioniert, verschiebt sich der Zündzeitpunkt um mindestens 10° in Richtung spät nach jedem Gasstoß.

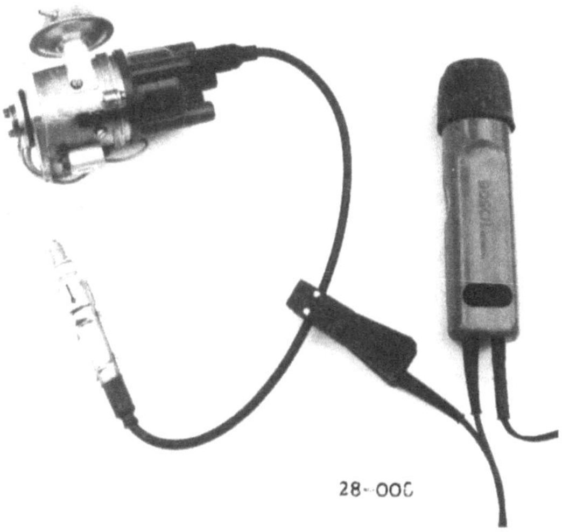

28-000

- Drehzahlmesser und Zündblitzlampe nach Bedienungsanleitung anschließen.

Achtung TSZ-H: Der **Schlauch an der Unterdruckdose** wird je nach Modell **abgezogen** oder bleibt **aufgesteckt,** siehe Zündzeitpunkttabelle.

- Motor starten und im Leerlauf drehen lassen.

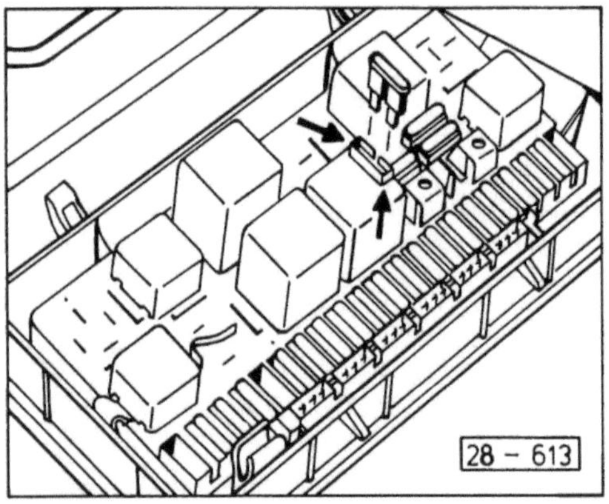

- **Motor NG bis 7.88:** Ersatzsicherung in Kraftstoffpumpenrelais einsetzen und frühestens 4 Sekunden später Zündzeitpunkt prüfen.

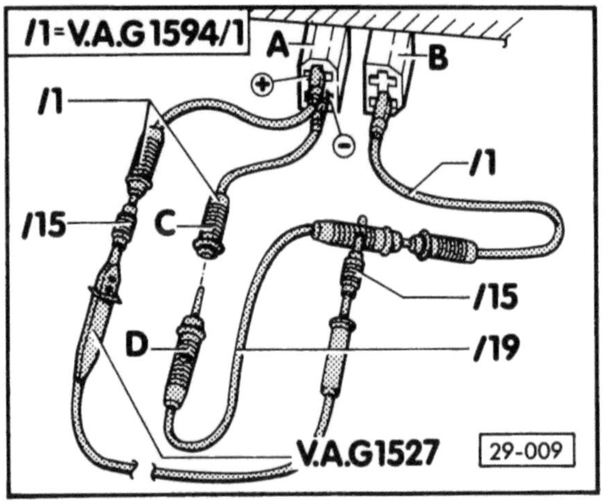

- **Motor NG ab 8.88:** Spannungsprüfer, zum Beispiel V.A.G-1527, an den Diagnosesteckern –A– und –B–, wie in der Abbildung gezeigt anschließen. Die Diagnosestecker befinden sich in der Aussparung unter der Ablage im Fußraum auf der Fahrerseite.
- Stecker –C– und –D– verbinden und während der gesamten Prüfung verbunden lassen. **Achtung:** Erst ca. 4 Sekunden nachdem die Stecker verbunden wurden, liegt vom VEZ-Steuergerät ein konstanter Zündzeitpunkt für die Prüfung an.

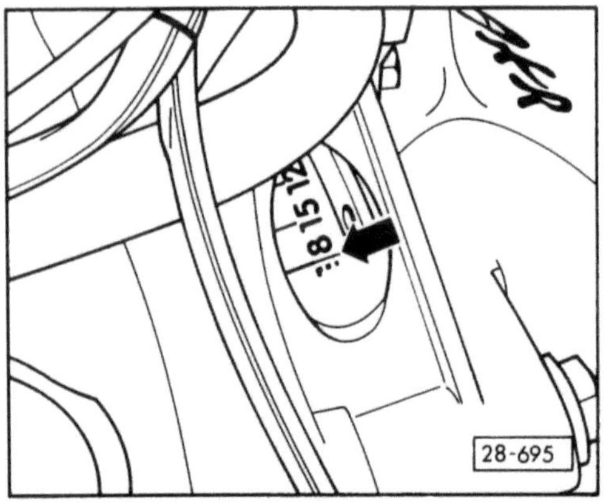

- Mit Zündblitzlampe in das Sichtfenster der Kupplungsglocke blitzen.

Achtung: Verletzungsgefahr durch drehende Riemenscheiben und Keilriemen.

- Die Zündung ist richtig eingestellt, wenn beim Anblitzen die Zündzeitpunktkerbe unterhalb der Bezugskante scheinbar stillsteht.
- Stimmen die Zündzeitpunktmarkierungen nicht überein, Klemmschraube am Verteiler etwas lösen und Zündverteiler verdrehen, bis sich der Einstellwert mit der Bezugsmarke deckt. Zum Drehen des Verteilers kann mit einem Schraubendrehergriff in Drehrichtung leicht gegen die Unterdruckdose geklopft werden.
- Befestigungsschraube mit 25 Nm festziehen.
- **Motor NG bis 7.88:** Sicherung am Kraftstoffpumpenrelais abziehen. **Motor NG ab 8.88:** Stecker –C– und –D– trennen. Drehzahl kurzzeitig auf über 2500/min erhöhen und anschließend im Leerlauf laufen lassen. Der Zündzeitpunkt muß jetzt zwischen ca. 7° und 20° vor OT schwanken.
- Leerlaufeinstellung prüfen.
- Anschließend Zündzeitpunkt nochmals prüfen.
- Meßgeräte entfernen.
- Falls abgezogen, Unterdruckleitung am Zündverteiler beziehungsweise Steuergerät aufstecken.

Zündzeitpunktwerte

Achtung: Beim Einstellen des Zündzeitpunktes darauf achten, ob der Unterdruckschlauch von der Unterdruckdose des Zündverteilers abgezogen werden muß oder aufgesteckt bleiben soll. Motor-Nummer und Kennbuchstaben sind auf der linken Seite des Motorblocks eingeschlagen.

Motor	Motor-Kenn-buchstaben	Zünd-zeitpunkt	Drehzahl 1/min	Unterdruck-schlauch
51 – 65 kW/70 – 88 PS	PP, RN, RU, SF	18° ± 1° vor OT	900 ± 50	aufgesteckt
66 kW/90 PS	NE	18° ± 1° vor OT	900 ± 50	aufgesteckt
66 kW/90 PS	JN, PM[1)]	6° ± 1° vor OT	900 ± 50	abgezogen
82 kW/112 PS	DZ	6° ± 1° vor OT[2)]	900 ± 50	abgezogen
83 kW/113 PS	SD	6° ± 1° vor OT	800 – 900	–
83 kW/113 PS	3A	6° ± 1° vor OT	780 – 900	–
85 kW/115 PS	AAD	6° ± 1° vor OT	750 – 950	–
85 kW/115 PS mit TSZ-H	PS	18° ± 1° vor OT	800 ± 50	aufgesteckt
85 kW/115 PS mit VEZ	PS	18° ± 1° vor OT	750 – 850	aufgesteckt (am VEZ-Steuergerät)
100 kW/136 PS	KV[3)]	18° ± 1° vor OT	800 ± 50	aufgesteckt
100 kW/136 PS	NG	15° ± 1° vor OT	720 – 860	–
101 kW/137 PS	6A	6° ± 1° vor OT	800 – 1000	–
118, 125 kW/160, 170 PS	NM, 7A	OT (Grundeinstellung)	800 ± 50	–

[1]) Beim PM-Motor Unterdruckschlauch abziehen und verschließen.
[2]) Bei Verwendung von bleifreiem Superkraftstoff (ROZ 95): 0° ± 1°.
[3]) Werte gelten für Motor ohne Katalysator. Wert für Motor mit Katalysator: 10° - 1° vor OT.

Die Zündkerzen

Die Zündkerze besteht aus der Mittel-Elektrode, dem Isolator mit Gehäuse und der Masse-Elektrode. Die Mittel-Elektrode ist gasdicht im Isolator befestigt, der Isolator ist fest mit dem Gehäuse verbunden. Zwischen Mittel- und Masse-Elektrode springt der Zündfunke über, der das Kraftstoffluftgemisch entzünden soll. Von der Zündkerze hängen Startbereitschaft, Leerlaufverhalten, Beschleunigung und Höchstgeschwindigkeit ab. Man sollte deshalb nicht ohne Grund von dem vom Werk vorgeschriebenen Zündkerzentyp abweichen, der unter anderem von der Wärmewert-Kennzahl bestimmt wird.

Die Wärmewert-Kennzahl gibt den Grad der Wärmebelastbarkeit einer Zündkerze an. Je niedriger die Wärmewert-Kennzahl einer Kerze ist, desto höher ist die Wärmebelastbarkeit. Die Kerze kann also die Wärme besser ableiten, wodurch schädliche Glühzündungen (Motorklopfen) verhindert werden. Eine Kerze mit hoher Wärmebelastbarkeit hat allerdings den Nachteil, daß ihre Selbstreinigungstemperatur ebenfalls höher liegt. Sie neigt daher schneller zum Verrußen, insbesondere dann, wenn der Motor häufig seine Betriebstemperatur während der Fahrt nicht erreicht (Stadtverkehr, Kurzstreckenverkehr im Winter). In der Regel werden kalte Zündkerzen (Wärmewert-Kennzahl ab 06) bei heißen Motoren eingesetzt, also bei Triebwerken denen hohe Motorleistung abgefordert wird.

Die Wärmewert-Kennzahl ist im Zündkerzencode enthalten. Der Code schlüsselt sich wie folgt auf:

Bosch-Zündkerze

Beispiel W R 7 D C R
① ② ③ ④ ⑤ ⑥

① W = Gewinde M 14 × 1,25 mit Flachdichtsitz, SW 21; F = Gewinde M 14 × 1,25 mit Flachdichtsitz, SW 16; M = Gewinde M 18 × 1,5 mit Flachdichtsitz, SW 25; H = Gewinde M 14 × 1,25 mit Kegeldichtsitz, SW 16; D = Gewinde M 18 × 1,5 mit Kegeldichtsitz, SW 21; SW = Schlüsselweite.
② R = Mit Widerstand zur Entstörung. Die Funktion der Zündanlage wird dadurch nicht beeinflußt.
③ Wärmewert-Kennzahl. Die Wärmewertskala wird von 06 (»kalt«) bis 13 (»warm«) angegeben. Dabei entspricht die Kennzahl 7 dem alten Wärmewert 175 (frühere Bezeichnung), 6 – 200,5 – 225 usw.
④ A = Gewindelänge 12,7 mm, normale Funkenlage; B = Gewindelänge 12,7 mm, vorgezogene Funkenlage; C = Gewindelänge 19 mm, normale Funkenlage; D = Gewindelänge 19 mm, vorgezogene Funkenlage; DT = Gewindelänge 19 mm, vorgezogene Funkenlage, 3 Masse-Elektroden; L = Gewindelänge 19 mm, weit vorgezogene Funkenlage.
⑤ = Elektrodenwerkstoff der Mittelelektrode: Cr-Ni-Legierung, C = Ni-Cu-Verbund-Mittelelektrode, S = Silber-Mittelelektrode, P = Platin-Mittelelektrode, O = Standard-Zündkerze mit verstärkter Mittelelektrode.
⑥ R = 1 kΩ Abbrandwiderstand.

Durch den Kupferkern (Cu) in der Mittelelektrode und noch mehr durch die Silber-Mittelelektrode wird die Wärmeleitfähigkeit und damit die Wärmebelastbarkeit erhöht.

Beru-Zündkerze

Beispiel 14 K 7 D U R
① ② ③ ④ ⑤ ⑥

① Gewindedurchmesser in mm, hier M 14 × 1,25.
② Konstruktionsmerkmal, z. B. K für Konussitz, R für Entstörwiderstand.
③ Wärmewert-Kennzahl (wie bei Bosch).
④ Gewindelänge (wie bei Bosch).
⑤ Elektrodenwerkstoff, z. B. U für Kupferkern.
⑥ R = 1 kΩ Abbrandwiderstand.

Von dem vom Werk empfohlenen Wärmewert sollte nur abgegangen werden, wenn die Betriebsbedingungen **erheblich** von den normalen Bedingungen abweichen und Betriebsstörungen auftreten.

Achtung: Es kann sein, daß inzwischen für einzelne Motoren andere Zündkerzenwerte gelten, so daß unsere Tabelle möglicherweise nicht auf dem neuesten Stand ist. Um die aktuelle Zündkerze für Ihren Fahrzeugmotor zu ermitteln, benötigt der Fachhandel die **Fahrzeug-Ident.-** und die **3 Schlüsselnummern**. Diese Nummern sind im Fahrzeugschein aufgeführt. Sie sollten beim Kauf von Zündkerzen angegeben werden.

Die richtige Zündkerze für den AUDI 80/90

Achtung: Zuordnung von Kennbuchstaben/Modell, siehe Tabelle Seite 12.

Motor-Kennbuchstaben	PP, RU	RN	6A, 7A	DZ, ABB, NE	3A, AAD, SF, JN, PM, SD, PS	KV	NG	NM	3B
BOSCH	–	W 8 DTC	–	W 7 DTC	–	W 6 DTC	W8LTCR	F 6 DTC	F 5 DPOR
BERU	–	14-8 DTU	–	14-7 DTU	–	14-6 DTU	–	14-6 DTU	–
CHAMPION	–	N 9 BYC 4	–	N 7 YCX	–	N 7 YCX	–	C 6 BYC	–
NGK	BUR5ET-10	BP5ET-10	BKUR 7 ET	BP 6 ET	BUR 6 ET	BP 6 ET	BPR5EKU	BCP 7 ET	–

Zündkerzen-Anzugsmoment: **25 Nm;** Elektrodenabstand 0,7 - 0,9 mm (bei neuen Kerzen bereits eingestellt).
Bei Motoren mit den Kennbuchstaben RU, PP, RN: Elektrodenabstand 0,9 - 1,1 mm.
Bei Motor mit Kennbuchstaben 3B: Elektrodenabstand 0,6 + 0,1 mm.

Wartungsarbeiten an der Zündanlage

Die elektronische Zündanlage ist grundsätzlich wartungsfrei, dennoch sollten im Rahmen der Wartung die elektrischen Anschlüsse überprüft werden.

Verteilerkappe prüfen

- Verteilerkappe abnehmen, dazu mit Schraubendreher die beiden Klemmbügel seitlich abdrücken.
- Die Kappe muß innen trocken sein.
- Anschlußkontakte auf Verschleiß und Korrosion prüfen, gegebenenfalls mit Schmirgelleinen reinigen.
- Mittleren Kohlekontakt auf Leichtgängigkeit und Verschleiß prüfen. Dazu Kontakt mit dem Finger eindrücken.
- Verteilerkappe auf Kriechströme untersuchen. Kriechströme zeigen sich durch dünne, unregelmäßige Spuren auf der Oberfläche der Verteilerkappe.
- Verteilerkappe mit sauberem, trockenem Lappen auswischen und auf Haarrisse untersuchen, gegebenenfalls Verteilerkappe auswechseln. Anschließend Kappe innen mit Kontaktspray einsprühen.
- Verteilerläufer abziehen und auf Haarrisse prüfen. Beide Kontakte, in der Mitte und am Rand, müssen blank sein, gegebenenfalls reinigen.
- Filz in der Verteilerwelle mit **einem** Tropfen Öl ölen.
- Verteilerläufer aufstecke, dabei muß die Nase des Läufers in die Nut der Verteilerwelle einrasten. Verteilerläufer leicht hin- und herdrehen und dadurch festen Sitz prüfen.
- Verteilerkappe so aufsetzen, daß die Nase an der Kappe in die Nut am Verteiler eingreift. Verteilerkappe leicht andrücken und mit 2 Halteklammern arretieren. Dazu Halteklammern nacheinander an die Kappe anlegen und mit dem Daumen gegen den Bauch der Klammer drücken, bis sie an der Verteilerkappe einrastet. Durch Hin- und Herdrehen festen Sitz der Kappe prüfen.

Elektrische Anschlüsse prüfen

- Sämtliche elektrischen Anschlüsse an der Zündspule sowie am Verteiler auf festen Sitz prüfen.
- Angerissene Klemmen ersetzen.
- Korrodierte Anschlüsse mit einer Drahtbürste oder Schmirgelleinen reinigen, gegebenenfalls mit Kontaktspray einsprühen.
- Die Kontakte müssen in trockenem Zustand sein, andernfalls Kontakte reinigen und mit Kontaktspray einsprühen.
- Zündkabel in engem Radius biegen und auf Risse prüfen. Gegebenenfalls Zündkabel ersetzen.
- Zur Reinigung von elektrischen Anschlüssen und Abdichtung von Verschlußdeckeln und Steckgehäusen eignet sich besonders der »Reinigungs- und Abdichtungssatz« mit der VW-Ersatzteil-N. 000998351. Er enthält Dichtmasse, Kontaktspray, Messingbürste und Dichtringe.

Zündkerzen aus- und einbauen

Der AUDI 80/90 ist mit sogenannten Longlife-Zündkerzen mit 3 Masse-Elektroden ausgerüstet. Die Zündkerzen sind alle 30000 km im Rahmen der Wartung zu ersetzen. Geprüft werden die Zündkerzen nur bei Zündungsstörungen.

Ausbau

- Motor mindestens auf Handwärme abkühlen lassen.
- Sämtliche Kerzenstecker abziehen, dabei nur an den Steckern und nicht an den Kabeln ziehen. Eine spezielle Zange, zum Beispiel HAZET 1849, erleichtert das Abziehen der Kerzenstecker.
- Zündkerzen-Nischen, wenn möglich, mit Preßluft ausblasen.
- Zündkerzen mit geeignetem Kerzenschlüssel herausschrauben.

Prüfen

- Kerzengesicht prüfen. Mit einiger Erfahrung lassen sich daraus Rückschlüsse auf den Betriebszustand des Motors ziehen. Es gelten folgende Regeln:

Elektroden und Isolierkörper

- Mittelgrau = richtige Vergasereinstellung und richtiges Arbeiten der Zündkerze
- Schwarz = Gemisch zu fett
- Hellgrau = Gemisch zu mager
- Verölt = Aussetzen der betreffenden Zündkerze oder schlecht abdichtende Kolbenringe.

- Zündkerzen mit einer Messingbürste oder einem Sandstrahlgerät reinigen.
- Isolatoren der Zündkerzen auf Kriechströme untersuchen. Kriechströme zeigen sich als dünne, unregelmäßige Spuren auf der Oberfläche. Falls sich die Kriechstromspuren nicht vollständig entfernen lassen, betreffende Kerze austauschen.
- Elektrodenabstand mit Fühlerblattlehre prüfen. Sollwert siehe Zündkerzentabelle. Gegebenenfalls Zündkerze ersetzen.

Einbau

- Gewinde an den Kerzen und im Zylinderkopf reinigen.
- Zündkerzen von Hand bis zur Anlage am Zylinderkopf einschrauben. **Achtung:** Dabei Kerzen nicht verkantet ansetzen.
- Zündkerzen mit **25 Nm** festziehen.

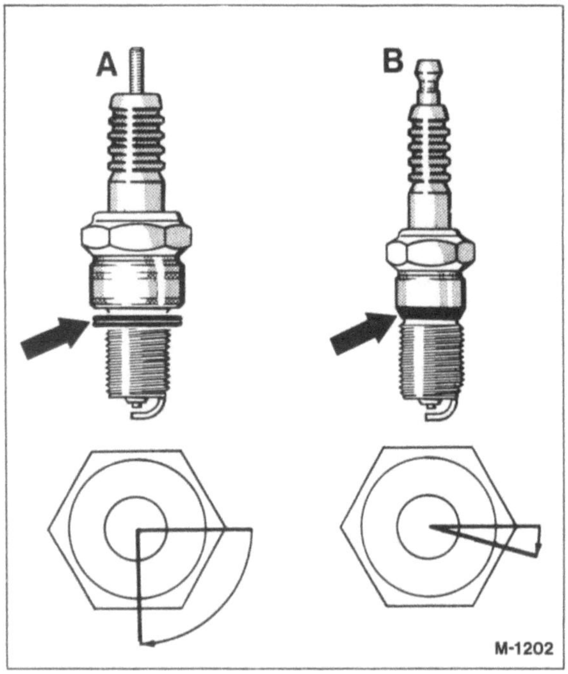

Achtung: Steht kein Drehmomentschlüssel zur Verfügung, neue Zündkerzen mit **Flachdichtsitz –A–** mit Kerzenschlüssel um **ca. 90° (¼ Umdrehung) weiterdrehen. Zündkerzen mit Kegeldichtsitz –B– um ca. 15°** weiterdrehen, ebenso wie gebrauchte Zündkerzen mit Flachdichtsitz. Zu fest angezogene Zündkerzen können beim Herausschrauben abreißen oder das Gewinde im Zylinderkopf beschädigen. In diesem Fall Kerzengewinde mit UTC- oder Heli-Coil-Einsätzen reparieren.

- Kerzenstecker in Zündreihenfolge aufstecken. Durch Hin- und Herbewegen festen Sitz der Kerzenstecker und Zündkabel prüfen. Zündreihenfolge 4-Zylinder-Motor: 1–3–4–2; 5-Zylinder-Motor: 1–2–4–5–3. Auf der Verteilerkappe befindet sich neben dem Anschluß für Zylinder 1 eine Markierung, dann folgen in Drehrichtung des Verteilerläufers beim 4-Zylinder-Motor die Zündkabel für Zylinder 3, dann 4 usw.. Die Drehrichtung ist durch einen Pfeil auf der Verteilerkappe angegeben. Sind auf der Verteilerkappe keine Markierungen vorhanden, Verteilerkappe mit Staubkappe abnehmen. Am Rand des Zündverteilers befindet sich eine Kerbe, bei eingebauter Verteilerkappe befindet sich über der Kerbe der Anschluß für Zylinder 1. Bei abgenommener Verteilerkappe kurz den Anlasser betätigen und dadurch Drehrichtung des Verteilerläufers ermitteln. Die Zylinder werden am Motor von vorn (Zahnriemenseite) nach hinten (Schwungradseite) fortlaufend gezählt.

Störungsdiagnose Zündanlage

Störung: Der Motor springt schlecht oder gar nicht an

Ursache	Abhilfe
Kein Zündfunke vorhanden, Verteilerkappe feucht, verschmutzt	■ Verteilerkappe reinigen und trocknen, innen mit Zündspray einsprühen
Risse in der Verteilerkappe, Brandkanäle	■ Verteilerkappe erneuern
Schleifkohle in der Zündverteilerkappe abgenutzt	■ Schleifkohle erneuern
Verteilerläufer defekt	■ Verteilerläufer erneuern
Widerstand des Verteilerläufers zu hoch	■ Verteilerläufer erneuern
Widerstand in Zündkerzenleitung/Zündkerzenstecker zu hoch	■ Zündleitung/Zündkerzenstecker erneuern
Zündkerzenstecker in falscher Reihenfolge aufgesteckt	■ Zündkerzenstecker nach Zündfolge 1-3-4-2 bzw. 1-2-4-5-3 aufstecken
Zündkerzen wegen zu vieler Startversuche naß	■ Zündkerzen ausbauen und trocknen
Zündkerzen außen feucht und verschmutzt	■ Zündkerzen reinigen, trocknen, Silikonschutzkappe auf Zündkerze und Stecker schieben
Leistung der Zündspule zu gering	■ Elektrische Leitungen an der Zündspule auf festen Sitz und guten Kontakt prüfen
Zündspule gerissen, Brandkanäle	■ Zündspule erneuern
Spannungsverlust durch Berührung elektrischer Anschlüsse bzw. Leitungen mit Schläuchen des Motor	■ Elektrische Leitungen richtig führen
Zündzeitpunkt grob verstellt	■ Zündzeitpunkt korrigieren
Abbrand an den Kontakten in der Verteilerkappe und Verteilerläufer	■ Verteilerkappe und -läufer erneuern
Hallgeber defekt	■ Hallgeber erneuern
Steuergerät defekt	■ Von Fachwerkstatt prüfen ggf.austauschen lassen.

Motor-Schmierung

Bei allem Bemühen, den AUDI 80/90 durch konstruktive und fertigungstechnische Maßnahmen mehr und mehr zu vervollkommnen und seine Lebensdauer, Betriebssicherheit und Wirtschaftlichkeit zu erhöhen, bleibt die regelmäßige Schmierung und Wartung des Fahrzeugs nach dem V.A.G-Wartungs-System unerläßlich.

Aufgabe des Motoröls

Je nach den Betriebsbedingungen unterliegen die Motorenöle recht wechselnden Beanspruchungen. Es ist deshalb sehr schwierig, die verschiedenen Betriebsbedingungen in ihrer Auswirkung auf das Schmiermittel genau festzulegen. Motoren, die lange Zeit mit hoher Drehzahl oder mit Vollast laufen, erreichen hohe Öltemperaturen. Unter Einwirkung hoher Temperaturen und des Luftsauerstoffes beginnt das Öl zu oxydieren. Die Oxydationsprodukte verdicken das Öl und können sich als lackartige Überzüge an den oberen Kolbenpartien, in den Kolbenringnuten und an den Ventilschäften ablagern. Dies kann zu einer Verkokung der Ventilteller führen.

Ölverdünnung beim Benzinmotor

Erhalten die Zylinder ein kraftstoffüberreiches Gemisch, werden von einem Motor nur selten oder nie Höchstleistungen verlangt oder wird mit unterkühltem Motor gefahren (Stadtverkehr), so ist eine unvollkommene Verbrennung die Folge. Ruß, Ölkohle und andere Produkte, der unverbrannte Kraftstoff selbst und die Kondensation von Feuchtigkeit führen zur Bildung von Schlamm, Säure und Asphalt. Der unverbrannte Kraftstoff schlägt sich an den kalten Zylinderwänden nieder und läuft in das Kurbelgehäuse, wobei der Ölfilm an Zylinder und Kolben abgewaschen wird. Die Folge ist eine verminderte Schmierung der Kolbenlaufbahn und eine Ölverdünnung, welche die Schmiereigenschaften des Öles je nach Kraftstoffgehalt beeinträchtigen.

Bei zu hoher Ölverdünnung ist eventuell ein vorzeitiger Ölwechsel vorzunehmen. Da bei scharfer Fahrt (heißer Motor) die Benzinanteile im Öl verflüchtigen, ist vor allem im Winter (viele Kaltstarts – hoher Benzinanteil im Öl) öfters der Ölstand zu kontrollieren.

Viskosität des Motoröls

Viskosität nennt man die Zähflüssigkeit des Öls. In Abhängigkeit von der Temperatur neigt jedes Öl dazu, seine Zähflüssigkeit zu verändern. Mit zunehmender Wärme wird es dünnflüssig. Dadurch wird die Haftfähigkeit und Druckfestigkeit des Schmierfilms beeinträchtigt. Bei Kälte wird es dick und zähflüssig, wobei das Fließvermögen träge und der innere Reibungswiderstand vergrößert wird. Diese Eigenschaft erfordert die Verwendung eines Motoröles von einer Zähflüssigkeit, die sich bei wechselnden Temperaturen möglichst wenig verändert.

Bei kaltem Motor soll es noch dünnflüssig genug sein, um die Arbeit des Anlassers nicht übermäßig zu erschweren und um vom Startbeginn an zu allen Schmierstellen möglichst schnell fließen zu können.

Die Zähflüssigkeit oder Viskosität ist gleichbedeutend mit der inneren Reibung eines Öles und wird nach dem SAE-System (Society of Automotive Engineers) gekennzeichnet, wie zum Beispiel SAE 30, SAE 10 usw. Hohe SAE-Zahlen weisen auf dicke, niedrige auf dünne Öle hin. Die Viskosität gibt aber keinen Aufschluß über die Schmiereigenschaften eines Öles.

Das Mehrbereichsöl

Für die AUDI 80/90-Motoren sind Mehrbereichsöle vorgesehen. Mehrbereichsöle haben den Vorteil, daß sie sich den Temperaturverhältnissen (Sommer/Winter) anpassen. Mehrbereichsöle bauen auf einem dünnflüssigen Einbereichsöl (z. B. 15 W) auf. Durch sogenannte Verdickerer wird das Öl im heißen Zustand stabilisiert, so daß für jeden Betriebszustand die richtige Schmierfähigkeit gegeben ist. Wird ein Mehrbereichsöl verwendet, sollte man zu den modernen Ölen greifen, die eine hohe Viskositätsspanne haben (z. B. 15 W-40, 15 W-50).

Das »W« in der SAE-Bezeichnung weist das Öl als wintertauglich aus.

Das Leichtlauföl

Bei Leichtlaufölen handelt es sich um Mehrbereichsöle, denen unter anderem Reibwertverminderer zugesetzt wurden, so daß eine Kraftstoffeinsparung von bis zu 2 Prozent möglich sein soll. Leichtlauföle haben eine niedrige Viskosität (z. B. 10 W-30). Sie erfordern unkonventionelle Grundöle (Synthetiköle). Beim Kauf eines Leichtlauföles sollte man darauf achten, daß es von VW/AUDI freigegeben wurde.

Anwendungsbereich/Viskositätsklassen

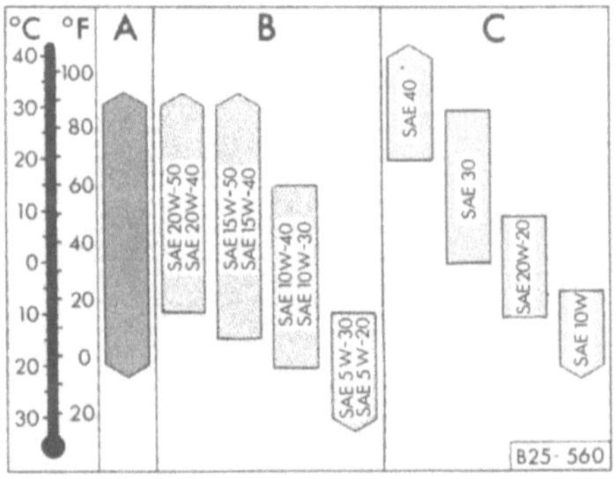

A – Hochleistungs- und Leichtlauföle nach VW-Norm 50000 und 50500
B – Mehrbereichsöle nach VW-Norm 50101, 5W-Öle nur für Benzinmotor
C – Einbereichsöle

Da die Einsatzbereiche benachbarter SAE-Klassen sich überschneiden, können kurzfristige Temperaturschwankungen unberücksichtigt bleiben. Es ist zulässig, Öle verschiedener Viskositätsklassen miteinander zu mischen, wenn einmal Öl nachgefüllt werden muß und die Außentemperaturen nicht mehr der Viskositätsklasse des im Motor befindlichen Öles entsprechen.

Zusatzschmiermittel – gleich welcher Art – sollen weder dem Kraftstoff noch den Schmierölen beigemischt werden.

Spezifikation des Motoröls

Die Qualität eines Motoröls wird durch Normen der Automobil- sowie der Ölhersteller gekennzeichnet.

Die Klassifikation der Motoröle amerikanischer Ölhersteller erfolgt nach dem **API**-System (API: American Petroleum Institut): Die Kennzeichnung erfolgt durch jeweils zwei Buchstaben. Der erste Buchstabe gibt den Anwendungsbereich an: **S** = Service, für **Ottomotoren** geeignet; **C** = Commercial, für **Dieselmotoren** geeignet. Der zweite Buchstabe gibt die Qualität in alphabetischer Reihenfolge an. Von höchster Qualität sind Öle der Spezifikation **SL** für Ottomotoren und **CF** für Dieselmotoren.

Europäische Ölhersteller geben eine **ACEA**-Spezifikation an. Dabei wird insbesondere die europäische Motorentechnologie berücksichtigt. Öle für Benzinmotoren erhalten die Klassen ACEA A1-96 bis A3-96; Dieselmotoröle erhalten die Klassen B1-96 bis B3-96. Von höchster Qualität sind Öle **A3** für Benzin- und **B3** für Dieselmotoren.

Achtung: Motorenöle, die vom Hersteller ausdrücklich als Öle für Diesel-Motoren bezeichnet werden, sind für Ottomotoren nicht geeignet. Bei Motorölen für Benzin- **und** Diesel-Motoren sind beide Spezifikationen (Beispiel: ACEA A3-96/B3-96 oder API SH/CD) auf der Öldose angegeben.

Das richtige Motoröl für den AUDI 80/90

Grundsätzlich nur Öle verwenden, die die **VW/AUDI-Ölnormen** erfüllen. Die Norm steht dann auf der Öldose. **Achtung:** Hinter der Norm muß ein Datum nicht älter als 10/91 stehen.

Benziner: Mehrbereichsöl **501 01** oder Leichtlauföl **500 00.** Sollte kein Öl der angegebenen VW/AUDI-Spezifikationen zur Verfügung stehen, kann zum Nachfüllen ein Mehrbereichs- oder Leichtlauföl der Spezifikation API-**SF** oder **SG** verwendet werden.

Dieselmotor: Mehrbereichsöl **501 01** oder **505 00**, oder Leichtlauföl **500 00** in Verbindung mit **505 00.** Ebenso kann ein Mehrbereichs- oder Einbereichsöl nach API-**CD** verwendet werden.

Turbodiesel: Mehrbereichsöl **505 00** oder Leichtlauföl **500 00** in Verbindung mit **505 00.**

Achtung:
Seit 10/99 sind für neue AUDI-Fahrzeuge spezielle Longlife-Motorenöle vorgeschrieben, die nicht in bisherige Fahrzeuge eingefüllt werden dürfen. Longlife-Motorenöle nach den VW-Normen **503 00** für Benziner und **506 00** für Dieselmotoren dürfen **nicht** im AUDI 80/90 bis 8/91 verwendet werden, sonst können Motorschäden auftreten.

Ölverbrauch

Bei einem Verbrennungsmotor versteht man unter dem Ölverbrauch diejenige Ölmenge, die als Folge des Verbrennungsvorganges verbraucht wird. Auf keinen Fall ist Ölverbrauch mit Ölverlust gleichzusetzen, wie er durch Undichtigkeiten an Ölwanne, Zylinderkopfdeckel usw. auftritt.

Normaler Ölverbrauch entsteht durch Verbrennung jeweils kleiner Mengen im Zylinder; durch Abführen von Verbrennungsrückständen und Abrieb-Partikeln. Zudem verschleißt das Öl durch hohe Temperaturen und hohe Drücke, denen es im Motor fortwährend ausgesetzt ist.

Ferner haben auch äußere Betriebsverhältnisse, Fahrweise sowie Fertigungstoleranzen einen Einfluß auf den Ölverbrauch. Der Ölverbrauch darf höchstens 1,5 l/1000 km betragen.

Unbedingt muß Öl nachgefüllt werden, wenn die »Nachfüll«-Markierung erreicht ist (Nachfüllmenge dann max. 1 l).

Der Ölkreislauf

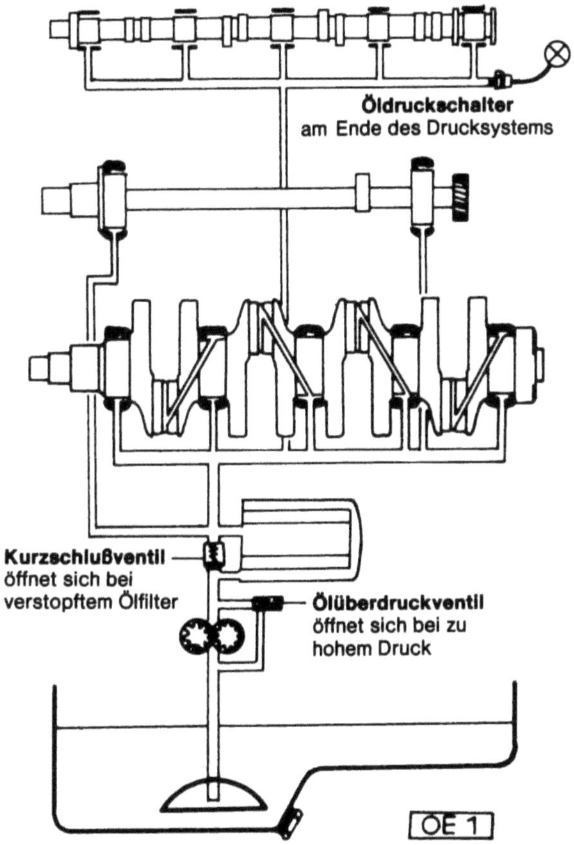

Die Ölpumpe saugt das Motoröl über den Ölsaugkorb aus der Ölwanne an und drückt es in den Hauptstromölfilter. An der Druckseite der Ölpumpe befindet sich ein Überdruckventil (Öldruckregelventil). Bei zu hohem Öldruck öffnet das Ventil, und ein Teil des Öls kann in die Ölwanne zurückfließen.

Durch die Mittelachse der Filterpatrone gelangt das gefilterte Öl in den Hauptölkanal. Bei verstopftem Ölfilter leitet ein Kurzschlußventil das Öl direkt und ungefiltert in den Hauptölkanal.

Vom Hauptölkanal zweigen Kanäle ab zur Schmierung der Kurbelwellenlager. Durch schräge Bohrungen in der Kurbelwelle wird das Öl an die Pleuellager geleitet und von dort gegen Kolbenbolzen und Zylinder gespritzt.

Gleichzeitig gelangt Motoröl über Steigleitungen in den Zylinderkopf und versorgt dort die Nockenwellenlager und Tassenstößel.

Ölwanne / Ölpumpe

Die Abbildung zeigt den 4-Zylinder-Einspritzmotor.

1 – **Verschlußdeckel**

2 – **Dichtring**
Bei Beschädigung ersetzen.

3 – **Ölmeßstab**
Mengendifferenz zwischen min. und max.: 1 Liter.

4 – **Einführtrichter für Ölmeßstab**

5 – **Verschlußschraube oder Temperaturgeber, 10 Nm**
Für Öltemperaturanzeige.

6 – **1,8 bar Öldruckschalter, 25 Nm**
Dieselmotor: 0,3 bar Öldruckschalter.

7 – **Dichtring**

8 – **Ölfilterflansch**

9 – **Schraube, 25 Nm**

10 – **Dichtung**

11 – **0,3 bar Öldruckschalter, 25 Nm**
Öldruckschalter Saug-Diesel: 1,4 bar; Turbo-Diesel: 0,9 bar.

12 – **O-Ring**

13 – **Ölkühler**
Nur 82/83 kW (112/113 PS).

14 – **Mutter, 25 Nm**

15 – **Ölfilter**
Nur von Hand anziehen.

16 – **Ölspritzdüse**
Zur Kühlung der Kolben. Nur Einspritz-Benzinmotor und Turbo-Diesel.

17 – **Schraube 10 Nm**
Mit VW-Dichtmittel AMV18810002 einsetzen.

18 – **O-Ring**
Bei Beschädigung ersetzen.

19 – **Befestigungsschraube, 10 Nm**

20 – **Saugleitung**

21 – **Befestigungsschraube, 20 Nm**

22 – **Zahnräder**

23 – **Ölpumpendeckel mit Überdruckventil**

24 – **Ölwannendichtung**
Nicht ankleben, auf richtige Lage achten.

25 – **Ölwanne**

26 – **Befestigungsschraube Ölwanne, 20 Nm**

27 – **Ölablaßschraube, 30 Nm**
5-Zylinder-Motor: **40 Nm.**

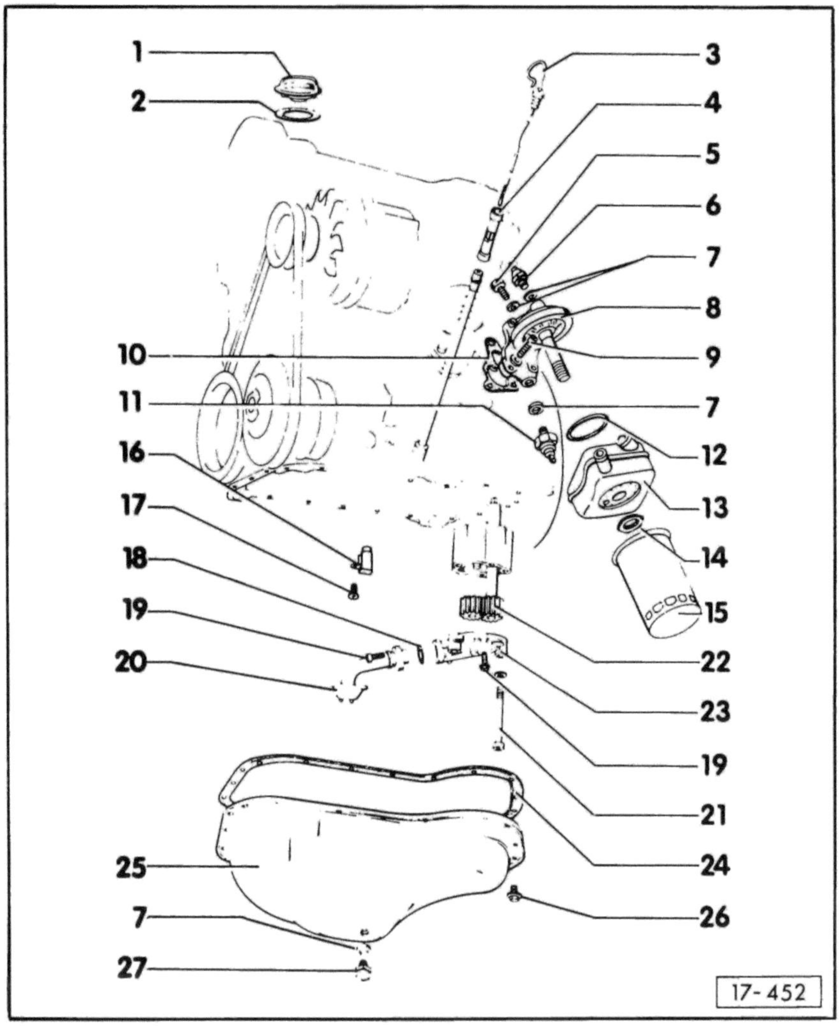

Öldruckschalter/Öldruck überprüfen

Die Öldruckschalter befinden sich beim 4-Zylinder-Motor am Ölfilterflansch und beim 5-Zylinder-Motor auf der linken Seite des Motorblocks hinter der Ölpumpe.

- Ölstand kontrollieren.
- Elektrische Leitungen für beide Öldruckschalter nach Stromlaufplan überprüfen.

0,3 bar Öldruckschalter prüfen

- 1,8-bar-Öldruckschalter (weiße Isolierung) oben am Ölfilterflansch herausschrauben. Beim Saug-Diesel 1,4 bar Schalter (schwarze Isolierung), beim Turbo-Diesel 0,9 bar Schalter (graue Isolierung) herausschrauben.

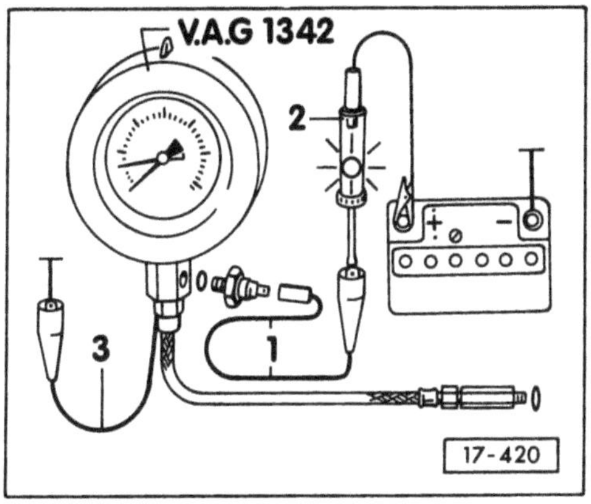

- Anstelle des Öldruckschalters geeignetes Manometer einschrauben.
- Falls das V.A.G-Meßgerät verwendet wird, Öldruckschalter am Prüfgerät einschrauben.
- Elektrische Leitung vom 0,3 bar Schalter (braune Isolierung) unten am Ölfilterflansch abziehen. Schalter mit Hilfsleitung und Spannungsmesser an den Pluspol der Batterie anlegen. Dabei muß Spannung angezeigt werden, Prüflampe oder Leuchtdiode leuchtet.
- Motor starten und Drehzahl langsam erhöhen.
- Sobald das Manometer 0,15 – 0,45 bar anzeigt, darf keine Spannung mehr angezeigt werden; Prüflampe verlöscht. Andernfalls 0,3 bar Öldruckschalter ersetzen.

Achtung: Gegebenenfalls Schaltpunkt des Öldruckschalter bei Anlaßdrehzahl prüfen.

1,8/1,4/0,9 bar Öldruckschalter prüfen

Achtung: Die beschriebene Prüfung kann nur durchgeführt werden, wenn der Schalter am Meßgerät eingeschraubt werden kann.

- Prüfgerät mit Hilfsleitung -3- gegen Masse legen.
- Steckkontakt am Schalter mit Hilfsleitung -1- und Spannungsmesser -2- an den Pluspol der Batterie anlegen. Bei abgestelltem Motor darf keine Spannung angezeigt werden, sonst Schalter ersetzen.
- Motor starten und Drehzahl langsam erhöhen.
- Bei Erreichen des Prüfdruckes muß Spannung angezeigt werden, Prüflampe leuchtet.

Motor	Schalter	Prüfdruck
Benzinmotor	1,8 bar	1,6 – 2,0 bar
Saug-Diesel	1,4 bar	1,2 – 1,6 bar
Turbo-Diesel	0,9 bar	0,75 – 1,05 bar

Öldruck prüfen

- Motor starten, Drehzahl auf 2000/min erhöhen. Bei einer Öltemperatur von 80° C soll der Öldruck bei dieser Motordrehzahl mindestens 2,0 bar betragen.
- Geringerer Öldruck weist auf verschlissene Kurbelwellenlager hin.
- Öldruckschalter mit Dichtring einsetzen und mit 25 Nm festziehen.

Ölwanne aus- und einbauen/ Dichtung für Ölwanne ersetzen

Ausbau

- Fahrzeug aufbocken und mit Unterstellböcken sichern.
- Untere Motorraumabdeckung ausbauen, siehe Seite 15.
- Halteblech für untere Abdeckung abschrauben.
- Motoröl ablassen.
- Motor anseilen und leicht vorspannen bis Motorlager entlastet, siehe auch Seite 13.
- Motorlager links und rechts abschrauben, dazu selbstsichernde Mutter herausdrehen.

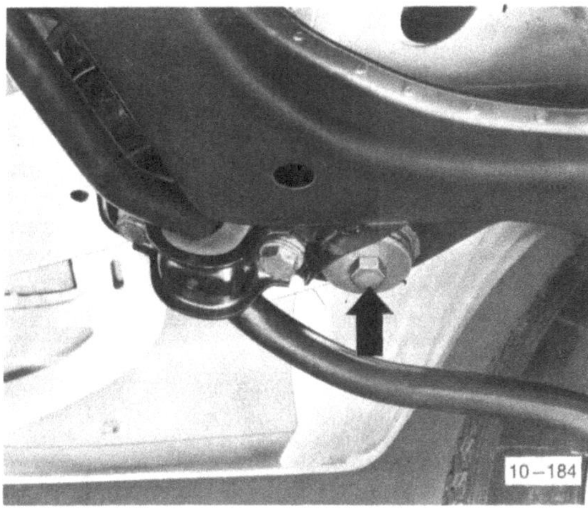

- Aggregateträger mit untergestelltem Hydraulikwagenheber sichern. Die 2 vorderen Befestigungsschrauben - Pfeil - des Aggregateträger herausschrauben und Aggregateträger vorsichtig mit Hydraulikwagenheber absenken.

- **4-Zylinder-Motor:** Abdeckblech abschrauben.
- Ölwanne abschrauben und herausnehmen.

Einbau

- Dichtung für Ölwanne ersetzen, vorher Dichtungsreste sorgfältig entfernen.

Achtung: Dichtung nicht ankleben. Auf richtige Lage der Dichtung zu den Bohrungen achten.

- Ölwanne gleichmäßig mit **20 Nm** anschrauben. **Achtung:** Beim 220-PS-Motor (162 kW, 3B) zuerst die M8-Schrauben mit **20 Nm**, dann die M6-Schrauben mit **10 Nm** festziehen.
- Falls ausgebaut, Abdeckblech mit 10 Nm anschrauben.
- Aggragateträger mit Hydraulikwagenheber anheben. Schrauben für Aggregateträger zuerst links, dann rechts mit **35 Nm** anziehen und anschließend um **90°** (**¼ Umdrehung)** weiter festziehen. **Schrauben grundsätzlich erneuern.**
- Motor in die Motorlager einsetzen. **Neue** selbstsichernde Muttern ansetzen, noch nicht festziehen.
- Halteblech für untere Motorraumabdeckung anschrauben.
- Untere Motorraumabdeckung einbauen, siehe Seite13.
- Motorabstützung abnehmen, Fahrzeug ablassen.
- Motor durch Schüttelbewegungen spannungsfrei einrichten. Anschliessend Motorlager mit **35Nm** anziehen.
- Öl auffüllen.
- Nach Probefahrt Ölwannendichtung auf Ölaustritt kontrollieren, gegebenfalls Schrauben für Ölwanne leicht nachziehen.

Ölpumpe aus- und einbauen/prüfen

4-Zylinder-Motor

Ausbau

- Ölwanne ausbauen, siehe Seite 55.
- Befestigungsschrauben abschrauben, Ölpumpe herausnehmen.

Prüfen

- Ölpumpe zerlegen. Das Flankenspiel darf maxima 0,05–0,20 mm betragen.

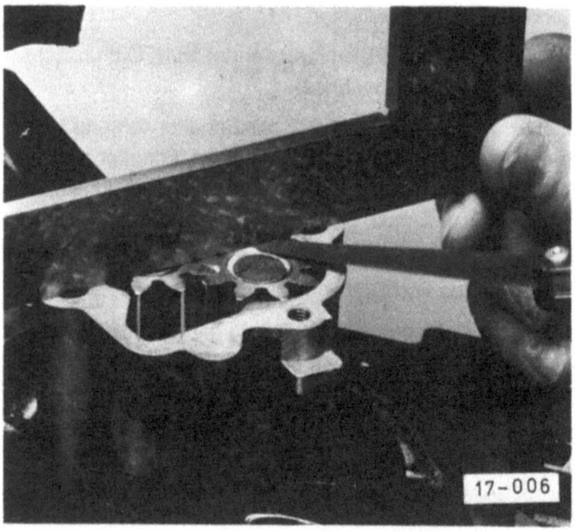

- Axialspiel mit Stahllineal und Fühlerblattlehre prüfen. Das Axialspiel darf maximal 0,15 mm betragen.

Einbau

- Saugleitung vom Ölpumpendeckel abschrauben und in Kraftstoff reinigen.
- Ölpumpe komplettieren und einsetzen.
- Befestigungsschrauben mit 10 Nm bzw. 20 Nm festziehen.
- Ölwanne montieren siehe Seite 55.
- Ölablaßschraube: Dichtring erneuern, Schraube mit 30 Nm festziehen.

Ausbau 5-Zylinder-Motor

Die Ölpumpe befindet sich vorn im Motorblock und wird vom Zahnriemen angetrieben. Zum Ausbau der Ölpumpe wird Spezialwerkzeug benötigt.

- Keilriemen für Servopumpe, Generator und Klimakompressor entspannen, siehe Seite 161, 246, 232.

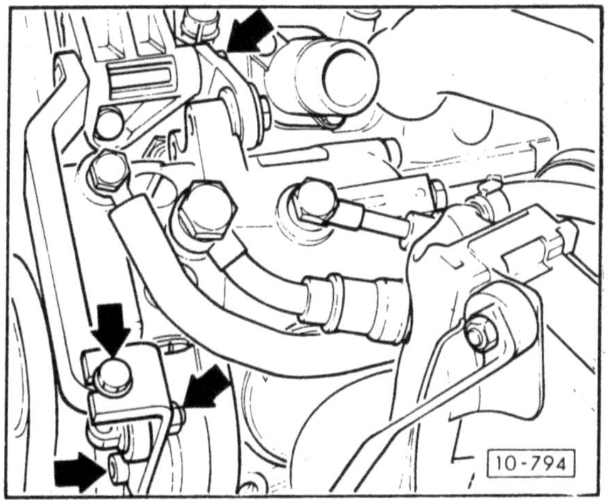

- Pumpe für Servolenkung abschrauben und mit angeschlossenen Schläuchen zur Seite legen.

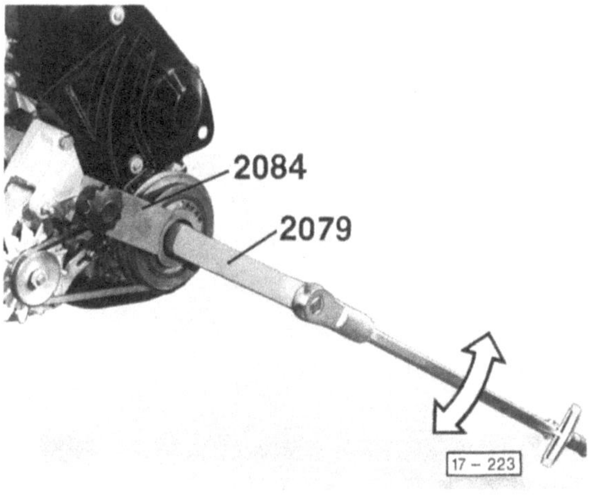

- Gegenhalter V.A.G-2084 einsetzen. Schwingungsdämpfer-Zentralschraube mit Werkzeug V.A.G-2079 lösen.
- Zahnriemen ausbauen, siehe Seite 18.

Achtung: Kurbelwelle oder Nockenwelle anschließend nicht mehr verdrehen.

- Schwingungsdämpfer mit Zahnriemenscheibe abnehmen.
- Ölmeßstab herausziehen.
- Fahrzeug aufbocken, siehe Seite 273.
- Motoröl ablassen.
- Ölwanne ausbauen, siehe Seite 55.
- Ölsaugleitung abschrauben. Vorher Sicherungsblech an den Schrauben zurückbiegen.

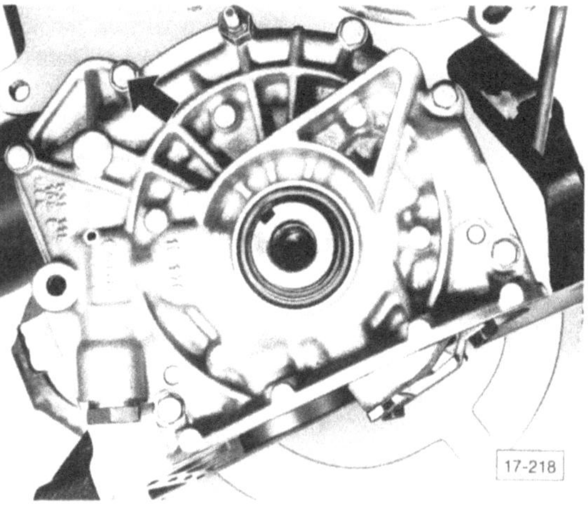

- Ölpumpe abschrauben.

Einbau

- Dichtring für Ölpumpe erneuern. Dichtlippe und äußeren Rand des Dichtringes leicht einölen. Dichtring bündig einpressen. Zeigt die Kurbelwelle Einlaufspuren, Dichtring bis zum Anschlag einpressen.
- Ölpumpe nur komplett erneuern.
- Bei den Ölpumpenrädern zeigt die Kennzeichnung in Richtung Abschlußdeckel. Weist der Abschlußdeckel Einlaufspuren auf, Abschlußdeckel für Ölpumpe erneuern.
- Dichtungen für Ölpumpe erneuern, Ölpumpe ansetzen und Schrauben mit 10 Nm festziehen. Beim Einsetzen der Ölpumpe auf Mitnehmer an der Kurbelwelle achten.
- Dichtung für Ölansaugrohr erneuern, Ölansaugrohr ansetzen und Schrauben mit 10 Nm festziehen. **Achtung:** Neues Sicherungsblech für die Schrauben des Ölansaugrohres verwenden, Blech einschlagen und somit Schrauben sichern.
- Ölwanne einbauen siehe Seite 55.
- Zahnriemen einbauen, siehe Seite 18.
- Zahnriemenschutz einbauen.
- Schwingungsdämpfer einbauen. Anlagefläche (zur Kurbelwelle) mit V.A.G.-Dichtpaste AMV 188 001 02 beziehungsweise mit Korrosionsschutzmittel Loctite 573 bestreichen.

- Schraube für Schwingungsdämpfer mit V.A.G.-Dichtpaste AMV 188 001 02 beziehungsweise Korrosionsschutzmittel Loctite 573 einstreichen.
- Gegenhalter V.A.G-2084 einsetzen. Drehmomentschlüssel auf Verlängerung 2079 aufsetzen, wobei diese mit dem Drehmomentschlüssel fluchten muß. Schraube mit **350 Nm** festziehen. **Achtung:** Das Anzugsmoment gilt nur bei Verwendung der VW-Verlängerung 2079.
- Pumpe für Servolenkung anschrauben.
- Keilriemen einbauen und spannen, siehe Seite 161, 246, 232.
- Öl auffüllen, Ölmeßstab einsetzen.
- Probefahrt durchführen und Ölwanne auf Dichtigkeit prüfen.

Wartungsarbeiten an der Motor-Schmierung

Motorölwechsel

Der Ölwechsel ist alle 15000 km oder, falls sehr wenig gefahren wird, einmal im Jahr durchzuführen. Dabei wird gleichzeitig die Filterpatrone gewechselt.

Bei erschwerten Einsatzbedingungen wie Kurzstreckenverkehr, häufiger Kaltstart und staubige Straßenverhältnisse, sollten Motoröl und Filter in kürzeren Abständen gewechselt werden.

Achtung: Altöl muß auf jeden Fall bei den Altöl-Sammelstellen abgegeben werden. Die Verkaufsstellen für neues Motoröl sind verpflichtet, das beim Ölwechsel anfallende Altöl kostenlos entgegenzunehmen. Außerdem informieren Gemeinde- und Stadtverwaltungen darüber, wo sich die nächste Altöl-Sammelstelle befindet. **Keinesfalls darf Altöl einfach weggeschüttet oder dem Hausmüll mitgegeben werden.** Größere Umweltschäden wie beispielsweise Grundwasserverseuchung wären sonst unvermeidbar.

Ablassen

- Motor auf Betriebstemperatur bringen (Öltemperatur +60° C).

Hinweis: Das Öl darf auch mittels einer Sonde über die Öffnung für den Ölpeilstab abgesaugt werden.

- Fahrzeug waagerecht aufbocken, siehe Seite 273.
- Untere Motorraumabdeckung vorn ausbauen, siehe Seite 15.
- Gefäß zum Auffangen des Altöls unterstellen.

- Ölablaßschraube herausdrehen und Altöl ganz ablassen. Die Ablaßschraube befindet sich an der tiefsten Stelle der Ölwanne.
- Anschließend Ölablaßschraube mit **neuem Dichtring** einschrauben und fest, aber nicht mit zu großer Gewalt anziehen. Anzugsdrehmoment 4-Zylinder-Motor: **30 Nm**; 5-Zylinder-Motor: **40 Nm**.
- Untere Motorraumabdeckung vorn einbauen, siehe Seite 15.
- Fahrzeug ablassen, siehe Seite 273.
- Ölfilter ausbauen. Die Werkstätten benutzen hierzu ein spezielles Werkzeug. Steht dieses nicht zur Verfügung, kann auch ein Lederriemen genommen werden. Man kann auch einen spitzen Schraubendreher seitlich in den Ölfilter eintreiben. Beim Drehen läuft dann allerdings Öl aus – Gefäß unterstellen.

Auffüllen

- Beim Einbau Hinweise auf dem Ölfilter beachten.
- Ölfilterflansch mit Kraftstoff reinigen.
- Gummidichtring am Ölfilter leicht einölen.
- Neuen Ölfilter nur handfest anschrauben.
- Neues Öl am Einfüllstutzen des Zylinderkopfdeckels einfüllen.

Ölwechselmenge (mit Filterwechsel)

Achtung: Zuordnung von Kennbuchstaben/Modell, siehe Tabelle Seite 12.

	Motorkennbuchstabe	Ölfüllmenge
Benzinmotoren		
4-Zylinder mit Blech-Ölwanne	AAD, DZ, JN, JV, MU, MY, ABK, NE, PM, PP, RN, RU, SD, SE, SF, 3A, 6A	3,0 l
4-Zylinder mit Alu-Ölwanne	ABB	3,5 l
5-Zylinder	KV, NG, PS	4,0 l
	NM, 3B, 7A, ABY	4,5 l
6-Zylinder	AAH, ABC	5,0 l
Dieselmotoren		
	JK[1)]	3,5 l
	JK, RA, SB	4,0 l

1) Bis Fahrgestell-Nr. 89- J 320 479, Baudatum 2/88.

Die Mengendifferenz zwischen der Min.- und Max.– Markierung am Ölpeilstab beträgt 1 Liter.

- Nach Probefahrt Dichtigkeit der Ablaßschraube und des Ölfilters überprüfen, gegebenfalls vorsichtig nachziehen.
- Um die Betriebsverhältnisse des Motors besser überwachen zu können, soll beim Ölwechsel immer ein Öl gleichen Typs und möglichst auch gleicher Marke verwendet werden. Daher ist es zweckmäßig, bei jedem Ölwechsel ein Hinweisschild am Motor zu befestigen, auf dem Marke und Viskosität des Öles vermerkt sind.
- Wahllos abwechselnder Gebrauch verschiedener Öltypen ist ungünstig. Motorenöle gleichen Typs, aber verschiedener Marken sollen möglichst nicht gemischt werden. Motorenöle gleichen Typs und gleicher Marke, aber verschiedener Viskosität, können im Bedarfsfall während jahreszeitlicher Überschneidung ohne weiteres nachgefüllt werden.

Nachrüstbare Ölfilterpatrone mit Filtereinsatz

Für einige Fahrzeugmotoren gibt es im Handel Ölfilterpatronen mit austauschbaren Filtereinsätzen aus Papier. Diese haben den Vorteil, daß nicht mehr der komplette Ölfilter gewechselt werden muß. Beim Ölwechsel wird nur der Filtereinsatz entsorgt. Der Ölfilter besteht aus dem Ölfiltergehäuse und dem Filtereinsatz. Das Ölfiltergehäuse wird anstelle der bisherigen Ölfilterpatrone am Motorblock angeschraubt.

Die dynamische Öldruckkontrolle

Der AUDI 80/90 ist mit einer dynamischen Öldruckkontrolle ausgerüstet. Das heißt, die Öldruckkontrolle erfolgt in Abhängigkeit von der Motordrehzahl.

Liegt die Motordrehzahl unter 2000/min und sinkt gleichzeitig der Öldruck unter 0,3 bar, so blinkt die Warnleuchte für Öldruck am Armaturenbrett. Bei einer Motordrehzahl über 2000/min muß der Öldruck mindestens 1,8 bar (Saug-Diesel 1,4 bar; Turbo-Diesel 0,9 bar) betragen, sonst blinkt wiederum die Warnleuchte und der Summer ertönt.

Blinkt während der Fahrt die Öl-Warnleuchte und der Summer ertönt, so kann das folgende Ursachen haben:

1. Ölstand zu niedrig
2. Störung in der Elektrik von Schalter und Warnleuchte
3. Ölpumpe fördert nicht
4. Lager der Kurbelwelle defekt

Zunächst also sofort den Motor abstellen und den Ölstand kontrollieren, gegebenenfalls Öl nachfüllen. Anschließend Motor starten und im Leerlauf drehen lassen, die Warnleuchte darf nun nicht mehr blinken; Drehzahl auf über 2000/min erhöhen, Leuchte darf nicht blinken und der Summer darf nicht ertönen. Ist dies der Fall, kann die Fahrt fortgesetzt werden.

Ist der Ölstand jedoch in Ordnung und besteht am Ort keine weitere Prüf-Möglichkeit, keinesfalls weiterfahren, sondern Fahrzeug abschleppen lassen und Öldruck prüfen.

Bei ausreichendem Öldruck beide Öldruckschalter und die elektrischen Zuleitungen nach Schaltplan prüfen. Falls kein Fehler gefunden wurde, Öldruck-Kontrollrelais ersetzen.

Störungsdiagnose Ölkreislauf

Störung	Ursache	Abhilfe
Kontrolleuchte blinkt nicht nach Einschalten der Zündung	0,3 bar Öldruckschalter defekt	■ Zündung einschalten, Leitung vom Öldruckschalter abziehen und gegen Masse halten. Wenn die Kontrolleuchte blinkt, Schalter ersetzen
	Strom zum Schalter unterbrochen, Kontakte korrodiert	■ Elektrische Leitung und Anschlüsse prüfen
	Kontrollampe defekt	■ Kontrollampe ersetzen
	Steuergerät defekt	■ Steuergerät ersetzen. Das Steuergerät sitzt im linken Fußraum hinter der unteren Abdeckung.
Kontrollicht verlischt nicht nach Anspringen des Motors	Öl sehr warm	■ Unbedenklich, wenn Kontrollicht beim Gasgeben verlischt
Kontrollicht verlischt nicht beim Gasgeben bzw. leuchtet während der Fahrt	Öldruck zu gering	■ Ölstand prüfen, ggf. auffüllen; Öldruck nach Vorschrift prüfen
	Elektrische Leitung zum Öldruckschalter hat Kurzschluß gegenüber Masse	■ Kabel am Schalter (blaue Isolierung) abziehen und isoliert ablegen (nicht gegen Masse legen), Zündung einschalten. Wenn die Kontrollampe aufleuchtet, Leitung überprüfen
	0,3 bar Öldruckschalter defekt	■ Schalter auswechseln
Kontrolleuchte blinkt während der Fahrt, Summer ertönt	Öldruckschalter 1,8 bar (weiße Isolierung) beim Benzinmotor, bzw. 1,4 bar beim Saug-Diesel oder 0,9 bar beim Turbo-Diesel ist defekt	■ Öldruck prüfen, Öldruckschalter prüfen. Ist der Öldruck in Ordnung obwohl der Summer ertönt, kann für die Weiterfahrt kurzfristig die elektrische Leitung abgezogen und gegen Masse gelegt werden. Falls der Summer immer noch ertönt, Steuerrelais aus der Fassung ziehen. Öldruckschalter sowie Steuergerät sobald wie möglich prüfen, ggf. ersetzen.
Zu niedriger Öldruck im gesamten Drehzahlbereich	Zu wenig Öl im Motor	■ Motoröl nachfüllen
	Ansaugsieb in der Saugglocke verschmutzt, Saugrohr gebrochen	■ Ölwanne ausbauen, Ansaugsieb reinigen, ggf. Saugrohr ersetzen
	Ölpumpe verschlissen	■ Ölpumpe ausbauen und prüfen, gegebenenfalls ersetzen
	Lagerschaden	■ Motor demontieren
Zu niedriger Öldruck im unteren Drehzahlbereich	Öldruckregelventil klemmt in offenem Zustand durch Verschmutzung	■ Ventil ausbauen und prüfen
Zu hoher Öldruck bei Drehzahlen über 2000/min	Öldruckregelventil öffnet nicht wegen Verschmutzung	■ Ventil ausbauen und prüfen

Die Motor-Kühlung

Der Kühlmittelkreislauf

Der Kühlmittelkreislauf wird thermostatisch geregelt. Solange der Motor kalt ist, zirkuliert das Kühlmittel nur im Zylinderkopf sowie im Motorblock und im Wärmetauscher. Mit zunehmender Erwärmung öffnet der Kühlmittelregler den großen Kühlmittelkreislauf. Das Kühlmittel wird von der ständig im Einsatz befindlichen Kühlmittelpumpe über den Kühler geleitet. Die Kühlflüssigkeit durchströmt den Kühler von oben nach unten und wird dabei durch die an den Kühlrippen vorbeistreichende Luft gekühlt.

Liegt die Kühlmitteltemperatur zwischen 92° – 97° C, schaltet ein Thermoschalter den Lüfter zu. Der Lüfter wird von einem Elektromotor angetrieben und dreht sich so lange, bis die Kühlmitteltemperatur unter 84° – 91° C abgesunken ist.

Achtung: Der Elektrolüfter kann sich auch bei ausgeschalteter Zündung einschalten. Durch Stauwärme im Motorraum ist auch **mehrmaliges Einschalten möglich.**

Durch den nicht immer mitlaufenden Lüfter erhöht sich die nutzbare Motorleistung und der Kraftstoffverbrauch vermindert sich.

Fahrzeuge mit Klimaanlage oder Anhängerkupplung sind aufgrund des größeren Kühlungsbedarfs zusätzlich mit einem 2. Lüfter ausgerüstet. Der 2. Lüfter wird durch einen Keilriemen angetrieben und läuft entsprechend der Motordrehzahl ständig mit.

Der Inhalt des Kühlsystems beträgt beim 4-Zylinder-Motor ca. 7 Liter, beim 5-Zylinder-Motor ca. 8 Liter Kühlflüssigkeit.

Die Abbildung zeigt den 4-Zylinder-Vergasermotor.

1 – **Luftführung**
2 – **Mutter, 10 Nm**
3 – **Halter**
4 – **Gummibuchse**
5 – **Kühler**
6 – **Dichtring**
7 – **Thermoschalter, 35 Nm**
Für Elektrolüfter.
8 – **Kühlmittelschlauch oben**
9 – **Entlüftungsschlauch**
10 **Gummimetallager, 10 Nm**
11 – **Lüfter für Kühler**
12 – **Kühlmittelschlauch unten**
13 – **Lüfterabdeckung**
14 – **Federklemme**
15 – **Verschlußdeckel**
Prüfdruck: 1,2 – 1,5 bar Überdruck.
16 – **Ausgleichbehälter**

Hinweis: Kühlmittelschläuche sind entweder mit Federband- oder mit Schraubschellen gesichert. Im Reparaturfall können Federbandschellen durch Schraubschellen ersetzt werden. Zur Montage der Federbandschellen wird eine geeignete Zange, zum Beispiel HAZET 798-5 benötigt.

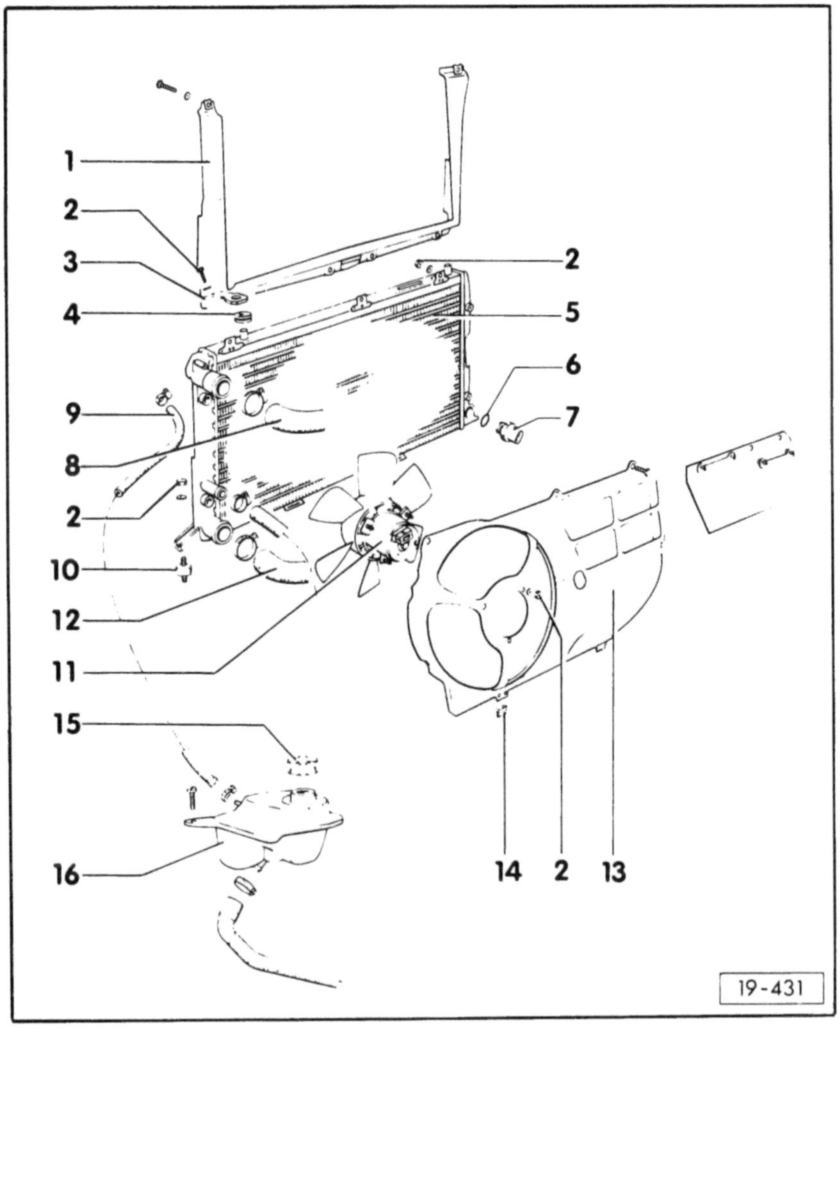

Kühlmittelpumpe/Kühlmittelregler

Die Abbildung zeigt den 4-Zylinder-Vergasermotor

1 – **Kühlmittelschlauch**
Zum Ansaugrohr.

2 – **Thermoschalter, 10 Nm**
Für Ansaugrohrvorwärmer.

3 – **Anschlußstutzen**

4 – **Dichtring**

5 – **Temperaturgeber, 10 Nm**

6 – **O-Ring**

7 – **Schraube, 10 Nm**

8 – **Schraube, 20 Nm**

9 – **Kühlmittelpumpe**

10 – **Dichtung**

11 – **Kühlmittelschlauch oben**

12 – **Kühlmittelregler**
Öffnungsbeginn ca. 85° C; Ende ca. 105° C, Öffnungshub mindestens 7 mm.

13 – **Kühlmittelschlauch unten**

14 – **Kühlmittelrohr**

15 – **Zum Wärmetauscher**

16 – **Vom Wärmetauscher**

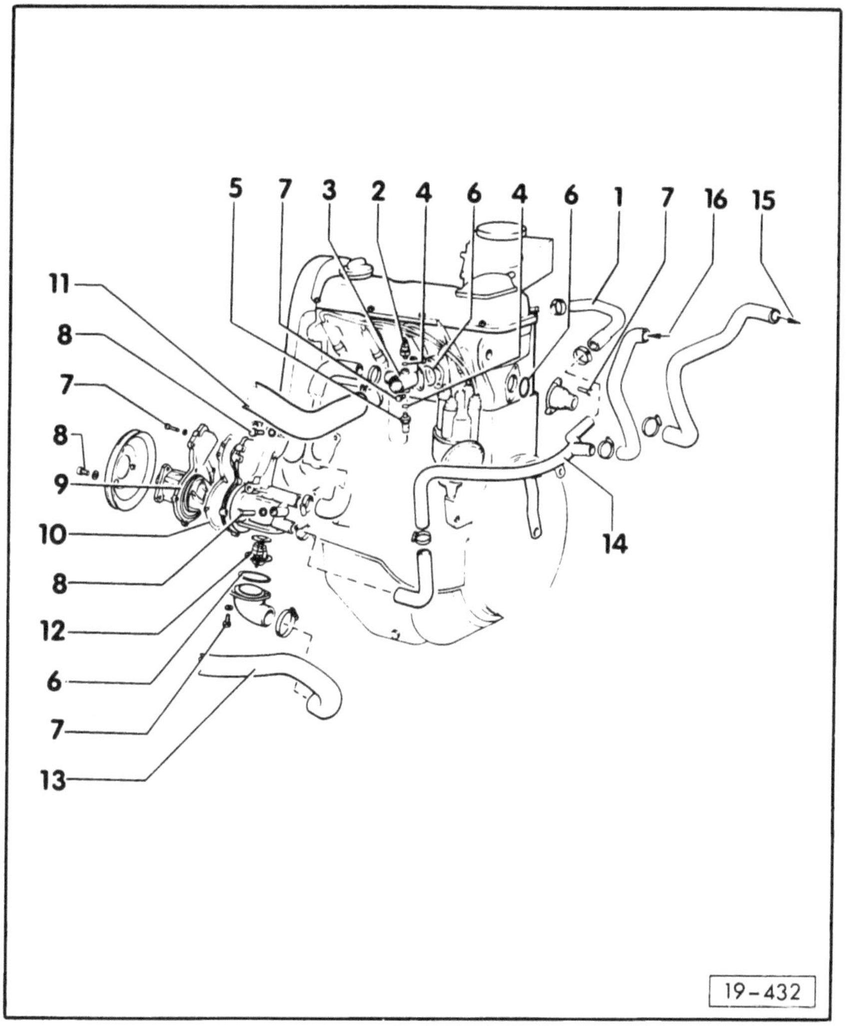

Achtung: Bei Arbeiten am Kühlsystem unbedingt darauf achten, daß kein Kühlmittel auf den Zahnriemen gelangt. Der Glykolanteil des Kühlmittels kann das Gewebe des Zahnriemens so schädigen, daß der Riemen nach einiger Betriebszeit reißt, wodurch schwerwiegende Motorschäden auftreten können.

Kühlmittelregler aus- und einbauen/prüfen

Ausbau

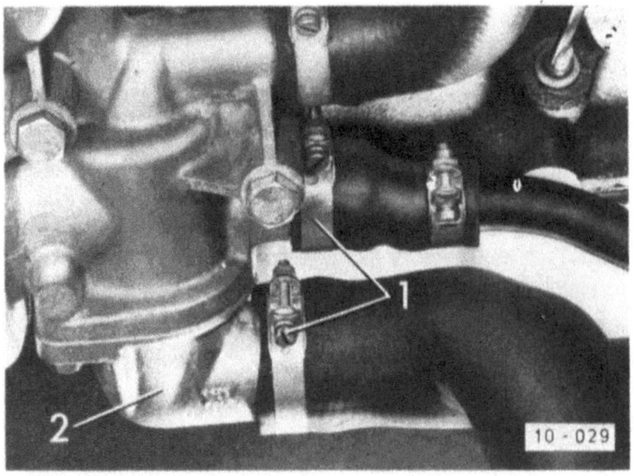

- Geeignetes Gefäß unter Kühlmittelflansch stellen.
- Flansch für Kühlmittelregler –2– abschrauben, Kühlmittel ablassen und auffangen.
- Kühlmittelregler herausnehmen.

Prüfen

- Maß –a– am Regler messen, siehe Abbildung 19-003.

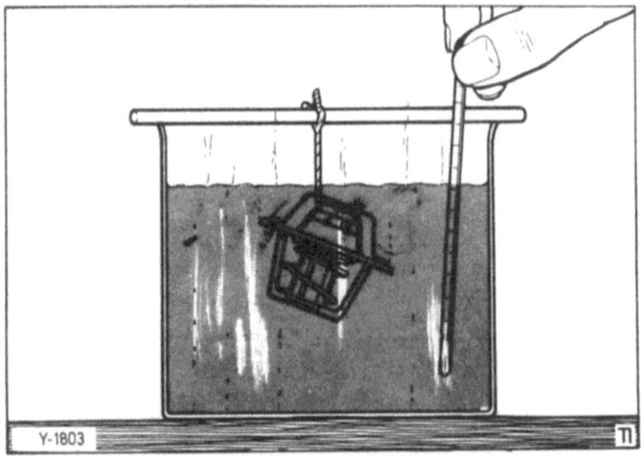

- Regler wegen des höheren Siedepunktes im Kühlmittelbad erwärmen. Dabei darf der Thermostat nicht die Wände des Behälters berühren.
- Temperatur mit einem Thermometer kontrollieren. Regler-Öffnungsbeginn 4-Zylinder-Motor: ca. 85° C, Ende ca. 105° C; 5-Zylinder-Motor und 1,9-l-Diesel-Motor: ca. 87° C/102° C.

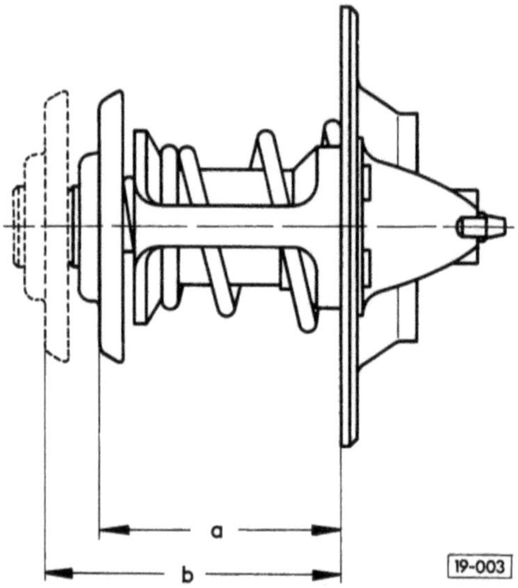

- Nach Erhitzen des Reglers auf 105° C muß Maß –b– gegenüber Maß –a– um mindestens 7 mm (5-Zylinder-Motor: 8 mm) größer sein.

Einbau

- Dichtring ersetzen, Kühlmittelregler einsetzen und Deckel anschrauben, Kühlflüssigkeit auffüllen.
- Motor laufen lassen, bis Kühlmittelregler öffnet. Deckel-Dichtung und Kühlmittelschlauch auf Dichtigkeit überprüfen.

Ausbau 5-Zylinder-Motor

Der Kühlmittelregler befindet sich im Kühlmittelflansch auf der linken Seite des Zylinderkopfes.

- Kühlmittel ablassen, siehe Seite 68.
- Anschlußstutzen mit 2 Schrauben abschrauben und Regler herausnehmen.
- Kühlmittelregler prüfen.

Einbau

- Regler einsetzen und Anschlußstutzen mit **neuem** Dichtring und 10 Nm anschrauben.

Kühlmittelpumpe aus- und einbauen

Ausbau

- Kühlmittel ablassen.
- Kühlmittelregler ausbauen.
- Schrauben für Keilriemenscheibe lösen, dazu Keilriemen eindrücken und festhalten.
- Keilriemen ausbauen, siehe Seite 246.
- Schellen für Kühlmittelschläuche am Kühlmittelpumpengehäuse lösen.
- Kühlmittelschläuche abziehen, Befestigungsschrauben herausdrehen und Pumpe abnehmen.
- Welle der Kühlmittelpumpe drehen und auf leichten Lauf prüfen.
- Bei Beschädigung sowie Undichtigkeiten am Pumpenlager, Kühlmittelpumpe komplett ersetzen.

Einbau

- Kühlmittelpumpe mit **neuem** Dichtring ansetzen und mit **20 Nm** anschrauben.

Achtung: Wurde nur die Papierdichtung oder das Lagergehäuse mit Pumpenrad ersetzt, Lagergehäuse mit **10 Nm** anschrauben. Dabei Schrauben auf keinen Fall zu stark anziehen.

- Kühlmittelregler einbauen.
- Kühlmittelschläuche aufsetzen und Schellen festziehen.
- Keilriemenscheibe anschrauben.
- Keilriemen montieren, siehe Seite 246.

Achtung: Beim Dieselmotor wird die Keilriemenspannung an der Kühlmittelpumpe durch Anordnung von mehr oder weniger Abstandscheiben zwischen den beiden Hälften der Keilriemenscheibe eingestellt.

- Kühlflüssigkeit auffüllen.
- Nach Probefahrt: Kühlmittelschläuche und Kühlmittelpumpe auf Dichtheit überprüfen.

Ausbau 5-Zylinder-Motor

Die Kühlmittelpumpe befindet sich vorn im Motorblock und wird durch den Zahnriemen angetrieben.

- Kühlmittel ablassen, siehe Seite 68.
- Zahnriemen ausbauen, siehe Seite 18.
- Kühlmittelpumpe abschrauben und herausnehmen.

Einbau

- Dichtring ersetzen, Kühlmittelpumpe anschrauben, Schrauben mit 20 Nm festziehen.
- Zahnriemen einbauen, siehe Seite 18.
- Kühlflüssigkeit auffüllen.
- Nach Probefahrt: Dichtigkeit der Kühlmittelpumpe prüfen.

Thermoschalter für Elektrolüfter prüfen

Der Thermoschalter ist zu prüfen, wenn bei heißem Motor der Lüfter nicht einschaltet. Prüfvoraussetzung: Kühlmittelregler, Kühler und Verschlußdeckel für Kühlsystem sind in Ordnung.

Der Thermoschalter für den Elektrolüfter sitzt beim 4-Zylinder-Motor rechts unten, beim 5-Zylinder-Motor links unten am Kühler. Je nach Ausstattung kann ein 2poliger oder ein 3poliger Thermoschalter eingebaut sein.

- Sicherung Nr. 5 für Lüftermotor prüfen, gegebenenfalls ersetzen.

Schalter (Klemmenbezeichnung)	Schalttemperatur	
	Ein	Aus
2polig	92 – 97° C	84 – 91° C
3polig		
1 = 1. Stufe	92 – 97° C	84 – 91° C
2 = 2. Stufe	99 – 105° C	91 – 98° C
+ = Zuleitung		

- Prüfen, ob der Kühler im Bereich des Thermoschalters überhaupt heiß wird.
- Stecker vom Thermoschalter abziehen, die Klemmen der beiden Leitungen zum Thermoschalter mit kurzer Prüfleitung verbinden. Wenn der Elektrolüfter jetzt anläuft, Thermoschalter ersetzen. Bei 2stufigem Lüfter beide Stufen auf diese Art prüfen. Zuerst + Klemme mit Klemme 1 verbinden, dann mit Klemme 2.
- Wenn der Lüfter nicht anläuft, elektrische Leitungen gemäß Stromlaufplan prüfen. Anschlüsse auf guten Kontakt und festen Sitz kontrollieren. Gegebenenfalls Lüftermotor ersetzen.
- Anzugsdrehmoment für Thermoschalter: **25 Nm**.
- Neuen Thermoschalter auf Funktion überprüfen. Motor warmfahren und so lange im Leerlauf laufen lassen, bis der Lüfter für Kühlmittel einschaltet.

Kühler aus- und einbauen

Ausbau

- Kühlergrill ausbauen, siehe Seite 195.
- Kühlmittel ablassen und auffangen.
- Elektrische Stecker vom Thermoschalter seitlich beziehungsweise unten am Kühler und vom Lüftermotor abziehen. Leitungen aus den Kabelbindern lösen.
- Kühlmittelschlauch oben und unten vom Kühler abnehmen.
- Verbindungsschläuche zum Ausgleichbehälter abnehmen.
- Kühler unten links und rechts mit je 1 Mutter vom Gummimetallager abschrauben und Muttern mit Unterlegscheiben abnehmen.
- **5-Zylinder-Motor:** Kühlerverkleidung rechts vom Kühler lösen.
- Obere Kühlerhalterung abschrauben.
- Kühler nach hinten schwenken und komplett mit Lüfterring und Lüfter herausheben.

Einbau

- Verschlissene Gummibuchsen und Gummimetallager ersetzen.
- Kühler mit Lüfter von oben einsetzen und unten mit 10 Nm anschrauben.
- Rechte Kühlerverkleidung anschrauben.
- Oberen Kühlerhalter mit 10 Nm anschrauben.
- Kühlmittelschläuche unten und oben aufschieben und mit Schellen sichern.
- Kühlergrill einbauen.
- Elektrische Leitungen für Lüfter und Thermoschalter aufschieben, Leitungen mit Kabelbindern befestigen.
- Kühlmittel auffüllen.
- Nach Probefahrt sämtliche Anschlüsse Kühler/Kühlmittelschlauch auf Dichtigkeit überprüfen.

Kühlsystem prüfen

Prüfen

Undichtigkeiten im Kühlsystem und die Funktion des Überdruckventils im Kühler-Verschluß können mit dem Prüfgerät VW 1274 überprüft werden.

- Prüfgerät auf Kühler-Einfüllstutzen aufsetzen. Mit der Handpumpe des Gerätes einen Überdruck von ca. 1,0 bar erzeugen. Fällt der Druck ab, undichte Stelle suchen und beseitigen.
- Zum Überprüfen des Überdruckventils im Kühlerverschluß Prüfgerät auf Verschlußdeckel aufsetzen. Überdruck mit der Handpumpe erzeugen. Bei einem Überdruck von 1,2–1,5 bar muß das Überdruckventil öffnen.

Lüfternachlauf prüfen

Der **Benzin-Einspritzmotor** besitzt einen Lüfternachlauf zur Kühlung der Einspritzventile, wodurch das Heißstartverhalten des Motors verbessert wird. Steigt nach Abstellen des heißen Motors die Temperatur im Bereich der Einspritzventile über 110° C an, erhält das Zeit-Relais vom Temperaturgeber Masse und schaltet daraufhin die Stufe 1 des Kühlerlüfters ein. Nach Abkühlung unter 103° C unterbricht der Temperaturgeber die Massezuführung zum Relais, und der Lüfter wird abgeschaltet. Durch Stauwärme im Motorraum kann sich dieser Vorgang mehrfach wiederholen. Der Temperaturfühler befindet sich in der Nähe der Einspritzventile, das Zeit-Relais hat die Kennzeichnung 220 und steckt auf Relaisplatz 3 der Zentralelektrik.

Prüfen

- Zündung ein- und ausschalten.

Achtung: Da das Zeit-Relais nach Ein- und Ausschalten der Zündung nur 10 – 12 Minuten betriebsbereit ist, Prüfung in diesem Zeitraum durchführen.

- Kabel am Temperaturgeber abziehen und gegen Masse halten. Der Lüfter muß in Stufe 1 anlaufen.
- Andernfalls elektrische Leitungen gemäß Stromlaufplan prüfen, gegebenenfalls Relais ersetzen.

Kühlmittel wechseln

Das Kühlmittel muß nur nach Reparaturen am Kühlsystem, bei denen das Kühlmittel abgelassen wurde, erneuert werden. Ein Wechsel im Rahmen der jährlichen Wartung ist nicht vorgesehen. Falls bei Reparaturen der Zylinderkopf, die Zylinderkopfdichtung, der Kühler, der Wärmetauscher oder der Motor ersetzt werden, muß die Kühlflüssigkeit auf jeden Fall ersetzt werden. Das ist erforderlich, weil sich die Korrosionsschutzanteile in der Einlaufphase an den neuen Leichtmetallteilen absetzen und somit eine dauerhafte Korrosionsschicht bilden. Bei gebrauchter Kühlflüssigkeit ist der Korrosionsschutzanteil in der Regel nicht mehr groß genug, um eine ausreichende Schutzschicht an den neuen Teilen zu bilden.

Achtung: Kühlmittel ist leicht giftig und sollte nicht einfach weggeschüttet werden. Gemeinde- und Stadtverwaltungen informieren darüber, wo sich die nächste Problemstoff-Sammelstelle befindet beziehungsweise wie das alte Kühlmittel entsorgt werden soll.

Ablassen

- Heizungsschalter im Innenraum auf maximale Heizleistung stellen.
- Fahrzeug aufbocken, siehe Seite 273.
- Untere Motorraumabdeckung ausbauen, siehe Seite 15.
- Verschlußdeckel am Ausgleichbehälter öffnen.

Achtung: Bei heißem Motor vor dem Öffnen des Deckels einen dicken Lappen auflegen, um Verbrühungen durch heiße Kühlflüssigkeit oder Dampf zu vermeiden. Deckel nur bei Kühlmitteltemperaturen unter 90° C abnehmen.

4-Zylinder-Motor

- Sauberes Auffanggefäß unter die Kühlmittelpumpe stellen.

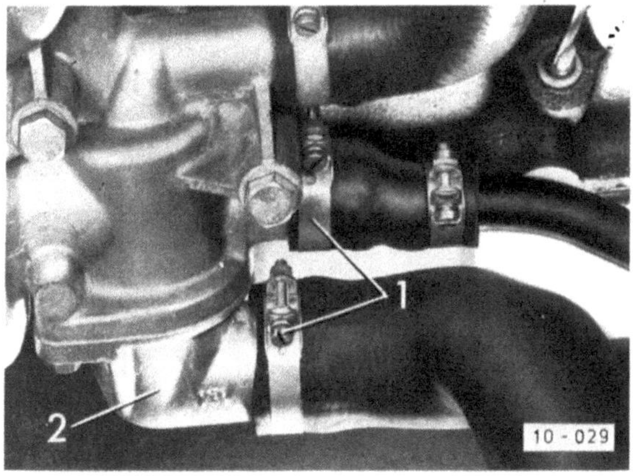

- Schellen –1– lösen und zurückschieben. Kühlmittelschläuche abziehen und Kühlmittel vollständig ablassen.

5-Zylinder-Motor

- Auffanggefäß unter Motor stellen.
- Fahrzeug ablassen, dazu Kühlmittelschlauch zur Heizung am Motorblock hinten abziehen.

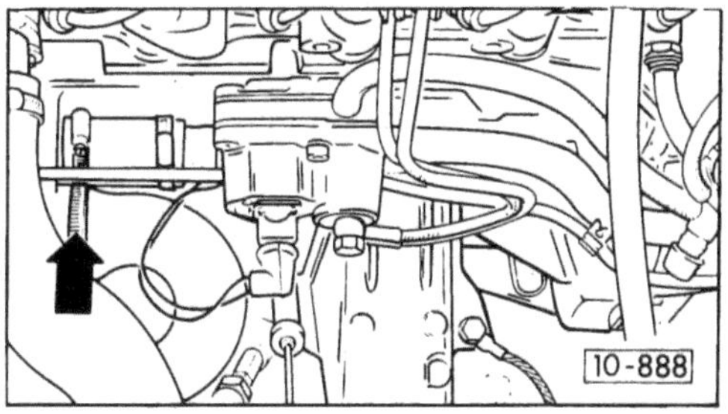

- Kühlmittelschlauch am Kühlmittelrohr unten lösen.

Auffüllen

- Kühlmittelschläuche aufschieben, Schellen festziehen.
- Untere Motorraumabdeckung einbauen, siehe Seite 15.
- Fahrzeug ablassen, siehe Seite 273.
- Heizregulierung voll öffnen.

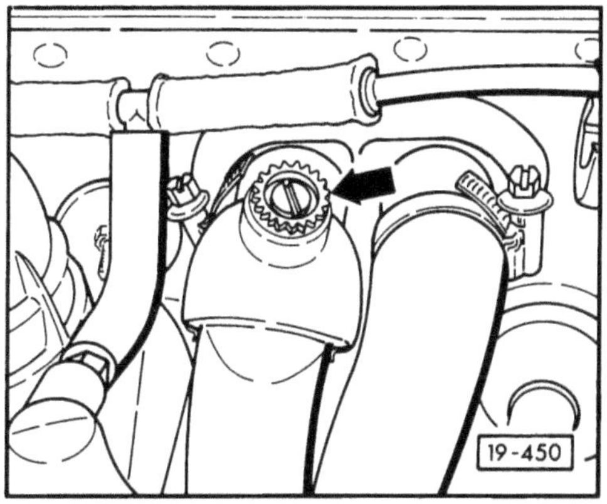

- **5-Zylinder-Motor:**Entlüfterschraube so lange öffnen, bis beim Auffüllen Kühlmittel austritt.

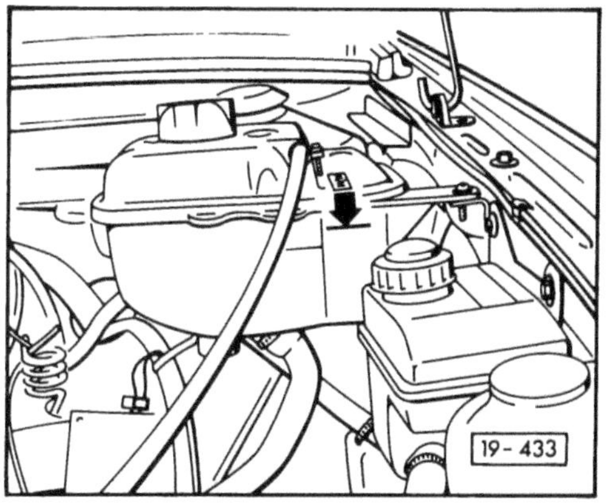

- Kühlmittel bis zur Markierung am Ausgleichbehälter auffüllen. Ausgleichbehälter verschließen.
- Motor laufen lassen, bis der Elektrolüfter einschaltet.
- Kühlmittelstand prüfen und gegebenenfalls bis etwas über die Markierung ergänzen. Bei betriebswarmem Motor muß der Kühlmittelstand etwas über der max.-Markierung, bei kaltem Motor zwischen der max.- und der min.-Markierung liegen.

Wartungsarbeiten an der Motor-Kühlung

Sichtprüfung auf Dichtheit

- Kühlmittelschläuche durch Zusammendrücken und Verbiegen auf poröse Stellen untersuchen, hartgewordene Schläuche ersetzen.
- Die Schläuche dürfen nicht zu kurz auf den Anschlußstutzen sitzen.
- Festen Sitz der Schlauchschellen kontrollieren.
- Dichtung des Verschlußdeckels am Einfüllstutzen des Ausgleichbehälters auf Beschädigungen überprüfen.
- Motor warmlaufen lassen und prüfen, ob Kühlflüssigkeit im Bereich der Kühlmittelpumpe austritt.
- Wenn bei heißem Motor Kühlmittel aus einer Bohrung unten an der Pumpe ausläuft, ist in der Regel der Wellendichtring defekt. In diesem Fall Kühlmittelpumpe komplett ersetzen.
- Mitunter ist es schwierig, die Leckstelle ausfindig zu machen. Dann empfiehlt sich eine Druckprüfung (Spezialgerät erforderlich) durch die Werkstatt. Hierbei kann ebenfalls das Überdruckventil des Verschlußdeckels geprüft werden.

Kühlmittelstand prüfen

Der Kühlmittelstand sollte in regelmäßigen Abständen geprüft werden, zumindest aber vor jeder größeren Fahrt. Bei Fahrzeugen mit Kühlmittelstand-Warnanzeige wird ein zu niedriger Kühlmittelstand durch Dauerblinken der Kontrolleuchte am Armaturenbrett angezeigt.

- Kühlmittelstand bei stehendem Motor prüfen.

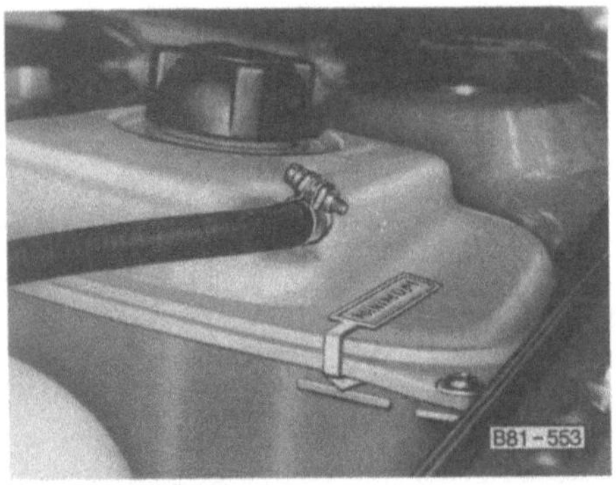

- **Bei kaltem Motor** muß der Kühlmittelstand bis zur Minimum-Markierung reichen und **bei warmem Motor** etwas darüber liegen.

Achtung: Verschlußdeckel bei heißem Motor vorsichtig öffnen. Verbrühungsgefahr! Beim Öffnen Lappen über den Verschlußdeckel legen. Verschlußdeckel möglichst bei einer Kühlmittel-Temperatur unter 90° C öffnen.

- Verschlußdeckel beim Öffnen zuerst 1 Umdrehung aufdrehen und Überdruck entweichen lassen. Danach Deckel weiterdrehen und abnehmen.
- **Kaltes** Kühlmittel nur bei **kaltem Motor** nachfüllen, um Motorschäden zu vermeiden.
- Zum Nachfüllen – auch in der warmen Jahreszeit – nur eine Mischung aus Kühlerfrostschutzmittel und kalkarmem, sauberem Wasser verwenden.

Achtung: Um die Weiterfahrt zu ermöglichen, kann auch, insbesondere im Sommer, reines Wasser nachgefüllt werden. Der Kühlerfrostschutz muß dann jedoch baldmöglichst korrigiert werden.

- Sichtprüfung auf Dichtheit durchführen, wenn der Kühlmittelstand häufig unterhalb der Min.-Markierung steht.

Frostschutz prüfen

Vor Beginn der kühleren Jahreszeit sollte die Konzentration des Frostschutzmittels geprüft werden.

- Motor warmfahren, bis das Kühlmittel im Ausgleichbehälter ca. handwarm ist.
- Verschlußdeckel des Ausgleichbehälters vorsichtig öffnen, siehe unter »Kühlmittelstand prüfen«.
- Mit Meßspindel Kühlflüssigkeit ansaugen und am Schwimmer Kühlmitteldichte ablesen. Der Frostschutz soll in unseren Breiten bis mindestens –25° C reichen.

V.A.G-Kühlkonzentrat ergänzen

Beispiel: Beim 4-Zylinder-Motor ergibt die Frostschutz-Messung mit der Spindel einen Frostschutz bis –10° C. In diesem Fall aus dem Kühlsystem 2 l Kühlflüssigkeit ablassen und dafür 2 l reines Frostschutzkonzentrat auffüllen. Dadurch ist ein Frostschutz bis –25° C gewährleistet. Für einen Frostschutz bis –35° C müssen 2,5 l Kühlflüssigkeit durch Frostschutzkonzentrat ersetzt werden.

Frostschutz bis °C		Differenzmenge in Liter	
Istwert	Sollwert	4-Zylinder-Motor	5-Zylinder-Motor
0	–25	2,8	3,2
	–35	3,5	4,0
– 5	–25	2,5	2,5
	–35	3,0	3,5
–10	–25	2,0	2,0
	–35	2,5	3,0
–15	–25	1,5	1,5
	–35	2,0	2,5
–20	–25	1,0	1,0
	–35	1,5	2,0
–25	–35	1,0	1,5
–30	–35	0,5	1,0

- Verschlußdeckel am Kühler verschließen und nach Probefahrt Frostschutz erneut überprüfen.

Kühler-Frostschutzmittel

Die Kühlanlage muß ganzjährig mit einer Mischung aus Wasser und Kühlerfrost- und Korrosions-Schutzmittel befüllt sein. Dies verhindert Frost- und Korrosionsschäden, Kalkansatz und hebt außerdem die Siedetemperatur des Kühlmittels an.

Beim AUDI 80/90 muß der VW/AUDI-Kühlmittelzusatz **G11** verwendet werden. Zum Nachfüllen kann **G11** oder ein anderes Kühlkonzentrat mit dem Vermerk »gemäß TL-VW 774 **C**« verwendet werden. **Hinweis:** Das Kühlkonzentrat **G11** ist an der **grünen Farbe** erkennbar.

Seit 7/96 wird bei **neuen** VW/AUDI-Fahrzeugen der verbesserte VW/AUDI-Kühlmittelzusatz **G12** verwendet. **Hinweis:** Das Kühlkonzentrat **G12** ist an der **roten Farbe** erkennbar.

Achtung: Die Kühlmittelzusätze **G11** und **G12** dürfen **nicht vermischt** werden, sonst kommt es zu **schwerwiegenden Motorschäden.** Ist »braunes Kühlmittel« (G11 und G12 vermischt) im Motor, Kühlmittel sofort wechseln.

Auch ältere Fahrzeuge können auf das neue (bessere) G12 umgestellt werden. Dazu Kühlsystem vollständig entleeren. Kühlsystem mit reinem Wasser auffüllen und Motor 2 Minuten laufen lassen, damit es durchgespült wird. Wasser wieder ablassen und anschließend mit Druckluft in den Ausgleichbehälter blasen, damit das Kühlsystem vollständig entleert wird. Ablaßschraube schließen und neue Wasser/G12-Mischung einfüllen. Aufkleber »G12« am Kühler anbringen. Zum Nachfüllen muß jetzt **G12** oder ein anderes Kühlkonzentrat mit dem Vermerk »gemäß TL-VW 774 **D**« verwendet werden.

Frostschutzmittel/Mischungsverhältnis

Motor	Frostschutz bis	G11/ G12	Wasser	Füllmenge
4-Zylinder	– 25° C	2,8 l	4,2 l	ca. 7,0 l
	– 35° C	3,5 l	3,5 l	
5-Zylinder 85-125 kW	– 25° C	3,2 l	4,8 l	ca. 8,0 l
	– 35° C	4,0 l	4,0 l	
5-Zylinder 162 kW	– 25° C	3,4 l	5,1 l	ca. 8,5 l
	– 35° C	4,25 l	4,25 l	

Der Frostschutz sollte in unseren Breiten bis ca. – 25° C reichen.

Störungsdiagnose Motorkühlung

Störung: Die Kühlmitteltemperatur ist zu hoch, Warnleuchte blinkt bei heißem Motor

Ursache	Abhilfe
Zu wenig Kühlmittel im Kreislauf	■ Ausgleichbehälter muß bis zur Markierung voll sein. Kühlsystem auf Dichtheit prüfen
Kühlmittelregler öffnet nicht	■ Prüfen, ob oberer Kühlmittelschlauch am Kühler warm wird. Wenn nicht, Regler ersetzen
Kühlmittelpumpe defekt	■ Kühlmittelpumpe ausbauen und überprüfen
Geber für Kühlmitteltemperaturanzeiger defekt	■ Geber überprüfen
Kühlmitteltemperaturanzeige defekt	■ Anzeigegerät überprüfen lassen
Kühler-Verschlußdeckel defekt	■ Druckprüfung durchführen lassen (Werkstattarbeit)
Keilriemenspannung für Kühlmittelpumpe zu gering (nur 4-Zylinder-Motor)	■ Spannung prüfen und einstellen
Kühlerlamellen verschmutzt	■ Kühler ausbauen und von der Motorseite her mit Preßluft durchblasen
Kühler innen durch Kalkablagerungen oder Rost zugesetzt. Kühler wird nur im oberen Teil warm, unterer Kühlmittelschlauch vom Kühler wird nicht warm	■ Kühler erneuern
Elektrolüfter läuft nicht an	■ Elektrische Anschlüsse am Thermoschalter und am Lüftermotor auf festen Sitz und guten Kontakt prüfen ■ Sicherung für Elektrolüfter prüfen. ■ Thermoschalter prüfen. ■ Elektrische Leitungen gemäß Stromlaufplan prüfen, ggf. Lüftermotor ersetzen.

Die Kraftstoffanlage

Zur Kraftstoffanlage gehören der Kraftstoffbehälter, die Kraftstoffleitungen, der Kraftstoff-Filter, die Kraftstoffpumpe und der Vergaser beziehungsweise die Einspritzanlage mit Luftfilter.

Der Kraftstoffbehälter ist hinter den Rücksitzen angeordnet. Der jeweilige Kraftstoffvorrat wird dem Fahrer durch eine Kraftstoffvorratsanzeige angezeigt. Über ein Entlüftungssystem wird der Tank belüftet.

Vergaser/Einspritzanlage

AUDI 80-Motoren mit einer Leistung von 55 – 66 kW (75 – 90 PS) sind mit einem KEIHIN Fallstrom-Registervergaser ausgerüstet. Motoren mit einer Leistung von 66 – 100 kW (90 – 136 PS) besitzen eine BOSCH-Einspritzanlage, die praktisch wartungsfrei arbeitet. 66-kW-Motoren (90 PS) gibt es sowohl mit Vergaser wie auch mit Einspritzanlage. Beim 51 kW / 70 PS Motor kommt eine Ecotronic-Vergaseranlage zum Einsatz.

Vergasereinstellung

Jeder Vergaser wird im Werk geprüft und eingestellt. An dieser Einstellung sollte nichts verändert werden. Sehr hoher Kraftstoffverbrauch und schlechte Motorleistung haben nämlich fast immer andere Ursachen, wobei Fahrweise und Verkehrsbedingungen eine besonders große Rolle spielen. Man kann sich für gewöhnlich auf ein sorgfältiges Einstellen des Leerlaufs beschränken. Eine korrekte Leerlaufeinstellung ist überhaupt wichtiger als man gemeinhin glaubt, denn sie beeinflußt noch bis zu mittleren Drehzahlen hinauf das Übergangsverhalten des Motors.

Achtung: Bei Fahrzeugen, die mit einer elektronischen Zündanlage ausgestattet sind, müssen verschiedene Punkte beachtet werden, um Verletzungen von Personen bzw. die Zerstörung der Zündanlage zu vermeiden, siehe Seite 38.

Hinweis: Die Schrauben an Vergaser oder Einspritzanlage, mit denen die Abgaszusammensetzung verändert werden kann, müssen aufgrund gesetzlicher Bestimmungen eingriffsicher gemacht werden. Die Lage und Anzahl der Einstellschrauben sind vom Vergasertyp abhängig.

Die Sicherungskappen lassen sich zum Teil mit einer Zange oder einem Schraubendreher entfernen. Bei manchen Kappen ist es zweckmäßig, eine Blechschraube mit einem Durchmesser von ca. 2 mm in die Kunststoffkappe einzuschrauben; dann mit einer Zange die Schraube mitsamt Kappe herausziehen. Die Sicherungskappen werden dabei zerstört. Nach einer Einstellung müssen die Einstellschrauben mit neuen Kappen (Ersatzteil) gesichert werden.

Sofern die Abgas-Werte nicht den gesetzlichen Vorschriften entsprechen, erlischt die ABE (Allgemeine Betriebserlaubnis). Fehlen am Vergaser die Sicherungskappen, kann dies bei einer polizeilichen Überprüfung des Fahrzeugs zu einem Bußgeldverfahren führen.

Störungen in der Kraftstoffzufuhr bei Vergaseranlagen

Bei Störungen in der Kraftstoffzufuhr ist die Anlage in folgender Reihenfolge zu prüfen:

- Prüfen, ob Kraftstoff im Behälter ist.
- Kraftstoffschlauch zwischen Kraftstoffpumpe und Vergaser am Vergaser abziehen und in geeignetes Gefäß halten. Anlasser kurz betätigen, dabei muß aus dem Schlauch stoßweise Kraftstoff austreten. **Achtung:** Brandgefahr, kein offenes Feuer!

Wird Kraftstoff gefördert:

- Prüfen, ob Kraftstoff in der Schwimmerkammer vorhanden ist, dazu Luftfilter ausbauen und Beschleunigerpumpe betätigen. Kraftstoff muß am Abspritzröhrchen beziehungsweise der Abspritzdüse austreten.
- Beschleunigungspumpe/Rohr defekt, verstopft – überprüfen.
- Erweist sich das Schwimmergehäuse als leer – Schwimmernadelventil auf freien Durchgang prüfen.
- Förderdruck der Kraftstoffpumpe prüfen. Sollwert: 0,35 – 0,4 bar bei 4000/min. Die Rücklaufleitung muß dabei abgeklemmt sein.
- Kraftstoffilter verstopft (im Winter eventuell vereist).

Wird kein Kraftstoff gefördert:

- Zuleitung zur Kraftstoffpumpe abziehen.
- Wenn dort Kraftstoff herausläuft, Pumpe auf Undichtigkeiten prüfen, eventuell ausbauen und untersuchen.
- Läuft kein Kraftstoff heraus, Kraftstoffleitung zum Tank ausbauen und durchblasen.
- Tankbelüftung auf Durchgang prüfen, reinigen. Schwerkraftventil defekt, verstopft.
- Kraftstoffbehälter ausbauen und reinigen.

Sauberkeitsregeln bei Arbeiten an der Kraftstoffversorgung

Bei Arbeiten an der Kraftstoffversorgung sind die folgenden Regeln zur Sauberkeit sorgfältig zu beachten:

- Verbindungsstellen und deren Umgebung vor dem Lösen gründlich reinigen.
- Ausgebaute Teile auf einer sauberen Unterlage ablegen und abdecken. Folien oder Papier verwenden. Keine fasernden Lappen benutzen!
- Geöffnete Bauteile sorgfältig abdecken bzw. verschließen, wenn die Reparatur nicht umgehend ausgeführt wird.
- Nur saubere Teile einbauen.
- Ersatzteile erst unmittelbar vor dem Einbau aus der Verpackung nehmen.
- Keine Teile verwenden, die unverpackt (z. B. in Werkzeugkästen usw.) aufgehoben wurden.
- Bei geöffneter Kraftstoff-Anlage möglichst nicht mit Druckluft arbeiten.
- Das Fahrzeug möglichst nicht bewegen.

Achtung: Beim Ausbau von Teilen der Kraftstoffanlage kann Kraftstoff austreten. Kraftstoffdämpfe sind giftig und feuergefährlich, deshalb auf besonders gute Belüftung des Arbeitsplatzes achten.

Keihin Vergaser

Die Abbildung zeigt den Keihin-II-Vergaser.

1 – **Vergaseroberteil**

2 – **Betätigungshebel**
Für Luftklappe

3 – **Schraube**

4 – **Splint**

5 – **Scheibe**

6 – **Verbindungsstange**

7 – **Befestigungsschraube, 5 Nm**
Schrauben mit D6-Sicherungsmittel bestreichen und gleichmäßig anziehen.

8 – **Luftkorrekturdüse**

9 – **Dichtung**

10 – **Verschlußdeckel**

11 – **Schwimmer**

12 – **O-Ring**

13 – **Sieb**

14 – **Schwimmernadelsitz**
Mit Sicherungslack sichern.

15 – **Schwimmernadel**
Vor dem Einbau am Schwimmer einhängen

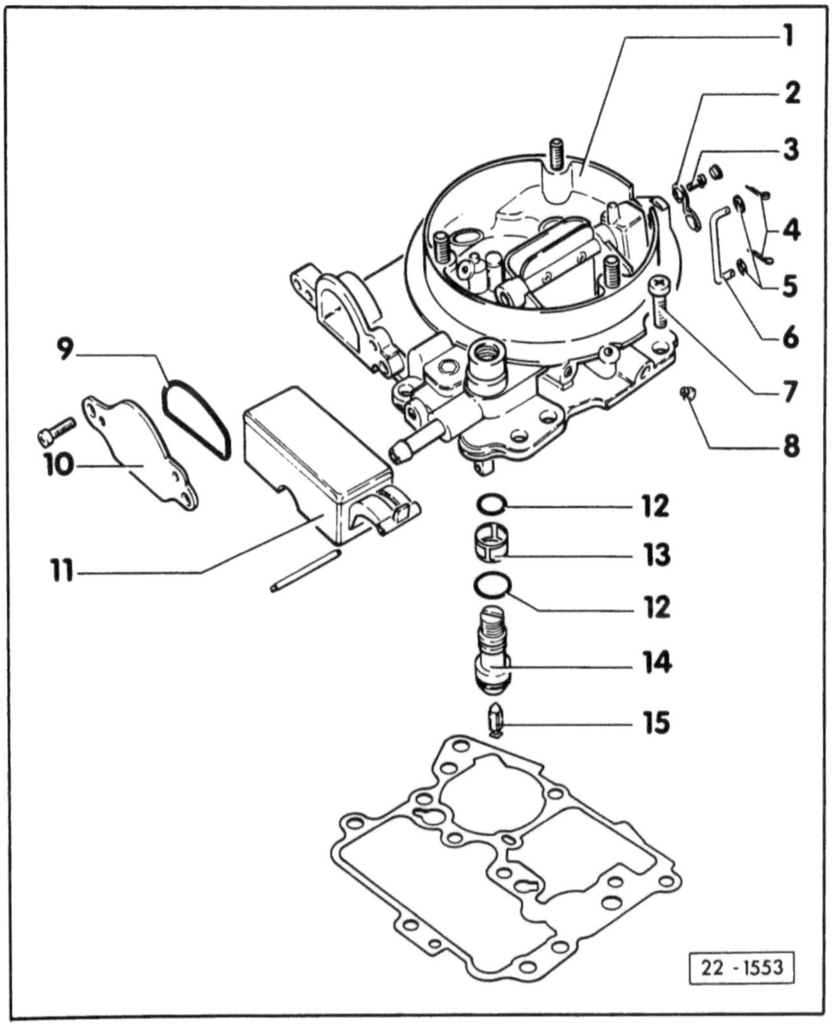

1 – **Pulldown-Dose**

2 – **O-Ring**

3 – **Vorzerstäuber Stufe II**
Achtung: Vorzerstäuber der 1. und 2. Stufe nicht vertauschen.

4 – **Sicherung**

5 – **Vorzerstäuber Sufe I**
Achtung: Vorzerstäuber der 1. und 2. Stufe nicht vertauschen.

6 – **Vergaserunterteil**

7 – **Anreicherungsventil**

8 – **Mischrohr Leerlaufsystem**

9 – **Verschlußkappe**
Wird beim Ausbau des Elektro-Magnetventils zerstört.

10 – **Elektro-Magnetventil**
Für Hauptdüsenabschaltung. Nur beim 1,8-l-Motor eingebaut. Muß beim Ein- und Auschalten der Zündung klicken.

11 – **Leerlaufdrehzahl-Einstellschraube**

12 – **Leerlaufabschaltventil**
Muß beim Ein- und Auschalten der Zündung klicken.

13 – **Membrane**
Für Beschleunigungspumpe

14 – **Schraube**
Mit D6-Sicherungsmittel sichern.

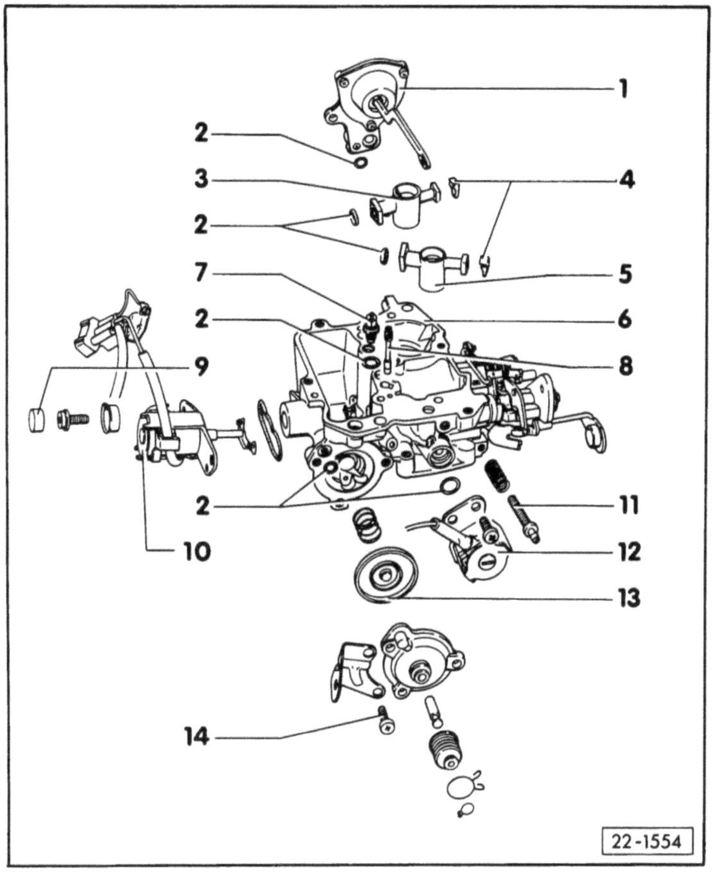

1 – **Dichtung**

2 – **Zwischenflansch**

3 – **Führungshülse**

4 – **Drosselklappenansteller**
Bei Schaltgetriebe für Schubanhebung. Bei Automatikgetriebe für Leerlaufdrehzahl-Anhebung.

5 – **Steuerventil**
Bei Schaltgetriebe für Schubanhebung. Bei Automatikgetriebe für Leerlaufdrehzahl-Anhebung.

6 – **Unterdruckdose**
Für Stufe II

7 – **Drosselklappenteil**

8 – **CO-Einstellschraube**

9 – **Einstellschraube**
Bei Schaltgetriebe für Schubanhebung. Bei Automatikgetriebe für Leerlaufdrehzahl-Anhebung.

10 – **Teillastkanalbeheizung**

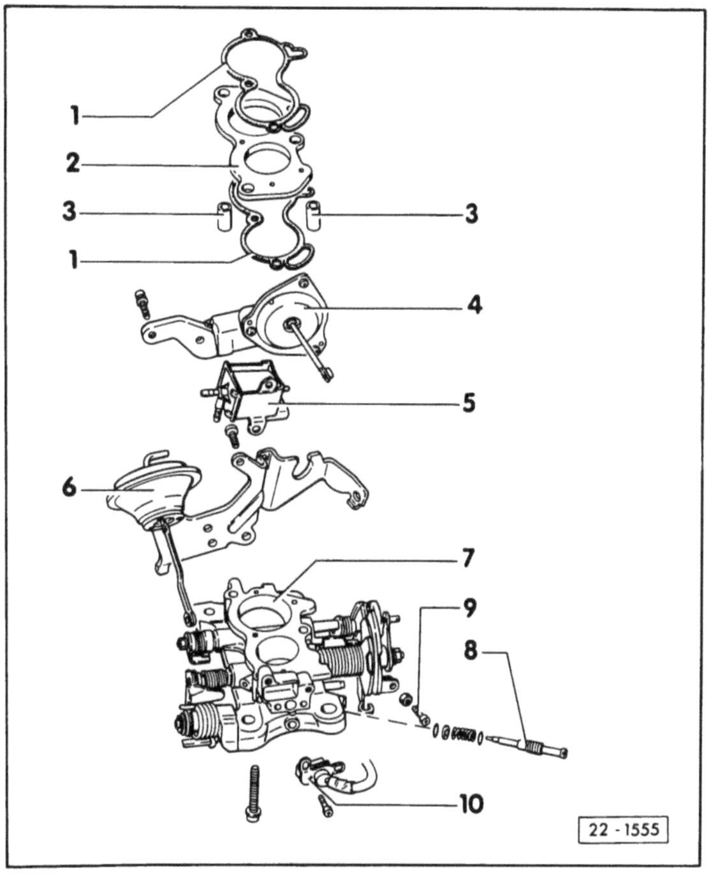

Vergaser aus- und einbauen

Ausbau

- Batterie-Masseband abklemmen.
- Luftfilter ausbauen, siehe Seite 81.
- Unterdruckschläuche am Vergaser kennzeichnen und abziehen.
- Elektrische Leitungen für Leerlaufabschaltventil und Saugrohrvorwärmer mit Tesaband markieren und trennen, Stecker am Schub-Anhebungsventil abziehen.
- Gaszug am Widerlager nach oben herausziehen, Sicherung nicht abziehen, sonst muß der Gaszug beim Einbau eingestellt werden. Steckklammer aus Halbmondsegment entfernen und Gaszug aushängen.
- Starterzug abklemmen.
- Kraftstoffschlauch vom Vergaser abziehen und mit geeignetem Stopfen verschließen, zum Beispiel saubere Schraube mit entsprechendem Durchmesser in den Schlauch stecken.
- **Keihin-I-Vergaser:** 4 durchgehende Sechskant-Befestigungsschrauben für Vergaser herausdrehen.
- **Keihin-II-Vergaser:** 4 Befestigungsmuttern am Sockel abschrauben und mit Unterlegschrauben abnehmen.
- Vergaser abheben.
- Ansaugstutzen mit sauberem Tuch abdecken.

Einbau

- Falls der Vergaserflansch ausgebaut war, Flansch mit 13 Nm festziehen und je nach Ausführung Sicherungsblech umbiegen.
- Vergaser aufsetzen.
- **Keihin-I-Vergaser:** Schrauben gefühlvoll anziehen. Anzugsdrehmoment: 7 Nm.
- **Keihin-II-Vergaser:** Muttern mit 20 Nm festziehen.
- Unterdruckschläuche entsprechend der Markierung aufschieben.
- Kraftstoffschlauch aufschieben und mit Schelle sichern.
- Starterzug anklemmen und einstellen, siehe Seite 75.
- Vergaserzug einhängen, Steckklammer am Halbmondsegment einsetzen. Zug am Widerlager einsetzen.
- Elektrische Leitungen entsprechend der angebrachten Markierungen verbinden.
- Luftfilter montieren.
- Batterie-Masseband anklemmen.
- Leerlauf überprüfen und gegebenenfalls einstellen.

Leerlaufdrehzahl und CO-Gehalt prüfen/einstellen

- Motor auf Betriebstemperatur bringen, Motoröltemperatur mindestens 60° C.
- Sämtliche elektrischen Verbraucher ausschalten, auch die Klimaanlage.
- Drehzahlmesser anschließen. **Achtung:** Prüfgerät nur bei ausgeschalteter Zündung anschließen.
- Zündzeitpunkt überprüfen.
- CO-Meßgerät anschließen. Bei KAT-Fahrzeugen CO-Meßgerät am CO-Entnahmerohr im Motorraum anschließen. Das Entnahmerohr ist am vorderen Abgasrohr befestigt und in der Regel mit einer hellblauen Kappe verschlossen. **Achtung:** Schlauch des Meßgerätes fest auf das Meßrohr schieben. Darauf achten, daß keine Abgasundichtigkeit entstehen kann.
- Starterzug ganz hineinschieben. Prüfen, ob Luftklappe (oberste Klappe im Vergaser) ganz geöffnet ist. Gegebenenfalls Starterzug einstellen beziehungsweise Luftklappe gangbar machen. Dazu Luftfilterdeckel abnehmen und anschließend wieder aufsetzen.
- Schlauch für Kurbelgehäuseentlüftung am Zylinderkopfdeckel abziehen und Schlauch mit geeignetem Stopfen, z. B. Korken, verschließen. Falls der Schlauch mit einer Klemmschelle gesichert ist, zum leichteren Ausbau Spezialzange HAZET 798-4 verwenden.
- Motor starten und im Leerlauf drehen lassen. Leerlaufdrehzahl und CO-Gehalt prüfen. Sollwerte, siehe Seite 86.

Einstellen

Keihin-I-Vergaser

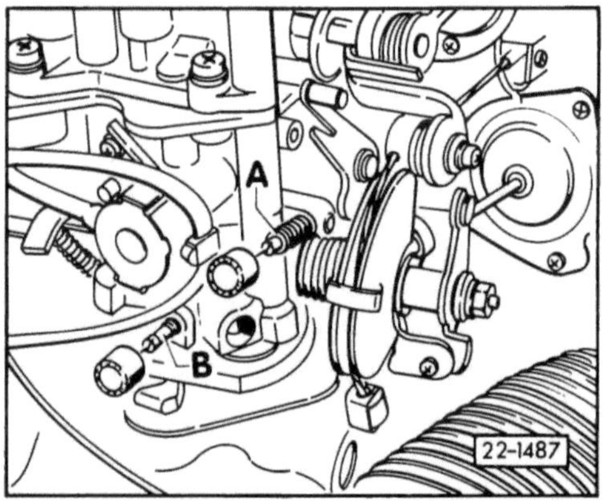

Keihin-II-Vergaser

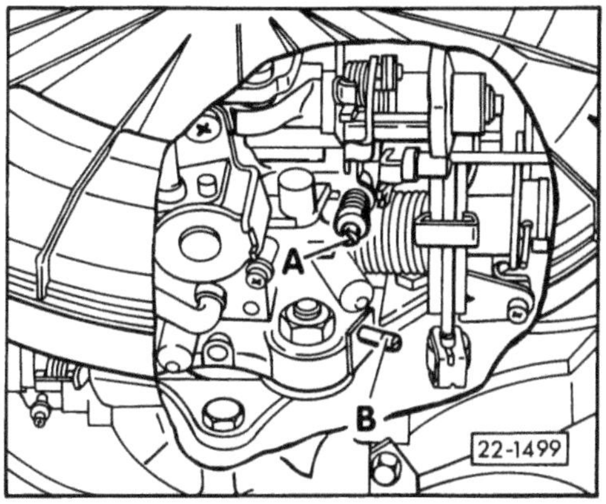

- Sicherungskappen entfernen.
- Sollwerte durch **wechselweises** Verdrehen der Einstellschrauben für Leerlaufdrehzahl -A- und CO-Gehalt -B- einstellen.

Achtung: Während des Einstellvorganges darf der Lüfter für Kühler nicht laufen.

- Neue Sicherungskappen aufstecken.
- Meßgeräte bei ausgeschalteter Zündung abklemmen.
- Schlauch für Kurbelgehäuseentlüftung am Zylinderkopfdeckel aufstecken und mit Schelle sichern.

Achtung: Wenn jetzt der CO-Gehalt ansteigt, liegt das nicht an einer falschen Einstellung, sondern an einer Anfettung aus dem Kurbelgehäuse infolge Ölverdünnung bei überwiegendem Kurzstreckenverkehr.

Bei längeren, zügigen Überlandfahrten verringert sich der Kraftstoffanteil im Öl, und der CO-Gehalt normalisiert sich wieder. Kurzfristig läßt sich das auch durch eine ca. 30-minütige Fahrt oder durch einen sowieso anstehenden Ölwechsel erreichen.

Gaszug einstellen

Achtung: Der Gaszug ist sehr knickempfindlich und daher beim Einbau besonders sorgfältig zu behandeln. Ein einziger leichter Knick kann zum späteren Bruch im Fahrbetrieb führen. Züge, die geknickt wurden, dürfen deswegen **nicht** eingebaut werden.

- Luftfilter ausbauen, siehe Seite 81.

- Sicherungsklammer -Pfeil- abziehen.
- Gaspedal ganz durchdrücken (Vollgasstellung) und in dieser Stellung mit geeignetem Brett zwischen Sitz und Pedal festklemmen.
- Drosselklappenhebel in Vollgasstellung drücken und Sicherungsklammer am Widerlager so in die Steckraste stecken, daß am Drosselklappenhebel maximal ein Spiel von 1 mm vorhanden ist.
- Luftfilter einbauen, siehe Seite 81.

Starterzug einstellen

- Starterzug bis zum Anschlag an der Schalttafel hineinschieben.

Keihin-I-Vergaser

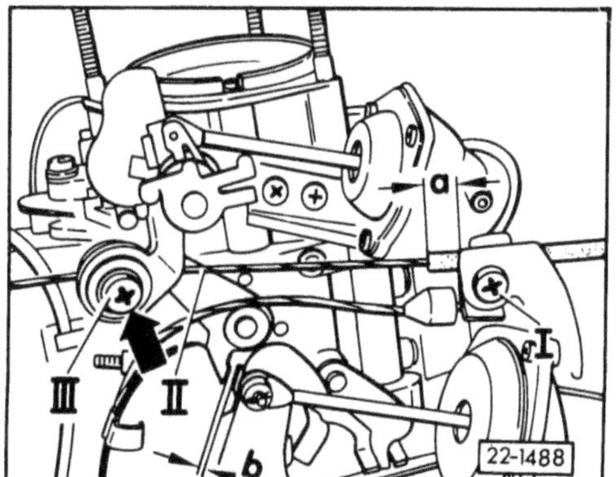

Keihin-II-Vergaser

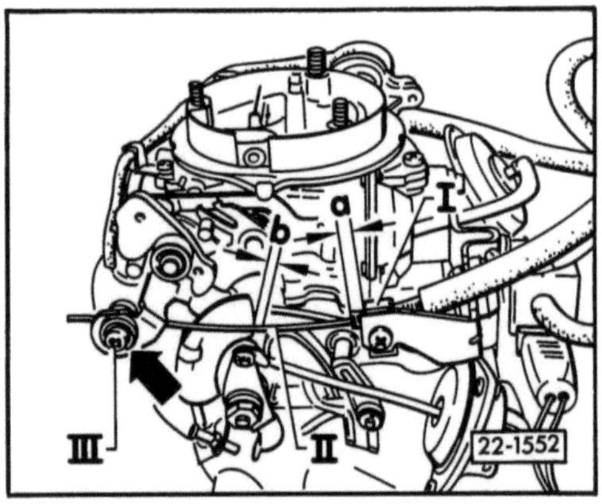

- Betätigungszug mit ca. 10 mm Überstand -a- am Klemmstück -I- am Halter festschrauben.
- Starterzug -II- in die Klemme -III- einsetzen.
- Luftklappenhebel in Pfeilrichtung bis zum Anschlag drükken, die Luftklappe ist dann voll geöffnet. In dieser Stellung Klemmschraube -III- festziehen.
- Kontrollieren, ob sich der Starterzug am Vergaser voll auf Anschlag ziehen läßt.
- Starterzug bis zum Anschlag (Schalttafel) hineinschieben. Luftklappe muß voll geöffnet sein.
- Bei voll geöffneter Luftklappe muß zwischen Betätigungshebel für Drosselklappe und Anschlag des Drosselklappenhebels ein kleiner Luftspalt -b- vorhanden sein.

Einspritzmenge prüfen und einstellen

Die Einspritzmenge der Beschleunigerpumpe ist immer dann zu überprüfen, wenn der Benzinverbrauch zu hoch ist, der Übergang beim Gasgeben zu schlecht ist, der Motor nur schlecht Gas annimmt oder verzögert beschleunigt.

Achtung: Beim Keihin-II-Vergaser ist die Einspritzmenge nicht einstellbar.

- Vergaser ausbauen.
- Drosselklappe der Stufe 1 durch Herausdrehen der Leerlaufeinstellschraube schließen.

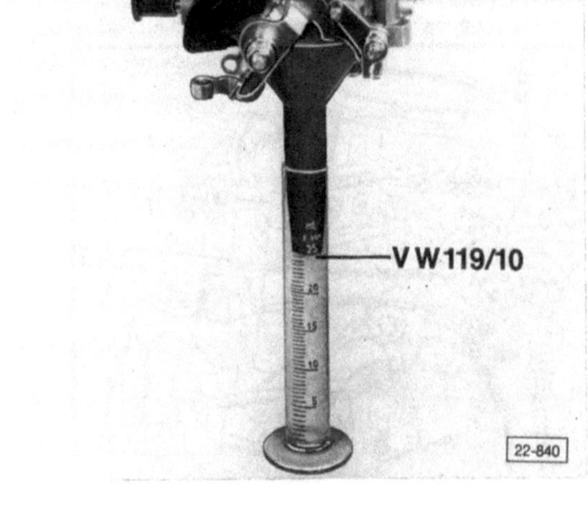

- Trichter und Meßzylinder VW 119/10 unter den Vergaser halten.
- Betätigungshebel für Luftklappe in Richtung Luftklappe geöffnet drücken.
- Drosselklappe 10mal langsam ganz öffnen (mind. 3 s/ Hub).
- Abgelesenen Wert der eingespritzten Menge durch 10 dividieren und mit Sollwert vergleichen. Sollwert, siehe Seite 86.

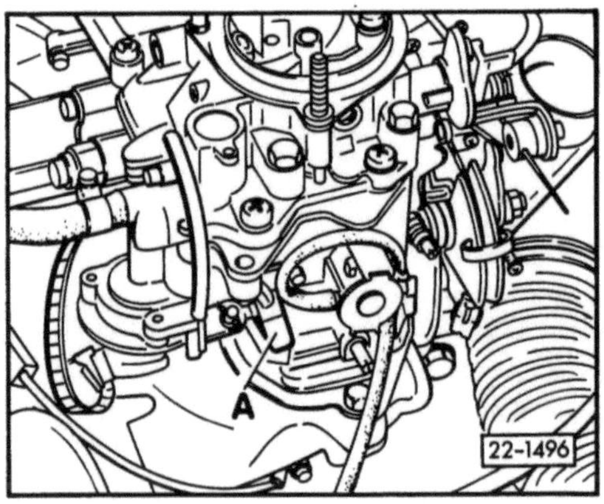

- Einspritzmenge gegebenenfalls durch Verbiegen des Anschlages -A- einstellen.
- Einspritzmenge zu gering: Anschlag nach oben drücken.
- Einspritzmenge zu groß: Anschlag nach unten drücken.

Achtung: Die Einspritzrichtung ist nicht verstellbar.

- Vergaser einbauen.
- Leerlaufdrehzahl und CO-Gehalt einstellen.

Kaltleerlaufdrehzahl prüfen und einstellen

Der Drosselklappenspalt kann auch über die Kaltleerlaufdrehzahl eingestellt werden. Das hat den Vorteil, daß zum Einstellen der Vergaser nicht ausgebaut werden muß. Die Kaltleerlaufdrehzahl ist immer dann zu überprüfen beziehungsweise einzustellen, wenn der Motor beim Gasgeben einen schlechten Übergang hat oder der kalte Motor schlecht Gas annimmt.

- Vergaser bleibt eingebaut.
- Motor auf Betriebstemperatur bringen, Motoröltemperatur mind. 60° C.
- Drehzahlmeßgerät bei ausgeschalteter Zündung anschließen.
- Leerlaufeinstellung prüfen, siehe Seite 74.
- Zündzeitpunkt prüfen, siehe Seite 45.
- Luftfilter ausbauen. Unterdruckschlauch für Temperaturregelung (schwarzer Anschluß) mit geeignetem Stopfen verschließen.

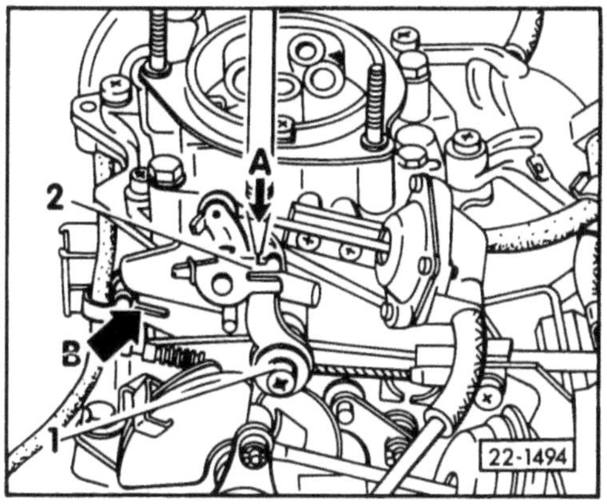

- Starterzug ganz herausziehen, Betätigungshebel für Luftklappe -1- muß am Anschlag anliegen.
- Motor starten.
- Luftklappe am Hebel -2- ganz öffnen -Pfeil A-.
- Drehzahl prüfen, gegebenenfalls durch Verbiegen des Anschlaghebels -Pfeil B- einstellen. Sollwert, siehe Seite 86.
- Drehzahl zu hoch: Hebel zusammendrücken.
- Drehzahl zu niedrig: Hebel auseinanderbiegen.

Luftklappenspaltmaß prüfen und einstellen

Das Luftklappenspaltmaß ist nach einer vollständigen Vergaserüberholung und nach Abbau des Vergaseroberteils einzustellen oder wenn der kalte Motor schlecht Gas annimmt beziehungsweise Übergangsstörungen vorhanden sind.

Einstellen

- Luftfilter abbauen.

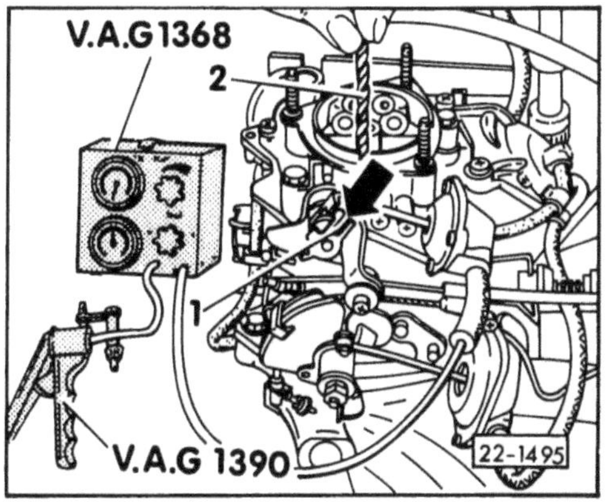

- Starterzug ganz herausziehen. Der Betätigungshebel -1- für Luftklappe muß dabei am Anschlag anliegen (Luftklappe geschlossen).
- **Keihin-I-Vergaser:** Unterdruckprüfgerät und Unterdruckpumpe an Pulldown-Dose anschließen. Pulldown-Dose durch Unterdruckpumpe mit ca. 400 mbar Unterdruck beaufschlagen. Dabei muß die Pulldown-Dose die Luftklappe etwas aufziehen.
- **Keihin-II-Vergaser:** Betätigungsstange der Pulldown-Dose in Richtung Pulldown-Dose auf Anschlag drücken.
- In dieser Stellung mit geeignetem Spiralbohrer -2- zwischen hängendem Teil der Luftklappe und Vergaser-Lufttrichter Luftklappenspalt prüfen, gegebenenfalls einstellen. Sollwert, siehe Seite 86.

- Luftklappenspaltmaß durch Verbiegen des Anschlaghebels -Pfeil- auf Sollwert einstellen.
- Luftklappenspalt zu klein: Hebel auseinanderdrücken.
- Luftklappenspalt zu groß: Hebel zusammendrücken.
- Luftfilter anbauen.

Pulldown-Dose prüfen

Die Pulldown-Dose ist auf Dichtheit zu prüfen, wenn der kalte Motor schlecht Gas annimmt oder wenn Übergangsstörungen vorhanden sind.

Keihin-I-Vergaser

- Unterdruckprüfgerät und Unterdruckpumpe an Pulldown-Dose anschließen, siehe Abbildung 22-1495.
- Pulldown-Dose durch Unterdruckpumpe mit ca. 400 mbar Unterdruck beaufschlagen. Dabei muß die Betätigungsstange der Pulldown-Dose den Betätigungshebel der Luftklappe in Richtung »Luftklappe öffnen« ziehen.
- Unterdruckanschluß verschließen, so daß der Unterdruck auf der Pulldown-Dosenseite gehalten wird.
- Der Unterdruck darf innerhalb von 2 Minuten nicht abfallen, sonst Pulldown-Dose ersetzen.

Keihin-II-Vergaser

- Vergaser ausbauen.
- Halter für Drosselklappenansteller beziehungsweise Unterdruckdose Stufe II mit 3 Schrauben abschrauben.
- Pulldown-Dose ausbauen.
- Betätigungsstange bis zum Anschlag in die Pulldown-Dose hineindrücken.
- Entlüftungsbohrung mit dem Daumen fest verschließen und Verbindungsstange loslassen.
- Die Betätigungsstange darf bei verschlossener Entlüftungsöffnung nicht herauswandern, sonst Pulldown-Dose ersetzen.
- Vergaser einbauen.

Leerlaufabschaltventil prüfen

Das Leerlaufabschaltventil verschließt beim Abschalten der Zündung den Zulauf des Leerlauf- und Zusatzgemisches in die Mischkammer. Dadurch wird verhindert, daß der abgeschaltete Motor aufgrund von Glühzündungen nachläuft. Bei einem Defekt des Ventils springt der Motor nicht an.

Prüfen

- Zündung einschalten.
- Steckverbindung für Leerlaufabschaltventil mehrmals trennen und zusammenstecken. Dabei muß das Ventil hörbar klicken.
- Andernfalls Massekabel zwischen Vergaser und Zylinderkopfdeckel auf festen Sitz und guten Kontakt prüfen.
- Anschluß am Leerlaufabschaltventil über Hilfskabel mit dem Pluspol der Batterie verbinden. Ventil muß klicken.
- Sonst Leerlaufabschaltventil mit einer Schraube abschrauben und herausnehmen. Massekontakt zum Vergaser überprüfen, gegebenenfalls Ventil ersetzen.

Ansaugrohrvorwärmung prüfen

Zur Verbesserung des Fahrverhaltens während der Warmlaufphase ist im Ansaugrohr ein elektrisch beheizter Saugrohrvorwärmer eingebaut. Der Saugrohrvorwärmer heizt sich sekundenschnell auf und gibt seine Wärme an das Kraftstoff-/Luftgemisch ab. Die Ansaugrohrvorwärmung besteht aus dem eigentlichen Vorwärmer (Igel) und dem Thermoschalter am Kühlmittelflansch.

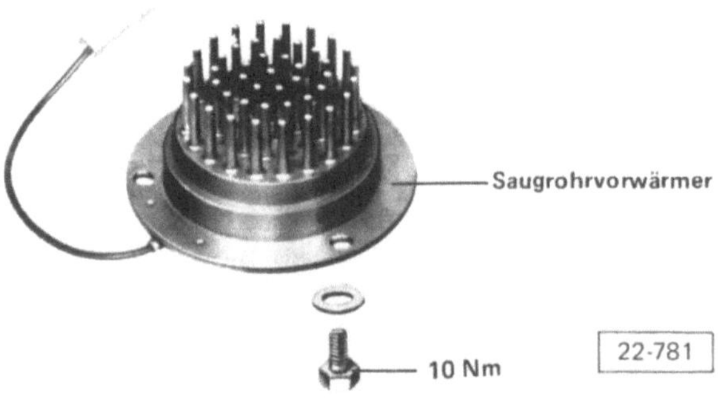

Prüfvoraussetzung: Motor muß kalt sein (Umgebungstemperatur).

- Steckverbindung für Saugrohrvorwärmer trennen. Ohmmeter an das Kabel vom Vorwärmer und gegen Masse anschließen. Der Widerstand des Saugrohrvorwärmers soll 0,25–0,50 Ω betragen.

Thermoschalter prüfen

Der Thermoschalter befindet sich oben am Kühlmittelflansch und hat eine transparente Isolierung.

- Ohmmeter an die Kontakte des Schalters anschließen. Sollwerte: unter ca. 55° C = ca. 0 Ω; über ca. 65° C = ∞ Ω.

2-EE-Vergaser

Der 2-EE-Vergaser ist ein elektronisch geregelter Fallstrom-Registervergaser. Die herkömmlichen Steuereinrichtungen für Start-, Warmlauf- und Beschleunigungsanreicherung sowie das Leerlaufabschaltventil sind entfallen. Die Funktionen der entfallenen Steuereinrichtungen werden von zwei Stellgliedern, dem Vordrosselsteller und dem Drosselklappensteller, übernommen. Angesteuert werden die Stellglieder von einem elektronischen Steuergerät mit Mikroprozessor, welches sich zwischen der Querwand vorn rechts und dem Luftkanal befindet.

Zum Ausbauen muß die Verkleidung vor dem Handschuhkasten entfernt werden. Verriegelungszapfen zur Querwand drücken und Steuergerät nach unten herausziehen.

Die Kapitel »Gaszug einstellen« und »Ansaugrohrvorwärmung prüfen« sind gleich wie beim Keihin-Vergaser.

Vergaseroberteil

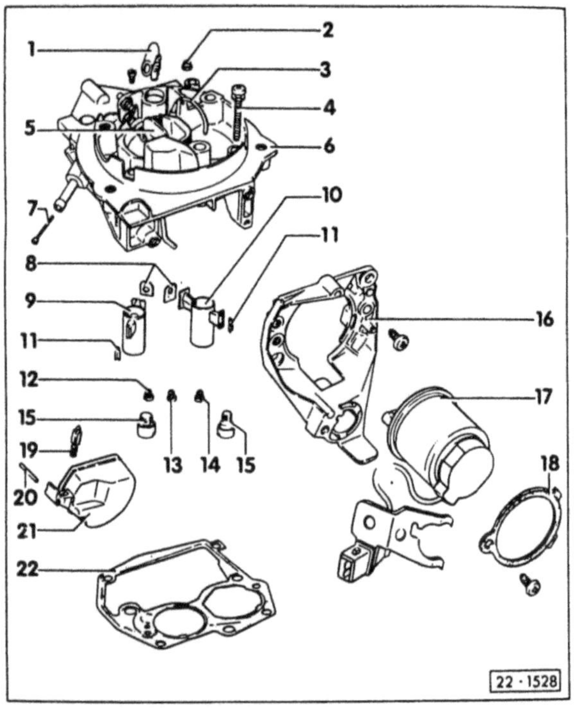

1 – Belüftungsrohr (Schwimmerkammer)
2 – Flammenschutzsieb (Schwimmerkammerbelüftung)
3 – Rohr für Vollastanreicherung
4 – Befestigungsschraube, 5 Nm
5 – Vordrossel (Luftklappe)
6 – Vergaseroberteil
7 – Sieb
8 – Dichtungen, immer ersetzen
9 – Vorzerstäuber, Stufe I
10 – Vorzerstäuber, Stufe II
11 – Arretierungskeil
12 – Leerlauf-Kraftstoffdüse
13 – Hauptdüse, Stufe I
14 – Hauptdüse, Stufe II
15 – Verschlußschraube
16 – Halter
17 – Vordrosselsteller
18 – Befestigungsring
19 – Schwimmernadel
20 – Schwimmerachse
21 – Schwimmer
22 – Dichtung

Vergaserunterteil

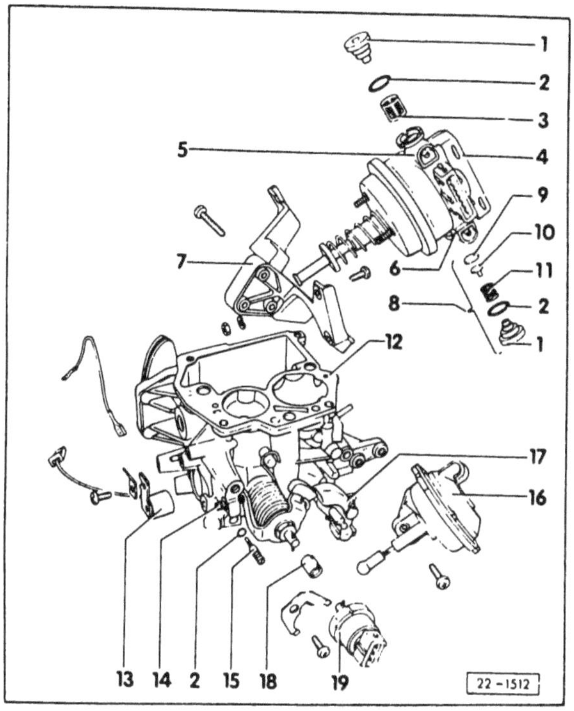

1 – Verschlußdeckel
2 – O-Ring
3 – Filter
4 – Drosselklappensteller
5 – Belüftungsventil
6 – Entlüftungsventil
7 – Halter für Drosselklappensteller und Gaszug
8 – Rückschlagventil
9 – Ventilplättchen
10 – Führungsteil
11 – Ventilfeder
12 – Vergaserunterteil
13 – Teillastkanal-Beheizung
14 – Anschlagschraube für Drosselklappe, Stufe I
15 – CO-Einstellschraube
16 – Unterdruckdose, Stufe II
17 – Verriegelungshebel für Drosselklappe, Stufe II
18 – Verbindungshülse
19 – Drosselklappen-Potentiometer

Leerlaufdrehzahl prüfen/ CO-Gehalt einstellen

Am 2-EE-Vergaser ist keine Einstellschraube für die Leerlaufeinstellung vorhanden. Die Leerlaufdrehzahl wird durch das Ecotronic-Steuergerät geregelt und kann nicht eingestellt werden. Die Prüfung der CO-Grundeinstellung wird bis 7.88 über den Blinkimpuls der Motor-Fehlerlampe im Schalttafeleinsatz und seit 8.88 über den Blinkimpuls des Spannungsprüfers (Diodenprüflampe) vorgenommen. Die Lambda-Sonde muß dabei angeschlossen bleiben.

Leerlauf prüfen

Prüfvoraussetzungen: Zündzeitpunkt richtig eingestellt, Abgasanlage dicht, Kraftstoffpumpenrelais und Fehlerlampe in Ordnung.

- Motor warmfahren und abstellen, Öltemperatur mind. +60° C.
- Elektrische Verbraucher ausschalten. Auch der Lüfter darf während der Prüf- und Einstellarbeiten nicht laufen.
- Schlauch für Kurbelgehäuseentlüftung am Zylinderkopfdeckel abziehen und so verlegen, daß Frischluft angesaugt wird.
- Drehzahlmesser und CO-Prüfgerät nach Vorschrift anschließen. Meßgeräte nur bei abgestelltem Motor anschließen. Der Luftfilter bleibt angebaut. CO-Prüfgerät an das CO-Meßrohr am vorderen Abgasrohr im Motorraum anschließen, siehe Seite 104.
- Prüfen, ob das Drehzahlsignal vom TSZ-H-Schaltgerät vorhanden ist und die Fehlerlampe im Schalttafeleinsatz funktioniert. Dazu Zündung einschalten – die Fehlerlampe muß leuchten. Motor starten – die Fehlerlampe muß verlöschen.
- Motor starten und Drehzahl für 1 Minute auf über 2000/min erhöhen. Die Lambda-Sonde hat dann Betriebstemperatur. Anschließend Motor im Leerlauf drehen lassen.
- Leerlaufdrehzahl prüfen, Sollwert siehe Seite 86.
- Wird der Sollwert nicht erreicht, Lambda-Sonde auf Betriebstemperatur bringen und Prüfung wiederholen. Temperaturgeber für Ansaugrohr prüfen. Prüfen, ob Vordrossel senkrecht steht und leichtgängig ist. Ecotronic-Anlage prüfen lassen.

CO-Gehalt prüfen

Der CO-Gehalt wird durch unterschiedliche Blinkimpulse der Motor-Fehlerlampe im Schalttafeleinsatz oder der Diodenprüflampe angezeigt.

- Zündung ausschalten und mindestens 20 Sekunden ausgeschaltet lassen.

Bis 7.88

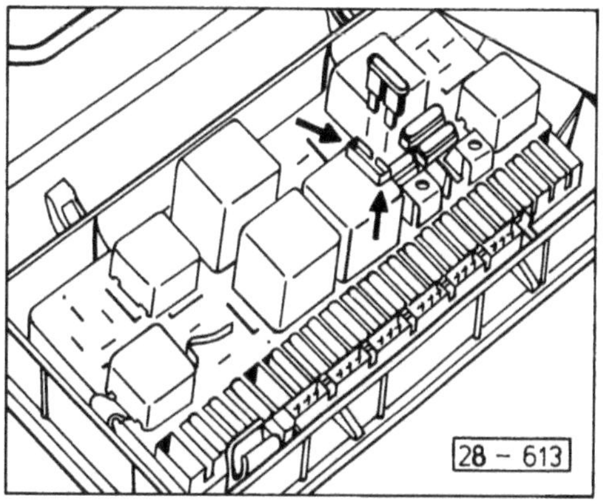

- Kontakte am Kraftstoffpumpenrelais mit einer Reserve-Sicherung überbrücken.

Seit 8.88

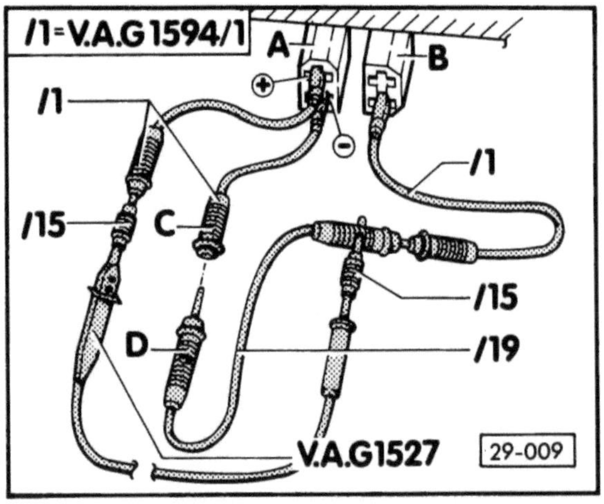

- Spannungsprüfer, zum Beispiel V.A.G-1527, an den Diagnosesteckern –A– (schwarz) und –B– (braun), wie in der Abbildung gezeigt, anschließen. Die Diagnosestecker befinden sich in der Aussparung unter der Ablage im Fußraum auf der Fahrerseite.
- Stecker –C– und –D– verbinden.

- Motor starten und im Leerlauf laufen lassen.
- Nach einer Wartezeit von mindestens 4 Sekunden Sicherung herausziehen beziehungsweise Stecker –C– und –D– trennen.
- Lambda-Sonde auf Betriebstemperatur bringen. Dazu Drehzahl für 1 Minute auf über 2000/min bis maximal 3500/min erhöhen.

Achtung: Bei Drehzahlen über 4000/min wird der Anzeigemodus abgeschaltet. In diesem Fall Motor abstellen und Anzeigemodus durch Einstecken der Sicherung wieder neu aktivieren.

- Während der Motor im Leerlauf läuft Leuchtdiode des Spannungsprüfers (bis 7.88: Motor-Fehlerlampe) beobachten. Wenn die Leuchtdiode (Fehlerlampe) ca. 3mal in 2 Sekunden blinkt, dann liegt der CO-Gehalt im Sollwertbereich der Lambda-Regelung. Zur Kontrolle CO-Gehalt mit CO-Meßgerät prüfen. Wird der Sollwert trotz richtiger Blinkanzeige nicht erreicht, Lambda-Regelung/-Sonde prüfen.

Achtung: Die Lambda-Sonde kann auch verrußt sein. Durch eine 20minütige zügige Überlandfahrt Sonde versuchsweise freifahren, anschließend Prüfung wiederholen.

- Leuchtet die Leuchtdiode (Fehlerlampe) ständig, ist das Leerlaufgemisch zu fett.
- Leuchtet die Leuchtdiode (Fehlerlampe) nicht, ist das Leerlaufgemisch zu mager beziehungsweise die Fehlerlampe ist defekt.
- Flackert die Leuchtdiode (Fehlerlampe) ca. 25mal pro Sekunde, ist die Lambda-Sonde nicht betriebswarm, defekt oder das Lambda-Sondenkabel unterbrochen beziehungsweise die Steckverbindung getrennt.

CO-Gehalt einstellen

- Steckverbindung für Lambda-Sondenkabel trennen, Anschluß mit Tesaband isolieren. **Achtung:** Stecker an grüner Leitung zum Steuergerät darf nicht an Masse kommen.
- Spannungsprüfer (Fehlerlampe) muß 25mal pro Sekunde flackern. Das Steuergerät hat dann auf das Notlauf-Kennfeld umgeschaltet, die Lambda-Regelung ist ausgeschaltet.

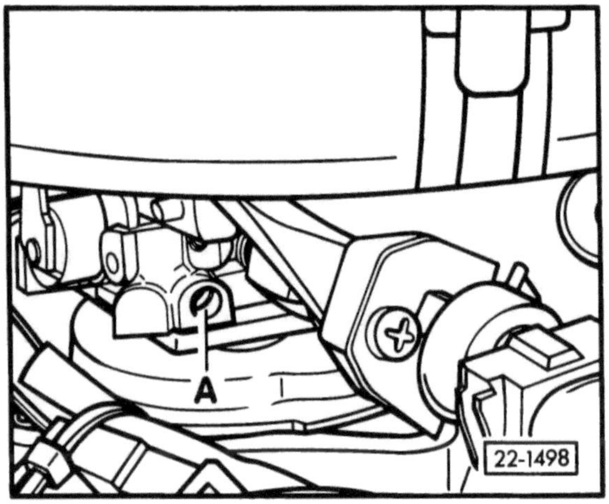

- Sicherungskappe der CO-Einstellschraube –A– entfernen. Dazu Plastikstopfen in der Mitte lochen, geeignete Holz- oder Blechschraube reindrehen und Schraube mitsamt der Sicherungskappe hausziehen.
- CO-Gehalt an der Einstellschraube –A– mit einem schmalen Schraubendreher auf den Sollwert einstellen. Dabei darf der Lüfter nicht laufen!

Achtung: Leuchtet die Leuchtdiode (Fehlerlampe) trotz korrekter CO-Einstellung, dann fehlt möglicherweise das Drehzahlsignal am Ecotronic-Steuergerät. Ecotronic prüfen lassen.

- Neuen Sicherungsstopfen einsetzen.
- Schlauch für Kurbelgehäuseentlüftung am Zylinderkopfdeckel aufstecken.

Achtung: Wenn jetzt der CO-Gehalt ansteigt, liegt das nicht an einer falschen Einstellung, sondern an einer Anfettung aus dem Kurbelgehäuse infolge Ölverdünnung bei überwiegendem Kurzstreckenverkehr.

Bei längeren, zügigen Überlandfahrten verringert sich der Kraftstoffanteil im Öl, und der CO-Gehalt normalisiert sich wieder. Kurzfristig läßt sich das auch durch eine ca. 30-minütige Fahrt oder durch einen sowieso anstehenden Ölwechsel erreichen.

- Motor abstellen und Drehzahlmesser abklemmen.
- CO-Meßgerät vom CO-Meßrohr abziehen. Meßrohr verschließen.
- Lambda-Sondenkabel zusammenstecken.
- Diodenprüflampe sowie Hilfskabel von den Diagnosesteckern abziehen.

Luftfilter aus- und einbauen

Ausbau

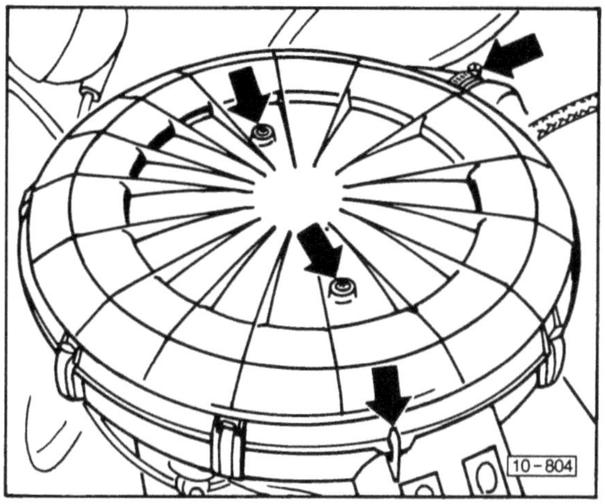

- 2 Schrauben für Luftfilterdeckel herausdrehen.
- Schnellverschlüsse öffnen und Luftfilterdeckel abnehmen.
- Filtereinsatz herausnehmen.

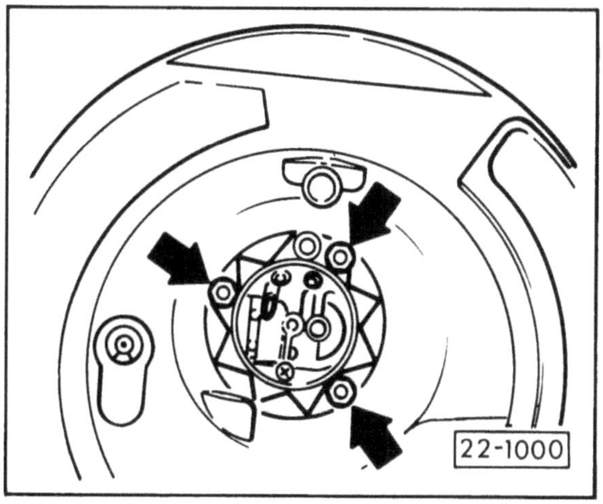

- 3 Befestigungsmuttern für Luftfiltergehäuse herausdrehen. Darauf achten, daß die Muttern nicht in den Vergaser fallen.
- Frischluftschlauch aus der Abdeckung für Scheinwerfer herausziehen.
- Schlauch für Kurbelgehäuse-Entlüftung am Zylinderkopfdeckel abziehen. Falls der Schlauch mit einer Drahtklemme befestigt ist, zum Lösen Spezialzange HAZET 798-4 verwenden.
- Luftfilterunterteil abheben, Kraftstoff-Zulaufschlauch ausclipsen. Unterdruckschlauch mit schwarzem Anschluß unten am Luftfiltergehäuse abziehen. Dazu Schraubendreher zwischen Haltefeder und Schlauch einschieben und dadurch Haltefeder etwas abheben.
- Luftfiltergehäuse abnehmen.

Einbau

- Unterdruckschlauch am Temperaturregler unten am Luftfilter aufschieben. Auf festen Sitz durch Haltefeder achten.
- Luftfiltergehäuse am Vergaser ansetzen, gleichzeitig Warmluftschlauch in das Warmluftfangblech einsetzen.
- Schlauch für Kurbelgehäuse-Entlüftung am Zylinderkopfdeckel aufschieben und mit Schelle sichern.
- Filtergehäuse anschrauben.
- Filtereinsatz bei geringer Verschmutzung vorsichtig gegen die Handfläche ausklopfen. Verölten oder verrußten Filter auf jeden Fall ersetzen.
- Filtereinsatz einlegen.
- Deckel so aufsetzen, daß die Aussparung in die Nase am Filtergehäuse eingreift.
- Luftfilterdeckel anschrauben und mit Schnellverschlüssen sichern.
- Frischluftschlauch in Scheinwerferabdeckung einrasten.

Ansaugluftvorwärmung prüfen

Die Ansaugluftvorwärmung wird temperaturabhängig über eine Luftklappe im Luftansaugstutzen geregelt. Bei defekter Ansaugluftvorwärmung können folgende Beanstandungen auftreten:

- Schlechter Leerlauf in der Warmlaufphase.
- Übergangsstörungen.
- Schlechte Leistung, Höchstgeschwindigkeit wird nicht erreicht.
- Hoher Kraftstoffverbrauch.

Betätigung der Luftklappe prüfen

- Luftfilter ausbauen, siehe Seite 81.
- Frischluftschlauch am Luftfiltergehäuse abziehen.
- Unterdruckschläuche von der Membrandose zum Temperaturregler und vom Temperaturregler zum Vergaser auf festen Sitz prüfen.
- Schläuche durch Verbiegen auf Beschädigung und Porosität untersuchen, gegebenenfalls auswechseln.
- Schlauch mit braunem Anschluß vom Temperaturregler unten am Luftfiltergehäuse abziehen und durch Saugen mit dem Mund die Funktion der Luftklappe überprüfen. Die Klappe muß hörbar schließen beziehungsweise öffnen.
- Bleibt die Luftklappe geschlossen, Membrandose erneuern.

Temperaturregler prüfen

Prüfvoraussetzung: Der Ansaugstutzen muß in Ordnung und der Motor darf höchstens handwarm sein. Ansaugluft max. 20° C.

- Beide Unterdruckschläuche am Temperaturregler aufstecken. Der Anschlußstutzen für den Unterdruckschlauch von der Unterdruckdose (braunes Verbindungsstück) kann folgendermaßen gekennzeichnet sein: brauner Aufkleber neben dem Stutzen; Messingstutzen am Temperaturregler; Stutzen hat eine Kerbe. Schwarzen Unterdruckschlauch mit dem Anschluß am Vergaser verbinden, gegebenenfalls Schlauch mit Zwischenstück verlängern.
- Luftfilter bleibt abgebaut. Motor starten und im Leerlauf belassen. Die Regelklappe muß aufgezogen werden.
- Schwarzen Unterdruckschlauch am Temperaturregler abziehen. Die Regelklappe muß nach max. 20 Sekunden ihre Ausgangslage eingenommen haben.
- Andernfalls 2 Bohrungen des Temperaturreglers von der Innenseite des Luftfiltergehäuses her reinigen beziehungsweise Temperaturregler ersetzen.
- Luftfilter einbauen, siehe Seite 81.

Kraftstoffpumpe aus- und einbauen

Die Kraftstoffpumpe befindet sich seitlich am Motorblock und wird durch die Nebenwelle angetrieben.

Achtung: Wenn die Membran der Kraftstoffpumpe verschlissen ist, kommt es zu Störungen der Kraftstoffzufuhr. Gegebenenfalls Förderdruck der Kraftstoffpumpe prüfen. Sollwert: 0,35 – 0,4 bar bei 4000/min. Die Rücklaufleitung muß dabei abgeklemmt sein.

Ausbau

Achtung: Kein offenes Feuer, Brandgefahr!

- Batterie-Massekabel abklemmen.

- Saug- und Druckschlauch mit je einer Klemme abklemmen. Steht eine geeignete Klemme nicht zur Verfügung, nach dem Abziehen der Leitungen eine saubere Schraube mit entsprechendem Durchmesser in die Kraftstoffschläuche stecken, damit kein Kraftstoff ausläuft.
- Kraftstoffschläuche an der Pumpe abziehen, vorher Schellen ganz lösen.
- Kraftstoffpumpe mit 2 Innensechskantschrauben abschrauben und mit Isolierflansch herausnehmen.

Einbau

- Isolierflansch auf Beschädigung prüfen. Gegebenenfalls Isolierflansch erneuern.
- Durch Hin- und Herbewegen Stößel auf Leichtgängigkeit prüfen.
- Kraftstoffpumpe mit Isolierflansch und neuem O-Ring ansetzen und mit 20 Nm festschrauben.
- Kraftstoffschläuche aufschieben und mit Schellen sichern. Der obere Schlauch kommt vom Tank beziehungsweise vom Kraftstoffilter, der untere Schlauch geht zum Vergaser beziehungsweise zum Dampfblasenabscheider.
- Batterie-Massekabel anklemmen und bei laufendem Motor prüfen, ob die Pumpe dicht ist.

Tankgeber aus- und einbauen

Der Tankgeber ist oben am Tank eingebaut. Er besteht aus einem Schwimmer und einem Potentiometer.

Mit sinkendem Kraftstoffspiegel sinkt auch der Schwimmer des Tankgebers ab. Ein mit dem Schwimmer verbundenes Potentiometer erhöht dabei den elektrischen Widerstand des Gebers. Dadurch sinkt die Spannung am Anzeigeinstrument, und der Zeiger der Kraftstoffanzeige geht in Richtung »leer« zurück.

Ausbau

Achtung: Kein offenes Feuer, Brandgefahr!

- Batterie-Masseband abklemmen.
- Stecker vom Tankgeber abziehen.
- Verschluß für Tankgeber mit V.A.G-Werkzeug 2012 A nach links drehen und ausklinken. Falls das Werkzeug nicht zur Verfügung steht, geeignete Rohrzange verwenden oder Bajonettverschluß mit Holzstange und leichten Hammerschlägen lösen. **Achtung:** Es dürfen keine Funken entstehen.
- Tankgeber hochziehen und herausnehmen. Dabei Lappen unterlegen und eventuell austretenden Kraftstoff auffangen.

Einbau

- Tankgeber mit Dichtring so einsetzen, daß der Pfeil bei festgezogenem Tankgeber in Fahrtrichtung zeigt. Dichtring vorher mit Motoröl einölen.
- Tankgeber nach rechts drehen und einrasten.
- Kraftstoffschläuche aufschieben und mit neuen Schlauchschellen sichern.
- Elektrischen Stecker aufschieben.
- Batterie-Masseband anklemmen.
- Kraftstoffanzeige an der Armaturentafel auf Funktion prüfen.

Wartungsarbeiten an der Vergaseranlage

W

Luftfiltereinsatz auswechseln

Der Luftfiltereinsatz ist alle 30000 km zu erneuern. Bei stärkerem Staubanfall Filtereinsatz in kürzeren Abständen erneuern.

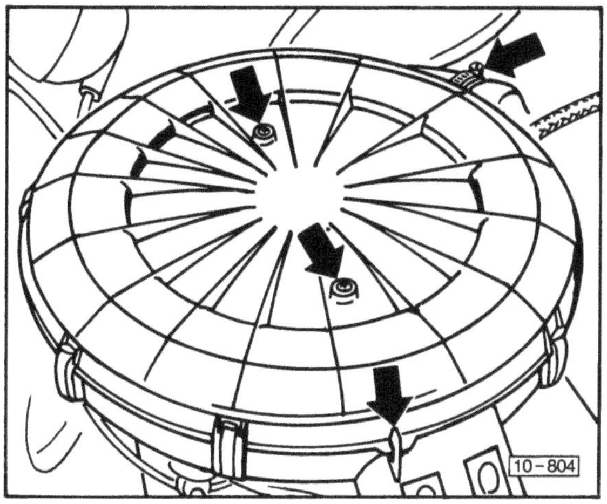

- 2 Schrauben für Luftfilterdeckel herausdrehen.
- Schnellverschlüsse öffnen und Luftfilterdeckel abnehmen.
- Filtereinsatz herausnehmen.
- Vergaser-Lufttrichter mit sauberem Tuch abdecken.
- Filtergehäuse sorgfältig auswischen.

Achtung: Filtereinsatz weder mit Benzin reinigen, noch mit Öl benetzen. Filter nicht mit Preßluft ausblasen.

- Neuen Filtereinsatz einlegen.
- Deckel so aufsetzen, daß die Aussparung in die Nase am Filtergehäuse eingreift.
- Luftfilterdeckel anschrauben und mit Schnellverschlüssen sichern.

Vergaser prüfen

- Vergasergelenke sowie Gaszug reinigen und mit MoS_2-Paste schmieren.
- Funktion der Ansaugluft-Vorwärmung prüfen.
- Leerlaufdrehzahl und CO-Gehalt prüfen.

Kraftstoffilter auswechseln

Der Kraftstoff-Durchlauffilter sitzt im Motorraum und muß im Rahmen der Wartung alle 30000 km erneuert werden.

Ausbau

- Batterie-Massekabel abklemmen.

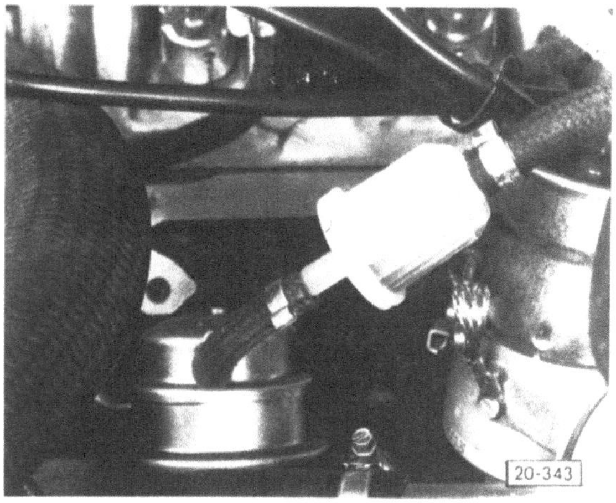

- Kraftstoffschläuche vom Filter abziehen und Filter herausnehmen.

Einbau

- Neuen Filter einsetzen. **Achtung:** Der Pfeil am Filter muß in Durchlaufrichtung, also zur Kraftstoffpumpe, zeigen.
- Schläuche aufschieben.
- Batterie-Massekabel anklemmen.

Störungsdiagnose Vergaser

Voraussetzungen für das Abstellen von Fehlern anhand dieser Tabelle sind eine einwandfreie Einstellung und Funktion des Motors, der Zündanlage und aller Nebenaggregate sowie eine korrekte Steuerung der Vorwärmung im Luftfilter. Abgasanlage und Ansaugrohr müssen dicht sein. Außerdem ist zu prüfen, ob Kraftstoff mit dem vorgesehenen Druck zum Vergaser gefördert wird.

Störung	Ursache	Abhilfe
1. Der kalte oder warme Motor springt nicht an	1. Luftklappe schließt nicht	
	a) Starterzug lose, verstellt	■ Starterzug einstellen
	b) Luftklappe schwergängig	■ Gangbar machen
	2. Kraftstoffzufuhr unterbrochen	■ Kraftstofförderung prüfen
	3. Drosselklappe nicht weit genug geöffnet	■ Kaltleerlaufdrehzahl prüfen
	4. Leerlaufabschaltventil lose, defekt, schlechter Massekontakt, Leitungsunterbrechung	■ Leerlaufabschaltventil prüfen ggf. erneuern
	5. Massekabel für Vergaser lose, korrodiert	■ Kontakt prüfen, reinigen, Schrauben festziehen
	6. Saugrohrvorwärmer defekt	■ Ersetzen
	7. Schwimmer, Schwimmernadelventil undicht	■ Erneuern
	8. Düsen verschmutzt, verstopft	■ Reinigen, ersetzen
2. Motor bleibt nach dem Kaltstart stehen	1. Wie unter 1.1 und 1.3	■ Wie unter 1.1 und 1.3
	2. Luftklappe öffnet nicht	
	a) Luftklappe schwergängig	■ Gangbar machen
	b) Luftklappenspalt zu groß/zu klein	■ Einstellen
	c) Pulldown-System undicht	■ Undichtigkeit beseitigen, ggf. Pulldowndose erneuern
	3. Nicht genügend Kraftstoff in der Schwimmerkammer durch Ausdampfen bei heiß abgestelltem Motor	■ Durchstarten, Gaspedal mehrmals durchtreten, dann bei niedergetretenem Pedal starten
	4. Schub-Anhebungsventil undicht	■ Ventil und Leitungen prüfen, ggf. erneuern
3. Motor bleibt vor Erreichen der Betriebstemperatur stehen	1. Wie unter 2.2	■ Wie unter 2.2
	2. Leerlaufeinstellung nicht wie vorgesehen	■ Drehzahl und CO-Gehalt einstellen
	3. Thermoschalter für Saugrohrvorwärmer defekt	■ Thermoschalter ersetzen
4. Heißstart schwierig	1. Überfetten durch Ausdampfen und Tropfen von Kraftstoff infolge Hitzestaus	■ Mit Vollgas starten (Gaspedal festhalten)
	2. Anstellung Drosselklappe falsch	■ Drosselklappenansteller einstellen

Störung	Ursache	Abhilfe
5. Leerlauf unregelmäßig – Motor bleibt stehen (Motor warm)	1. Leerlaufeinstellung	
	a) Drehzahl zu niedrig	■ Einstellen
	b) CO-Wert zu niedrig/zu hoch	■ Einstellen
	2. Leerlaufdüsendurchgang zu gering	
	a) Düsen verschmutzt	■ Reinigen
	b) Düsen beschädigt	■ Erneuern
	3. Undichtigkeiten	
	a) Am Saugrohr	■ Dichtungen bzw. Zwischenflansch erneuern
	b) Am Zwischenflansch	■ Dichtungen bzw. Zwischenflansch erneuern
	c) Am Vergaser	■ Dichtungen bzw. Zwischenflansch erneuern
	4. Kraftstoffniveau zu hoch	
	a) Schwimmernadelventil undicht	■ Reinigen, evtl. erneuern
	b) Schwimmer zu schwer	■ Schwimmerstand einstellen, ggf. Schwimmer erneuern
	5. Leerlaufabschaltventil schließt zeitweise	■ Ventil prüfen, ggf. ersetzen. Für einwandfreien elektrischen Anschluß sorgen
	6. Gaszug verstellt	■ Einstellen
	7. Starterzug verstellt	■ Einstellen
6. Ruckeln bei konstanter Fahrt (Teillast)	1. Wie unter 5.2. + 3.	Wie unter 5.2. + 3.
7. Übergangsfehler beim Beschleunigen	1. Wie unter 5.2. + 3	
	2. Beschleunigungspumpe	
	a) Einspritzmenge zu groß/zu klein	■ Einstellen
	b) Betätigungskolben für Anreicherungsrohr klemmt	■ Gangbar machen
	c) Spritzrichtung falsch	■ Einstellen
	3. Kraftstoffniveau zu niedrig	■ Schwimmerstand einstellen
8. Schlechte Gasannahme	1. Drosselklappe II. Stufe hängt	■ Grundeinstellung durchführen
	2. Unterdruckdose II. Stufe undicht	■ Erneuern
	3. Falsche Düsen eingebaut	■ Düsen erneuern

Vergaserdaten

Motor				
Hubraum	1,6 l	1,8 l	1,8 l	1,8 l
Leistung	55 kW/75 PS	65, 66 kW/88, 90 PS	55 kW/75 PS	66 kW/90 PS
Einsatz	9.86	9.86	10.86	8.88
Motor-Kennbuchstaben	RN	SF[1], NE	RU	SF
Vergaser				
Typ	Keihin I	Keihin I	Keihin II	Keihin II
Teile-Nr. Schaltgetriebe	026 129 016 Q	026 129 017 (N)	026 129 017 B	026 129 017 S
autom. Getriebe	–	026 129 017 L	026 129 017 C	026 129 018

Vergaserbestückung		Stufe 1	Stufe 2	Stufe 1	Stufe 2	Stufe 1	Stufe 2	Stufe 1	Stufe 2
Lufttrichter	Ø mm	20	26	20	26	22	26	22	26
Hauptdüse		108	150	110	150	100	140	100	145
Luftkorrekturdüse mit Mischrohr	Ø mm	90	120	90	120	90	100	90	100
Leerlauf-Kraftstoffdüse		52	–	52	–	50	–	50	–
Leerlaufluftdüse	Ø	115	–	115	–	100	–	100	–
Schwimmernadelventil	Ø mm	2,5	–	2,5	–	2,5	–	2,5	–
Pumpeneinspritzdüse	Ø mm	0,45	–	0,45	–	0,40	–	0,40	–
Anreicherungsventil	Ø	50	–	50	–	35	–	35	–

Vergasereinstellung					
Kaltleerlaufdrehzahl	1/min	3200±200	3200±200	3500±200	3500±200
Einspritzmenge	cm³/Hub	0,78±0,12	0,78±0,12	0,85±0,15	0,85±0,15
Luftklappenspaltmaß	mm	4,6±0,15	4,6±0,15	2,2±0,15	2,2±0,15
Leerlauf-Drehzahl	1/min	900±50	900±50	900±50	900±50
CO-Gehalt	Vol. %	1,0–0,5	1,0–0,5	1,0–0,5	1,0–0,5

[1]) Bis 7.88

Motor			
Hubraum		1,6 l	
Leistung		51 kW/70 PS	
Einsatz		1. 87	
Motor-Kennbuchstaben		PP	
Vergaser			
Typ		2 EE	
Teile-Nr. Schaltgetriebe		050 129 015 B	
mit Aktivkohlebehälter		050 129 015 D	
Vergaserbestückung		Stufe 1	Stufe 2
Lufttrichter	Ø mm	22	26
Hauptdüse		X 105	X 110
Luftkorrekturdüse mit Mischrohr	Ø mm	X 110	X 105
Leerlauf-Kraftstoffdüse		X 45	–
Vollastanreicherung	Ø mm	–	1,1 ± 0,1
Belüftungsbohrung im Anreicherungsrohr	Ø mm	–	0,7
Übergangskraftstoffdüse		–	90
Übergangsluftdüse		–	X 130

Vergaser-Sollwerte 2-EE		
Drehzahlbegrenzung	1/min	7000 ± 50
Drosselklappenpotentiometer		
Gesamtwiderstand	kΩ	1,4 - 2,6
Widerstand im Stellbereich	Min. Ω	< 270
	Max. kΩ	1,4 - 2,4
Drosselklappensteller		
Widerstand Kontakt 1+2/6+7	Ω	20 - 70
Kontakt 3+4	kΩ	1,4 - 2,6
Kontakt 5+3	Min. Ω	< 400
Kontakt 5+3	Max. kΩ	1,4 - 2,4
Vordrosselsteller		
Widerstand über Kontakte	Ω	0,9 - 1,7
Isolationswiderstand	Ω	∞
Leerlauf-Drehzahl	1/min	900 ± 75
CO-Gehalt	Vol. %	0,6 ± 0,4

Die Benzin-Einspritzanlage

Schemazeichnung der KE-Jetronic

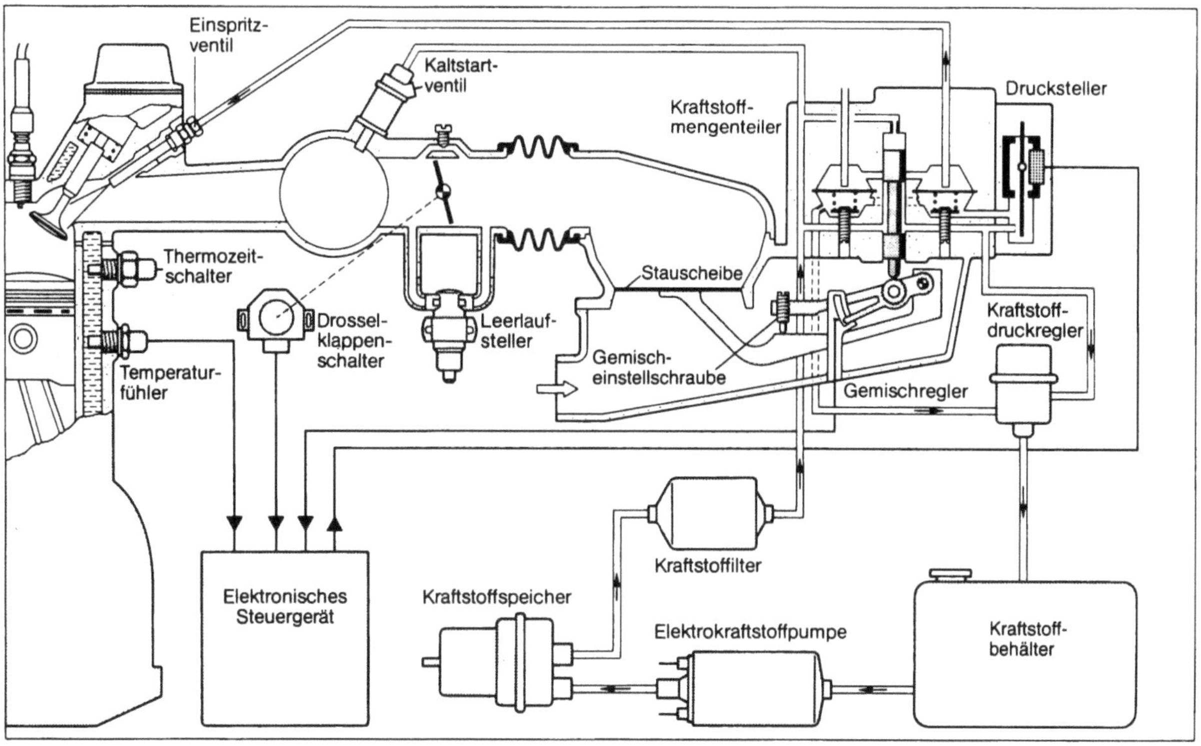

Die KE-Jetronic ist eine mechanische Benzineinspritzung, die elektronisch gesteuert wird. Das mechanische Grundsystem sorgt für ausreichende Notlaufeigenschaften bei Ausfall der Elektronik.

Der Kraftstoff wird aus dem Kraftstoffbehälter von der elektrischen Kraftstoffpumpe angesaugt und über Kraftstoffspeicher und -Filter zum Kraftstoffmengenteiler gefördert. Die Luftmenge wird vom Motor über das Saugrohr angesaugt und vom Luftmengenmesser gemessen. Der Kraftstoffmengenteiler teilt entsprechend der gemessenen Luftmenge den einzelnen Zylindern über das jeweilige Einspritzventil die Kraftstoffmenge zu. Zusätzliche Fühler und Geber sorgen auch in extremen Temperatur- und Fahrsituationen für die richtig bemessene Kraftstoffmenge.

Zur Senkung des Kraftstoffverbrauchs ist die Einspritzanlage, außer beim 90-PS-Motor, mit einer Schubabschaltung ausgestattet. Dadurch wird, wenn der Fahrer den Fuß vom Gaspedal nimmt, automatisch die Kraftstoffzufuhr zu den Einspritzventilen gesperrt. Das Einschalten der Schubabschaltung ist abhängig von der Motordrehzahl und der Betriebstemperatur.

- Der Kraftstoffspeicher hält den Kraftstoff auch nach Abschalten des Motors über einen längeren Zeitraum unter Druck. Dadurch verhindert man Dampfblasenbildung und verbessert das Heißstartverhalten.
- Der Membrandruckregler regelt den Systemdruck auf ca. 5,4 bar.
- Das elektrohydraulische Stellglied sitzt am Kraftstoffmengenteiler und regelt die zu den Einspritzventilen fließende Kraftstoffmenge in Abhängigkeit vom Betriebszustand des Motors. Das heißt, es sorgt für die Gemischanfettung beim Kaltstart und Warmlauf beziehungsweise für die Beschleunigungs- und Vollastanreicherung. Zusätzlich verschließt es die Kraftstoffzufuhr im Schiebebetrieb oberhalb von 1400/min.
- Der Leerlaufsteller reguliert die Leerlaufluftmenge unter Umgehung der Drosselklappe. Dadurch wird eine gleichbleibende Leerlaufdrehzahl erreicht, unabhängig davon, ob gerade Zusatzverbraucher, wie etwa Servolenkung, oder Kältekompressor, eingeschaltet sind. Angesteuert wird der Leerlaufsteller vom elektronischen Steuergerät für KE-Einspritzung.
- Die Lambda-Sonde ist vorn am Katalysator eingeschraubt. Sie mißt den Restsauerstoffgehalt im Abgas und gibt dabei ein charakteristisches Spannungssignal an das KE-Steuergerät ab. Daraufhin regelt das Steuergerät das angesaugte Kraftstoff-/Luftverhältnis so, daß die Abgase im Katalysator optimal nachverbrannt werden können. Damit die Betriebstemperatur der Sonde von über 300° C möglichst schnell erreicht und anschließend konstant gehalten werden kann, wird sie elektrisch beheizt.

Achtung: Bei Arbeiten an der Einspritzanlage ist auf peinliche Sauberkeit zu achten. Vor der Demontage sind die entsprechenden Teile mit Benzin zu säubern. **Die Anlage steht unter hohem Druck. Deshalb ist vor dem Auswechseln von Teilen zum Druckabbau die Kraftstoffleitung am Kaltstartventil langsam zu lösen. Dabei Lappen um Kraftstoffanschluß legen. Spritzgefahr!** Austretenden Kraftstoff mit Lappen auffangen.

Achtung: Bei eingeschalteter Zündung beziehungsweise bei laufendem Motor darf der Stecker am KE-Steuergerät **nicht** abgezogen werden, da durch Spannungs- oder Stromspitzen das Steuergerät zerstört werden kann.

Achtung: Sicherheitmaßnahmen für elektronische Zündanlage beachten, siehe Seite 38.

Die K-Jetronic

Die Einspritzmotoren mit den Kennbuchstaben DZ und KV sind mit der K-Jetronic ausgerüstet. Die K-Jetronic ist eine mechanische Benzineinspritzung, die im Grundaufbau der KE-Jetronic entspricht, allerdings ohne die elektronische Regelung des Kraftstoff-/Luftgemisches. Bei Arbeitsanweisungen, die sowohl für die KE- wie auch für die K-Jetronic zutreffen, wird am Anfang des jeweiligen Kapitels darauf hingewiesen.

Die KE-Motronic

Bei dieser Anlage ist die Steuerung der Einspritzanlage und der Zündung in einem elektronischen Steuergerät zusammengefaßt. Die genaue Einspritzmengen- und Zündwinkelanpassung findet über ständige Auswertung der Sensorsignale, wie zum Beispiel vom Kühlmitteltemperaturgeber oder vom Klopfsensor, statt. Der Systemdruck beträgt, durch einen Membrandruckregler begrenzt, bei der KE-Motronic 6,1 bis 6,6 bar. Der zum Öffnen der Einspritzventile benötigte Abspritzdruck beträgt 3,7 – 4,8 bar. Dieser Druck bleibt bestehen, wenn der Motor abgestellt wird. Dadurch wird verhindert das sich Dampfblasen im Kraftstoffsystem bilden.

Die Multipoint-Injection (MPI)

Der 170-PS-Motor mit dem Kennbuchstaben 7A ist mit einer sogenannten MPI-Einspritzanlage ausgestattet. Multipoint-Injection bedeutet, daß der Einspritzzeitpunkt und -dauer für jeden einzelnen Zylinder individuell errechnet wird. Bei der MPI-Einspritzanlage werden Benzineinspritzung und Zündung von einem gemeinsamen Steuergerät angesteuert. An jedem Einspritzventilen liegt der gleiche konstante Druck an. Durch elektromagnetische Impulse werden die Einspritzventile vom Steuergerät angesteuert. Die Einspritzmenge für den einzelnen Zylinder wird über die Öffnungsdauer festgelegt. Der Einspritz- und Zündzeitpunkt wird unter Berücksichtigung von Drehzahl, Motortemperatur, Gaspedalstellung, Lastbereich und Schaltpunkt (bei Automatikgetriebe) mit Hilfe eines Kennfeldes bestimmt.
Da die Einstellwerte bei der MPI-Einspritzanlage fest vorgegeben und nicht veränderbar sind, und zur Kontrolle der Elektronik Spezialwerkzeug benötigt wird, können Kontroll- und Reparaturarbeiten nur in einer Fachwerkstatt durchgeführt werden.

Sauberkeitsregeln bei Arbeiten an der Einspritzanlage

- Verbindungsstellen und deren Umgebung vor dem Lösen gründlich mit Kraftstoff reinigen.
- Ausgebaute Teile auf einer sauberen Unterlage ablegen und abdecken. Folien oder Papier verwenden. Keine fasernden Lappen benutzen!
- Geöffnete Bauteile sorgfältig abdecken bzw. verschließen, wenn die Reparatur nicht umgehend ausgeführt wird.
- Nur saubere Teile einbauen. Ersatzteile erst unmittelbar vor dem Einbau aus der Verpackung nehmen.
- Bei geöffneter Anlage: Möglichst nicht mit Druckluft arbeiten. Das Fahrzeug möglichst nicht bewegen.

Fernbedienung herstellen/anschließen

Die Fernbedienung wird für Arbeiten benötigt, bei denen die elektrische Kraftstoffpumpe Kraftstoff fördern sollen, ohne daß der Motor läuft.

Folgende Bauteile werden benötigt:
1 Druckkontaktschalter.
1 Krokodilklemme (ausreichend groß für Batteriepol).
1 „Fliegende Sicherung:" Gehäuse und 8-Ampere-Sicherung
1 geeigneter Flachstecker, der an der Relaisplatte eingesteckt werden kann.
1 doppeladriges Kabel mit je 1,5 mm² Querschnitt und ca. 5 m Länge.

Achtung: Vor dem Anschließen der Fernbedienung Sicherung Nr. 13 im Relaiskasten prüfen.

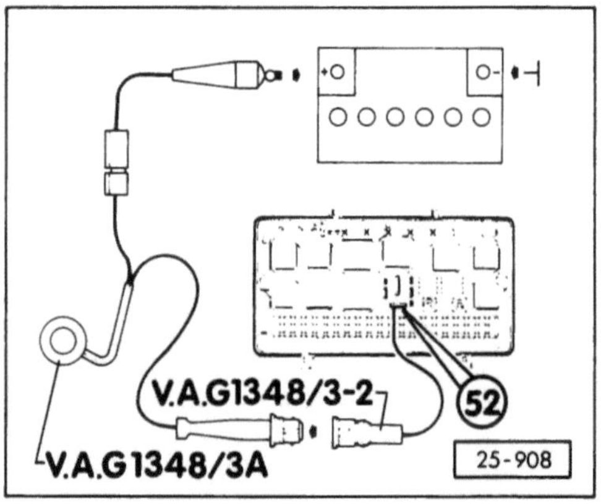

- Kraftroffpumpenrelais Nr. 10 an der Relaisplatte abziehen.
- Fernbedienung mit Krokodilklemme an den Batterie-Pluspol anschließen. Andere Leitung in Kontakt 52 am Relaisplatz für das Kraftstoffpumpenrelais einstecken.

Leerlauf und CO-Gehalt prüfen/einstellen

Nur KE-Jetronic

Achtung: Es wird die Einstellung am 90-PS-Motor (Kennbuchstaben JN) beschrieben. Abweichende Einstellbedingungen für die anderen Motoren stehen am Ende des Kapitels. Beim 113- und 115-PS-Motor wird ein Prüfgerät für das Tastverhältnis benötigt. Tastverhältnis nennt man das Ansteuerungssignal für das Leerlaufstabilisierungsventil. Je größer das Tastverhältnis ist, desto weiter wird der Querschnitt des Ventils geöffnet.

Prüfvoraussetzung: Abgasanlage muß dicht sein.

- Motor warmfahren. Motoröltemperatur beträgt ca. 80° C.
- Alle elektrischen Verbraucher sowie Klimaanlage ausschalten.
- Wurden Einspritzleitungen gelöst beziehungsweise gewechselt, ist vor Prüfen des Motors dieser mehrmals auf 3000/min zu bringen und mindestens 2 Minuten im Leerlauf zu belassen.
- Lambda-Regelung prüfen.
- Zündzeitpunkt prüfen, siehe Seite 45.

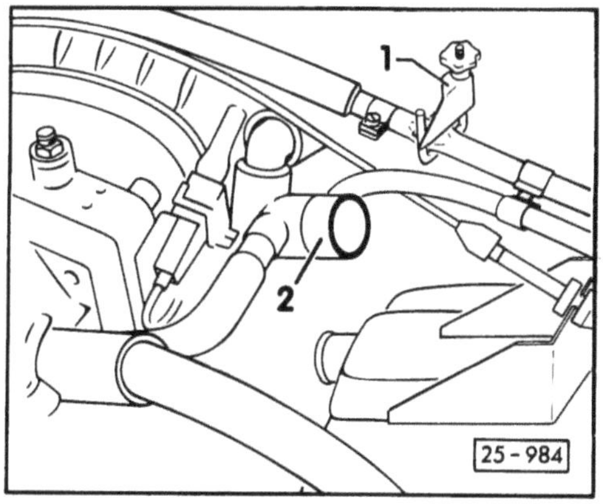

- Schlauch von den Zweiwegeventilen für Leerlaufdrehzahlanhebung mit geeigneter Klemme –1– dicht zusammenklemmen.
- **Nur 90-PS-Motor:** Schlauch –2– für Kurbelgehäuseentlüftung am Zylinderkopfdeckel abziehen und so verlegen, daß nur Frischluft angesaugt werden kann. Falls der Schlauch mit einer Drahtklemme befestigt ist, Spezialzange HAZET 798-4 verwenden.

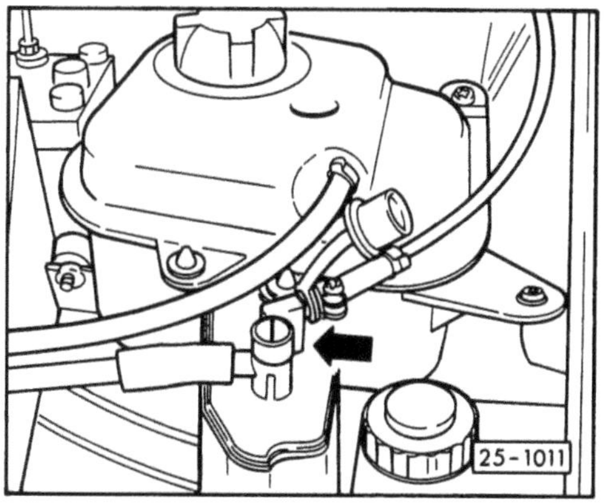

- Verschlußkappe oben am Aktivkohlebehälter abziehen.

Achtung: Prüfgeräte nur bei ausgeschalteter Zündung anschließen.

- Drehzahlmesser nach Bedienungsanleitung anschließen.

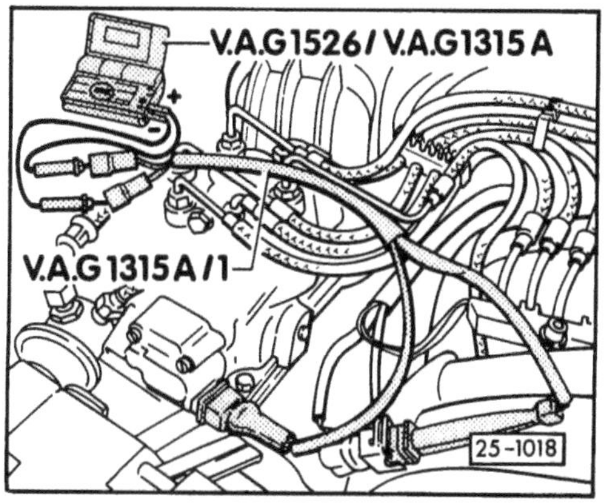

- **90-, 113-, 115-, 136-PS-Motor:** Ampèremeter mit Meßleitung V.A.G 1315A/1 an elektro-hydraulisches Stellglied anschließen. Meßbereich von 200 mA einstellen.
- Zündung einschalten und prüfen, ob ein Steuerstrom angezeigt wird. Gegebenenfalls Widerstand des Stellgliedes messen. Sollwert: 17,5 – 21,5 Ω.
- CO-Meßgerät am CO-Meßrohr im Motorraum anschließen. Das Meßrohr ist am vorderen Abgasrohr eingeschweißt und in der Regel mit einer hellblauen Kappe verschlossen. **Achtung:** Schlauch des Meßgerätes fest auf das Meßrohr schieben. Darauf achten, daß keine Abgasundichtigkeit entstehen kann.
- Motor starten und im Leerlauf drehen lassen.

Achtung: Während der Prüf- und Einstellarbeiten darf der Lüfter für Kühler nicht laufen.

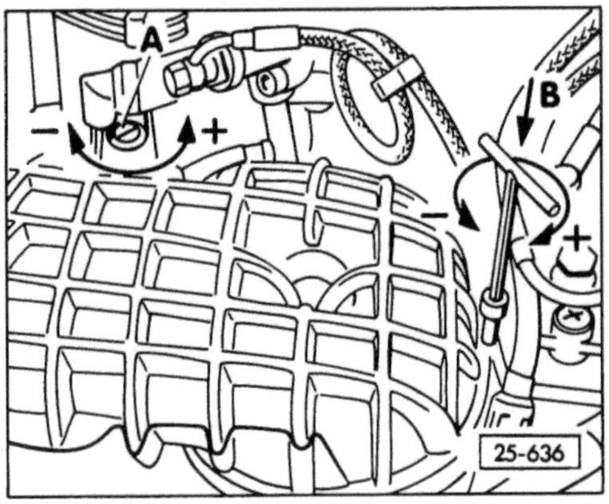

- Leerlaufdrehzahl prüfen. Prüfwert: 800 bis 1000/min. Wird der Prüfwert nicht erreicht, Drehzahl an der Einstellschraube –A– auf 900 ± 30/min einstellen.
- Steuerstrom prüfen. Prüfwert 4 bis 16 mA schwankend.
- CO-Gehalt mit CO-Meßgerät prüfen. Sollwert: 0,3 – 1,2 Vol.%.

Achtung: Beträgt der CO-Gehalt am CO-Meßgerät mehr als 1,2 Vol.% bei einem Steuerstrom von 4 – 16 mA, so liegt das nicht an einer falschen CO-Einstellung. Mögliche Ursachen sind: Zündanlage defekt oder verstellt, Abgasanlage undicht, Einsätze für Einspritzventile undicht oder lose, Kraftstoffmengenteiler defekt und dadurch ungleiche Einspritzmenge im Leerlauf.

- Liegt der Steuerstrom außerhalb des Prüfwertes, Steuerstrom, auch bei richtigem CO-Gehalt, einstellen.
- Sicherungskappe für CO-Einstellschraube herausziehen. Dazu Stopfen mit 2,5 mm Bohrer anbohren, anschließend 3 mm Blechschraube in den Stopfen schrauben und Schraube mitsamt Stopfen mit Zange herausziehen.
- Steuerstrom an der CO-Einstellschraube –B– auf 10 mA schwankend einstellen. Dazu wird ein langer 3 mm Inbusschlüssel benötigt.

Achtung: Während der CO-Einstellung die Einstellschraube mit dem Einstellschlüssel nicht nach unten drücken beziehungsweise anheben. Bei eingesetztem Einstellschlüssel kein Gas geben. Einstellschlüssel nach jeder Verstellung sofort entfernen und kurz Gas geben, ehe Steuerstrom und CO-Gehalt abgelesen werden.

- Leerlaufdrehzahl nochmals prüfen und gegebenenfalls korrigieren.
- Schlauch für Kurbelgehäuseentlüftung am Zylinderkopfdeckel aufstecken und mit Schelle sichern.

Achtung: Wenn jetzt der CO-Gehalt ansteigt, liegt das nicht an einer falschen Einstellung, sondern an einer Anfettung aus dem Kurbelgehäuse infolge Ölverdünnung bei überwiegendem Kurzstreckenverkehr.

Bei längeren zügigen Überlandfahrten verringert sich der Kraftstoffanteil im Öl und der CO-Gehalt normalisiert sich wieder. Kurzfristig läßt sich das auch durch eine ca. 30-minütige Fahrt oder durch einen sowieso anstehenden Ölwechsel erreichen.

- Verschlußkappe für Aktivkohlebehälter aufstecken.
- Prüfgeräte bei ausgeschalteter Zündung abklemmen.
- Sämtliche abgezogenen Schläuche und Leitungen wieder aufstecken.

113-PS-Motor (Kennbuchstabe SD)

Achtung: Leerlaufdrehzahl, CO-Gehalt und Zündzeitpunkt müssen zusammen geprüft und eingestellt werden. Die Lambda-Sonde bleibt bei der Prüfung angeschlossen.

- Prüfen, ob der Leerlaufschalter eingeschaltet ist. Dazu Stecker für Drosselklappenschalter abwechselnd abziehen und aufstecken. Dadurch müssen sich Zündzeitpunkt, Leerlaufdrehzahl und Tastverhältnis verändern.
- Motor starten und im Leerlauf drehen lassen.
- Leerlauf-Tastverhältnis prüfen. Prüfwert: 26 – 30 %∢; Einstellwert: 29 ± 1 %∢.
- Falls erforderlich, Tastverhältnis an der Leerlaufdrehzahl-Einstellschraube –A– einstellen. Dazu Einstellschraube erst ganz hineindrehen und dann so weit herausdrehen, bis der Einstellwert erreicht ist.
- Leerlaufdrehzahl zur Kontrolle prüfen, Sollwert: 800 – 900/min.

Achtung: Läßt sich das Tastverhältnis mit der Leerlaufdrehzahl-Einstellschraube nicht einstellen, Ursache nach Störungsdiagnose aufspüren und beheben.

115-PS-Motor (Kennbuchstaben PS)

Achtung: Leerlaufdrehzahl, CO-Gehalt und Zündzeitpunkt müssen zusammen geprüft und eingestellt werden. Die Lambda-Sonde bleibt bei der Prüfung angeschlossen.

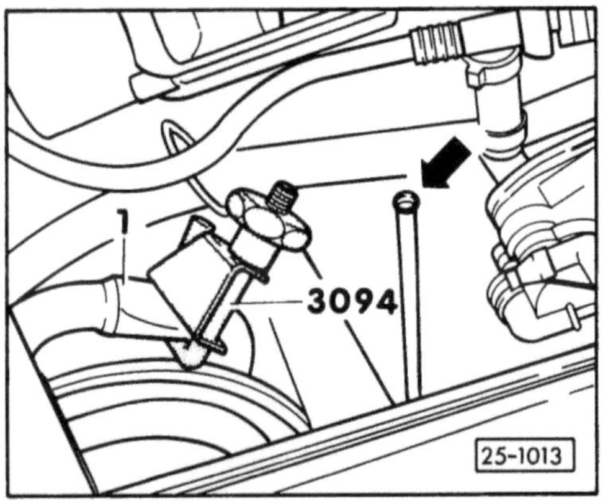

- Schlauch für Kurbelgehäuseentlüftung –1– mit geeigneter Schraubklemme zusammenklemmen.
- Ölmeßstab herausziehen. Um Ölspritzer zu vermeiden, Lappen über Führungsrohr legen.
- Motor starten und im Leerlauf drehen lassen.
- Leerlauf-Tastverhältnis prüfen, gegebenenfalls an der Leerlaufdrehzahl-Einstellschraube einstellen. Prüfwert: 26 – 30 %∢; Einstellwert: 28 ± 1 %∢.

Achtung: Läßt sich das Tastverhältnis mit der Leerlaufdrehzahl-Einstellschraube nicht einstellen, Ursache nach Störungsdiagnose aufspüren und beheben.

- Leerlaufdrehzahl zur Kontrolle prüfen, Sollwert: 750 – 850/min.

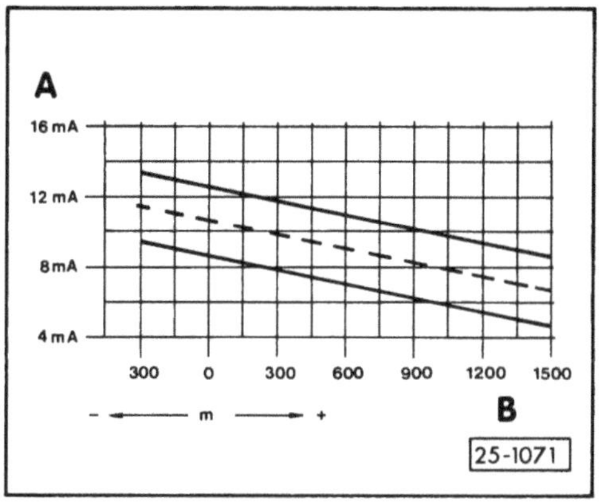

- CO-Gehalt beziehungsweise Steuerstrom prüfen. Prüfwert: 4 – 16 mA schwankend. Liegt der Steuerstrom außerhalb des Prüfwertes, Steuerstrom an der CO-Einstellschraube entsprechend der gestrichelten Linie des Diagramms einstellen. Der Einstellwert für den Steuerstrom ist dabei von der Höhenlage des Fahrzeuges abhängig. **Beispiel:** Die Höhenlage –B– des Fahrzeuges beträgt 900 m über NN (NN = Normalnull = Meereshöhe), dann liegt der Einstellwert für den Steuerstrom –A– bei 8 ± 2 mA.
- Kontrollwert CO-Gehalt mit CO-Meßgerät: 0,3 – 1,2 Vol.%.

136-PS-Motor (Kennbuchstaben NG)

Achtung: Leerlaufdrehzahl, CO-Gehalt und Zündzeitpunkt müssen zusammen geprüft und eingestellt werden. Die Leerlaufdrehzahl ist nicht einstellbar. Die Leerlaufdrehzahl-Einstellschraube (Umluftschraube) am Drosselklappenstutzen muß ganz hineingedreht sein. Die Schraube ist mit Lack gesichert und darf nicht verdreht werden. Die Drehzahlregelung erfolgt ausschließlich durch die Leerlaufstabilisierung. Seit 3.88 ist die Umluftschraube nicht mehr vorhanden.

- Kurbelgehäuse-Entlüftungsschlauch abziehen. Entlüftungsrohr mit Verschlußstopfen des CO-Meßrohres verschießen.
- Ampèremeter an elektro-hydraulisches Stellglied anschließen, siehe Seite 236.
- Motor starten und im Leerlauf drehen lassen.
- Funktion Schubabschaltung und Leerlaufschalter prüfen. Dazu Drehzahl kurz auf ca. 4000/min erhöhen und Drosselklappe schlagartig schließen (loslassen). Dabei muß das Meßgerät kurzzeitig minus 50 – 60 mA anzeigen. Wird ein positiver Wert angezeigt, Meßleitungen umstecken; wird kein Wert angezeigt, Leerlaufschalter prüfen.

Prüfort unter 1000 m Meereshöhe

- Stromanzeige im Leerlauf prüfen. Sollwert: 0 ± 3 mA. Dabei muß der CO-Wert 0,3 – 1,2 Vol.% betragen
- Andernfalls Sicherungsstopfen für CO-Einstellschraube herausziehen und Steuerstrom auf 0 ± 1 mA einstellen. Einstellvorgang wie bei 90-PS-Motor.

Prüfort über 1000 m Meereshöhe

- Steckverbindung zur Lambda-Sonde (grüne Leitung) trennen.
- Motor im Leerlauf drehen lassen. Steuerstrom in mA am elektro-hydraulischen Stellglied messen und notieren. Dieser Wert ist der Korrekturwert des Höhengebers.
- Stecker für Lambda-Sonde verbinden und Steuerstrom erneut messen. Weicht der nun angezeigte Wert um mehr als ± 3 mA vom vorher notierten Wert ab, CO-Gehalt durch Verstellen des Steuerstromes einstellen.

113-, 115-PS-Motor (Kennbuchstabe 3A, AAD)

Achtung: Leerlaufdrehzahl, CO-Gehalt und Zündzeitpunkt müssen zusammen geprüft werden. Nur der CO-Gehalt und Zündzeitpunkt lassen sich einstellen. Die Lambda-Sonde bleibt bei der Prüfung angeschlossen.

- Motor starten und im Leerlauf drehen lassen. Die Drehzahl muß sich auf 780 – 900/min einstellen.
- Zündzeitpunkt prüfen gegebenenfalls einstellen, siehe Seite 45.
- Der CO-Gehalt muß 0,2 – 1,2 Vol % betragen.

Ist der CO-Gehalt außerhalb des angegebenen Sollwertes, muß er wie folgt eingestellt werden:

- Kurbelgehäuse-Entlüftungsschlauch vom Zylinderkopfdeckel abziehen.

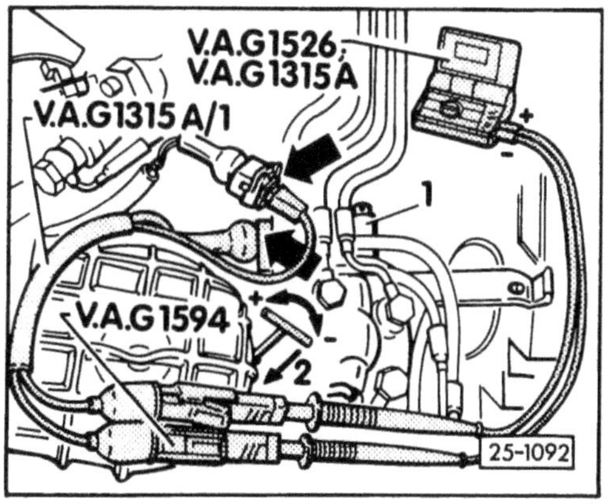

- Ampèremeter mit Meßleitung, wie im Bild, an elektro-hydraulisches Stellglied –1– anschließen.
- Zündung einschalten. Der Steuerstrom muß positiv (+) angezeigt werden. Ansonsten Meßleitung vertauschen.
- Motor anlassen und im Leerlauf drehen lassen.
- Steuerstrom an der CO-Einstellschraube –2– auf 0 – 5 mA (schwankend) einstellen.

Lambda-Regelung prüfen

Nur KE-Jetronic

Prüfvoraussetzung: Abgasanlage zwischen Katalysator und Zylinderkopf muß dicht sein. Elektro-hydraulisches Stellglied und Leerlaufeinstellung müssen in Ordnung sein.

- Motor warmfahren. Motoröltemperatur soll ca. 80° C betragen.
- Stecker für Lambda-Sondenbeheizung abziehen und Voltmeter anschließen. Die Spannung muß bei eingeschalteter Zündung mindestens 11,5 Volt betragen. Anschließend Stecker wieder verbinden.
- Temperaturgeber prüfen.

Achtung: Prüfgeräte nur bei ausgeschalteter Zündung anschließen.

- **90-, 113-, 115-PS-Motor:** Ampèremeter mit Meßleitung V.A.G 1315A/1 an elektro-hydraulisches Stellglied anschließen. Meßbereich von 200 mA einstellen.
- CO-Meßgerät am CO-Meßrohr im Motorraum anschließen. Das Meßrohr ist am vorderen Abgasrohr eingeschweißt und in der Regel mit einer hellblauen Kappe verschlossen. **Achtung:** Schlauch des Meßgerätes fest auf das Meßrohr schieben. Darauf achten, daß keine Abgasundichtigkeit entstehen kann.
- Motor starten und mindestens 2 Minuten im Leerlauf drehen lassen.

90-, 113-PS-Motor

- Schlauch für Kurbelgehäuseentlüftung mit geeigneter Klemme oder Zange zusammenklemmen. Der CO-Gehalt steigt kurzzeitig an und sinkt danach wieder ab. Der Steuerstrom sinkt kurzzeitig ab und steigt danach wieder an. Wenn das der Fall ist, dann arbeitet die Lambda-Regelung.
- Sinkt der CO-Gehalt nicht ab beziehungsweise steigt der Steuerstrom nicht wieder an, Lambda-Sonde folgendermaßen prüfen.
- Steckverbindung Lambda-Sondenkabel trennen und grüne Leitung zum Steuergerät ca. 20 Sekunden an Masse halten.
- Wenn sich jetzt CO-Gehalt und Steuerstrom verändern, Lambda-Sonde ersetzen.
- Andernfalls elektrische Leitungen zum Steuergerät sowie Steuergerät prüfen (Werkstattarbeit), gegebenenfalls ersetzen.

115-, 136-PS-Motor

- Steuerstrom ablesen und notieren.
- Ölmeßstab herausziehen.
- Der Steuerstrom muß ansteigen, dann arbeitet die Lambda-Regelung.

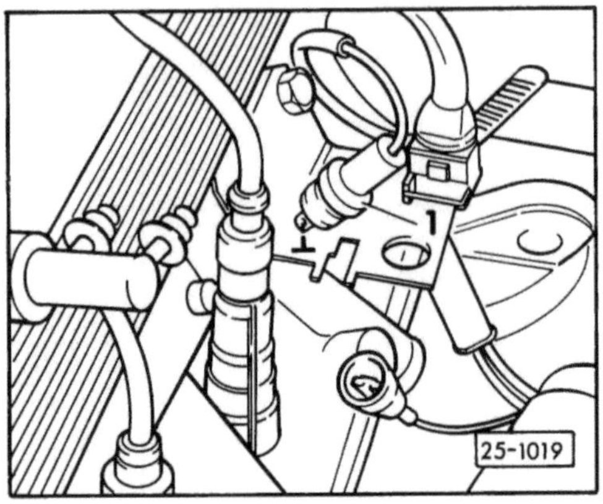

- Steckverbindung Lambda-Sondenkabel trennen und grüne Leitung zum Steuergerät ca. 20 Sekunden an Masse halten.
- Wenn sich jetzt der Steuerstrom verändert, Lambda-Sonde ersetzen.
- Andernfalls elektrische Leitungen zum Steuergerät sowie Steuergerät prüfen (Werkstattarbeit), gegebenenfalls ersetzen.

Leerlaufdrehzahl-Anhebung prüfen

Nur 90-, 102-, 112-PS-Motor, Kennbuchstabe JN, DZ, ABB

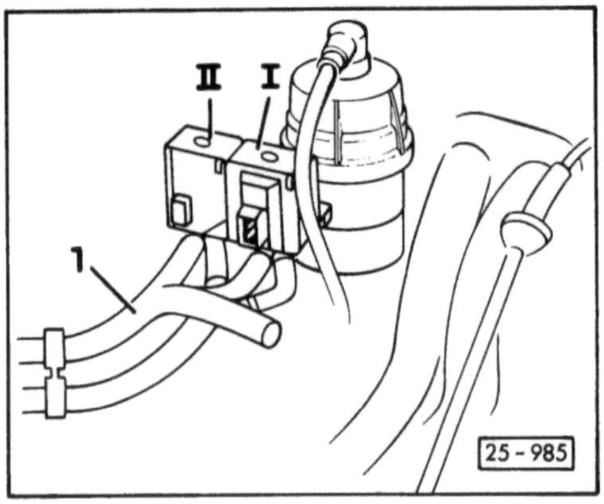

Sobald die Leerlaufdrehzahl unter 700/min fällt, zum Beispiel durch zusätzlich eingeschaltete Verbraucher, hebt das Zweiwegeventil I die Drehzahl wieder an. Das Ventil II führt zusätzlich einen Drehzahlausgleich bei eingeschalteter Klimaanlage durch.

Angesteuert wird das Ventil I durch das Steuergerät für Drehzahlanhebung, das im Zusatz-Relaisträger links unter der Schalttafel auf Platz 11 (KE-Jetronic) beziehungsweise Platz 10 (K-Jetronic) angeordnet ist. Ventil II wird durch Einschalten der Klimaanlage betätigt.

- Motor warmfahren. Die Motoröltemperatur soll ca. +80° C betragen.
- Drehzahlmesser bei ausgeschalteter Zündung nach Vorschrift anschließen.
- Motor starten und im Leerlauf drehen lassen.
- Klimaanlage ausschalten.

Ventil I prüfen

- Alle elektrischen Verbraucher einschalten (Klimaanlage bleibt ausgeschaltet).
- Leerlaufdrehzahl-Einstellschraube hineindrehen. Bei ca. 700/min muß das Ventil I öffnen und die Drehzahl anheben.
- Schlauch –1– mit Zange zusammenklemmen. Die Drehzahl muß abfallen.
- Elektrische Verbraucher ausschalten.
- Leerlaufdrehzahl bei zusammengeklemmtem Schlauch an der Leerlaufdrehzahl-Einstellschraube auf ca. 900/min einstellen.
- Zange entfernen. Die Drehzahl muß bis ca. 1050/min ansteigen, dann schließt das Ventil und die Drehzahl fällt auf den Sollwert ab.

Ventil II prüfen

- Schlauch –1– mit Zange zusammenklemmen. Die Motordrehzahl darf sich nicht verändern.
- Klimaanlage einschalten und Prüfung wiederholen.
- Die Drehzahl muß bei zusammengeklemmtem Schlauch abfallen.

Achtung: Einbaulage des Abzweigstückes der Schlauchverbindung prüfen. Größere Bohrung zeigt zum Ventil II.

Leerlaufstabilisierung prüfen

Nur KE-Jetronic

Achtung: Stecker am Steuerventil nur bei ausgeschalteter Zündung abziehen und aufstecken.

Funktion prüfen

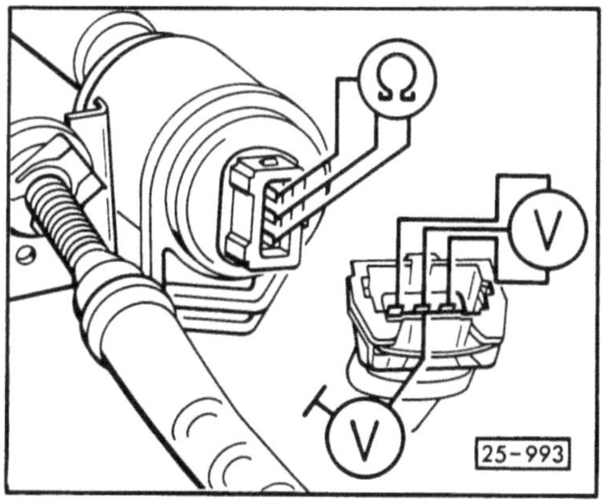

- Zündung einschalten und prüfen, ob das Steuerventil summt/vibriert.
- Andernfalls Spannungsversorgung folgendermaßen prüfen:
- Stecker am Steuerventil abziehen und Voltmeter an mittleren Kontakt des Steckers und an Masse anschließen. Sollwert: ca. Batteriespannung (12 Volt).
- Spannung zwischen mittlerem Kontakt und äußeren Kontakten messen. Sollwert: 1 – 2 Volt unter Batteriespannung (ca. 10 Volt).
- Mit Ohmmeter Widerstand zwischen mittlerem und äußeren Kontakten des Ventils prüfen. Sollwert: 3 – 8 Ω.

Regelung prüfen

Prüfvoraussetzung: Leerlaufeinstellung muß in Ordnung sein.

- Motor warmfahren. Motoröltemperatur beträgt ca. 80° C.
- Drehzahlmesser und Prüfgerät für Tastverhältnis bei ausgeschalteter Zündung nach Vorschrift anschließen.
- Alle elektrischen Verbraucher sowie Klimaanlage ausschalten.
- Motor starten und im Leerlauf drehen lassen.
- Tastverhältnis ablesen und notieren.

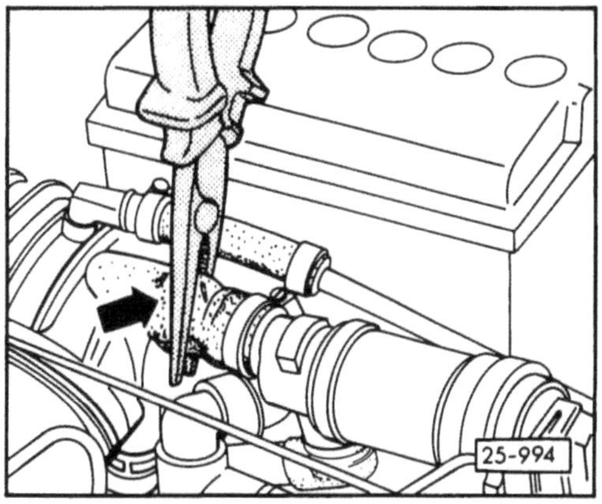

- Schlauch für Leerlaufstabilisierung mit Zange zusammenklemmen. Das Tastverhältnis muß ansteigen.
- Schlauch öffnen, Tastverhältnis muß absinken.
- **Fahrzeuge mit Klimaanlage:** Klimaanlage und damit Kompressor einschalten, die Drehzahl muß um ca. 100/min ansteigen. Sonst Steuergerät für KE-Jetronic prüfen, gegebenenfalls ersetzen (Werkstattarbeit).

Lage der Stauscheibe prüfen und einstellen

K-, KE-Jetronic

Die Stauscheibe im Luftmengenmesser wird in Abhängigkeit der angesaugten Luftmenge mehr oder weniger angehoben. Wenn die Ruhelage der Stauscheibe zu tief ist, springt der Motor nicht mehr an. Überdies kann es bei falsch eingestellter Ruhelage der Stauscheibe zu Heißstartschwierigkeiten und zu Übergangsstörungen kommen.

Ruhelage prüfen

- Luftführungshutze ausbauen.

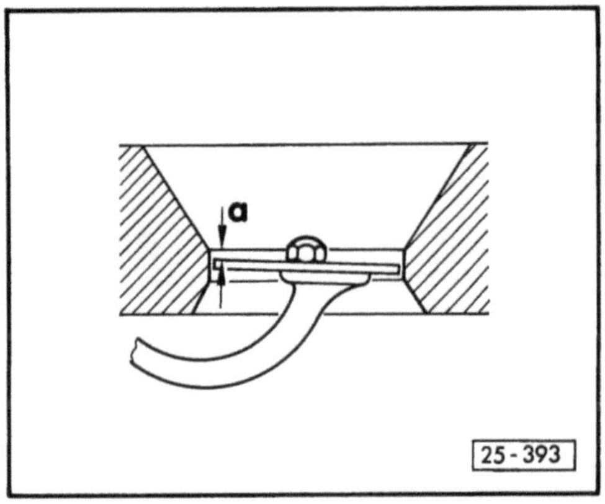

- Die Oberkante der Stauscheibe muß um das Maß a = 1,9 ± 1,1 mm unter der Kegelkante des Lufttrichters stehen.

Ruhelage Einstellen bei Version mit Haltebügel

- Stauscheibe anheben.

- Lage der Stauscheibe durch Nachbiegen des Haltedrahtbügels -Pfeil- einstellen.

Ruhelage einstellen bei Version mit Einstellschraube

- Luftfilteroberteil und Einsatz ausbauen, siehe Seite 107.

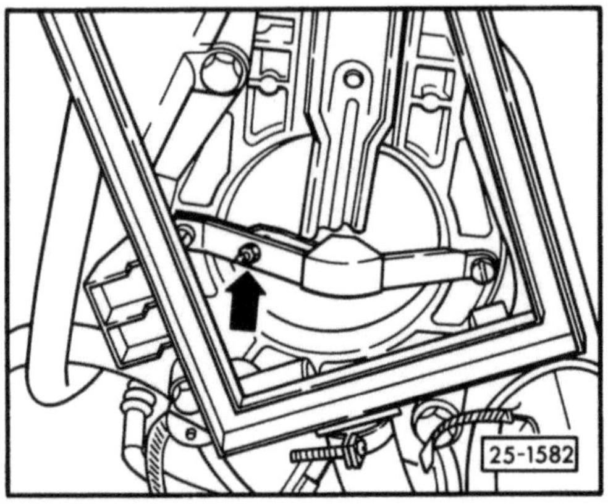

- Lage der Stauscheibe an der Einstellschraube -Pfeil- einstellen.

Achtung: Trichter des Luftmengenmessers nicht beschädigen. Nicht die Blattfeder verbiegen.

- Anschließend Leerlaufdrehzahl und CO-Gehalt einstellen.

Leerweg der Stauscheibe prüfen und einstellen

K-, KE-Jetronic, KE-Motronic

Springt der Motor nicht oder nur schlecht an, kann dies an einer falsch eingestellten Stauscheibe liegen.

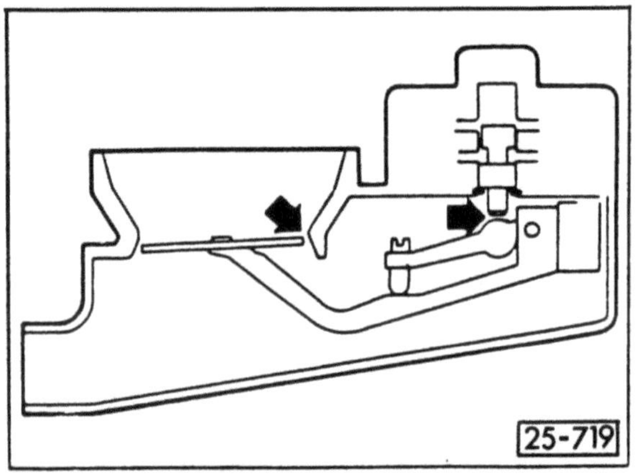

Der Leerweg ist das Spiel zwischen Steuerkolben und Verstellhebel -rechter Pfeil-, gemessen an der zum Kraftstoffmengenteiler liegenden Seite der Stauscheibe -linker Pfeil-.

Prüfen

- CO-Gehalt und Leerlaufdrehzahl überprüfen, gegebenenfalls einstellen. Der Sollwert entspricht der Grundeinstellung des Verstellhebels.
- Luftführungshutze ausbauen.
- Anlasser oder Fernbedienung ca. 10 Sekunden betätigen.
- Stauscheibe geringfügig anheben, bis Widerstand fühlbar wird. **Vierzylinder:** Nun soll der Leerweg mindestens 0,5 mm bis maximal 3,0 mm betragen, das entspricht der Kegelkante. **Fünfzylinder:** Der Leerweg muß fühlbar sein und sollte maximal bis zur Kegelkante des Lufttrichters reichen, das entspricht 2,1 mm.

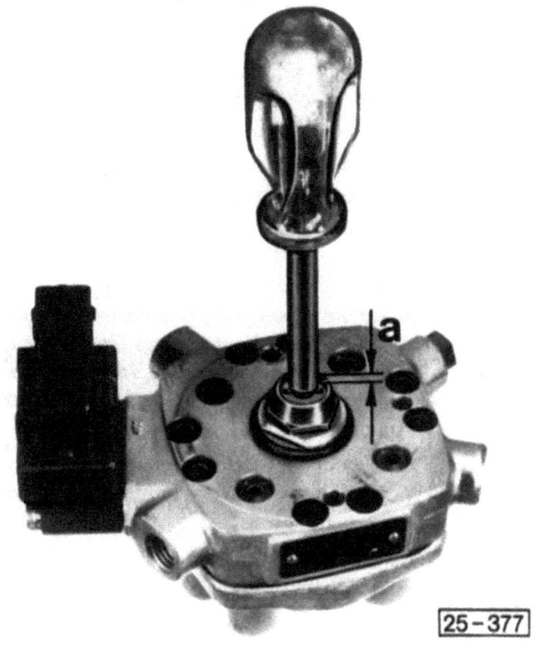

- Andernfalls Kraftstoffmengenteiler ausbauen und Leerweg an der Anschlagschraube für den Steuerkolben mit Werkzeug 2566 von HAZET einstellen.

Achtung: System steht unter Druck. Vor dem Ausbau des Kraftstoffmengenteilers Druck abbauen, siehe Seite 88.

- Der Abstand zwischen der Anschlagschraube und dem Bund der Sechskantmutter soll a = ca. 0,6 mm betragen.
- Anschlagschraube für Steuerkolben hineindrehen = Leerweg der Stauscheibe wird größer; herausdrehen = Leerweg wird kleiner.
- Eine ¼ Umdrehung bewirkt eine Leerwegänderung um ca. 0,3 mm an der Stauscheibe.
- Leerlaufeinstellung kontrollieren, gegebenenfalls einstellen.

Verstellhebel und Steuerkolben prüfen

K-, KE-Jetronic, KE-Motronic

Der Steuerkolben im Kraftstoffmengenteiler wird durch die Stauscheibe betätigt. Der Kolben öffnet je nach Bedarf die Schlitze für den Kraftstoffaustritt und bestimmt dadurch die Einspritzmenge. Ein schwergängiger Steuerkolben führt dazu, daß der Motor schlecht anspringt, im Übergangsbereich ruckelt, und/oder die Höchstgeschwindigkeit nicht erreicht wird.

- Luftführungshutze ausbauen.
- Anlasser oder Fernbedienung ca. 10 Sekunden betätigen.

- Verstellhebel der Stauscheibe anheben, dabei muß der Hebel über den gesamten Weg den gleichen Widerstand haben.
- Verstellhebel schnell abwärts bewegen, dabei darf kein Widerstand spürbar sein, andernfalls Luftmengenmesser ersetzen.
- Läßt sich die Stauscheibe nur schwer und/oder ruckweise nach oben, jedoch leicht nach unten bewegen, hängt der Steuerkolben. Kraftstoffmengenteiler ersetzen.
- Läßt sich die Stauscheibe nur schwer und/oder ruckweise nach oben und unten bewegen, ist der Verstellhebel schwergängig. Luftmengenmesser ersetzen.

Lambda-Sonde aus- und einbauen

Ausbau

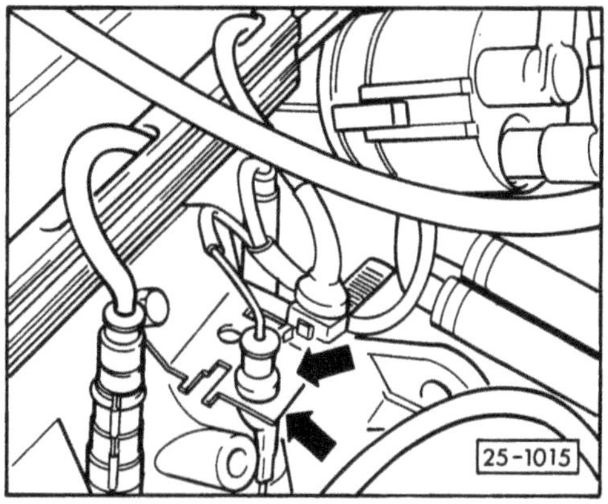

- Beide Steckverbindungen trennen.
- Fahrzeug aufbocken, siehe Seite 273.
- Lambda-Sonde vorn am Katalysator herausschrauben. Falls erforderlich, untere Motorraumabdeckung ausbauen, siehe Seite 15.

Achtung: Beim 90-PS-Motor mit Frontantrieb befindet sich die Lambda-Sonde am Abgaskrümmer.

Einbau

- Gewinde der Lambda-Sonde mit V.A.G-Fett G5 oder mit Heißschmierpaste, zum Beispiel Liqui-Moly LM-508-ASC, bestreichen. **Achtung:** Nur das Gewinde fetten, die Heißschmierpaste darf nicht in den Schlitzbereich des Sondenkörpers kommen.

- Lambda-Sonde mit 50 Nm anschrauben.
- Fahrzeug ablassen, gegebenenfalls untere Motorraumabdeckung einbauen.
- Elektrische Leitungen verbinden.

Kaltstartventil aus- und einbauen/prüfen

K-, KE-Jetronic, KE-Motronic

Das Kaltstartventil spritzt während der Starterbetätigung bei kaltem Motor zusätzlich Kraftstoff in das Saugrohr.

Ein defektes Kaltstartventil verursacht Startschwierigkeiten (kalt und warm), Übergangsstörungen und hohen Kraftstoffverbrauch.

Der Thermozeitschalter begrenzt die Spritzzeit des Kaltstartventils in Abhängigkeit von der Motortemperatur.

Ausbau

- Stecker vom Kaltstartventil abziehen.
- Kraftstoffleitung zum Kaltstartventil abschrauben. **Achtung:** Anlage steht unter Druck, deshalb Lappen über den Anschluß legen und Hohlschraube langsam lösen. Wenn das Kaltstartventil nur zum Prüfen ausgebaut wird, bleibt die Kraftstoffleitung angeschlossen.
- Kaltstartventil abschrauben und aus dem Sammelsaugrohr herausziehen.

Prüfen

- Hochspannungsleitung – Klemme 4 – am Zündverteiler abziehen (mittleres Kabel) und an Masse legen, gegebenenfalls Hilfskabel mit gleichem Querschnitt verwenden.
- Stecker vom Thermozeitschalter abziehen.
- Grün/weiße Leitung vom Thermozeitschalter mit Hilfskabel an Masse legen. **Achtung:** Nicht die rot/schwarze Leitung an Masse legen. Kurzschlußgefahr!

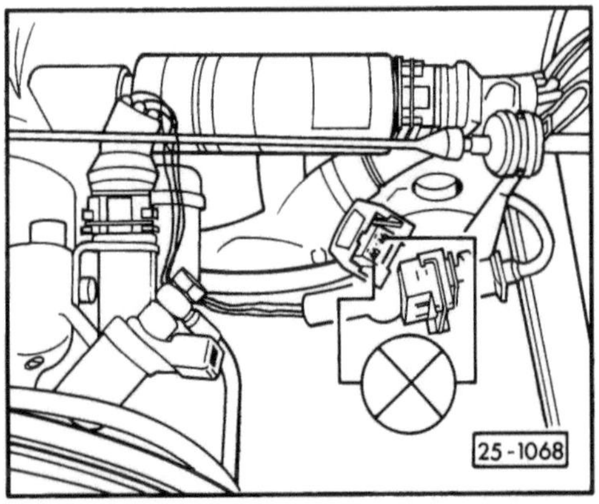

- Stecker am Kaltstartventil abziehen und Spannungsmesser oder Prüflampe an die Kontakte des Steckers anschließen.
- Anlasser betätigen, Leuchtdiode des Spannungsmessers muß aufleuchten, andernfalls Leitungsunterbrechung nach Stromlaufplan ermitteln und beseitigen.

113-/115-/136-PS-Motor, Kennbuchstaben 3A, AAD, NG

Einspritzzeit des Kaltstartventils wird vom Steuergerät der KE-Jetronic/-Motronic in Abhängigkeit von der Motortemperatur bestimmt.

- **NG:** Stecker vom Temperaturgeber am Kühlmittelflansch abziehen und beide Kontakte des Steckers über je einen 3-kΩ-Widerstand gegen Masse legen. Nun soll das Ventil in einem gleichförmigen Kegel abspritzen, und die Spritzzeit muß ca. 2–3 Sekunden betragen.
- **3A, AAD:** Stecker vom Temperaturgeber am Kühlmittelflansch abziehen und beide Kontakte des Steckers über einen 15-kΩ-Widerstand verbinden. Das Ventil soll in einem gleichförmigen Kegel abspritzen, die Spritzzeit muß jetzt ca. 8 Sekunden betragen.
- Spritzt das Ventil nicht ab, Stecker am Kaltstartventil abziehen und Widerstand zwischen den Kontakten des Ventils prüfen. Sollwert: 10 Ω.
- Falls der Widerstand des Ventils in Ordnung ist, Spannungsprüfer an den Stecker anschließen und Anlasser betätigen. Der Spannungsprüfer muß ca. 8 Sekunden aufleuchten. Andernfalls elektrische Prüfung des Steuergerätes durchführen lassen, gegebenenfalls Steuergerät ersetzen.

- Stecker am Kaltstartventil anschließen, Kraftstoffschlauch ist angeschlossen.

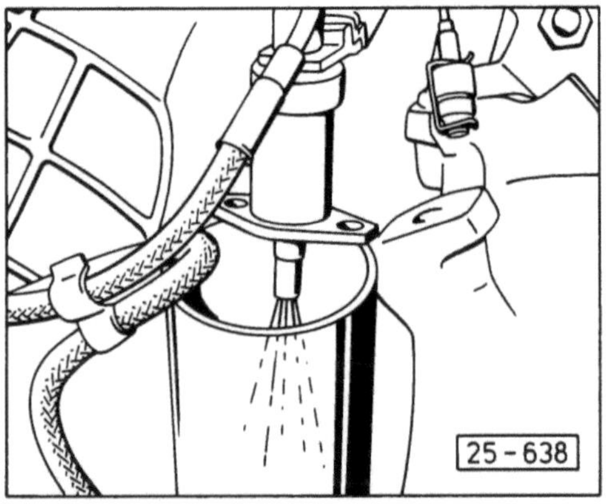

- Kaltstartventil in ein Meßglas halten.
- Anlasser kurz betätigen. Das Kaltstartventil muß in einem gleichförmigen Kegel abspritzen.
- Kaltstartventil an der Düse abtrocknen.
- Am Kaltstartventil darf innerhalb einer Minute kein Tropfen abfallen. Auch äußerlich darf das Ventil nicht feucht werden.

Einbau

- Kaltstartventil mit neuer Dichtung ansetzen und festschrauben.
- Stecker am Thermozeitschalter aufschieben.
- Zündleitung – Klemme 4 – aufstecken.
- Falls ausgebaut, Kraftstoffschlauch am Kaltstartventil mit 10 Nm anschrauben. Stecker aufschieben.

Thermozeitschalter prüfen/ aus- und einbauen

K-, KE-Jetronic, nicht mit Kennbuchstaben NG, 6A

Der Thermozeitschalter begrenzt die Spritzzeit des Kaltstartventils in Abhängigkeit von der Kühlmitteltemperatur.

Ein defekter Thermozeitschalter verursacht Kaltstart-Schwierigkeiten.

- Der Motor muß zur Prüfung kalt sein, Kühlmitteltemperatur unter +30° C. Gegebenenfalls Thermozeitschalter ausbauen und im Wasserbad abkühlen.
- Hochspannungsleitung – Klemme 4 – am Zündverteiler abziehen (mittleres Kabel) und an Masse legen, gegebenenfalls Hilfskabel mit gleichem Querschnitt verwenden.
- Stecker am Kaltstartventil abziehen und Spannungsmesser oder Prüflampe an die Kontakte des Steckers anschließen. Die Prüfung des Thermozeitschalters erfolgt über den elektrischen Anschluß des Kaltstartventils.

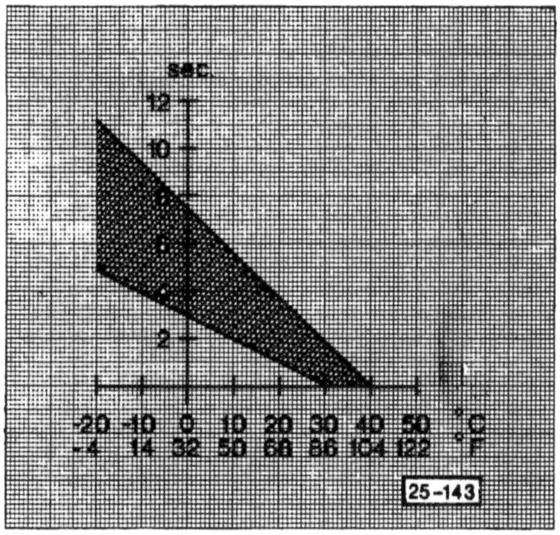

- Anlasser ca. 10 Sekunden betätigen, Leuchtdiode des Spannungsmessers muß je nach Temperatur des Thermozeitschalters für 1–8 Sekunden aufleuchten. Die erstmalige Aufleuchtzeit muß je nach Umgebungstemperatur im Sollbereich liegen, siehe Diagramm. Z. B. Kühlmitteltemperatur + 10° C, Einschaltdauer 2–5,5 Sekunden.
- Falls der Sollwert nicht erreicht wird, Thermozeitschalter erneuern.
- Hochspannungsleitung am Zündverteiler und Stecker am Kaltstartventil aufschieben.

Ausbau

- Stecker am Thermozeitschalter abziehen.
- Thermozeitschalter herausdrehen.

Einbau

- Thermozeitschalter einschrauben, Stecker aufschieben.
- Kühlmittelstand kontrollieren, gegebenenfalls auffüllen.

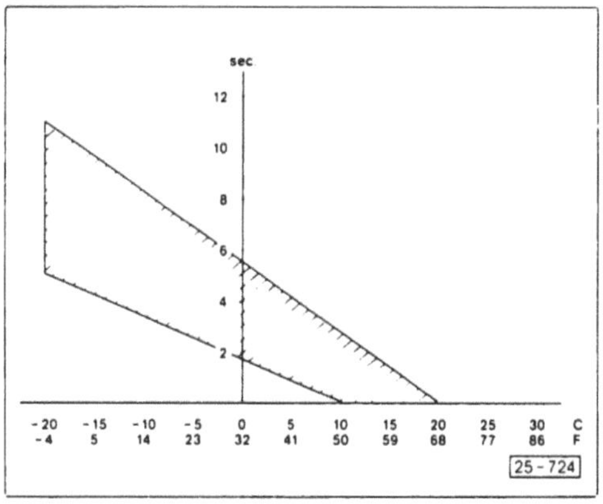

- Diagramm für Thermozeitschalter beim 5-Zylinder-Motor.

Zusatzluftschieber prüfen

90-, 102-, 112-PS-Motor, Kennbuchstabe JN, DZ, ABB

Während der Warmlaufphase wird dem Motor eine größere Menge Kraftstoff-Luftgemisch zugeführt als es der Drosselklappenstellung entspricht. Dazu wird die Drosselklappe mittels eines Zusatzluftschiebers umgangen. In betriebswarmem Zustand muß der Zusatzquerschnitt geschlossen sein.

Folgende Fehler können bei einem defekten Zusatzluftschieber auftreten: Motor bleibt stehen beziehungsweise unrunder Leerlauf während der Warmlaufphase oder ein nicht einstellbare Leerlaufdrehzahl.

Prüfen

Achtung: Der Motor muß zur Prüfung kalt sein. Kühlmitteltemperatur unter + 30° C.

Achtung: Unmittelbar vor der Prüfung des Zusatzluftschiebers darf die Zündung nur bei abgezogenem Stecker für Zusatzluftschieber eingeschaltet werden, da sich sonst der Luftschieber aufheizt und das Prüfungsergebnis verfälscht.

- Hochspannungsleitung – Klemme 4 – am Zündverteiler abziehen (mittleres Kabel) und an Masse legen, gegebenenfalls Hilfskabel mit gleichem Querschnitt verwenden.

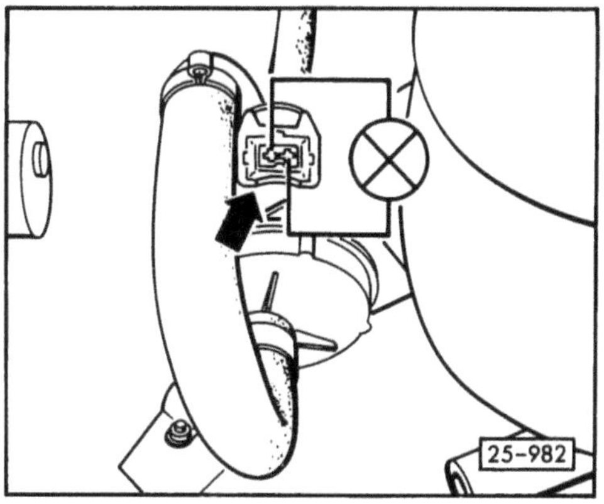

- Stecker vom Zusatzluftschieber abziehen.
- Spannungsprüfer zwischen die beiden Kontakte des Steckers anschließen.

- Anlasser kurz betätigen. Das Meßgerät muß Batteriespannung anzeigen, sonst elektrische Leitungen auf Unterbrechung prüfen.
- Hochspannungsleitung am Zündverteiler aufschieben.
- Drehzahlmesser nach Vorschrift anschließen.
- Motor starten und im Leerlauf drehen lassen.

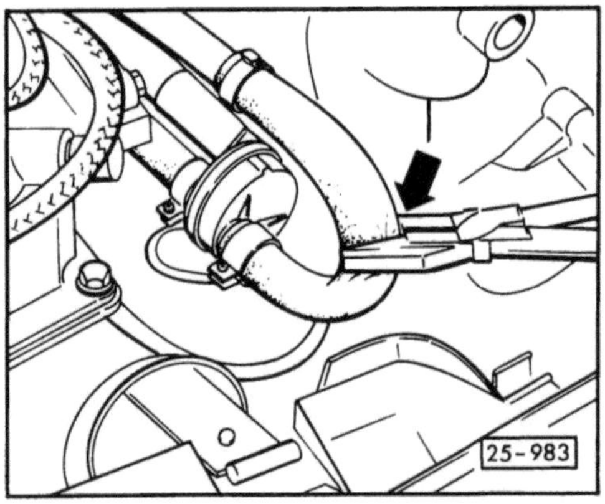

- Schlauch zum Zusatzluftschieber mit Zange abklemmen, daraufhin muß die Leerlaufdrehzahl abfallen.
- Stecker am Zusatzluftschieber aufschieben.
- Motor warmlaufen lassen und Schlauch nochmals abklemmen. Dabei darf sich die Motordrehzahl nicht verändern. Andernfalls Zusatzluftschieber ersetzen.

Temperaturgeber prüfen

K-, KE-Jetronic, KE-Motronic, Mono-Jetronic, Ecotronic

Der Temperaturgeber befindet sich je nach Motor oben oder unten am Kühlmittelflansch. Er informiert die Steuergeräte der Motorregelung über die Motortemperatur. Der Widerstand des Gebers ändert sich dabei entsprechend der Kühlmitteltemperatur.

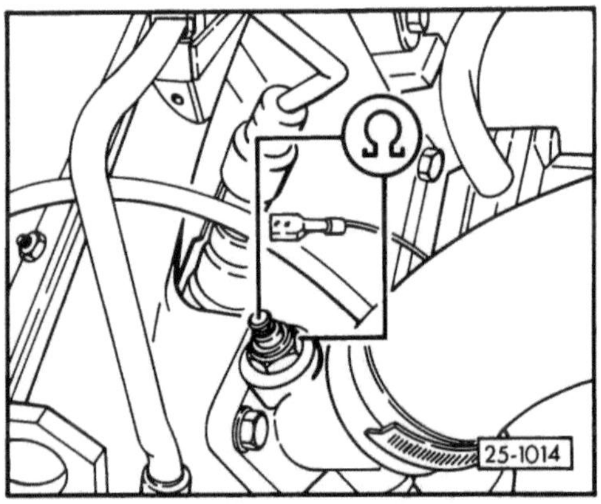

- Stecker vom Temperaturgeber abziehen und mit Ohmmeter Widerstand gegen Masse messen. Beim 5-Zylinder-Motor mit KE-Jetronic nacheinander Widerstände der Kontakte gegen Masse prüfen; Kontakt 1 für KE-Steuergerät, Kontakt 2 für VEZ-Steuergerät.

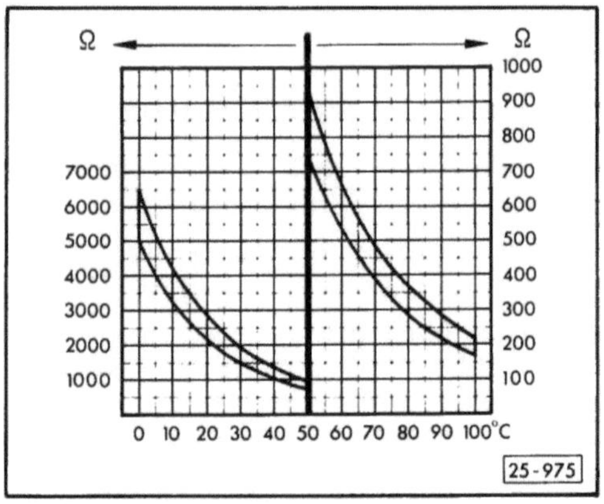

- Gemessenen Wert mit Sollwert im Diagramm vergleichen. Beispiel: Bei einer Kühlmitteltemperatur von +20° C muß das Meßgerät einen Widerstand von 2–3 kΩ anzeigen; bei +80° C einen Widerstand von 290–370 Ω.

Achtung: Prüfung immer bei 2 unterschiedlichen Temperaturen durchführen. Gegebenenfalls Temperaturgeber ausbauen und im Wasserbad erwärmen.

- Werden die Sollwerte nicht erreicht, Temperaturgeber ersetzen.

Diagramm für 5-Zylinder-Motoren mit K-Jetronic

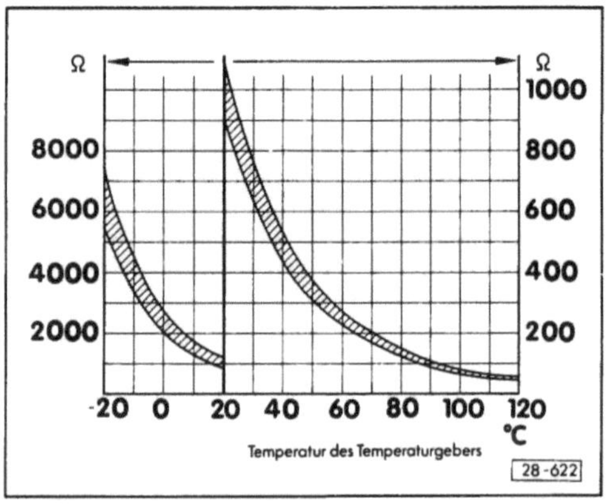

Mono-Jetronic

Seit 3.88 ist der 66-kW-Motor (90 PS) des AUDI 80 mit einer Zentraleinspritzanlage, der Mono-Jetronic, ausgerüstet.

Im Unterschied zur K/KE-Jetronic besitzt die Mono-Jetronic nur ein einzelnes Einspritzventil, das zentral über der Drosselklappe angeordnet ist. Die Betätigung des Einspritzventils erfolgt elektromagnetisch im Takt der Zündimpulse.

Der Kraftstoff wird von der im Kraftstoffbehälter sitzenden elektrischen Kraftstoffvorförderpumpe und der Hauptpumpe über den Kraftstoffilter zur zentralen Einspritzeinheit gefördert. Ein Druckregler an der Einspritzeinheit sorgt dafür, daß der Druck im Kraftstoffsystem unabhängig von der eingespritzten Kraftstoffmenge konstant auf ca. 1 bar gehalten wird.

Die Verbrennungsluft wird vom Motor über Luftfilter und die Drosselklappe angesaugt. Die Winkelstellung der durch das Gaspedal betätigten Drosselklappe wird über ein Potentiometer erfaßt und dient dem Steuergerät zusammen mit der momentanen Motordrehzahl als Maß für die angesaugte Luftmenge.

Das Steuergerät regelt entsprechend der gemessenen Luftmenge die Einspritzzeit und dadurch die Einspritzmenge. Bei längerer Öffnung des Einspritzventils wird mehr Kraftstoff eingespritzt. Zusätzliche Fühler und Geber sorgen in jeder Fahrsituation für die richtig bemessene Kraftstoffmenge.

- Der Drosselklappenschalter sitzt direkt an der Drosselklappenwelle. Er übermittelt dem Steuergerät wenn sich die Drosselklappe in Leerlaufstellung befindet. Das Steuergerät regelt dann die Leerlaufdrehzahl automatisch auf den Sollwert ein, indem es über einen Stellmotor die Drosselklappe entsprechend öffnet oder schließt. Dadurch wird ein gleichmäßiger und niedriger Leerlauf unabhängig von der Motortemperatur gewährleistet.
- Der Temperaturfühler am Kühlmittelstutzen mißt die Motortemperatur, die großen Einfluß auf den Kraftstoffbedarf hat.
- Der Temperaturfühler im Ansaugkanal mißt die Lufttemperatur. Die Temperatur der Ansaugluft ist unter anderem ein Maß für die Luftdichte und wird vom Steuergerät bei der Kraftstoffzumessung berücksichtigt.
- Ein Ansaugrohrvorwärmer (Igel) wirkt wie beim Vergasermotor während der Warmlaufphase dem Kraftstoffniederschlag im Ansaugrohr entgegen.
- Die Lambda-Sonde (Sauerstoffsensor) mißt den Sauerstoffgehalt im Abgasstrom und schickt entsprechende Spannungssignale an das Steuergerät. Daraufhin verändert das Steuergerät das angesaugte Kraftstoff-Luftverhältnis, so daß die Abgasschadstoffe immer auf dem geringsten Wert gehalten werden.

Die Mono-Jetronic ist praktisch wartungsfrei, nur der Luftfiltereinsatz muß alle 30000 km gewechselt werden.

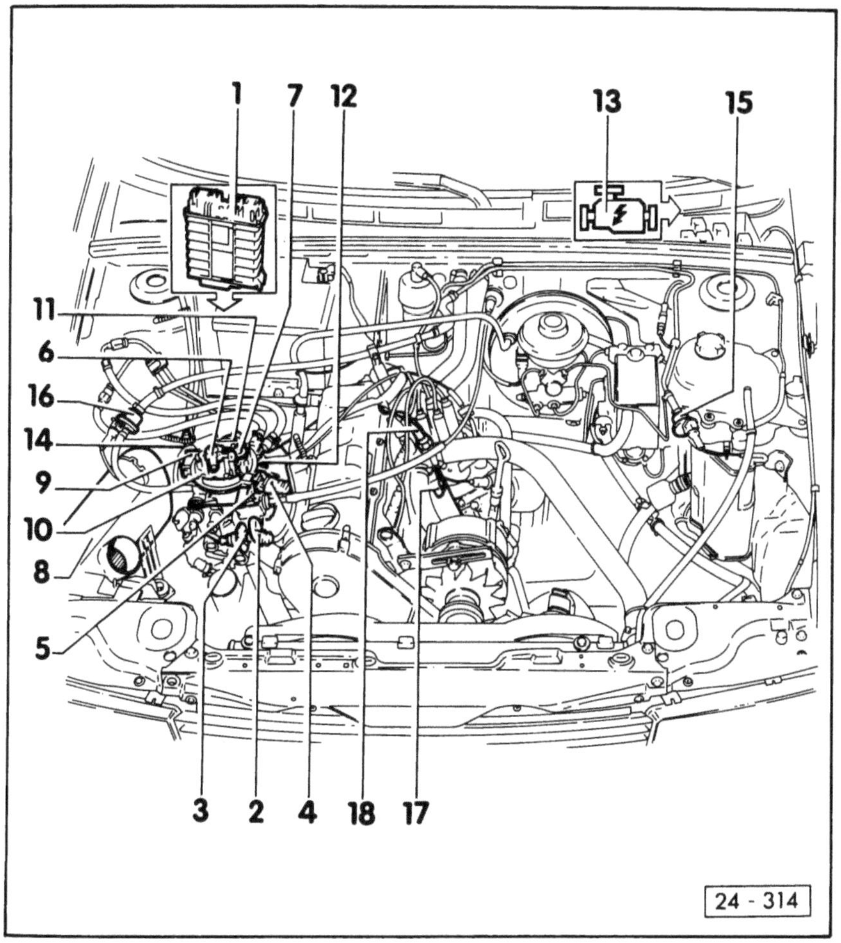

1 – Steuergerät

2 – Anschlußstecker
Für Drosselklappensteller und Leerlaufschalter.

3 – Schließdämpfer Drosselklappe

4 – Anschlußstecker
Für Einspritzventil und Ansaugluft-Temperaturgeber.

5 – Drosselklappensteller mit Leerlaufschalter

6 – Einspritzventil und Ansauglufttemperaturgeber.

7 – Druckregler für Kraftstoffdruck

8 – Ansauggeräuschdämpfer

9 – Steuerventil
für Unterdruckverstellung des Zündzeitpunktes.

10 – Einspritzeinheit

11 – Drosselklappenpotentiometer

12 – Wasserabscheider
Für Drosselklappenpotentiometer.

13 – Kontrollampe für Motorelektronik
im Schalttafeleinsatz. Anschluß für Eigendiagnose: bis 7.88: Kraftstoffpumpenrelais. Von 8.88 bis 7.90: Fahrerfußraum.

14 – Stecker für Lambda-Sonde.

15 – Magnetventil I, grau
Für Aktivkohlebehälter.

16 – Magnetventil II, schwarz
Für Aktivkohlebehälter.

17 – Kühlmitteltemperaturgeber

18 – Thermoschalter, rot
Für Saugrohrvorwärmer (Igel).

Einspritzeinheit-Oberteil

1 – **Schraube, 5 Nm**

2 – **Halter für Einspritzventil**
Mit Ansaugluft-Temperaturgeber. Widerstand für Ansaugluft-Temperaturgeber zwischen den beiden äußeren Klemmen des Steckers –18– messen.

3 – **Schutzkappe**
Nur beim Ersatzteil als Transportsicherung vorhanden, muß beim Einbau entfernt werden.

4 – **O-Ring**
Immer ersetzen.

5 – **Einspritzventil**

6 – **Schraube, 6 Nm**
Gewinde mit Sicherungsmittel D6 bestreichen.

7 – **Einspritzeinheit-Oberteil**

8 – **Dichtung**
Bei Beschädigung ersetzen.

9 – **Schraube, 3 Nm**

10 – **Halter**

11 – **Deckel**

12 – **Feder**

13 – **Membrane**

14 – **Druckregler**

15 – **Schraube, 6 Nm**
Gewinde mit Sicherungsmittel D6 bestreichen.

16 – **Schraubstutzen**

17 – **Dichtring**

18 – **Stecker**
Zum Ausbau Rastnasen ausklinken.

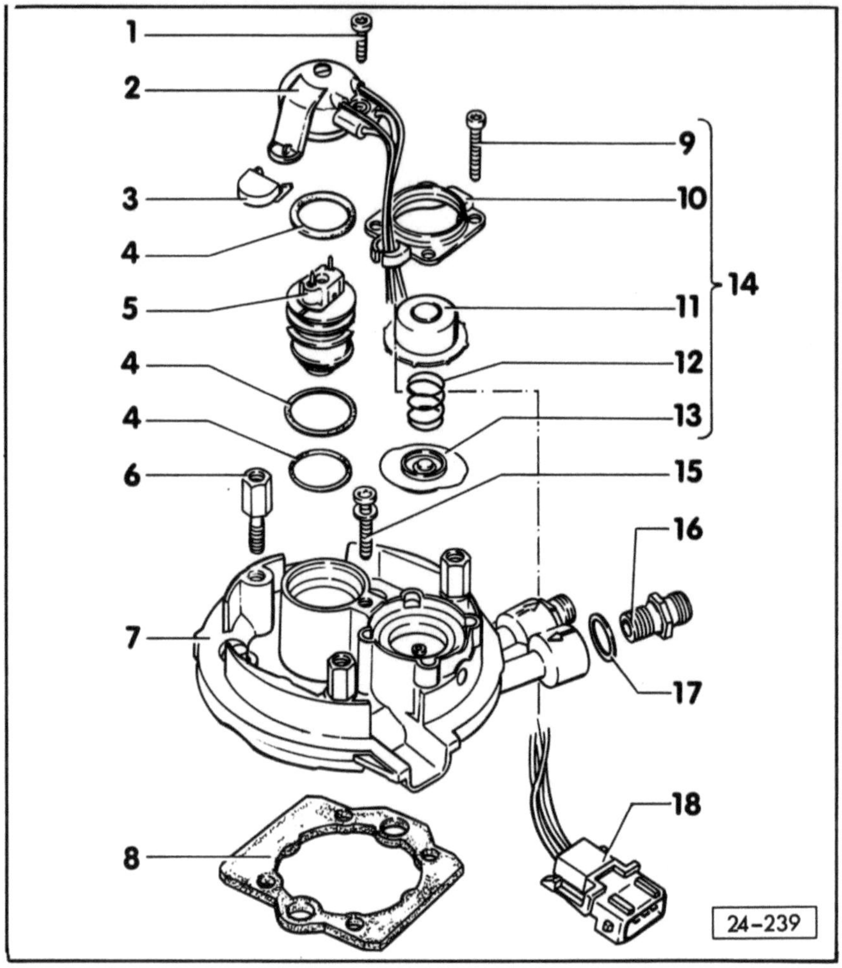

Unterteil

1 – **Anschlagschraube**
Für Drosselklappe. Die Schraube ist werksseitig gesichert und darf **nicht** verstellt werden.

2 – **O-Ring**

3 – **Verschlußstopfen**

4 – **Schraube, 3 Nm**

5 – **Halter**

6 – **Anschlußrohr**

7 – **Anschlußrohr**

8 – **Drosselklappen-Potentiometer**

9 – **Einspritzeinheit-Unterteil**

10 – **Wasserabscheider**

11 – **Schraube, 6 Nm**

12 – **Drosselklappensteller**
Für Leerlaufstabilisierung. Der Drosselklappenschalter darf **nur** am Kunststoffplättchen durch die Anschlagschraube –13– betätigt werden. Ggf. Halter –15– lösen und ausrichten.

13 – **Anschlagschraube**
Für Drosselklappenschalter –17–.

14 – **Schließdämpfer**

15 – **Halter**

16 – **Schutztülle**

17 – **Drosselklappenschalter**
Für Leerlaufstabilisierung, Unterdruck-Zündverstellung, Schubabschaltung.

18 – **Schraube, 6 Nm**

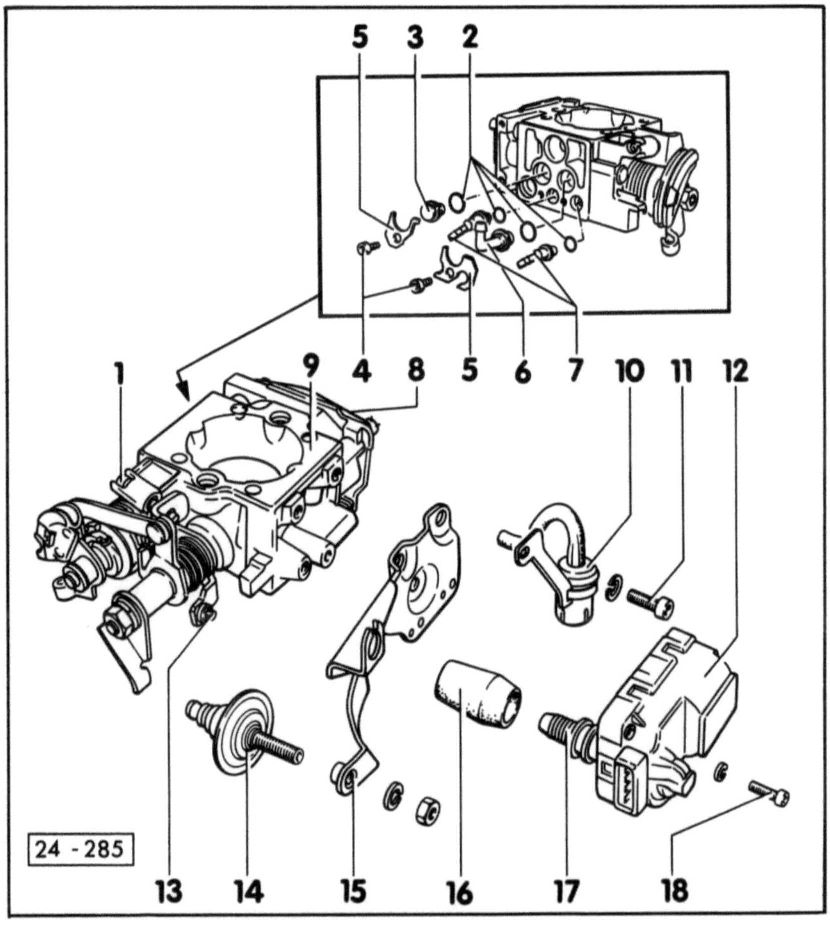

Fehlerspeicher abfragen

Die Elektronik im Steuergerät erkennt Fehler im System der Mono-Jetronic. Diese Fehler werden sofort nach dem erstmaligen Auftreten in einem Fehlerspeicher gespeichert. Gleichzeitig leuchtet im Schalttafeleinsatz die Motorkontrolleuchte auf und zeigt an, daß ein Fehler gespeichert wurde. Tritt ein Fehler nur einmal auf, zum Beispiel bei einem Wackelkontakt, bleibt der Fehler dennoch im Steuergerät gespeichert.

Fehlerausgabe durch Blinkcode ab 8.88

- Abgerufen wird der Fehlerspeicher entweder mit dem V.A.G-Fehlerauslesegerät in Klarschrift, oder über Blinkcode mit einer Diodenprüflampe.
- Sicherung Nr. 27 im Sicherungskasten überprüfen, gegebenenfalls ersetzen.

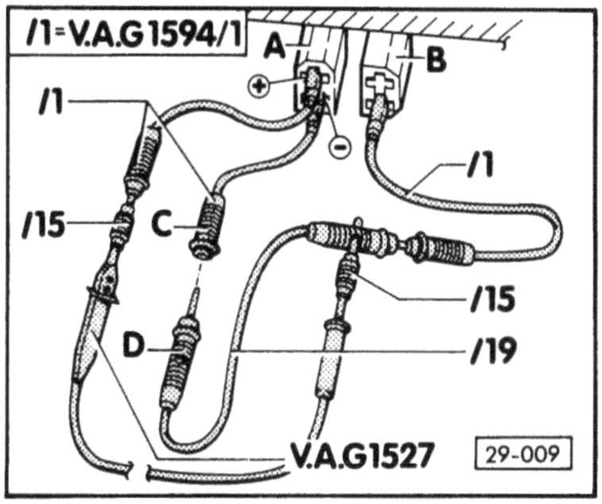

- Dioden-Prüflampe, z.B. V.A.G 1527, wie in Abbildung gezeigt, mit Hilfsleitungen an die Prüfanschlüsse -A- schwarz und -B- braun im Fahrerfußraum anschließen.
- Motor starten und im Leerlauf drehen lassen. Beim Abfragen des Fehlerspeichers darf kein Gas gegeben werden, da sonst der Blinkcode gelöscht wird.

Achtung: Springt der Motor aufgrund eines Defekts an der Einspritzanlage nicht an, Anlasser ca. 6 Sekunden betätigen. Zündung danach nicht ausschalten, Fehlerspeicher abfragen.

- Hilfsleitungsstecker –C– und –D– für mindestens 5 Sekunden zusammenstecken und wieder trennen. Das Leuchten der Diode muß in ein Blinken übergehen.
  Jeder Blinkcode besteht aus 4 Blinkimpulsgruppen von maximal 4 Blinkimpulsen. Zwischen den Blinkimpulsgruppen ist eine Pause von ca. 2,5 Sekunden Dauer.
  Durch Zählen der einzelnen Blinkimpulse innerhalb der Blinkimpulsgruppen werden die unterschiedlichen Blinkcodes abgelesen.
- Blinkcode zählen und notieren. Wird der Blinkcode 4-4-4-4 ausgegeben, ist kein Fehler gespeichert und die Prüfung beendet.
- Wird ein Fehlercode angezeigt, Code notieren. Vorgang solange wiederholen bis 0-0-0-0 (Fehlerausgabe ENDE) erscheint. Zum Wiederholen Stecker –D– und –C– für min. 5 Sekunden verbinden.
- Fehler nach der Blinkcode-Tabelle suchen und beheben.
- Fehlerspeicher löschen. Zündung ausschalten. Die Kontakte in den unteren Kammern der Anschlußstecker -schwarz und braun- mit Hilfsleitung überbrücken.
  Dann Zündung einschalten. Nach mindestens 5 Sekunden die Verbindungen unterbrechen. Damit ist der Fehlerspeicher gelöscht.

Blinkcode	Fehlerquelle
1-1-1-1	Steuergerät
2-1-2-1	Drosselklappenschalter, -potentiometer
2-1-2-2	kein Drehzahlsignal vom TSZ-h-Schaltgerät
2-2-1-2	Drosselklappenpotentiometer
2-3-1-2	Temperaturgeber Kühlmittel
2-3-2-2	Temperaturgeber Ansaugluft
2-3-4-1	Lambda-Regelung außer Funktion
2-3-4-2	Lambda-Sonde
2-3-4-3	Lambda-Regelung Fehlfunktion
4-4-4-4	kein Fehler gespeichert

Leerlauf und CO-Gehalt prüfen

Achtung: Leerlaufdrehzahl und CO-Gehalt müssen zusammen geprüft werden. Sie sind **nicht** einstellbar.

- Motor warmfahren, Motoröltemperatur mindestens 80° C.
- Alle elektrischen Verbraucher ausschalten.
- Abgasanlage auf Dichtheit prüfen.
- Lambda-Regelung prüfen, dazu Fehlerspeicher abfragen.
- Zündzeitpunkt prüfen, siehe Seite 45.

Achtung: Prüfgeräte nur bei ausgeschalteter Zündung anschließen.

- Drehzahlmesser nach Bedienungsanleitung anschließen.
- CO-Meßgerät am CO-Meßrohr im Motorraum anschließen. Das Meßrohr ist am vorderen Abgasrohr eingeschweißt und in der Regel mit einer hellblauen Kappe verschlossen. **Achtung:** Schlauch des Meßgerätes fest auf das Meßrohr schieben. Darauf achten, daß keine Abgasundichtigkeit entstehen kann.
- Motor starten und im Leerlauf drehen lassen.

Achtung: Während der Prüf- und Einstellarbeiten darf der Lüfter für Kühler nicht laufen.

- Leerlaufdrehzahl prüfen. Sollwert: 750 bis 950/min.
- CO-Gehalt prüfen. Sollwert: 0,2 – 1,2 Vol.%.
- CO-Wert und Leerlaufdrehzahl können nicht eingestellt werden. Bei Abweichung vom Sollwert sämtliche Unterdruckschläuche auf Porosität und festen Sitz prüfen.
- Einspritzeinheit auf festen Sitz sowie Dichtheit Einspritzeinheit/Flansch prüfen.
- Magnetventil I (grau, getaktet) der Aktivkohlefilter-Anlage prüfen lassen (Werkstattarbeit).
- Fehlerspeicher abfragen.
- Prüfgeräte bei ausgeschalteter Zündung abklemmen.

K-Jetronic

Die AUDI 80/90-Modelle mit Einspritzmotor ohne geregelten Katalysator sind mit der K-Jetronic ausgestattet; Motor-Kennbuchstaben: DZ, KV.

Schemazeichnung der K-Jetronic

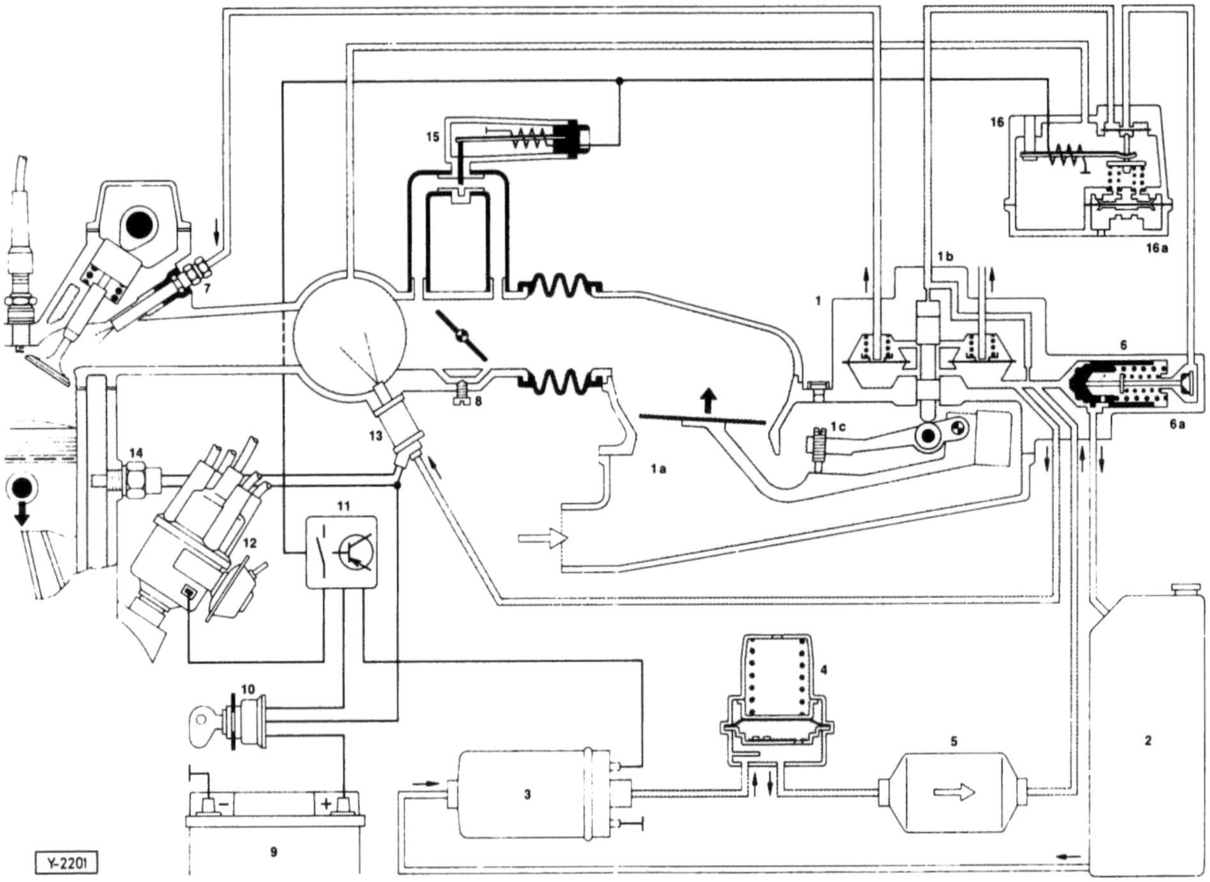

1 – Gemischregler
1a – Luftmengenmesser
1b – Kraftstoffmengenteiler
1c – CO-Einstellschraube
2 – Tank
3 – Elektrische Kraftstoffpumpe
4 – Kraftstoffspeicher
5 – Kraftstoffilter
6 – Systemdruckregler
6a – Aufstoßventil
7 – Einspritzventil
8 – Leerlaufdrehzahl-Einstellschraube
9 – Batterie
10 – Zünd-Startschalter
11 – Kraftstoffpumpenrelais
12 – Zündverteiler
13 – Kaltstartventil
14 – Thermozeitschalter
15 – Zusatzluftschieber
16 – Warmlaufregler
16a – Vollastmembran

Die K-Jetronic ist eine mechanische Benzineinspritzung, die den Kraftstoff kontinuierlich in das Ansaugrohr vor die Einlaßventile einspritzt. Das mechanische Grundsystem entspricht weitgehend der KE-Jetronic. Einige Arbeitsanweisungen befinden sich daher im Kapitel KE-Jetronic.

- Der Kraftstoffspeicher hält den Kraftstoff auch nach Abschalten des Motors über einen längeren Zeitraum unter Druck. Dadurch verhindert man Dampfblasenbildung und verbessert das Heißstartverhalten.
- Das Kraftstoffpumpenrelais versorgt die Kraftstoffpumpe, Zusatzluftschieber und Warmlaufregler mit Strom. Das Relais sperrt die Stromzufuhr zur Pumpe beim Abschalten der Zündung und wenn keine Zündimpulse mehr erfolgen (Motor abgewürgt, Zündung eingeschaltet). Außerdem sperrt das Relais die Kraftstoffzufuhr bei Erreichen der Höchstdrehzahl von 6500 – 6700/min so lange, bis die Drehzahl wieder unter diesen Wert gefallen ist.
- Das Kaltstartventil spritzt bei kaltem Motor während des Startvorganges zusätzlich Kraftstoff in das Sammelsaugrohr, damit der Motor leichter anspringt.
- Der Thermozeitschalter regelt die Einspritzzeit des Kaltstartventils.
- Der Systemdruckregler regelt den Systemdruck auf ca. 5,2 – 5,9 bar.

■ Der elektrisch beheizte Zusatzluftschieber stabilisiert während der Warmlaufphase die Motordrehzahl.

■ Der Warmlaufregler fettet während der Warmlaufphase das Gemisch an.

Achtung: Bei Arbeiten an der mechanischen Einspritzanlage ist auf peinliche Sauberkeit zu achten. Vor der Demontage sind die entsprechenden Teile mit Benzin zu säubern. **Die Anlage steht unter hohem Druck. Deshalb ist vor dem Auswechseln von Teilen zum Druckabbau die Kraftstoffleitung am Kaltstartventil langsam zu lösen. Dabei Lappen um Kraftstoffanschluß legen. Spritzgefahr!** Austretenden Kraftstoff mit Lappen auffangen.

Leerlauf und CO-Gehalt prüfen/einstellen

Nur K-Jetronic

Achtung: Es wird die Einstellung am 112-PS-Motor (Kennbuchstaben DZ) beschrieben. Abweichende Einstellbedingungen für die anderen Motoren stehen am Ende des Kapitels.

- Motor warmfahren; Motoröltemperatur ca. +80° C.
- Alle elektrischen Verbraucher einschließlich der Klimaanlage ausschalten.
- Wurden Einspritzleitungen gelöst beziehungsweise gewechselt, ist vor Prüfen des Motors dieser mehrmals auf 3000/min zu bringen und mindestens 2 Minuten im Leerlauf zu belassen.
- Zündzeitpunkt prüfen, siehe Seite 45.

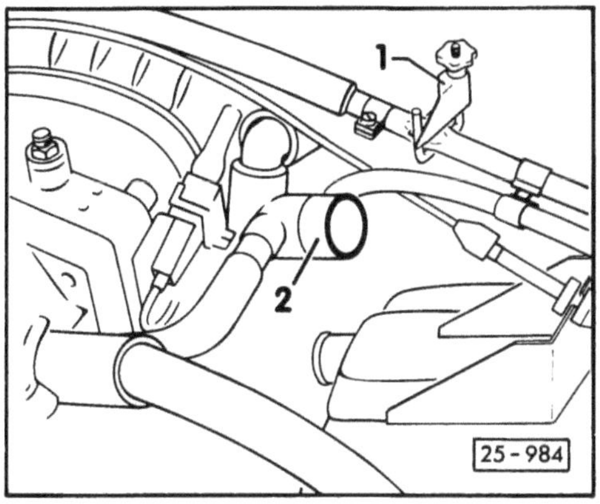

- Schlauch von den Zweiwegeventilen für Leerlaufdrehzahlanhebung mit geeigneter Klemme -1- dicht zusammenklemmen.
- Schlauch -2- für Kurbelgehäuseentlüftung am Zylinderkopfdeckel abziehen und so verlegen, daß nur Frischluft angesaugt werden kann. Falls der Schlauch mit einer Drahtklemme befestigt ist, Spezialzange HAZET 798-4 verwenden.

Achtung: Prüfgeräte nur bei ausgeschalteter Zündung anschließen.

- Drehzahlmesser und CO-Meßgerät nach Vorschrift anschließen.

Achtung: Während der Prüf- und Einstellarbeiten darf der Lüfter für Kühler nicht laufen.

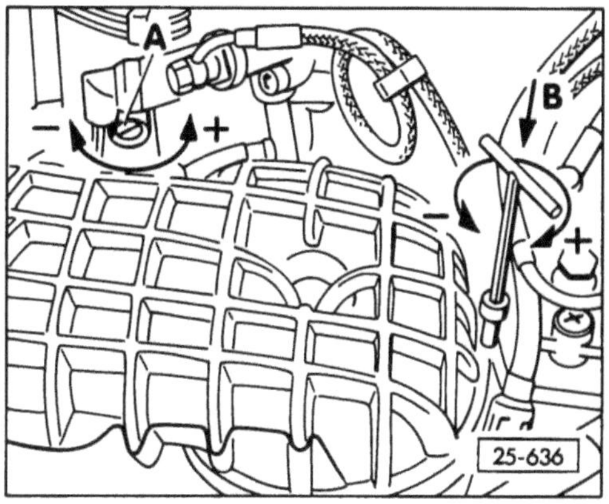

- Leerlaufdrehzahl prüfen; Sollwert: 900 ± 100/min.
- CO-Gehalt prüfen; Sollwert 1,0 ± 0,5 Vol.%.
- Gegebenenfalls Sollwerte durch wechselweises Verdrehen der Einstellschrauben für Leerlaufdrehzahl -A- und CO-Gehalt -B- einstellen.
- Sicherungskappe für CO-Einstellschraube herausziehen. Dazu Stopfen mit 2,5 mm-Bohrer anbohren, anschließend 3 mm-Blechschraube in den Stopfen schrauben. Schraube und Stopfen mit Zange herausziehen.
- CO-Gehalt mit 3 mm-Innensechskantschlüssel –Pfeil B–, zum Beispiel HAZET 4516, auf Sollwert einstellen.

Achtung: Während der CO-Einstellung die Einstellschraube mit dem Einstellschlüssel **nicht** nach unten drücken beziehungsweise anheben. Bei eingesetztem Einstellschlüssel **nicht** Gas geben (Verbiegungsgefahr).

- Einstellschlüssel nach jeder Einstellung sofort entfernen und kurz Gas geben.
- Nach der Einstellung neuen Sicherungsstopfen mit einem Dorn eindrücken.
- Schlauch für Kurbelgehäuseentlüftung am Zylinderkopfdeckel aufstecken und mit Schelle sichern.

Achtung: Wenn jetzt der CO-Gehalt ansteigt, liegt das nicht an einer falschen Einstellung, sondern an einer Anfettung aus dem Kurbelgehäuse infolge Ölverdünnung bei überwiegendem Kurzstreckenverkehr.

Bei längeren zügigen Überlandfahrten verringert sich der Kraftstoffanteil im Öl und der CO-Gehalt normalisiert sich wieder. Kurzfristig läßt sich das auch durch eine ca. 30-minütige Fahrt oder durch einen sowieso anstehenden Ölwechsel erreichen.

- Meßgeräte bei ausgeschalteter Zündung abklemmen.
- Schlauchklemme entfernen.

5-Zylinder-Motor

- Ampèremeter mit Meßleitung V.A.G 1315A/2 an Steuerventil für Leerlaufstabilisierung anschließen. Steht die Meßleitung nicht zur Verfügung, Ampèremeter in Reihenschaltung mit Hilfsleitungen zwischen abgezogenem Stecker und Steuerventil anschließen. **Achtung:** Meßgerät nur bei ausgeschalteter Zündung anschließen.

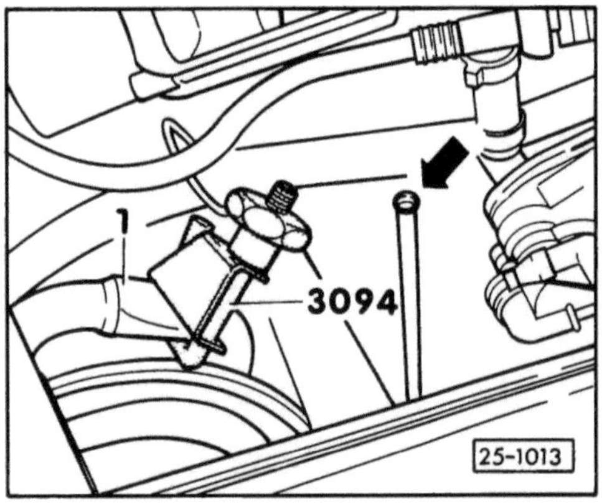

- **115-PS-Motor:** Schlauch für Kurbelgehäuseentlüftung –1– mit geeigneter Schraubklemme zusammenklemmen. Ölmeßstab herausziehen. Um Ölspritzer zu vermeiden, Lappen über Führungsrohr legen.
- **136-PS-Motor:** Kurbelgehäuseentlüftungsschläuche abziehen und mit geeigneten Stopfen (Korken) verschließen.
- Motor starten und im Leerlauf drehen lassen.
- Steuerstrom prüfen; Sollwert: 430 ± 10 mA, leicht schwankend.
- CO-Gehalt prüfen; Sollwert 1,0 ± 0,2 Vol.%.
- Gegebenenfalls Sollwerte durch wechselweises Verdrehen der Einstellschrauben für Leerlaufdrehzahl –A– und CO-Gehalt –B– einstellen.
- Zur Kontrolle Leerlaufdrehzahl prüfen. Sollwert: 750 - 850/min.
- Werden die Sollwerte nicht erreicht, Leerlaufstabilisierung prüfen. Das gilt auch, wenn ein konstanter Steuerstrom von 470 mA angezeigt wird, der sich durch Verdrehen der Einstellschraube –A– nicht verändert.

Kraftstoffpumpe prüfen

Prüfvoraussetzungen: Batterie voll geladen (12 Volt), Kraftstoffilter und Kraftstoffvorfilter in einwandfreiem Zustand.

Spannungsversorgung prüfen

- Sicherung für Kraftstoffpumpe prüfen. K-Jetronic: Sicherung Nr. 13, KE-Jetronic: Sicherungen Nr. 13 und 24, siehe Seite 242.
- Hochspannungsleitung – Klemme 4 – am Zündverteiler abziehen (mittleres Kabel) und an Masse legen, gegebenenfalls Hilfskabel mit gleichem Querschnitt verwenden.
- Anlasser kurz betätigen, die Kraftstoffpumpe muß hörbar anlaufen.
- Andernfalls Fernbedienung anschließen, siehe Seite 88.
- Schalter der Fernbedienung drücken. Wenn die Pumpe jetzt anläuft, Kraftstoffpumpenrelais prüfen.
- Andernfalls elektrische Leitungen an der Kraftstoffpumpe abschrauben und Spannungsprüfer anschließen. Fernbedienung drücken, die Leuchtdiode muß aufleuchten, sonst Leitungsunterbrechung nach Stromlaufplan ermitteln und beseitigen.
- Ist die Spannungsversorgung in Ordnung, Kraftstoffpumpe ersetzen.
- Elektrische Leitungen an Kraftstoffpumpe anschrauben.

Fördermenge prüfen

- Voltmeter an die Kraftstoffpumpe anschließen. Fernbetätigung drücken und Spannung ablesen und als Meßwert X notieren (ca. 2 Volt weniger als Batteriespannung, 12 V).
- Zum Druckabbau Tank-Verschlußdeckel kurzzeitig abnehmen.

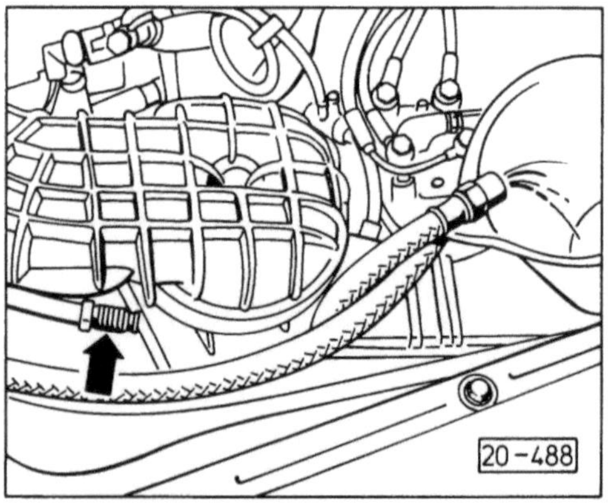

- Kraftstoff-Rücklaufleitung an der Verbindung trennen und in Meßgefäß halten.
- Schalter der Fernbedienung 30 Sekunden drücken und Fördermenge messen.

Coupé

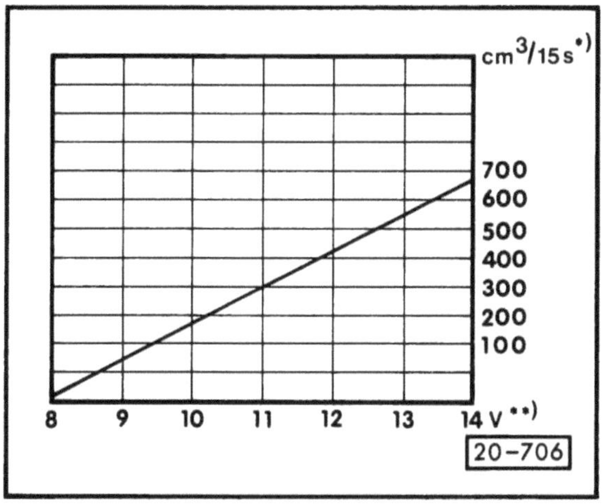

Limousine

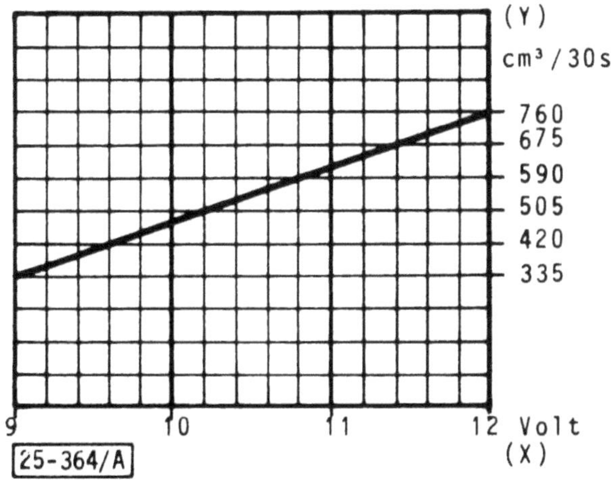

- Anhand des notierten Spannungs-Meßwertes X Sollwert der Mindestfördermenge Y aus dem Diagramm ermitteln. Beispiel: Dem Spannungswert X = 10,2 Volt entspricht eine Mindestfördermenge von Y = 505 cm³.
- Mindestfördermenge Y mit gemessener Fördermenge vergleichen.

Achtung: Ist die Spannungsversorgung in Ordnung, die Fördermenge jedoch zu gering, Kraftstoffpumpe ersetzen.

- Rückschlagventil der Kraftstoffpumpe durch Messen des Haltedrucks prüfen lassen.
- Hochspannungsleitung am Zündverteiler aufschieben.

Kraftstoffpumpenrelais prüfen

Das Kraftstoffpumpenrelais ist zu prüfen, wenn die Kraftstoffpumpe nicht läuft.

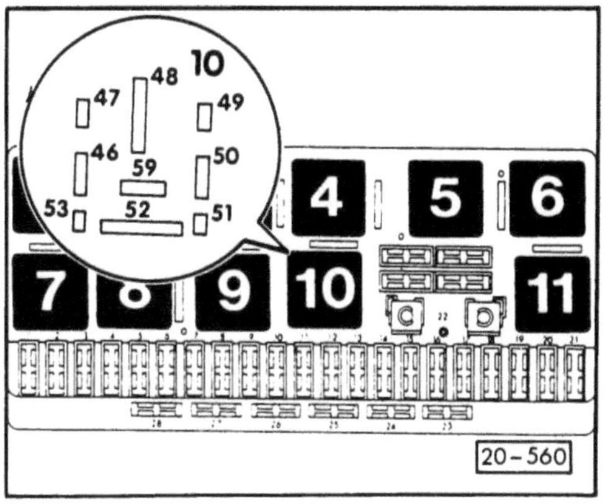

- Kraftstoffpumpenrelais am Relaisplatz Nr. 10 abziehen.

K-Jetronic und 90-PS-Motor mit KE-Jetronic

- Stecker für Hall-Geber am Zündverteiler abziehen, dazu Drahtsicherung eindrücken.
- Zündung einschalten und Spannung zwischen folgenden Kontakten messen: 48 und Masse, 48 und 50, 46 und 50; Sollwert: ca. Batteriespannung (12 Volt). Gegebenenfalls Leitungsunterbrechung nach Stromlaufplan ermitteln und beseitigen.
- Voltmeter zwischen Kontakt 51 und 50 anschließen. Sollwert: ca. Batteriespannung (12 Volt).
- Mittlere Leitung am Stecker für Hallgeber mit Hilfsleitung kurz an Masse tippen. Der angezeigte Spannungswert muß kurzzeitig abfallen. In diesem Fall Kraftstoffpumpenrelais ersetzen beziehungsweise Hall-Geber/TSZ-H-Schaltgerät prüfen.
- Andernfalls Leitungsunterbrechung nach Stromlaufplan ermitteln und beseitigen.

113-, 115-, 136-PS-Motor mit KE-Jetronic

- Zündung einschalten und Spannung zwischen folgenden Kontakten prüfen: 48 und Masse, 46 und Masse. Die Leuchtdiode muß aufleuchten. Gegebenenfalls Leitungsunterbrechung nach Stromlaufplan ermitteln und beseitigen.
- Zündung ausschalten.
- Spannungsprüfer zwischen Kontakt 46 und 47 anschließen.
- Zündung einschalten. Die Leuchtdiode muß für ca. 1 Sekunde aufleuchten.
- Andernfalls Leitungsunterbrechung zum VEZ-Steuergerät nach Stromlaufplan ermitteln und beseitigen.

Kraftstoffpumpe aus- und einbauen

1 - **Halter**

2 - **Druckspeicher**
10 cm^3 bei KE-Jetronic, 20 cm^3 bei K-Jetronic.

3 - **Haltemutter, 10 Nm**

4 - **Kraftstoffilter**
Einbaulage: Der Pfeil auf dem Filter zeigt in Durchflußrichtung.

5 - **Hohlschraube, 20 Nm**

6 - **Vorlaufleitung**
Zum Kraftstoffmengenteiler.

7 - **Kraftstoffvorfilter**
Einbaulage: Der Pfeil auf dem Filter, falls vorhanden, zeigt in Durchflußrichtung.

8 - **Vorlaufleitung**
Vom Tank

9 - **Rückschlagventil der Kraftstoffpumpe, 20 Nm**

10 - **Anschluß rot = Plus**

11 - **Anschluß blau = Minus**

12 - **Kraftstoffpumpe**

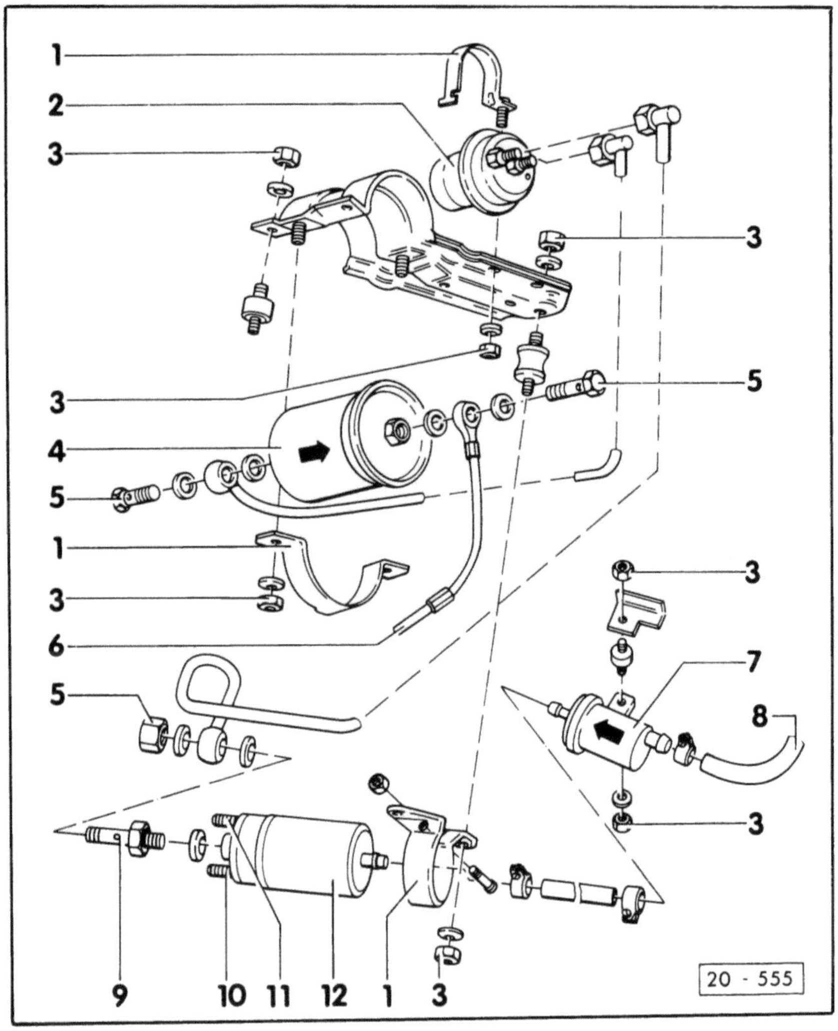

Die Kraftstoffpumpe befindet sich am Wagenunterboden in der Nähe des Tankes. Beim Coupé sitzt die Kraftstoffpumpe innerhalb des Tankgebers im Kraftstoffvorratsbehälter.

Achtung: Beim Ausbau der Kraftstoffpumpe kann etwas Kraftstoff austreten. Kraftstoffdämpfe sind giftig und feuergefährlich, deshalb auf besonders gute Belüftung des Arbeitsplatzes achten.

Ausbau

- Batterie-Massekabel abklemmen.
- Fahrzeug hinten aufbocken, siehe Seite 273.
- Elektrische Leitungen von der Pumpe abschrauben.
- Schlauchschelle lösen und Kraftstoffschlauch abziehen. Damit kein Kraftstoff ausläuft, Schlauche vorher mit einer Quetschklemme abklemmen, oder nach dem Abziehen geeignete Schraube in das Schlauchende stecken. Eventuell austretenden Kraftstoff mit saugfähigem Lappen auffangen.
- Überwurfmutter abschrauben und Kraftstoffleitung abnehmen.
- Kraftstoffpumpe mit Halter abschrauben und abnehmen.

Einbau

- Gummilager auf Porosität oder Beschädigung prüfen, gegebenenfalls ersetzen.
- Kraftstoffpumpe mit Halter anschrauben.
- Kraftstoffleitung mit Überwurfmutter und 20 Nm anschrauben.
- Kraftstoffschlauch aufschieben und mit Schelle sichern.
- Abklemmwerkzeug abnehmen.
- Elektrische Leitungen anschrauben.
- Batterie-Massekabel anklemmen.
- Pumpe auf Funktion prüfen.
- Fahrzeug ablassen.

Wartungsarbeiten an der Einspritzanlage

W

Filtereinsatz wechseln

1 – **Anschlußstecker**
Zum Abziehen Drahtsicherung drücken.

2 – **Potentiometer**
Für Verbrauchsanzeige Bordcomputer.

3 – **Dichtring**

4 – **Luftmengenmesser**

5 – **Sicherungsstopfen für CO-Einstellschraube**

6 – **Dichtung**

7 – **Luftfilter-Oberteil**

8 – **Luftfiltereinsatz**

9 – **Schraube, 20 Nm**

10 – **Luftfilter-Unterteil**

11 – **Verbindungsschlauch**

12 – **Luftansaugstutzen**
Regelklappe verschließt: Warmluftzufuhr bei Temperaturen über +10° C; Kaltluftzufuhr bei Temperaturen unter 0° C.

13 – **Warmluftschlauch**

14 – **Verschlußkappe**

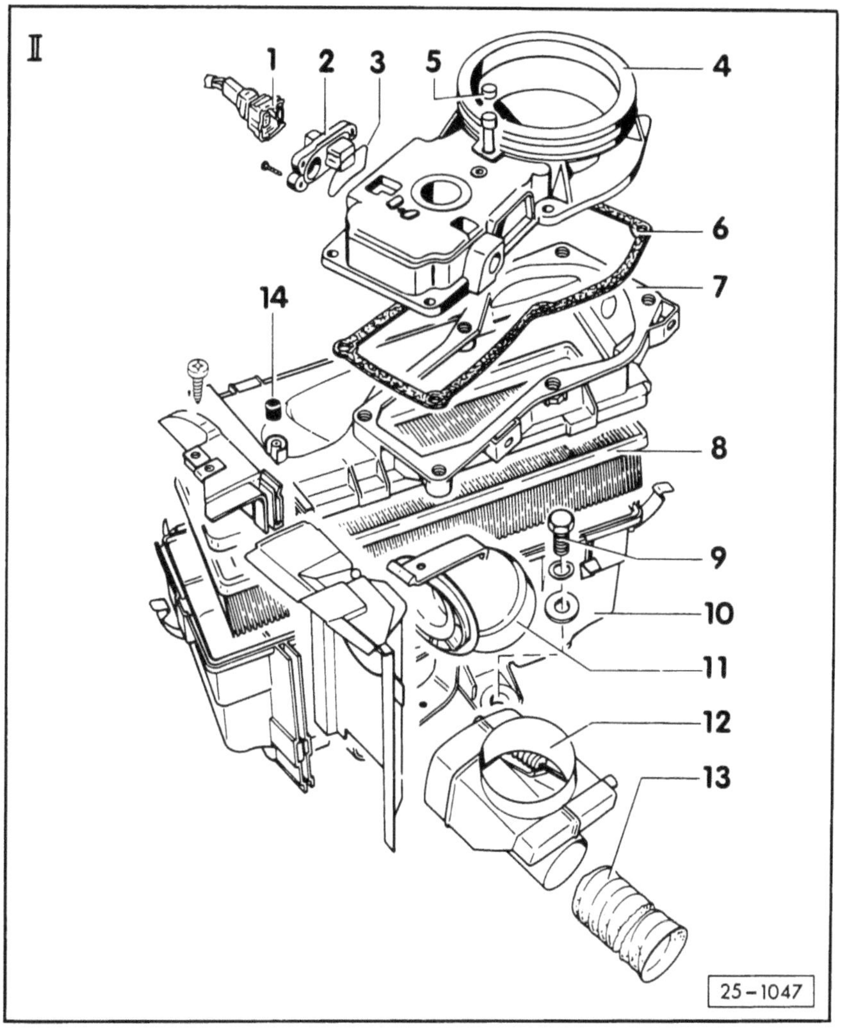

Der Luftfiltereinsatz ist alle 30 000 km zu erneuern. Bei stärkerem Staubanfall Filtereinsatz in kürzeren Abständen erneuern.

Ausbau

- Luftschlauch herausziehen.
- Spannverschlüsse am Filtergehäuse öffnen.
- Luftfilteroberteil etwas anheben.
- Filtereinsatz etwas nach oben ziehen, vom Luftfilterunterteil lösen und seitlich herausnehmen.
- Filtergehäuse mit einem Lappen auswischen.
- Filtereinsatz bei geringer Verschmutzung vorsichtig mit der Schmutzseite nach unten ausklopfen. Verölten Filter auf jeden Fall ersetzen.

Achtung: Filtereinsatz weder mit Benzin reinigen, noch mit Öl benetzen. Filter nicht mit Preßluft ausblasen.

Einbau

- Neuen Filtereinsatz mit der roten Verstärkungsleiste nach oben seitlich in das Filtergehäuse einführen. Verstärkungsleiste fest andrücken.
- Luftfilteroberteil ansetzen und mit Schnellverschlüssen befestigen.
- Luftschlauch einrasten.

Störungsdiagnose Einspritzanlage

Bevor anhand der Störungsdiagnose der Fehler aufgespürt wird, müssen folgende Prüfvoraussetzungen erfüllt sein: Bedienungsfehler beim Starten ausgeschlossen. Sowohl für den kalten wie warmen Motor gilt: Gaspedal etwas niederdrücken und während des Startvorgangs festhalten. Bei heißem Motor: Gaspedal vor dem Starten ganz durchtreten und Vollgasstellung beibehalten, bis der Motor anspringt.
Kraftstoff im Tank, Motor mechanisch in Ordnung, Batterie geladen, Anlasser dreht mit ausreichender Drehzahl, Zündeinstellung und Zündanlage sind in Ordnung, keine Undichtigkeiten an der Kraftstoffanlage, Verschmutzungen im Kraftstoffsystem ausgeschlossen, Kurbelgehäuse-Entlüftung in Ordnung, elektrische Masseverbindung (Motor-Getriebe-Aufbau) vorhanden. **Achtung:** Wenn Kraftstoffleitungen gelöst werden, müssen diese vorher mit Kaltreiniger gesäubert werden.
Hinweis: Beim 5-Zylindermotor und geregeltem Katalysator können Undichtigkeiten der Abgasanlage vor der Lambda-Sonde zu folgenden Störungen führen: Startschwierigkeiten; Motor geht aus, schüttelt im Leerlauf, ruckelt beim Beschleunigen.

Störung	Ursache	Abhilfe
Motor springt nicht an	Elektro-Kraftstoffpumpe läuft beim Betätigen des Anlassers nicht an (keine Laufgeräusche hörbar)	■ Leicht gegen das Pumpengehäuse klopfen, damit sich eine eventuell hängengebliebene Pumpe lösen kann ■ Prüfen, ob Spannung an der Pumpe anliegt. Elektrische Kontakte auf gute Leitfähigkeit überprüfen
	Kraftstoffpumpenrelais defekt	■ Relais überprüfen
	Thermozeitschalter defekt	■ Thermozeitschalter prüfen
	Luftmengenmesser defekt	■ Ruhelage der Stauscheibe prüfen
Der kalte Motor springt schlecht an, läuft unrund	CO-Gehalt falsch	■ CO-Gehalt und Leerlauf prüfen
	Zusatzluftschieber defekt	■ Zusatzluftschieber überprüfen
	Thermozeitschalter defekt	■ Thermozeitschalter prüfen
	Kaltstartventil defekt	■ Kaltstartventil überprüfen
	Elektro-hydraulisches Stellglied hängt	■ Stellglied prüfen
	Temperaturfühler defekt	■ Temperaturfühler prüfen
	Kraftstoffdrücke falsch	■ Kraftstoffdrücke prüfen lassen
Tastverhältnis läßt sich an der Leerlaufdrehzahl-Einstellschraube nicht einstellen; Leerlaufdrehzahl läßt sich nicht einstellen	Tastverhältnis ca. 33 %∢	■ Klimaanlage ausschalten oder Leerlaufschalter prüfen (Signal vom Schalter zum Steuergerät nicht vorhanden)
	Tastverhältnis ca. 40 %∢	■ Klimaanlage ausschalten und Leerlaufschalter prüfen (Signal zum Steuergerät nicht vorhanden)
	Tastverhältnis ca. 25 %∢, schwankt in Richtung 20%∢	■ KE-Steuergerät erhält kein Drehzahlsignal vom VEZ-Steuergerät, Leitung bzw. Steuergerät prüfen
	Tastverhältnis ca. 25 %∢ und Leerlaufdrehzahl zu hoch	■ Luftansaugsystem auf Dichtheit prüfen ■ Elektrische Leitungen zum Steuerventil für Leerlaufstabilisierung prüfen, unterbrochen oder vertauscht ■ Steuerventil defekt
	Zusatzluftschieber defekt	■ Zusatzluftschieber prüfen

Störung	Ursache	Abhilfe
Der warme Motor springt schlecht an, läuft unrund	Thermozeitschalter schaltet nicht ab	■ Thermozeitschalter erneuern
	Kaltstartventil undicht	■ Kaltstartventil prüfen
	Luftansaugsystem undicht	■ Ansaugsystem prüfen. Dazu Motor im Leerlauf drehen lassen und Dichtstellen sowie Anschlüsse im Ansaugtrakt mit Benzin bestreichen. Wenn sich die Drehzahl kurzfristig erhöht, undichte Stelle beseitigen. **Achtung:** Benzindämpfe sind giftig, nicht einatmen!
Der Motor setzt aus	Elektrische Verbindungen zur Kraftstoffpumpe zeitweise unterbrochen	■ Steckverbindungen und Anschlüsse von elektrischen Leitungen an der Kraftstoffpumpe, dem Luftmengenmesser und dem Kraftstoffpumpen-Relais auf feste und widerstandslose Verbindung prüfen. Sicherung und Kontaktstellen am Kraftstoffpumpen-Relais prüfen. Kontakte reinigen bzw. erneuern.
	Schlechte Kraftstoffqualität, Dampfblasenbildung	■ Marken-Kraftstoff tanken
	Kraftstoff-Fördermenge zu gering	■ Fördermenge prüfen
	Kraftstoffilter defekt	■ Kraftstoffilter erneuern
	Kraftstoffpumpe defekt	■ Kraftstoffpumpe prüfen
	Einspritzventil defekt	■ Einspritzventile prüfen
	Drosselklappenschalter defekt	■ Drosselklappenschalter prüfen
Der Motor hat Übergangsstörungen	Luftansaugsystem undicht	■ Dichtstellen und Anschlüsse im Ansaugsystem prüfen
	Leerlaufregelung fehlerhaft	■ Drehzahlregelung, Lambda-Regelung prüfen
	Leerlaufstabilisierung defekt	■ Leerlaufstabilisierung prüfen
	Kraftstoffdrücke falsch	■ Kraftstoffdrücke prüfen lassen
	Ungleiche Einspritzmenge	■ Kraftstoffmengenteiler prüfen
	Vollastschalter defekt oder falsch eingestellt	■ Drosselklappenschalter prüfen
Der heiße Motor springt nicht an	Thermozeitschalter schaltet nicht ab	■ Thermozeitschalter erneuern
	Kaltstartventil undicht	■ Kaltstartventil prüfen
	Ruhelage der Stauscheibe falsch	■ Ruhelage der Stauscheibe prüfen
	Motortemperaturfühler defekt	■ Temperaturfühler prüfen
	Einspritzventile undicht, Öffnungsdruck zu niedrig	■ Einspritzventile überprüfen
	Kraftstoffsystem undicht	■ Sichtprüfung an allen Verbindungsstellen im Bereich des Motors und der elektrischen Kraftstoffpumpe. Alle Anschlüsse nachziehen
	Luftansaugsystem undicht	■ Dichtstellen und Anschlüsse im Ansaugsystem prüfen
Der Motor läuft nach	Verbindungshebel Luftmengenmesser bzw. Steuerkolben im Kraftstoffmengenteiler schwergängig	■ Verbindungshebel bzw. Steuerkolben überprüfen
	Lage der Stauscheibe falsch	■ Lage der Stauscheibe prüfen
	Einspritzventile undicht	■ Einspritzventile überprüfen
	Kaltstartventil undicht	■ Kaltstartventil prüfen

Der Dieselmotor

Das Diesel-Prinzip

Beim Dieselmotor wird reine Luft in die Zylinder angesaugt und dort sehr hoch verdichtet. Dadurch steigt die Temperatur in den Zylindern über die Zündtemperatur des Dieselöls an. Wenn der Kolben kurz vor dem oberen Totpunkt steht, wird in die hochverdichtete und etwa 600° C heiße Luft Dieselöl eingespritzt. Das Dieselöl zündet von selbst, Zündkerzen sind also nicht erforderlich.

Bei sehr kaltem Motor kann es vorkommen, daß durch die Verdichtung die Zündtemperatur nicht erreicht wird. In diesem Fall muß vorgeglüht werden. Dazu befindet sich in jeder Wirbelkammer eine Glühkerze, die den Brennraum aufheizt. Außerdem besitzt der Dieselmotor einen Kaltstartbeschleuniger, der über einen Zugknopf am Armaturenbrett vor dem Start betätigt wird. Durch das Ziehen des Kaltstartbeschleunigers verstellt sich der Kolben des Spritzverstellers in der Einspritzpumpe um ca. 2,5° in Richtung früh. Dadurch wird der Kraftstoff früher in die heiße Luft eingespritzt, der kalte Motor springt schneller an. Sobald der Motor seine Betriebstemperatur erreicht hat, muß der Zugknopf wieder ganz zurückgeschoben werden.

Der Kraftstoff wird direkt von der Verteiler-Einspritzpumpe aus dem Kraftstoff-Vorratsbehälter angesaugt. In der Einspritzpumpe wird der für die Diesel-Einspritzung erforderliche hohe Druck (120–160 bar) aufgebaut und der Kraftstoff entsprechend der Zündfolge auf die einzelnen Zylinder verteilt. Gleichzeitig steuert ein Regler in der Einspritzpumpe die eingespritzte Kraftstoffmenge entsprechend der Betätigung des Gaspedals. Über die Einspritzdüsen wird der Diesel-Kraftstoff jeweils zum richtigen Zeitpunkt in die Vorkammer des betreffenden Zylinders eingespritzt. Durch die Form der Vor- oder Wirbelkammer erhält die angesaugte Luft beim Verdichtungshub eine bestimmte Wirbelbewegung, so daß sich der eingespritzte Kraftstoff optimal mit Luft vermischt.

Bevor der Kraftstoff in die Einspritzpumpe gelangt, durchfließt er den Kraftstoffilter. Dort werden Verunreinigungen und Wasser zurückgehalten. Es ist deshalb äußerst wichtig, den Kraftstoffilter entsprechend der Wartungsvorschrift auszuwechseln.

Die Einspritzpumpe ist wartungsfrei. Alle beweglichen Teile der Pumpe werden mit Dieselöl geschmiert. Angetrieben wird die Einspritzpumpe von der Kurbelwelle über den Zahnriemen, der auch die Nockenwelle antreibt.

Da der Dieselmotor als Selbstzünder nicht durch Spannungsunterbrechung der Zündanlage abgeschaltet werden kann, besitzt er ein Magnetventil. Durch Ausschalten der Zündung wird die Spannungsversorgung für das Magnetventil unterbrochen und das Ventil verschließt den Kraftstoffkanal. Dadurch ist sichergestellt, daß die Kraftstoffzufuhr vor Einrasten des Lenkschlosses gesperrt ist. Das Magnetventil wird beim Starten des Motors über den Zünd-Anlaßschalter mit Spannung versorgt und öffnet daraufhin den Kraftstoffkanal.

Der Abgasturbolader

Der Dieselmotor des AUDI 80/90 mit 59 kW (80 PS) ist mit einem Turbolader ausgerüstet. Beim Turbolader sitzen auf einer Welle zwei Turbinenräder, die in zwei voneinander getrennten Gehäusen untergebracht sind. Für den Antrieb der Turbinenräder sorgen die ohnehin vorhandenen Abgase. Sie bringen die Laderwelle auf bis zu 120000 Umdrehungen in der Minute. Und da Abgas- und Frischluftrotor auf gleicher Welle sitzen, wird mit gleicher Drehzahl Frischluft in die Zylinder gedrückt.

Aufgrund des guten Füllungsgrades lassen sich bei vorhandenen Motoren Leistungszuwachsraten von bis zu 100 Prozent verwirklichen. Abhängig ist der Leistungszuwachs unter anderem vom Ladedruck, der bei einem Pkw-Motor zwischen 0,4 bis 0,8 bar (Reifenfülldruck etwa 1,8 bar) liegt. Erhöht sich der Ladedruck über den vom Werk eingestellten Wert, öffnet das Wastegateventil, der Druck kann entweichen.

Neben der Motorleistung steigt bei der Verwendung eines Abgasladers auch das Drehmoment an, was vor allem im Hinblick auf einen elastischen Motorlauf wünschenswert ist. Voraussetzung ist allerdings, daß die Laderwelle mit ausreichender Drehzahl rotiert und somit einen ordentlichen Füllungsgrad garantiert. In der Regel muß der Motor schon mit rund 3000/min drehen, damit ein spürbarer Ladedruck einsetzt.

Gegenüber einem Ottomotor ist es beim Dieseltriebwerk nicht erforderlich, aufgrund der Aufladung die normale Verdichtung zu verringern, so daß auch im unteren Drehzahlbereich der eingespritzte Kraftstoff vollständig ausgenutzt wird.

Der Turbolader ist ein äußerst präzise hergestelltes Bauteil. Es empfiehlt sich deshalb im Falle einer Reparatur diese nur von einem Fachmann ausführen zu lassen. In der Regel wird der Turbolader bei einem Defekt komplett ausgetauscht.

Zahnriemenspannung prüfen/einstellen

- Obere Zahnriemen-Abdeckung abnehmen.
- Auf Zahnriemen zwischen Nockenwellenrad und Einspritzpumpenrad mit Gummihammer einen Schlag ausführen.
- Am Prüfgerät VW 210 durch Drehen am Griff Feder entspannen.
- Prüfgerät zwischen Nockenwellenrad und Einspritzpumpenrad so einsetzen, daß der Zahnriemen zwischen den Kufen und dem Meßfühler des Prüfgerätes anliegt.
- Prüfgerät am Griff auf den Skalenwert 12 . . . 13 vorspannen. Seitlich am Meßfühler ragt eine Stahlzunge aus dem Prüfgerät, auf der ein weißer, waagerechter Strich angebracht ist. Dieser waagerechte Strich muß sich jetzt mit dem Rand des Prüfgerätes decken. Wenn nicht, Zahnriemenspannung einstellen.

Der Zahnriementrieb

1 – **Schraube, 10 Nm**
2 – **Zahnriemenschutz hinten**
3 – **Nockenwellenrad**
4 – **Zahnriemenschutz oben**
5 – **Schraube, 45 Nm**
6 – **Einspritzpumpe**
7 – **Halter**
8 – **Spannrolle**
9 – **Mutter, 45 Nm**
10 – **Konsole**
11 – **Schraube, 25 Nm**
12 – **Einspritzpumpenrad**
13 – **Nebenwellenrad**
14 – **Zahnriemen**
15 – **Zahnriemenrad**
16 – **Schraube**
Geölt einsetzen, Anzugsdrehmoment beachten: 6-Kant-Schraube: **180 Nm,** 12-Kant-Schraube: **90 Nm + ½ Umdrehung (180°).** Die Schraube kann in mehreren Stufen weitergedreht werden, wichtig ist, daß die 180° eingehalten werden. 12-Kant-Schraube immer erneuern. Zum Lösen und Anziehen Gegenhalter VW-3099 verwenden.
17 – **Zahnriemenschutz unten**
18 – **Schwingungsdämpfer**
Nur Turbo-Diesel
19 – **Doppelriemenscheibe**
20 – **Keilriemen für Generator**
Spannung durch Daumendruck prüfen. Neu: ca. 2 mm, gelaufen: ca. 5 mm.
21 – **Keilriemen für Servolenkung**
Spannung durch Daumendruck prüfen. Neu: ca. 2 mm, gelaufen: ca. 5 mm.
22 – **Keilriemen für Kühlmittelpumpe**
Spannung durch Daumendruck prüfen. Neu: ca. 2 mm, gelaufen: ca. 5 mm.

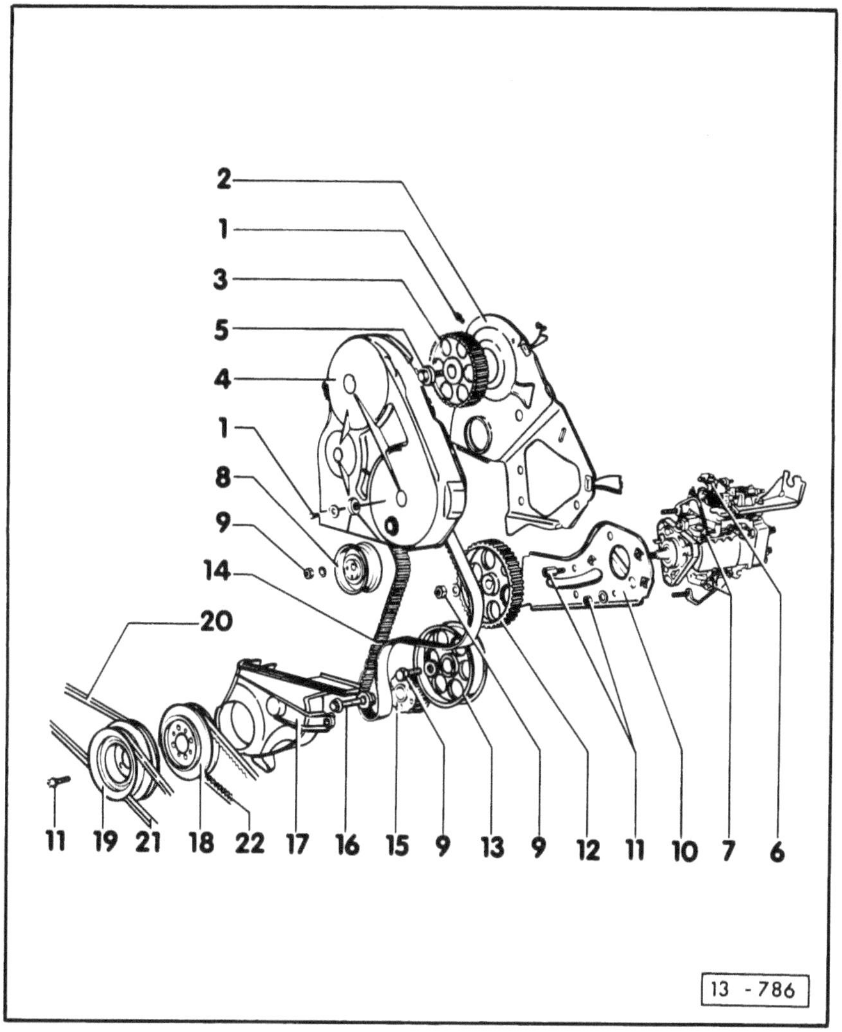

Einstellen

- Prüfgerät einsetzen
- Prüfgerät durch Rechtsdrehen am Griff des Prüfgerätes auf Sollwert 12 . . . 13 vorspannen.
- Spannrolle verdrehen bis der weiße waagerechte Strich auf der Stahlzunge mit dem Gehäuserand übereinstimmt.

Achtung: Hierzu wird ein Mutterndreher benötigt (z. B. MATRA-V 159 oder HAZET 2587).

- Mutter für Spannrolle mit 45 Nm festziehen.
- Kurbelwelle eine Umdrehung weiterdrehen und Messung wiederholen, gegebenenfalls Einstellung wiederholen.
- Obere Zahnriemenabdeckung einbauen.
- Förderbeginn der Einspritzpumpe überprüfen, siehe Seite 116.

Achtung: Steht das Einstell- und Prüfwerkzeug nicht zur Verfügung (Ausland, Panne), kann die Zahnriemenspannung auch behelfsmäßig eingestellt werden. Und zwar ist der Zahnriemen so zu spannen, daß er sich mit Daumen und Zeigefinger kaum noch um 90° verdrehen läßt. Die Zahnriemenspannung muß dann jedoch umgehend mit dem Prüfgerät überprüft werden. Bis dahin sind hohe Motor-Drehzahlen zu vermeiden.

Zahnriemen aus- und einbauen

Ausbau

- Oberen Zahnriemenschutz und Zylinderkopfdeckel ausbauen.

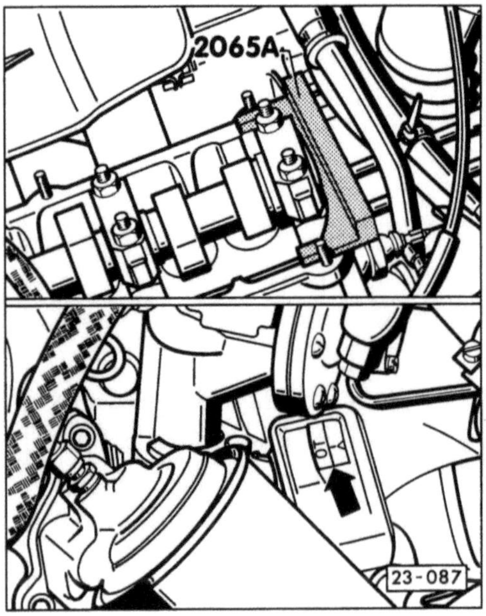

- Kurbelwelle auf OT für Zylinder 1 drehen. Dazu Getriebe in Leerlaufstellung bringen und Kurbelwelle mit Stecknuß an der Zentralschraube der Kurbelwellen-Riemenscheibe verdrehen bis die OT-Markierung –OT– im Fenster der Kupplungsglocke gegenüber der Bezugsmarke steht.

Achtung: Motor **nicht** an der Befestigungsschraube des Nockenwellenrades durchdrehen. Dadurch wird der Zahnriemen überbeansprucht.

- Die Kurbelwelle steht auf OT für Zylinder 1, wenn das Nockenpaar für den 1. Zylinder nach oben zeigt.
- Das Einstellineal AUDI-2065A muß sich nun ohne Widerstand in die Nut am hinteren Ende der Nockenwelle einsetzen lassen. Wenn nicht, Kurbelwelle um eine Umdrehung weiterdrehen. Steht das Spezialwerkzeug nicht zur Verfügung, Lineal wie in Abbildung U-1016 dargestellt, anfertigen.
- Nockenwelle mit Einstellineal AUDI-2065A arretieren.
- **Einstellineal ausmitteln:** Dazu arretierte Nockenwelle so verdrehen, daß ein Ende des Einstellineals am Zylinderkopf aufstößt. Am anderen Ende des Lineals mit Fühlerblattlehre das entstandene Spiel ermitteln. 2 Lehren mit halbiertem Spielmaß auf beiden Seiten zwischen Einstellineal und Zylinderkopf einführen.
- Laufrichtung auf dem Zahnriemen mit Filz- oder Fettstift durch einen Pfeil kennzeichnen. Der Motor dreht, von vorn gesehen, rechts herum, also im Uhrzeigersinn.
- Einspritzpumpenrad mit Absteckdorn arretieren, zum Beispiel mit AUDI-2064, (Abbildung 23-019) oder einem Dorn mit 15 mm ∅ und einer Länge von 36 mm.
- Mutter der Zahnriemenspannrolle lösen und Zahnriemen abnehmen.

Achtung: Wenn die Nockenwelle bei abgenommenem Zahnriemen gedreht wird, darf kein Kolben auf OT stehen. Es können sonst schwerwiegende Schäden an Kolben oder Ventilen entstehen.
Soll die Nockenwelle gedreht werden, vorher alle Kolben gleichmäßig unter OT stellen.
Dazu oben an der Kurbelwellen-Riemenscheibe einen Kreidestrich anbringen (Voraussetzung: Kurbelwelle steht in OT-Stellung für Zylinder 1), dann Kurbelwellen-Riemenscheibe um ¼ Umdrehung (90°) nach links oder rechts drehen. Die Kreidemarkierung zeigt nun nach rechts oder nach links.

- Keilriemen lösen und abnehmen, siehe Seite 246.
- Keilriemenscheibe und untere Zahnriemenabdeckung ausbauen.
- Zahnriemen abnehmen.

Einbau

- In der Getriebeöffnung prüfen, ob OT-Markierung am Schwungrad und Bezugsmarke übereinstimmen.
- Befestigungsschraube des Nockenwellenrades um ½ Umdrehung lösen. Nockenwellenrad durch Hammerschlag mit einem Dorn durch die 6 mm-Bohrung im hinteren Zahnriemenschutz vom Konus der Nockenwelle lösen.
- Zahnriemen entsprechend der Abbildung 13-786 auflegen und Absteckdorn für Einspritzpumpenrad entfernen.
- Zahnriemen spannen.
- Mutter für Spannrolle mit 45 Nm festziehen.
- Befestigungsschraube für Nockenwellenrad mit **45 Nm** festziehen.
- Einstellineal entfernen.
- Kurbelwelle 2 Umdrehungen in Motordrehrichtung weiterdrehen. Auf Zahnriemen zwischen Nockenwellenrad und Einspritzpumpenrad mit Gummihammer einen Schlag ausführen und Zahnriemenspannung nochmals auf Sollwert überprüfen, gegebenenfalls nachspannen.
- Förderbeginn der Einspritzpumpe prüfen, siehe Seite 116.
- Keilriemenscheibe und untere Abdeckung anbauen, Keilriemen spannen, siehe Seite 246.
- Zylinderkopfdeckeldichtungen ersetzen, Zylinderkopfdeckel aufschrauben, siehe Seite 4.
- Zahnriemenschutz oben anbauen.

Nockenwellen-Einstellineal

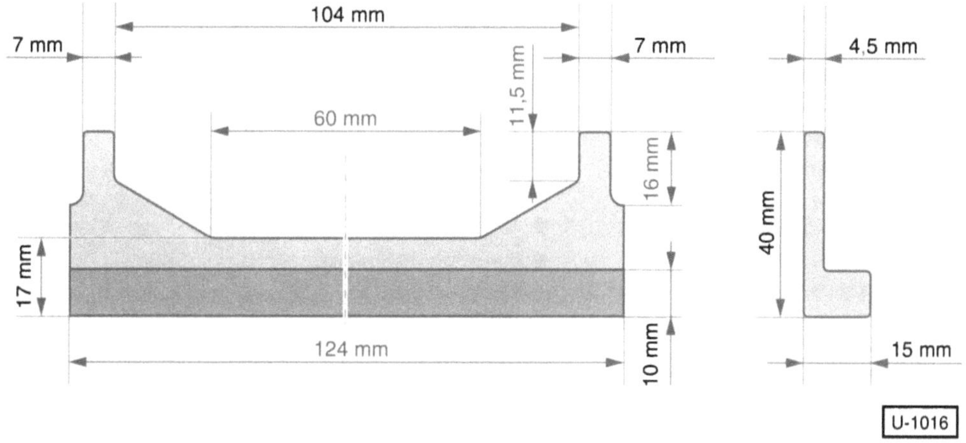

Glühkerzen prüfen

Achtung: Zuerst 80-A-Streifensicherung für Glühkerzen auf Beschädigung (Haarrisse), festen Sitz und ausreichenden Kontakt prüfen, gegebenenfalls Kontakte reinigen, Schrauben festziehen oder Sicherung ersetzen. Die Streifensicherung befindet sich im Relaiskasten, siehe Seite 242.

Prüfvoraussetzung: Motor kalt (Umgebungstemperatur). Batterie voll geladen, Batteriespannung mindestens 11,5 Volt.

Stromaufnahme prüfen

Um die Stromaufnahme der einzelnen Glühkerzen zu prüfen, wird von der Werkstatt ein Ampèremeter mit Gleichstromzange verwendet. Die Stromzange wird über das isolierte Kabel geklemmt und der Stromwert durch Induktion gemessen.

- Stromzange, wenn vorhanden, über die Zuleitung für Glühkerzen klemmen.
- Kabel am Geber für Motortemperatur abziehen.

1,6-l-Motor:

- Zündung einschalten, Motor maximal 15 Sekunden vorglühen und Stromaufnahme messen. Sollwert: ca. 48 Ampère.

Achtung: Die Stromaufnahme liegt nach dem Stabilisieren bei ca. 12 A pro Glühkerze. Wenn die gemessene Stromaufnahme also ca. 36 A beträgt, ist 1 Glühkerze defekt. Bei 24 A sind 2, bei 12 A 3 und bei 0 A alle Glühkerzen defekt.

1,9-l-Motor:

- Vorglühen, Motor starten und im Leerlauf laufen lassen.
- Während des Nachglühens (ca. 120 Sekunden) Stromaufnahme bei laufendem Motor messen.
  Sollwert ca. 40 A
  Bei 30 A = 1 Glühkerze defekt
  Bei 20 A = 2 Glühkerzen defekt
  Bei 10 A = 3 Glühkerzen defekt
  Bei 0 A = alle Glühkerzen defekt

Glühkerzen prüfen

- Anschlußkabel und Stromschiene für Glühkerzen abnehmen.

- Spannungsprüfer an den Pluspol der Batterie anklemmen und nacheinander an jede Glühkerze anlegen.
- Leuchtdiode leuchtet auf: Glühkerze in Ordnung.
- Leuchtdiode leuchtet nicht auf: Glühkerze defekt, austauschen; Anzugsdrehmoment: **30 Nm. Achtung:** Das Anzugsdrehmoment darf **nicht** überschritten werden, da sonst der Ringspalt zwischen Glühstab und Gewindeteil zugezogen wird und die Glühkerze vorzeitig ausfällt. Bei verbrannten Glühstiften Hinweise beachten.
- Anschlußkabel für Stromschiene anklemmen.
- Kabel für Temperaturgeber aufschieben.

Achtung: Wird kein Fehler gefunden, obwohl der Motor schlecht anspringt, Glühkerzen beim Vorglühen sichtprüfen. Dazu Einspritzdüsen ausbauen und durch die Öffnungen Glühkerzen beobachten.

Relais für Glühkerzen prüfen

- Relais Nr. 10 im Relaiskasten abziehen.
- Spannungsprüfer an Klemme 30 (Klemme 48 auf Relaisplatte) und Masse anschließen. Leuchtdiode muß aufleuchten, andernfalls Relaisplatte ersetzen.
- Spannungsprüfer an Klemme 15 (Klemme 46 auf Relaisplatte) und Masse anschließen. Zündung einschalten. Leuchtdiode muß aufleuchten, andernfalls Relaisplatte ersetzen.
- Wenn die Leuchtdiode leuchtet, rot/weiße Leitung von den Glühkerzen zur Relaisplatte auf Unterbrechung prüfen, gegebenenfalls ersetzen. Andernfalls Relaisplatte ersetzen.

Glühkerzen mit verbrannten Glühstiften

Verbrannte Glühstifte von Glühkerzen sind häufig Folgeschäden von Düsenstörungen. Derartige Schäden sind nicht auf Mängel in oder an der Glühkerze zurückzuführen.

Werden im Beanstandungsfall derartige Glühkerzen gefunden -Pfeil-, genügt es nicht, diese nur zu ersetzen. Es muß eine Überprüfung der Einspritzdüsen auf Strahl, Schnarren, Druck und Dichtigkeit erfolgen (Werkstattarbeit).

Dabei ist besonders darauf zu achten, daß das Strahlbild bei kurzen, schnellen Hüben (4–6 Hübe/Sekunde) geschlossen und gut zerstäubt ist.

Die Kraftstoffversorgung

Zur Kraftstoffanlage gehören der Kraftstoffbehälter, die Kraftstoffleitungen und die Einspritzpumpe mit den Einspritzdüsen sowie der Kraftstoffilter. Der Kraftstoffbehälter liegt vor der Hinterachse. Der jeweilige Kraftstoffvorrat wird dem Fahrer über die Kraftstoffanzeige angezeigt. Durch ein Belüftungssystem wird der Tank belüftet. Falls der Tank leer gefahren wird, ist ein Entlüften der Anlage nicht erforderlich, da sich diese während des Anlassens automatisch entlüftet.

Achtung: Um bei Startschwierigkeiten zu prüfen, ob Kraftstoff zu den Einspritzventilen gefördert wird, an zwei Einspritzventilen die Überwurfmuttern lösen und den Motor ohne vorzuglühen starten, bis Kraftstoff an den Überwurfmuttern austritt. Überwurfmuttern festziehen und Motor vorschriftsmäßig starten.

Achtung: Wenn sich die Kraftstoffanlage nicht automatisch entlüftet, dann ist folgendermaßen vorzugehen:

- Einspritzpumpe mit Dieselkraftstoff anfüllen.
- Kraftstoff-Filter mit Diesel anfüllen.
- Fahrzeug anschleppen.

Durch diese Maßnahmen ist eine schnelle Entlüftung sichergestellt.

Bei Arbeiten an der Einspritzanlage Sauberkeitshinweise beachten, siehe Seite 88.

Außerdem ist darauf zu achten, daß kein Dieselkraftstoff auf die Kühlmittelschläuche läuft. Gegebenenfalls müssen die Schläuche sofort wieder gereinigt werden. Angegriffene Schläuche sind zu ersetzen.

Gaszug einstellen

Achtung: Der Gaszug ist sehr knickempfindlich und daher beim Einbau besonders sorgfältig zu behandeln. Ein einziger leichter Knick kann zum späteren Bruch im Fahrbetrieb führen. Züge, die geknickt wurden, dürfen deswegen **nicht** eingebaut werden.

- Gaspedal ganz durchdrücken (Vollgasstellung) und in dieser Stellung mit geeignetem Brett zwischen Sitz und Pedal festklemmen.

- Bei Vollgasstellung Gaszug durch Umstecken der Sicherung an der Steckraste -Pfeil- so einstellen, daß der Einspritzpumpenhebel spannungsfrei am Anschlag liegt.

Kaltstartzug einstellen

Alle AUDI 80/90 Dieselmotoren sind mit einer Kaltstarthilfe ausgerüstet. Über einen Betätigungszug wird der Spritzversteller innerhalb der Einspritzpumpe um ca. 2,5° in Richtung früh verstellt. Dadurch wird der Kaltstart verbessert. Bei Reparaturarbeiten ist der Betätigungszug folgendermaßen anzuschließen:

- Unterlegscheibe -1- auf den Betätigungszug schieben. Betätigungszug durch Gummibuchse im Gegenlager an der Einspritzpumpe stecken. Gleichzeitig Zugdraht durch den Lagerbolzen -3- führen.
- Sicherungsscheibe -2- aufstecken.
- Betätigungshebel in 0-Stellung bringen, dazu Hebel bis zum Anschlag in Pfeilrichtung drücken.
- Zugdraht straffziehen und mit Klemmschraube -3- festklemmen.

Leerlaufdrehzahl/Höchstdrehzahl prüfen und einstellen

Da Dieselmotoren keine Zündanlage besitzen, wird ein spezieller Drehzahlmesser (VDO) benötigt. Dieser kann an Klemme W des Generators angeschlossen werden.

- Motor auf Betriebstemperatur bringen, Motoröltemperatur mindestens 60° C.

- Drehzahlmesser anschließen.
- Zug des Kaltstartbeschleunigers darf nicht gezogen sein.
- Elektrische Verbraucher (Radio, Licht) müssen ausgeschaltet sein.

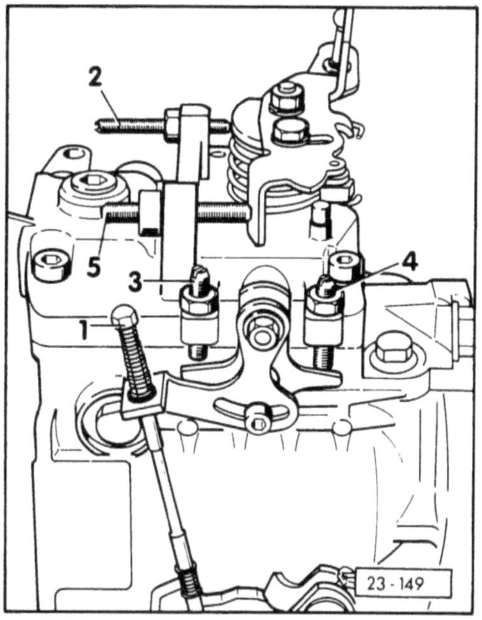

- Leerlaufdrehzahl prüfen, Sollwert für 1,6-l-Saug-Diesel: 875 ± 25/min; 1,9-l-Saug-Diesel und 1,6-l-Turbo-Diesel: 900 ± 30/min. Gegebenenfalls Leerlaufdrehzahl an der Einstellschraube -1- einstellen.
  Rechtsdrehung: Drehzahl erhöht sich
  Linksdrehung: Drehzahl verringert sich

Achtung: Falls die Leerlaufdrehzahl nicht unter 900/min beziehungsweise 980/min eingestellt werden kann, weil der Anschlag an der Begrenzungsschraube -3- anliegt, Begrenzungsschrauben entkontern und zurückdrehen. Leerlauf mit Einstellschraube -1- einstellen, Begrenzungsschraube an den Anschlag herandrehen und kontern.

Drehzahlanhebung prüfen

- Kaltstartzug um 1 Raste ziehen. Die Drehzahl muß um ca. 60/min ansteigen.
- Kaltstartzug ganz herausziehen. Die Drehzahl muß auf 1050 ± 50/min ansteigen.
- Werden die Sollwerte nicht erreicht, Kaltstartzug einstellen.

Achtung: Falls der Sollwert von 1050/min trotz richtiger Einstellung des Kaltstartzuges nicht erreicht wird, Anschlagschraube –4– entkontern. Drehzahl bei herausgezogenem Kaltstartzug mit Anschlagschraube einstellen und Anschlagschraube kontern.

Höchstdrehzahl prüfen

- Vollgas geben. Sollwert beim 1,6-l-Saug-Diesel: 5350 ± 50/min; 1,6-l-Turbo-Diesel: 5100 ± 50/min; 1,9-l-Saug-Diesel: 5050 ± 100/min.
- Gegebenenfalls Kontermutter für Einstellschraube –2– lösen und Höchstdrehzahl einstellen. Anschließend Kontermutter festziehen.

Achtung: Die Restmengen-Einstellschraube –5– ist mit einer Kappe gesichert und darf normalerweise nicht verstellt werden. Wurde die Schraube versehentlich verstellt, können folgende Störungen auftreten: 1. Schraube hineingedreht = Restmenge zu groß, Leerlaufdrehzahl zu hoch, nicht einstellbar. 2. Schraube herausgedreht = Restmenge zu klein, Rukkeln beim Anfahren oder beschleunigen aus niedrigen Drehzahlen. Gegebenenfalls Grundeinstellung vornehmen, dazu Sicherungskappe abnehmen und Schraube entkontern.

- Restmenge zu klein: Einstellschraube langsam hineindrehen bis Drehzahl ansteigt, dann Schraube ½ Umdrehung zurückdrehen.
- Restmenge zu groß: Einstellschraube herausdrehen, bis die Drehzahl nicht mehr abfällt. Anschließend Schraube wieder langsam hineindrehen bis Drehzahl ansteigt, dann Schraube ½ Umdrehung zurückdrehen.
- Einstellschraube kontern und mit neuer Sicherungskappe sichern.

Einspritzdüsen aus- und einbauen

Defekte Einspritzdüsen können zu starkem Klopfen des Motors führen und Lagerschäden vermuten lassen. Bei derartigen Beanstandungen Motor im Leerlauf laufen lassen und Einspritzleitungs-Überwurfmuttern der Reihe nach lösen. Verschwindet das Klopfen nach dem Lösen einer Überwurfmutter, so zeigt dies eine defekte Düse an.

Defekte Düsen macht man auch ausfindig, indem man der Reihe nach die Einspritzleitungs-Überwurfmuttern löst, während der Motor in schnellerem Leerlauf dreht. Bleibt die Motordrehzahl nach Lösen einer Überwurfmutter konstant, zeigt dies eine defekte Düse an. Geprüft werden kann die Einspritzdüse mit Hilfe eines Manometers (Werkstattarbeit).

Die ersten Anzeichen von Düsenstörungen treten wie folgt auf.

- Fehlzündungen
- Klopfen in einem oder mehreren Zylindern
- Motor überhitzt
- Leistungsabfall des Motors
- Übermäßig starker schwarzer Auspuffqualm
- Hoher Kraftstoffverbrauch

Ausbau

- Einspritzleitungen mit Kaltreiniger reinigen.

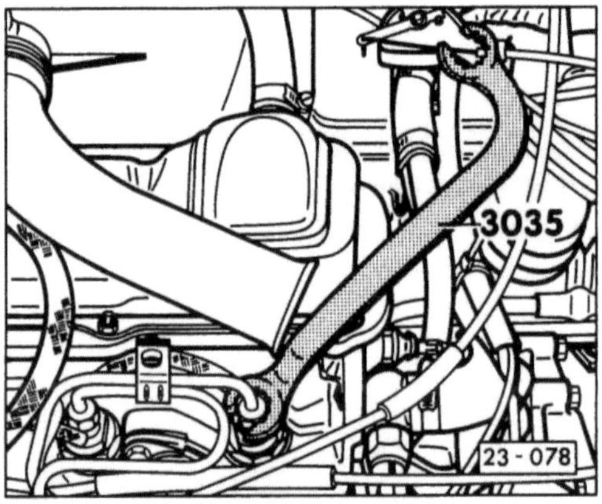

- Einspritzleitungen komplett ausbauen, dazu Überwurfmuttern mit offenem Ringschlüssel, z. B. HAZET 4560 oder VW 3035, lösen. **Achtung:** Biegeform nicht verändern.
- Einspritzdüsen mit Steckschlüsseleinsatz SW 27 ausbauen.

Einbau

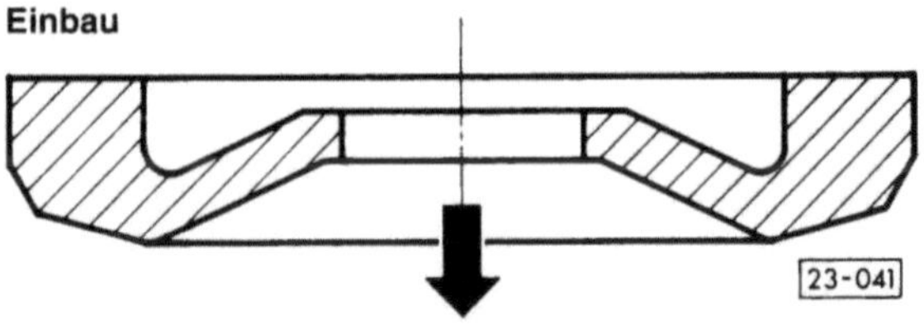

- Grundsätzlich **neue** Wärmeschutzdichtungen zwischen Zylinderkopf und Einspritzventil verwenden. Die Vertiefung muß nach oben zeigen, Pfeil zeigt zum Zylinderkopf.
- Einspritzdüsen mit **70 Nm** festziehen.
- Einspritzleitungen mit **25 Nm** festziehen.

Förderbeginn der Einspritzpumpe überprüfen

Der Förderbeginn der Einspritzpumpe kann bei ein- oder ausgebautem Motor überprüft werden. Beschrieben wird hier die Prüfung bei eingebautem Motor. Zur Prüfung werden eine Meßuhr mit entsprechendem Adapter zum Einschrauben in die Pumpe benötigt.

- Zylinder 1 auf Oberen Totpunkt (OT) stellen. Dazu Kurbelwelle drehen, bis OT-Markierung auf dem Schwungrad und Anguß an der Kupplungsglocke und die Markierung auf dem Einspritzpumpenrad und Konsole übereinstimmen, siehe Seite 118.
- Zug des Kaltstartbeschleunigers darf nicht gezogen sein.
- Zahnriemenspannung muß in Ordnung sein.
- Verschlußschraube am Einspritzpumpendeckel herausschrauben.

- Adapter (V.A.G-2066) und kleine Meßuhr (Meßbereich von 0–3,0 mm) anstelle der Verschlußschraube einschrauben, bis sich der Zeiger der Meßuhr zu bewegen beginnt. Meßuhr am Einstellring auf »0« stellen. Anschließend Meßuhr weiter hineindrücken, bis eine Vorspannung auf der Meßuhr von ca. 2,5 mm angezeigt wird.
- Kurbelwelle langsam entgegen der Motordrehrichtung (gegen Uhrzeigersinn) drehen, bis der Zeiger der Meßuhr sich nicht mehr bewegt.
- Meßuhr mit ca. 1 mm Vorspannung auf »0« einstellen.
- Kurbelwelle in Motordrehrichtung (im Uhrzeigersinn) drehen, bis OT-Markierung auf dem Schwungrad mit der Bezugsmarke fluchtet. Jetzt muß die Meßuhr den Prüfwert anzeigen.

Motor	Prüfwert in mm Hub	Einstellwert in mm Hub
1,6-l-Saug-Diesel (JK)	0,83 – 0,97	0,90 ± 0,02
1,9-l-Saug-Diesel (1Y)	0,93 – 1,07	1,00 ± 0,02
1,6-l-Turbo-Diesel (RA)	0,93 – 1,07	1,00 ± 0,02
1,6-l-Turbo-Diesel (SB)	0,83 – 0,97	0,90 ± 0,02

Achtung: Sofern der Prüfwert innerhalb der angegebenen Toleranz liegt, ist keine neue Einstellung erforderlich.

- Zum Einstellen die drei Schrauben von der Konsole und die Befestigungsschraube der hinteren Abstützung lösen.

- Die untere Befestigungsschraube an der Konsole von vorn durch die Öffnung im Einspritzpumpenrad lösen –Pfeil–.
- Durch Drehen der Einspritzpumpe Hub auf Einstellwert einstellen und Befestigungsschrauben mit **25 Nm** festziehen.
- Meßuhr entfernen und Verschlußschraube am Pumpendeckel einschrauben.

Achtung: Dichtring für Verschlußschraube immer ersetzen. Anzugsdrehmoment: **15 Nm**. Bei Undichtigkeiten nachziehen, bis max. 25 Nm zulässig.

Motorsteuerung prüfen/einstellen

- Zylinderkopfdeckel ausbauen.
- Zahnriemenspannung überprüfen.

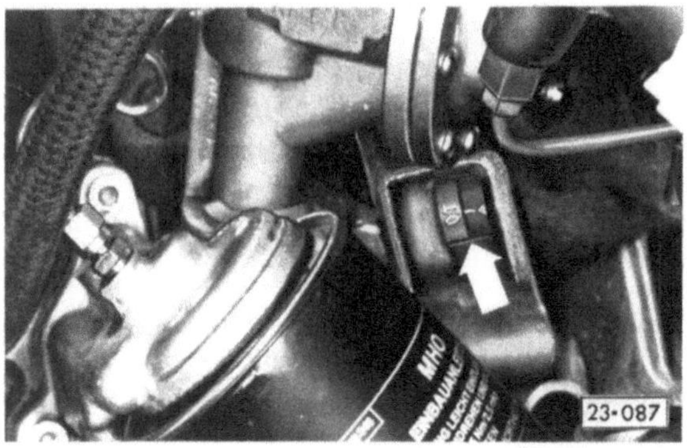

- Kurbelwelle drehen bis die OT-Markierung auf der Schwungscheibe mit dem Anguß in der Getriebeglocke übereinstimmt. Gleichzeitig müssen die Nocken des 1. Zylinders gleichmäßig nach links und rechts oben zeigen. In dieser Stellung läßt sich das Einstellineal 2065 A in den Schlitz der Nockenwelle einsetzen.
- Nockenwelle mit Einstellineal arretieren. Das Einstellineal (VW 2065 A) hat eine Ausbuchtung, damit sich die Nokkenwelle nicht verdrehen kann. Es muß in die Aussparung der Nockenwelle passen. Maße für Einstellineal und Absteckdorn siehe Seite 112.
- Kann das Einstellineal nicht eingesetzt werden, Kurbelwelle so verdrehen, daß das Einstellineal eingesetzt werden kann. Einstellineal wie folgt ausmitteln:
- Arretierte Nockenwelle so drehen, daß ein Ende des Einstellineals am Zylinderkopf anschlägt. Am anderen Ende des Einstellineals mit Fühlerblattlehre das entstandene Spiel messen.
- Fühlerblattlehre mit halbiertem Spielmaß zwischen Einstellineal und Zylinderkopf einschieben. Nockenwelle nun so drehen, daß das Einstellineal auf der Fühlerblattlehre aufliegt. Zweite Fühlerblattlehre mit dem gleichen Maß am anderen Ende zwischen Einstellineal und Zylinderkopfdeckel einführen.

- Jetzt muß der Absteckdorn 2064 in die Bohrung für Einspritzpumpenrad und Einspritzpumpenhalter passen. Läßt sich der Dorn nicht in die Bohrung eindrücken, so muß die Motorsteuerung neu eingestellt werden.
- Dazu Motor-Kurbelwelle so verdrehen, daß die OT-Markierung für Zylinder 1 mit dem Anguß an der Getriebeglokke übereinstimmt und gleichzeitig die Nocken des 1. Zylinders gleichmäßig nach links und rechts oben zeigen.
- Nockenwelle mit Einstellineal arretieren.
- Befestigungsschraube für Nockenwellenrad 1/2 Umdrehung lösen. Nockenwellenrad mit Hammer und Dorn ∅ 6 mm von hinten durch die Bohrung in der Zahnriemenabdeckung mit einem Schlag vom Konus der Nockenwelle lösen.

- Einspritzpumpenrad so drehen, daß die Markierungen auf Einspritzpumpenrad und Konsole übereinstimmen –schwarzer Pfeil–.
- Einspritzpumpenrad mit Absteckdorn arretieren.

Achtung: Falls erforderlich, zur Einstellung Zahnriemen ausbauen und nach dem Einbau spannen, siehe Seite 110.

- Befestigungsschraube für Nockenwellenrad mit **45 Nm** festziehen. Einstellineal und Absteckdorn entfernen.
- Förderbeginn der Einspritzpumpe überprüfen, siehe Seite 116.

Wartungsarbeiten an der Diesel-Kraftstoffanlage

Die Dieseleinspritzpumpe ist wartungsfrei, bei Defekten ist die komplette Pumpe auszutauschen (Werkstattarbeit).

Fahren im Winter

Kraftstoffzusätze sollen dem Diesel nicht zugegeben werden, es sei denn im Winter. Mit abnehmenden Außentemperaturen verringert sich das Fließvermögen des Dieselkraftstoffes durch Paraffin-Ausscheidung. Der Dieselkraftstoff wird dick wie Honig. Aus diesem Grund werden von den Mineralölfirmen dem Diesel im Winter Zusätze beigemischt, die das Fließverhalten heraufsetzen und ein Starten bis etwa −15° C garantieren. Nicht immer reichen jedoch diese Zusätze für einen störungsfreien Betrieb aus, weshalb es mitunter notwendig wird, auch wenn noch »Sommer-Diesel« im Tank ist, dem Diesel Ottokraftstoff beizumischen.

- Die Zumischung sollte möglichst vor Beginn der Paraffin-Ausscheidung erfolgen, da sonst erst Filter und Leitungen von dem dickflüssigen Diesel befreit werden müssen.
- Da das Beimischen von Ottokraftstoff (Normalbenzin) die Motorleistung mindert, sollte grundsätzlich nur die tatsächlich benötigte Menge beigemischt werden (siehe Tabelle).

Achtung: Zum Beimischen nur Normalbenzin (verbleit oder unverbleit), kein Superbenzin verwenden.

- Wegen der leichten Entflammbarkeit von Ottokraftstoff sollte aus Sicherheitsgründen das Beimischen nur im Fahrzeugtank erfolgen. Dabei möglichst zuerst Normalbenzin und dann Dieselkraftstoff einfüllen.

Achtung: Durch das Beimischen von Ottokraftstoff verringert sich die Motorleistung.

Kraftstoff	Außentemperatur in °C		
	0 bis −5	−5 bis −15	−15 bis −25
Sommer-Diesel Benzin	85 % 15 %	70 % 30 %	– –
Winter-Diesel Benzin	100 % –	100 % –	70 % 30 %

- Bleibt der Motor bei großer Kälte aufgrund versulzten Dieselkraftstoffs stehen, ist es mitunter sehr schwierig, den Motor wieder zum Laufen zu bringen. Dabei bieten sich folgende Möglichkeiten an:
- Kraftstoffilter ausbauen und im Wasserbad erwärmen, bis der Dieselkraftstoff wieder flüssig wird.
- Kraftstoffilter ausbauen und durch neuen Filter ersetzen.
- Fahrzeug in Garage schieben oder abschleppen und Garage heizen.
- Einspritzanlage mit heißem Wasser abspritzen.
- Von der Firma Bosch gibt es einen Dieselheizer zum nachträglichen Einbau. Die elektrische Heizung wird in die Zulaufleitung zum Kraftstoffilter montiert.

Achtung: Auf keinen Fall dürfen die Einspritzanlage oder der Tank mit einer Lötlampe oder einem vergleichbaren Gerät erhitzt werden. Explosionsgefahr!

Luftfiltereinsatz wechseln

Der Papierfiltereinsatz im Luftfilter ist alle 30 000 km zu ersetzen. Bei starkem Staubanfall muß der Einsatz in kürzeren Abständen gereinigt oder erneuert werden.

- Schlauch für Kurbelgehäuse-Entlüftung am Zylinderkopfdeckel abziehen.
- Schnellverschlüsse am Filtergehäuse öffnen, Deckel mit Filtereinsatz nach oben herausnehmen.
- Filtergehäuse gründlich auswischen.

Achtung: Wird der Filtereinsatz im Rahmen einer Reparatur ausgebaut, Einsatz vor dem Einbau mit der Schmutzluftleiste nach unten auf einer festen Unterlage vorsichtig ausklopfen. Filtereinsatz weder mit Benzin reinigen noch mit Öl benetzen.

- Neuen Luftfiltereinsatz einsetzen.
- Luftfilterdeckel des Filters mit den Schnellverschlüssen befestigen.
- Schlauch für Kurbelgehäuse-Entlüftung am Zylinderkopfdeckel aufschieben und mit Schelle sichern.

Kraftstoffilter entwässern/ersetzen

Für einen störungsfreien Betrieb ist der Kraftstoffilter alle 15000 km zu entwässern und alle 30000 km zu erneuern.

Entwässern

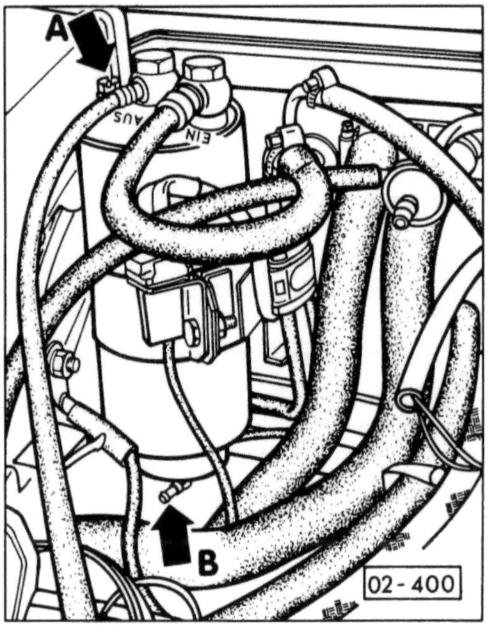

- Belüftungsschraube -A- lösen.
- Entwässerungsventil -B- hochdrücken und ca. 100 cm^3 Flüssigkeit in Auffanggefäß ablaufen lassen.
- Belüftungsschraube mit 10 Nm festziehen.
- Kraftstoffanlage auf Dichtheit prüfen. Dazu Motor starten und im Leerlauf drehen lassen. Nach mehrmaligem Gasgeben muß der Kraftstoff blasenfrei durch die durchsichtige Leitung fließen.

Filterwechsel

- Kraftstoffanschlüsse abschrauben.
- Halteschelle abschrauben.
- Falls vorhanden, Stecker vom Geber für Wasserabscheider abziehen und Kraftstoffilter herausnehmen.
- Falls ein Geber für Wasserabscheider vorhanden ist, Geber abschrauben. Dichtring auf Beschädigung prüfen, gegebenenfalls ersetzen. Geber in neuen Filter einschrauben.
- Neuen Kraftstoffilter einsetzen und mit 10 Nm festschrauben. Gegebenenfalls elektrische Leitung verbinden.
- Kraftstoffleitungen mit 10 Nm anschrauben. Dabei Auslaß und Einlaß nicht verwechseln.
- Kraftstoffanlage auf Dichtheit prüfen.

Störungsdiagnose Diesel-Einspritzanlage

Bevor anhand der Störungsdiagnose der Fehler aufgespürt wird, müssen folgende Prüfvoraussetzungen erfüllt sein: Bedienungsfehler beim Starten ausgeschlossen. Kraftstoff im Tank, Motor mechanisch in Ordnung, Batterie geladen, Anlasser dreht mit ausreichender Drehzahl. **Achtung:** Wenn Kraftstoffleitungen gelöst werden, müssen diese vorher mit Kaltreiniger gesäubert werden.

Störung	Ursache	Abhilfe
1. Motor springt nicht an Motor springt schlecht an	1. Motor glüht nicht vor	■ Vorglühanlage prüfen
	2. Elektromagnetischer Absteller erhält keine Spannung	■ Spannungsprüfer an Absteller anschließen, Zündung einschalten. Leuchtdiode muß leuchten, sonst Leitungsunterbrechung ermitteln und beseitigen
	3. Elektromagnetischer Absteller lose, defekt	■ Absteller auf festen Sitz und Massekontakt prüfen. Zündung abwechselnd ein- und ausschalten, dabei muß der Absteller klicken
	4. Kraftstoffversorgung defekt.	■ Prüfen, ob Kraftstoff gefördert wird
	a) Kraftstoffleitungen geknickt, verstopft, undicht, porös.	■ Kraftstoffleitungen reinigen
	b) Kraftstoffilter verstopft.	■ Kraftstoffilter ersetzen
	c) Im Winter: Eis oder Wachs in Filter und Leitungen.	■ Fahrzeug in beheizte Garage schieben, Otto-Kraftstoff beimischen
	d) Tankbelüftung verschlossen. Kraftstoffsieb im Tank verschmutzt.	■ Reinigen
	5. Förderbeginn verstellt	■ Förderbeginn prüfen, einstellen
	6. Einspritzdüsen defekt	■ Einspritzdüsen prüfen, Überwurfmuttern nacheinander lösen und prüfen, ob die Zylinder arbeiten
	7. Einspritzpumpe defekt	■ Versuchsweise neue Pumpe einbauen
2. Motor ruckelt im Leerlauf, beim Anfahren	1. Leerlaufdrehzahl falsch	■ Leerlaufdrehzahl einstellen
	2. Gasbetätigung schwergängig	■ Gangbar machen, einstellen
	3. Kraftstoffschläuche an der Einspritzpumpe bzw. am Kraftstoffilter lose	■ Kraftstoffschläuche ersetzen, mit Schlauchschellen befestigen, Hohlschrauben festziehen
	4. Stützplatte (hintere Befestigung) bzw. Konsole (vordere Befestigung) für Einspritzpumpe lose, gerissen oder gebrochen	■ Stützplatte bzw. Konsole prüfen
	5. Hohlschrauben der Zu- und Rücklaufleitung an der Einspritzpumpe vertauscht	■ Hohlschrauben richtig einsetzen. Die Hohlschraube für die Rücklaufleitung ist mit einer Rücklaufdrossel versehen und mit »OUT« auf dem Sechskantkopf gekennzeichnet
	6. Wie unter 1.4–7	■ Wie unter 1.4–7
3. Kraftstoffverbrauch zu hoch	1. Luftfilter verschmutzt	■ Filtereinsatz ersetzen
	2. Kraftstoffanlage undicht	■ Sichtprüfung an allen Kraftstoffleitungen (Saug-, Rücklauf- und Einspritzleitungen), Kraftstoffilter und Einspritzpumpe durchführen
	3. Rücklaufleitung verstopft	■ Rücklaufleitung von Einspritzpumpe zum Kraftstoffbehälter mit Luft durchblasen. Überströmdrossel in der Hohlschraube der Rücklaufleitung ersetzen
	4. Leerlauf- bzw. Höchstdrehzahl zu hoch	■ Einstellen
	5. Wie unter 1.5–7	■ Wie unter 1.5–7

Die Abgasanlage

Die Abgasanlage besteht aus dem vorderen Abgasrohr, dem Vorschalldämpfer, Mittelschalldämpfer und Nachschalldämpfer. Anstelle des Vorschalldämpfers ist bei Katalysatorfahrzeugen der Abgasfilter untergebracht. Die für die Regelung des Katalysators erforderliche Lambda-Sonde ist vorn im Katalysator eingeschraubt.

Das vordere Abgasrohr ist mit dem Abgaskrümmer verschraubt, der am Zylinderkopf angeflanscht ist. Alle Teile sind miteinander verschraubt und lassen sich einzeln auswechseln. Die Abgasrohre bei Front- und Quattrofahrzeugen haben unterschiedliche Durchmesser. Selbstsichernde Muttern und Dichtungen sind nach dem Ausbau zu ersetzen. Halteringe und Gummipuffer auf Porosität und Beschädigung prüfen, gegebenenfalls auswechseln.

Beim Einbau einer neuen Abgasanlage empfiehlt es sich, alle Befestigungsteile ebenfalls zu erneuern.

Die Abbildung zeigt die Abgasanlage des Diesel- und des 4-Zylinder-Einspritzmotors.

1 – **Selbstsichernde Mutter, 25 Nm**

2 – **Abgaskrümmer**
Beim 90-PS-Einspritzmotor (Kennbuchstabe JN) mit Frontantrieb ist die Lambda-Sonde in den Abgaskrümmer eingeschraubt.

3 – **Selbstsichernde Mutter, 30 Nm**
5-Zylinder-Motor: **35 Nm**

4 – **Dichtung**

5 – **Abgasrohr vorn**
Je nach Motorleistung ist ein Doppelrohr vorhanden.

6 – **Halter am Getriebe**

7 – **Vorschalldämpfer oder Katalysator**
Lambda-Sonde in Katalysator eingeschraubt, außer 90-PS-Einspritzmotor mit Kennbuchstaben JN.

8 – **Schraube, 40 Nm**

9 – **Feder**

10 – **Mittelschalldämpfer/Nachschalldämpfer**
Bei Frontantrieb serienmäßig als ein Teil eingebaut. Als Ersatzteil werden beide Schalldämpfer einzeln geliefert und mit einer Klemmhülse verbunden. Bei Quattroausführung durch Flanschverschraubung verbunden.

11 – **Haltering**
Vorspannung ca. 7 mm –Pfeile–.

12 – **Trennstelle**
Für Reparatur der Abgasanlage. Die Trennstelle ist durch 3 Eindrückungen auf dem Umfang des Verbindungsrohres gekennzeichnet.

13 – **Klemmhülse**
Einstecktiefe der Rohrenden mindestens a = 42,5 mm.

14 – **Halteringe**
Vorspannung ca. 12 mm –Pfeile–.

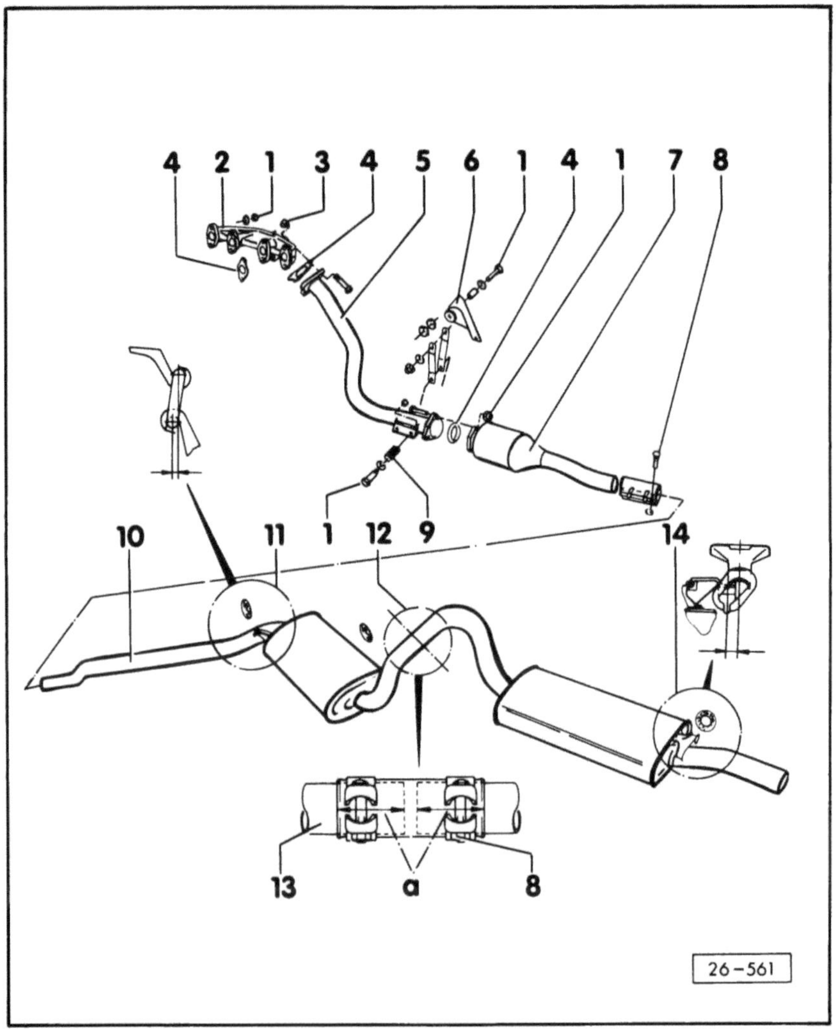

Abgasanlage aus- und einbauen

Nur Limousine

Ausbau

- Fahrzeug aufbocken.
- Untere Motorraumabdeckung ausbauen, siehe Seite 15.
- Sämtliche Schrauben und Muttern der Abgasanlage mit rostlösendem Mittel einsprühen. Rostlöser einige Zeit einwirken lassen.
- **Katalysatorfahrzeuge:** Steckverbindung für Lambda-Sonde im Motorraum trennen. Lambda-Sonde ausbauen, siehe Seite 99.
- Vorderes Abgasrohr am Abgaskrümmer von unten abschrauben.
- Abgasanlage durch Holzunterlagen abstützen.
- Abgasrohr-Getriebeabstützung abschrauben.
- Schelle für Verbindungsrohr zwischen Mittel- und Nachschalldämpfer lösen beziehungsweise Verbindungsrohr an der Trennstelle durchsägen.
- Abgasanlage aus den Halteschlaufen aushängen und herausnehmen.
- Die Teile der Abgasanlage können auch einzeln ausgebaut werden. Falls sich Verbindungsstücke oder Schrauben nicht lösen lassen, Abgasrohr an der Verbindungsstelle mit Schweißbrenner erhitzen. Asbest unterlegen! **Achtung:** Brandgefahr!

Einbau

Achtung: Gummiringe, Muttern und Schrauben grundsätzlich erneuern. Um die Muttern und Schrauben der Abgasanlage später leichter lösen zu können, empfiehlt es sich, diese mit einer Hochtemperaturpaste, zum Beispiel Liqui Moly LM-508-ASC, einzustreichen.

- Falls vorhanden, Lambda-Sonde einbauen.
- Vorderes Abgasrohr und Vorschalldämpfer zusammenstecken und Schelle leicht beiziehen. Falls erforderlich, Konus-Anschlußstücke vom vorderen Abgasrohr zum Vorschalldämpfer vor dem Zusammenfügen mit Schmirgelleinen von Verbrennungsrückständen reinigen. Beim Zusammensetzen der Rohre auf richtigen Sitz des Dichtringes achten.
- Getriebehalter anschrauben.
- Mittel- und Nachschalldämpfer zusammenstecken und in die Gummiringe einhängen. Schrauben nur beiziehen, nicht festziehen.
- Vor dem Anziehen der Schrauben, Abgasanlage ausrichten. Dabei auf ausreichend Abstand zum Aufbau achten (mindestens 25 mm), gegebenenfalls Anlage verdrehen oder in Längsrichtung verschieben. Die Halteringe müssen gleichmäßig belastet werden; auf ausreichende Vorspannung, wie in der Abbildung angegeben, achten.
- Schrauben und Muttern festziehen.
- Untere Motorraumabdeckung einbauen.
- Fahrzeug ablassen, siehe Seite 273.
- Falls vorhanden, Kabel für Lambda-Sonde verbinden.

Nachschalldämpfer aus- und einbauen

Achtung: Bei Neufahrzeugen sind Nachschalldämpfer eingebaut. Als Ersatzteil werden beide Schalldämpfer einzeln geliefert und mit einer Klemmhülse verbunden.

Ausbau

- Fahrzeug aufbocken.
- Verbindungsrohr zwischen Mittelschalldämpfer und Nachschalldämpfer an der Trennstelle mit einer Eisensäge oder einem Ketten-Rohrabschneider trennen. Die Trennstelle ist durch 3 Eindrückungen auf dem Umfang des Verbindungsrohres gekennzeichnet. Trennung im rechten Winkel zur Rohrachse durchführen.
- Nachschalldämpfer aushängen und abnehmen.
- Trennstelle entgraten.

Einbau

- An den Rohrenden Markierungen für die Einstecktiefe der Rohrenden von mindestens a = 42,5 mm anbringen.
- Klemmhülse aufschieben.
- Nachschalldämpfer in die Hülse einsetzen und in Gummiringe einhängen.
- Nachschalldämpfer ausrichten, dabei auf gleichmäßige Belastung und richtige Vorspannung der Gummiringe achten.
- Schrauben für Klemmhülse mit 40 Nm festziehen.

Abgasanlage auf Dichtigkeit prüfen

Besonders bei 5-Zylindermotoren und geregeltem Katalysator können Undichtigkeiten der Abgasanlage vor der Lambda-Sonde zu folgenden Störungen führen:

- Startschwierigkeiten; Motor geht aus, schüttelt im Leerlauf, ruckelt beim Beschleunigen.

Prüfvoraussetzung: Motor kalt oder handwarm. Zur Prüfung ist eine Druckluftanlage erforderlich.

- Motor starten und bei laufendem Motor Abgasanlage auf Undichtigkeit abhören.
- Motor abstellen.
- Druckluftpistole in das Endrohr der Abgasanlage einführen und mit einem Lappen abdichten.
- Betriebsdruck der Druckluftanlage auf ca. 6 bar einstellen. Druckluftpistole andauernd bedätigen.
- Verbindungsstellen Zylinderkopf/Krümmer, Krümmer/Abgasrohr vorn und Abgasrohr vorn/Katalysator mit handelsüblichem »Leck-Sucher« einsprühen und auf Blasenbildung untersuchen.
- Undichtigkeit beseitigen.

Fahrzeuge mit Katalysator

Seit 9/87 ist der AUDI 80/90 serienmäßig mit einem Katalysator ausgestattet. Der Katalysator erfordert, daß der Motor grundsätzlich mit bleifreiem Benzin betrieben wird. Für Fahrzeuge mit geregeltem Katalysator muß außerdem ein regelbarer Gemischbildner vorhanden sein.

Unter einem regelbaren Gemischbildner verstehen die Techniker einen Vergaser oder eine Einspritzanlage, bei der das Verhältnis von Kraftstoff zu Luft in Abhängigkeit von den Fahrzuständen und vom Sauerstoffgehalt im Abgas ständig verändert werden kann. Mit einem herkömmlichen Vergaser ist das nicht möglich, da er keine entsprechende Steuereinheit besitzt. Aus diesem Grund greifen die Techniker entweder auf einen elektronisch regelbaren Vergaser oder eine Einspritzanlage zurück.

Die Steuerungsbefehle erhält der Gemischbildner von der Lambda-Sonde, die vorn im Katalysator sitzt und hier vom Abgasstrom umspült wird. Die Lambda-Sonde ist ein elektrischer Meßfühler, der den Restgehalt an Sauerstoff im Abgas durch elektrische Spannungsschwankungen anzeigt und Rückschlüsse auf die Zusammensetzung des Luft-/Benzin-Gemisches ermöglicht. In Bruchteilen von Sekunden kann die Lambda-Sonde entsprechende Signale an die Steuereinheit des Gemischbildners weitergeben und dadurch das Kraftstoff-Luftverhältnis ständig verändern. Das ist einerseits erforderlich, da sich ja die Betriebsverhältnisse (Leerlauf, Vollgas) ständig ändern, zum anderen aber auch, weil nur dann eine Nachverbrennung im Katalysator erfolgt, wenn noch genügend Benzin-Anteile im Motor-Abgas vorhanden sind.

Damit es also bei einer Temperatur von 300° bis 800° C im Katalysator überhaupt zu einer Nachverbrennung kommen kann, muß das Kraftstoff-Luftgemisch mehr Kraftstoffanteile aufweisen, als für die reine Verbrennung erforderlich wäre. Mithin muß bei Katalysatorbetrieb mit einem um bis zu 5 Prozent höheren Kraftstoffverbrauch gerechnet werden.

Der Katalysator sitzt anstelle des Vorschalldämpfers unter dem Wagenboden. Der Katalysator besteht aus einem mit Platin oder Rhodium beschichteten wabenförmigen Keramikmonolith. Für die Lagerung des stoßempfindlichen Keramikkörpers wird ein elastisches und hitzebeständiges Drahtgewebe benutzt.

Bei dem allgemein verwendeten Katalysator handelt es sich um einen sogenannten 3-Wege-Katalysator. Das bedeutet, daß bei diesem Katalysator aufgrund der Lambda-Regelung die Oxidation von Kohlenmonoxid (CO) und Kohlenwasserstoffen (HC) sowie die Reduktion der Stickoxide (NO_X) gleichzeitig durchgeführt werden.

Der Umgang mit Katalysator-Fahrzeugen

Um Beschädigungen an der Lambda-Sonde und am Katalysator zu vermeiden, sind nachstehende Hinweise unbedingt zu beachten:

- Grundsätzlich nur bleifreies Benzin tanken.
- Wird das Fahrzeug nachträglich umgerüstet, vor Einbau des Katalysators mindestens 2 Tankfüllungen bleifreien Kraftstoff verwenden. Außerdem ist bei Motoren, die Superkraftstoff benötigen, der Zündzeitpunkt in Richtung „spät" zu verstellen, da der angebotene bleifreie Superkraftstoff eine geringere Oktanzahl (ROZ 95) besitzt. Um wieviel Grad der Zündzeitpunkt in Richtung „spät" verstellt werden muß, ist modellabhängig.
- Das Anlassen des Motors durch Anschieben oder Anschleppen ist nicht erlaubt. Unverbrannter Kraftstoff könnte bei einer Zündung zur Überhitzung des Katalysators und zu seiner Zerstörung führen. Starthilfekabel verwenden.
- Häufige Kaltstarts hintereinander sollten vermieden werden. Sonst sammelt sich im Katalysator unverbrannter Kraftstoff, der bei Erwärmung schlagartig verbrennt und dabei den Katalysator beschädigt.
- Bei Startschwierigkeiten nicht unnötig lange den Anlasser betätigen. Während des Anlassens wird permanent Kraftstoff eingespritzt. Fehlerursache ermitteln und beseitigen.
- Treten Zündstörungen auf, ist bis zur Fehleridentifizierung das Steuerrelais der Kraftstoffeinspritzung beziehungsweise das Kraftstoffpumpenrelais abzuziehen. Dadurch wird beim Starten des Motors ein Einspritzen von Kraftstoff verhindert.
- Keine Funkenprüfung mit abgezogenem Zündkerzenstecker durchführen.
- Es darf kein Zylindervergleich (Balancetest) durch Zündabschaltung eines Zylinders durchgeführt werden. Bei Zündabschaltung der einzelnen Zylinder – auch über Motortester – gelangt unverbrannter Kraftstoff in den Katalysator.
- Treten Zündaussetzer auf, hohe Motor-Drehzahlen vermeiden und Fehler umgehend beheben.
- Fahrzeug nicht über trockenem Laub, Gras oder auf einem Stoppelfeld abstellen. Die Abgasanlage wird im Bereich des Katalysators sehr heiß und strahlt die Wärme auch nach dem Abstellen des Motors noch ab.

W

Wartungsarbeiten an der Abgasanlage

Sichtprüfung

- Fahrzeug aufbocken.
- Befestigungsschellen auf festen Sitz prüfen.
- Abgasanlage mit Lampe auf Löcher, durchgerostete Teile sowie Scheuerstellen absuchen.
- Stark gequetschte Abgasrohre ersetzen.
- Gummihalterungen durch Drehen und Dehnen auf Porosität überprüfen und gegebenenfalls austauschen.
- Katalysatorfahrzeuge: Elektrischen Anschluß und festen Sitz der Lambdasonde prüfen.

Die Kupplung

Die Kupplung besteht aus der Kupplungsdruckplatte, der Kupplungsscheibe und dem hydraulischen Betätigungssystem. Druckplatte und Kupplungsscheibe sind am Schwungrad des Motors angebracht.

In der Getriebeglocke befindet sich der Ausrückhebel. Er trägt das wartungsfreie Ausrücklager, das beim Auskuppeln gegen die Kupplungsdruckplatte gedrückt wird. Am Ausrückhebel liegt der Kolben des Nehmerzylinders vom Hydrauliksystem an. Das Hydrauliksystem der Kupplung arbeitet mit Bremsflüssigkeit und wird über den gemeinsamen Ausgleichbehälter für Bremsflüssigkeit versorgt.

In eingekuppeltem Zustand wird durch die Kupplungsmembranfeder die Kupplungsscheibe von der Druckplatte gegen das Schwungrad gepreßt und so der Kraftschluß zwischen Kurbelwelle und Getriebeantriebswelle hergestellt.

Beim Niedertreten des Kupplungspedals wird über den Geberzylinder im Fußraum des Fahrzeuges Druck aufgebaut und über eine Hydraulikleitung auf den am Getriebe angeflanschten Kupplungs-Nehmerzylinder übertragen. Der Kolben des Nehmerzylinders drückt über die Ausrückgabel das Ausrücklager gegen die Membranfeder der Druckplatte und hebt diese etwas an. Dadurch wird die Kupplungsscheibe zwischen Schwungrad und Druckplatte frei, und der Kraftschluß zwischen Motor und Getriebe somit aufgehoben.

1 – **Getriebe**
2 – **Kugelzapfen**
3 – **Zwischenstück**
4 – **Tellerfeder**
Kleiner Durchmesser zeigt zur Führungshülse (gewölbte Seite).
5 – **Rundschnurring**
Immer ersetzen.
6 – **Dichtring für Antriebswelle**
Bis zum Anschlag eintreiben.
7 – **Führungshülse**
8 – **Haltefeder**
9 – **Kupplungsausrückhebel**
10 – **Torxschraube, 35 Nm**
Selbstsichernd, immer ersetzen.
11 – **Ausrücklager**
12 – **Schraube, 25 Nm**
13 – **Kupplungsnehmerzylinder**
Beim Einsetzen mit Montierhebel so weit nachdrücken, bis sich die Befestigungsschraube montieren läßt.
14 – **Stößel**
Stößelende fetten.

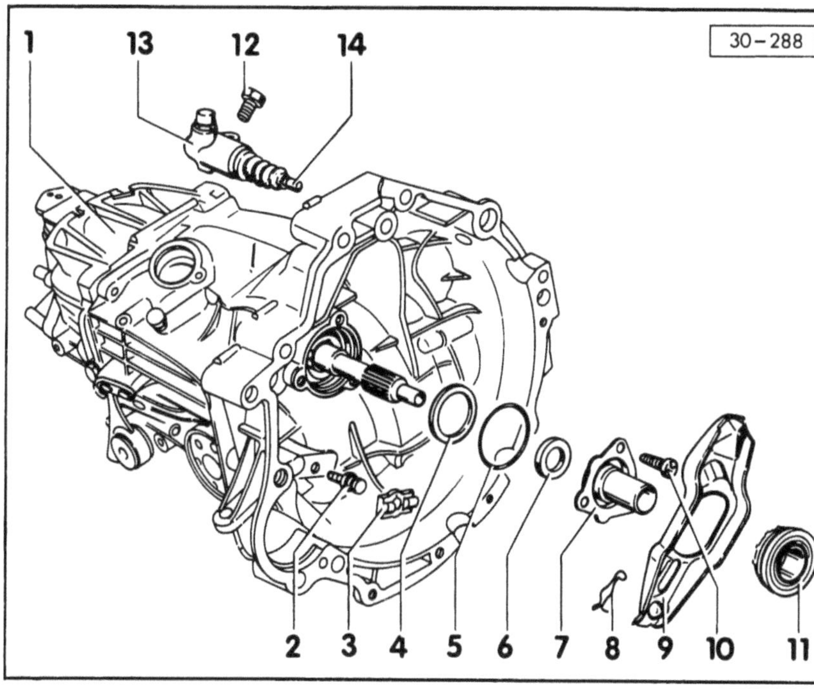

1 – **Schwungrad**
2 – **Sechskantschraube mit Bund, 100 Nm**
Es sind auf jeden Fall neue, mit Sicherungsmittel beschichtete Schrauben zu verwenden.
3 – **Kupplungsscheibe**
4 – **Druckplatte**
5 – **Zylinderschraube, 25 Nm**
Stufenweise über Kreuz anziehen.

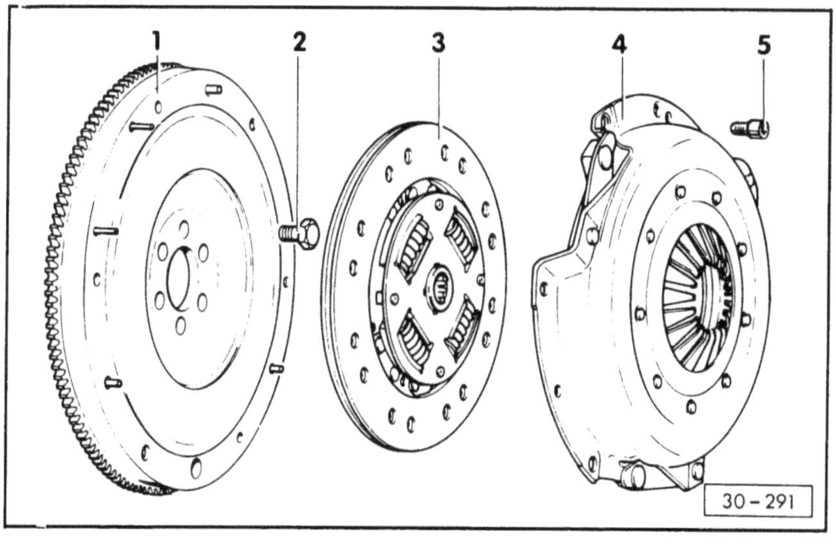

Die Kupplungsbetätigung

1 – **Sicherung**
2 – **Lagerbuchse**
Mit einem Dorn austreiben; zwischen Schraubstockbacken einpressen.
3 – **Bremspedal**
4 – **Rückholfeder**
5 – **Pedalbock**
6 – **Übertotpunktfeder**
7 – **Kupplungspedal**
8 – **Sicherung**
9 – **Sicherung**
10 – **Nachlaufschlauch**
11 – **Kupplungsgeberzylinder**
12 – **Schraube, 20 Nm**
13 – **Gabelkopf**
So einstellen, daß das Kupplungspedal ca. 10 mm über dem Bremspedal steht. Hierbei ist zu beachten, daß die Übertotpunktfeder das Kupplungspedal wieder zurückstellt und das Pedal in Ruhestellung nicht am Pedalbock anliegt. Andernfalls tritt erhöhter Belagverschleiß auf.
14 – **Bolzen**

Hinweis: Sämtliche Lager- und Berührungsflächen mit MoS_2-Schmierfett fetten.

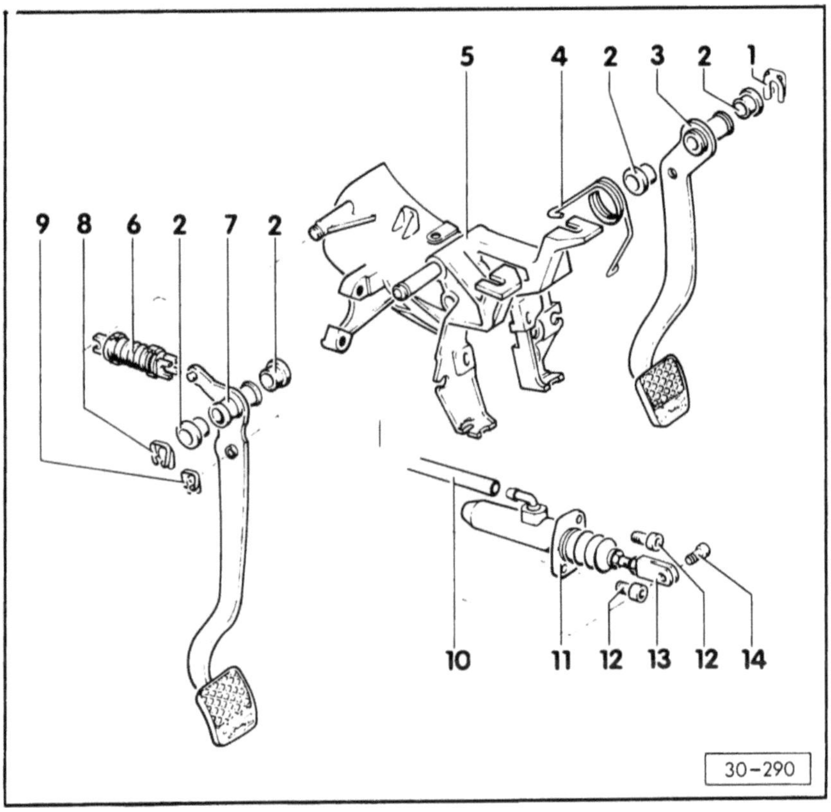

1 – **Manschette**
2 – **Stößel**
Kunststoffteil zeigt zum Kupplungsausrückhebel.
3 – **Sicherungsring**
4 – **Kolben**
5 – **Nutmanschette**
Dichtlippe zeigt zur Feder.
6 – **Feder**
7 – **Stützring**
Beim Einbau des Nehmerzylinders an den Außenlaufflächen leicht einfetten.
8 – **Nehmerzylinder**
9 – **Entlüfterventil**
10 – **Staubkappe**
11 – **Druckschlauch**
12 – **Bremsflüssigkeitsbehälter**
13 – **Nachlaufschlauch**
14 – **Winkelstück**
15 – **Dichtungsstopfen**
Zum Einsetzen mit Bremsflüssigkeit anfeuchten.
16 – **Druckleitung**
17 – **Geberzylinder**
18 – **Schraube, 20 Nm**
19 – **Feder**
20 – **Scheibe**
21 – **Primärmanschette.**
Dichtlippe zeigt zur Feder.
22 – **Füllscheibe**
23 – **Kolben**
24 – **Sekundärmanschette**
Dichtlippe zeigt zur Feder
25 – **Scheibe**
26 – **Sicherungsring**
27 – **Manschette**
28 – **Stößel**
29 – **Schraube, 25 Nm**
30 – **Halter**

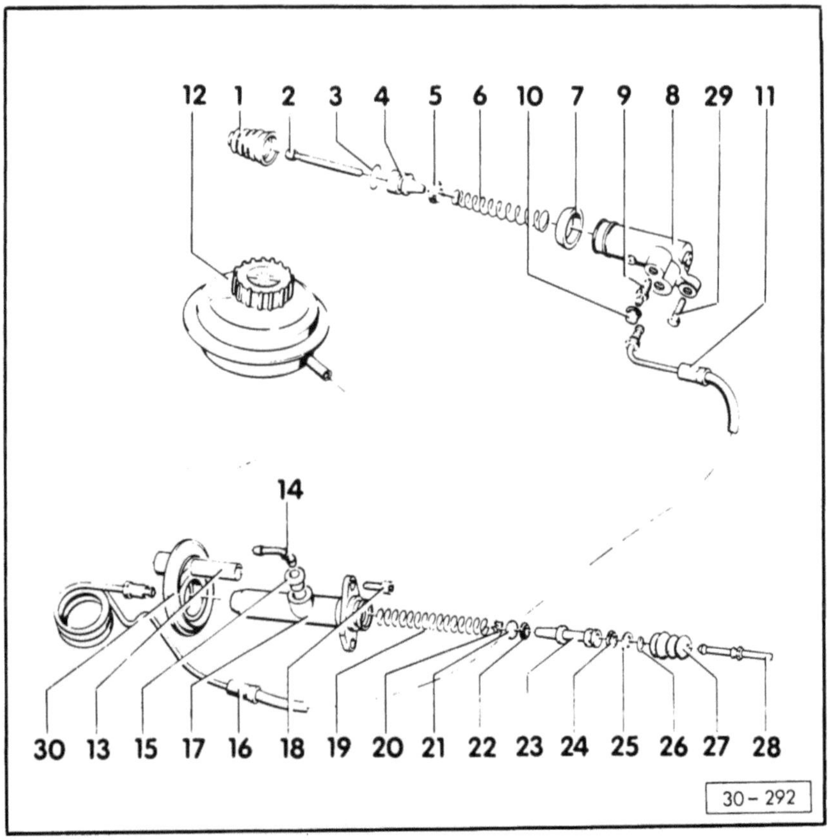

Kupplung aus- und einbauen/prüfen

Ausbau

- Getriebe ausbauen, siehe Seite 130.
- Befestigungsschrauben der Kupplungsdruckplatte nacheinander jeweils um 1 bis 1½ Umdrehungen lösen, bis die Druckplatte entspannt ist.

Achtung: Wenn die Schrauben sofort ganz gelöst werden, kann die Membranfeder beschädigt werden.

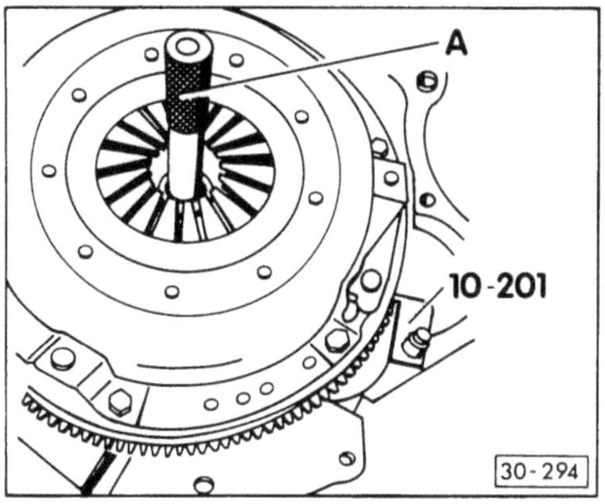

- Damit das Schwungrad beim Lösen der Schrauben nicht mitdreht, Schwungrad entweder mit V.A.G-Werkzeug 10-201 oder mit Schraubendreher und Dorn arretieren.
- Anschließend Schrauben ganz herausdrehen.
- Druckplatte und Kupplungsscheibe herausnehmen. **Achtung:** Druckplatte und Kupplungsscheibe beim Herausnehmen nicht fallen lassen, sonst können nach dem Einbau Rupf- und Trennschwierigkeiten auftreten.
- Ausrücklager vom Lagerrohr am vorderen Getriebedeckel abnehmen. **Achtung:** Lager nur abwischen, nicht auswaschen.
- Schwungrad mit benzingetränktem Lappen auswischen.

Prüfen

- Kupplungsdruckplatte auf Brandrisse und Riefen prüfen.

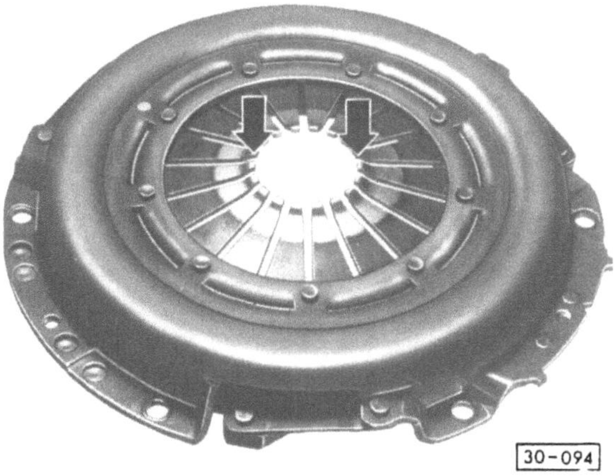

- Membranfeder auf Brüche untersuchen –Pfeile–. Einlaufspuren an den Enden der Membranfeder in einer Tiefe von 0,3 mm sind bedeutungslos.

- Federverbindungen zwischen Druckplatte und Deckel auf Risse, Nietbefestigungen auf festen Sitz prüfen. Kupplungen mit beschädigten oder losen Nietverbindungen ersetzen.

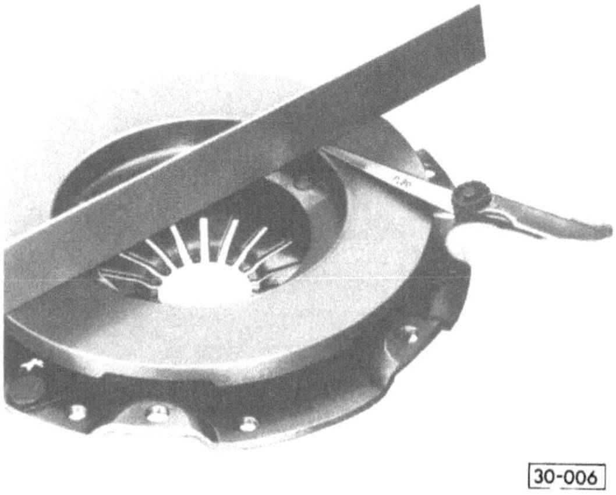

- Auflagefläche der Druckplatte auf Risse, Brandstellen und Verschleiß prüfen. Druckplatten, die bis zu 0,3 mm nach innen durchgebogen sind, dürfen noch eingebaut werden. Die Prüfung erfolgt mit Lineal und Fühlerblattlehre.
- Schwungrad auf Brandrisse und Riefen prüfen.
- Verölte, verfettete oder mechanisch beschädigte Kupplungsscheiben austauschen.
- Kupplungsscheibe auf ausreichende Belagstärke und Belagrisse prüfen.
- In der Werkstatt kann die Kupplungsscheibe auf Schlag geprüft werden. Der Seitenschlag darf bei der Kupplungsscheibe maximal 0,5 mm betragen (2,5 mm vom Außenrand gemessen). **Achtung:** Diese Prüfung ist nur notwendig, wenn die alte Kupplungsscheibe wieder eingebaut werden soll und die Kupplung vorher nicht richtig ausgekuppelt hat.
- Ausrücklager von Hand prüfen. Dazu Lager leicht zusammenpressen und drehen. Das Lager muß sich leicht drehen lassen, sonst austauschen.
- In eingebautem Zustand macht sich ein defektes Ausrücklager durch Geräusche bei getretenem Kupplungspedal bemerkbar. In diesem Fall Lager austauschen.

Einbau

- Vor dem Einbau einer neuen Kupplung, Korrosionsschutzfett an der Anlauffläche restlos entfernen.
- Zentrierstifte am Schwungrad auf festen Sitz prüfen.
- Kupplungsscheibe und Kupplungsdruckplatte in Schwungrad einsetzen. Die Kupplungsdruckplatte in die entsprechenden Paßstifte setzen. Die Kupplungsscheibe muß mit einem passenden Dorn (zum Beispiel von HAZET) oder mit einer alten Getriebe-Antriebswelle zentriert werden.
- Beim Einsetzen der Mitnehmerscheibe darauf achten, daß der Federkäfig zur Druckplatte zeigt.
- Kerbverzahnung der Kupplungsscheibe von Korrosion reinigen und hauchdünn mit Moly-Gleitpaste schmieren. Die V.A.G-Werkstätten verwenden das Fett G 000 100. Überschüssiges Fett unbedingt entfernen.
- Befestigungsschrauben für Kupplungsdruckplatte nacheinander mit 1 bis 1½ Umdrehungen anziehen, bis die Druckplatte festgezogen ist. Anzugsdrehmoment: **25 Nm**. Anschließend Zentrierdorn entfernen.
- Getriebe einbauen, siehe Seite 130.

Kupplungsbetätigung entlüften

Die Kupplungsbetätigung muß entlüftet werden, wenn das Kupplungspedal nicht oder nur verzögert zurückkommt, beziehungsweise wenn das Hydrauliksystem geöffnet wurde.

Da das Hydrauliksystem der Kupplung mit Bremsflüssigkeit arbeitet, sind ebenfalls die entsprechenden Kapitel im Abschnitt »Bremsanlage entlüften« durchzulesen.

- Fahrzeug vorn aufbocken.
- Bremsflüssigkeitsstand im gemeinsamen Vorratsbehälter prüfen, gegebenenfalls bis zur Max.-Markierung auffüllen.
- Staubkappen vom Entlüfterventil am Nehmerzylinder und am vorderen linken Bremssattel abziehen.
- Entlüfterventile vorsichtig gangbar machen.
- Durchsichtigen Schlauch auf das Entlüfterventil am Bremssattel aufschieben.
- Schlauch mit Bremsflüssigkeit füllen. Dazu Entlüfterschraube am Bremssattel öffnen. Bremspedal langsam durchtreten (Helfer) und in dieser Stellung halten. Entlüfterventil schließen und Bremspedal loslassen. Anschließend Entlüfterventil wieder öffnen und Bremspedal erneut durchtreten. Vorgang so lange wiederholen, bis der Schlauch vollständig mit Bremsflüssigkeit gefüllt ist. Schlauch mit dem Finger zuhalten, damit keine Bremsflüssigkeit ausläuft. **Achtung:** Der Flüssigkeitsstand im Vorratsbehälter darf nicht zu weit absinken, gegebenenfalls **neue** Bremsflüssigkeit nachfüllen.
- Freies Schlauchende auf die Entlüfterschraube am Kupplungs-Nehmerzylinder stecken und beide Entlüfterschrauben öffnen.
- Bremspedal durchtreten, Entlüfterschraube am Bremssattel schließen und Bremspedal entlasten. Diesen Vorgang so oft wiederholen, bis im Ausgleichbehälter keine Luftblasen mehr herausgedrückt werden. Dabei stets neue Bremsflüssigkeit nachfüllen.
- Entlüfterschrauben am Bremssattel und am Nehmerzylinder verschließen. Schlauch abziehen und Staubkappen aufschieben.
- Fahrzeug ablassen.
- Bremsflüssigkeit bis zur Max.-Markierung auffüllen.
- Funktion von Brems- und Kupplungssystem prüfen.

Achtung: Die Werkstatt entlüftet die Kupplungshydraulik in der Regel mit einem Entlüftergerät. Das Entlüftergerät gibt Druck (max. 2,5 bar) auf die Bremsflüssigkeit.

Störungsdiagnose Kupplung

Störung	Ursache	Abhilfe
Kupplung rupft	Zu niedrige Leerlaufdrehzahl	■ Drehzahl einstellen
	Motor- und Getriebelager defekt	■ Prüfen, gegebenenfalls auswechseln
	Getriebe liegt in der Aufhängung nicht fest	■ Befestigungsschrauben nachziehen
	Druckplatte trägt ungleichmäßig	■ Druckplatte auswechseln
	Mitnehmerscheibe kein Original-V.A.G-Teil	■ Original-V.A.G-Kupplungsscheibe einbauen
	Kurbelwelle fluchtet nicht zur Getriebe-Antriebswelle	■ Zentrierflächen von Motor und Getriebe überprüfen
	Ausrücker drückt einseitig	■ Ausrücker überprüfen
Kupplung rutscht	Kupplungsscheibe verschlissen	■ Kupplungsscheibe auswechseln
	Nehmerzylinder klemmt	■ Nehmerzylinder ersetzen
	Spannung der Membranfeder zu gering	■ Druckplatte auswechseln
	Nehmerzylinder undicht	■ Sichtprüfung durchführen
	Belag verhärtet oder verölt	■ Kupplungsscheibe austauschen
	Kupplung wurde überhitzt	■ Original-V.A.G-Teil einbauen
Kupplung trennt nicht richtig	Belag durch Abrieb verklebt	■ Kupplungsscheibe austauschen
	Kupplungsscheibe klemmt auf der Antriebswelle, Kerbverzahnung trocken oder verklebt	■ Kerbverzahnung reinigen, entgraten, ggf. Rost entfernen und neu schmieren; z. B. MoS_2-Puder einbürsten
	Kupplungsscheibe hat Seitenschlag	■ Kupplungsscheibe prüfen lassen, ersetzen
	Geberzylinder undicht	■ Bei durchgetretenem Kupplungspedal beobachten, ob Flüssigkeit im Bremsflüssigkeitsvorratsbehälter aufwallt, ggf. Kupplung entlüften oder Geberzylinder austauschen
	Ausrücker defekt	■ Ausrücker auf Verformung prüfen
	Luft im Hydrauliksystem	■ Kupplungshydraulik entlüften
	Führungslager für die Getriebe-Antriebswelle in der Kurbelwelle defekt	■ Führungslager in der Kurbelwelle ersetzen
	Mitnehmerscheibe stark verbogen, oder Belag gebrochen	■ Mitnehmerscheibe ersetzen
	Die Tellerfeder der Druckplatte ist gebrochen	■ Druckplatte erneuern
Geräusch bei betätigtem Kupplungspedal	Ausrücklager defekt	■ Ausrücklager prüfen, ersetzen
	Kupplungsscheibe schlägt an die Druckplatte	■ Kupplungsscheibe auswechseln
Auf- und abschwellendes Geräusch bei Zug- oder Schubzustand, oder wenn das Fahrzeug in ausgekuppeltem Zustand rollt	Torsionsdämpfer der Kupplungsscheibe schwergängig	■ Kupplungsscheibe erneuern
	Nietverbindungen der Kupplung locker	■ Kupplung ersetzen
	Unwucht der Kupplung zu groß	■ Kupplung und Mitnehmerscheibe ersetzen

Das Getriebe

Das Getriebe kann ohne Ausbau des Motors ausgebaut werden. Ein Ausbau ist dann erforderlich, wenn die Kupplung ausgewechselt werden soll oder wenn das Getriebe erneuert beziehungsweise überholt werden muß. Da es jedoch in keinem Fall anzuraten ist, Reparaturen am Getriebe mit Heimwerkermitteln in Angriff zu nehmen, beschreibe ich lediglich den Ausbau des Aggregates beim frontgetriebenen Fahrzeug.

Getriebe aus- und einbauen

Ausbau

- Batterie-Massekabel abklemmen.
- 3 Verbindungsschrauben Motor/Getriebe oben herausschrauben.
- Masseband Getriebe/Aufbau am Getriebe abschrauben.
- Stecker für Tachogeber und Multifunktionsschalter herausziehen, dazu Klammern hineindrücken.
- Kabelbinder lösen und Steckverbindung für Lambda-Sonde trennen.
- Fahrzeug aufbocken, siehe Seite 273.
- Untere Motorraumabdeckung ausbauen, siehe Seite 15.
- Vorderes Abgasrohr am Krümmer abschrauben und mit Holzunterlagen abstützen. Abgasanlage hinter Katalysator oder Vorschalldämpfer trennen und am Getriebe abschrauben. Vorderen Teil der Abgasanlage herausnehmen, siehe auch Seite 122.
- Anlasser ausbauen, siehe Seite 250.
- Querträger hinten ausbauen.
- Befestigungsschraube für Schaltstange am Getriebe herausdrehen und Schaltstange abnehmen.
- Kupplungsabdeckblech abschrauben.
- Schutzblech für Gelenkwelle abschrauben.

- Gelenkwelle rechts und links ausbauen, Lenkung nach rechts einschlagen und beide Gelenkwellen hochbinden.
- Kupplungsnehmerzylinder abschrauben und am Aufbau mit Draht aufhängen. **Achtung:** Die Hydraulikleitung bleibt angeschlossen, sonst muß die Anlage nach dem Einbau entlüftet werden. Bei ausgebautem Nehmerzylinder nicht auf das Kupplungspedal treten.
- Lenkbock oben abschrauben.

- Aufhängevorrichtung, z. B. V.A.G 10-222A, einhängen und Motor mit Spindel vorspannen. Steht die Aufhängevorrichtung nicht zur Verfügung, geeignete Stange auf Böcken lagern und Motor mit Seil vorspannen.

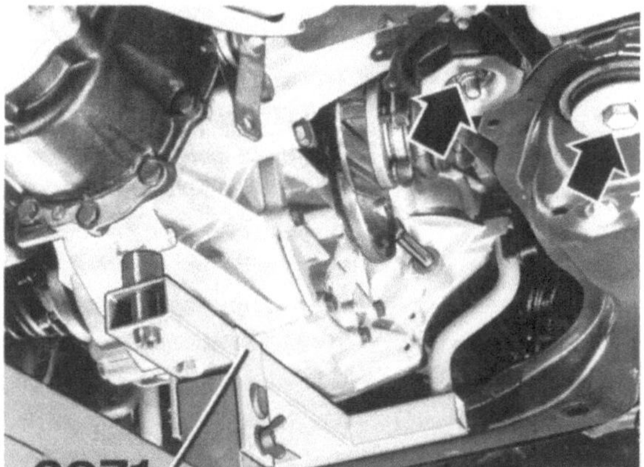

- Getriebe mit Getriebeheber V.A.G-1383 leicht anheben. Steht der Getriebeheber nicht zur Verfügung, Getriebe mit Werkstattwagenheber anheben. **Achtung:** Zwischen Getriebe und Wagenheber Holz zwischenlegen.
- Getriebestütze hinten links und Motorlager vorn ausbauen.
- Verbindungsschrauben Motor/Getriebe herausdrehen.
- Getriebe herausnehmen.

Einbau

- Vor dem Einbau Kupplung prüfen, siehe Seite 127.
- Kupplungsausrücklager auf leichten Lauf prüfen. **Achtung:** Lager nur abwischen, nicht auswaschen. Sind vor dem Ausbau Laufgeräusche des Ausrücklagers beim Auskuppeln aufgetreten, Lager auswechseln, siehe Seite 125.
- Kerbverzahnung der Antriebswelle reinigen und leicht mit Moly-Gleitpaste oder Moly-Spray schmieren.
- Prüfen, ob die Paßhülsen zur Zentrierung von Motor/Getriebe im Motorblock vorhanden sind, gegebenenfalls einsetzen.
- Getriebe anheben und waagerecht in die Kupplung einfahren. Falls beim Einsetzen die Getriebe-Antriebswelle nicht in die Kupplungsscheibe einrastet, Antriebswelle von hinten am Flansch für die Gelenkwelle mit der Hand entsprechend verdrehen.

Befestigungsschrauben Motor/Getriebe
4-Zylinder-Motor

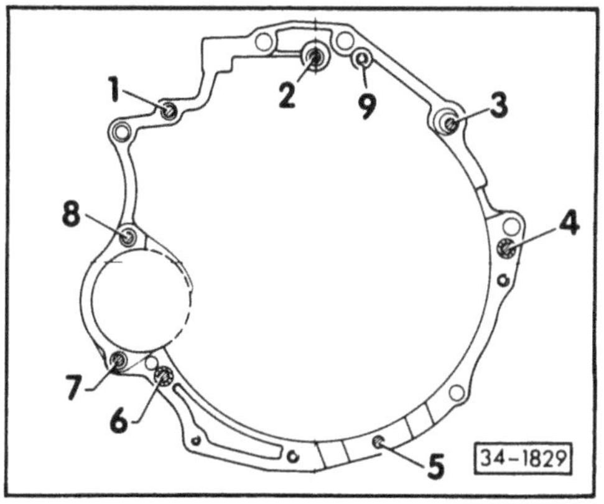

1 – Schraube M12x70, 65 Nm
2 – Schraube M12x70, 65 Nm
3 – Schraube M12x85, 65 Nm
4 – Schraube M12x85, 65 Nm
5 – Schraube M8x15, 25 Nm
6 – Schraube M12x100, 65 Nm
7 – Schraube M12x70, 65 Nm
8 – Schraube M12x85, 65 Nm
9 – Schraube M8x15, 25 Nm
Paßhülsen in Position 4 und 6

5-Zylinder-Motor

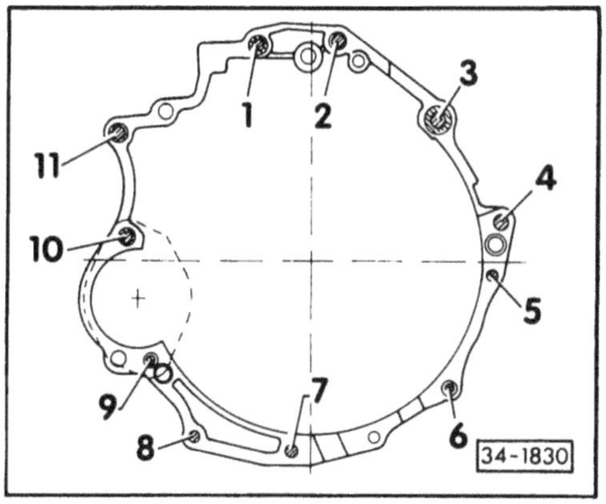

1 – Schraube M12x70, 65 Nm
2 – Schraube M12x70, 65 Nm
3 – Schraube M12x90, 65 Nm
4 – Schraube M12x80, 65 Nm
5 – Schraube M8x40, 25 Nm
6 – Schraube M10x50, 45 Nm
7 – Schraube M10x50, 45 Nm
8 – Schraube M8x40, 25 Nm
9 – Schraube M10x120, 45 Nm
10 – Schraube M12x100, 65 Nm
11 – Schraube M12x70, 65 Nm
Paßhülsen in Position 3 und 11

- Verbindungsschrauben Motor/Getriebe abwechselnd festziehen.
- Anlasser einbauen, siehe Seite 250.
- Getriebestütze hinten links anschrauben.
- Motor-Abfangvorrichtung abnehmen und Motorlager vorn mit 35 Nm festziehen.
- Lenkbock oben anschrauben.
- Kupplungsnehmerzylinder einbauen. Dazu Kupplungsgeberzylinder mit Montierhebel so weit vorspannen, daß sich die Befestigungsschraube für den Nehmerzylinder leicht einsetzen läßt. Schraube mit 25 Nm festziehen.
- Gelenkwelle einbauen, siehe Seite 144.
- Schutzblech anschrauben.
- Kupplungsabdeckblech mit 10 Nm anschrauben.
- Schaltstange am Getriebe anschrauben, Schaltbetätigung einstellen, siehe Seite 135.
- Querträger hinten einbauen.
- Abgasanlage einbauen, siehe Seite 122.
- Elektrische Leitungen für Lambda-Sonde verbinden.
- Untere Motorraumabdeckung einbauen, siehe Seite 15.
- Stecker für Tachogeber einsetzen und einrasten. **Achtung:** Seit 7.87 wird ein 3poliger Geber anstelle des 2poligen Tachogebers eingebaut. Falls das Getriebe erneuert wird, muß auch der 2polige Geber vom bisherigen Getriebe auf das neue Aggregat umgebaut werden. Falls das nicht möglich ist, bisherigen 2poligen Stecker gegen einen 3poligen Stecker austauschen. Dabei die beiden Kabelanschlüsse in die Kammern 2 und 3 des 3poligen Steckers einfügen. Die Kammer 1 des Steckers bleibt leer. Darauf achten, daß die Flachkontakte hörbar einrasten, sonst werden sie beim Aufstecken des Steckers wieder nach hinten herausgeschoben.
- Masseband am Getriebe anschrauben.
- Ölstand im Getriebe kontrollieren, siehe Seite 132.
- Batterie-Massekabel anklemmen.

Der Allradantrieb

Die Quattro-Ausführungen der AUDI 80/90-Modelle sind mit Allradantrieb ausgestattet. Um auch die Hinterräder antreiben zu können, sind zusätzlich folgende Bauteile erforderlich: Für die Hinterachse ein Ausgleichgetriebe sowie 2 Antriebswellen. Außerdem muß die Verbundlenker-Hinterachse einer Schräglenker-Hinterachse weichen. Die Verbindung zwischen dem Vorder- und Hinterradantrieb erfolgt über eine Kardanwelle.

Um die unterschiedlichen Raddrehzahlen der Vorder- und Hinterachse auszugleichen, ist bei einem permanenten Allradantrieb, wie er den Quattro-Modellen eigen ist, ein zusätzliches Ausgleichgetriebe zwischen Vorder- und Hinterachsantrieb notwendig.

Bei den Quattro-Modellen handelt es sich dabei um ein sogenanntes Torsen-Zwischendifferential (Torsen = torque-sensing = drehmomentfühlend). Dieses Differential sorgt dafür, daß die unterschiedlichen Drehzahlen von Vorder- und Hinterachse ausgeglichen werden. Zusätzlich verteilt das Differential je nach Bedarf auch noch die Antriebsmomente. Tendiert nämlich eine Antriebsachse zum Durchdrehen, wird automatisch mehr Antriebsmoment der anderen Achse zugeteilt. Dadurch packen immer die Räder mit der besseren Bodenhaftung kräftiger zu. An der Achse mit der geringeren Bodenhaftung wird die Antriebskraft reduziert, so daß sich die Sicherheit gegen seitliches Ausbrechen erhöht. Unabhängig von der Antriebsmoment-Aufteilung erlaubt das Torsen-Differential Drehzahlunterschiede an seinen beiden Ausgängen, so daß die Quattro-Modelle voll ABS-tauglich sind. Die Aufteilung der Antriebsmomente erfolgt im Torsen-Differential über Zahnräder und Schneckenradgetriebe.

Das Torsen-Differential arbeitet vollautomatisch und rein mechanisch ohne hydraulische oder elektronische Steuerelemente. Seine Regelungscharakteristik wird durch die Auslegung der Schneckenradgetriebe festgelegt. Man nutzt dabei den Effekt aus, daß Schneckenradgetriebe von einer Seite aus leicht und von der anderen Seite her schwer, beziehungsweise überhaupt nicht mehr durchgedreht werden können. Die innere Regelung funktioniert so schnell, daß der Regelvorgang nicht spürbar ist und keinerlei Beeinträchtigungen des Fahrverhaltens eintreten.

Das Torsen-Differential ist direkt am vorderen Getriebe angeflanscht, so daß es mit dem gleichen Öl befüllt ist. Ein Ölwechsel ist nicht erforderlich. Die Ölkontrolle erfolgt seitlich an der Ölkontrollbohrung für Getriebeöl.

Das Hinterachs-Differential ist mit 0,75 l Getriebeöl GL5 SAE 90 befüllt. Ein Ölwechsel ist nicht erforderlich. Die Ölkontrolle erfolgt seitlich an der Ölkontrollbohrung entsprechend der Prüfung des Getriebeölstandes.

Reparaturarbeiten am Torsen-Differential wie auch am Hinterachs-Differential sollten von einer Fachwerkstatt ausgeführt werden.

Ölstand im Getriebe prüfen

Der Ölstand muß nach dem Einbauen des Getriebes geprüft werden. Im Rahmen der Wartung ist eine Prüfung des Ölstandes nicht erforderlich. Das Getriebeöl braucht nicht gewechselt zu werden.

- Fahrzeug waagerecht aufbocken, siehe Seite 273.
- Einfüllschraube am Getriebe herausdrehen; die Einfüllschraube, Innensechskant SW 17, befindet sich auf der linken Seite des Getriebes vor dem Gelenkwellenflansch.
- Wenn beim Herausdrehen der Einfüllschraube etwas Öl ausläuft, ist der Ölstand in Ordnung. Andernfalls mit Finger prüfen, ob der Ölstand bis zum unteren Rand der Einfüllbohrung reicht. Gegebenenfalls Getriebeöl nachfüllen.
  Hierfür wird eine Ölspritzkanne benötigt. Beim Nachfüllen Gefäß unterstellen und überschüssiges Öl ablaufen lassen. Nicht zuviel Öl auf einmal einfüllen.

Getriebeölspezifikation: Synthetik-Öl G 50, SAE 75 W 90. Dabei nur ein vom Werk freigegebenes Getriebeöl verwenden.

Füllmenge: 2,35 l bei Fahrzeugen mit Frontantrieb.
2,85 l bei Fahrzeugen mit Allradantrieb.

Achtung: Grundsätzlich darauf achten, daß nicht mehr Öl eingefüllt wird als bis zur Unterkante der Öleinfüllbohrung.

- Einfüllschraube festziehen, Fahrzeug ablassen.

Wartungsarbeiten am Getriebe

Sichtprüfung auf Dichtheit

Folgende Leckstellen sind möglich:

- Trennstelle zwischen Motorblock und Getriebe (Schwungraddichtung/Getriebe).
- Öleinfüllschraube/Ölablaßschraube.
- Flansch für Gelenkwelle an Getriebe.

Bei der Suche nach der Leckstelle folgendermaßen vorgehen:

- Getriebegehäuse mit Kaltreiniger reinigen.
- Ölstand kontrollieren, ggf. auffüllen.
- Mögliche Leckstellen mit Kalk oder Talkumpuder bestäuben.
- Probefahrt durchführen. Damit das Öl besonders dünnflüssig wird, sollte die Probefahrt auf einer Schnellstraße über eine Entfernung von ca. 30 km durchgeführt werden.
- Anschließend Fahrzeug aufbocken und Getriebe mit einer Lampe nach der Leckstelle absuchen.
- Leckstellen umgehend beseitigen.

Die Schaltung

1 – **Schaltknopf**

2 – **Abdeckung**

3 – **Schraube**

4 – **Sicherungsring**
Beim Einbauen nicht überdehnen.

5 – **Distanzbuchse**

6 – **Druckfeder**

7 – **Kugelanschlag**
Druckfeder und Buchse in den Kugelanschlag setzen und so auf den Schalthebel montieren, daß Buchse und Feder in Fahrtrichtung rechts angeordnet sind. Kugelanschlag vor Einsetzen des Sicherungsringes -15- einbauen.

8 – **Druckfeder**

9 – **Buchse**
Rundung zeigt zum Schalthebel.

10 – **Schalthebel**
Läßt sich nur in einer Stellung in das Kugelgehäuse einsetzen.

11 – **Mutter, 25 Nm**

12 – **Blattfeder**

13 – **Verbindungsstück**

14 – **Distanzrohr**

15 – **Sicherungsring**
Vor dem Ausbau des Kugelanschlages herausnehmen. Sicherungsring immer ersetzen; abgerundete Seite zeigt zum Kugelgehäuse.

16 – **Kugelgehäuse**
So einsetzen, daß die Rastierung für den Rückwärtsgang nach links zeigt. Die Begrenzung für den Kugelanschlag rechts und links muß eingeknüpft sein.

17 – **Schaltungsaufnahme**
Nach unten mit Abdichtmasse AKD512001 abdichten.

18 – **Mutter, 10 Nm**

19 – **Schraube**

20 – **Schaltgabel**

21 – **Scheibe**

22 – **Schraube, 10 Nm**

23 – **Manschette**
In Schaltungsaufnahme und Schaltgabel einknüpfen.

24 – **Schaltstange mit Schaltgelenk**
5-Zylinder-Motor: Schaltgelenk ist blau gekennzeichnet.

25 – **Klemmstück**

26 – **Schraube, 25 Nm**

27 – **Schraube, 20 Nm**
Selbstsichernd, immer ersetzen.

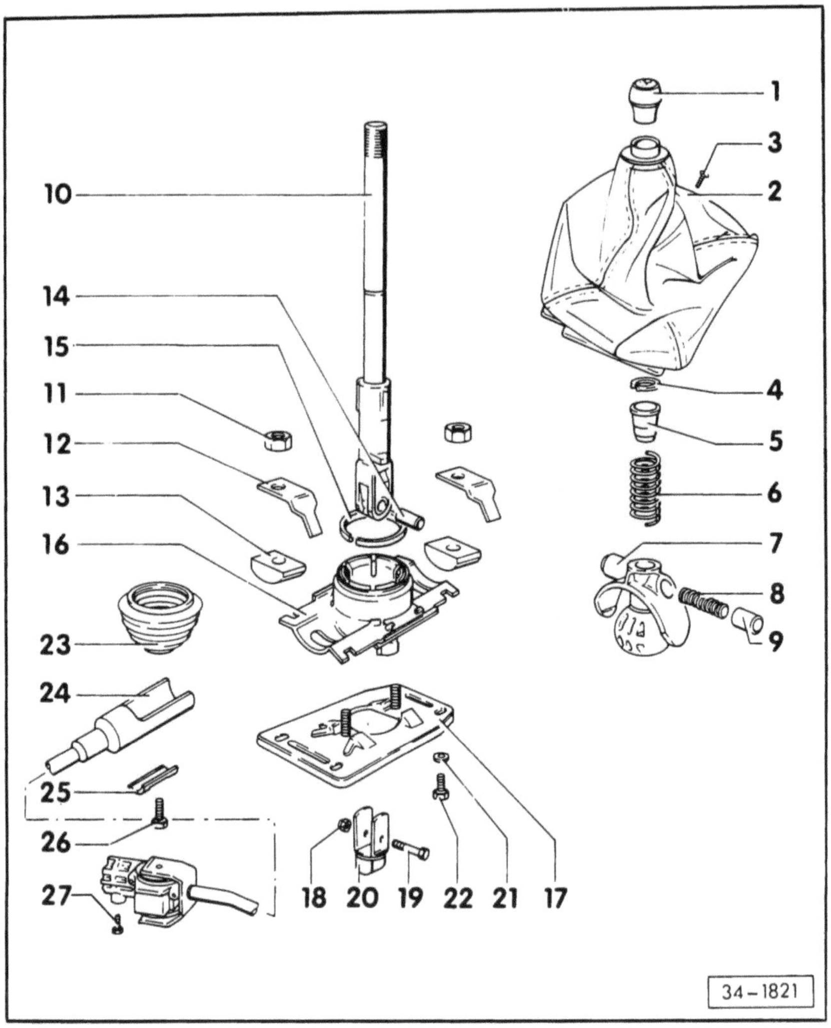

Schaltbetätigung einstellen

- Fahrzeug aufbocken, siehe Seite 273.
- Untere Motorraumverkleidung ausbauen, siehe Seite 15.
- Getriebe in Leerlaufstellung bringen.
- Schaltknopf abschrauben.
- Abdeckung für Schalthebel ausbauen, siehe Seite 134.

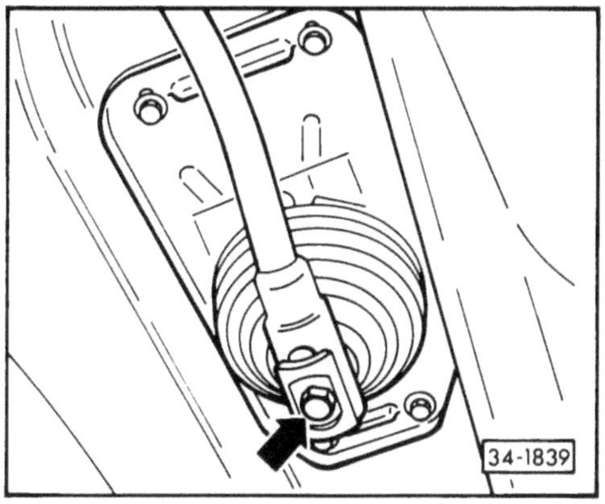

- Unter dem Fahrzeug Befestigungsschraube für Schaltstange lösen.
- Schalthebel senkrecht stellen.

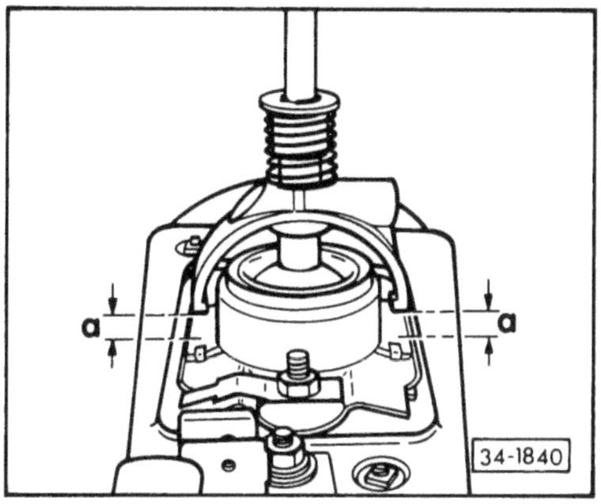

- Schalthebel so ausrichten, daß beide Nasen des Kugelanschlages den gleichen Abstand –a– zum Kugelgehäuse aufweisen.
- Befestigungsschraube für Schaltstange festziehen. **Achtung:** Dabei darf die Lage des Schalthebels nicht verändert werden.
- Prüfen, ob der Schalthebel im Leerlauf in der Gasse 3./4. Gang steht.
- Alle Gänge durchschalten. Dabei besonders auf Wirksamkeit der Rückwärtsgangsperre achten. Gegebenenfalls Schrauben für Kugelgehäuse lösen und Kugelgehäuse etwas verdrehen.
- Abdeckung für Schalthebel einbauen, Schaltknopf aufschrauben.
- Untere Motorraumverkleidung einbauen.
- Fahrzeug ablassen, siehe Seite 273.

Die Vollautomatik

Der AUDI 80/90 wird auf Wunsch mit einer Getriebevollautomatik ausgestattet. Das automatische Getriebe hat drei Vorwärtswählbereiche, die automatisch geschaltet werden. Für den AUDI 90 und das Coupé gibt es auch eine Vollautomatik mit vier Vorwärtswählbereichen.

Um schneller beschleunigen zu können, zum Beispiel bei Überholvorgängen, hat die Automatik einen sogenannten Kick-down-Schalter, der sich beim vollen Niedertreten des Gaspedals einschaltet. Der Kickdown-Effekt sorgt dafür, daß das Getriebe entweder länger im kürzeren Gang verweilt oder von einem höheren in einen niedrigeren Gang zurückschaltet.

Für die Beurteilung der Funktion der Getriebeautomatik und für die richtige Fehlersuche ist Erfahrung mit automatischen Getrieben und die Kenntnis der Arbeitsweise unerläßlich. Da diese Materie nur durch lange Berufserfahrung erworben werden kann, beschränke ich mich deshalb im Kapitel Automatik auf einige leichte Überprüfungsarbeiten.

Hinweis: Bei Fahrzeugen mit Dieselmotor und automatischem Getriebe befindet sich an der Einspritzpumpe zusätzlich ein mechanischer Absteller für die Kraftstoffzufuhr.

Sobald die Zündung ausgeschaltet wird, unterbricht das elektromagnetische Abschaltventil die Kraftstoffzufuhr automatisch. Ist das Ventil defekt, läuft der Motor weiter. In diesem Fall kann durch Betätigen des mechanischen Abstellers in Pfeilrichtung der Motor zum Stillstand gebracht werden.

Ölstand im automatischen Getriebe prüfen

Der vorgeschriebene Ölstand ist für die einwandfreie Funktion des automatischen Getriebes äußerst wichtig. Darum ist die Prüfung mit großer Sorgfalt alle 3 bis 4 Monate durchzuführen.

Der Peilstab für die Prüfung befindet sich im Motorraum. Hier wird auch das ATF (Automatic Transmission Fluid) eingefüllt.

Achtung: Die Prüfung soll bei betriebswarmem Getriebe (60° C) durchgeführt werden. Bei höheren oder niedrigeren Temperaturen kann der Ölstand darüber oder darunter liegen (Wärmeausdehnung des ATF). Eine einwandfreie Messung ist deshalb nur in dem angegebenen Temperaturbereich möglich.

- Motor warmfahren, Getriebeöltemperatur soll etwa 60° C betragen.
- Fahrzeug unbeladen auf ebener Fläche abstellen.
- Wählhebel in Stellung „P" legen, Feststellbremse anziehen.
- Der Motor dreht während der Prüfung im Leerlauf.

- Ölmeßstab herausziehen und mit einem sauberen, nicht fasernden Lappen, am besten mit Leder abwischen. Anschließend Meßstab voll eintauchen, wieder herausziehen und Ölstand ablesen.
- Der Flüssigkeitsstand muß bei warmem Getriebeöl (ca. 60° C) zwischen den beiden Markierungen des Peilstabes liegen.
- Bei zu niedrigem Ölstand Getriebe auf äußere Undichtigkeiten prüfen, gegebenenfalls abdichten. Außerdem Ölstand im Achsantrieb prüfen. Ist dort der Ölstand in Ordnung, ATF für Planetengetriebe nachfüllen. Andernfalls Dichtringe zwischen Achsantrieb und Planetengetriebe ersetzen lassen.
- Muß ATF nachgefüllt werden, sauberen Trichter und feinmaschiges Sieb verwenden. Nachfüllmenge zwischen Min.- und Max.-Markierung am Peilstab ca. 0,23 l.

Achtung: Nicht zuviel Öl einfüllen. Zuviel Öl kann Störungen in der Automatik hervorrufen. In jedem Fall muß zuviel eingefülltes Öl wieder abgelassen oder mit einer Spritze abgesaugt werden.

- Altes Öl gleichzeitig am Peilstab auf Aussehen und Geruch prüfen. Verbrannte Reibbeläge verursachen Brandgeruch. Durch verschmutztes Öl können Störungen in der Getriebesteuerung auftreten.

Achtung: Es dürfen nur die vom Werk freigegebenen ATF-Öle verwendet werden.

Alle zugelassenen ATF-Öle lassen sich miteinander mischen. Keine Zusatzschmiermittel verwenden.

Ohne ATF-Füllung im Drehmomentwandler und automatischen Getriebe darf weder der Motor laufen noch darf der Wagen abgeschleppt werden.

- Nach erfolgter Prüfung oder Korrektur des Ölstandes Meßstab wieder ganz einführen.
- Fußbremse betätigen und sämtliche Wählhebelstellungen langsam durchschalten. Anschließend Ölstand nochmals kontrollieren.

Getriebeöl (ATF) wechseln

Das Getriebeöl muß alle 30000 km gewechselt werden.

- ATF-Einfüllrohr von der Ölwanne abbauen.
- ATF mit flexibler Sonde absaugen.

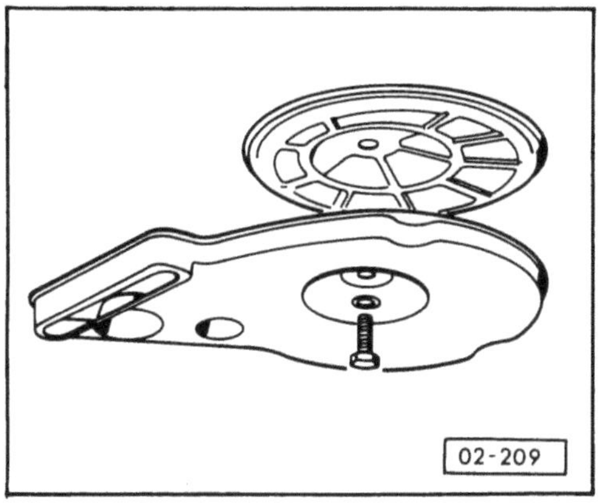

- Ölwanne und Ölsieb ausbauen und reinigen.

Achtung: Beim Einbau auf peinliche Sauberkeit achten.

- Ölsieb einsetzen.
- Ölwanne mit neuer Dichtung und 20 Nm festschrauben.
- ATF-Einfüllrohr einbauen.
- Die Ölwechselmenge beträgt ca. 3 l. Zunächst 2,5 l ATF auffüllen.
- Motor starten, Fußbremse treten und im Stand alle Wählhebelstellungen durchschalten.

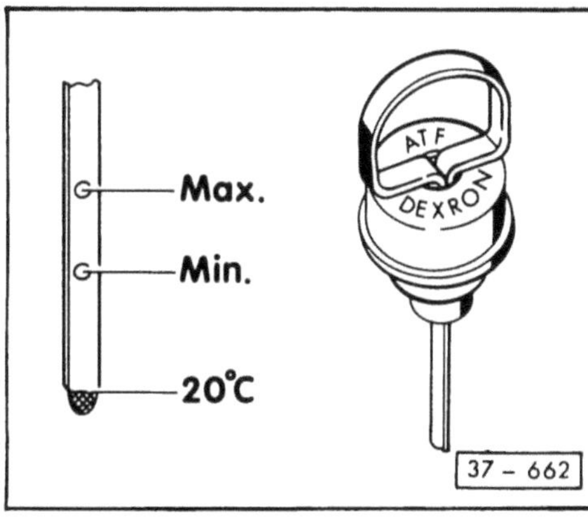

- Flüssigkeitsstand bei Leerlaufdrehzahl und Wählhebelstellung »P« prüfen. Gegebenenfalls ATF bis zur Markierung (20° C) auffüllen.
- ATF auf Betriebstemperatur bringen, ca. 60° C. **Achtung:** Die Betriebstemperatur wird bei Kaltstart nach ca. 10 km Fahrt erreicht.
- Flüssigkeitsstand prüfen. Das ATF muß zwischen der Min. und der Max.-Markierung liegen, gegebenenfalls auffüllen.

Abschleppen von Fahrzeugen mit Automatik

- Wählhebelstellung „N".

Maximale Schleppgeschwindigkeit: 50 km/h!

Maximale Schleppentfernung: 50 Kilometer!

- Über große Entfernungen muß der Wagen vorn angehoben werden. Grund: Bei stehendem Motor arbeitet die Getriebeölpumpe nicht, das Getriebe wird für höhere Drehzahlen und längere Laufzeiten daher nicht ausreichend geschmiert.

Einsatz eines Abschleppwagens

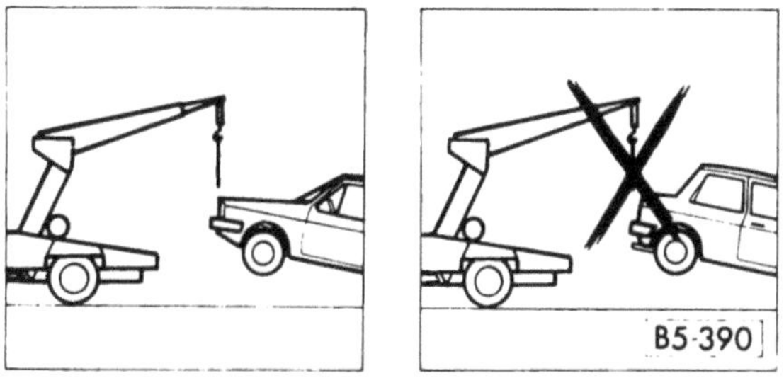

Achtung: Frontangetriebene Fahrzeuge dürfen nur auf den Hinterrädern abgeschleppt werden. Fahrzeug vorne anheben! Grund: Bei hinten angehobenem Wagen würden die rückwärts drehenden Antriebswellen der Vorderräder die Planetenräder im automatischen Getriebe in extrem hohe Drehzahlen zwingen. Das Getriebe würde dadurch in kurzer Zeit schwer beschädigt werden.

- Zündung einschalten, damit das Lenkrad nicht blockiert ist und die Blinkleuchten, das Signalhorn und gegebenenfalls die Scheibenwischer betätigt werden können.
- Da Bremskraftverstärker und Servolenkung nur bei laufendem Motor arbeiten, muß bei nicht laufendem Motor das Bremspedal entsprechend kräftiger getreten werden beziehungsweise für die Lenkbewegungen entsprechend mehr Kraft aufgewendet werden!
- Das Abschleppseil soll elastisch sein, damit das schleppende und das gezogene Fahrzeug geschont werden. Nur Kunstfaserseile oder Seile mit elastischen Zwischengliedern verwenden.

Die Vorderachse

Tragendes Element der Vorderachse ist der Aggregateträger, der mit der Karosserie verschraubt ist, so daß der komplette Aggregateträger mit Motor und Getriebe ausgebaut werden kann. Dies ist allerdings nur in den allerwenigsten Reparaturfällen notwendig. Die Vorderräder sind durch Federbeine einzeln aufgehängt. Die Federbeine sind oben in der Karosserie verschraubt und unten über Radnaben und Querlenker mit dem Aggregateträger verbunden. Die Radlagerung erfolgt durch Schrägkugellager. Die Übertragung der Motor-Antriebskraft erfolgt über zwei Gelenkwellen, die über jeweils zwei Gleichlaufgelenke mit den Rädern und dem Achsantrieb verbunden sind.

Achtung: Schweiß- und Richtarbeiten an tragenden und radführenden Teilen der Vorderradaufhängung sind nicht zulässig.

Die Abbildung zeigt die Radaufhängung bei einem Fahrzeug mit Frontantrieb und mechanischer Lenkung.

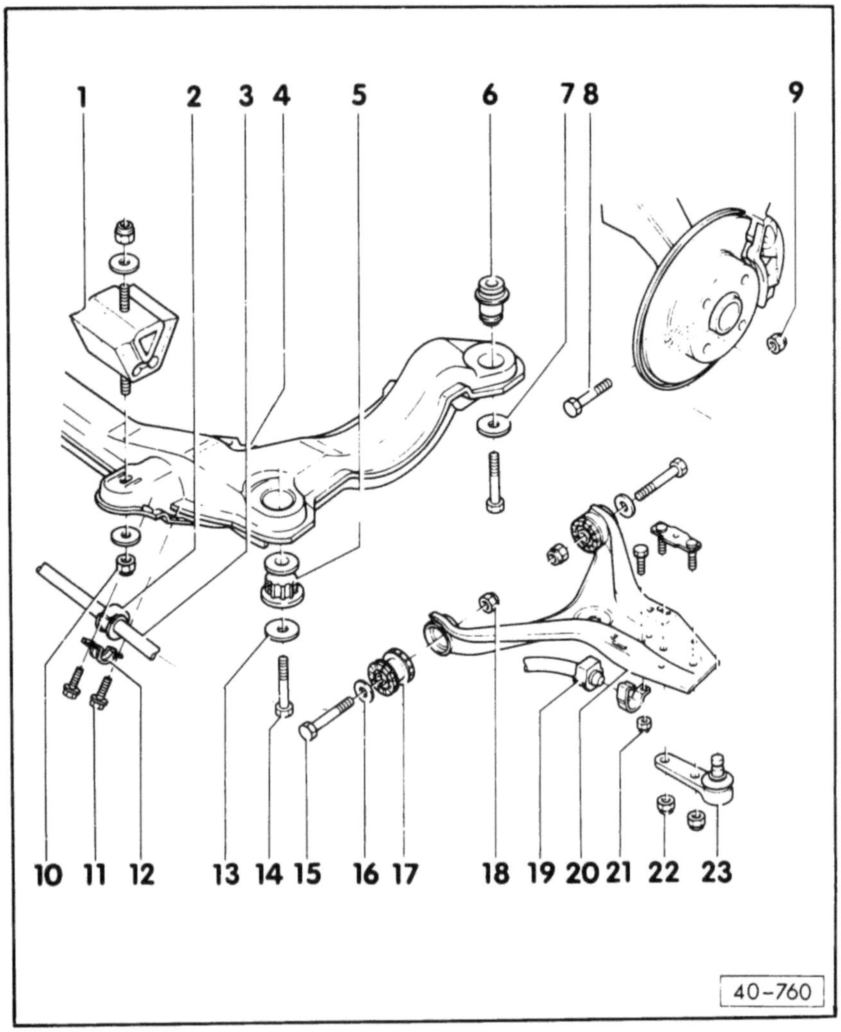

1 – **Gummimetallager**
An Motorstütze und Aggregateträger anschrauben.

2 – **Stabilisatorlager**

3 – **Stabilisator**
Einbaulage: Schenkel nach unten durchgebogen. Zum Anschrauben muß das Fahrzeug auf den Rändern stehen.

4 – **Aggregateträger**
Befestigungsschrauben am Aufbau in folgender Reihenfolge festziehen (in Fahrtrichtung gesehen): 1. links hinten, 2. rechts hinten, 3. links vorn, 4. rechts vorn.

5 – **Lager für Aggregateträger vorn**

6 – **Lager für Aggregateträger hinten**

7 – **Unterlegscheibe**
Grundsätzlich erneuern.

8 – **Sechskantschraube**
Grundsätzlich ersetzen, Schraubenkopf zeigt in Fahrtrichtung.

9 – **Mutter, 65 Nm**
Selbstsichernd, immer ersetzen.

10 – **Mutter, 40 Nm**
Selbstsichernd, immer ersetzen.

11 – **Schraube, 35 Nm**
Selbstsichernd, immer ersetzen.

12 – **Schelle**
Beim Befestigen auf richtigen Sitz des Stabilisatorlagers achten.

13 – **Unterlegscheibe**
Grundsätzlich erneuern.

14 – **Sechskantschraube**
Grundsätzlich ersetzen. Anzugsdrehmoment für Schraube M10x1,5: **35 Nm,** anschließend ¼ **Umdrehung (90°)** weiterdrehen, Schraube M12x1,5: **70 Nm**, anschließend Schraube ¼ **Umdrehung (90°)** weiterdrehen.

15 – **Sechskantschraube**
Grundsätzlich ersetzen.

16 – **Unterlegscheibe**
Grundsätzlich erneuern.

17 – **Lager für Achslenker**

18 – **Mutter, 40 Nm + 90° weiterdrehen**

19 – **Stabilisatorlager**
Mit Talkum einsetzen.

20 – **Achslenker**

21 – **Mutter, 25 Nm**
Selbstsichernd, immer ersetzen.

22.– **Mutter, 65 Nm**
Selbstsichernd, immer ersetzen.

23 – **Achsgelenk**
Einbaulage kennzeichnen, dazu Achsgelenk und Achslenker reinigen und Achsgelenk mit Filzstift umkreisen. Die Abkröpfung am Achsgelenk zeigt in Fahrtrichtung. Bei der Demontage aus dem Radlagergehäuse, Schlitz am Radlagergehäuse nicht aufweiten. Nach dem Einbau Sturz einstellen. Zapfen ∅ = 17 mm, bei geschmiedetem Radlagergehäuse: ∅ = 19 mm.

Federbein aus- und einbauen

Seit 9/88, ab FG-Nr. 89JA377713

Radlagergehäuse in Schmiedeausführung und Federbein sind miteinander verschraubt.

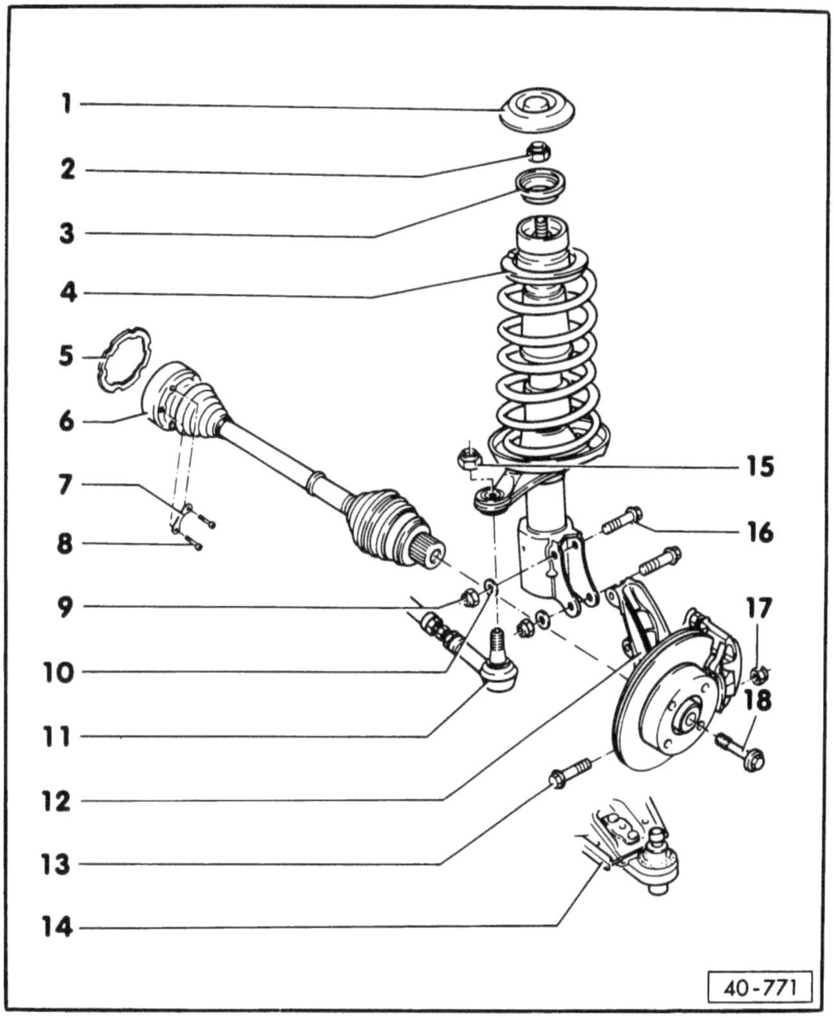

1 – **Abdeckkappe**

2 – **Mutter, 60 Nm**
Selbstsichernd, daher grundsätzlich ersetzen.

3 – **Anschlag**

4 – **Federbein**
Zum Ausbauen braucht die Gelenkwelle nicht ausgebaut zu werden. Nach dem Einbau Vorderachse vermessen lassen.

5 – **Dichtung**
Immer ersetzen. Schutzfolie abziehen und in das Gelenk einkleben.

6 – **Gelenkwelle**
Seit 9.88 nicht mehr mit Radnabe verklebt. Zum Ausbauen an der Flanschwelle abschrauben, sowie Befestigungsschraube Radnabe/Gelenkwelle ausschrauben. Zum Herausnehmen Lenkung entsprechend einschlagen.
Achtung: Bei demontierter Gelenkwelle darf das Fahrzeug nicht geschoben werden, da bei fehlender axialer Vorspannung die Radlager beschädigt werden.

7 – **Unterlegplatte**

8 – **Zylinderschraube**
Anzugsdrehmoment für Schraube M8: **45 Nm**; M10: **80 Nm**.

9 – **Mutter**
Selbstsichernd, immer ersetzen. Anzugsdrehoment: Fahrgestellnummer bis 89 LA 141 409: **80 Nm + ¼ Umdrehung (90°) weiterdrehen**; Fahrgestellnummer ab einschließlich 89 LA 141 409: **80 Nm + ½ Umdrehung (180°) weiterdrehen**.

10 – **Unterlegscheibe**

11 – **Spurstange**
Mit Zweiarmabzieher vom Lenkhebel abdrücken.

12 – **Radlagergehäuse mit Radnabe**
Zum Ausdrücken des Gelenkzapfens auf keinen Fall Schlitz im Radlagergehäuse (Sitz für Gelenkzapfen) aufweiten.

13 – **Sechskantschraube**
Grundsätzlich ersetzen; Schraubenkopf zeigt in Fahrtrichtung.

14 – **Achslenker mit Führungsgelenk**
Beim Ausbau des Führungsgelenks, Schlitz im Radlagergehäuse nicht aufweiten. Gelenkzapfendurchmesser des Führungsgelenks 19,0 mm.

15 – **Mutter, 30 Nm**
Selbstsichernd, immer ersetzen.

16 – **Sechskantschraube**
Grundsätzlich ersetzen.

17 – **Mutter, 65 Nm**
Selbstsichernd, daher grundsätzlich ersetzen.

18 – **Sechskant-Kombischraube**
Schraube M14x1,5: **120 Nm + 90°** weiterdrehen.
Schraube M16x1,5: **200 Nm + 90°** weiterdrehen.
Grundsätzlich ersetzen. **Achtung:** Schraube nur Lösen oder Festziehen, solange das Fahrzeug mit den Rädern auf dem Boden steht (Unfallgefahr!).

Federbein aus- und einbauen

Bis 8/88, bis FG-Nr. 89JA377712

Ausbau

- Radzierblende abnehmen.
- Befestigungsmutter für Radnabe an Gelenkwelle abschrauben und mit Scheibe abnehmen. **Achtung:** Das Fahrzeug muß dabei auf dem Boden stehen. Unfallgefahr!
- Radschrauben lösen, Fahrzeug aufbocken, Rad abnehmen, siehe Seite 273.

Achtung: Bei Fahrzeugen mit Radlagergehäuse in Schmiedeausführung kann das Federbein vom Radlagergehäuse abgeschraubt werden. In diesem Fall braucht die Gelenkwelle nicht ausgebaut zu werden. Vor dem Ausbau Lage der Schrauben kennzeichnen, dazu Schraubenköpfe mit Reißnadel umkreisen.

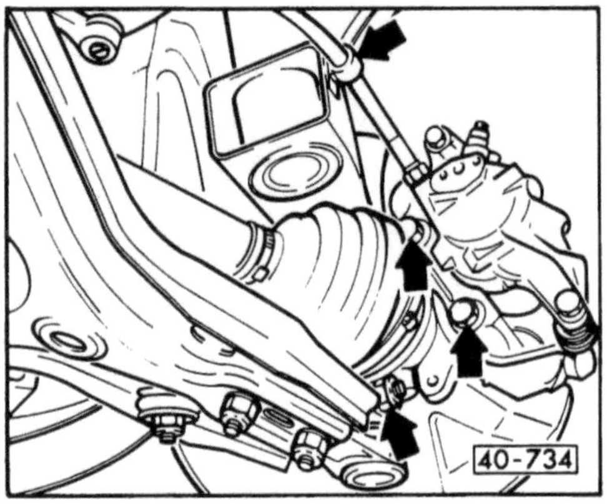

- Bremssattel abschrauben.
- Halter für Bremsschlauch abziehen und Bremssattel am Aufbau mit Bindedraht befestigen. **Achtung:** Nicht den Bremsschlauch vom Bremssattel lösen.
- Bremsscheibe abnehmen.
- Befestigungsschraube Führungsgelenk-Radlagergehäuse ausbauen.

- Selbstsichernde Mutter für Spurstangenkopf lösen, Spurstangengelenk mit handelsüblichem Ausdrücker abdrücken, Mutter vollständig abschrauben.

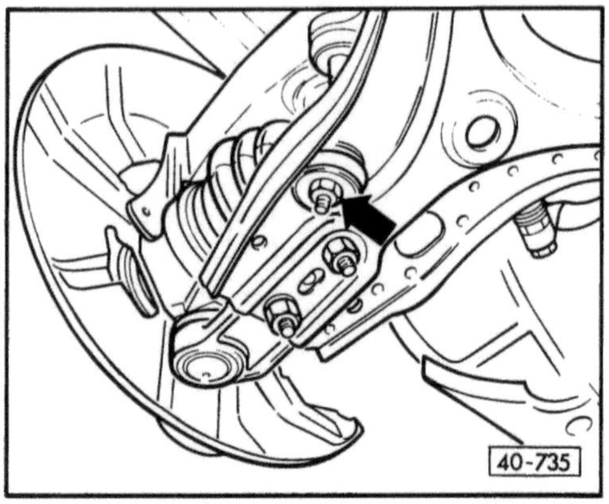

- Mutter von der Koppelstange abschrauben.
- Achslenker nach unten drücken und damit Gelenkzapfen aus dem Radlagergehäuse herausdrücken.
- Bei Fahrzeugen mit ABS (Antiblockiersystem) Drehzahlfühler am Radlagergehäuse abschrauben und herausnehmen. Leitung vom Halter am Radlagergehäuse abziehen.

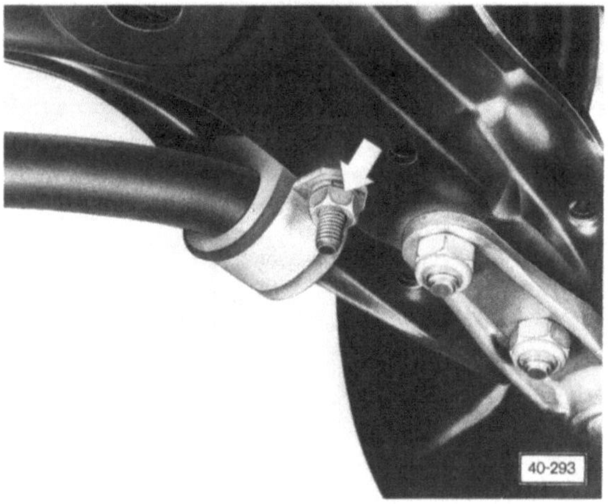

- Bei Fahrzeugen mit mechanischer Lenkung Stabilisator ausbauen.
- Gelenkwelle aus dem Radlagergehäuse herausziehen, siehe Seite 144.
- Federbein unten mit Wagengeber abstützen oder gegen Herunterfallen sichern.
- Im Motorraum Abdeckung für Federbein abnehmen.

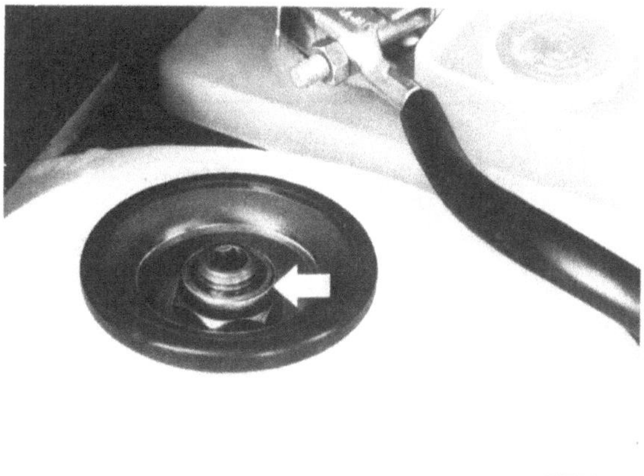

40-294

- Mutter von der Kolbenstange mit tiefgekröpftem Ringschlüssel abschrauben. Kolbenstange mit Innensechskantschlüssel SW 7 gegenhalten.

Einbau

Achtung: Grundsätzlich selbstsichernde Muttern für Achsgelenk, Stoßdämpfer und Spurstangenkopf erneuern.

- **Fahrzeuge mit geschmiedeten Radlagergehäusen:** Federbein am Radlagergehäuse anschrauben. Vorher Schrauben entsprechend der vor dem Ausbau angebrachten Markierungen ausrichten. **Neue** selbstsichernde Muttern mit **80 Nm** festziehen und anschließend 90° weiterdrehen. Unterlegscheiben nicht vergessen.

40-260

- Vor dem Einbau Verzahnung der Gelenkwelle und Radnabe mit Benzin reinigen (fett- und ölfrei) sowie alle Rückstände von Sicherungsmittel entfernen.
- Federbein von unten einsetzen, Dämpfungsring mit Talkum einpudern. Neue selbstsichernde Mutter für Stoßdämpfer aufschrauben, nicht festziehen.
- Verzahnung des äußeren Gelenkes mit V.A.G-Sicherungsmittel D6 ca. 5 mm rundum bestreichen und anschließend Gelenkwelle sofort in Federbein einsetzen. **Achtung:** Sicherungsmittel D6 nach dem Einbau mindestens 60 Minuten aushärten lassen. Erst dann kann eine Probefahrt vorgenommen werden.

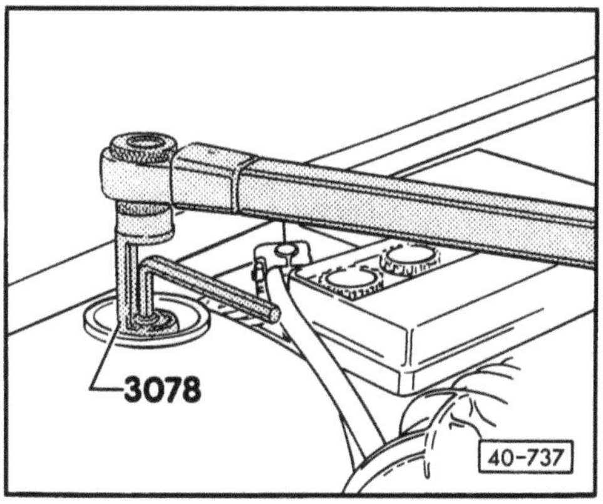

40-737

- Federbein oben mit **60 Nm** festziehen, dabei Kolbenstange mit Inbusschlüssel SW 7 gegenhalten. **Achtung:** Damit ein Drehmomentschlüssel angesetzt werden kann, wird das V.A.G-Werkzeug 3078 oder das HAZET-Werkzeug 2593-22 mit 2110-7 als Gegenhalter benötigt.
- Achslenker anheben, neue selbstsichernde Mutter für Achsgelenk mit 65 Nm anschrauben.
- Mutter für Koppelstange anschrauben, dabei an den Abflachungen der Koppelstange mit Gabelschlüssel gegenhalten. Die Abflachungen zeigen nach vorn und hinten.
- Stabilisator mit Wagenheber anheben und anschrauben, nicht festziehen.
- Spurstangengelenk einsetzen, neue selbstsichernde Mutter mit **30 Nm** festziehen.

Fahrzeuge mit ABS

- Drehzahlfühler mit **neuem** Rundschnurring und **neuer** PVC-Kappe vorsichtig bis zum Anschlag in die Bohrung des Radlagergehäuses einschieben. **Neue** selbstsichernde Innensechskantschraube mit **10 Nm** festziehen, dabei gleichzeitig Drehzahlfühler gegen das Radlagergehäuse drücken. **Achtung:** Durch Erneuern der PVC-Kappe (ET-Nr. 437 927 809) wird sichergestellt, daß zwischen Fühler und Rotor der richtige Luftspalt vorhanden ist. Die PVC-Kappe wird aufgeschoben.
- Leitung für Drehzahlfühler in den Halter am Radlagergehäuse einclipsen. Gegebenenfalls Halter mit 10 Nm anschrauben.

- Bremssattel mit **125 Nm** anschrauben. Bei Wiederverwendung der Schraube Verrippung reinigen.
- Halter für Bremsschlauch einschieben.
- Befestigungsmutter für Radnabe an Gelenkwelle aufschrauben, nicht festziehen. Vorher Gewinde mit Sicherungsmittel D6 bestreichen.
- Rad anschrauben.
- Fahrzeug abbocken.
- Radschrauben mit **110 Nm** festziehen.
- Mutter für Radnabe an Gelenkwelle mit **265 Nm** festziehen. **Achtung:** Das Fahrzeug muß dabei auf dem Boden stehen.
- Muttern und Schrauben für Stabilisator festziehen.
- Radblende aufdrücken.

Das Federbein

Seit 9.88/FG-Nr. 89JA377713

1 - **Nutmutter, 50 Nm**

2 - **Federbeinlager**
Wird als Ersatzteil mit integriertem Kugellager geliefert.

3 - **Federteller**

4 - **Unterlegscheibe**

5 - **Anschlagpuffer**
Unterschiedliche Ausführung zwischen Serien- und Schlechtwege-Ausführung.

6 - **Schutzhülle**

7 - **Schraubenfeder**

8 - **Federteller**
Mit Entlüftungsbohrungen.

9 - **Topf für Faltenbalg**

10 - **Unterlegscheibe**

11 - **Anschlagpuffer**

12 - **Faltenbalg**
Oben im Topf für Faltenbalg einknöpfen; unten über Schraubkappe ziehen.

13 - **Schraubkappe, 150 Nm**

14 - **Kolbenstange**

15 - **Nur für Fahrzeuge mit Schlechtwege-Ausführung**

16 - **Stoßdämpfer**
Einzeln austauschbar. Serienmäßig sind Naßdämpfer eingebaut. Bei Austausch werden Stoßdämpferpatronen eingebaut. Fahrzeuge mit Schlechtwegeausführung oder Sportfahrwerk sind serienmäßig mit Stoßdämpferpatronen ausgerüstet.

17 - **Stoßdämpfergehäuse**

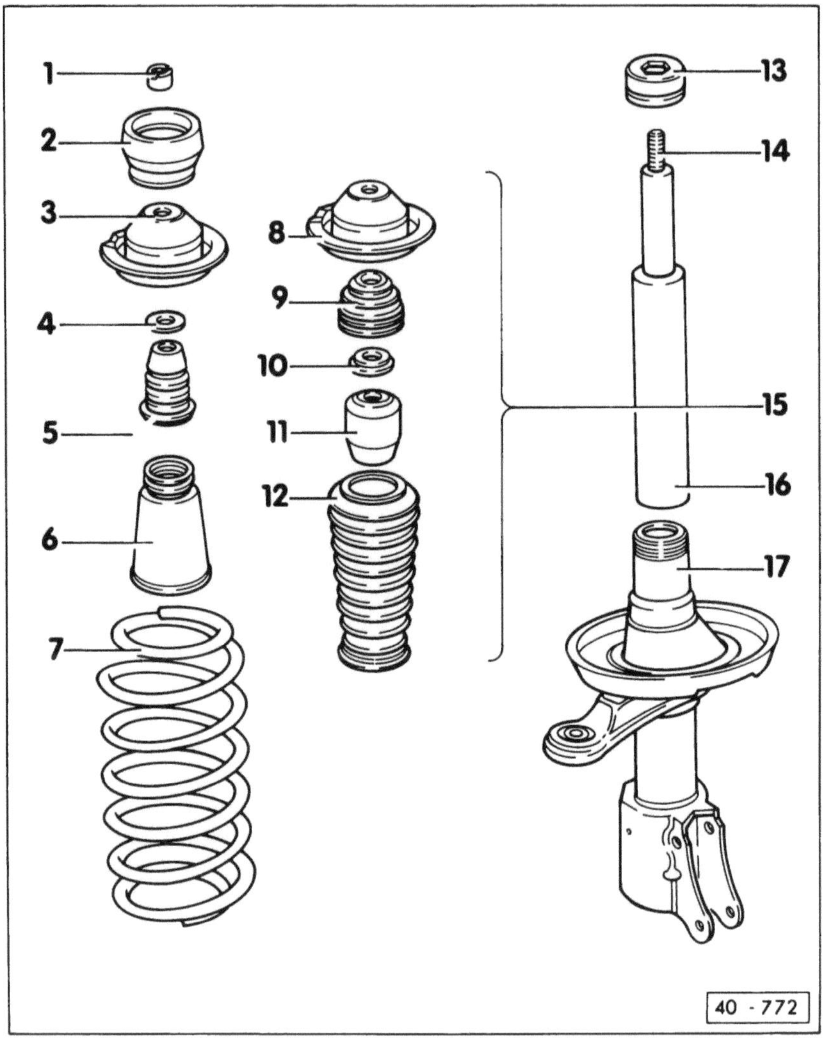

Stoßdämpfer aus- und einbauen/ Federbein zerlegen

- Federbein ausbauen, siehe Seite 139.
- Um den Stoßdämpfer ausbauen zu können, muß die Schraubenfeder vorgespannt werden. Die V.A.G-Werkstätten benutzen dazu eine Spezialvorrichtung.

Achtung: Auf keinen Fall Stoßdämpfer lösen, wenn die Feder nicht gespannt ist.

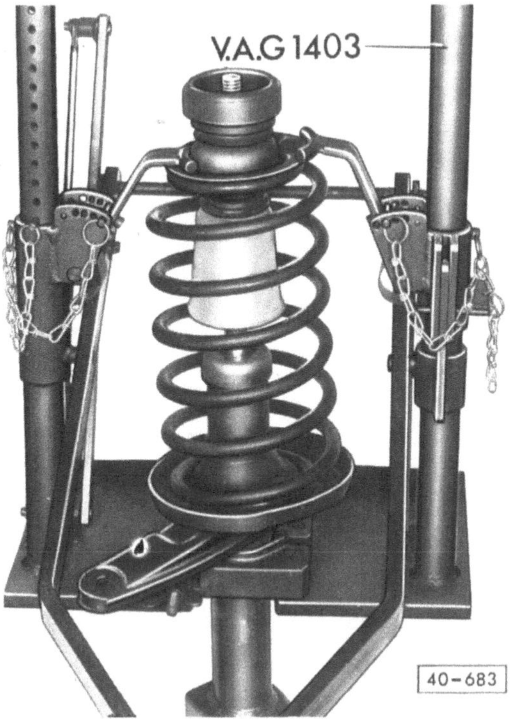

- Schraubenfeder mit geeigneter Vorrichtung spannen. **Achtung: Falls der Federspanner in die Windungen der Feder eingesetzt wird, darauf achten, daß die Federwindungen sicher umfaßt werden und der Federspanner nicht abrutschen kann. Feder grundsätzlich an 2 gegenüberliegenden Seiten spannen. Die Schraubenfeder steht unter großer Vorspannung, deshalb nur stabiles Werkzeug verwenden. Keinesfalls Feder mit Draht zusammenbinden. Unfallgefahr!**

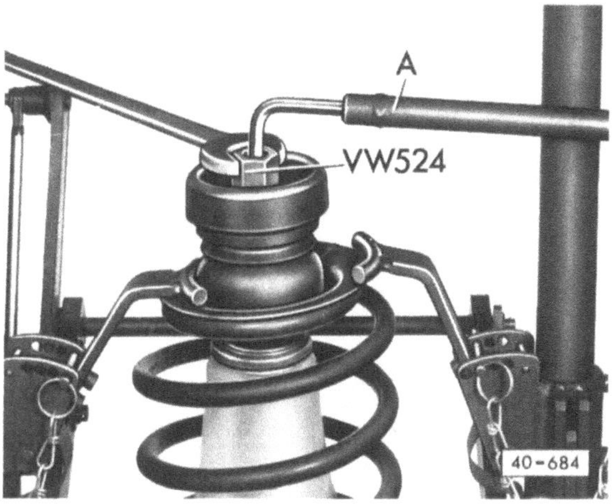

- Nutmutter mit Zange oder Spezialwerkzeug abschrauben.
- Feder entspannen.
- Federbeinlager, Federteller, Unterlegscheibe, Anschlagpuffer, Schutzhülle und Schraubenfeder abnehmen.

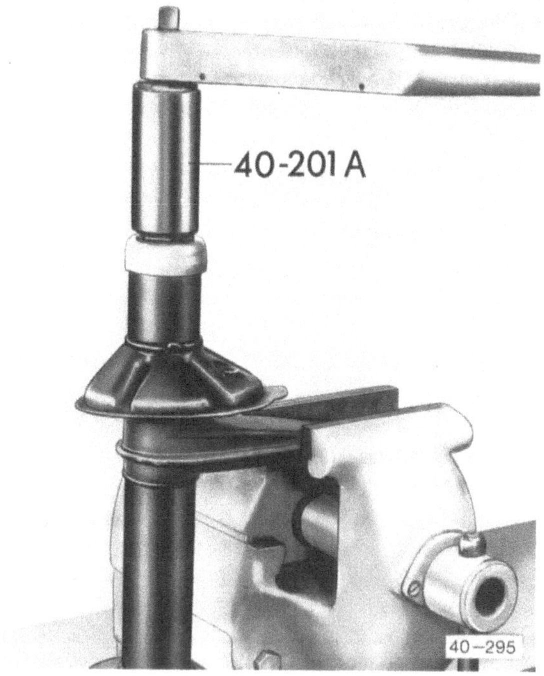

- Schraubkappe mit Werkzeug 40-201 A abschrauben.

Achtung: Serienmäßig sind Naßdämpfer eingebaut. Im Reparaturfall Kolben und Kolbenstange herausnehmen, Ölfüllung aus Gehäuse entleeren.

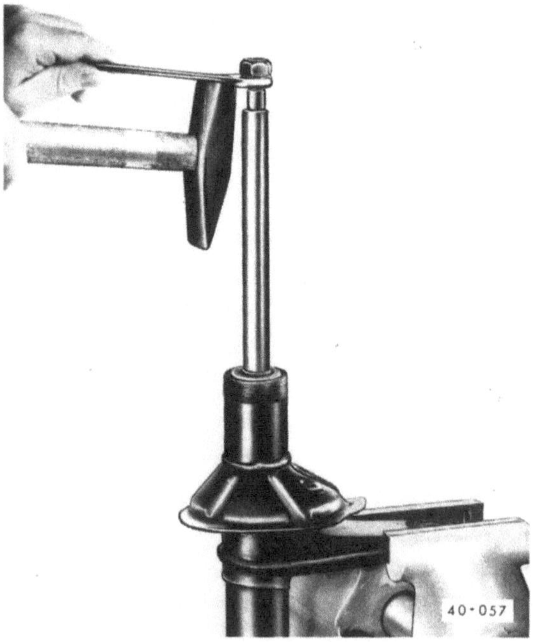

- Falls der Stoßdämpfer im Federbeinrohr korridiert ist (Reparatursatz), Stoßdämpfer mit Hammer und Schraubenschlüssel heraustreiben.

Einbau

Achtung: Es stehen Federn in verschiedenen Toleranzgruppen zur Verfügung. Nur Federn mit gleicher Kennung (Farbkennzeichnung) verwenden.

- Neue Stoßdämpferpatrone einsetzen. Wird der bisherige Dämpfer (Reparatursatz) wieder eingebaut, Stoßdämpfer prüfen, siehe Seite 154.
- Federbein nach Abbildung 40-763 zusammensetzen.
- Schraubenfeder mit geeigneter Spannvorrichtung spannen und in das Federbein einsetzen. Darauf achten, daß das Federende richtig in der Führung des Radlagergehäuses anliegt.
- Nutmutter mit **50 Nm** festziehen. Dazu entweder V.A.G-Werkzeug 3078 oder HAZET 2593-22 verwenden. Kolbenstange mit Inbusschlüssel, z. B. HAZET 2110-7, gegenhalten.
- Feder langsam entspannen.
- Federbein einbauen, siehe Seite 139.

Gelenkwelle aus- und einbauen

Ausbau

- Radzierblende abnehmen.
- Befestigungsmutter für Radnabe an Gelenkwelle abschrauben. **Achtung:** Das Fahrzeug muß dabei auf dem Boden stehen. Unfallgefahr!
- Scheibe abnehmen.
- Radschrauben lösen.
- Fahrzeug aufbocken, siehe Seite 273.
- Rad abnehmen.
- Abdeckung für Gelenkwelle ausbauen.

- Innenvielzahnschrauben am inneren Gelenk herausschrauben –Pfeil–. Hierzu wird ein Innenvielzahn-Steckschlüsseleinsatz benötigt, zum Beispiel HAZET 990 Lg-8, beim 100-kW-Motor: 990 Lg-10.
- Gelenkwelle vom Flansch abdrücken.

Nur Fahrzeuge mit Servolenkung

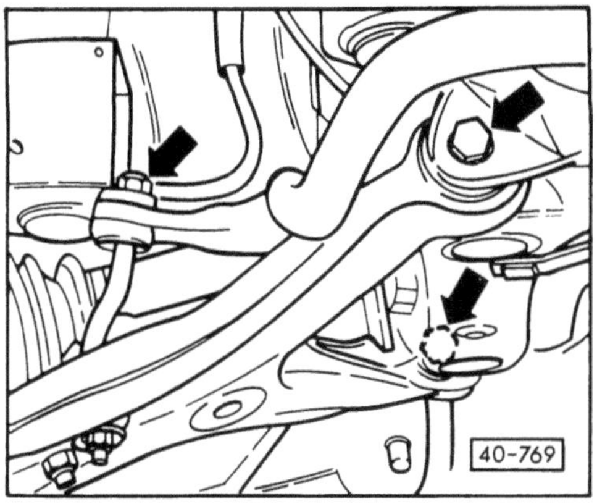

- Mutter von der Koppelstange abschrauben -Pfeil links-.
- Befestigungsschrauben Achslenker/Aggregateträger ausbauen.
- Achslenker nach unten drücken.

Achtung: Beim Herausdrücken der Gelenkwelle auf Freigang zwischen Gleichlaufgelenk innen und Getriebe achten. Gegebenenfalls Achsgelenk -23- in Abbildung 40-760 vom Radlagergehäuse abdrücken, vorher Klemmschraube abschrauben und herausnehmen.

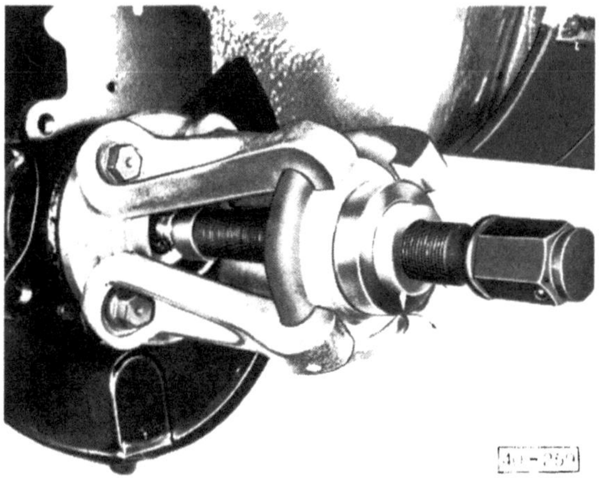

- Gelenkwelle mit handelsüblichem Abzieher aus Radnabe drücken. Möglicherweise läßt sich die Gelenkwelle nicht mit einem handelsüblichen Abzieher ausdrücken, da sie mit Sicherungsmittel D6 gesichert ist. Dann muß die Gelenkwelle mit einer hydraulischen Druckvorrichtung ausgedrückt werden.

Achtung: Beim Ausbau der Gelenkwelle auf keinen Fall Radnabe erwärmen, sonst kann das Radlager beschädigt werden. Grundsätzlich Abziehvorrichtung verwenden.

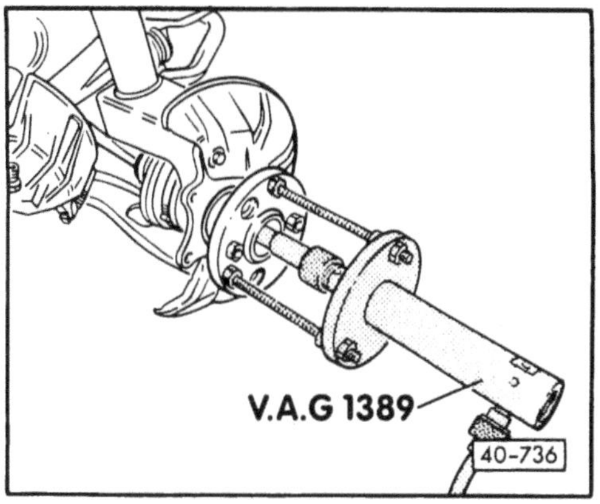

- Druckvorrichtung V.A.G 1389 mit zwei Radschrauben an Radnabe befestigen.
- Gelenkwelle mit hydraulischer Druckvorrichtung aus Radnabe ausdrücken.
- Druckvorrichtung abbauen.

Achtung: Bei demontierter Gelenkwelle darf das Fahrzeug nicht geschoben werden, da bei fehlender axialer Vorspannung die Wälzkörper des Radlagers beschädigt werden. Gegebenenfalls statt der Gelenkwelle ein Außengelenk einbauen. Bei Fahrzeugen mit **Servolenkung** muß zusätzlich der Achslenker am Aggregateträger und an der Koppelstange angeschraubt werden.

Nur Fahrzeuge mit mechanischer Lenkung

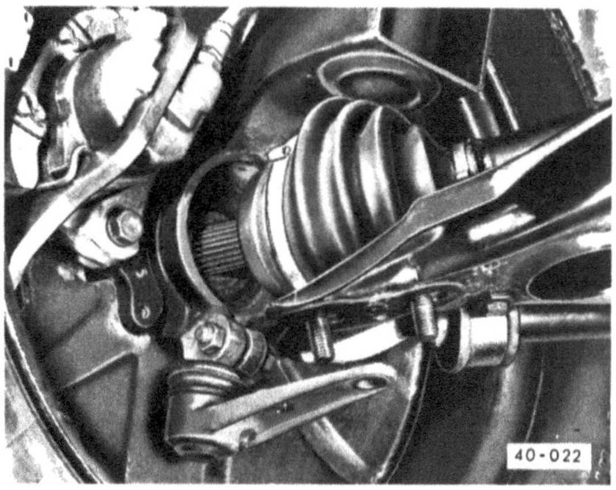

- Lage des Achsgelenkes zum Achslenker mit einer Reißnadel kennzeichnen. Dadurch wird anschließend die Sturzvermessung und Einstellung vermieden.
- Achsgelenk vom Achslenker abschrauben.

- Gelenkwelle herausnehmen.

Einbau

- Vor dem Einbau Verzahnung der Gelenkwelle und Radnabe mit Benzin reinigen (fett- und ölfrei) sowie alle Rückstände von Sicherungsmittel entfernen.

Achtung: Bei Fahrzeugen mit **Servolenkung** beim Einbauen der rechten Gelenkwelle Faltenbalg am Abschirmblech nicht beschädigen.

40-260

- Verzahnung des äußeren Gelenkes mit Sicherungsmittel -D6- ca. 5 mm rundum bestreichen.
- Gelenkwelle in Radnabe einsetzen und mit alter Mutter befestigen. Mutter nicht festziehen.
- Gelenkwelle am Getriebe anflanschen.
- Innenvielzahnschrauben für inneres Gleichlaufgelenk über Kreuz festziehen. Unterlegplatten nicht vergessen. Anzugsdrehmoment: M8-Schrauben: **45 Nm**; M10-Schrauben (100-kW-Motor): **80 Nm.**

Nur Fahrzeuge mit mechanischer Lenkung

40-070

- Achsgelenk wie auf der Abbildung gezeigt mit Rohrzange wieder in Einbaulage bringen und **neue selbstsichernden Muttern** mit **65 Nm** anziehen. Anriß beachten.

Achtung: Beim Anschrauben des Achsgelenkes an den Achslenker Faltenbalg des Achsgelenkes nicht beschädigen.

- **Fahrzeuge mit Servolenkung:** Achslenker am Aggregateträger und an der Koppelstange mit neuen Schrauben und Muttern anschrauben. Muttern **nicht** festziehen.
- Falls ausgebaut, Achsgelenk am Radlagergehäuse einsetzen und Klemmschraube mit **65 Nm** festziehen.
- Rad anschrauben.
- Fahrzeug abbocken.
- Radschrauben mit **110 Nm** festziehen.
- Achsmutter abschrauben und Gelenkwelle mit **neuer selbssichernder Mutter** und **265 Nm** anschrauben, Unterlegscheibe nicht vergessen. Gewinde vorher mit V.A.G-Sicherungsmittel D6 bestreichen.

Achtung: Das Fahrzeug muß dabei auf dem Boden stehen. Unfallgefahr!

- **Fahrzeuge mit Servolenkung: Neue selbstsichernde** Muttern für Achslenker an Aggregateträger mit **65 Nm** festziehen. **Neue selbstsichernde** Mutter für Koppelstange mit **20 Nm** anziehen.
- Radblende aufdrücken.
- Gegebenenfalls Sturzeinstellung überprüfen, siehe Seite 162.

Gelenkwelle zerlegen

Defekte Manschetten sofort erneuern. Zum Erneuern der Schutzhüllen muß die Gelenkwelle zerlegt werden. Falls Schmutz in das Fett eingedrungen ist, Gelenk auswaschen und mit neuem G6-Fett schmieren. Defekte Kugeln im Lager machen sich durch Lastwechselschlagen und Knackgeräusche bemerkbar. In diesem Fall Gelenke komplett erneuern.

Achtung: Bei demontierter Gelenkwelle darf das Fahrzeug nicht geschoben werden, da bei fehlender axialer Vorspannung die Wälzkörper des Radlagers beschädigt werden.

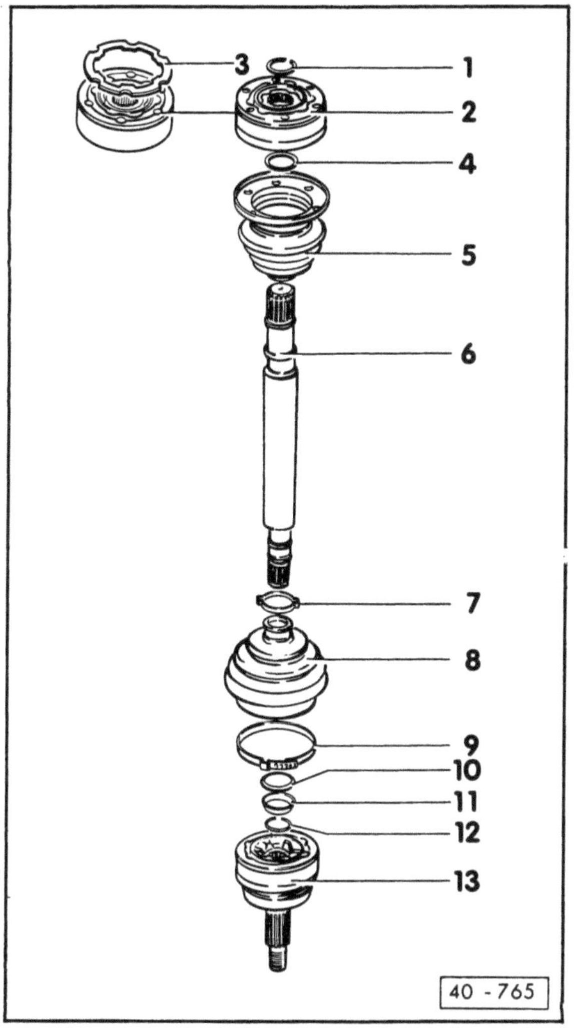

1 – **Sicherungsring**
2 – **Gleichlaufgelenk innen.** Außendurchmesser bei Motoren mit 55–66 kW: 90 mm; 82–85 kW: 100 mm; 100 – 125 kW: 108 mm. Gleichlaufgelenk nur komplett ersetzen.
3 – **Dichtung.** Nur bei Motoren mit 82–125 kW vorhanden. Verzahnung in der Nabe ist länger. Dichtung immer ersetzen.
4 – **Tellerfeder.** Beim 100-kW-Motor nicht vorhanden.
5 – **Gelenkschutzhülle mit Kappe**
6 – **Welle.** Unterschiedliche Länge je nach Getriebeausführung.
7 – **Klemme**
8 – **Gelenkschutzhülle**
9 – **Schlauchbinder**
10 – **Tellerfeder**
11 – **Abstandscheibe**
12 – **Sicherungsring**
13 – **Gleichlaufgelenk außen**

Zerlegen

- Gelenkwelle ausbauen.
- Schlauchbinder an beiden Gelenkschutzhüllen mit Seitenschneider aufschneiden und abnehmen. Gelenkschutzhülle zurückschieben.

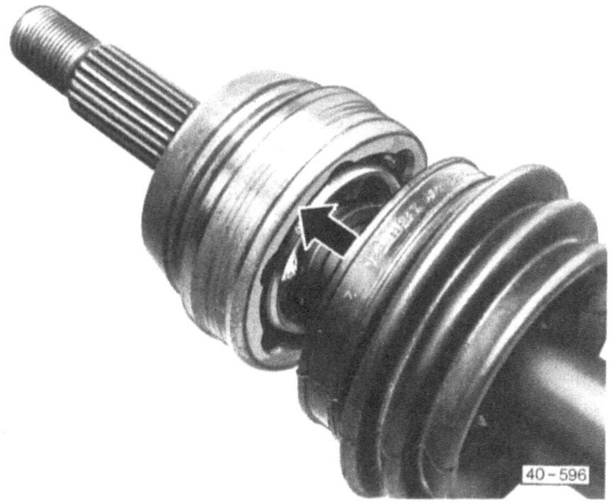

- Äußeres Gelenk: Durch kräftigen Schlag mit einem **Leichtmetallhammer** Gelenk von der Gelenkwelle abtreiben.

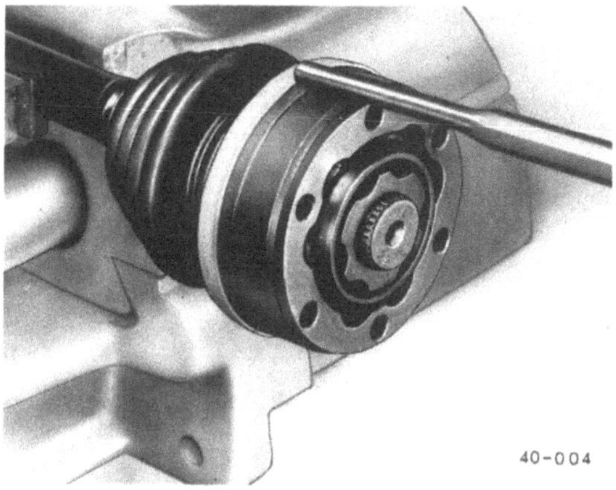

- Inneres Gelenk: Mit geeignetem Dorn Schutzkappe vom Gelenk abtreiben.

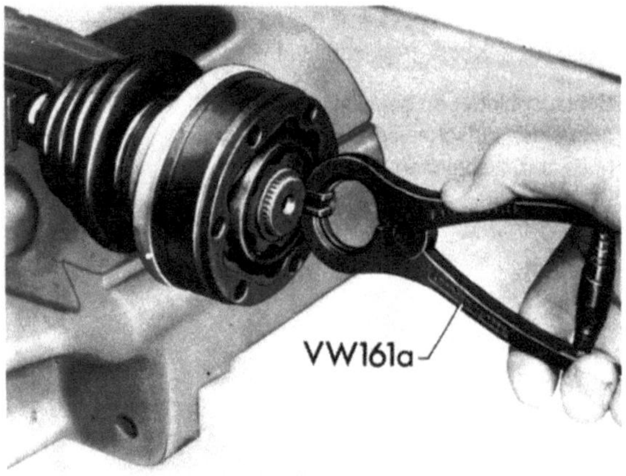

40-003

- Inneres Gelenk: Sicherungsring mit geeigneter Zange, z. B. VW-161a oder HAZET 2525K, ausfedern.

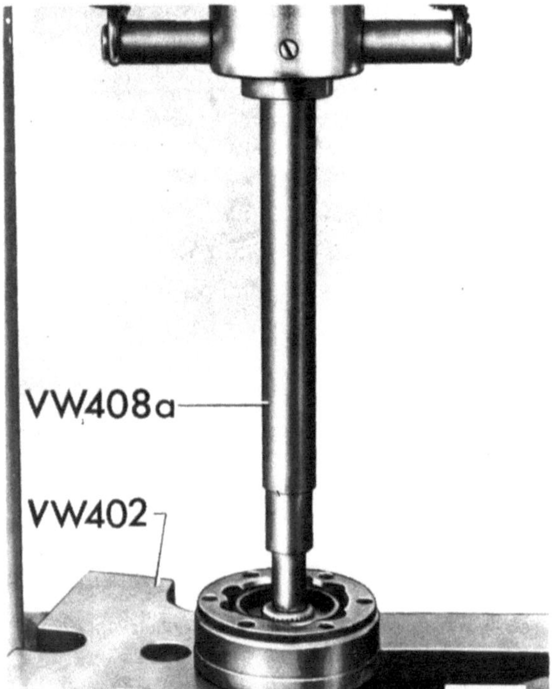

- Inneres Gelenk mit geeigneter Presse abpressen, dabei die innere Kugelnabe abstützen.
- Tellerfeder und Gelenkschutzhülle von der Welle abnehmen. **Achtung:** Es gibt Tellerfedern mit und ohne Innenverzahnung. Beim Einbau gleiche Ausführung verwenden. Der 100-kW-Motor (136 PS) besitzt keine Tellerfeder.
- Inneres Gelenk: Bei Motoren mit 82 – 100 kW (112 – 136 PS) zusätzliche Dichtung entfernen.

Zusammenbau

- Spröde oder defekte Gelenkschutzhüllen erneuern.
- Gelenkschutzhülle mit Schlauchbinder für inneres Gelenk auf die Welle schieben.

- Inneres Gelenk: Tellerfeder auf die Welle schieben. Dabei Tellerfeder lagerichtig aufsetzen. Der große Durchmesser der Tellerfeder stützt sich am Gelenk ab.
- Inneres Gelenk fetten:
  55 – 85 kW-Motor: **90 Gramm G6-Schmierfett** – je 45 g von jeder Seite;
  100 kW-Motor bis 1.90: **120 g G6-Fett**
  100/125 kW-Motor seit 2.90: **250 g G000604-Fett**
  Wenn nur die Gelenkschutzhülle erneuert wird, gegebenenfalls Gelenk nur nachfetten.

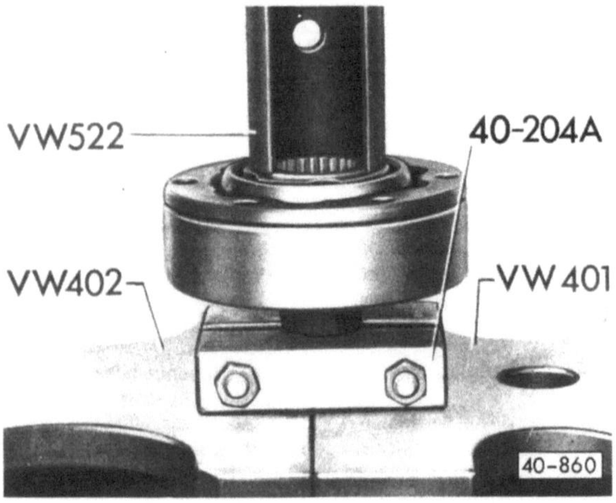

- Inneres Gelenk mit geeigneter Presse bis zum Anschlag aufpressen. **Achtung:** Fase am Innendurchmesser der Kugelnabe (Verzahnung) muß zum Anlagebund der Gelenkwelle zeigen.
- Neuen Sicherungsring mit VW 161a oder HAZET 2525K in die Nut der Welle einfedern.
- Inneres Gelenk: Saubere Stirnseite der Kappe für Gelenkschutzhülle mit V.A.G-Dichtmittel D3 bestreichen. Kappe auf Lager auftreiben.
- Gelenkschutzhülle für äußeres Lager mit Schlauchbinder und Klemme auf die Welle schieben.
- Äußeres Gelenk fetten:
  55 – 100 kW-Motor: **90 Gramm G6-Schmierfett**, 40 g in das Gleichlaufgelenk drücken und 50 g in die Gelenkschutzhülle verteilt einfüllen.
  125 kW-Motor: **120 g G6-Fett**, 80 g in das Gleichlaufgelenk drücken und 40 g in die Gelenkschutzhülle verteilt einfüllen.
  Wenn nur die Gelenkschutzhülle erneuert wird, gegebenenfalls Gelenk nur nachfetten.

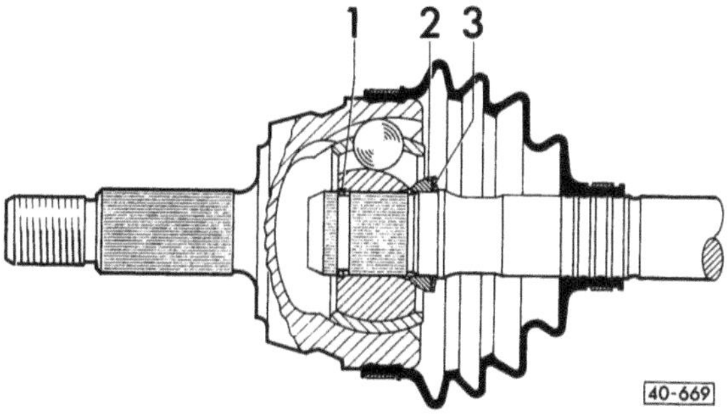

- Tellerfeder –3– und Abstandscheibe –2– lagerichtig auf die Welle setzen. Der große Durchmesser der Tellerfeder stützt sich an der Abstandscheibe ab. Abstandscheibe zeigt mit balliger Seite zum Gelenk.
- Neuen Sicherungsring –1– in die Ringnut der Welle einsetzen. Sicherungsring mit Gummihammer auf die Welle treiben, bis er in die Nut einrastet.
- Gleichlaufgelenk mit Kunststoff- oder Leichtmetallhammer auf die Welle auftreiben, bis der Sicherungsring einrastet.

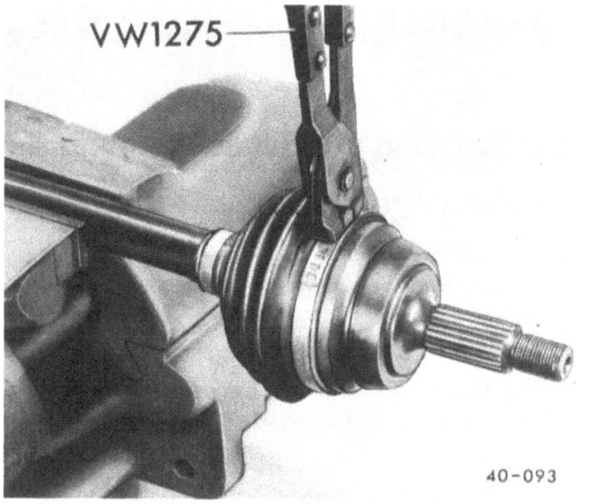

- Gelenkschutzhülle in richtige Lage bringen, Schlauchbänder festklemmen.

Achtung: Die Gelenkschutzhülle wird beim Aufsetzen auf den Gelenkkörper häufig eingedrückt. Dadurch entsteht in der Gelenkschutzhülle ein Unterdruck, der im Fahrbetrieb eine Falte nach innen zieht. Deshalb nach der Montage Schutzhülle am kleinen Durchmesser kurz mit einem Schraubendreher anlüften und so für einen Druckausgleich sorgen.

- Inneres Gelenk: Bei Motoren mit 82 – 100 kW (112 – 136 PS) neue Dichtung in das Gelenk einkleben, vorher Schutzfolie von der Dichtung abziehen.

Wartungsarbeiten an der Vorderachse

Sichtprüfung der Radaufhängung

Manschetten der Gelenkwellen prüfen

- Fahrzeug aufbocken.
- Auf sichtbare Fettspuren an den Manschetten und in deren Umgebung achten.
- Festen Sitz der Klemmschellen prüfen.
- Gummi der Manschette mit Lampe auf Porosität, Risse oder Scheuerstellen untersuchen. Dabei Räder nach beiden Seiten einschlagen. Beschädigte Gelenkschutzhüllen umgehend erneuern.
- Sollte die Manschette durch Unterdruck im Gelenk nach innen gezogen oder defekt sein, so ist sie umgehend auszutauschen.

Staubkappen der Achsgelenke prüfen

- Staubkappen mit Lampe auf Beschädigungen prüfen, dabei auf Fettspuren an der Kappe und in deren Umgebung achten.
- Ist bereits Schmutz durch eine beschädigte Staubkappe in das Gelenk eingedrungen, betreffendes Gelenk umgehend ersetzen.
- Stoßdämpfer auf Ölspuren überprüfen. Ein geringer Ölfilm an der Kolbenstange ist normal.

Achsgelenke auf Spiel überprüfen

- Achsgelenk mit Montierhebel wechselseitig belasten.
- Wenn Spiel vorhanden ist, Achsgelenk auswechseln.

Die Hinterachse

Die Hinterachse des Audi 80/90 mit Frontantrieb besteht aus einem U-Rohr, in dem ein Torsionsrohr verschweißt ist. Das Torsionsrohr wirkt als Stabilisator und verringert die Kurvenneigung des Fahrzeugs. An dem U-Profil ist auf jeder Seite ein Längslenker angeschweißt, der die Bremskräfte abstützt. Die Längslenker sind in Gummimetallagern am Aufbau befestigt.

Eine zusätzliche Diagonalstrebe, am Fahrzeugaufbau und am Hinterachskörper befestigt, übernimmt die seitliche Abstützung der Hinterachse. Die Abfederung der Hinterachse geschieht über 2 Federbeine.

Achtung: Schweiß- und Richtarbeiten am Achskörper sind nicht zulässig.

1 – **Mutter, 100 Nm**
Selbstsichernd, daher ersetzen. Zum Festziehen muß das Fahrzeug auf den Rädern stehen.

2 – **Gummimetallager**

3 – **Mutter, 80 Nm**
Selbstsichernd, daher ersetzen. Zum Festziehen muß das Fahrzeug auf den Rädern stehen.

4 – **Handbremsseil**

5 – **Gummimetallager**

6 – **Diagonalstrebe**
Zum Festziehen muß das Fahrzeug auf den Rädern stehen.

7 – **Hinterachskörper**

8 – **Feder für Bremskraftregler**

9 – **Mutter, 20 Nm**

10 – **Federbein**

11 – **Mutter, 60 Nm**
Selbstsichernd, daher ersetzen.

12 – **Mutter, 90 Nm**
Selbstsichernd, daher ersetzen. Zum Festziehen muß das Fahrzeug auf den Rädern stehen.

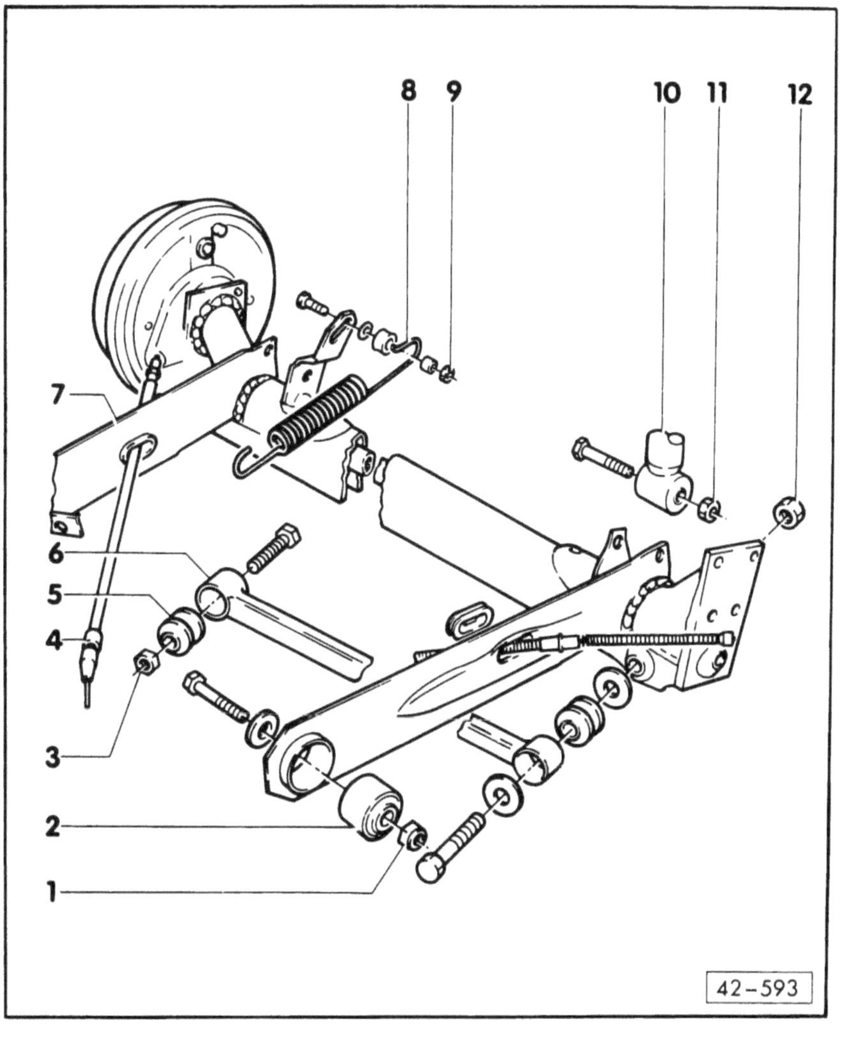

Federbein hinten aus- und einbauen/zerlegen

1 – Schraubenfeder

2 – Dämpfungsring

3 – Gummilager

4 – Mutter, 30 Nm
Selbstsichernd, immer erneuern.

5 – Gummilager

6 – Anschlagpuffer
Unterschiedlich bei Fahrzeugen in Serien- und Schlechtwege-Ausführung.

7 – Schutzhülle

8 – Abdeckkappe

9 – Federteller

10 – Stoßdämpfer
Einzeln austauschbar.

11 – Mutter, 60 Nm
Selbstsichernd, immer erneuern.

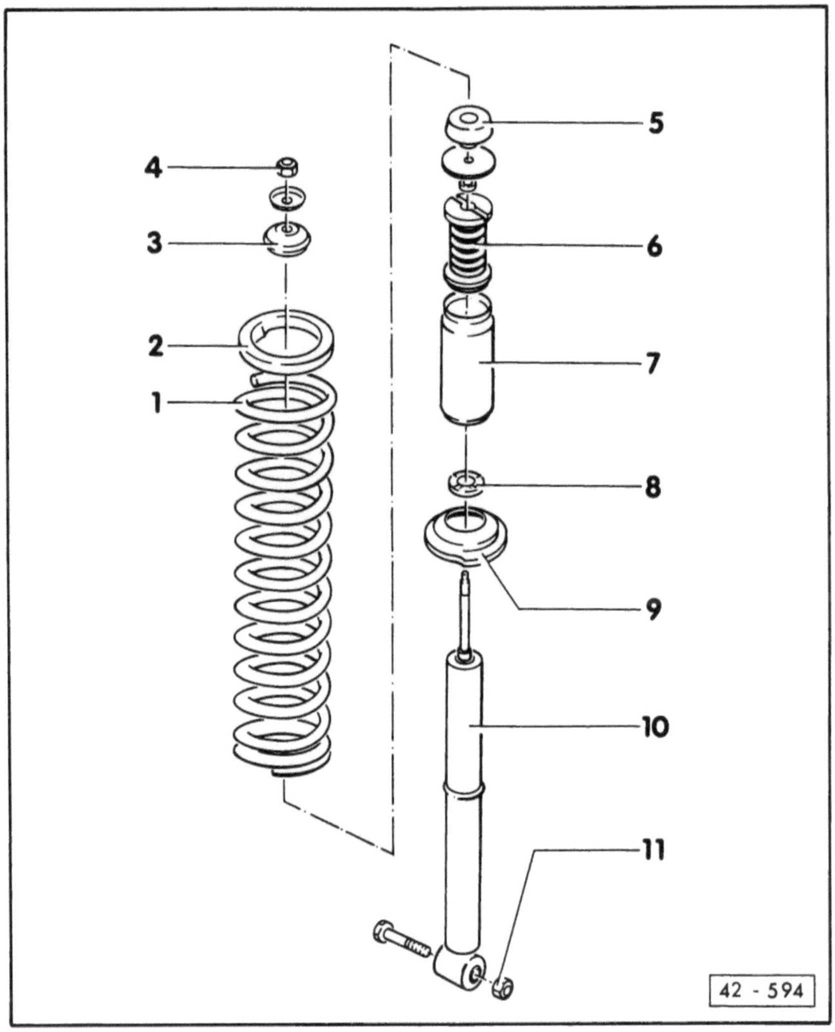

Ausbau

Achtung: Jeweils nur das Federbein auf einer Seite aus- und einbauen, da sonst die Bremsschläuche überdehnt werden.

- Fahrzeug auf den Rädern stehen lassen.
- Kofferraumverkleidung lösen.
- Abdeckkappe für Federbein abnehmen.
- Mutter von der Kolbenstange abschrauben, dabei Kolbenstange mit Maulschlüssel gegenhalten. **Achtung:** Dabei muß das Fahrzeug auf den Rädern stehen.
- Fahrzeug aufbocken, siehe Seite 273.

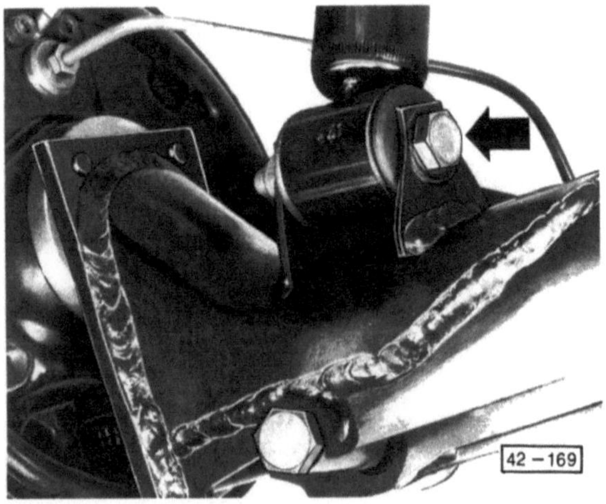

- Befestigungsschraube unten herausdrehen.
- Federbein herausnehmen.

Zerlegen

- Beim Lösen der Sechskantmutter Kolbenstange mit Maulschlüssel oder Zange gegenhalten.

Einbau

- Der Stoßdämpfer ist einzeln austauschbar. Stoßdämpfer prüfen, siehe Seite 154.

Achtung: Die Schraubenfedern gibt es in verschiedenen Toleranzgruppen. An einer Achse nur Federn gleicher Toleranzgruppe (gekennzeichnet durch Farbe) verwenden.

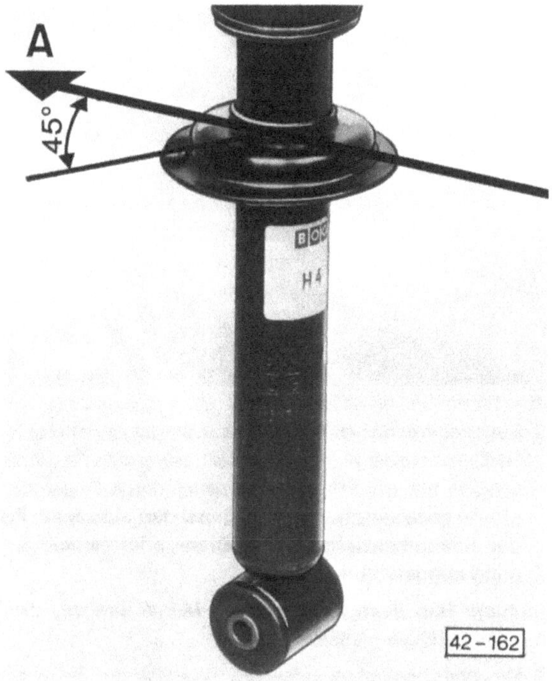

42–162

- Federteller auflegen. Die Stufe des Federtellers zeigt in Fahrtrichtung –A– gesehen 45° nach links.
- Schraubenfeder und Stoßdämpfer gemäß Übersichtsbild 42-594 zusammensetzen.
- Gummilager und Dämpfungsring für Federbein einsetzen, Gummilager oben im Kofferraum auf Stoßdämpferstange aufsetzen, Teller auflegen und neue selbstsichernde Mutter einige Gewindegänge aufschrauben. Gummilager und Dämpfungsring grundsätzlich mit Talkum einsetzen.
- Stoßdämpfer unten einsetzen. Gegebenenfalls Rad mit Wagenheber langsam anheben. **Neue** selbstsichernde Mutter verwenden und mit 60 Nm festziehen.
- Fahrzeug abbocken, Mutter für Stoßdämpferstange oben im Kofferraum mit 30 Nm festziehen, dabei Kolbenstange des Stoßdämpfers mit Maulschlüssel gegenhalten.
- Man kann auch erst das Federbein unten befestigen und dann das betreffende Rad mit einem Werkstattwagenheber langsam anheben und gleichzeitig die Stoßdämpferstange oben in die Aufnahme einführen.

Stoßdämpfer prüfen

Der Stoßdämpfer kann von Hand geprüft werden.

- Stoßdämpfer ausbauen.
- Stoßdämpfer in Einbaulage halten, Stoßdämpfer auseinanderziehen und zusammendrücken.
- Der Stoßdämpfer muß sich über den gesamten Hub gleichmäßig schwer und ruckfrei bewegen lassen.
- Defekte Dämpfer erkennt man auch während der Fahrt an Polter- und Knackgeräuschen. Allerdings haben diese Geräusche häufig auch andere Ursachen, zum Beispiel lokkere Schrauben, Muttern, defektes Radlager, Gleichlaufgelenk. Daher Dämpfer vor dem Ersetzen immer prüfen, gegebenenfalls am Stoßdämpferprüfstand prüfen lassen.
- Bei einwandfreier Funktion sind geringe Spuren von Stoßdämpferöl kein Grund zum Austausch. Als Faustregel gilt: Wenn ein Ölfleck sichtbar ist und sich nicht weiter ausbreitet als vom oberen Stoßdämpferverschluß (Kolbenstangendichtring) bis zum unteren Federteller, gilt der Dämpfer als in Ordnung. Voraussetzung ist, daß der Ölfleck stumpf, matt beziehungsweise durch Staub getrocknet ist. Ein geringfügiger Ölaustritt ist sogar von Vorteil, weil dadurch der Dichtring geschmiert wird und sich somit die Lebensdauer erhöht.
- Bei starkem Ölverlust Stoßdämpfer austauschen.

Radlager aus- und einbauen

Ausbau

- Fahrzeuge mit **Trommelbremse:** Hinterrad und Bremstrommel ausbauen, siehe Seite 172.
- Fahrzeuge mit **Scheibenbremse:** Bremsscheibe und Radnabe ausbauen, siehe Seite 172.
- Radlager abnehmen und in Benzin reinigen.
- Lagerlaufringe mit Kupferdorn austreiben. Dabei Dorn kreisförmig an verschiedenen Stellen des Laufringes ansetzen, um ein Verkanten zu verhindern.

Achtung: Nur einwandfreien Dorn benutzen, damit sich kein Grat am Laufringsitz bilden kann.

- Achszapfen und Bremstrommel beziehungsweise Radnabe mit sauberem Lappen und Spiritus reinigen.

Einbau

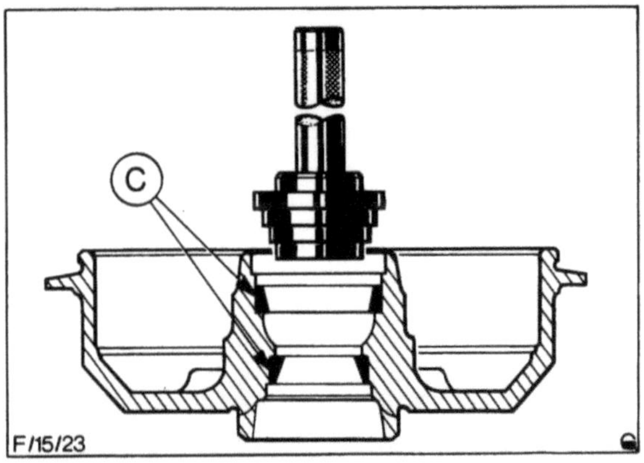

F/15/23

- Lagerlaufringe –C– bis zum Anschlag eintreiben. Die Werkstatt verwendet hierzu das Werkzeug VW-432 bei Fahrzeugen mit Trommelbremse beziehungsweise VW-512 und 30-506 bei Fahrzeugen mit Scheibenbremse. Steht das Spezialwerkzeug nicht zur Verfügung, Laufring mit geeignetem Rohr vorsichtig eintreiben.
- Kegelrollenlager mit Radlagerfett (Lithiumfett) füllen.
- Inneres Lager einsetzen.
- Dichtring mit Radlagerfett zwischen den Dichtlippen einfetten.

Fahrzeuge mit Trommelbremse

- Dichtring mit geeignetem Rohr eintreiben.
- Bremstrommel einbauen und dabei auch äußeres Kegelrollenlager einsetzen, siehe Seite 172.

Fahrzeuge mit Scheibenbremse

- Dichtring mit Kunststoffhammer bis zum Anschlag eintreiben.
- Radnabe mit Radlagerfett füllen und mit äußerem Kegelrollenlager einsetzen, siehe Seite 172.

- Radlagerspiel einstellen.
- Hinterrad einbauen und Radschrauben mit **110 Nm** festziehen.

Radlagerspiel einstellen

- Radschrauben lösen.
- Fahrzeug hinten aufbocken, siehe Seite 273.
- Hinterrad abnehmen.
- Schutzkappe mit Gummihammer abschlagen oder mit Schraubendreher abhebeln.
- Splint herausziehen und Kronensicherung abnehmen.

46-423

- Sechskantmutter leicht lösen und wieder anziehen. Das Radlagerspiel ist richtig eingestellt, wenn sich die Druckscheibe mit einem Schraubenzieher durch Fingerdruck –Pfeil– noch verschieben läßt. **Dabei darf auf keinen Fall der Schraubenzieher durch Dreh- oder Hebelbewegung abgestützt werden.**

Achtung: Rad beim Anziehen der Mutter drehen, damit sich das Radlager nicht verklemmt.

- Kronensicherung so aufsetzen, daß sich der Splint einstecken läßt.
- Neuen Splint einsetzen und an den Enden umbiegen.
- Fettkappe mit geeignetem Rohr auftreiben, das Rohr liegt am Wulst der Fettkappe an. **Achtung:** Verbeulte Fettkappen unbedingt ersetzen, da durch Undichtigkeiten Feuchtigkeit ins Radlager eindringt und dieses in kurzer Zeit zerstört wird.
- Hinterrad montieren, Fahrzeug ablassen, Radschrauben über Kreuz mit **110 Nm** festziehen.

Die Lenkung

Die Lenkung besteht im wesentlichen aus dem Lenkrad, der Lenksäule, dem Zahnstangen-Lenkgetriebe, den Spurstangen und dem Lenkungsdämpfer. Das Lenkrad ist auf der Lenksäule aufgeschraubt, die die Lenkbewegungen auf das Lenkgetriebe überträgt. Im Lenkgetriebe wird eine Zahnstange entsprechend dem Lenkradeinschlag nach links oder rechts bewegt. Spurstangen, die am Mitnehmer der Zahnstange befestigt sind, übertragen die Lenkkräfte über die Radlagergehäuse auf die Räder.

Die Zahnstangenlenkung ist leichtgängig und spielfrei von Anschlag zu Anschlag. Sie ist wartungsfrei, allerdings müssen die Abdicht-Manschetten auf einwandfreien Zustand geprüft werden.

Je nach Modell oder Ausstattung wird die Bedienung der Lenkung durch eine hydraulische Lenkhilfe erleichtert. Die hydraulische Lenkhilfe (Servolenkung) sorgt dafür, daß der Kraftaufwand beim Einschlagen der Lenkung möglichst gering gehalten wird. Die Lenkhilfe besteht aus der Ölpumpe, dem Vorratsbehälter und den Öldruckleitungen. Angetrieben wird die Ölpumpe über einen Keilriemen. Die Pumpe saugt das Hydrauliköl aus dem Vorratsbehälter an und fördert es mit hohem Druck zum Ventilkörper. Der Ventilkörper sitzt im Lenkgetriebe. Er ist mit der Lenksäule mechanisch verbunden und leitet das Öl je nach Lenkeinschlag in die entsprechende Seite des Arbeitszylinders. Dort drückt das Öl gegen den Zahnstangenkolben und unterstützt dadurch die Lenkbewegung. Gleichzeitig preßt der Kolben das Öl auf der anderen Seite des Arbeitszylinders über die Rücklaufnut des Drehschieberventils durch die Rücklaufleitung zurück zum Nachfüllbehälter.

Auf Wunsch ist der AUDI 80/90 mit dem sogenannten Procon/Ten-System lieferbar: Procon = Programmed Contraction, programmiertes Zusammenziehen der Lenksäule bei einem Unfall; Ten = Tension = Spannung, automatisches Spannen der vorderen Sicherheitsgurte. Beim Procon/Ten-Sicherheitssystem ist ein wartungsfreies Edelstahlseil oben an der Lenksäule eingehängt, sein unterer Teil flaschenzugartig um das Getriebe gelegt und an der Karosserie befestigt. Im Fall einer starken Frontalkollision verschiebt sich der Motor mit Getriebe relativ zur Karosserie nach hinten. Dadurch zieht das Stahlseil das Lenkrad nach vorn in Richtung Armaturentafel und aus dem Bereich des Fahrers heraus.

Achtung: Schweiß- und Richtarbeiten an Lenkungsteilen sind nicht zulässig.

Lenkrad aus- und einbauen

Fahrzeuge ohne Airbag

1 – **Lenkstockschalter mit Konsole**
Schleifring leicht fetten.

2 – **Mitnehmer mit Schleifkohle**

3 – **Lenkrad**
Beim Abziehen und Aufstecken des Lenkrades sollten sich die Räder in Geradeausstellung befinden. Lenkrad und Lenksäule besitzen jeweils eine Kerbe, die sich in eingebautem Zustand gegenüberstehen. Ist das nicht der Fall, Versatz anhand der Kerbverzahnung zählen und notieren. Lenkrad in dieser Stellung wieder einbauen. Vor dem Einbau prüfen, ob sich der Blinkerhebel in Mittelstellung befindet, sonst wird der Rückstellnocken beschädigt. Nach dem Einbau Probefahrt durchführen. Bei Geradeausfahrt muß die Lenkradspeiche waagerecht stehen, gegebenenfalls Lenkrad umsetzen.

4 – **Federscheibe**

5 – **Mutter, 40 Nm**
Mit Stecknuß SW 24 abschrauben.

6 – **Abdeckkappe**
Von Hand abziehen, dazu ist allerdings ein relativ hoher Kraftaufwand erforderlich. Zunächst obere Hälfte der Abdeckkappe kräftig zurückziehen und die Spiralfedern aus den oberen beiden Befestigungspunkten lösen. Danach untere Hälfte lösen, Abdeckung nicht abziehen. Abdeckkappe nach links drücken, bis auf der rechten Seite der Haken frei wird und die Abdeckung herausgenommen werden kann. Dabei auf der rechten Seite nicht zu stark ziehen, sonst bricht der Haken ab beziehungsweise die Haltenut reißt ein. Da die Befestigungshaken links und rechts identisch sind, kann die Abdeckung auch nach rechts gedrückt und links herausgezogen werden. Anschließend elektrische Leitung für Abdeckkappe abziehen.

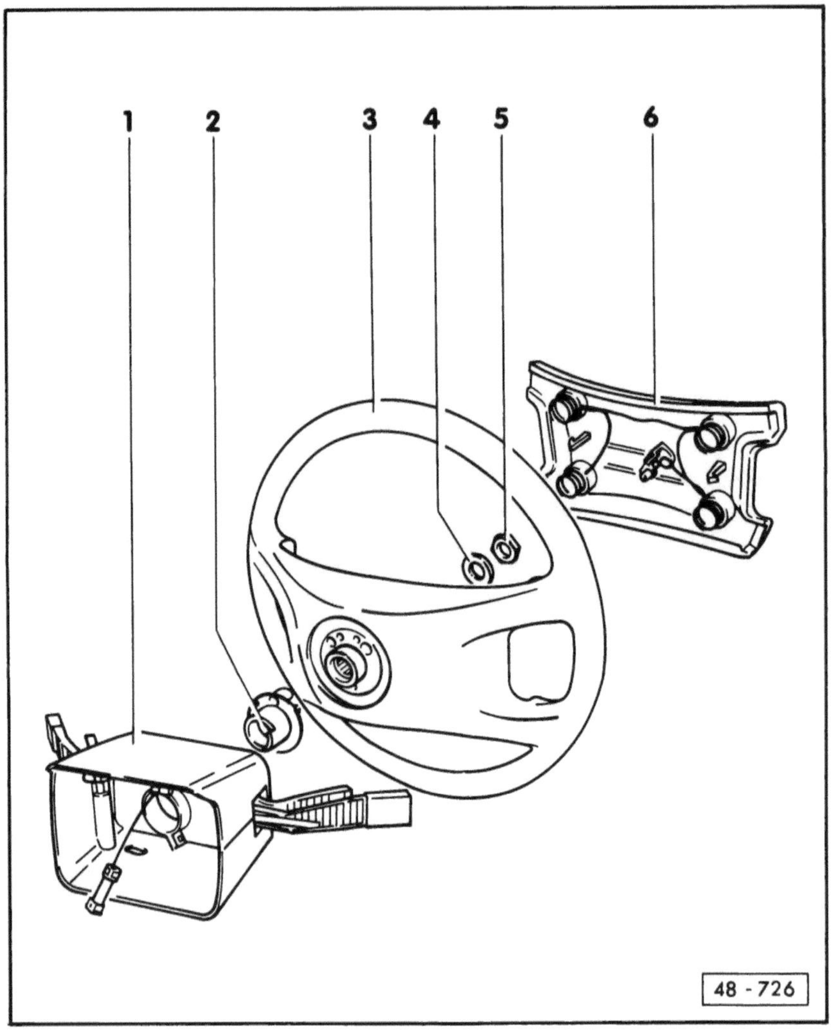

Mechanische Lenkung/Spurstangen

1 – **Haltering**
Bis zum Anschlag auf die Zahnstange aufschieben. Faltenbalg in Ringnut einsetzen.

2 – **Faltenbalg**
Kann bei eingebautem Lenkgetriebe ersetzt werden. Zahnstange mit Lenkgetriebefett AOF 063 000 04 fetten.

3 – **Schlauchbinder**
Aufschneiden, beim Einbau Schraub-Schlauchbinder verwenden. Die Verschraubung muß zur Stirnwand zeigen.

4 – **Deckel**
Auf Lenkgehäuse aufschrauben.

5 – **Rundschnurring**
Ersetzen.

6 – **Einstellschraube Lenkungsspiel**

7 – **Schraube, 20 Nm**

8 – **Rundschnurring**
Ersetzen.

9 – **Druckfeder**

10 – **Druckteller**
In Druckstück einsetzen.

11 – **Druckstück**
Mit Lenkgetriebefett einfetten und in Lenkgehäuse einsetzen.

12 – **Lenkgetriebe**

13 – **Lasche**

14 – **Spurstange links**

15 – **Kontermuttern, 40 Nm**

16 – **Mutter, 30 Nm**
Selbstsichernd, immer ersetzen.

17 – **Spurstangengelenk**

18 – **Klemmringe**

19 – **Spurstange rechts**

20 – **Mitnehmer**

21 – **Muttern, 45 Nm**
Selbstsichernd, immer ersetzen.

22 – **Gewindestück**

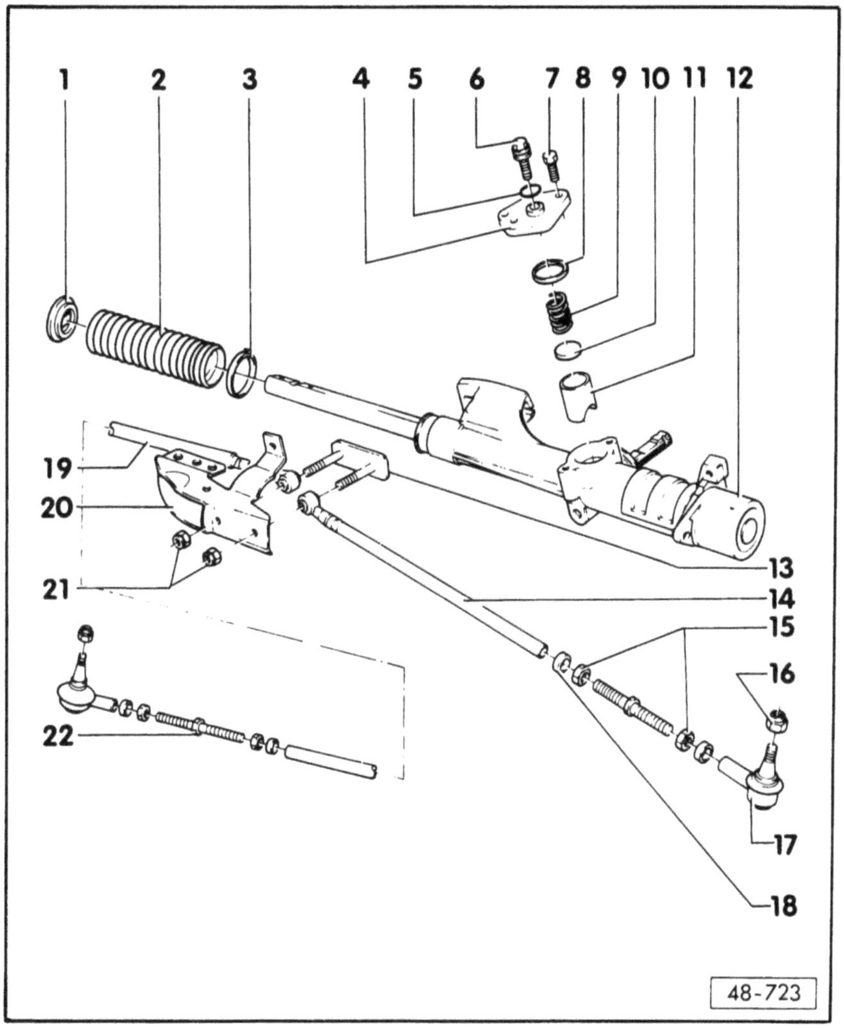

Spurstange aus- und einbauen

Die Spureinstellung erfolgt grundsätzlich an beiden Spurstangen durch Verdrehen der Gewindestücke. Die Spurstangenköpfe müssen spielfrei sein. Die Staubkappen dürfen nicht beschädigt sein, gegebenenfalls sofort erneuern.

Ausbau

- Fahrzeug auf den Rädern stehen lassen.
- Spurstange am Mitnehmer lösen. **Achtung:** Dabei muß das Fahrzeug auf den Rädern stehen, sonst kann sich die Zahnstange verspannen.
- Radschrauben lösen.
- Fahrzeug aufbocken, Rad abnehmen.
- Mutter für Spurstangengelenk abschrauben.

- Spurstange mit handelsüblichem Ausdrücker ausdrücken.
- Spurstange herausnehmen.

Einbau

- Spurstange oder Spurstangengelenk erneuern.
- Beim Ausbau des Spurstangengelenkes Umdrehungen zählen. Neues Spurstangengelenk mit der gleichen Umdrehungsanzahl aufschrauben.
- Neue Spurstange auf das Maß der alten Spurstange bringen, dabei gegebenenfalls Gewindestück verdrehen, vorher beide Seiten entkontern.
- Kontermuttern mit **40 Nm** festziehen.
- Spurstange einsetzen und am Mitnehmer mit **neuer** selbstsichernder Mutter anschrauben, **nicht festziehen.**
- Spurstangenkopf einsetzen, **neue** selbstsichernde Mutter mit **30 Nm** festziehen.
- Rad anschrauben, Fahrzeug ablassen.
- Erst jetzt Schraube am Mitnehmer mit **45 Nm** festziehen.
- Spur prüfen, siehe Seite 162.

Lenkungsdämpfer aus- und einbauen

Ein defekter Lenkungsdämpfer macht sich auf welliger Fahrbahn durch ein unruhiges, schlagendes Lenkrad bemerkbar.

Ausbau

- Lenkungsdämpfer vom Mitnehmer und vom Lenkgetriebe abschrauben. Dabei Stiftschraube am Lenkgetriebe mit Inbusschlüssel gegenhalten.

Einbau

- Vor dem Einbau Lenkungsdämpfer prüfen, verschlissene Gummilager ersetzen.
- Lenkungsdämpfer auf Wirksamkeit prüfen. Dazu Lenkungsdämpfer waagerecht (in Einbaulage) halten und mehrmals auseinanderziehen und zusammenschieben. Der Dämpfer muß sich über den gesamten Hub gleichmäßig bewegen lassen. Die Zug- und Druckdämpfung muß bis zur Endstellung spürbar sein.
- Dämpfer lagerichtig einbauen, die Kolbenstange wird am Mitnehmer befestigt. **Neue** selbstsichernde Muttern mit 35 Nm festziehen.

Lenkungsspiel einstellen

Die Zahnstangenlenkung soll von Anschlag zu Anschlag spielfrei sein. Die Servolenkung ist nicht einstellbar.

- Fahrzeug auf dem Boden stehen lassen, Lenkrad langsam nach links und rechts drehen. Dabei muß die Lenkung sofort greifen, sonst Lenkung einstellen.
- Räder in Geradeausstellung bringen.

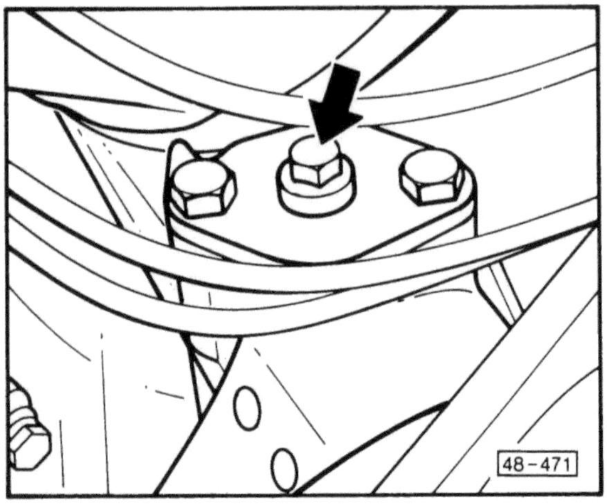

- Selbstsichernde Einstellschraube langsam um ca. 20° hineindrehen.
- Einstellung bei Probefahrt kontrollieren.
- Lenkung ist schwergängig, läuft nicht allein in die Geradeausstellung zurück: Einstellschraube etwas lösen.
- Lenkung hat noch Spiel: Einstellschraube noch etwas hineindrehen.

Lenksystem entlüften

Das Lenksystem ist immer dann zu entlüften, wenn Leitungen abgenommen beziehungsweise die Anlage neu befüllt wurde.

Achtung: Abgelassenes Hydrauliköl nicht mehr verwenden. Grundsätzlich **neues Hydrauliköl V.A.G-G 002 000** auffüllen.

- Wenn das Hydrauliköl gewechselt wird, grundsätzlich Filter mit Waschbenzin reinigen.

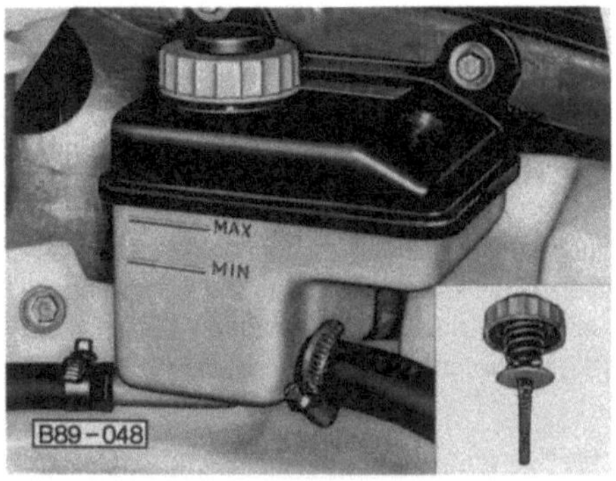

- Hydrauliköl bis zur MAX.-Markierung im Ausgleichbehälter auffüllen.
- Fahrzeug aufbocken, siehe Seite 273.
- Lenkrad bei abgestelltem Motor mehrmals zügig von einem zum anderen Anschlag drehen, dadurch kann die Luft aus dem Zylinder entweichen.
- Hydrauliköl bis zur MAX.-Markierung nachfüllen.
- Räder geradeaus stellen und Fahrzeug ablassen.

- Motor starten und im Leerlauf drehen lassen. Dabei Flüssigkeitsspiegel im Ausgleichbehälter beobachten. Falls der Ölstand absinkt, so lange Hydrauliköl nachfüllen bis der Ölspiegel konstant an der MAX.-Markierung stehen bleibt.
- Lenkrad bei laufendem Motor von Anschlag zu Anschlag bewegen bis keine Luftblasen mehr im Ausgleichbehälter aufsteigen.

Lenksystem auf Dichtheit prüfen

Bei fehlendem Hydrauliköl im Ausgleichbehälter grundsätzlich Lenksystem auf Dichtheit prüfen.

- Motor starten und im Leerlauf drehen lassen.
- Lenkrad beidseitig bis zum Anschlag drehen und kurzzeitig festhalten. Dadurch baut sich der größtmögliche Leitungsdruck auf.
- In dieser Position folgende Sichtprüfungen auf Undichtigkeit durchführen:
  1. Drehkolbenventil
  2. Zahnstangenabdichtung. Hierzu Schlauchbinder des Faltenbalges lösen und Faltenbalg zur Seite schieben.
  3. Flügelpumpe
  4. Leitungsanschlüsse

Flügelpumpe für Servolenkung aus- und einbauen

4-Zylinder-Motor

1 – **Spannbügel**
2 – **Zylinderschraube**
3 – **Keilriemen**
Größe für Benzinmotor: 9,5 x 850 mm; für Dieselmotor: 9,5 x 786 mm.
4 – **Schraube mit Spannmutter**
5 – **Keilriemenscheibe**
So montieren, daß die Kennzeichnung »5-Z« auf der Stirnseite in Fahrtrichtung gesehen sichtbar ist. Keilriemenscheiben von Kurbelwelle und Flügelpumpe müssen in einer Ebene liegen.
6 – **Schraube, 20 Nm**
7 – **Schraube, 25 Nm**
8 – **Unterlegscheibe**
9 – **Zylinderschraube, 20 Nm**
10 – **Halter**
11 – **Schwenkbügel vorn**
12 – **Mutter, 20 Nm**
Selbstsichernd, immer ersetzen
13 – **Mutter, 20 Nm**
14 – **Schraube, 20 Nm**
15 – **Schwenkbügel hinten**
16 – **Unterlegscheibe**
17 – **Sechskantschraube**
18 – **Unterlegscheibe**
19 – **Sechskantschraube**
20 – **Dehnschlauch**
21 – **Dichtring**
Ersetzen.
22 – **Hohlschraube, 50 Nm**
23 – **Flügelpumpe**
24 – **Saugschlauch**
25 – **Dichtring**
Ersetzen.
26 – **Hohlschraube, 50 Nm**
27 – **Schraube, 20 Nm**

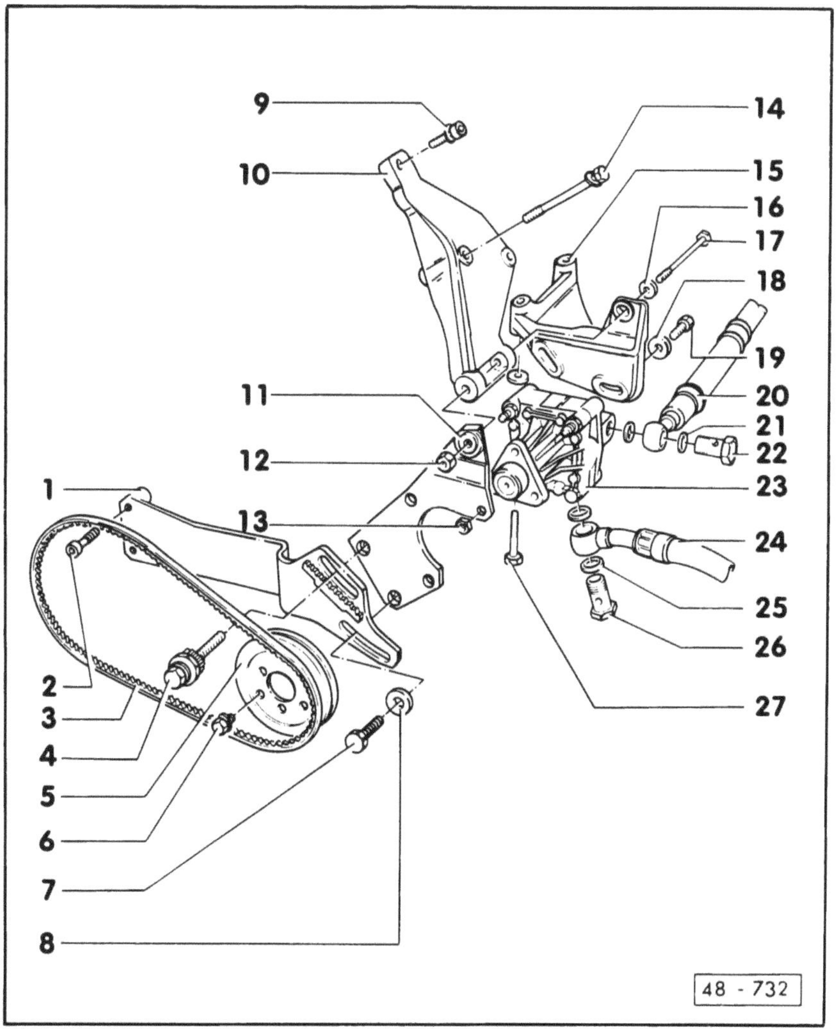

Flügelpumpe für Servolenkung aus- und einbauen

5-Zylinder-Motor

Seit Mitte 1990 werden zusätzlich zu den Flügelpumpen der Firma "ZF" auch solche der Firma "Vickers" verbaut. Die Teile und Halter sind nicht untereinander tauschbar.

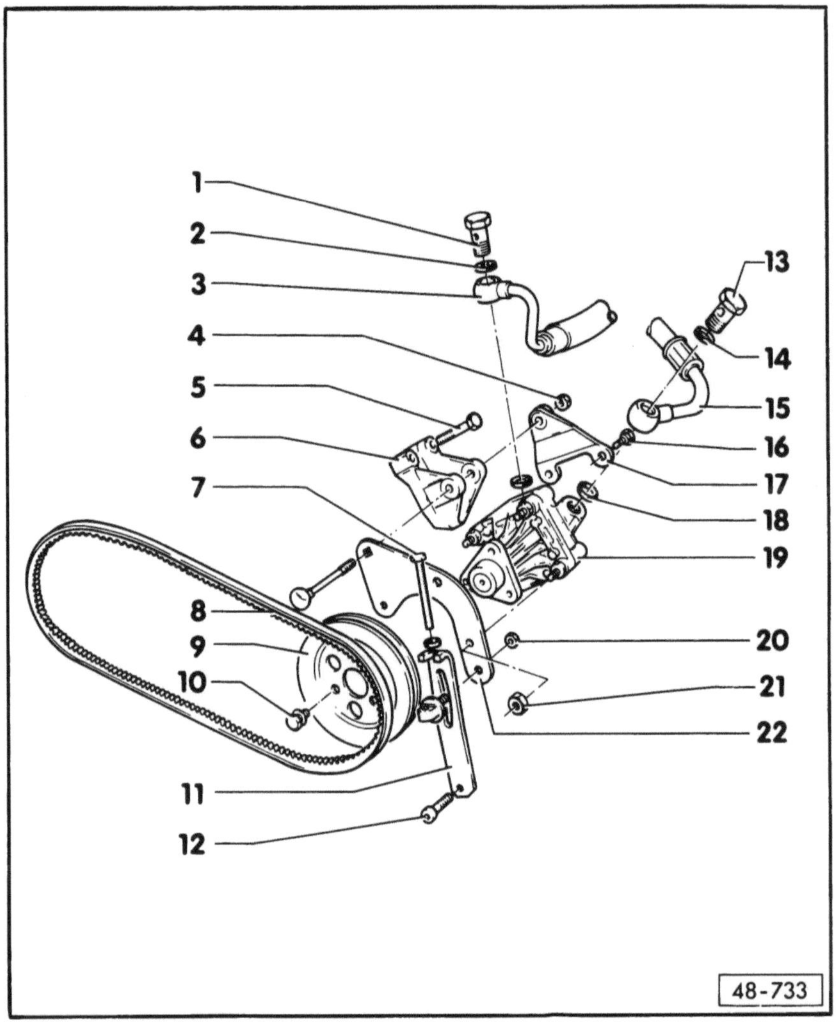

1 – **Hohlschraube 45 Nm**

2 – **Dichtring**
Ersetzen.

3 – **Dehnschlauch**

4 – **Selbstsichernde Mutter 20 Nm**
Ersetzen.

5 – **Sechskantschraube 20 Nm**

6 – **Halter**

7 – **Spannschraube**

8 – **Keilriemen**
Größe: 12,5 x 992.

9 – **Keilriemenscheibe**
So montieren, daß die Kennzeichnung »5-Z« auf der Stirnseite in Fahrtrichtung gesehen sichtbar ist. Keilriemenscheiben von Kurbelwelle und Flügelpumpe müssen in einer Ebene liegen.

10 – **Sechskantschraube, 20 Nm**
Zylinderschraube 25 Nm (Vickers)

11 – **Spanbügel**

12 – **Zylinderschraube, 20 Nm**

13 – **Hohlschraube, 50 Nm**

14 – **Dichtring**
Ersetzen.

15 – **Saugschlauch**

16 – **Sechskantschraube, 20 Nm**

17 – **Schwenkbügel hinten**

18 – **Dichtring**
Ersetzen.

19 – **Flügelpumpe**
Vor Einbau auf der Saugseite Hydraulik-öl einfüllen und von Hand die Pumpe durchdrehen, bis Öl an der Druckseite austritt.

20 – **Selbstsichernde Mutter, 20 Nm**
Ersetzen.

21 – **Sechskantmutter 20 Nm**

22 – **Schwenkbügel vorn.**

Wartungsarbeiten an der Lenkung

Staubkappen für Spurstangengelenke prüfen

- Fahrzeug vorn aufbocken.
- Staubkappen mit Lampe anstrahlen und auf Beschädigungen überprüfen, dabei auf Fettspuren an den Manschetten und in deren Umgebung achten.
- Bei beschädigter Staubkappe, entsprechendes Gelenk auswechseln. Eingedrungener Schmutz zerstört mit Sicherheit das Gelenk.
- Befestigungsmutter für die Gelenke auf festen Sitz prüfen, dabei Mutter jedoch nicht verdrehen. Lockere Muttern ersetzen.

Lenkungsspiel prüfen

- Lenkrad in Mittelstellung bringen.
- Durch das geöffnete Fenster Lenkrad hin- und herbewegen. Dabei muß die Lenkung sofort greifen, gegebenenfalls Lenkung einstellen.
- Spurstangen kräftig von Hand hin- und herbewegen. Die Kugelgelenke dürfen kein Spiel aufweisen, andernfalls Gelenke oder Spurstange ersetzen.

Ölstand für Servolenkung prüfen

Der Ölstand für die Lenkhilfe sollte alle 30000 km geprüft werden.

- Motor starten und im Leerlauf ca. 2 Minuten laufen lassen. Die Vorderräder müssen sich dabei in Geradeausstellung befinden.

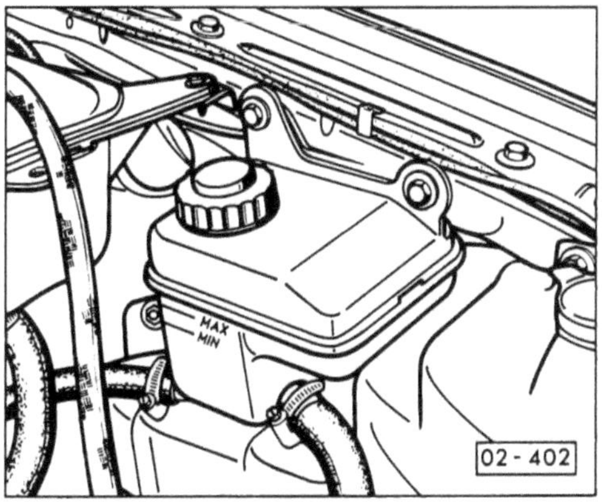

- Motor abstellen und sofort Flüssigkeitsstand im Ausgleichbehälter beziehungsweise am Ölmeßstab prüfen. Der Ölstand muß zwischen der MIN.- und MAX.-Markierung liegen.
- Wenn der Ölspiegel bis zur MIN.-Markierung abgesunken ist, Hydrauliköl **V.A.G-G002000** bis zur MAX.-Markierung nachfüllen. Grundsätzlich nur **neues Öl** nachfüllen, da bereits kleinste Verunreinigungen zu Störungen an der hydraulischen Anlage führen können.
- Anschließend bei laufendem Motor das Lenkrad mehrmals von Anschlag zu Anschlag bewegen, dadurch entlüftet sich die Anlage.
- Falls Öl nachgefüllt wurde Lenksystem auf Dichtheit prüfen.

W

Keilriemen für Servo-Pumpe spannen

Benzinmotor

- Der Keilriemen ist richtig gespannt, wenn er sich zwischen den beiden Keilriemenscheiben mit dem Daumen ca. 10 mm durchdrücken läßt.

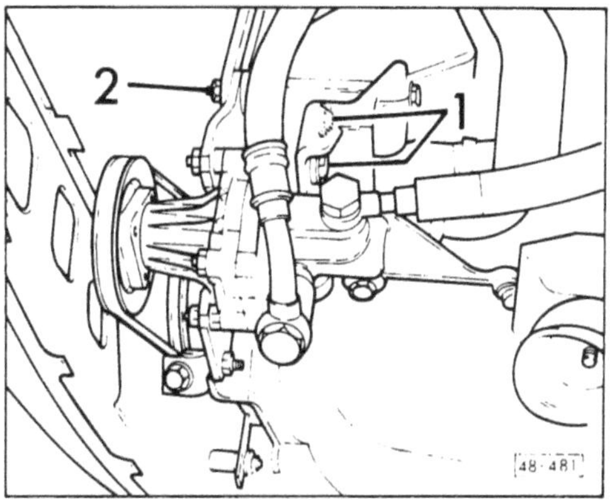

- Schrauben –1– lösen. 2. Schraube ist aus diesem Blickwinkel nicht sichtbar.

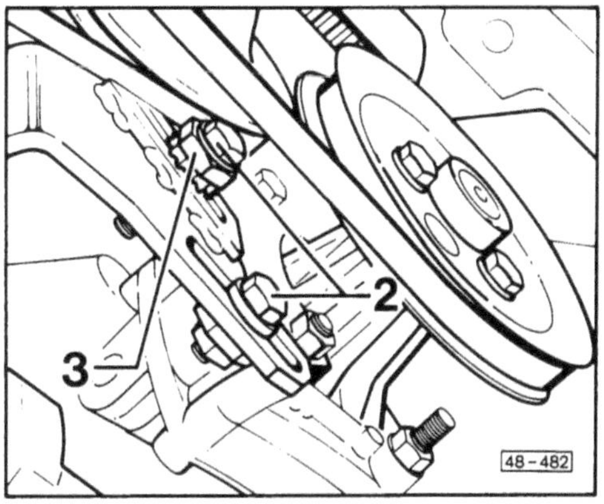

- Schraube –2– lösen.
- Durch Verdrehen der Spannmutter –3– richtige Keilriemenspannung einstellen.
- Anschließend Befestigungsschrauben festziehen.

Die Fahrzeugvermessung

Optimale Fahreigenschaften und geringster Reifenverschleiß sind nur dann zu erzielen, wenn die Stellung der Räder einwandfrei ist. Bei unnormaler Reifenabnutzung sowie mangelhafter Straßenlage – bei schlechter Richtungsstabilität in Geradeausfahrt sowie schlechten Lenkeigenschaften in Kurvenfahrt – sollte die Werkstatt aufgesucht werden, um den Wagen optisch vermessen zu lassen.
Die Fahrzeugvermessung kann ohne eine entsprechende Meßanlage nicht durchgeführt werden.
Ich beschränke mich deshalb hier auf die Beschreibung der für die Vermessung erforderlichen Grundbegriffe.

Spur/Sturz/Spreizung/Nachlauf

Als **Spur** bezeichnet man den seitlichen Abstand der Räder voneinander. In der Regel müssen Vorderräder Vorspur haben, weil sie – veranlaßt durch Sturz und Rollwiderstand – in Geradeausfahrt etwas nach außen laufen, da geringfügiges Spiel in den Radlagern, Radaufhängungen und Spurstangengelenken vorhanden ist. Die Vorspur kompensiert das Bestreben der Vorderräder, nach außen zu laufen. Für die Vorspur werden die Räder so eingestellt, daß sie – in Höhe des Radmittelpunktes gemessen – vorn etwas enger zusammenstehen als hinten.
Nachspur bedeutet, daß die Vorderräder, gemessen in Höhe des Radmittelpunktes, vorn etwas weiter auseinanderstehen als hinten.
Beim AUDI 80/90 werden die Vorderräder auf Vorspur eingestellt. Die Vorspur der Hinterräder ist nicht einstellbar.
Sturz und Spreizung vermindern die Übertragung von Fahrbahnstößen auf die Lenkung und halten bei Kurvenfahrt die Reibung möglichst gering.

Sturz ist der Winkel, um den die Radebene von der Senkrechten abweicht. Die Vorderräder stehen also schräg, bei positivem Sturz beispielsweise im Radaufstandspunkt mehr zusammen als oben. Der Sturz wird beim AUDI 80/90 auf neutral (0°) eingestellt.

Spreizung ist der Winkel zwischen der Schwenkachse des Achsschenkels und der Senkrechten im Reifenaufstandspunkt, in Längsrichtung des Wagens gesehen.

Durch den Sturz- und Spreizwinkel werden die Berührungspunkte der Räder auf der Fahrbahn näher an die Schwenkachse des Achsschenkels herangebracht. Damit wird der sogenannte Lenkrollhalbmesser klein gehalten. Je kleiner der Lenkrollhalbmesser ist, desto leichtgängiger ist die Lenkung. Auch die Fahrbahnstöße wirken sich wesentlich schwächer auf das Lenkgestänge aus.

Nachlauf ist der Winkel zwischen der Schwenkachse des Achsschenkels und der Senkrechten im Reifenaufstandspunkt in Querrichtung des Fahrzeuges gesehen.
Der Nachlauf beeinflußt maßgeblich die Geradeausführung der Vorderräder. Zu geringer Nachlauf begünstigt ein Abweichen aus der Fahrtrichtung auf schlechten Straßen oder bei Seitenwind und läßt zudem nach der Kurvenfahrt die Lenkung nicht weit genug zur Mittelstellung zurücklaufen.

Das Einstellen

Zur Fahrzeugvermessung wird eine Meßgrube oder eine Meß-Hebebühne benötigt. Bei jeder Vermessung müssen folgende Voraussetzungen erfüllt sein:

- Vorschriftsmäßiger Reifenfülldruck
- Fahrzeug unbeladen
- Fahrzeug vorher kräftig durchgefedert
- Lenkung richtig eingestellt
- Kein unzulässiges Spiel im Lenkgestänge
- Kein unzulässiges Spiel in der Radaufhängung

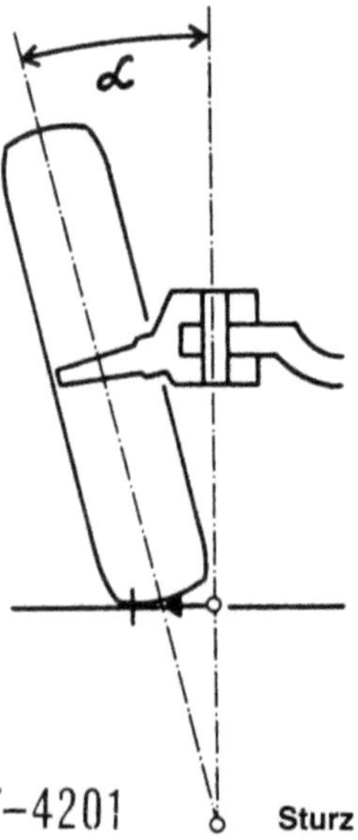

Y-4201
Sturz

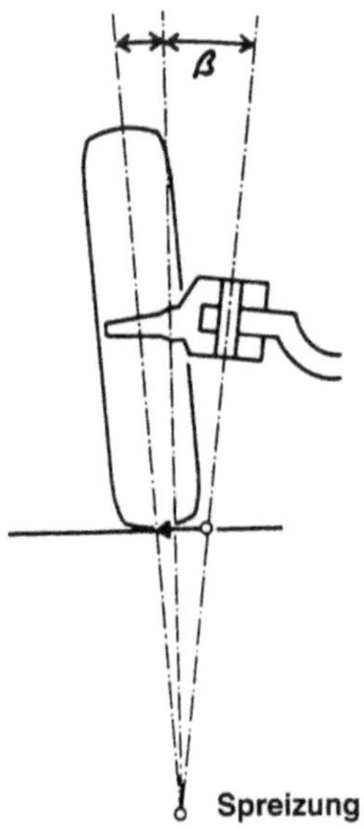

Spreizung

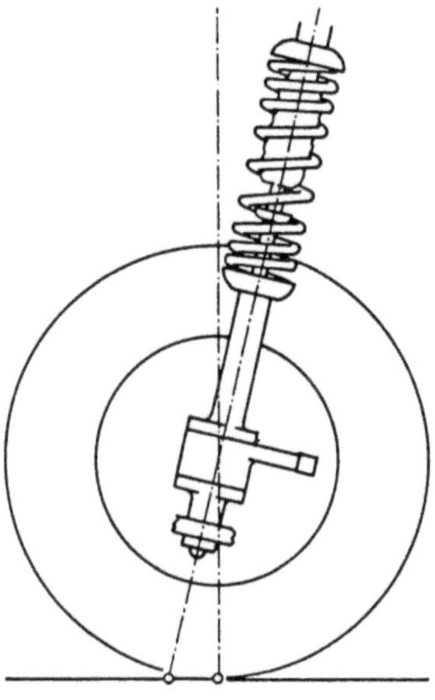
Nachlauf

Einstellwerte für Spur und Sturz

Modell	**Frontantrieb**		**Allradantrieb**	
Vorderachse	**Federbeinachse**		**Federbeinachse**	
Radaufhängung	Serien-Ausführung	Schlechtwege-Ausführung	Serien-Ausführung	Schlechtwege-Ausführung
Gesamtspur (ungedrückt)	′ ± 10′	+25′ ± 10′	+10′ ± 10′	+25′ ± 10′
Sturz (in Geradeausstellung)	−45′ ± 30′	−20′ ± 30′	−50′ ± 30′	−35′ ± 30′
Höchstzulässiger Unterschied zwischen beiden Seiten	max. 30′		max. 30′	
Spurdifferenzwinkel bei 20° Lenkeinschlag von links nach rechts	−1° ± 30′	−50′ ± 30′	−1° ± 30′	−50′ ± 30′
»Sportfahrwerk«	−1°5′ ± 30′	–	−1°5′ ± 30′	–
Nachlauf (nicht einstellbar)	+1° 15′ ± 30′		+1° 25′ ± 30′	
»Sportfahrwerk«	+1° 25′ ± 30′		+1° 25′ ± 30′	
»Coupé«	+2° 10′ ± 30′		+2° 20′ ± 30′	
»Coupé mit 3-Gang-Automatik«	+1° 20′ ± 30′		–	
Höchstzulässiger Unterschied zwischen beiden Seiten	max. 30′		max. 30′	

Hinterachse	**Torsionskurbelachse**	**Federbeinachse**	
Sturz (bei Fahrzeugen mit Frontantrieb nicht einstellbar)	−1° ± 20′	−45′ ± 30′	−25′ ± 30′
Höchstzulässiger Unterschied zwischen beiden Seiten	max. 30′	max. 30′	
Gesamtspur (bei vorgeschriebenem Radsturz)	+20′ ± 20′	+20′ ± 10′	
Höchstzulässige Abweichung von der Laufrichtung	max. 25′	–	
Spur je Rad (bei vorgeschriebenem Radsturz)	–	+10′ ± 5′	

Rechnerische Ermittlung der Laufrichtung:

1. Bei Spurwerten mit gleichen Vorzeichen (+/+ oder −/−), kleineren vom größeren Wert abziehen und durch 2 teilen.

Beispiel:

Spurwert linkes Hinterrad
+15′

Spurwert rechtes Hinterrad
+5′

15′ − 5′ = 10′
10′ : 2 = 5′
Abweichung von der Laufrichtung = 5′

2. Werte mit ungleichem Vorzeichen (+/-) werden addiert und die Summe durch 2 geteilt.

Beispiel:

Spurwert linkes Hinterrad
+15′

Spurwert rechtes Hinterrad
−5′

15′ + 5′ = 20′
20′ : 2 = 10′
Abweichung von der Laufrichtung = 10′

Das jeweilige Ergebnis ist die tatsächliche Abweichung der Laufrichtung von der Fahrzeuglängsachse.

Die Bremsanlage

Das hydraulische Fußbremssystem besteht aus dem Hauptbremszylinder, dem Bremskraftverstärker und den Scheibenbremsen für die Vorder- und Hinterräder beziehungsweise den Trommelbremsen für die Hinterräder. Das hydraulische Bremssystem ist in zwei Kreise aufgeteilt, die diagonal wirken. Ein Bremskreis arbeitet vorn rechts/hinten links, der zweite vorn links/hinten rechts. Dadurch bremst bei Ausfall eines Bremskreises ein Vorderrad und das entgegengesetzte Hinterrad.

Die Hinterradbremse stellt sich automatisch nach, es muß also nur noch in den vorgeschriebenen Intervallen die Belagdicke geprüft werden. Die automatische Nachstellung erfolgt über eine in der Länge veränderliche Druckstange. Und zwar ist zwischen Primärbacke und Druckstange ein Keil mit einer Zugfeder angeordnet, der die Druckstange verlängert. Nach einmaligem Betätigen der Fußbremse ist ein Lüftspiel zwischen Bremsbacken und Bremstrommel vorgegeben. Ist die Backenbewegung aufgrund von Belagverschleiß größer als das vorgegebene Lüftspiel, wird der Keil durch die Anordung der Druckstange und der Feder nach unten gezogen. Dadurch verändert sich die Länge der Druckstange, und die Bremsbacken sind automatisch nachgestellt.

Die Bremsflüssigkeit für das gesamte Bremssystem und für die hydraulische Kupplungsbetätigung kommt aus dem Bremsflüssigkeitsbehälter, der vorn im Motorraum untergebracht ist. Der Druck für beide Bremskreise wird im Hauptbremszylinder über das Bremspedal aufgebaut.

Der Bremskraftverstärker speichert einen Teil des vom Motor erzeugten Ansaug-Unterdruckes. Über entsprechende Ventile wird dann bei Bedarf die Pedalkraft durch den Unterdruck verstärkt. Der 100-kW-Motor (136 PS) besitzt ebenso wie der Dieselmotor eine spezielle Unterdruckpumpe, die am Zylinderkopf angeflanscht ist und den Unterdruck für den Bremskraftverstärker erhöht.

Die Handbremse wirkt über Seilzüge auf die Bremsbeläge der Hinterräder.

Für den AUDI 80/90 kommen Scheibenbremssättel der Firmen Teves und Girling zum Einsatz, so daß beim Wechseln der Bremsbeläge Unterschiede auftreten.

Beim Reinigen der Bremsanlage fällt Bremsstaub an. Dieser Staub kann zu gesundheitlichen Schäden führen. Deshalb beim Reinigen der Bremsanlage darauf achten, daß der Bremsstaub nicht eingeatmet wird.

Die Bremsbeläge sind Bestandteil der Allgemeinen Betriebserlaubnis (ABE), außerdem sind sie vom Werk auf das jeweilige Fahrzeugmodell abgestimmt. Es empfiehlt sich deshalb, nur von V.A.G beziehungsweise vom Kraftfahrtbundesamt freigegebene Bremsbeläge zu verwenden. Diese Bremsbeläge haben eine KBA-Freigabenummer.

Das Arbeiten an der Bremsanlage erfordert peinliche Sauberkeit und exakte Arbeitsweise. Falls die nötige Arbeitserfahrung fehlt, sollten die Arbeiten an der Bremse von einer Fachwerkstatt durchgeführt werden.

Hinweis: Auf stark regennassen Fahrbahnen sollte während des Fahrens die Bremse von Zeit zu Zeit betätigt werden, um die Bremsscheiben von Rückständen zu befreien. Durch die Zentrifugalkraft wird zwar das Wasser von den Bremsscheiben geschleudert, doch bleibt teilweise ein dünner Film von Silikonen, Gummiabrieb, Fett und Verschmutzungen zurück, der das Ansprechen der Bremse vermindert.

Wird das Fahrzeug nach einer Regenfahrt abgestellt, insbesondere im Winter bei Streusalzeinwirkung, ist es zweckmäßig, die Bremse vorher mit leichter Pedalkraft bis zum Stillstand zu betätigen. Dadurch trocknen die Bremsscheiben und können nicht so leicht korrodieren.

Nach dem Einbau von neuen Bremsbelägen müssen diese eingebremst werden. Während einer Fahrtstrecke von rund 200 km sollten unnötige Vollbremsungen unterbleiben.

Korrodierte Scheibenbremsen erzeugen beim Abbremsen einen Rubbeleffekt, der sich auch durch längeres Abbremsen nicht beseitigen läßt. In diesem Fall müssen die Bremsscheiben erneuert werden.

Eingebrannter Schmutz auf den Bremsbelägen und zugesetzte Regennuten in den Bremsbelägen führen zur Riefenbildung auf den Bremsscheiben. Dadurch kann eine verminderte Bremswirkung eintreten.

Achtung: Wird nach einer Kurvenfahrt ein unterschiedlicher Pedalweg festgestellt, dann muß die Bremsscheibe auf Seitenschlag am äußeren Durchmesser geprüft werden, gegebenenfalls ist die Bremsscheibe zu erneuern.

Scheibenbremsbeläge vorn aus- und einbauen

Achtung: Für den AUDI 80/90 kommen Scheibenbremssättel der Firmen Teves und Girling zum Einsatz, so daß beim Wechseln der Bremsbeläge Unterschiede auftreten.

Teves-Bremse

Ausbau

- Vorderräder lösen, Wagen vorn aufbocken, Räder abnehmen.

Achtung: Sollen die Bremsbeläge wieder verwendet werden, so müssen sie beim Ausbau gekennzeichnet werden. Ein Wechsel der Beläge von der Außen- zur Innenseite und umgekehrt oder auch vom rechten zum linken Rad ist nicht zulässig. Der Wechsel kann zu ungleichmäßiger Bremswirkung führen. Grundsätzlich sollte man nur Original VW/AUDI-Bremsbeläge verwenden. **Grundsätzlich alle Scheibenbremsbeläge vorn gleichzeitig ersetzen, auch wenn nur ein Belag die Verschleißgrenze erreicht hat.**

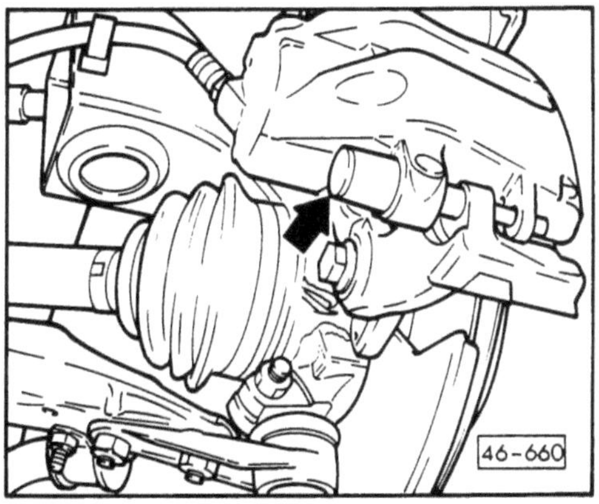

- Abdeckkappe abnehmen.

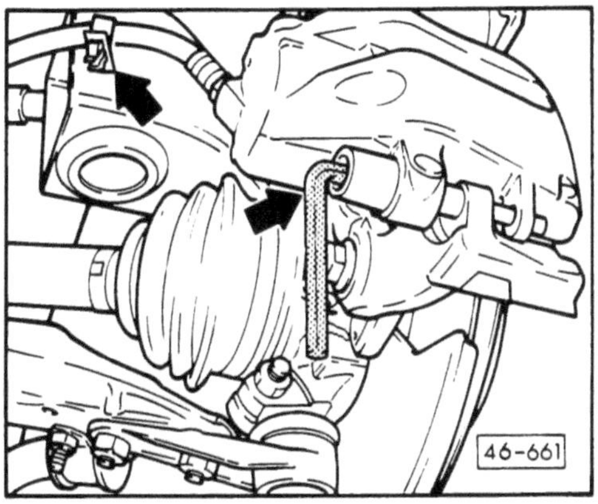

- Unteren Führungsbolzen mit Inbusschlüssel SW 7 herausdrehen.
- Halter für Bremsschlauch am Radlagergehäuse ausclipsen.

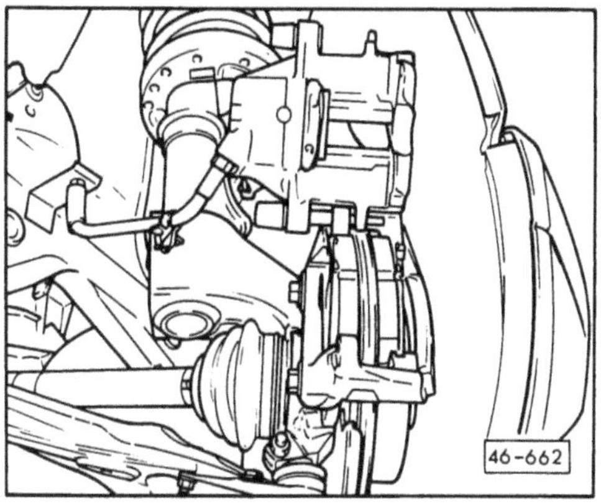

- Bremssattelgehäuse nach oben schwenken und festhalten.
- Bremsbeläge herausnehmen.

Einbau

Achtung: Bei ausgebauten Bremsbelägen nicht auf das Bremspedal treten, sonst wird der Kolben aus dem Gehäuse herausgedrückt.

- Führungsfläche bzw. Sitz der Beläge im Gehäuseschacht mit geeigneter Weichmetallbürste reinigen oder mit einem Lappen und Spiritus auswischen. Keine mineralölhaltigen Lösungsmittel oder scharfkantigen Werkzeuge verwenden.
- Vor Einbau der Beläge ist die Bremsscheibe durch Abtasten mit den Fingern auf Riefen zu untersuchen. Riefige Bremsscheiben können abgedreht werden (Werkstattarbeit), sofern sie noch eine ausreichende Dicke aufweisen.
- Bremsscheibendicke messen, siehe Seite 171.
- Staubkappe auf Anrisse prüfen. Eine beschädigte Staubkappe umgehend ersetzen lassen, da eingedrungener Schmutz schnell zu Undichtigkeiten des Bremssattels führt. Der Bremssattel muß hierzu ausgebaut und zerlegt werden (Werkstattarbeit).
- Festen Sitz des Wärmeschutzbleches im Kolben prüfen.

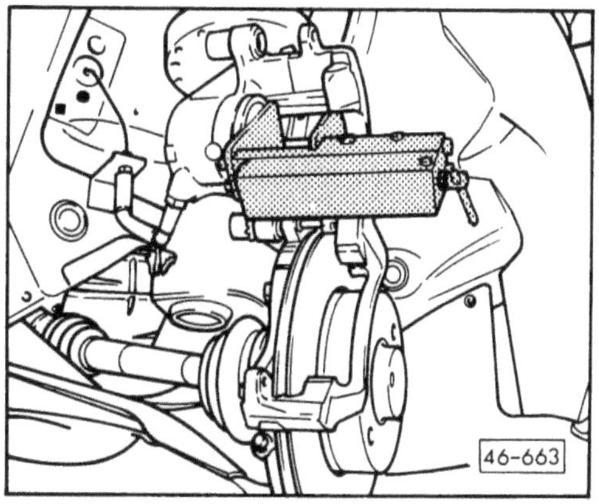

- Bremskolben mit Rücksetzvorrichtung zurückdrücken. Es geht auch mit einem Hartholzstab (Hammerstiel), dabei jedoch besonders darauf achten, daß der Kolben nicht verkantet wird und Kolbenfläche sowie Staubkappe nicht beschädigt werden.

Achtung: Beim Zurückdrücken der Kolben wird Bremsflüssigkeit aus den Bremszylindern in den Ausgleichbehälter gedrückt. Flüssigkeit im Behälter beobachten, eventuell Bremsflüssigkeit mit einem Saugheber absaugen.

Zum Absaugen eine Entlüfterflasche oder eine Plastikflasche verwenden, die nur mit Bremsflüssigkeit in Berührung kommt. Keine Trinkflaschen verwenden! **Bremsflüssigkeit ist giftig und darf auf gar keinen Fall mit dem Mund über einen Schlauch abgesaugt werden. Saugheber verwenden. Auch nach dem Belagwechsel darf die Max.-Marke am Bremsflüssigkeitsbehälter nicht überschritten werden, da sich die Flüssigkeit bei Erwärmung ausdehnt. Ausgelaufene Bremsflüssigkeit läuft am Hauptbremszylinder runter, zerstört den Lack und führt zur Korrosion.**

Achtung: Bei hohem Bremsbelagverschleiß Leichtgängigkeit des Kolbens prüfen. Bei schwergängigem Kolben Bremssattel instandsetzen (Werkstattarbeit).

- Beide Bremsbeläge in den Bremsträger einsetzen. Dabei darauf achten, daß die Druckfedern gleichmäßig nach oben und parallel zur Belagoberkante stehen.
- Kolbengehäuse runterschwenken und am Bremsträger mit Führungsbolzen und **25 Nm** festschrauben.

Achtung: Im Reparatursatz sind 2 selbstsichernde Befestigungsschrauben enthalten, die bei der TEVES-Bremse nicht benötigt werden.

- Abdeckkappe für Führungsbolzen einsetzen.
- Rad anschrauben. Fahrzeug ablassen und Radschrauben mit **110 Nm** über Kreuz festziehen.

Achtung: Bremspedal im Stand mehrmals kräftig niedertreten, bis fester Widerstand spürbar ist. Dadurch werden die Bremsbeläge zentriert und nehmen einen dem Betriebszustand entsprechenden Sitz ein.

- Bremsflüssigkeit im Ausgleichbehälter prüfen, gegebenenfalls bis zur Max.-Marke auffüllen.
- Neue Bremsbeläge vorsichtig einbremsen, dazu Fahrzeug mehrmals von ca. 80 km/h auf 40 km/h mit geringem Pedaldruck abbremsen. Dazwischen Bremse etwas abkühlen lassen.

Achtung: Bis zu einer Fahrstrecke von ca. 200 km sollten keine Vollbremsungen vorgenommen werden.

Scheibenbremsbeläge vorn aus- und einbauen

Achtung: Für den AUDI 80/90 kommen Scheibenbremssättel der Firmen Teves und Girling zum Einsatz, so daß beim Wechseln der Bremsbeläge Unterschiede auftreten.

Girling-Bremse

Ausbau

- Vorderräder lösen, Wagen vorn aufbocken, Räder abnehmen.

Achtung: Sollen die Bremsbeläge wieder verwendet werden, so müssen sie beim Ausbau gekennzeichnet werden. Ein Wechsel der Beläge von der Außen- zur Innenseite und umgekehrt oder auch vom rechten zum linken Rad ist nicht zulässig. Der Wechsel kann zu ungleichmäßiger Bremswirkung führen. Grundsätzlich sollte man nur Original VW/AUDI-Bremsbeläge verwenden. **Grundsätzlich alle Scheibenbremsbeläge vorn gleichzeitig ersetzen, auch wenn nur ein Belag die Verschleißgrenze erreicht hat.**

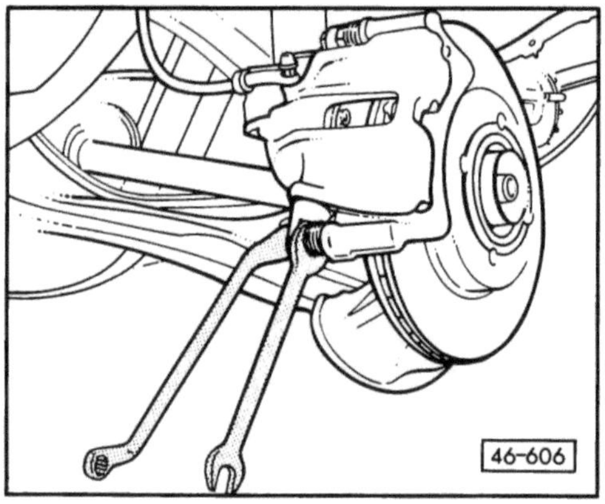

- Untere Befestigungsschraube für Bremssattelgehäuse herausschrauben. Dabei Führungsbolzen mit Maulschlüssel gegenhalten.

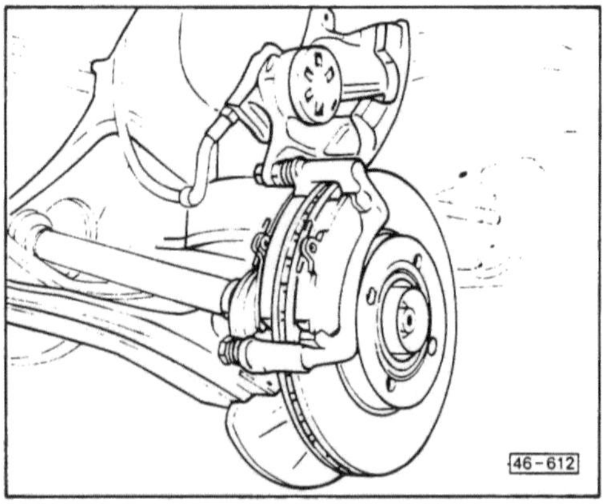

- Bremssattelgehäuse nach oben schwenken.
- Bremsbeläge herausnehmen.

Einbau

Achtung: Bei ausgebauten Bremsbelägen nicht auf das Bremspedal treten, sonst wird der Kolben aus dem Gehäuse herausgedrückt.

- Führungsfläche bzw. Sitz der Beläge im Gehäuseschacht mit geeigneter Weichmetallbürste reinigen oder mit einem Lappen und Spiritus auswischen. Keine mineralölhaltigen Lösungsmittel oder scharfkantigen Werkzeuge verwenden.
- Vor Einbau der Beläge ist die Bremsscheibe durch Abtasten mit den Fingern auf Riefen zu untersuchen. Riefige Bremsscheiben können abgedreht werden (Werkstattarbeit), sofern sie noch eine ausreichende Dicke aufweisen.
- Bremsscheibendicke messen, siehe Seite 171.
- Staubkappe auf Anrisse prüfen. Eine beschädigte Staubkappe umgehend ersetzen lassen, da eingedrungener Schmutz schnell zu Undichtigkeiten des Bremssattels führt. Der Bremssattel muß hierzu ausgebaut und zerlegt werden (Werkstattarbeit).
- Festen Sitz des Wärmeschutzbleches im Kolben prüfen.

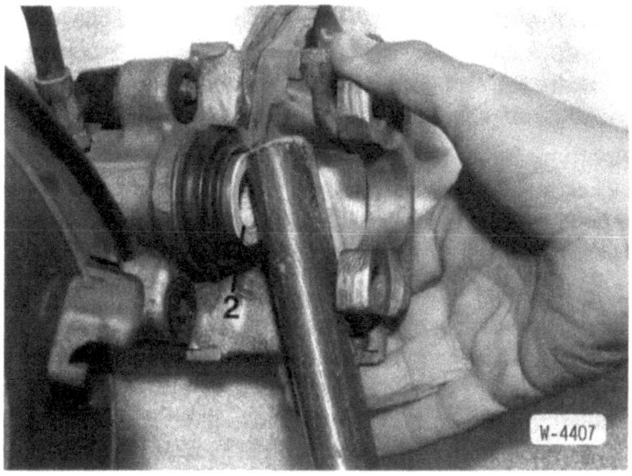

- Bremskolben -2- mit Rücksetzvorrichtung zurückdrükken. Es geht auch mit einem Hartholzstab (Hammerstiel), dabei jedoch besonders darauf achten, daß der Kolben nicht verkantet wird und Kolbenfläche sowie Staubkappe nicht beschädigt werden.

Achtung: Beim Zurückdrücken der Kolben wird Bremsflüssigkeit aus den Bremszylindern in den Ausgleichbehälter gedrückt. Flüssigkeit im Behälter beobachten, eventuell Bremsflüssigkeit mit einem Saugheber absaugen.

Zum Absaugen eine Entlüfterflasche oder eine Plastikflasche verwenden, die nur mit Bremsflüssigkeit in Berührung kommt. Keine Trinkflaschen verwenden! **Bremsflüssigkeit ist giftig und darf auf gar keinen Fall mit dem Mund über einen Schlauch abgesaugt werden. Saugheber verwenden. Auch nach dem Belagwechsel darf die Max.-Marke am Bremsflüssigkeitsbehälter nicht überschritten werden, da sich die Flüssigkeit bei Erwärmung ausdehnt. Ausgelaufene Bremsflüssigkeit läuft am Hauptbremszylinder runter, zerstört den Lack und führt zur Korrosion.**

Achtung: Bei hohem Bremsbelagverschleiß Leichtgängigkeit des Kolbens prüfen. Bei schwergängigem Kolben Bremssattel instandsetzen (Werkstattarbeit).

- Beide Bremsbeläge in den Bremsträger einsetzen. Dabei darauf achten, daß die Druckfedern gleichmäßig nach oben und parallel zur Belagoberkante stehen.
- Kolbengehäuse runterschwenken und am Bremsträger mit **neuen** selbstsichernden Befestigungsschrauben und **35 Nm** festschrauben. Dabei Führungsbolzen gegenhalten. Beschädigte Schutzkappen für Führungsbolzen ersetzen (Reparatursatz).

Achtung: Jedem Original-VW/AUDI-Reparatursatz »Bremsbeläge« liegt für jeden Bremssattel eine neue Sechskantschraube bei. **Diese Schrauben sind in jedem Fall zu benutzen.**

- Rad anschrauben. Fahrzeug ablassen und Radschrauben mit **110 Nm** über Kreuz festziehen.

Achtung: Bremspedal im Stand mehrmals kräftig niedertreten, bis fester Widerstand spürbar ist. Dadurch werden die Bremsbeläge zentriert und nehmen einen dem Betriebszustand entsprechenden Sitz ein.

- Bremsflüssigkeit im Ausgleichbehälter prüfen, gegebenenfalls bis zur Max.-Marke auffüllen.
- Neue Bremsbeläge vorsichtig einbremsen, dazu Fahrzeug mehrmals von ca. 80 km/h auf 40 km/h mit geringem Pedaldruck abbremsen. Dazwischen Bremse etwas abkühlen lassen.

Achtung: Bis zu einer Fahrstrecke von ca. 200 km sollten keine Vollbremsungen vorgenommen werden.

Scheibenbremsbeläge hinten aus- und einbauen

Achtung: Für den AUDI 80/90 kommen Scheibenbremssättel der Firmen Teves und Girling zum Einsatz, so daß beim Wechseln der Bremsbeläge Unterschiede auftreten.

Teves-Bremse

Ausbau

- Hinterräder lösen, Wagen hinten aufbocken, Räder abnehmen.

Achtung: Sollen die Bremsbeläge wieder verwendet werden, so müssen sie beim Ausbau gekennzeichnet werden. Ein Wechsel der Beläge von der Außen- zur Innenseite und umgekehrt oder auch vom rechten zum linken Rad ist nicht zulässig. Der Wechsel kann zu ungleichmäßiger Bremswirkung führen. Grundsätzlich sollte man nur Original VW/AUDI-Bremsbeläge verwenden. **Grundsätzlich alle Scheibenbremsbeläge hinten gleichzeitig ersetzen, auch wenn nur ein Belag die Verschleißgrenze erreicht hat.**

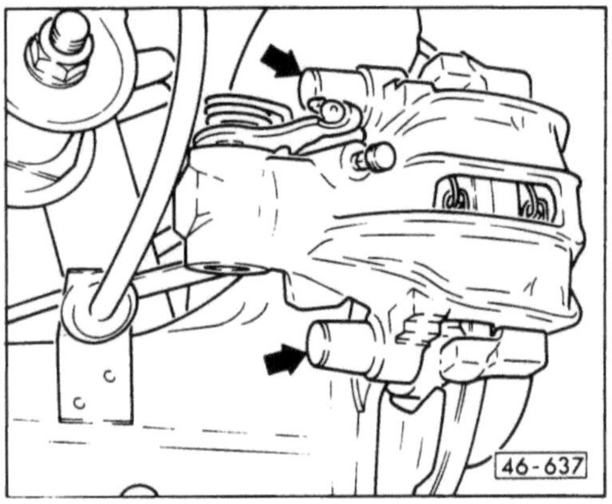

- Beide Abdeckkappen abnehmen.

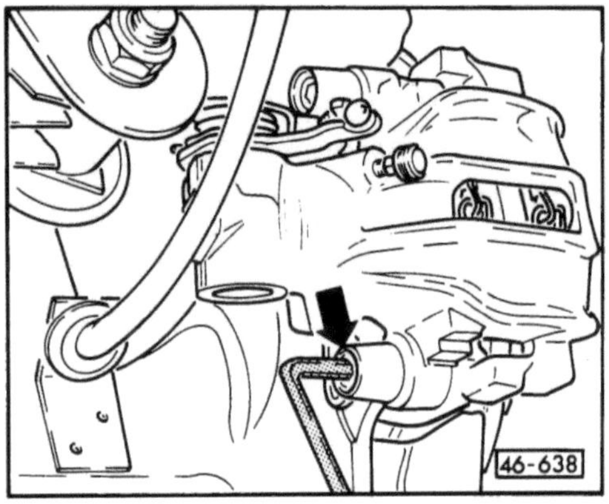

- Beide Führungsbolzen mit Inbusschlüssel SW 7 herausschrauben, jedoch nicht aus den Gummibuchsen ziehen.

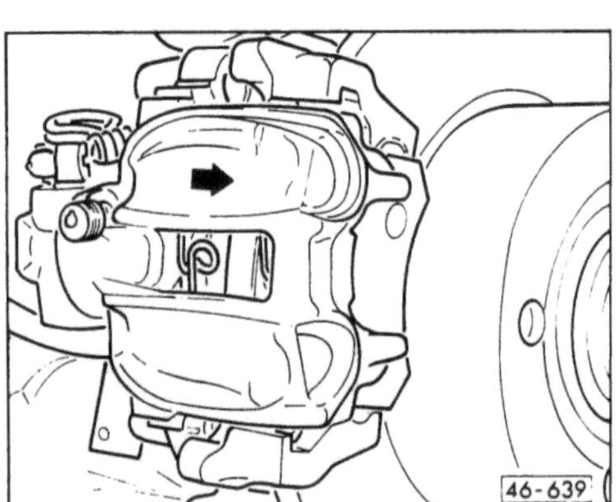

- Bremssattelgehäuse von Hand zur Fahrzeugaußenseite ziehen.
- Anschließend Bremssattelgehäuse nach hinten schwenken und abnehmen. Kolbengehäuse mit Draht aufhängen. Bremsschlauch nicht lösen, sonst muß die Anlage entlüftet werden.
- Bremsbeläge herausnehmen.

Einbau

Achtung: Bei ausgebauten Bremsbelägen nicht auf das Bremspedal treten, sonst wird der Kolben aus dem Gehäuse herausgedrückt.

- Führungsfläche bzw. Sitz der Beläge im Gehäuseschacht mit geeigneter Weichmetallbürste reinigen oder mit einem Lappen und Spiritus auswischen. Keine mineralölhaltigen Lösungsmittel oder scharfkantigen Werkzeuge verwenden.
- Vor Einbau der Beläge ist die Bremsscheibe durch Abtasten mit den Fingern auf Riefen zu untersuchen. Riefige Bremsscheiben können abgedreht werden (Werkstattarbeit), sofern sie noch eine ausreichende Dicke aufweisen.
- Bremsscheibendicke messen, siehe Seite 171.
- Staubkappe auf Anrisse prüfen. Eine beschädigte Staubkappe umgehend ersetzen lassen, da eingedrungener Schmutz schnell zu Undichtigkeiten des Bremssattels führt. Der Bremssattel muß hierzu ausgebaut und zerlegt werden (Werkstattarbeit).
- Festen Sitz des Wärmeschutzbleches im Kolben prüfen.
- Bremskolben mit Rücksetzvorrichtung zurückdrücken. Es geht auch mit einem Hartholzstab (Hammerstiel), dabei jedoch besonders darauf achten, daß der Kolben nicht verkantet wird und Kolbenfläche sowie Staubkappe nicht beschädigt werden.

Achtung: Beim Zurückdrücken der Kolben wird Bremsflüssigkeit aus den Bremszylindern in den Ausgleichbehälter gedrückt. Flüssigkeit im Behälter beobachten, eventuell Bremsflüssigkeit mit einem Saugheber absaugen.

Zum Absaugen eine Entlüfterflasche oder eine Plastikflasche verwenden, die nur mit Bremsflüssigkeit in Berührung kommt. Keine Trinkflaschen verwenden! **Bremsflüssigkeit ist giftig und darf auf gar keinen Fall mit dem Mund über einen Schlauch abgesaugt werden. Saugheber verwenden. Auch nach dem Belagwechsel darf die Max.-Marke am Bremsflüssigkeitsbehälter nicht überschritten werden, da sich die Flüssigkeit bei Erwärmung ausdehnt. Ausgelaufene Bremsflüssigkeit läuft am Hauptbremszylinder runter, zerstört den Lack und führt zur Korrosion.**

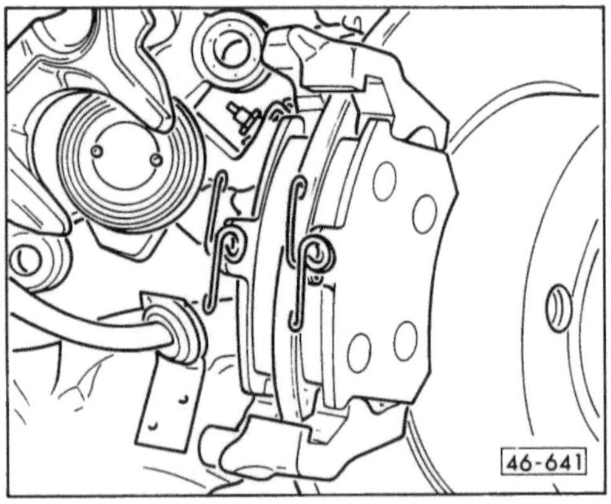

- Beide Bremsbeläge in den Bremsträger einsetzen. Dabei darauf achten, daß die Druckfedern gleichmäßig nach oben und parallel zur Belagoberkante stehen.

- Kolbengehäuse am Bremsträger mit den beiden Führungsbolzen und **25 Nm** festschrauben.

Achtung: Im Reparatursatz sind 4 selbstsichernde Befestigungsschrauben enthalten, die bei der TEVES-Bremse nicht benötigt werden.

- Abdeckkappen für Führungsbolzen einsetzen.
- Grundeinstellung der Hinterradbremse durchführen.
- Rad anschrauben. Fahrzeug ablassen und Radschrauben mit **110 Nm** über Kreuz festziehen.
- Bremsflüssigkeit im Ausgleichbehälter prüfen, gegebenenfalls bis zur Max.-Marke auffüllen.

Scheibenbremsbeläge hinten aus- und einbauen

Achtung: Für den AUDI 80/90 kommen Scheibenbremssättel der Firmen Teves und Girling zum Einsatz, so daß beim Wechseln der Bremsbeläge Unterschiede auftreten.
Achtung: Seit 1.88 (Fg-Nr. 89JA221810 fließend, beziehungsweise 89JA225957) werden Bremssättel mit einem Kolbendurchmesser von **38 mm**, bisher 36 mm eingebaut. Als Unterscheidungsmerkmal ist auf den Bremssattel die Zahl »38« aufgeprägt. Dabei ist zu beachten, daß an einer Achse grundsätzlich nur Bremssättel gleicher Ausführung (Kolbendurchmesser) eingebaut werden.

Girling-Bremse

Ausbau

- Hinterräder lösen, Wagen hinten aufbocken, Räder abnehmen.

Achtung: Sollen die Bremsbeläge wieder verwendet werden, so müssen sie beim Ausbau gekennzeichnet werden. Ein Wechsel der Beläge von der Außen- zur Innenseite und umgekehrt oder auch vom rechten zum linken Rad ist nicht zulässig. Der Wechsel kann zu ungleichmäßiger Bremswirkung führen. Grundsätzlich sollte man nur Original-VW/AUDI-Bremsbeläge verwenden. **Grundsätzlich alle Scheibenbremsbeläge hinten gleichzeitig ersetzen, auch wenn nur ein Belag die Verschleißgrenze erreicht hat.**

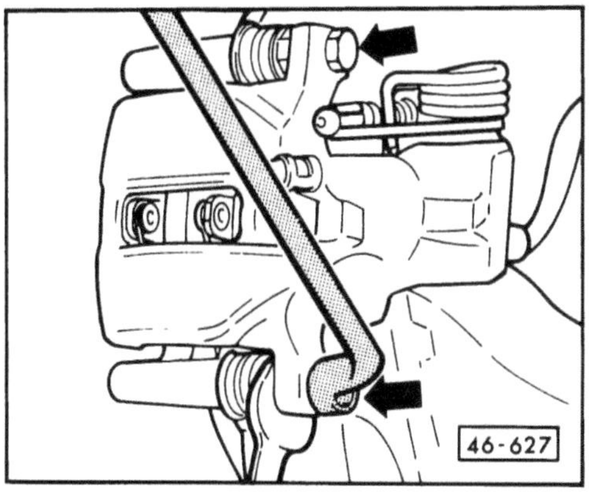

- 2 Befestigungsschrauben für Bremssattelgehäuse herausschrauben, dabei am Führungsbolzen gegenhalten. Kolbengehäuse abnehmen und mit Draht aufhängen. Bremsschlauch nicht abschrauben, sonst muß die Anlage entlüftet werden.
- Bremsbeläge herausnehmen.

Einbau

Achtung: Bei ausgebauten Bremsbelägen nicht auf das Bremspedal treten, sonst wird der Kolben aus dem Gehäuse herausgedrückt.

- Führungsfläche bzw. Sitz der Beläge im Gehäuseschacht mit geeigneter Weichmetallbürste reinigen oder mit einem Lappen und Spiritus auswischen. Keine mineralölhaltigen Lösungsmittel oder scharfkantigen Werkzeuge verwenden.
- Vor Einbau der Beläge ist die Bremsscheibe durch Abtasten mit den Fingern auf Riefen zu untersuchen. Riefige Bremsscheiben können abgedreht werden (Werkstattarbeit), sofern sie noch eine ausreichende Dicke aufweisen.
- Bremsscheibendicke messen, siehe Seite 171.
- Staubkappe auf Anrisse prüfen. Eine beschädigte Staubkappe umgehend ersetzen lassen, da eingedrungener Schmutz schnell zu Undichtigkeiten des Bremssattels führt. Der Bremssattel muß hierzu ausgebaut und zerlegt werden (Werkstattarbeit).

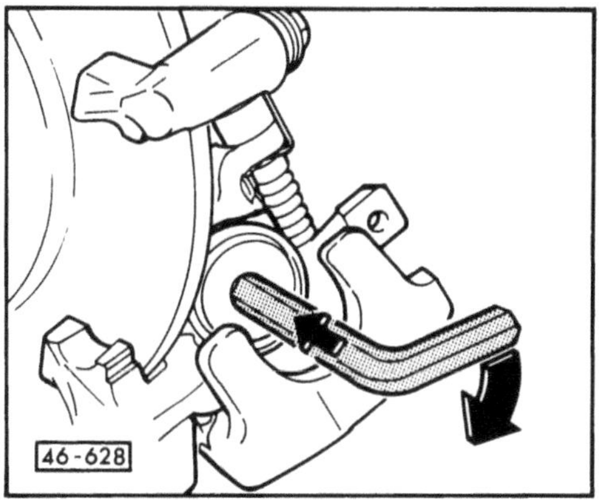

- Kolben durch Rechtsdrehen mit einem Inbusschlüssel und unter kräftigem Druck einschrauben. **Achtung:** Kolben mit 38 mm Ø mit Spezialwerkzeug V.A.G-3131 zurückdrehen. Falls das Spezialwerkzeug nicht zur Verfügung steht, Flacheisen durch die beiden Nuten des Bremskolbens führen und Kolben zurückdrehen. Der Bremskolben darf **nicht** mit der Kolbenrücksetzvorrichtung zurückgedrückt werden, sonst wird die automatische Nachstellung im Bremssattel zerstört.

Achtung: Beim Zurückdrücken der Kolben wird Bremsflüssigkeit aus den Bremszylindern in den Ausgleichbehälter gedrückt. Flüssigkeit im Behälter beobachten, eventuell Bremsflüssigkeit mit einem Saugheber absaugen.

Zum Absaugen eine Entlüfterflasche oder eine Plastikflasche verwenden, die nur mit Bremsflüssigkeit in Berührung kommt. Keine Trinkflaschen verwenden! **Bremsflüssigkeit ist giftig und darf auf gar keinen Fall mit dem Mund über einen Schlauch abgesaugt werden. Saugheber verwenden. Auch nach dem Belagwechsel darf die Max.-Marke am Bremsflüssigkeitsbehälter nicht überschritten werden, da sich die Flüssigkeit bei Erwärmung ausdehnt. Ausgelaufene Bremsflüssigkeit läuft am Hauptbremszylinder runter, zerstört den Lack und führt zur Korrosion.**

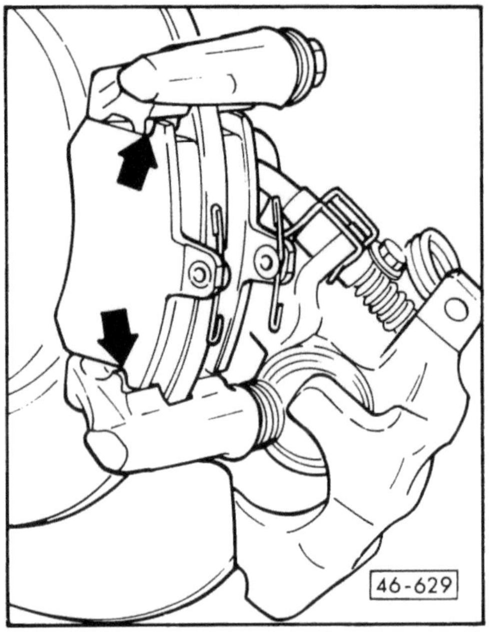

- Beide Bremsbeläge in den Bremsträger einsetzen. Dabei darauf achten, daß die Druckfedern gleichmäßig nach oben und parallel zur Belagoberkante stehen.
- Kolbengehäuse einsetzen und am Bremsträger mit **neuen** selbstsichernden Befestigungsschrauben und **35 Nm** festschrauben, dabei am Führungsbolzen gegenhalten.

Achtung: Jedem Original-VW/AUDI-Reparatursatz »Bremsbeläge« liegen für jeden Bremssattel 2 neue Sechskantschrauben bei. **Diese Schrauben sind in jedem Fall zu benutzen.**

- Grundeinstellung für Hinterradbremse durchführen.
- Rad anschrauben. Fahrzeug ablassen und Radschrauben mit **110 Nm** über Kreuz festziehen.
- Bremsflüssigkeit im Ausgleichbehälter prüfen, gegebenenfalls bis zur Max.-Marke auffüllen.

Grundeinstellung Hinterradbremse

Die Grundeinstellung **muß** nach jedem Bremsbelagwechsel durchgeführt werden.

- Fahrzeug aufbocken, siehe Seite 273.
- Handbremse lösen.

Prüfen

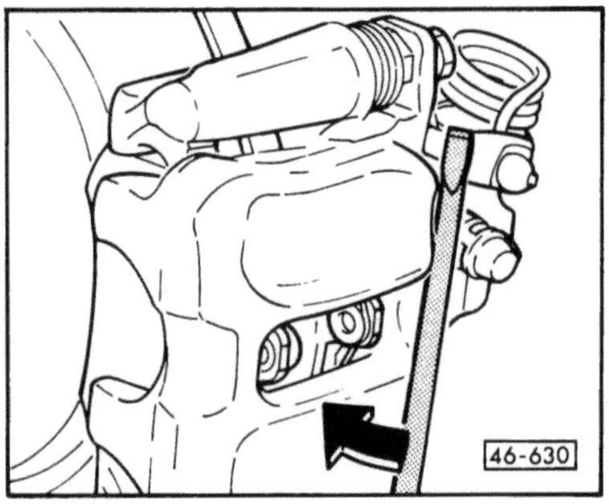

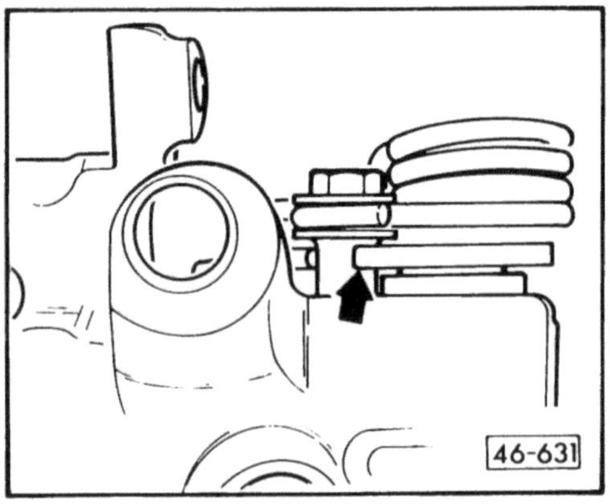

- Mit einem Schraubendreher Hebel für Handbremsseil gegen den Anschlag drücken. Wird dabei jeweils der Hebel vom gegenüberliegenden Bremssattel vom Anschlag weggezogen, ist das Handbremsseil zu weit vorgespannt. **Achtung:** Der Bremssattel ist in der unteren Abbildung nur zur besseren Darstellung des Anschlages in ausgebautem Zustand gezeigt.

Einstellen

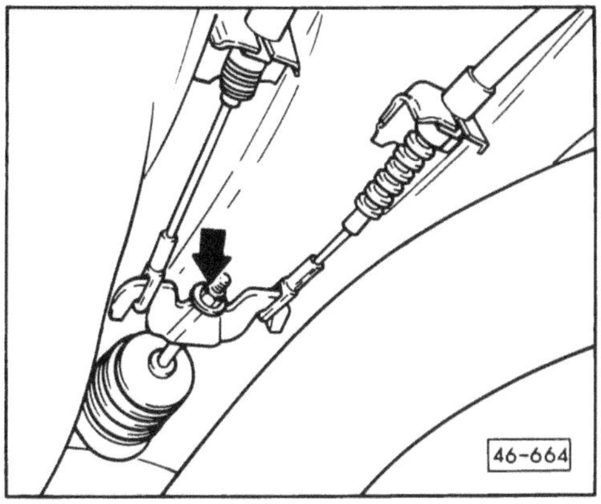

- Nachstellmutter für Handbremsseil so weit lösen bis beide Hebel am Anschlag anliegen.

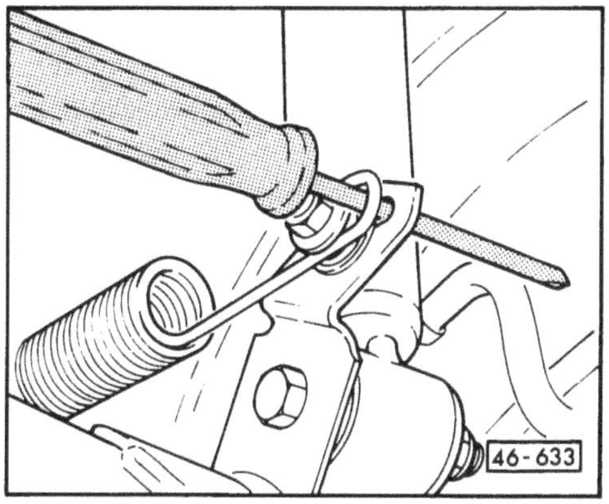

- Schraubendreher mit mindestens 6 mm ∅ zwischen hinteres Federende des Bremskraftreglers und Rolle klemmen.
- Bremspedal bei nicht gestartetem Motor 40 mal mit mäßiger Kraft betätigen.

Achtung: Seit 1.88 (Fg-Nr. 89JA221810 fließend, beziehungsweise 89JA225957) werden Bremssättel mit einem Kolbendurchmesser von **38 mm**, bisher 36 mm eingebaut. Als Unterscheidungsmerkmal ist auf den Bremssattel die Zahl »38« aufgeprägt. Bei Fahrzeugen mit 38 mm Kolbendurchmesser Bremspedal zum Einstellen nur **einmal** betätigen.

- Anschließend prüfen, ob beide Räder frei durchdrehen.
- Schraubendreher herausnehmen.

Quietschgeräusche der Scheibenbremse beseitigen

- Bremsbeläge ausbauen.
- Beläge und Bremssattel mit Preßluft oder einem Lappen und Spiritus reinigen.

Achtung: Bremsstaub nicht einatmen!

- Folgende Stellen mit Plastilube oder Hochtemperaturpaste, z. B. Liqui Moly LM-508-ASC, bestreichen:

■ Alle zugänglichen Stellen der Bremsbelag-Rückenplatte.

■ Kolbenstirnseite.

■ Anlagefläche des Bremsträgers.

■ Gleitführungen des Bremssattels.

Achtung: Plastilube oder Hochtemperaturpaste darf **nicht** auf die Reibflächen der Bremsscheibe oder der Bremsbeläge kommen. Eventuell auf die Reibflächen gelangte Reste der Paste mit einem Lappen abwischen, gegebenenfalls mit Spiritus reinigen.

- Bremsbeläge einbauen.

Bremsscheibendicke prüfen

Hinweis: Fahrzeuge mit einer Motorleistung von 82 – 125 kW (112 – 170 PS) sind mit innenbelüfteten Bremsscheiben ausgestattet, während die anderen Modelle massive Bremsscheiben besitzen.

- Radschrauben lösen.
- Fahrzeug aufbocken.
- Rad abnehmen.

- Bremsscheibendicke messen. Die Werkstätten benutzen dazu eine spezielle Lehre oder eine Mikrometerlehre, da sich durch Abnutzung der Bremsscheibe ein Rand bildet. Man kann die Bremsscheibendicke auch mit einer normalen Schieblehre messen, allerdings muß dann auf jeder Seite der Bremsscheibe eine entsprechend starke Unterlage zwischengelegt werden (beispielsweise 2 Zehn-Pfennig-Stücke). Um die exakte Bremsscheibendicke zu haben, müssen von dem gemessenen Maß die 3,3 mm für die Zehn-Pfennig-Stücke beziehungsweise die Unterlage abgezogen werden. **Achtung:** Messung an mehreren Punkten der Bremsscheibe vornehmen.
- Maße für Bremsscheibe, siehe Seite 186.
- Wird die Verschleißgrenze erreicht, Bremsscheibe erneuern.
- Bei größeren Rissen oder bei Riefen, die tiefer als 0,5 mm sind, Bremsscheibe erneuern.

Bremsscheibe/Bremssattel vorn aus- und einbauen

Ausbau

- Radschrauben lösen. Fahrzeug aufbocken, Rad abnehmen.

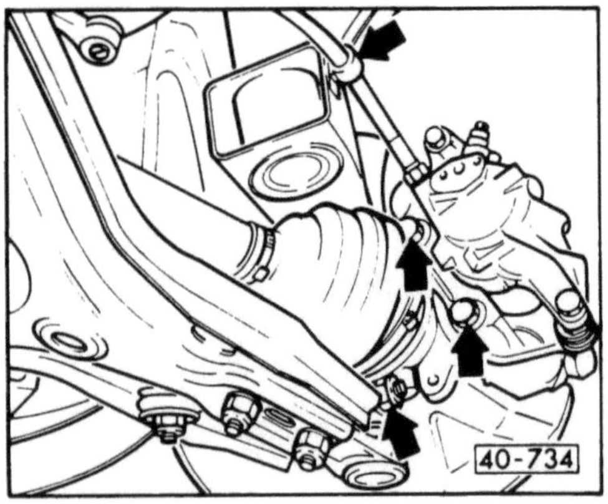

- 2 Befestigungsschrauben –Pfeile rechts– für Bremssattel herausdrehen und Bremssattel von der Bremsscheibe abnehmen. Die Abbildung zeigt den vorderen Bremssattel, hinten 2 Innensechskantschrauben herausdrehen.
- Gegebenenfalls Bremsschlauch am Radlagergehäuse ausclipsen.
- Bremssattel mit selbstangefertigtem Drahthaken so am Aufbau aufhängen, daß der Bremsschlauch nicht verdreht oder auf Zug beansprucht wird.

Achtung: Bremsschlauch nicht lösen, sonst muß das Bremssystem entlüftet werden.

- Soll der Bremssattel ganz abgenommen werden, muß vorher der Bremsschlauch an der Bremsschlauchkupplung abgeschraubt werden. Der Bremsschlauch kann sonst nicht am Bremssattel abgeschraubt werden. **Achtung:** Bremsflüssigkeit läuft aus. Bremsflüssigkeit in einer Flasche sammeln, die ausschließlich für Bremsflüssigkeit vorgesehen ist. Man kann auch vorher die Bremsflüssigkeit mit einem Saugheber aus dem Vorratsbehälter absaugen. Beim hinteren Bremssattel muß zusätzlich das Handbremsseil ausgehängt werden.
- Bremsscheibe abnehmen.

Achtung: Die Bremsscheibe darf **nicht** durch Gewaltanwendung (Hammerschläge) von der Radnabe getrennt werden. Statt dessen handelsübliche Rostlöser verwenden, um Schäden an der Bremsscheiben zu vermeiden. Falls der Ausbau nur durch kräftige Hämmerschläge oder mit Hilfe eines Abziehers möglich ist, müssen aus Sicherheitsgründen sowohl **beide** Bremsscheiben wie auch das betroffene Radlager erneuert werden. Das erneuern von vorderen Radlagern sollte der Werkstatt vorbehalten bleiben, da in der Regel nur dort eine entsprechende Presse vorhanden ist.

Einbau

Um ein gleichmäßiges Bremsen beidseitig zu gewährleisten, müssen beide Bremsscheiben die gleiche Oberfläche bezüglich Schliffbild und Rauhtiefe aufweisen. Deshalb **grundsätzlich beide** Bremsscheiben ersetzen, beziehungsweise abdrehen lassen.

Die Werkstatt kann die Bremsscheibe auf Schlag prüfen. Maximaler Scheibenschlag an der Bremsfläche gemessen: 0,03 mm. Maximal zulässige Dickentoleranz: 0,01 mm.

- Bremsscheibendicke messen, siehe Seite 186.
- Falls vorhanden, Rost am Flansch der Bremsscheibe und der Vorderradnabe entfernen.
- Neue Bremsscheiben mit Nitro-Verdünnung vom Schutzlack reinigen.
- Bremsscheibe auf Radnabe aufsetzen.
- Bremssattel mit den eingesetzten Bremsbelägen ansetzen. Dabei darf der Bremsschlauch nicht verdreht oder gedehnt werden. Freigängigkeit des Bremsschlauches bei vollem Lenkradeinschlag prüfen. Am hinteren Bremssattel Handbremsseil einhängen.
- Gegebenenfalls Bremsschlauch am Radlagergehäuse einclipsen.
- Vorderen Bremssattel mit **125 Nm** anschrauben. Werden die bisherigen Rippschrauben wiederverwendet, vorher Verrippung mit Drahtbürste reinigen.
- Hinteren Bremssattel mit **65 Nm** festschrauben.

Achtung: War der Bremsschlauch demontiert, Bremsschlauch anschrauben und Bremsanlage entlüften, siehe Seite 177.

- Rad montieren, Fahrzeug ablassen und Radschrauben über Kreuz mit **110 Nm** festziehen.

Achtung: Bremspedal im Stand mehrmals kräftig niedertreten, bis fester Widerstand spürbar ist.

- Falls die hintere Bremsscheibe ausgebaut war, Grundeinstellung Hinterradbremse prüfen.
- Bremsflüssigkeitsstand im Ausgleichbehälter prüfen, siehe Seite 182.

Bremstrommel aus- und einbauen

Ausbau

- Radschrauben lösen, Fahrzeug aufbocken, Rad abnehmen.

42-403

- Bremse zurückstellen. Dazu durch eine Gewindebohrung in der Bremstrommel mit einem Schraubendreher den Keil für selbstnachstellende Bremse bis zum Anschlag nach oben drücken.

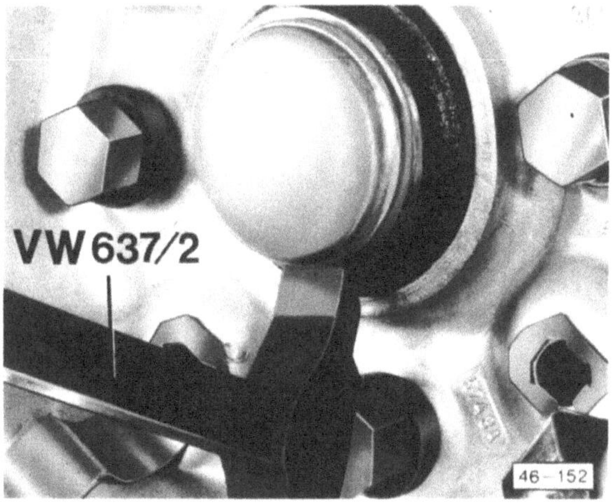

46-152

- Fettkappe abdrücken oder mit Gummihammer abschlagen.
- Splint herausziehen, Kronensicherung abnehmen, Mutter abschrauben, Druckscheibe abnehmen.
- Äußeres Radlager herausnehmen.

Achtung: Das Lager kann herausfallen, sicherheitshalber sauberen Lappen unterlegen. Ist das Lager verschmutzt, Lager in Benzin auswaschen und mit Radlagerfett (Lithiumfett) einfetten.

42-017

- Falls erforderlich, Bremstrommel mit einem Universalabzieher vom Achszapfen ziehen.
- Dichtring und inneres Radlager herausnehmen, falls es nicht mit der Bremstrommel herausgezogen wurde.

Einbau

- Bremstrommel sorgfältig reinigen. Auf Verschleiß, Beschädigungen, Maßhaltigkeit, beschädigtes Gewinde für die Radschrauben und einwandfreie Bremsfläche prüfen. Nabe mit Mehrzweckfett füllen.
- Inneres Radlager mit Radlagerfett in die Bremstrommel einsetzen, Dichtring mit Gummihammer kreuzweise einschlagen. Vorher Gummilippe leicht fetten.
- Bremstrommel aufschieben.
- Äußeres Radlager mit Radlagerfett einfetten und auf Achszapfen aufschieben.
- Druckscheibe mit Sechskantmutter aufschrauben.
- Radlagerspiel einstellen, siehe Seite 154.
- Kronensicherung so aufsetzen, daß sich der Splint einstecken läßt.
- Neuen Splint verwenden, Kappe mit Gummihammer eintreiben.
- Hinterrad montieren, Fahrzeug ablassen, Radschrauben mit **110 Nm** festziehen.
- Bremspedal mehrmals voll durchtreten und dadurch Bremsbacken in Betriebsstellung bringen.

Die Hinterrad-Trommelbremse

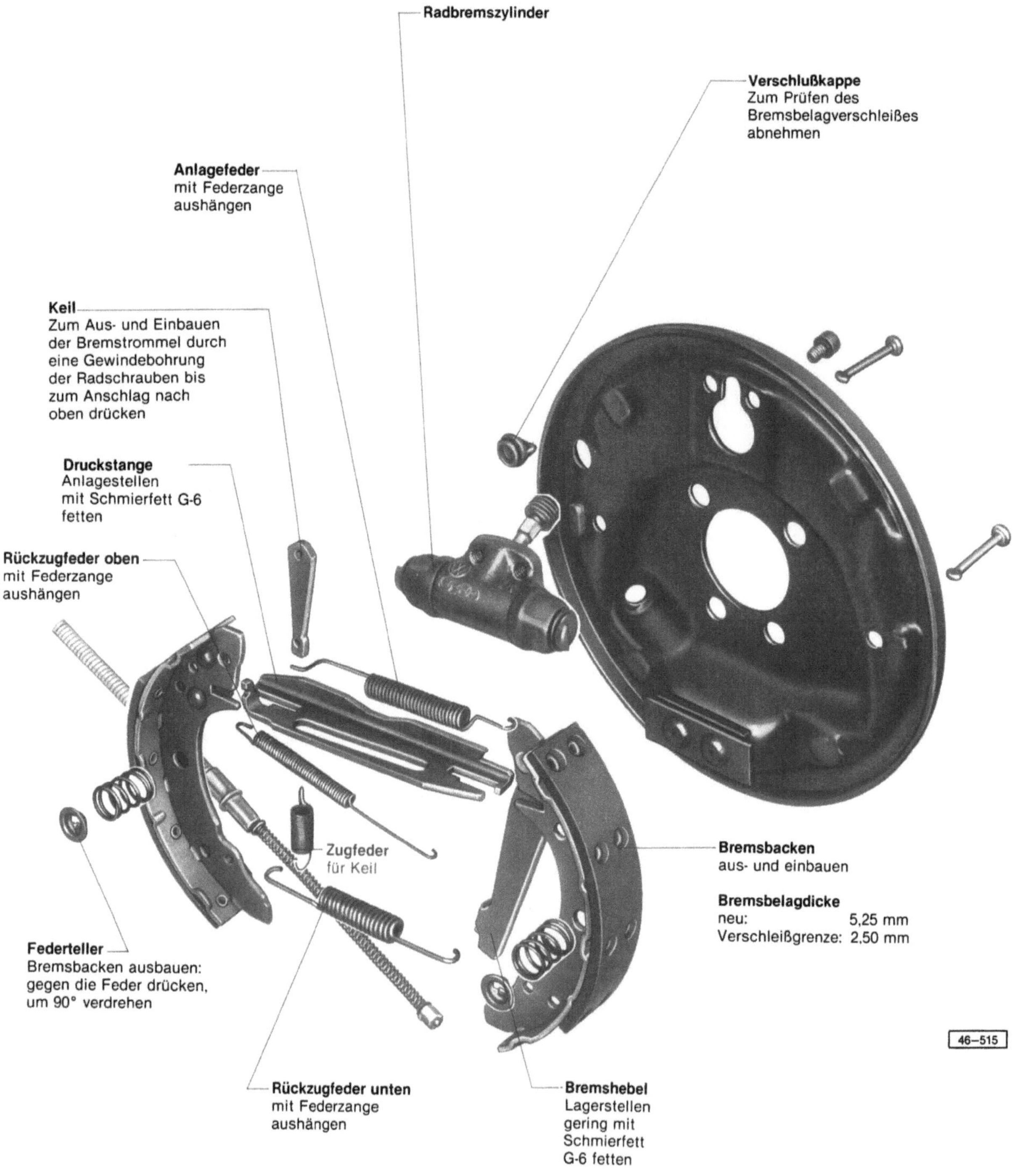

Bremsbacken aus- und einbauen

Ausbau

- Bremstrommel ausbauen, siehe Seite 172.

46-521

- Federteller für Druckfedern mit Kombizange kräftig zurückdrücken und um 90° drehen (¼ Umdrehung). Während des Zurückdrückens von hinten am Bremsträger den Stift nach vorn drücken.
- Rückzugfeder unten aushängen.

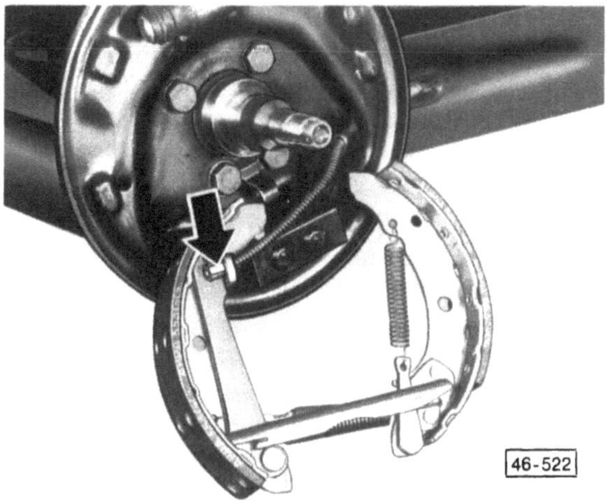
46-522

- Bremsbacken von Hand aus der unteren Abstützung heben. Rückzugfeder unten herausnehmen.
- Handbremsseil aushängen.
- Bremsbacken in Schraubstock einspannen.

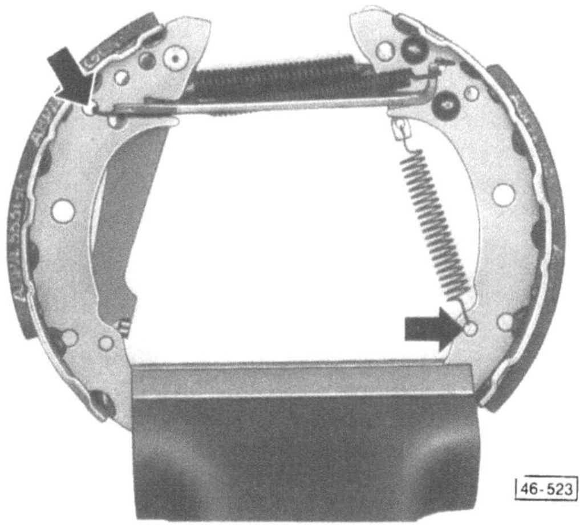
46-523

- Zugfeder für Keil und obere Rückzugfeder mit einer Kombizange aushängen.

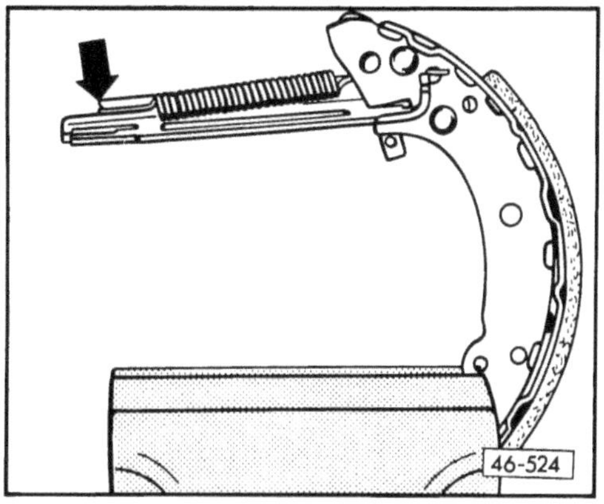
46-524

- Bremsbacke in Schraubstock spannen und Anlagefeder aushängen.

Einbau

Grundsätzlich nur Bremsbacken gleicher Qualität verwenden, Bremstrommel und Bremsträger mit Preßluft ausblasen. Während die Bremsbacken ausgebaut sind, nicht auf die Bremse treten, da sonst die Bremskolben aus dem Radbremszylinder rutschen. Falls der Radbremszylinder feucht ist, Radbremszylinder überholen. Gewinde von der Druckstange gangbar machen und leicht einfetten. Riefige Bremstrommel ausdrehen lassen.

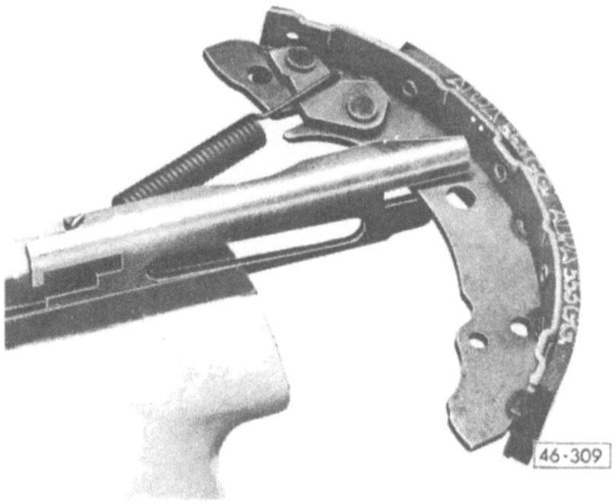

- Druckstange in Schraubstock spannen, Anlagefeder einhängen und Bremsbacke auf die Druckstange setzen.
- Keil einsetzen. Der Keil lagert zwischen Bremsbacke und Bremsträger. **Achtung:** Nase zeigt zum Bremsträger.

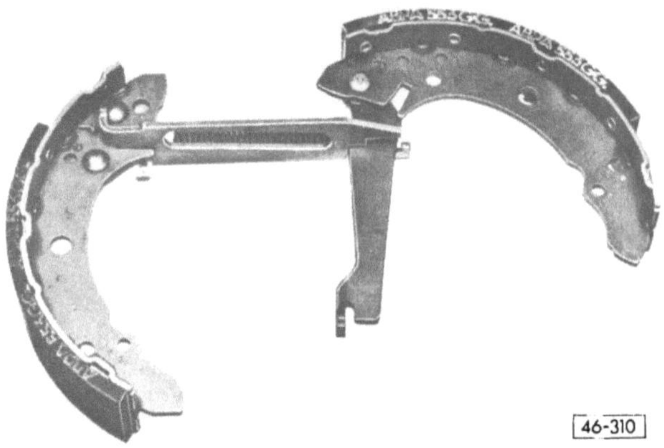

- Bremsbacke mit Bremshebel in Druckstange einsetzen.
- Rückzugfeder oben einhängen.
- Handbremsseil am Bremshebel einhängen.
- Bremsbacken auf die Kolben des Radbremszylinders setzen.
- Rückzugfeder unten einsetzen und Bremsbacken auf die untere Abstützung heben.
- Zugfeder für Keil einhängen.
- Stifte für Druckfedern durch die Bremsbacken schieben. Druckfedern aufsetzen, Federteller mit Kombizange ansetzen und Feder zusammendrücken. Dabei Stift von hinten gegenhalten. Federteller um 90° (¼ Umdrehung) verdrehen und dadurch arretieren.
- Bremstrommel einbauen und Radlagerspiel einstellen, siehe Seite 172.
- Fußbremse mehrmals kräftig durchtreten. Damit ist die Hinterradbremse eingestellt.
- Rad aufsetzen, Wagen abbocken, Radschrauben mit **110 Nm** festziehen.

Radbremszylinder aus- und einbauen

Ausbau

- Bremsbacken ausbauen.
- Überwurfmutter für Bremsleitung lösen, nicht abschrauben.
- 2 Befestigungsschrauben für Radbremszylinder hinten am Bremsträger herausdrehen.

Einbau

- Lappen unter Bremsträgerblech legen.
- Mutter für Bremsleitung herausschrauben und sofort am neuen Radbremszylinder handfest anschrauben. Dadurch ist sichergestellt, daß nur wenig Bremsflüssigkeit ausläuft.
- Schrauben für Radbremszylinder einschrauben und mit 10 Nm festziehen.
- Überwurfmutter für Bremsleitung möglichst mit offenem Ringschlüssel und 5 Nm, also leicht, festziehen.
- Bremsbacken einbauen. **Achtung:** Die abgesetzte Seite der beiden Radbremszylinder-Druckkolben muß nach außen, zum Betrachter hin zeigen.
- Bremsanlage entlüften.

Die Bremsflüssigkeit

Beim Umgang mit Bremsflüssigkeit ist zu beachten:

- Bremsflüssigkeit ist giftig. Keinesfalls Bremsflüssigkeit mit dem Mund über einen Schlauch absaugen. Bremsflüssigkeit nur in Behälter füllen, bei denen ein versehentlicher Genuß ausgeschlossen ist.
- Bremsflüssigkeit ist ätzend und darf deshalb nicht mit dem Autolack in Berührung kommen, gegebenenfalls sofort abwischen und mit viel Wasser abwaschen.
- Bremsflüssigkeit ist hygroskopisch, das heißt, sie nimmt aus der Luft Feuchtigkeit auf. Bremsflüssigkeit deshalb nur in geschlossenen Behältern aufbewahren.
- **Bremsflüssigkeit, die schon einmal im Bremssystem verwendet wurde, darf nicht wieder verwendet werden. Auch beim Entlüften der Bremsanlage nur neue Bremsflüssigkeit verwenden.**
- Bremsflüssigkeits-Spezifikation: **FMVSS DOT 4.**
- **Bremsflüssigkeit darf nicht mit Mineralöl in Berührung kommen.** Schon geringe Spuren Mineralöl machen die Bremsflüssigkeit unbrauchbar beziehungsweise führen zum Ausfall des Bremssystems. Stopfen und Manschetten der Bremsanlage werden beschädigt, wenn sie mit mineralölhaltigen Mitteln zusammenkommen. Zum Reinigen keine mineralölhaltigen Putzlappen verwenden.
- Bremsflüssigkeit alle 2 Jahre wechseln, möglichst nach der kalten Jahreszeit.
- Alte Bremsflüssigkeit bei der örtlichen Deponie für Sondermüll abgeben, nicht in die Kanalisation schütten.

Bremsanlage entlüften

Nach jeder Reparatur an der Bremse, bei der die Anlage geöffnet wurde, kann Luft in die Druckleitungen eingedrungen sein. Dann ist das Bremssystem zu entlüften. Luft ist auch dann in den Leitungen, wenn sich beim Tritt auf das Bremspedal der Bremsdruck schwammig anfühlt. In diesem Fall muß die Undichtigkeit beseitigt und die Bremsanlage entlüftet werden.

Die Bremsanlage wird durch Pumpen mit dem Bremspedal entlüftet, dazu ist eine zweite Person notwendig.

Muß die ganze Anlage entlüftet werden, jede Radbremse einzeln entlüften. Das ist immer dann der Fall, wenn Luft in jeden einzelnen Bremszylinder gedrungen ist. Falls nur ein Bremssattel beziehungsweise Radbremszylinder erneuert bzw. überholt wurde, genügt in der Regel das Entlüften des betreffenden Zylinders.

Die Reihenfolge der Entlüftung: 1. Entlüfterventile am Hauptbremszylinder (nur bei ABS), 2. Bremssattel beziehungsweise Radbremszylinder hinten rechts, 3. Bremssattel beziehungsweise Radbremszylinder hinten links, 4. Bremssattel vorn rechts, 5. Bremssattel vorn links.

- Staubkappe vom Entlüfterventil des Bremszylinders abnehmen. Entlüfterventil reinigen, sauberen Schlauch aufstecken, anderes Schlauchende in eine mit Bremsflüssigkeit halbvoll gefüllte Flasche stecken.
- Von einer Hilfsperson Bremspedal so oft niedertreten lassen, »pumpen«, bis sich im Bremssystem Druck aufgebaut hat. Zu spüren am wachsenden Widerstand beim Betätigen des Pedals.
- Ist genügend Druck vorhanden, Bremspedal ganz durchtreten, Fuß auf dem Bremspedal halten.
- Entlüfterventil am Bremssattel etwa eine halbe Umdrehung mit Ringschlüssel öffnen. Ausfließende Bremsflüssigkeit in der Flasche sammeln. Darauf achten, daß sich das Schlauchende in der Flasche ständig unterhalb des Flüssigkeitsspiegels befindet.
- Sobald der Flüssigkeitsdruck nachläßt, Entlüfterventil schließen.
- Pumpvorgang wiederholen, bis sich Druck aufgebaut hat. Bremspedal niedertreten, Fuß auf dem Bremspedal lassen, Entlüfterschraube öffnen, bis der Druck nachläßt, Entlüfterschraube schließen.
- Entlüftungsvorgang an einem Bremszylinder so lange wiederholen, bis sich in der Bremsflüssigkeit, die in die Entlüfterflasche strömt, keine Luftblasen mehr zeigen.
- Nach dem Entlüften Schlauch von Entlüfterschraube abziehen, Staubkappe auf Ventil stecken.
- Die anderen Bremszylinder auf gleiche Weise entlüften.

Achtung: Während des Entlüftens ab und zu den Ausgleichbehälter beobachten. Der Flüssigkeitsspiegel darf nicht zu weit sinken, sonst wird über den Ausgleichbehälter Luft angesaugt. **Immer nur neue Bremsflüssigkeit nachgießen!**

- Nach dem Entlüften ist der Ausgleichbehälter bis zur Markierung »MAX« aufzufüllen.

Bremsleitung/Bremsschlauch ersetzen

Für das Bremsleitungssystem, das zusammen mit den druckfesten Bremsschläuchen für die Räder die Verbindung vom Hauptbremszylinder zu den vier Radbremsen herstellt, werden Rohre verwendet.

Achtung: Bei Fahrzeugen mit ABS-Anlage nur fertige Bremsrohre verwenden, keine Meterware.

Die Bremsschläuche stellen die flexiblen Verbindungen zwischen den starren und beweglichen Fahrzeugteilen her.

- Fahrzeug aufbocken.
- Bremsleitung an den Überwurfmuttern lösen und abnehmen.
- Leitungsanschluß in Richtung Hauptbremszylinder mit geeignetem Stopfen verschließen, oder vorher Bremsflüssigkeit mit Saugheber aus dem Vorratsbehälter absaugen.
- Neue Bremsleitung möglichst an gleicher Stelle verlegen.
- Soll der Bremsschlauch am Bremssattel erneuert werden, muß vorher der Bremssattel ausgebaut werden.
- Neuen Bremsschlauch so einbauen, daß er ohne Drall durchhängt und mit 10 Nm festziehen.
- Nur vom Werk freigegebene Bremsschläuche einbauen.
- Nach dem Einbau bei entlastetem Rad prüfen (Wagen angehoben), ob der Schlauch allen Radbewegungen folgt, ohne irgendwo anzuscheuern.

Achtung: Bremsschläuche nicht mit Öl oder Petroleum in Berührung bringen, nicht lackieren oder mit Unterbodenschutz besprühen.

- Bremsanlage entlüften.
- Fahrzeug ablassen.

Bremskraftverstärker prüfen

Der Bremskraftverstärker ist auf Funktion zu überprüfen, wenn zur Erzielung ausreichender Bremswirkung die Pedalkraft außergewöhnlich hoch ist.

- Bremspedal bei stehendem Motor mindestens 5mal kräftig durchtreten, dann bei belastetem Bremspedal Motor starten. Das Bremspedal muß jetzt unter dem Fuß spürbar nachgeben.
- Andernfalls Unterdruckschlauch am Bremskraftverstärker abschrauben, Motor starten. Durch Fingerauflegen am Ende des Unterdruckschlauches prüfen, ob Unterdruck erzeugt wird.
- Ist kein Unterdruck vorhanden: Unterdruckschlauch auf Undichtigkeiten und Beschädigungen prüfen, gegebenenfalls ersetzen. Sämtliche Schellen fest anziehen.
- 100-kW-Motor und Dieselmotor: Unterdruckschlauch von der Vakuumpumpe abziehen und mit dem Finger prüfen ob Unterdruck am Schlauchanschluß anliegt.
- Ist Unterdruck vorhanden: Unterdruck messen, gegebenenfalls Bremsservo ersetzen (Werkstattarbeit).

Bremskraftregler prüfen/einstellen

Der Bremskraftregler steuert in Abhängigkeit von der Fahrzeugbelastung den Bremsdruck für die Hinterräder. Dadurch wird ein Überbremsen der Hinterräder vermieden und die Stabilität des Fahrzeuges beim Bremsen verbessert.

Der Bremskraftregler ist hinten am Aufbau befestigt und wird über eine Feder von der Hinterachse aus gesteuert.

Funktion prüfen

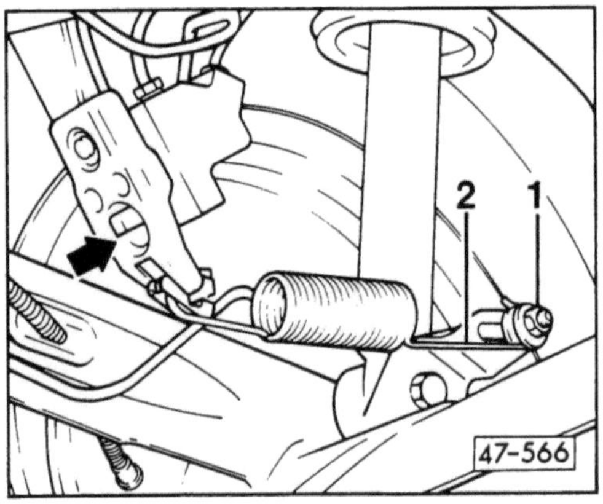

- Das Fahrzeug muß auf den Rädern stehen.
- Von 2. Person Bremskraftregler beobachten lassen.
- Bremspedal kräftig durchtreten und schnell loslassen. Dabei muß sich der Hebel des Bremskraftreglers bewegen.

Achtung: Es ist möglich, daß durch die vorhandene Leckbohrung im Bremskraftregler Reste von Bremsflüssigkeit nach außen gelangen. Diese Erscheinung ist bedeutungslos. Im Zweifelsfall Dichtheitsprüfung unter Druck von einer Fachwerkstatt ausführen lassen.

Einstellen

Achtung: Vor dem Einstellen des Bremskraftreglers Plastikrolle von der Schraube abnehmen und die darunterliegende Stahlbuchse mit Festschmierpaste weiß V.A.G-A05 126 000 05 einfetten. Anschließend Plastikrolle wieder einsetzen.

- Fahrzeug aufbocken, Hinterachse voll ausgefedert, siehe Seite 273.
- Bremsanlage muß vorschriftsmäßig befüllt und entlüftet sein.
- Hebel am Bremskraftregler entgegen der Fahrtrichtung auf Anschlag drücken.
- Mutter -1- lösen.

AUDI 80

- Zugfeder -2- zwischen Bremskraftregler und Plastikrolle spielfrei einhängen.
- Mutter -1- mit 25 Nm festziehen.

AUDI 90

- Spiralbohrer mit 1,0 mm ∅ zwischen Zugfeder -2- und Plastikrolle legen.
- Mutter -1- mit 25 Nm anziehen.
- Spiralbohrer herausnehmen und Zugfeder in Plastikrolle einhängen.

Fahrzeuge mit Sportfahrwerk

Fahrzeuge mit Sportfahrwerk sind um 25 mm tiefergelegt und besitzen hintere Stoßdämpfer mit blauer Lackierung.

- Spiralbohrer mit 7,0 mm ∅ zwischen Zugfeder -2- und Plastikrolle legen.
- Mutter -1- mit 20 Nm anziehen.
- Spiralbohrer herausnehmen und Zugfeder in Plastikrolle einhängen.

- Fahrzeug ablassen, siehe Seite 273.

Die Handbremse

1 – **Handgriff**
2 – **Knopf**
3 – **Druckfeder**
4 – **Handbremshebel**
5 – **Abdeckung**
6 – **Lagerbolzen**
7 – **Druckstange**
8 – **Sperrklinke**
9 – **Sperrsegment**
10 – **Lagerbolzen**
Zum Ersetzen der Sperrklinke abschleifen. Neuen Lagerbolzen vernieten.
11 – **Lagerbolzen**
Zum Ersetzen der Zugstange oder Rolle abschleifen. Neuen Lagerbolzen vernieten.
12 – **Rolle**
13 – **Unterlegscheibe**
14 – **Zugstange**
15 – **Faltenbalg**
Auf festen Sitz achten.
16 – **Ausgleichbügel**
17 – **Einstellmutter**
18 – **Blattfeder**
19 – **Schalter für Handbremskontrollleuchte**
20 – **Blechschraube**
21 – **Sicherungsring**

Achtung: Alle Lagerstellen vor der Montage mit Feststoffschmierpaste weiß V.A.G-AOS 12600005 fetten.

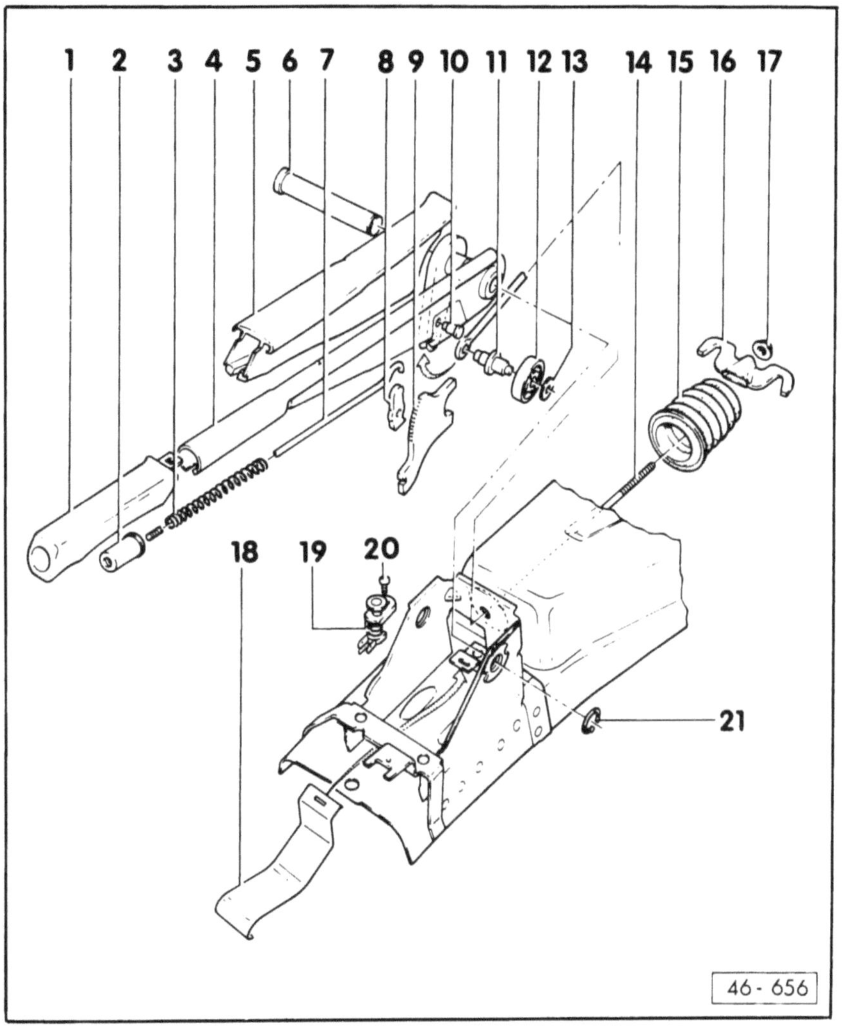

Handbremse einstellen

Fahrzeuge mit Scheibenbremse

Durch die automatische Nachstellung der Hinterradbremse ist ein Nachstellen der Handbremse in der Regel nicht erforderlich. Die Neueinstellung ist nur bei Ersatz der Handbremsseile, der Bremssättel, der Bremsbeläge und der Bremsscheiben erforderlich.

Achtung: Vorher immer Grundeinstellung der Hinterradbremse durchführen.

- Fahrzeug aufbocken, siehe Seite 273.
- Handbremse lösen.

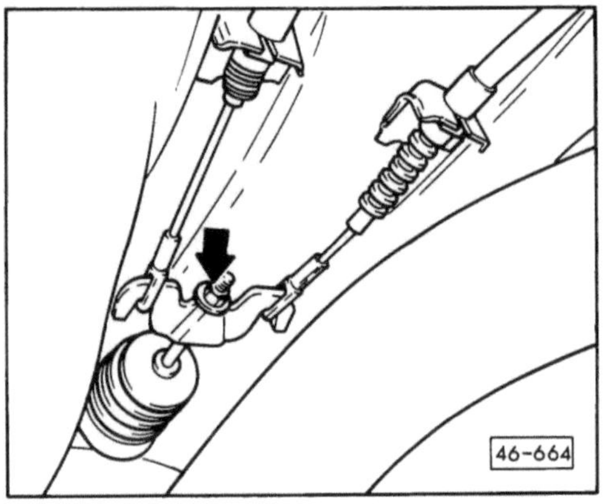

- Nachstellmutter für Handbremsseil so weit auf die Zugstange aufschrauben bis beide Hebel vom Anschlag am Bremssattel gerade abheben, siehe Abbildung 46-631. Hierzu ist ein Helfer erforderlich.
- Anschließend Nachstellmutter 2 Umdrehungen zurückdrehen.
- Zur Kontrolle Hebel am Bremssattel mit einem Schraubendreher abwechselnd gegen den Anschlag drücken. Wird dabei jeweils der Hebel vom gegenüberliegenden Bremssattel vom Anschlag weggezogen, ist das Handbremsseil zu weit vorgespannt.
- Nachstellmutter für Handbremsseil weiter herausdrehen, bis beide Hebel am Anschlag anliegen.
- Handbremse anziehen und anschließend wieder loslassen.
- Prüfen, ob beide Räder frei durchdrehen. Gegebenenfalls Leichtgängigkeit der Handbremsbetätigung prüfen und gangbar machen.
- Fahrzeug ablassen, siehe Seite 273.

Fahrzeuge mit Trommelbremse

Durch die automatische Nachstellung der Bremsbacken ist das Einstellen der Handbremse nur dann erforderlich, wenn der Handbremshebel oder die Handbremsseile ausgewechselt wurden.

- Fahrzeug aufbocken, siehe Seite 273.
- Handbremse lösen.
- Nachstellmutter für Handbremsseil so weit wie möglich lösen.
- Bremspedal einmal kräftig betätigen.
- Handbremshebel **2 Zähne** anziehen.
- Einstellmutter so weit anziehen, bis sich beide Räder von Hand schwer durchdrehen lassen.
- Handbremse lösen und prüfen, ob sich beide Räder frei durchdrehen lassen.

Bremslichtschalter aus- und einbauen/einstellen

Der Bremslichtschalter befindet sich am Pedalbock für das Bremspedal.

Prüfen

- Sicherung Nr.3 im Relaiskasten prüfen.
- Untere Abdeckung im linken Fußraum ausbauen, siehe Seite 216.
- Stecker vom Bremslichtschalter abziehen.
- Zündung einschalten.
- Beide Leitungen des Bremslichtschalters mit einer kurzen Hilfsleitung verbinden. Wenn das Bremslicht jetzt nicht aufleuchtet, Bremslichtschalter ersetzen beziehungsweise elektrische Leitungen nach Schaltplan prüfen.

Ersetzen/Einstellen

- Bremslichtschalter herausziehen und Halteclip vom Pedalbock abnehmen.
- Neuen Blechclip am Pedalbock einsetzen.
- Bremspedal von Hand hineindrücken.
- Bremslichtschalter bis zum Anschlag in die Öffnung am Pedalbock eindrücken.
- Bremspedal von Hand bis zum Anschlag zurückziehen. Dadurch ist der Bremslichtschalter eingestellt.
- Stecker aufschieben.
- Untere Abdeckung einbauen.

Die ABS-Anlage

Je nach Ausstattung besitzt der AUDI 80/90 das BOSCH-Anti-Blockier-System (ABS). Ein nachträglicher Einbau des ABS ist nicht möglich.

Das Antiblockiersystem (ABS) verhindert, daß bei scharfem Abbremsen die Räder blockieren. Dadurch verkürzt sich der Anhalteweg, da der Kraftschluß zwischen Rädern und Fahrbahn größer ist, wenn sich beim Abbremsen die Räder eben noch drehen. Außerdem bleibt das Fahrzeug bei einer Vollbremsung lenkbar.

Das ABS ist funktionsbereit, sobald die Zündung eingeschaltet ist und die Geschwindigkeit 5–7 km/h erreicht. Es regelt alle Bremsvorgänge im Blockierbereich, sobald die Geschwindigkeit von 12 km/h einmal überschritten wurde.

Durch Drehzahlfühler, je zwei für die Vorder- und die Hinterräder, wird die Radgeschwindigkeit gemessen. Aus den Signalen der einzelnen Drehzahlfühler errechnet das elektronische Steuergerät eine Durchschnittsgeschwindigkeit, die in etwa der Fahrzeuggeschwindigkeit entspricht. Durch Vergleich der Radgeschwindigkeit für ein einzelnes Rad und der Durchschnittsgeschwindigkeit aller Räder erkennt das Steuergerät den Schlupfzustand des einzelnen Rades und kann dadurch feststellen, wenn sich ein Rad kurz vor dem Blockieren befindet.

Sobald ein Rad zum Blockieren neigt, der Bremsflüssigkeitsdruck im Bremssattel ist dann zu hoch im Verhältnis zur Haftfähigkeit der Reifen auf der Straße, hält das Hydrauliksystem aufgrund von Signalen des Steuergerätes den Flüssigkeitsdruck konstant. Das heißt, der Druck im Bremssattel erhöht sich nicht, auch wenn stärker auf das Bremspedal getreten wird. Besteht weiterhin Blockierneigung, wird der Flüssigkeitsdruck durch Öffnen eines Auslaßventils abgesenkt. Jedoch nur so weit, bis das Rad wieder geringfügig beschleunigt, dann wird der Druck wieder konstant gehalten.

Beschleunigt das Rad über einen bestimmten Wert hinaus, wird der Druck durch das Hydrauliksystem wieder erhöht, jedoch nicht über das Maß des allgemeinen Bremsdrucks hinaus.

Dieser Vorgang wiederholt sich bei scharfem Bremsen für jedes einzelne Rad so lange, bis das Bremspedal zurückgenommen wird, beziehungsweise bis kurz vor Stillstand (2–3 km/h) des Fahrzeuges.

Eine Sicherheitsschaltung im elektronischen Steuergerät sorgt dafür, daß sich das ABS bei einem Defekt (z. B. Kabelbruch) oder bei zu niedriger Betriebsspannung (Batteriespannung unter 10,5 Volt) selbst abschaltet. In diesem Fall leuchtet die ABS-Kontrolleuchte am Armaturenbrett während der Fahrt auf. Die herkömmliche Bremsanlage bleibt dabei in Betrieb. Das Fahrzeug verhält sich beim Bremsen dann so, als ob kein ABS eingebaut wäre.

Leuchtet während der Fahrt die ABS-Kontrollampe auf, dann weist dies darauf hin, daß sich das ABS abgeschaltet hat.

- Fahrzeug kurz anhalten, Motor abstellen und wieder starten.
- Batteriespannung prüfen. Wenn die Spannung unter 10,5 Volt liegt, Batterie laden.

Achtung: Wenn die ABS-Kontrolleuchte am Anfang einer Fahrt aufleuchtet und nach einiger Zeit wieder erlöscht, deutet das darauf hin, daß die Batteriespannung zunächst zu gering war, bis sie sich während der Fahrt durch Ladung über den Generator wieder erhöht hat.

- Prüfen, ob die Batterieklemmen richtig festgezogen sind und einwandfreien Kontakt haben.
- Fahrzeug aufbocken, Vorderräder abnehmen, elektrische Leitungen auf äußere Beschädigungen (durchgescheuert) prüfen.
- Weitere Prüfungen des ABS sollten der Werkstatt vorbehalten bleiben.

Achtung: Vor Schweißarbeiten mit einem elektrischen Schweißgerät muß der Stecker vom elektronischen Steuergerät abgezogen werden. Stecker nur bei ausgeschalteter Zündung abziehen. Bei Lackierarbeiten darf das Steuergerät kurzzeitig mit max. +95° C und langfristig (ca. 2 Stunden) mit max. +85° C belastet werden.

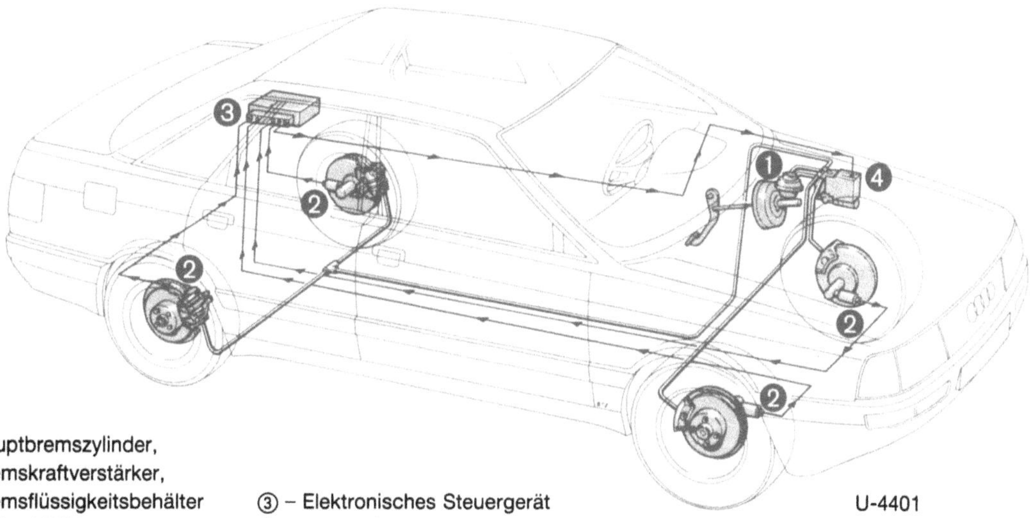

① – Hauptbremszylinder, Bremskraftverstärker, Bremsflüssigkeitsbehälter
② – Drehzahlfühler
③ – Elektronisches Steuergerät
④ – Hydraulikeinheit

U-4401

Wartungsarbeiten an der Bremsanlage

Bremsflüssigkeitsstand prüfen

Der Vorratsbehälter für die Bremsflüssigkeit befindet sich im Motorraum. Er hat zwei Kammern, je eine für jeden Bremskreis. Der Schraubverschluß hat eine Belüftungsbohrung, die nicht verstopft sein darf.

Der Vorratsbehälter ist durchscheinend, so daß der Bremsflüssigkeitsstand jederzeit von außen überwacht werden kann.

Der Flüssigkeitsstand soll, bei geschlossenem Deckel, nicht höher als die Max.-Markierung und nicht unterhalb der Min.-Marke liegen.

- Nur Bremsflüssigkeit der Spezifikation **FMVSS 116 DOT 4** einfüllen.

- Durch Abnutzung der Scheibenbremsen entsteht ein geringfügiges Absinken der Bremsflüssigkeit. Das ist normal.
- Sinkt die Bremsflüssigkeit jedoch innerhalb kurzer Zeit stark ab, ist das ein Zeichen für Bremsflüssigkeitsverlust.
- Die Leckstelle muß dann sofort ausfindig gemacht werden. In der Regel liegt es an verschlissenen Manschetten in den Radbremszylindern. Sicherheitshalber sollte die Überprüfung der Anlage von einer Fachwerkstatt durchgeführt werden.

Bremsbelagdicke prüfen

- Radschrauben vorn lösen.
- Fahrzeug aufbocken.

Scheibenbremse

- Sichtprüfung der Belagdicke vornehmen. Dazu mit einer Taschenlampe durch einen Durchbruch des Scheibenrades leuchten, beziehungsweise inneren Belag mit Hilfe eines Taschenspiegels und einer Lampe prüfen.
- Läßt sich die Belagdicke nicht einwandfrei erkennen und abschätzen, Vorderräder ausbauen.

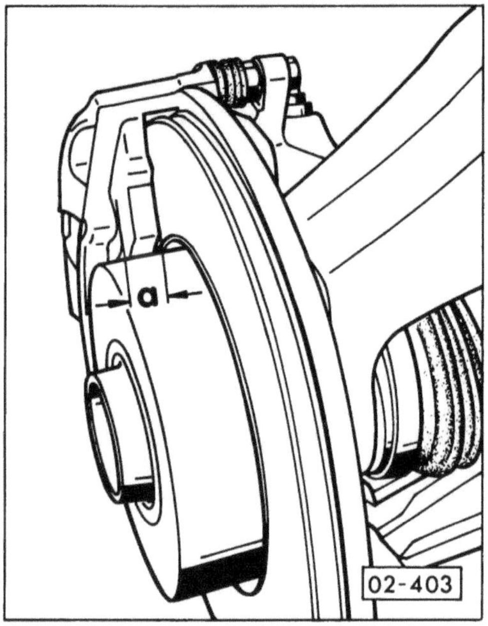

- Mit Schieblehre Belagdicke – also ohne Rückenplatte – bei allen äußeren Bremsbelägen prüfen.
- Dicke der inneren Beläge durch Sichtprüfung ermitteln.
- Die Verschleißgrenze der **Scheibenbremsbeläge** an der Vorder- und Hinterachse ist erreicht, wenn ein Belag nur noch eine Dicke von **2 mm** aufweist. In diesem Fall immer alle 4 Beläge einer Achse ersetzen.

Hinweis: Nach einer Faustregel entspricht bei den vorderen Scheibenbremsen 1 mm Bremsbelag einer Fahrleistung von mindestens 1000 km. Diese Faustregel gilt unter ungünstigen Bedingungen. Im Normalfall halten die Beläge viel länger. Bei einer Belagdicke der Scheibenbremsbeläge von 5,0 mm (ohne Rückenplatte) beträgt die Restnutzbarkeit der Bremsbeläge also noch mindestens 3000 km.

- Falls ausgebaut, Vorderräder einbauen.

Trommelbremse

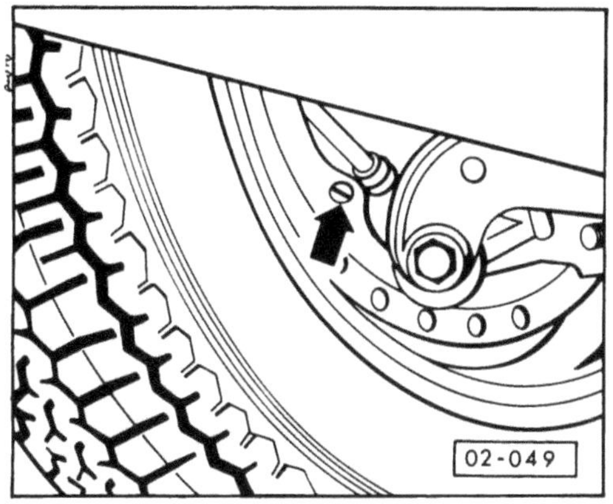

- Abdeckkappe für Schauloch an der Bremsträgerplatte herausnehmen.
- Mit einer Taschenlampe durch die Bohrung leuchten und Belagdicke prüfen.
- Die Verschleißgrenze ist bei einer Belagdicke von **2,5 mm** erreicht. In diesem Fall alle 4 Bremsbacken ersetzen.
- Prüfen, ob die Bremsbeläge durch Fett oder Bremsflüssigkeit verschmiert sind.
- Fahrzeug ablassen, siehe Seite 273.
- Radschrauben über Kreuz mit **110 Nm** festziehen.

Sichtprüfung der Bremsleitungen

Die Bremsleitungen sollen etwa alle 20000 km auf einwandfreien Zustand geprüft werden.

- Fahrzeug aufbocken, siehe Seite 273.
- Bremsleitungen mit Kaltreiniger reinigen.

Achtung: Die Bremsleitungen sind zum Schutz gegen Korrosion mit einer Kunststoffschicht überzogen. Wird diese Schutzschicht beschädigt, kann es zur Korrosion der Leitungen kommen. Aus diesem Grund dürfen Bremsleitungen nicht mit Drahtbürste, Schmirgelleinen oder Schraubendreher gereinigt werden.

- Bremsleitungen vom Hauptbremszylinder zu den einzelnen Radbremszylindern mit Lampe überprüfen. Der Hauptbremszylinder sitzt im Motorraum unter dem Vorratsbehälter für Bremsflüssigkeit.
- Bremsleitungen dürfen weder geknickt noch gequetscht sein. Auch dürfen sie keine Rostnarben oder Scheuerstellen aufweisen. Andernfalls Leitung bis zur nächsten Trennstelle ersetzen.
- Bremsschläuche verbinden die Bremsleitungen mit den Radbremszylindern an den beweglichen Teilen des Fahrzeugs. Sie bestehen aus hochdruckfestem Material, können aber mit der Zeit porös werden, aufquellen oder durch scharfe Gegenstände angeschnitten werden. In einem solchen Fall sind sie sofort zu ersetzen.
- Bremsschläuche mit der Hand hin- und herbiegen, um Beschädigungen festzustellen. Schläuche dürfen nicht verdreht sein, farbige Kennlinie beachten!
- Lenkrad nach links und rechts bis zum Anschlag drehen. Die Bremsschläuche dürfen dabei in keiner Stellung Fahrzeugteile berühren.
- Anschlußstellen von Bremsleitungen und -schläuchen dürfen nicht durch ausgetretene Flüssigkeit feucht sein.

Achtung: Wenn der Vorratsbehälter und die Dichtungen durch ausgetretene Bremsflüssigkeit feucht sind, so ist das nicht unbedingt ein Hinweis auf einen defekten Hauptbremszylinder. Vielmehr dürfte die Bremsflüssigkeit durch die Belüftungsbohrung im Deckel oder durch die Deckeldichtung ausgetreten sein.

Bremsflüssigkeit wechseln

Die Bremsflüssigkeit nimmt durch die Poren der Bremsschläuche sowie durch die Entlüftungsöffnung des Vorratsbehälters Luftfeuchtigkeit auf. Dadurch sinkt im Laufe der Betriebszeit der Siedepunkt der Bremsflüssigkeit. Bei starker Beanspruchung der Bremse kann es deshalb zu Dampfblasenbildung in den Bremsleitungen kommen, wodurch die Funktion der Bremsanlage stark beeinträchtigt wird.

Die Bremsflüssigkeit soll alle 2 Jahre, möglichst im Frühjahr, erneuert werden.

Die Werkstatt benutzt zum Wechseln der Bremsflüssigkeit ein Bremsen-Füll- und Entlüftungsgerät. Die Wechselmenge beträgt 250 cm^3 pro Entlüfterventil am Hauptbremszylinder und 500 cm^3 pro Entlüfterventil am Radbremszylinder beziehungsweise Bremssattel.

- Vorsichtsmaßregeln beim Umgang mit Bremsflüssigkeit beachten. Siehe Seite 166.
- Die Reihenfolge, in der die Entlüftungsventile geöffnet werden, beachten. Siehe Seite 177.
- Mit einer Absaugflasche aus dem Bremsflüssigkeitsbehälter Bremsflüssigkeit bis zu einem Stand von ca. 10 mm absaugen.

Achtung: Vorratsbehälter nicht ganz entleeren, damit keine Luft in das Bremssystem gelangt.

- Vorratsbehälter bis zur MAX.-Marke mit **neuer** Bremsflüssigkeit füllen.
- Auf das erste Entlüfterventil sauberen Schlauch aufschieben, geeignetes Gefäß unterstellen.
- Entlüfterventil öffnen und mit ca. 10 Pumpenstößen am Bremspedal alte Bremsflüssigkeit herauspumpen.
- Entlüfterventil schließen, Vorratsbehälter mit **neuer** Bremsflüssigkeit auffüllen.
- Auf die gleiche Weise alte Bremsflüssigkeit aus den anderen Bremssätteln herauspumpen.

Achtung: Die abfließende Bremsflüssigkeit muß in jedem Fall . klar und blasenfrei sein.

- Alte Bremsflüssigkeit bei der örtlichen Deponie für Sondermüll abgeben.

Störungsdiagnose Bremse

Störung	Ursache	Abhilfe
Leerweg des Bremspedals zu groß	Bremsbacken teilweise oder völlig abgenutzt, Nachstellvorrichtung schwergängig	■ Nachstellvorrichtung gangbar machen oder Beläge erneuern
	Ein Bremskreis ausgefallen	■ Bremskreise auf Flüssigkeitsverlust prüfen
Bremspedal läßt sich weit und federnd durchtreten	Luft im Bremssystem	■ Bremse entlüften
	Zu wenig Bremsflüssigkeit im Ausgleichbehälter	■ Neue Bremsflüssigkeit nachfüllen Bremse entlüften
	Dampfblasenbildung. Tritt meist nach starker Beanspruchung auf, z. B. Paßabfahrt	■ Bremsflüssigkeit wechseln. Bremse entlüften
Bremswirkung läßt nach, und Bremspedal läßt sich durchtreten	Undichte Leitung	■ Leitungsanschlüsse nachziehen oder Leitung erneuern
	Beschädigte Manschette im Haupt- oder Radbremszylinder	■ Manschette erneuern. Beim Hauptbremszylinder Innenteile ersetzen, ggf. Hauptbremszylinder ersetzen
	Speziell bei Scheibenbremse: Stationärer Gummidichtring beschädigt	■ Bremssattel überholen
Schlechte Bremswirkung trotz hohen Fußdrucks	Bremsbeläge verölt	■ Bremsbeläge erneuern
	Ungeeigneter Bremsbelag	■ Beläge erneuern Original VW/AUDI-Beläge verwenden
	Bremskraftverstärker defekt	■ Bremsservo prüfen
	Speziell bei Scheibenbremse: Bremsbeläge abgenutzt	■ Bremsbeläge erneuern
	Korrosion im Bremssattelzylinder	■ Bremssattel erneuern
Bremse zieht einseitig	Unvorschriftsmäßiger Reifendruck	■ Reifendruck prüfen und berichtigen
	Bereifung ungleichmäßig abgefahren	■ Abgefahrene Reifen ersetzen
	Bremsbeläge verölt	■ Bremsbeläge erneuern
	Verschiedene Bremsbelagsorten auf einer Achse	■ Beläge erneuern. Original VW/AUDI-Beläge verwenden
	Schlechtes Tragbild der Bremsbeläge	■ Bremsbeläge austauschen
	Speziell bei Scheibenbremse: Verschmutzte Bremssattelschächte	■ Sitz- und Führungsflächen der Bremsbeläge im Bremssattel reinigen
	Korrosion in den Bremssattelzylindern	■ Bremssattel erneuern
	Bremsbelag ungleichmäßig verschlissen	■ Bremsbeläge erneuern (beide Räder)
	Speziell bei Trommelbremse: Kolben in den Radbremszylindern schwergängig	■ Radbremszylinder instand setzen

Störung	Ursache	Abhilfe
Bremse zieht von selbst an	Ausgleichsbohrung im Hauptbremszylinder verstopft Spiel zwischen Betätigungsstange und Hauptbremszylinderkolben zu gering	■ Hauptbremszylinder reinigen und Innenteile erneuern lassen ■ Spiel prüfen
Bremsen erhitzen sich während der Fahrt	Ausgleichsbohrung im Hauptbremszylinder verstopft Spiel zwischen Betätigungsstange und Hauptbremszylinder zu gering **Speziell bei Scheibenbremse:** Drosselbohrung im Spezial-Bodenventil verstopft **Speziell bei Trommelbremse:** Bremsbacken-Rückzugfedern erlahmt	■ Hauptbremszylinder reinigen und Innenteile erneuern lassen ■ Spiel prüfen ■ Hauptbremszylinder reinigen, Innenteile ersetzen und Bremsflüssigkeit erneuern ■ Rückzugfedern erneuern
Bremsen rattern	Ungeeigneter Bremsbelag **Speziell bei Scheibenbremse:** Bremsscheibe stellenweise korrodiert Bremsscheibe hat Seitenschlag **Speziell bei Trommelbremse:** Bremsbeläge verschlissen Bremstrommel unrund	■ Beläge erneuern Original VW/AUDI-Beläge verwenden ■ Scheibe mit Schleifklötzen sorgfältig glätten ■ Scheibe nacharbeiten oder ersetzen ■ Beläge erneuern. Original VW/AUDI-Beläge verwenden ■ Bremstrommel ausdrehen, gegebenenfalls ersetzen
Bremsbeläge lösen sich nicht von der Bremsscheibe, Räder lassen sich schwer von Hand drehen	**Speziell bei Scheibenbremse:** Korrosion in den Bremssattelzylindern	■ Bremssattel überholen, eventuell austauschen
Ungleichmäßiger Belag-Verschleiß	**Speziell bei Scheibenbremse:** Ungeeigneter Bremsbelag Bremssattel verschmutzt Kolben nicht leichtgängig Bremssystem undicht	■ Bremsbeläge erneuern Original VW/AUDI-Beläge verwenden ■ Bremssattelschächte reinigen ■ Kolbenstellung (Kolbenring) prüfen ■ Bremssystem auf Dichtigkeit prüfen
Keilförmiger Bremsbelag-Verschleiß	**Speziell bei Scheibenbremse:** Bremsscheibe läuft nicht parallel zum Bremssattel Korrosion in den Bremssätteln Kolben arbeitet nicht richtig	■ Anlagefläche des Bremssattels prüfen ■ Verschmutzung beseitigen ■ Kolbenstellung (Kolbenring) prüfen

Störung	Ursache	Abhilfe
Bremse quietscht	Oft auf atmosphärische Einflüsse (Luftfeuchtigkeit) zurückzuführen	■ Keine Abhilfe erforderlich, und zwar dann, wenn Quietschen nach längerem Stillstand des Wagens bei hoher Luftfeuchtigkeit auftrat, aber nach den ersten Bremsungen sich nicht wiederholt
	Speziell bei Scheibenbremse: Ungeeigneter Bremsbelag	■ Beläge erneuern. Original VW/AUDI-Beläge verwenden Rückenplatte mit Anti-Quietsch-Paste bestreichen
	Bremsscheibe läuft nicht parallel zum Bremssattel	■ Anlagefläche des Bremssattels prüfen
	Verschmutzte Schächte im Bremssattel	■ Bremssattelschächte reinigen
	Speziell bei Trommelbremse: Ungeeigneter Bremsbelag	■ Beläge erneuern
	Belag liegt nicht satt auf	■ Beläge erneuern
	Bremse verschmutzt	■ Radbremsen reinigen
	Rückzugfedern zu schwach	■ Rückzugfedern erneuern
Bremse pulsiert	ABS in Funktion	■ Normal, keine Abhilfe
	Speziell bei Scheibenbremse: Seitenschlag oder Dickentoleranz der Bremsscheibe zu groß	■ Schlag und Toleranz prüfen. Scheibe nacharbeiten oder ersetzen
	Bremsscheibe läuft nicht parallel zum Bremssattel	■ Anlagefläche des Bremssattels prüfen
	Speziell bei Trommelbremse: Anlagefläche des Scheibenrades an der Bremstrommel nicht plan, dadurch Verzug der Bremstrommel	■ Es kann versucht werden, die Scheibenräder untereinander auszutauschen. Besser: Bremstrommel mit angeschraubtem Rad auf einer geeigneten Drehbank ausdrehen

Technische Daten Bremsanlage

Motor	40/55/59/65/66 kW 54/75/80/88/90 PS		82/83/85/100/101 kW 112/113/115/136/137 PS		118/125 kW 160/170 PS	
Zustand	Neu	Verschleißgrenze	Neu	Verschleißgrenze	Neu	Verschleißgrenze
Bremsscheibendicke vorn Bremsbelagdicke vorn	13 mm 14 mm	11 mm 2 mm	22 mm 14 mm	20 mm 2 mm	25 mm 13 mm	23 mm 2 mm
Bremsscheibendicke hinten Scheibenbremsbelagdicke hinten	– –	– –	10 mm 12 mm	8 mm 2 mm	10 mm 12 mm	8 mm 2 mm
Bremstrommeldurchmesser hinten Trommelbremsbelagdicke hinten	200 mm 5,25 mm	201 mm 2,5 mm	– –	– –	– –	– –
Radbremszylinder-Durchmesser mit Bremskraftregler ohne Bremskraftregler	19,05 mm 17,46 mm		– –		– –	
Füllmenge Bremssystem	ca. 0,6 l					

Räder und Reifen

Der AUDI 80/90 kann mit unterschiedlichen Scheibenrädern und Reifen bestückt sein. Es sind jedoch nur Scheibenräder mit einer Einpreßtiefe von 45 mm bei einem Felgendurchmesser von 14 Zoll zulässig. Die Einpreßtiefe ist das Maß von der Felgenmitte bis zur Anlagefläche der Radschüssel an die Bremsscheibe beziehungsweise Bremstrommel.

Der AUDI 90 Quattro mit 118/125 kW (160/170 PS) besitzt Leichtmetallräder mit einer Einpreßtiefe von 42 mm.

Achtung: Die technische Entwicklung geht ständig weiter. Es kann sein, daß inzwischen auch für ältere Fahrzeug-Modelle andere Reifen-Felgen-Kombinationen zugelassen sind. Es empfiehlt sich deshalb, die aktuellen Daten bei der Fachwerkstatt zu erfragen.

Räder- und Reifenmaße

Motor	**Scheibenrad** (Felge)	**Reifengröße** Gürtelreifen (schlauchlos)	**Reifenfülldruck (Überdruck) in bar** halbe Zuladung vorn	halbe Zuladung hinten	volle Zuladung vorn	volle Zuladung hinten
Dieselmotor	5½ J x 14	175/70 R 14 84 S	1,9	1,9	2,2	2,2
40/59 kW (54/80 PS)	6 J x 14	195/60 R 14 85 H	1,9	1,9	2,2	2,2
	6 J x 15	205/50 R 15 85 V[5]	2,3	2,3	2,7	2,8
Benzinmotor	5½ J x 14	175/70 R 14 84 S	1,9	1,9	2,4	2,4
55 kW (75 PS)	6 J x 14	195/60 R 14 85 H	1,9	1,9	2,3	2,3
	6 J x 15	205/50 R 15 85 V[5]	2,3	2,3	2,7	2,8
65/66 kW (88/90 PS)	5½ J x 14	175/70 R 14 84 T[1]	1,9	1,9	2,4	2,4
	6 J x 14	175/70 R 14 84 H	1,9	1,9	2,4	2,4
		195/60 R 14 85 H	1,9	1,9	2,3	2,3
	6 J x 15	205/50 R 15 85 V[5]	2,3	2,3	2,7	2,8
82/83 kW (112/113 PS)	5½ J x 14	175/70 R 14 84 T[1]	2,1	2,1	2,6	2,6
	6 J x 14	175/70 R 14 84 H	2,1	2,1	2,6	2,6
		195/60 R 14 85 H	2,1	2,1	2,5	2,5
	6 J x 15	205/50 R 15 85 V[5]	2,3	2,3	2,7	2,8
85 kW (115 PS)	5½ J x 14	175/70 R 14 84 T[1]	2,1	2,1	2,6	2,6
	6 J x 14	195/60 R 14 85 H	2,1	2,1	2,5	2,5
	6 J x 15	205/50 R 15 85 V[5]	2,3	2,3	2,7	2,8
100/101 kW (136/137 PS)	5½ J x 14	175/70 R 14 84 T[1]	2,3	2,3	2,7	2,7
	6 J x 14	195/60 R 14 85 V	2,3	2,3	2,8	2,8
	6 J x 15	205/50 R 15 85 V[5]	2,3	2,3	2,7	2,8
118/125 kW (160/170 PS)	6 J x 15	205/50 R 15 85 V[5]	2,3	2,3	2,7	2,8
Coupé	5½ J x 14	195/60 R 14 85 V	2,1	2,1	2,5	2,5
	6 J x 15	205/60 R 15 91 V	2,1	2,1	2,5	2,7
Notrad	4 J x 15	T 115/70 R 15	4,2[3]			
	4.00 B x 15 ET 40	T 125/90 R 15[2]	4,2			
Notrad für 118/125-kW-Motor	4 B x 15	125/90 R 15	4,2			
Winterreifen	5½ J x 14	175/70 R 14 84 Q M+S	+0,2[4]			

[1]) Allwetterreifen für Allradfahrzeuge.

[2]) Nur bei Fahrzeugen mit ABS oder Allradantrieb.

[3]) Fülldruck für normales Reserverad: Höchsten Fülldruck, der für das jeweilige Modell vorgeschrieben ist, z. B. 2,8 bar beim 100-kW-Motor.

[4]) Fülldruck für das jeweilige Modell und den Beladungszustand um 0,2 bar erhöhen.

[5]) **Achtung:** Es dürfen nur Reifen von bestimmten Herstellern verwendet werden. Welche Reifen zugelassen sind steht in den Fahrzeugpapieren.

Scheibenrad-Bezeichnungen

Beispiel: 5½ J x 14 H2

5½ = Maulweite der Felge in Zoll
J = Kennbuchstabe für Höhe und Kontur der Felge
x = Kennzeichen für einteilige Tiefbettfelge
14 = Felgen-Durchmesser in Zoll
H2 = Felgenprofil an Außen- und Innenseite mit Hump-Schulter
ET45 = Einpreßtiefe 45 mm

Reifenbezeichnungen

Beispiel:

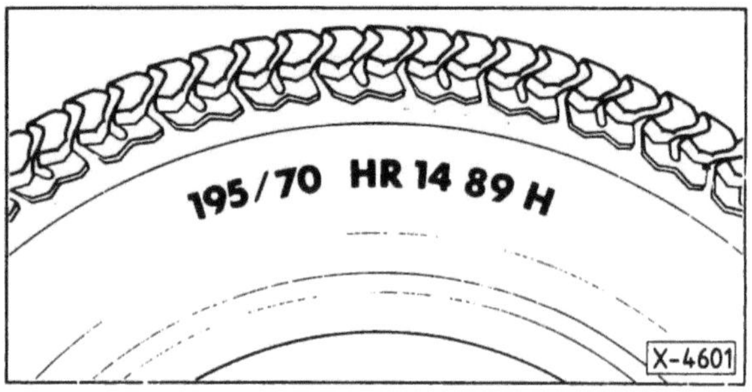

195 = Reifenbreite in mm
/70 = Verhältnis Höhe : Breite (die Höhe des Reifenquerschnitts beträgt 70 % von der Breite).

Fehlt eine besondere Angabe des Querschnittverhältnisses (z. B. 175 SR 14), so handelt es sich um das »normale« Höhen-Breiten-Verhältnis. Es beträgt bei Gürtelreifen 82 %.

H = Geschwindigkeitsklasse, H: bis 210 km/h (wird bei neueren Reifen nicht immer angegeben).
R = Radial-Bauart (= Gürtelreifen).
14 = Felgendurchmesser in Zoll.
89 = Tragfähigkeits-Kennzahl.

Achtung: Steht zwischen den Angaben 14 und 89 die Bezeichnung M+S, dann handelt es sich um einen Reifen mit Winterprofil.

H = Kennbuchstabe für zulässige Höchstgeschwindigkeit.

Der Geschwindigkeitsbuchstabe steht hinter der Reifengröße. Die Geschwindigkeitssymbole gelten sowohl für Sommer- als auch für Winterreifen.

Geschwindigkeits-Kennbuchstabe

Kennbuchstabe	Zulässige Höchstgeschwindigkeit
Q	160 km/h
S	180 km/h
T	190 km/h
H	210 km/h
V	240 km/h
Z	über 240 km/h

Reifen-Herstellungsdatum

Das Herstellungsdatum steht auf dem Reifen im Hersteller-Code. **Beispiel:** DOT CUL2 UM8 4502 TUBELESS

DOT = Department of Transportation (US-Verkehrsministerium)
CU = Kürzel für Reifenhersteller
L2 = Reifengröße
UM8 = Reifenausführung
4502 = Herstellungsdatum = 45. Produktionswoche 2002
Hinweis: Falls eine 3-stellige Ziffer aufgeführt ist, dann wurde der Reifen im vergangenen Jahrzehnt produziert, z.B. 509◁: 50. Produktionswoche 1999.
TUBELESS = schlauchlos (TUBETYPE = Schlauchreifen)

Achtung: Neureifen müssen seit 10/98 zusätzlich mit einer ECE-Prüfnummer an der Reifenflanke versehen sein. Diese Prüfnummer weist nach, dass der Reifen dem ECE-Standard entspricht. Werden Reifen seit 10/98 **ohne** ECE-Prüfnummer montiert, erlischt die Allgemeine Betriebserlaubnis (ABE) des Fahrzeuges.

Austauschen der Räder

Es ist nicht zweckmäßig, bei einem Austausch der Räder die Drehrichtung der Reifen zu ändern, da sich die Reifen nur unter vorübergehend stärkerem Verschleiß der veränderten Drehrichtung anpassen.

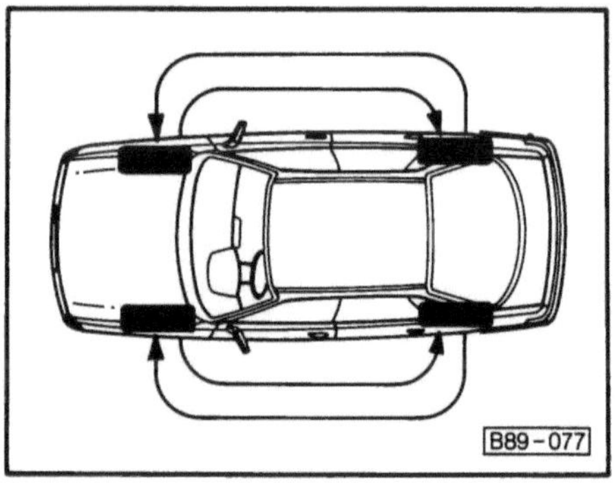

Bei deutlich stärkerer Abnutzung der vorderen Reifen empfiehlt es sich, die Vorderräder gegen die Hinterräder zu tauschen. Dadurch haben alle 4 Reifen etwa die gleiche Lebensdauer.

Zum Festziehen der Radschrauben sollte immer ein Drehmomentschlüssel verwendet werden. Dadurch wird sichergestellt, daß die Radschrauben gleichmäßig fest angezogen sind.

Reifen nicht einzeln sondern mindestens achsweise ersetzen. Dabei Reifen mit der größeren Profiltiefe immer vorn montieren.

Achtung: Beim Erneuern und Demontieren schlauchloser Reifen ist unbedingt das Gummiventil aus Sicherheitsgründen mit auszutauschen.

- Radvollblende von Hand abziehen. Blende beim Einbau so ansetzen, daß sich das Reifenventil im vorgesehenen Ausschnitt befindet. Bei Leichtmetallfelgen Schutzkappe vorsichtig mit Schraubendreher abdrücken.
- Bei abschließbaren Radschrauben Verschlußkappe mit Schraubendreher abhebeln. Schlüssel bis zum Anschlag ins Schloß stecken, dabei steht der Schlitz parallel zur ovalen Aussparung. Schlüssel um 90° drehen und mit Verschlußteil abziehen. Das Einsetzen erfolgt in umgekehrter Reihenfolge. **Beim Abziehen des Schlüssels muß die Hülse gegen die Radschraube gedrückt werden.** Schutzkappe aufsetzen.
- Zum Schutz gegen Festrosten ist der Zentriersitz des Scheibenrades an den Radnaben vorn und hinten bei jeder Demontage des jeweiligen Rades mit Wälzlagerfett leicht einzufetten.
- Leichtmetallfelgen sind durch einen Klarlacküberzug gegen Korrosion geschützt. Beim Radwechsel darauf achten, daß die Schutzschicht nicht beschädigt wird, andernfalls mit Klarlack ausbessern.
- Verschmutzte Schrauben reinigen. Schrauben erneuern, wenn das Gewinde beschädigt oder korrodiert ist.
- Radschrauben über Kreuz in mehreren Durchgängen festziehen.

Achtung: Durch einseitiges oder unterschiedlich starkes Anziehen der Radschrauben können das Rad und/oder die Radnabe verspannt werden. **Das Anzugsdrehmoment beträgt für alle Radschrauben 110 Nm.**

Reifen einfahren

Neue Reifen haben vom Produktionsprozeß her eine besonders glatte Oberfläche. Deshalb müssen neue Reifen – das gilt auch für das neue Ersatzrad – eingefahren werden. Bei diesem Einfahren rauht sich durch die beginnende Abnutzung die glatte Oberfläche auf.

Während der ersten 300 km sollte man mit neuen Reifen speziell auf Nässe besonders vorsichtig fahren.

Reifen lagern

- Reifen sollten kühl, dunkel, trocken und möglichst auch zugfrei untergebracht werden, auch dürfen sie nicht mit Fett und Öl in Berührung kommen.
- Reifen liegend oder aufgehängt in der Garage oder im Keller lagern.
- Bevor die Räder abmontiert werden, Reifenfülldruck etwas erhöhen (0,3–0,5 bar).
- Für Winterreifen eigene Felgen verwenden, denn das Ummontieren der Reifen auf dieselben Felgen lohnt sich aus Kostengründen nicht.

Auswuchten der Räder

Die serienmäßigen Räder werden im Werk ausgewuchtet. Das Auswuchten ist notwendig, um unterschiedliche Gewichtsverteilung und Materialungenauigkeiten auszugleichen.

Im Fahrbetrieb macht sich die Unwucht durch Trampel- und Flattererscheinungen bemerkbar. Das Lenkrad beginnt dann bei höherem Tempo zu zittern.

In der Regel tritt dieses Zittern nur in einem bestimmten Geschwindigkeitsbereich auf und verschwindet wieder bei niedrigerer und höherer Geschwindigkeit.

Solche Unwuchterscheinungen können mit der Zeit zu Schäden an Achsgelenken, Lenkgetriebe und Stoßdämpfern führen.

Räder grundsätzlich alle 20 000 km und nach jeder Reifenreparatur auswuchten lassen, da sich durch Abnutzung und Reparatur die Gewichts- und Materialverteilung am Reifen ändert.

Gleitschutzketten

Die Verwendung von Gleitschutzketten ist nur an der Antriebsachse (Vorderachse) erlaubt. Bei allradgetriebenen Fahrzeugen sind in der Regel keine Ketten erforderlich. Falls für das Befahren bestimmter Straßen (Paß) Ketten vorgeschrieben sind, dürfen diese nur an den Vorderrädern montiert werden. Vor der Montage Radblenden abnehmen.

Mit Gleitschutzketten darf nicht schneller als 50 km/h gefahren werden. Auf schnee- und eisfreien Straßen sind die Gleitschutzketten abzunehmen.

Auf allen Modellen dürfen nur feingliedrige Gleitschutzketten verwendet werden, die auf der Reifenfläche und an der Reifeninnenseite nicht mehr als 15 mm auftragen, einschließlich Kettenschloß. Es sollten nur von VW/AUDI freigegebene Gleitschutzketten verwendet werden.

Das Notrad

Bei der Benutzung des platzsparenden Reserve-Notrades sind folgende Punkte zu beachten:

- Das Notrad darf an Vorder- und Hinterachse montiert werden.
- Das Notrad ist nur für den vorübergehenden und kurzzeitigen Einsatz bestimmt. Muß das Rad bei einer Reifenpanne montiert werden, ist es deshalb so schnell wie möglich wieder durch ein Normalrad zu ersetzen.
- Nach Montage des Notrades muß **der Reifenfülldruck so schnell wie möglich geprüft werden,** der Druck muß **4,2 bar** betragen.
- Mit montiertem Notrad darf **nicht über 80 km/h** gefahren werden. Vollgasbeschleunigungen, starkes Bremsen und rasante Kurvenfahrten sind zu vermeiden.
- Bei Fahrzeugen **mit Frontantrieb und ohne ABS** ist das Notrad kleiner als das Normalrad. Deshalb verringert sich die Bodenfreiheit der jeweiligen Achse um etwa 30 mm. Um Schäden an tiefliegenden Fahrzeugteilen zu verhindern, sollte nicht über größere Hindernisse oder Vertiefungen gefahren werden. Auch automatische Waschanlagen sollten mit montiertem Notrad nicht benutzt werden – der Wagen könnte aufsetzen.
- Das Notrad ist speziell für den Wagentyp entwickelt. Es darf daher nicht für andere Wagtentypen benutzt werden. Ebensowenig dürfen Noträder anderer Fahrzeugtypen verwendet werden.
- Die Verwendung von Gleitschutzketten (Schneeketten) auf dem platzsparenden Notrad ist aus technischen Gründen nicht zulässig. Falls mit Gleitschutzketten gefahren werden muß, ist bei einer Vorderrad-Reifenpanne das Notrad an der Hinterachse zu montieren und der hintere Reifen auf die Vorderachse zu wechseln. Dabei empfiehlt es sich, bereits vor der Montage des Rades die Gleitschutzkette aufzulegen.
- Auf die Felge des Notrades darf kein Sommer- oder Winterreifen montiert werden.
- Niemals zwei oder mehr Noträder gleichzeitig montieren.

Fehlerhafte Reifenabnutzung

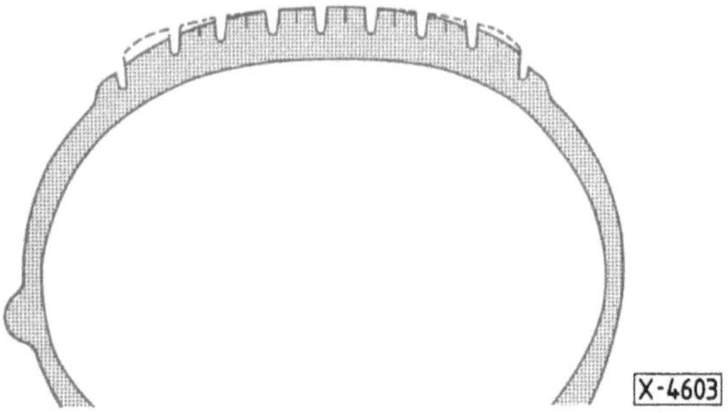

- An den Vorderrädern ist eine etwas größere Abnutzung der Reifenschultern gegenüber der Laufflächenmitte normal, wobei aufgrund der Straßenneigung die Abnutzung der zur Straßenmitte zeigenden Reifenschulter (linkes Rad: außen, rechtes Rad: innen) deutlicher ausgeprägt sein kann.
- Ungleichmäßiger Reifenverschleiß ist zumeist die Folge eines zu geringen oder zu hohen Reifenfülldrucks und kann auf Fehler in der Radeinstellung oder Radauswuchtung sowie auf mangelhafte Stoßdämpfer oder Felgen zurückzuführen sein.

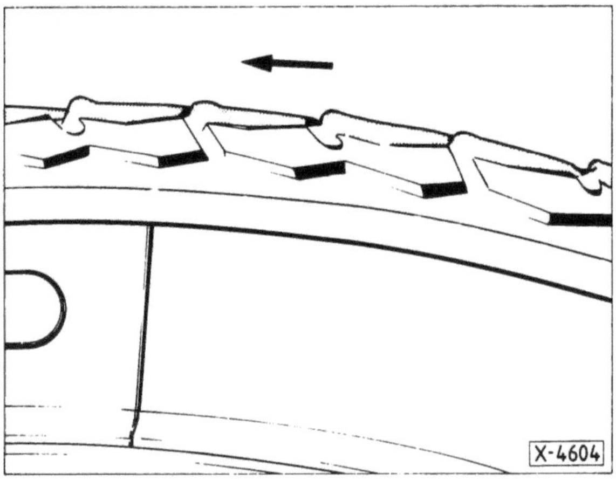

- Sägezahnförmige Abnutzung des Profils ist in der Regel auf eine Überbelastung des Fahrzeuges zurückzuführen.
- In erster Linie ist auf vorschriftsmäßigen Reifenfülldruck zu achten, wobei spätestens alle vier Wochen eine Prüfung vorgenommen werden sollte.
- Reifenfülldruck nur bei kühlen Reifen prüfen. Der Reifenfülldruck steigt nämlich mit zunehmender Erhitzung bei schneller Fahrt an. Dennoch ist es völlig falsch, aus erhitzten Reifen Luft abzulassen.
- Bei zu hohem Reifenfülldruck wird die Laufflächenmitte mehr abgenutzt, da der Reifen an der Lauffläche durch den hohen Innendruck mehr gewölbt ist.
- Bei zu niedrigem Reifenfülldruck liegt die Lauffläche an den Reifenschultern stärker auf, und die Laufflächenmitte wölbt sich nach innen durch. Dadurch ergibt sich ein stärkerer Reifenverschleiß der Reifenschultern.
- Falsche Radeinstellung und Unwucht ergeben jeweils typische Reifenverschleißbilder, auf die in der Störungsdiagnose hingewiesen wird.

Wartungsarbeiten an den Reifen

Reifenfülldruck prüfen

- Reifenfülldruck nur am kalten Reifen prüfen.
- Reifenfülldruck einmal im Monat sowie im Rahmen der Wartung prüfen.
- Zusätzlich sollte der Fülldruck vor längeren Autobahnfahrten kontrolliert werden, da hierbei die Temperaturbelastung für den Reifen am größten ist.

Achtung: Bei Fahrzeugen mit Radvollblenden Ventilverlängerungen zum Prüfen des Reifenfülldrucks nicht abschrauben. Prüfgerät direkt an der Verlängerung ansetzen.

Reifenprofil prüfen

Die Reifen ausgewuchteter Räder nutzen sich bei gewissenhaftem Einhalten des vorgeschriebenen Fülldrucks und bei fehlerfreier Radeinstellung und Stoßdämpferfunktion auf der gesamten Lauffläche annähernd gleichmäßig ab. Im übrigen läßt sich keine generelle Aussage über die Lebensdauer bestimmter Reifenfabrikate machen, denn die Lebensdauer hängt von unterschiedlichen Faktoren ab:

- Fahrbahnoberfläche
- Reifenfülldruck
- Fahrweise
- Witterung

Vor allem sportliche Fahrweise, scharfes Anfahren und starkes Bremsen fördern den schnellen Reifenverschleiß.

Achtung: Die Rechtsprechung verlangt, daß Reifen lediglich bis zu einer Profiltiefe von 1,6 mm abgefahren werden dürfen, und zwar müssen die Profilrillen auf der gesamten Lauffläche noch mindestens 1,6 mm Tiefe aufweisen. Es empfiehlt sich jedoch, sicherheitshalber die Reifen bereits bei einer Mindestprofiltiefe von 2 mm auszutauschen.

Nähert sich die Profiltiefe der gesetzlich zulässigen Mindestprofiltiefe, das heißt, weist der mehrmals am Reifenumfang angeordnete 1,6 mm hohe Verschleißanzeiger fast kein Profil mehr auf, müssen die Reifen gewechselt werden.

Achtung: M+S-Reifen haben auf Matsch und Schnee nur ausreichende Wirkung, wenn ihr Profil noch mindestens 4 mm tief ist.

Achtung: Reifen auf Schnittstellen untersuchen und mit kleinem Schraubendreher Tiefe der Schnitte feststellen. Wenn die Schnitte bis zur Karkasse reichen, korrodiert durch eindringendes Wasser der Stahlgürtel. Dadurch löst sich unter Umständen die Lauffläche von der Karkasse, der Reifen platzt. Deshalb: Bei tiefen Einschnitten im Profil aus Sicherheitsgründen Reifen austauschen.

Ventil prüfen

- Schutzkappe vom Ventil abschrauben.
- Etwas Speichel auf das Ventil geben. Wenn sich eine Blase bildet, Ventil mit umgedrehter Schutzkappe festdrehen.

Achtung: Zum Anziehen des Ventils kann nur eine Metallschutzkappe verwendet werden. Metallschutzkappen sind an der Tankstelle erhältlich.

- Ventil erneut prüfen. Falls sich wieder Blasen bilden oder sich das Ventil nicht weiter anziehen läßt, Ventil erneuern.
- Grundsätzlich Schutzkappe wieder befestigen.

Störungsdiagnose Reifen

Abnutzung	Ursache
Stärkerer Reifenverschleiß auf beiden Seiten der Lauffläche	■ Zu niedriger Reifenfülldruck
Stärkerer Reifenverschleiß in der Mitte der Lauffläche, über den gesamten Umfang	■ Zu hoher Reifenfülldruck
Auswaschungen der Profilseite	■ Statische und dynamische Unwucht des Rades. Eventuell zu großer Seitenschlag der Felge, zu großes Spiel in den Traggelenken
Auswaschungen in der Mitte des Reifenprofils	■ Statische Unwucht des Rades. Eventuell Folge von zu großem Höhenschlag
Starke Abnutzung an einzelnen Stellen in der Mitte der Lauffläche	■ Blockierspuren von Vollbremsungen
Schuppenförmige oder sägezahnähnliche Abnutzung des Profils. In krassen Fällen mit Gewebebrüchen verbunden, die nach einiger Zeit außen sichtbar werden	■ Überbelastung des Wagens. Innenseite der Reifen auf Gewebebrüche untersuchen!
Gummizungen an den seitlichen Profilkanten	■ Fehlerhafte Radeinstellung. Reifen radiert. Bei Hinterrädern auch Zustand der Stoßdämpfer prüfen!
Gratbildung an einer Profilseite des Vorderrades	■ Falsche Spureinstellung. Reifen radiert. Häufiges Fahren auf stark gewölbter Fahrbahn. Schnelle Kurvenfahrt
Stärkerer Reifenverschleiß an den Innen- oder an den Außenschultern der Reifen	■ Zu geringe beziehungsweise zu große Vorspur
Stoßbrüche im Reifenunterbau. Anfangs nur im Inneren des Reifens sichtbar	■ Überfahren von kantigen Steinen, Schienenstößen und ähnlichem bei hohen Geschwindigkeiten
Einseitig abgefahrene Laufflächen	■ Sturzeinstellung überprüfen

Die Karosserie

Die Karosserie des AUDI 80/90 ist selbsttragend. Bodengruppe, Seitenteile, Dach und die hinteren Kotflügel sind miteinander verschweißt. Größere Karosserieschäden lassen sich deshalb nur von einer Fachwerkstatt beheben.

Motorhaube, Kofferraumdeckel, Türen und die vorderen Kotflügel sind angeschraubt und lassen sich leicht auswechseln. Beim Einbau sind dann unbedingt die richtigen Luftspaltmaße einzuhalten, sonst klappert beispielsweise die Tür, oder es können erhöhte Windgeräusche während der Fahrt auftreten. Der Luftspalt muß auf jeden Fall parallel verlaufen, das heißt, der Abstand zwischen den Karosserieteilen muß auf der gesamten Länge des Spaltes gleich groß sein.

Um einen größeren Schutz gegen Rost sicherzustellen ist die Karosserie vollverzinkt. Dabei sind Karosserieaußenteile wie Dach, Seitenteile, Kotflügel, Deckel und Türen beidseitig elektrolytisch verzinkt. Nicht sichtbare Karosserieteile wie Bodengruppen, Türsäulen und Versteifungsbleche sind beidseitig feuerverzinkt.

Bei der elektrolytischen Verzinkung wird mit Hilfe elektrischen Stromes Zink gelöst und auf das Stahlblech gebracht. Es entsteht eine sehr gleichmäßige und feine Zinkschicht, die problemlos weiterverarbeitet werden kann. Aufgrund der glatten Oberfläche eignen sich diese Bleche vor allem für eine von außen sichtbare Lackierung.

Bei der Feuerverzinkung durchläuft das Stahlblech ein flüssiges etwa +450° C warmes Zinkbad. Dabei entsteht auf der Blechoberfläche eine äußerst dünne Schicht aus Zink-Eisenlegierung als Verbindung zu einer reinen Zinkschicht von ca. 10 µm (1/100 mm) Stärke.

Muß an der Karosserie geschweißt werden, soll dies grundsätzlich durch Widerstandspunktschweißen (RP) durchgeführt werden. Nur wenn sich die Schweißzange nicht ansetzen läßt, ist das Schutzgas-Schweißverfahren anzuwenden. Folgende Punkte sind zu beachten:

- Schweißstrom (Ampère) um 10 % bis max. 30 % erhöhen.
- Hartkupfer-Elektroden mit hoher Warmfestigkeit (> +400° C) verwenden.
- Elektroden häufig säubern, bzw. Kontaktflächendurchmesser auf 4 mm Ø seitlich nacharbeiten.
- Elektroden-Anpreßkraft erhöhen.
- Schweißzeit verlängern. Die Schweißzeit ist richtig gesetzt, wenn sich die Schweißpunkte ohne Spritzer setzen lassen.

Achtung: Beim Schweißen von verzinkten Stahlblechen entsteht giftiges Zinkoxid, daher für eine gute Arbeitsplatzbelüftung sorgen.

- Anschließend Schweißnähte mit Kaltzinkfarbe bestreichen und dann grundieren.

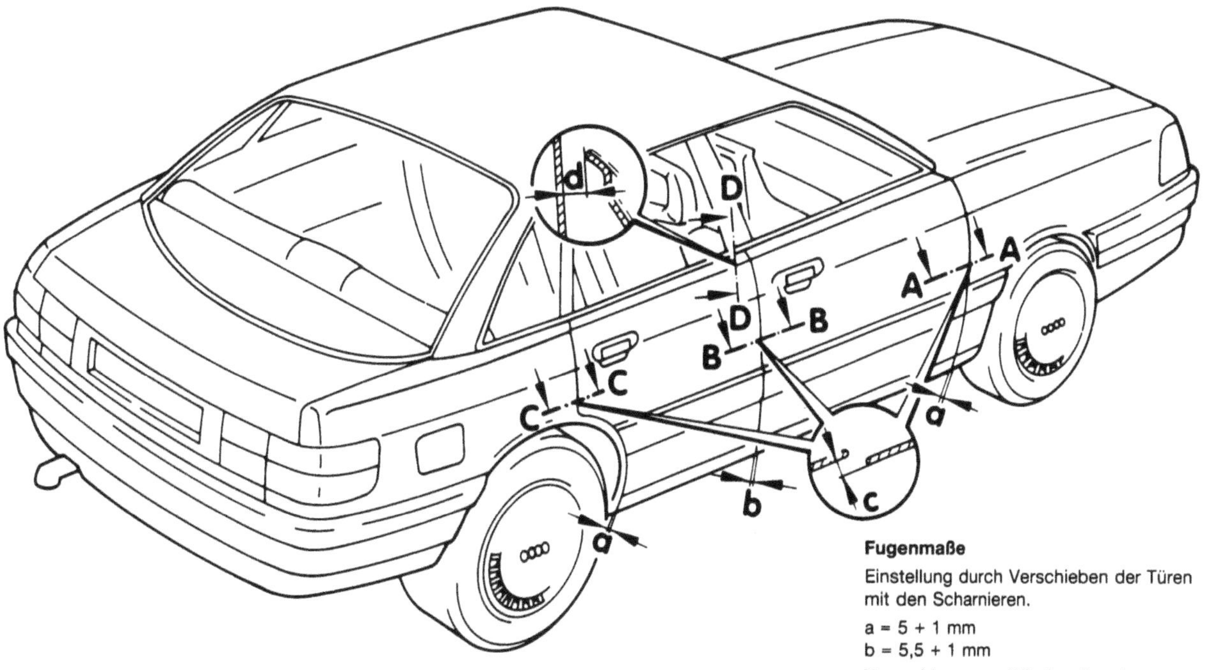

Fugenmaße

Einstellung durch Verschieben der Türen mit den Scharnieren.

a = 5 + 1 mm
b = 5,5 + 1 mm

Vermeidung von Windgeräuschen

Einstellung an den Langlöchern in den Scharnieren (Befestigung – Scharnier an Tür); im hinteren Bereich der Türen, am Schließbolzen.

Schnitt A-A, B-B, C-C: c = 0,5 + 0,5 mm
Schnitt D-D: d = 14,5 mm

57–269

Stoßfänger vorn aus- und einbauen

1 – Führungsteil
2 – Spreizclip
3 – Blechschraube
4 – Blende
5 – Zylinderschraube, 23 Nm
6 – Unterlegscheibe
7 – Stoßfänger AUDI 80
8 – Halter
9 – Halter
10 – Distanzgleitstück

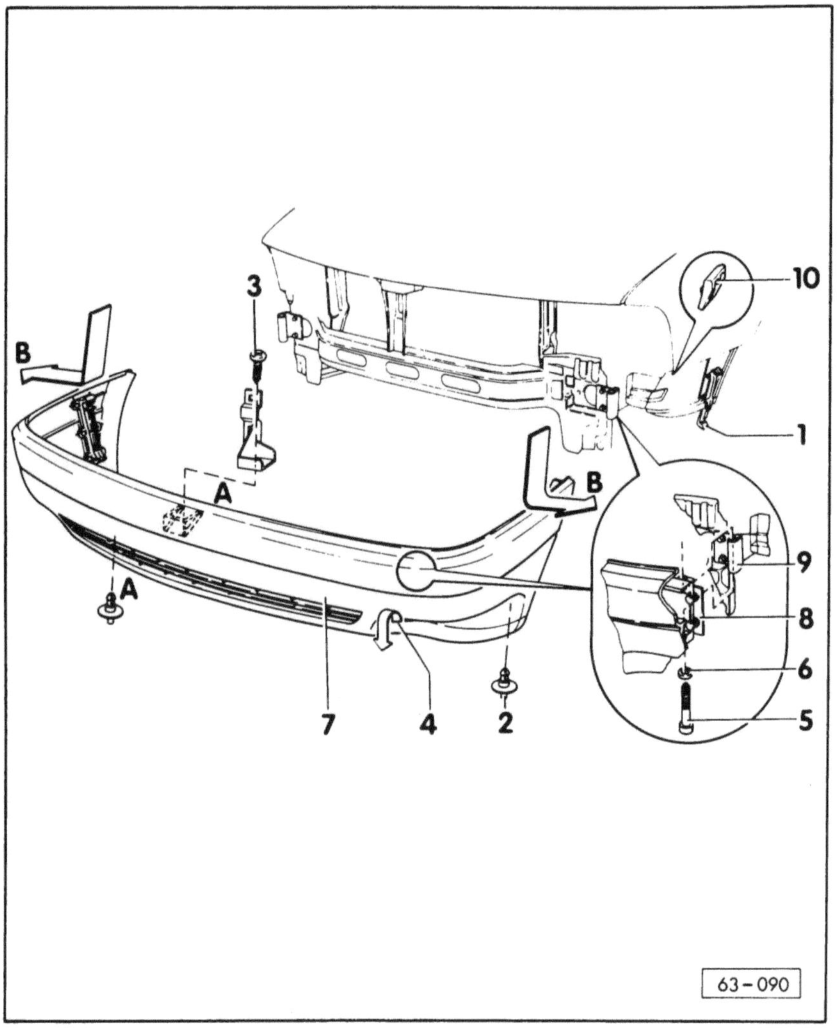

Ausbau

- Kühlergrill ausbauen.
- Blechschraube -3- herausdrehen.
- Spreizclips -2- für Verbindung zur Radhausschale ausbauen, dazu Schraube herausdrehen und anschließend Clip heraushebeln.
- Stoßfänger von unten mit je 1 Schraube -5- vom Halter abschrauben. Vorher Blende -4- ausclipsen.
- Stoßfänger beidseitig an den Enden der Karosserie abziehen, sonst wird der Lack beschädigt. Hierzu ist ein Helfer erforderlich. Stoßfänger an den Enden -Pfeil B- nach unten drücken und nach außen aus dem Führungsteil herausziehen.
- Stoßfänger nach vorn herausnehmen.

Achtung: Soll der Halter am Stoßfänger ausgebaut werden, vorher Einbaulage kennzeichnen. Dazu Muttern mit Filzstift umkreisen.

Einbau

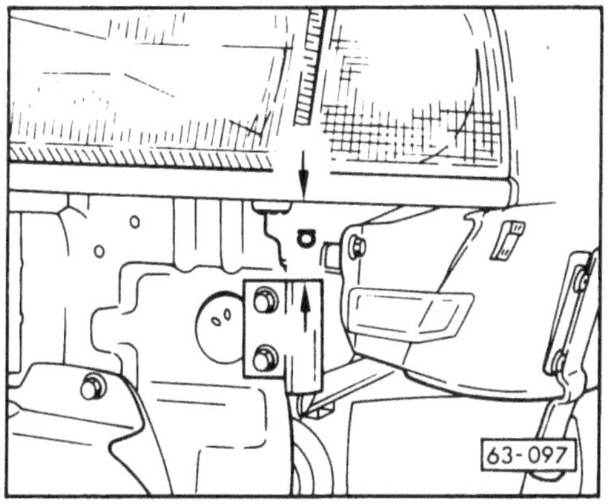

- Einbaumaß Halter an Karosserie: a = 50 mm.
- Stoßfänger ansetzen und zuerst unten in das Führungsteil einsetzen, dann oben in das Führungsteil eindrücken. Das Stoßfängerunterteil muß in die untere Motorraumabdeckung eingreifen.
- Stoßfänger am Halter anschrauben.

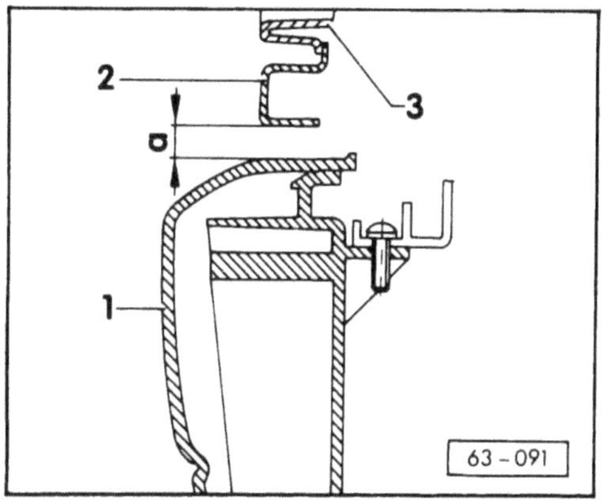

- Spaltmaß zwischen Blende -2- und Stoßfänger -1- prüfen; -3- Ziergitter. Sollwert AUDI 80/Coupé: a = 10 ± 1 mm umlaufend; AUDI 90: 8 ± 1 mm. Gegebenenfalls Halter -9- in Abbildung 63-090 lösen und in der Höhe verschieben. **Achtung:** Bei Fahrzeugen mit Nebelscheinwerfern kann der Halter in eingebautem Zustand des Stoßfängers durch die Öffnungen der Nebelscheinwerfer ausgerichtet werden. Dazu Nebelscheinwerfer ausbauen.
- Spreizclips einsetzen und Blechschraube reindrehen.
- Blenden für Befestigungsschrauben einclipsen.
- Kühlergrill einbauen.

Kühlergrill aus- und einbauen

Ausbau

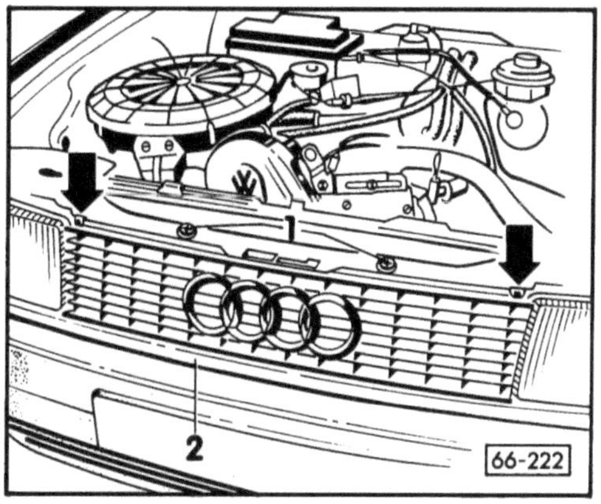

- Kreuzschlitzschrauben -1- herausdrehen.
- Haltelaschen -Pfeile- mit Schraubendreher herunterdrücken.
- Kühlergrill nach oben von der Blende -2- abziehen.

Einbau

- Kühlergrill so ansetzen, daß die Haltenasen hinter die Blende -2- greifen.
- Kühlergrill seitlich einclipsen und mit 2 Schrauben anschrauben.

Stoßfänger hinten aus- und einbauen

Hinweis: Der Aus- und Einbau erfolgt sinngemäß wie beim vorderen Stoßfänger.

1 – **Führungsteil**
Stoßfänger an den Enden –Pfeil C– nach unten drücken und nach außen aus dem Führungsteil herausziehen.

2 – **Kreuzschlitzschraube**

3 – **Mutter, 23 Nm**

4 – **Unterlegscheibe**

5 – **Zwischenlage**

6 – **Halter**

7 – **Distanzscheibe**

8 – **Stoßfänger**
Stoßfänger beim Abnehmen an den Enden von der Karosserie abziehen. Beim Einbau Stoßfänger von unten in die 4 Befestigungsclips einschieben. **Achtung:** Seit 9.88 ist der Stoßfänger seitlich nicht mehr geclipst. Spaltmaß zwischen Stoßfänger und Karosserie seitlich von der Heckklappe beim AUDI 80/Coupé: 9 ±1 mm umlaufend; AUDI 90: 8 ± 1 mm.

9 – **Distanzleitstück**
Nur auf der rechten Seite.

10 – **Kunststoffmutter**

11 – **Heckabschlußteil**

12 – **4 Befestigungsclips**

Achtung: Falls die selbstklebende Abdichtung im Stoßfänger hinten rechts ersetzt wird, Maß beachten: Der Abstand zu den hinteren Befestigungsschrauben des Führungsstückes beträgt 280 mm.

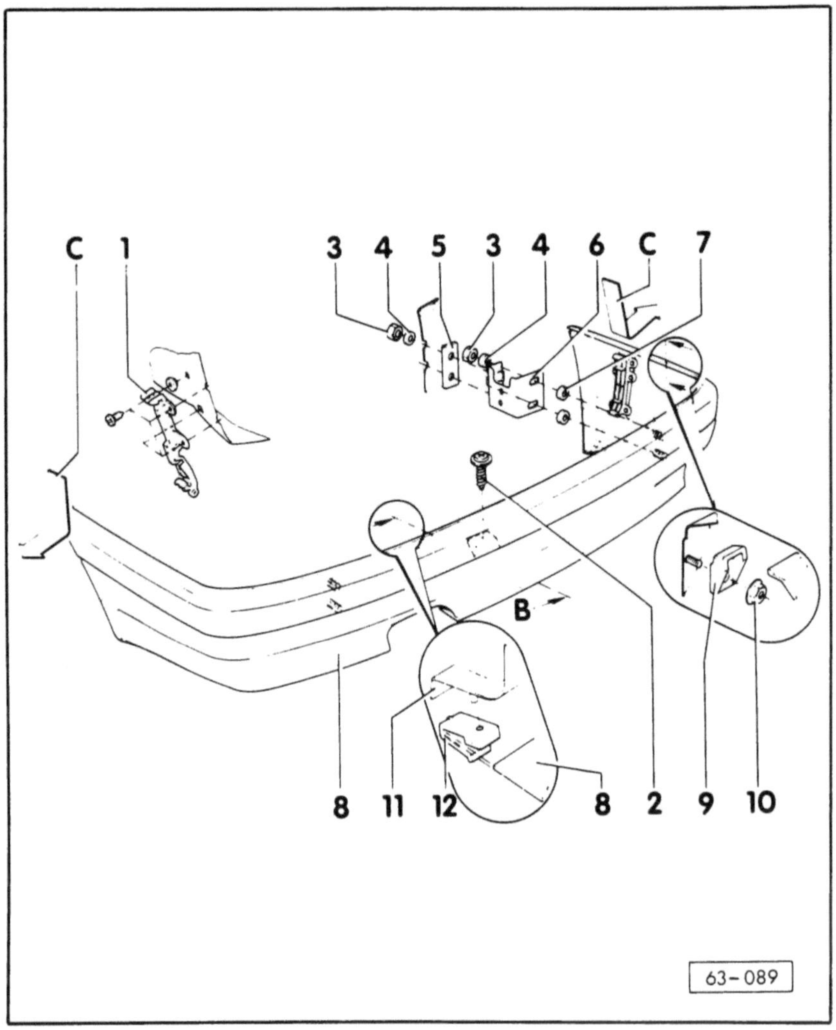

Abschlußblech vorn aus- und einbauen

Das Abschlußblech besteht aus 4 Bauteilen: Mittelteil, Unterteil, Schloßträger links, Schloßträger rechts. Beschrieben wird der Ausbau des kompletten Abschlußbleches. Die Teile können aber auch einzeln ausgebaut werden.

Ausbau

- Stoßfänger ausbauen.

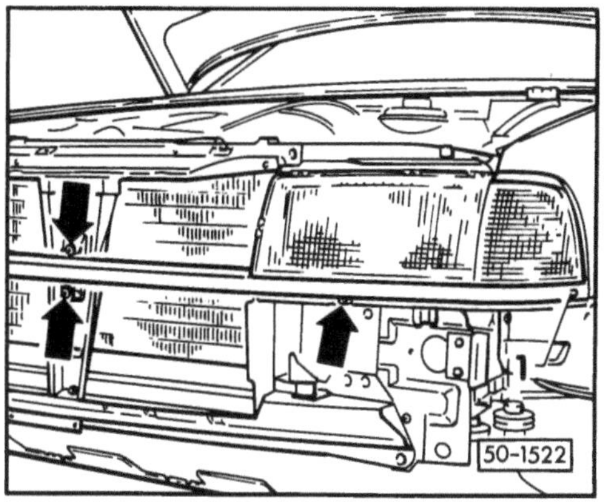

- Blende abschrauben und links und rechts aus der Tülle herausziehen.
- Scheinwerfer ausbauen, siehe Seite 254.

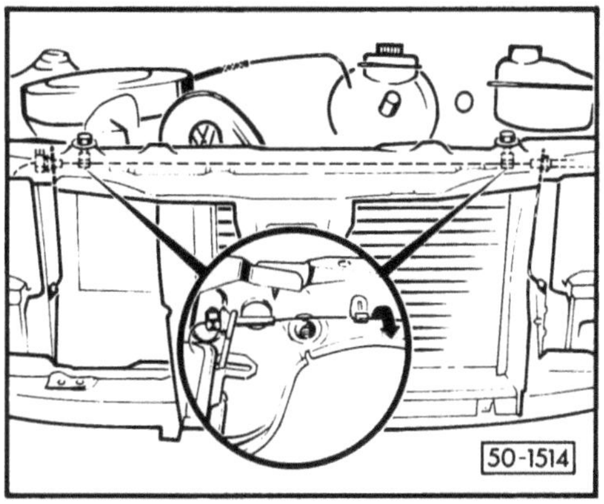

- Bowdenzug für Motorhaube aushängen. Dazu Klemmnippel von oben durch die Montageöffnung lösen und Seilzug aushängen.

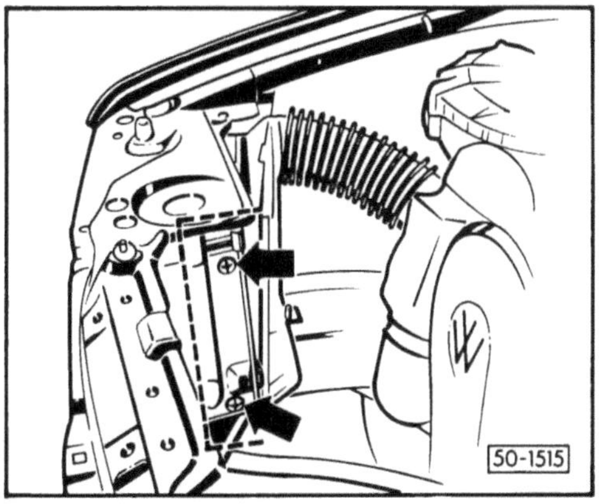

- Gehäuse für Ansaugluft abschrauben.
- Mittelteil abschrauben. Dazu links und rechts je 1 Schraube von oben und 1 Schraube von vorn herausdrehen. Anschließend 1 Schraube unten in der Mitte des Mittelteils abschrauben und Mittelteil mit seitlichen Kühlerabdeckungen abnehmen.
- **4-Zylinder-Motor:** Elektrische Leitungen für Thermoschalter und Lüfter abziehen. Kühler an den 2 Gummimetallagern abschrauben, etwas nach hinten klappen und mit angeschlossenen Kühlmittelschläuchen über den Motor legen.
- Abschlußblech links und rechts vom Aufbau mit je 5 Schrauben abschrauben.

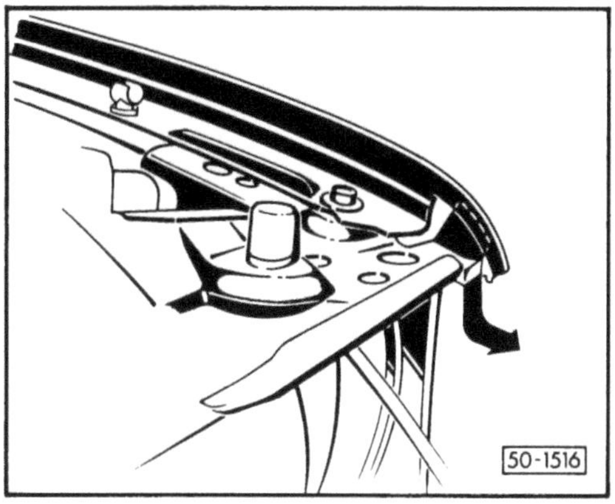

- Abschlußblech seitlich nach unten unter dem Kotflügel hervorziehen.

Einbau

- Abschlußblech einsetzen und mit 6 Schrauben und 23 Nm von vorn anschrauben.
- 4 Blechschrauben von oben mit 7,5 Nm festziehen. **Achtung:** Schrauben nicht zu fest anziehen, da sie leicht abreissen können. Die Schrauben können mit einem Steckschlüssel ohne Hebelarm handfest angezogen werden.
- **4-Zylinder-Motor:** Kühler auf die Gummimetallager aufsetzen und anschrauben. Stecker für Thermoschalter und Lüfter aufschieben.
- Mittelteil ansetzen und festschrauben.
- Ansaugluftgehäuse anschrauben.
- Seilzug für Motorhaube einhängen.
- Scheinwerfer einbauen.
- Blende einsetzen und anschrauben.
- Stoßfänger einbauen.
- Motorhaube einstellen.

Kotflügel vorn aus- und einbauen

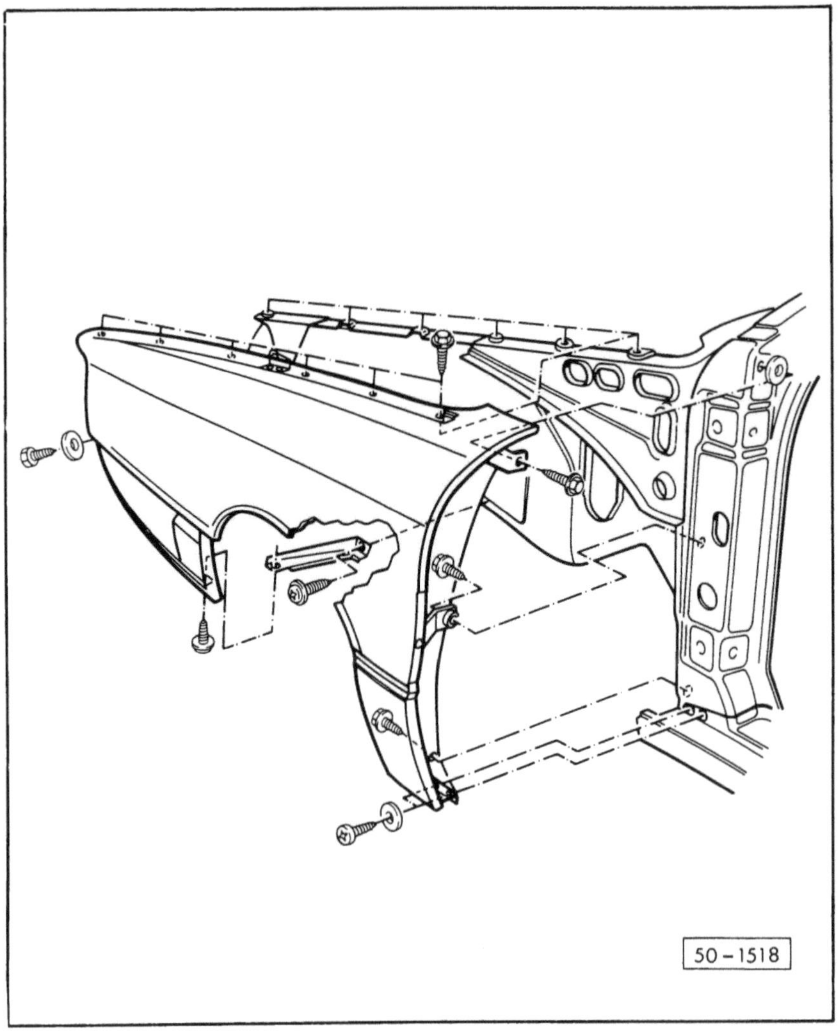

Ausbau

- Stoßfänger vorn ausbauen.
- Radhausschale ausbauen.
- Abdichtung an der Kotflügelsicke abziehen.
- Motorhaube abstützen.
- Linker Kotflügel: Klappenstütze aus der Gummitülle herausziehen und Tülle austreiben.
- Rechter Kotflügel: Gasdruckfeder lösen. Dazu Sicherungsklammer abziehen und Bolzen herausziehen. Schutzkappe abnehmen.
- Befestigungsschrauben für Kotflügel herausdrehen.
- Durch den Unterbodenschutz sitzt der Kotflügel sehr fest. Zum Lösen des Kotflügels ist deshalb ein Fön erforderlich, der mindestens eine Temperatur von 600° C erreicht.
- Fön mit Flachdüse ausrüsten und Unterbodenschutz ringsum nacheinander aufweichen und Kotflügel Stück für Stück vorsichtig abziehen.

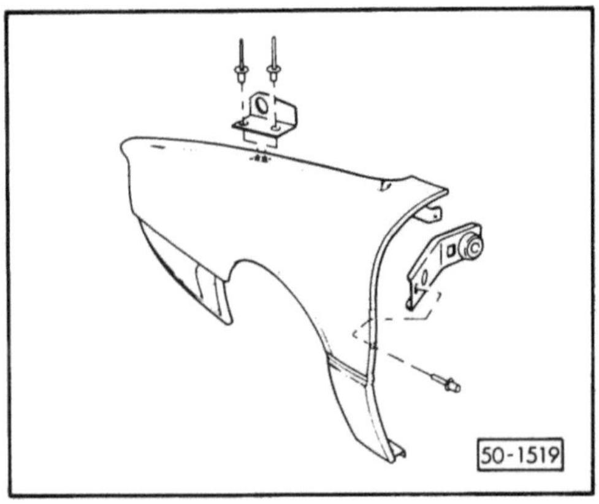

- Vor Einbau eines neuen Kotflügels Halter an der Stirnseite zur A-Säule einnieten. Hierzu wird eine spezielle Zange für Popnieten benötigt.

- Am linken Kotflügel Lagerbock für Motorhaubenstütze einnieten.
- Kotflügel gegebenenfalls lackieren.
- Anlageflächen des Kotflügels reinigen, gegebenenfalls ausrichten.
- Auf den Anlageflächen handelsübliches Kotflügelabdichtband auflegen.

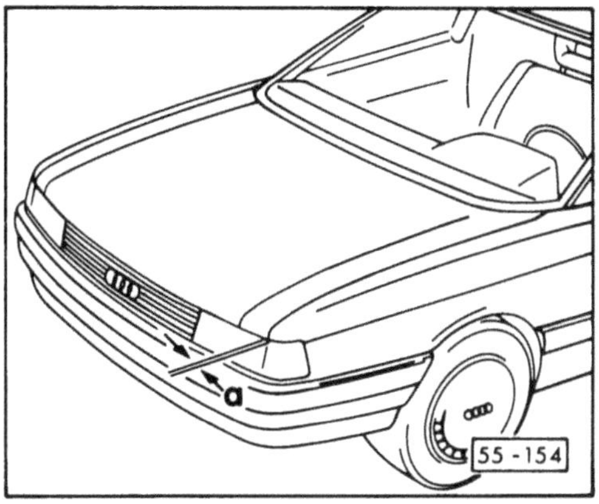

- Kotflügel ansetzen, ausrichten und anschrauben. Sollwert für das Fugenmaß zwischen Motorhaube und Kotflügel: a = 4,5 + 1 mm.

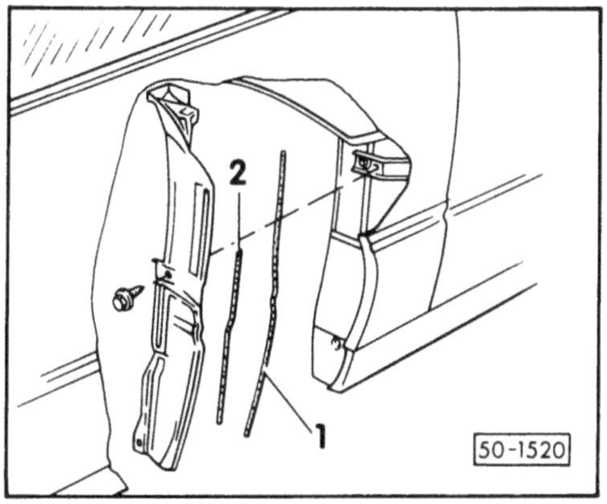

- Dichtschnüre –1– und –2– ankleben und Abdeckung mit 2 Blechschrauben an Halter und Kotflügel festschrauben. Dichtschnur 1 = 480 mm lang und mit 7 mm ∅; Dichtschnur 2 = 250 mm lang und mit 7 mm ∅. Die Dichtschnur AKD 497 010 04 R10 ist als Meterware erhältlich; 10 mm ∅ auf 7 mm ∅ umformen.
- Auf der Innenseite des Kotflügels Unterbodenschutz auftragen.
- Radhausschale einbauen.
- Stoßfänger einbauen, siehe Seite 194.
- Neue Abdichtung in Kotflügelsicke einsetzen.

Radhausschale aus- und einbauen

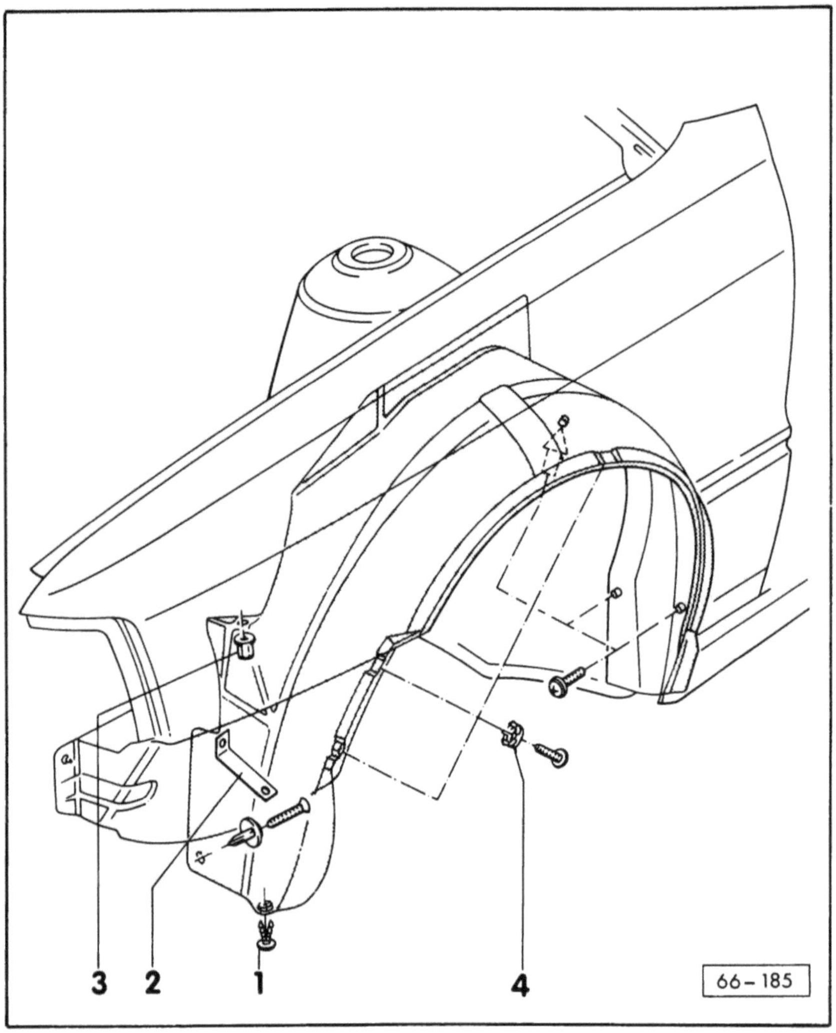

Ausbau

- Radschrauben vorn lösen.
- Fahrzeug aufbocken, siehe Seite 273.
- Vorderrad abnehmen.
- Vorderen Teil der unteren Motorraumabdeckung ausbauen, siehe Seite 15.
- Stoßfängerecke aus seitlicher Führung ausclipsen.
- Spreizclip -1- mit kleinem Schraubendreher heraushebeln.
- Halter -2- abschrauben.
- Kunststoffmutter -3- abschrauben.
- Blechschrauben herausdrehen und Spreizclips beziehungsweise Einsteckmuttern -4- herausnehmen.
- Kotflügel unten etwas abziehen und Radhausschale über die Stehbolzen heben.
- Radhausschale vom Kotflügelflansch nach innen abdrücken und herausnehmen.

Einbau

- Radhausschale zuerst zur A-Säule hin einsetzen. Die A-Säule ist die 1. Säule der Karosserie, an der die Vordertür angeschlagen ist.
- Radhausschale über den Kotflügelflansch und die Stehbolzen drücken.
- Spreizclips einsetzen und Radhausschale mit Blechschrauben und 1 Kunststoffmutter anschrauben. Unterlegscheiben nicht vergessen.
- Stoßfängerecke einclipsen.
- Untere Motorraumabdeckung einbauen, siehe Seite 15.
- Rad anschrauben, Fahrzeug ablassen und Radschrauben mit **110 Nm** über Kreuz festziehen.

Motorhaube aus- und einbauen

Ausbau

- Zuleitungsschlauch an der Scheibenwaschdüse abziehen.

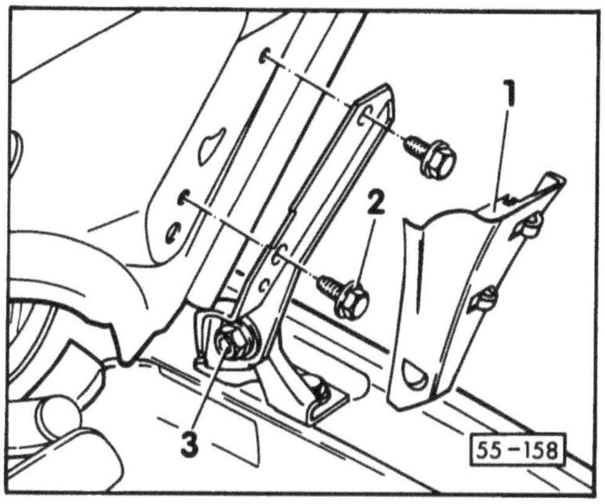

- Scharnierabdeckung -1- abziehen.
- Einbaulage der Motorhaube kennzeichnen, dazu Schrauben -2- mit Filzstift umkreisen.
- Motorhaube abstützen.
- Gasdruckfeder von der Haube abbauen. Dazu Sicherungsklammer abziehen und Haltebolzen herausziehen, gegebenenfalls mit Durchschlag heraustreiben.
- Schrauben -2- herausdrehen und Motorhaube abnehmen.

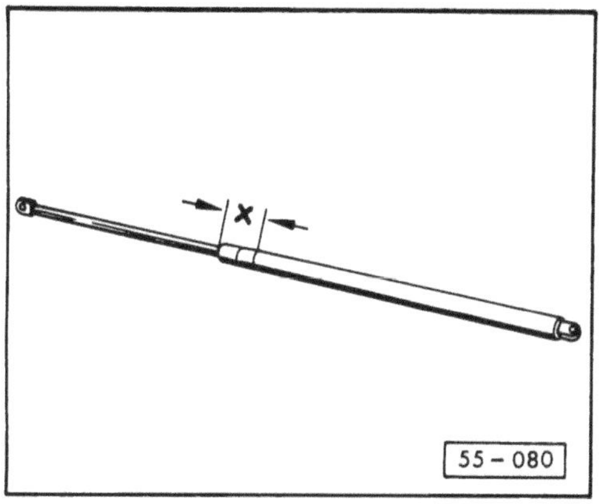

Achtung: Falls die Gasdruckfeder ersetzt wird, muß die alte Feder entgast werden, bevor sie auf den Müll gegeben wird. Dazu Gasdruckfeder **im Bereich x = 50 mm** in den Schraubstock einspannen. Feder unbedingt nur in diesem Bereich einspannen, sonst besteht Unfallgefahr! Anschließend Zylinder im ersten Drittel der Zylindergesamtlänge - ausgehend von der Bezugskante auf der Kolbenstangenseite - aufsägen. Um herausspritzendes Öl aufzufangen, Bereich des Sägetrennschnittes mit einem Lappen abdecken. Außerdem ist während des Sägevorganges eine Schutzbrille zu tragen.

Einbau

- Motorhaube ansetzen, Schrauben reindrehen, Haube ausrichten und Schrauben festziehen.
- Gasdruckfeder mit Schutzkappe ansetzen, Bolzen durchtreiben und mit Klammer sichern.
- Scharnierabdeckung einclipsen.

Einstellen

- Schrauben -2- lösen und Motorhaube in Längsrichtung verschieben bis der vordere Teil bündig mit den Kotflügeln ist.
- Schrauben -2- mit 20 Nm festziehen.
- Schraube -3- lösen und Motorhaube in der Höhe bündig mit den Kotflügeln ausrichten.
- Schraube mit 15 Nm festziehen.
- 2 Gummipuffer für Motorhaube links und rechts ganz in das Abschlußblech einschrauben.
- Kronenmutter für Schloßzapfen lösen, dabei am Schloßzapfen gegenhalten.

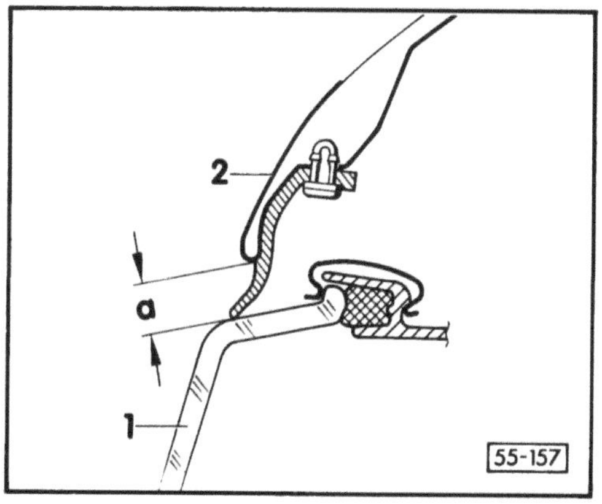

- Schloßzapfen so verdrehen, daß das Maß a = 9 + 2 mm beträgt, und zwar zwischen Motorhaube -2- und Scheinwerfer -1-.
- Anschließend Kronenmutter mit 10 Nm festziehen, dabei am Schloßzapfen gegenhalten.

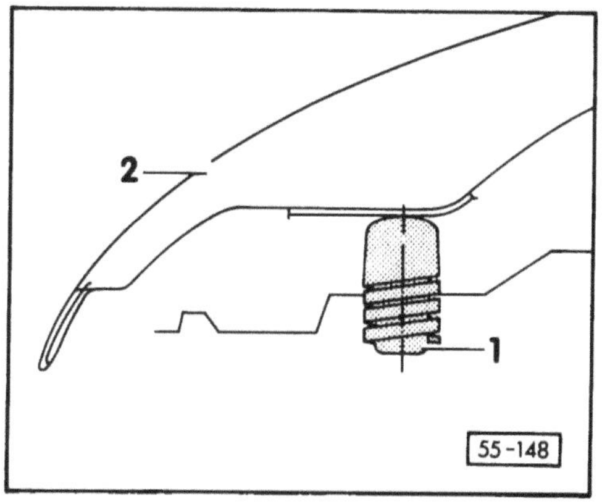

- Durch Herausdrehen der Gummipuffer -1- Motorhaube -2- vorn bündig zu den Kotflügeln einstellen.

Heckklappe einstellen

Limousine

1 - **Sicherungsbügel**

2 - **Gasdruckfeder**

3 - **Schraube, 21 Nm**

4 - **Mutter, 21 Nm**
Lösen zum Einstellen der Fugenmaße. Heckklappe - Kotflügel: 4,4 ± 1 mm; Heckklappe - Heckscheibe: 6,5 ± 1 mm.

5 - **Anschlag Klappe**

6 - **Anschlag Scharnier**
Im geschlossenen Zustand.

7 - **Dichtscheibe**

Hinweis: Unteres Fugenmaß durch Verschieben des Schließkeils auf 9,75 ± 1 mm einstellen. Leuchteinheit durch Verschieben in den Langlöchern so einstellen, daß ein Fugenmaß nach oben von 9,9 ± 1 mm vorhanden ist. Das Fugenmaß zur Leuchteinheit im Kotflügel soll 8 ± 0,5 mm betragen.

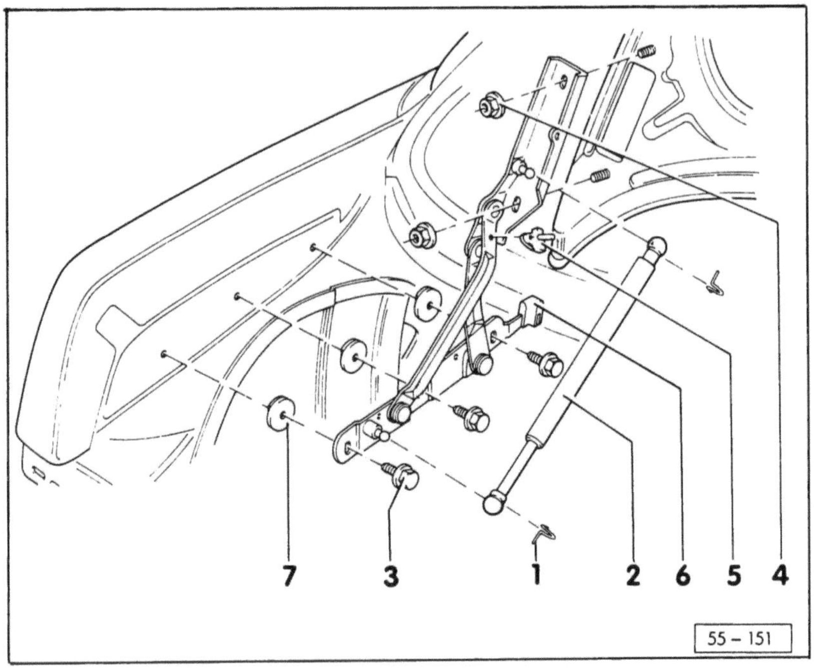

Coupé

Karosserieseitig

- Heckklappe öffnen.

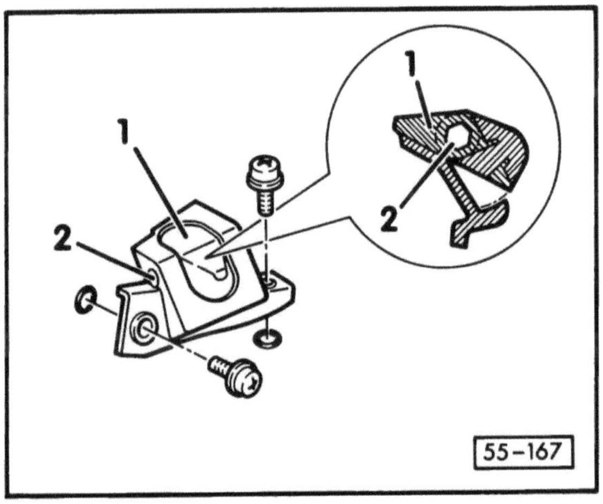

- Wippe -1- auf Anschlag drücken.
- Zylinderschraube -2- mit 0,4 Nm, also ganz leicht, anziehen.
- Klappe schließen, Einstellelemente stellen sich dabei von selbst ein.
- Zylinderschraube -2- mit 6 Nm anziehen.

Klappenseitig

- Heckklappe öffnen.

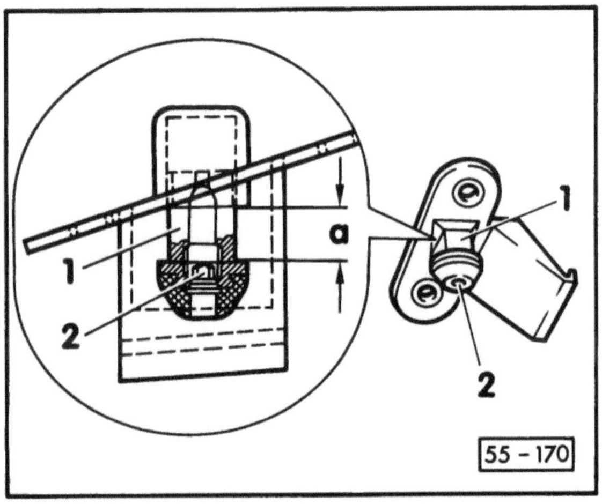

- Rastschieber -1- auf Maß a = 12 mm ± 1 mm einstellen und Schraubdorn mit 0,4 Nm, also ganz leicht, anziehen.
- Klappe schließen, Einstellelemente stellen sich dabei von selbst ein.
- Schraubdorn -2- mit 6 Nm anziehen.

Klappenschloß hinten

Limousine

1 – **Mutter, 6 Nm**

2 – **Federscheibe**

3 – **Gelenkbuchse**

4 – **Betätigungsstange**
Einstellen: Stangenenden einclipsen, Betätigungsstange in Gewindekupplung spielfrei aber **ohne Vorspannung** eindrücken und mit Schiebering sichern.

5 – **Spannstift**

6 – **Exzenter**
Bei Zentralverriegelung vorsichtig abziehen. Darauf achten, daß Kugel und Feder nicht herunterfallen.

7 – **Kugel**
Nur bei Zentralverriegelung. Beim Einbau in den Schließzylinder mit Fett bestreichen.

8 – **Feder**
Nur bei Zentralverriegelung.

9 – **Schließzylindergehäuse**

10 – **Dichtring**
Für Schließzylinder.

11 – **Schließzylinder**
Zum Ausbau Spannstift heraushebeln und Exzenter abziehen. **Achtung:** Schließzylinder nur mit eingestecktem Schlüssel herausdrücken.

12 – **Dichtring**

13 – **Sicherungsmutter, 3 Nm**

14 – **Schloß**

15 – **Zwischenlage**
Schutzfolie abziehen und auf neues Schloß aufkleben.

16 – **Schraube, 3 Nm**

17 – **Scheibe**

18 – **Schließkeil**
Durch Verschieben des Schließkeils bei gelösten Schrauben unteres Fugenmaß der Heckklappe einstellen.

19 – **Zwischenlage**

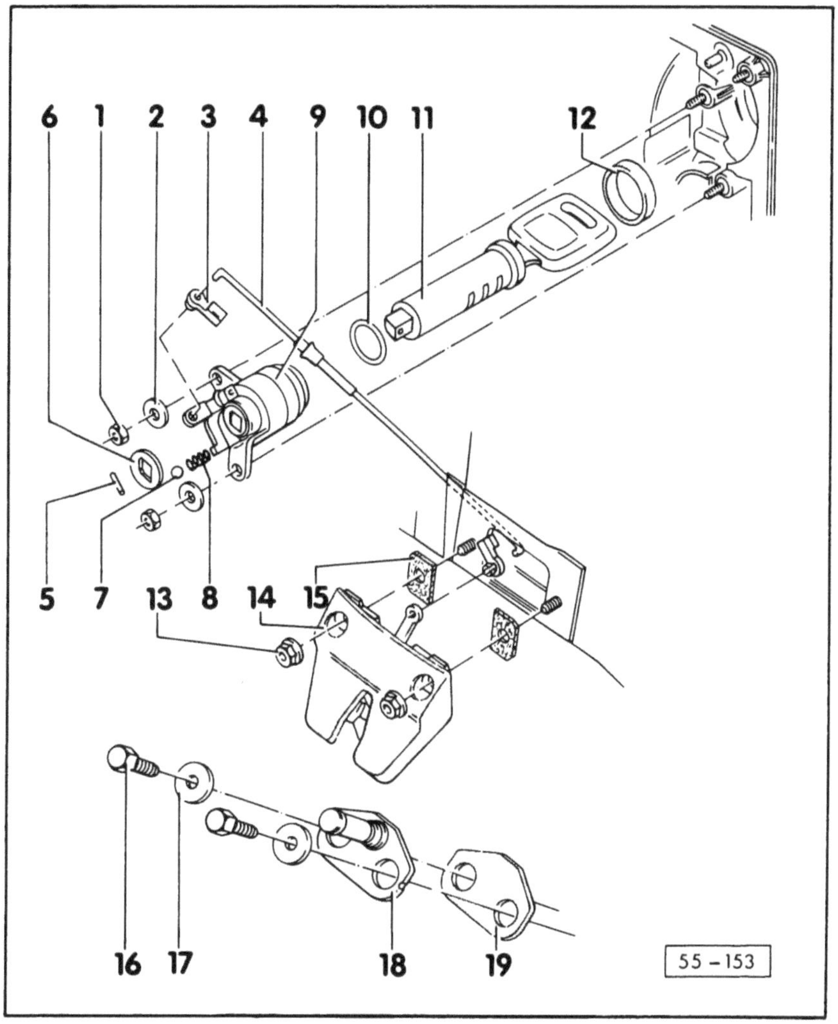

Klappenschloß hinten

Coupé

1 – **Betätigungsstange**
Einstellen: Beim Einbau nicht verspannen, max. 2 mm Spiel.

2 – **Schiebehülse**

3 – **Gewindekupplung**

4 – **Sechskantmutter,8 Nm**

5 – **Schließblech**
Einstellen: Mittig und nach unten ausrichten. Sechskantmuttern -4- mit **0,8 Nm** anziehen. Heckklappe schließen, Schließblech richtet sich selbst aus. Sechskantmuttern -4- anziehen.

6 – **Gelenkbuchse**

7 - **Sechskantmutter, 4 Nm**

8 - **Schließzylinder**

9 - **Dichtring**

10 - **Schloß**

11 - **Sechskantmutter, 8 Nm**

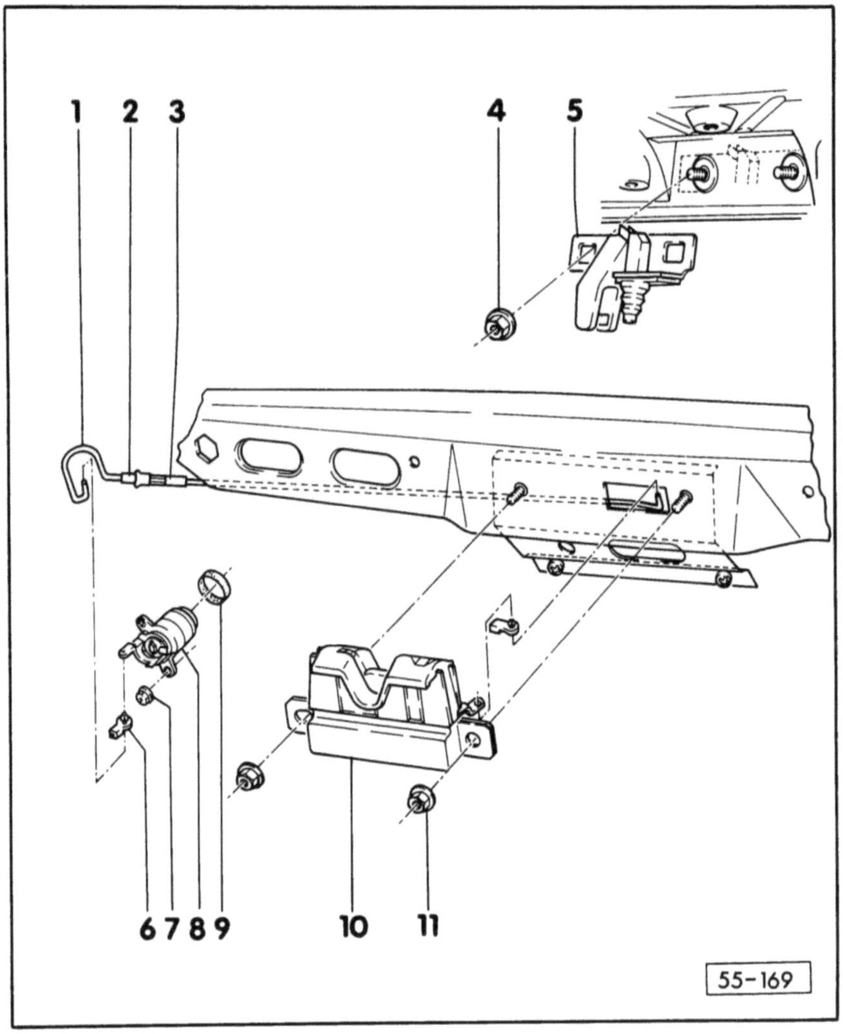

Tür aus- und einbauen/einstellen

Ausbau

- Türrahmen ausbauen.

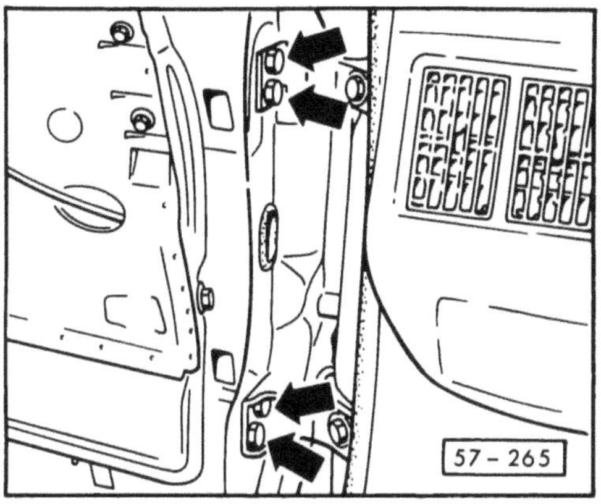

- Tür abschrauben und abnehmen. Vorher Einbaulage markieren, dazu Schraubenköpfe mit Filzstift umkreisen.

Einbau

- Tür ansetzen, ausrichten und mit 30 Nm festschrauben.
- Türrahmen einbauen.

Einstellen

Eine Einstellung der Tür ist immer dann erforderlich, wenn das Ausrichten nach den angebrachten Markierungen nicht ausreicht, beziehungsweise wenn eine neue Tür eingebaut wird. Voraussetzung ist, daß die Einstellung der hinteren Tür stimmt.

- Beim Einstellen der Fugenmaße ist grundsätzlich auf einen umlaufend gleich großen, parallelen Spalt zu den umliegenden Bauteilen zu achten. Dabei kann der unbelastete Türgrundkörper hinten ca. 1 mm höher stehen als vorn. Die Fugenmaße sind in Abbildung 57-269 dargestellt, siehe Seite 193.

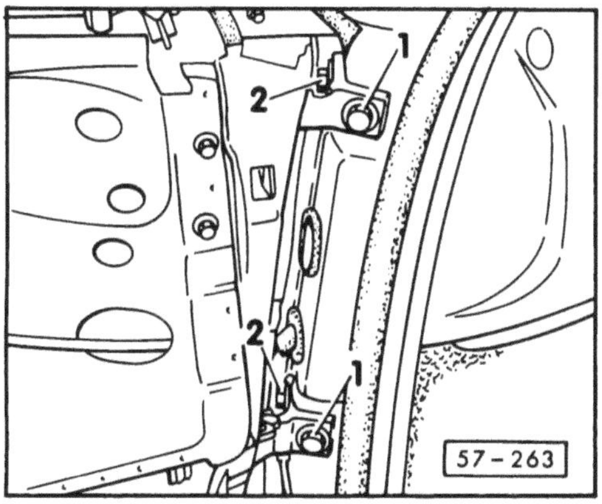

- Zum Einstellen der Fugenmaße die Schrauben –1– herausdrehen und die dahinterliegenden Gewindebuchsen mit einem Innensechskantschlüssel so weit herausdrehen, bis keine Anlage zur A-Säule mehr besteht.
- Schrauben –2– lösen, nicht herausdrehen. Anschließend die Tür schließen und Fugenmaß a = 5 + 1 mm durch Verschieben der Tür einstellen. **Achtung:** Zum Lösen und Festschrauben der Schrauben –2– eignet sich der gebogene Ringschlüssel für die Dieseleinspritzpumpe, z. B. HAZET 4561.
- Tür an die Karosserie-Kontur anpassen. Dabei müssen die Sicken in der Tür mit den Sicken des Kotflügels fluchten.

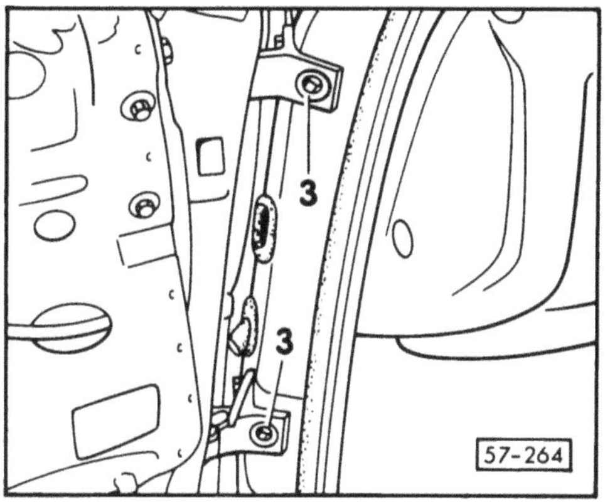

- Gewindebuchse –3– bis zur Anlage an die A-Säule einschrauben.
- Schrauben einschrauben und mit 30 Nm anziehen.
- Zur Vermeidung von Windgeräuschen Tür in den Langlöchern der Befestigungsschrauben verschieben. Dazu Schrauben –Pfeile– (Abbildung 57-265) lösen und Tür schließen. Tür nach innen oder außen verschieben, bis die Oberfläche mit dem vorderen Kotflügel fluchtet. Die Tür darf vorn maximal 1 mm weiter innen stehen als die Kotflügelkante.
- Schrauben mit 30 Nm festziehen. Anschließend Lage der Tür nochmals kontrollieren.

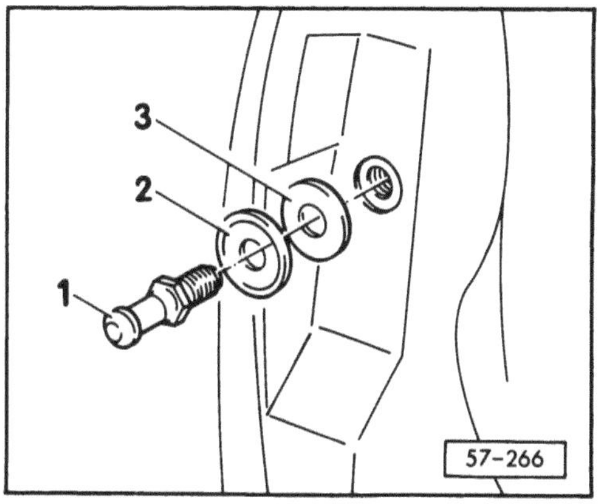

- Im hinteren Bereich der Tür ist die Einstellung am Schließbolzen –1– vorzunehmen. Dazu Schließbolzen so weit lösen, daß er mit etwas Kraftaufwand verschoben werden kann. Tür schließen und ausrichten. Anschließend Tür vorsichtig öffnen und Schließbolzen mit 50 Nm festziehen. Beim Coupé Schließbolzen mit 2 Schrauben und 16 Nm festziehen. Zusätzlich abgebildete Teile: 2 – Tellerfederscheibe, je nach Ausführung 1 oder 2 Stück eingebaut; 3 – Kunststoffscheibe.

Türverkleidung aus- und einbauen

1 – **Fensterkurbel**
Schraube mit leicht lösbarem Sicherungsmittel sichern, z. B. V.A.G-AMV 197 000 01.

2 – **Griffschale-Unterteil**

3 – **Dichtung**

4 – **4 Kreuzschlitzschrauben**

5 – **Griffschale-Oberteil**

6 – **Spiegelverstellung**

7 – **Türinnenbetätigung**

8 – **Verriegelungsknopf**

9 – **Verkleidung**

10 – **Dämpfung**
An der Verkleidung mit Sicherungsklammern befestigt. Muß beim Ausbau der Verkleidung nicht ausgebaut werden.

11 – **Gummiunterlagen**
Für Rasthaken. Unterlagen sind in die Türöffnungen eingesteckt, können aber zur leichteren Montage etwas angeklebt werden.

12 – **Kunststoffeinsatz**
Zur Höheneinstellung beim Einbau einer neuen Verkleidung.

13 – **Übergangsstück vorn**
Ist zum Teil am Rahmen angeklebt, vorsichtig ablösen und herausziehen. Kleber: V.A.G-D 001 300.

14 – **Übergangsstück hinten**
Ist zum Teil am Rahmen angeklebt, vorsichtig ablösen und herausziehen. Kleber: V.A.G-D 001 300.

15 – **Abdichtung**
Für Fensterkurbel.

16 – **Blende**
Muß beim Ausbau der Verkleidung nicht ausgebaut werden.

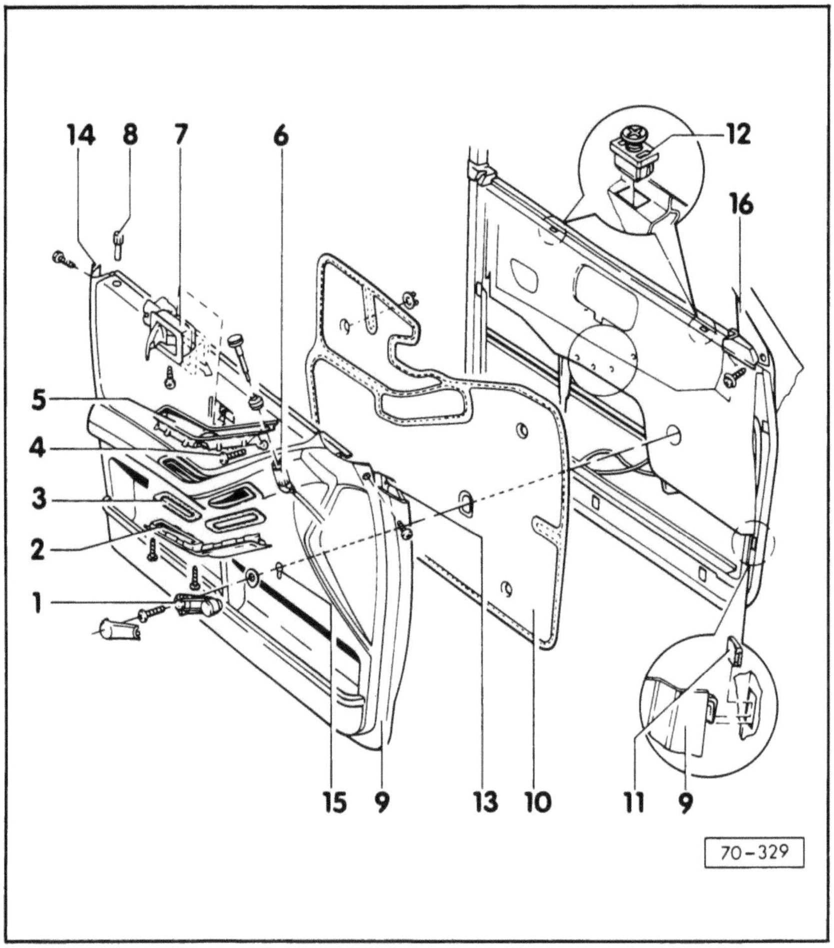

Ausbau

- Knopf für Spiegelverstellung mit kleinem Schraubendreher abhebeln und herausnehmen. Äußeres Verstellrad abnehmen.

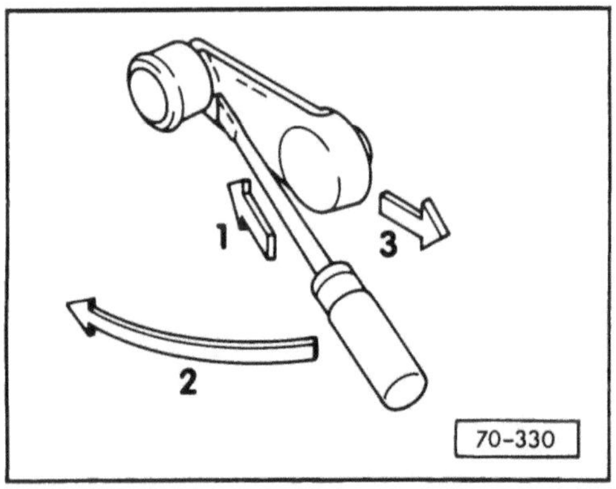

- Fensterkurbel ausbauen. Dazu schmalen Schraubendreher wie in der Abbildung gezeigt zwischen Drehknopf und Verkleidung einführen –1–, dadurch wird die Verkleidung ausgerastet. Verkleidung nach hinten abziehen -3-. Gegebenenfalls Griff vorsichtig in Pfeilrichtung -2- wegdrehen.

- Kreuzschlitzschraube für Fensterkurbel herausdrehen, dabei am Hebel gegenhalten. Schraube mit Unterlegscheibe abnehmen und Hebel von der Kurbelachse abziehen.
- Plastikverkleidung für Kurbelachse abnehmen.
- Je eine Kreuzschlitzschraube an den Stirnseiten vorn und hinten oben herausdrehen.
- Untere Griffschale mit 2 Schrauben abschrauben, hinten nach unten ziehen und nach hinten herausziehen.
- 4 Halteschrauben für obere Griffschale herausdrehen und mit Unterlegscheiben abnehmen.
- Obere Griffschale zuerst vorn etwas nach oben ziehen. Spiegel-Verstelleinheit nach unten herausziehen, dazu 2 Kunststoffhaken etwas abheben. Griffschale abnehmen.
- Türinnenbetätigung ausbauen. Dazu Türgriff in Öffnungsstellung bringen, dadurch wird die Öffnung für die Befestigungsschraube sichtbar. Schraube herausdrehen und Griff weiterhin in Öffnungsstellung halten. Griffschale etwas nach vorn schieben und gleichzeitig nach außen ziehen. Dabei mit kleinem Schraubendreher den Rand der Verkleidung über die Nasen der Griffschale drücken und Türinnenbetätigung herausziehen.

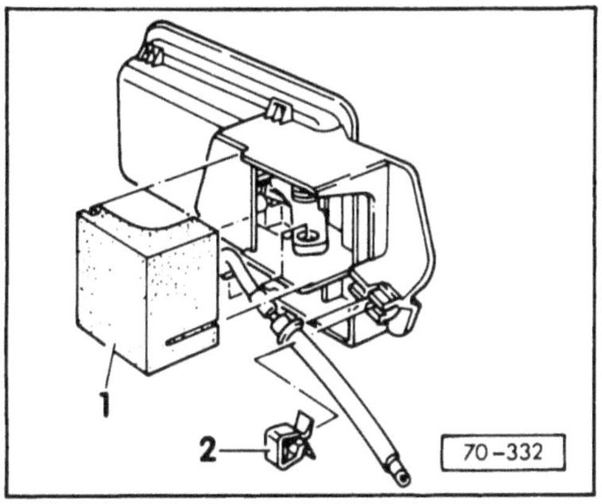

- Dichtung -1- abnehmen.
- Federklammer -2- abziehen. Seilzug aus der Halterung herausnehmen und aushängen.
- Verklebungen der Übergangsstücke vorn und hinten oben vorsichtig lösen und Übergangsstücke nach oben herausziehen.
- Türknopf herunterdrücken.
- Türinnenverkleidung von unten kräftig nach oben ziehen beziehungsweise von unten mit dem Handballen kräftig gegen die Türinnenverkleidung schlagen. Verkleidung dadurch aus den Rasthaken aushängen und nach oben außen herausnehmen.
- Gummiunterlagen für Rasthaken aus den Öffnungen im Türblech herausnehmen.
- Blechklammer oben aus der Türinnenverkleidung heraushebeln.

Einbau

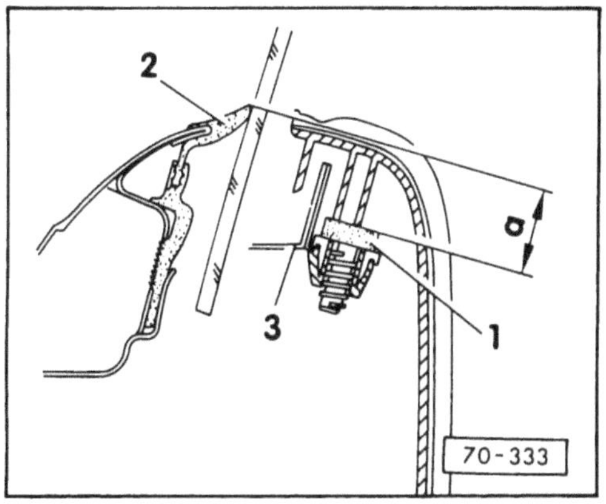

- Türinnenverkleidung einhängen und Einstellung prüfen. Die Verkleidung muß sich auf gleicher Höhe mit der Fensterschachtleiste außen -2- befinden. Andernfalls Einstellschrauben -1- im Träger für Türeinbauteile -3- entsprechend verdrehen. Das Grundmaß beträgt a = 21 mm.
- Gummiunterlagen für Rasthaken in die Öffnungen im Türblech einsetzen, gegebenenfalls etwas festkleben.
- Blechklammer oben in Türblech eindrücken.

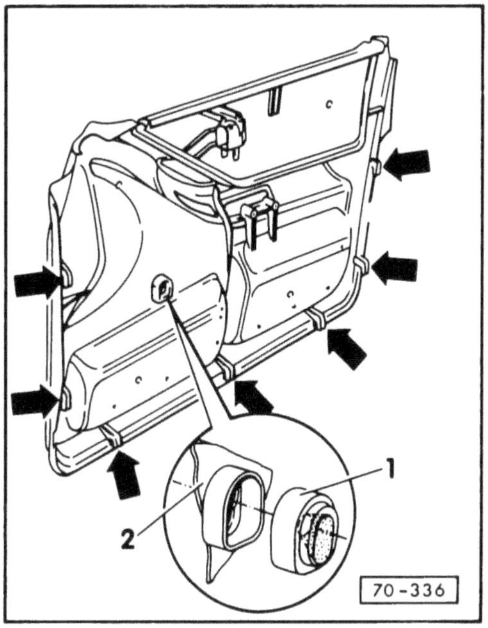

- Türinnenverkleidung -2- mit Rastnasen in die Tür einsetzen, andrücken und gleichzeitig kräftig nach unten drücken. Dabei auf richtigen Sitz der Abdichtung -1- für die Fensterkurbel achten und Türknopf in die Öffnung der Verkleidung einführen. Von oben mit dem Handballen gegen die Verkleidung schlagen und dadurch Blechklammer einrasten.
- Übergangsstücke vorn und hinten einsetzen und ankleben.
- Fensterkurbel einbauen. Zuerst Abdeckstück in die Türinnenverkleidung einsetzen, dann Fensterkurbel auf die Achse schieben und festschrauben. Die Kurbel zeigt bei geschlossenem Fenster schräg nach vorn oben. Befestigungsschraube vorher mit leicht lösbarem Sicherungsmittel bestreichen.
- Verkleidung für Fensterkurbel von hinten auf den Hebel aufschieben und einrasten.
- Türinnenbetätigung einbauen. Dazu Seilzug einhängen, in die Halterung der Griffschale einsetzen und mit Federklammer sichern. Rechtwinkelige Dichtung so einsetzen, das der innere Teil des Türgriffes voll abgedeckt wird. Griffschale nach hinten schieben und gleichzeitig in die Türinnenverkleidung eindrücken. Griff in Öffnungsstellung bringen und Befestigungschraube reinschrauben. Hierzu entweder magnetischen Schraubendreher verwenden, oder Schraube vor dem Einsetzen der Griffschale in die Öffnung einsetzen.
- Obere Griffschale hinten einsetzen, Spiegel-Verstelleinheit von unten einrasten.
- 4 Halteschrauben für obere Griffschale festziehen.
- Untere Griffschale vorn einsetzen und hinten nach oben drücken. Schrauben festziehen.
- Je eine Kreuzschlitzschraube an den Stirnseiten vorn und hinten oben hineinschrauben.
- Äußeres Verstellrad für Spiegelverstellung einsetzen, Knopf für Höhenverstellung einrasten. Gegebenfalls vorher Spiegelverstellung einstellen.

Türschloß aus- und einbauen

Ausbau

- Türinnenverkleidung ausbauen.

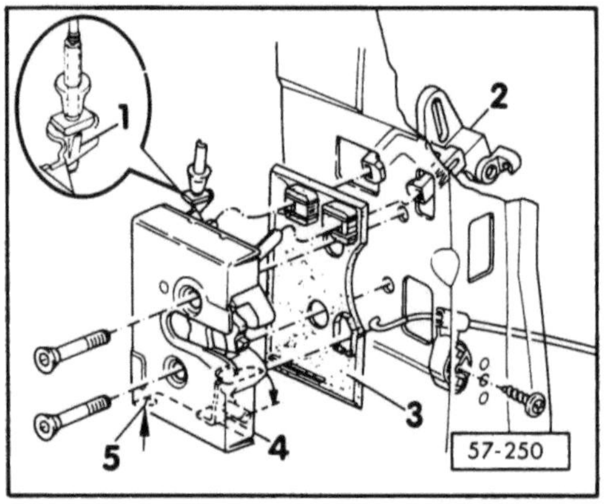

- Betätigungsstange aus dem Auslösehebel -1- herausziehen.
- Seilzug für Türinnenbetätigung aushängen. Dazu Seilzug ausclipsen und Haltebock abschrauben. Seilzug ziehen, Schraubendreher in die Öffnung -5- einführen und dadurch Schloß arretieren. Anschließend Seilzug aushängen.
- 2 Innensechskantschrauben SW 6 herausdrehen.
- Schloß aus dem Sicherungsteil -2- herausziehen und abnehmen.

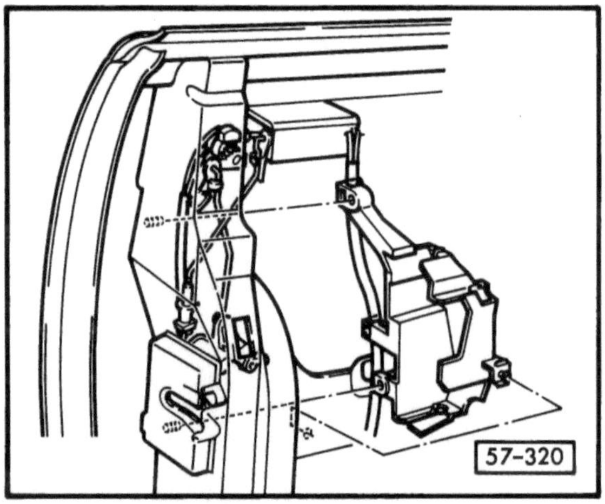

- Falls erforderlich, Abdeckung für Türschloß aus Türgrundkörper ausclipsen. Dazu Abdeckung mit Schraubendreher von den Stehbolzen abhebeln.

Einbau

- Schloß mit Dichtung -3- in das Sicherungsteil einsetzen und mit 16 Nm anschrauben.
- Hebel -4- in Pfeilrichtung schwenken und mit Schraubendreher durch die Bohrung -5- arretieren.
- Seilzug am Schloß einhängen, Haltebock anschrauben und Zug in Türblech einclipsen.
- Betätigungsstange in den Auslösehebel am Türschloß einsetzen.
- Falls ausgebaut, Abdeckung für Türschloß aufdrücken.

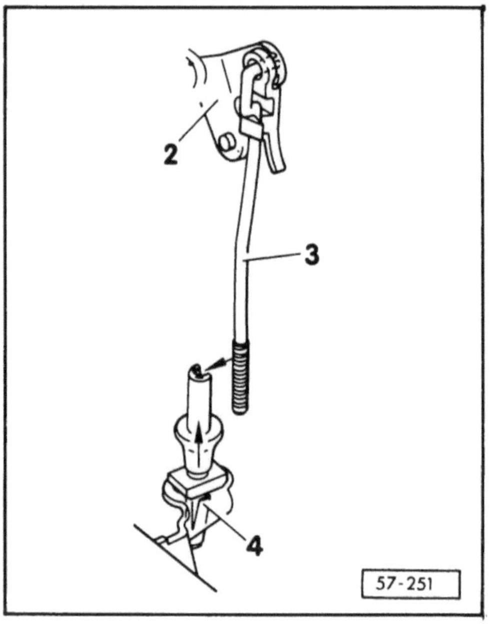

Achtung: Falls der Türgriff zum Türschloß eingestellt werden muß, Betätigungsstange aus dem Kunststoffclip aushängen. Prüfen, ob die Betätigungsstange -3- in die Gelenkbuchse -2- richtig eingehängt ist. Clip -4- in Auslösehebel Türschloß einsetzen. Anschließend Betätigungsstange spielfrei in den Clip einclipsen, ohne den Auslösehebel vom Türschloß zu verspannen; max. Spiel 1 mm. Gegebenenfalls Hülse nach oben verschieben.

- Türinnenverkleidung einbauen.

Türgriff aus- und einbauen

1 – Drehklammer

2 – Linsenschraube, 3 Nm

3 – Türgriff

4 – Blende

5 – Sicherungsring

6 – Betätigungshebel mit Gelenkbuchse

7 – Feder

8 – Dichtring

9 – Schließzylinder
Nur mit eingestecktem Schlüssel herausziehen.

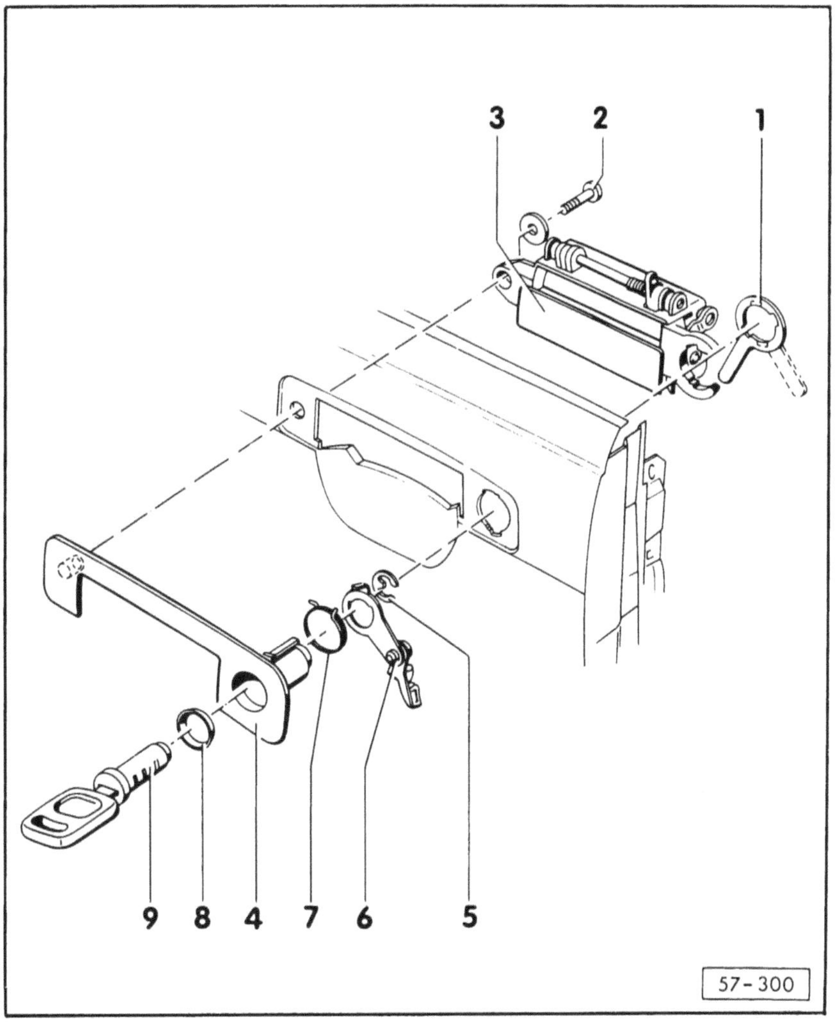

Ausbau

- Türinnenverkleidung ausbauen.
- Linsenschraube herausdrehen.
- Drehklammer um ca. 65° nach hinten schwenken.
- Türgriff nach innen abnehmen.
- Soll der Schließzylinder ausgebaut werden, Blende mit Zylinder nach außen ziehen. Drehklammer lösen und herausnehmen. Schließzylinder mit eingestecktem Schlüssel herausziehen, dabei Blende etwas verkanten.

Einbau

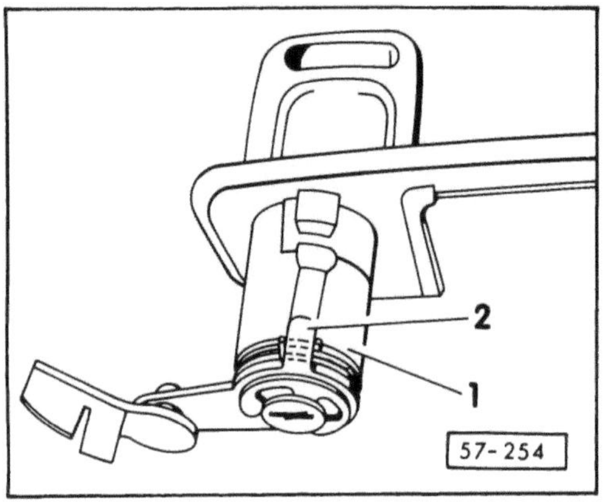

- Schließzylinder mit Blende einsetzen. Dabei auf richtigen Sitz der Feder achten. Die Enden der Feder -1- müssen in gespanntem Zustand jeweils links und rechts vom Betätigungshebel -2- liegen. Betätigungshebel und Schließzylinder werden durch die Vorspannung immer wieder in die Mittellage gedrückt.
- Türgriff so einsetzen, daß die Nasen den Schließzylinder umfassen. Türgriff auf den Zapfen der Blende aufdrücken.
- Linsenschraube reindrehen, nicht zu fest anziehen.

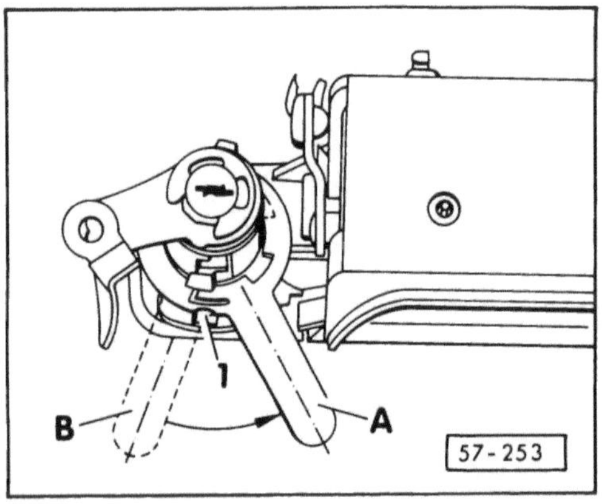

- Drehklammer einsetzen, andrücken und in Stellung -A- drehen. Eindrückung -1- der Drehklammer muß einrasten. B = Stellung der Drehklammer in gelöstem Zustand.
- Türinnenverkleidung einbauen.

Türrahmen aus- und einbauen

Nur Limousine

Ausbau

- Türinnenverkleidung ausbauen.
- Seilzug für Türinnenbetätigung aus dem Türrahmen ausclipsen.
- Bei elektrischem Fensterheber, Steckverbindung trennen.
- Fensterscheibe etwas herunterkurbeln.

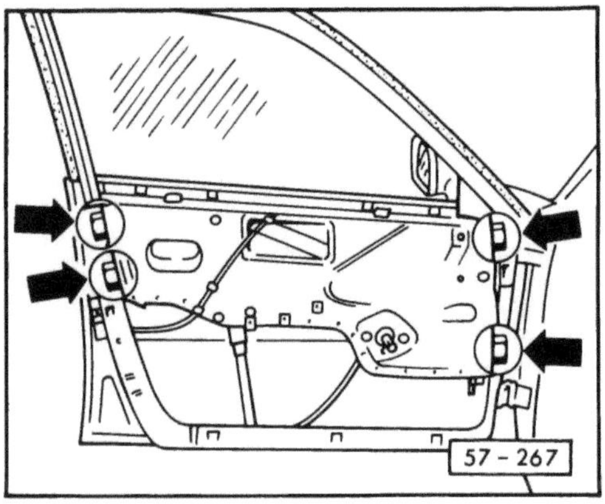

- Einbaulage markieren. Dazu 4 Befestigungsschrauben mit Reißnadel umkreisen.
- Schrauben herausdrehen, dabei Türrahmen festhalten und anschließend herausnehmen.

Einbau

Vor dem Einbau Einstellung des Türgrundkörpers prüfen.

- Türrahmen ansetzen, Schrauben beiziehen, nicht festziehen.
- Türrahmen ausrichten und Schrauben festziehen.
- Gegebenenfalls Türrahmen neu einstellen. Dazu Tür schließen (Fensterscheibe geöffnet). Türrahmen durch Helfer von außen fest gegen das Dach drücken lassen. In dieser Stellung von innen die 4 Befestigungsschrauben festziehen.

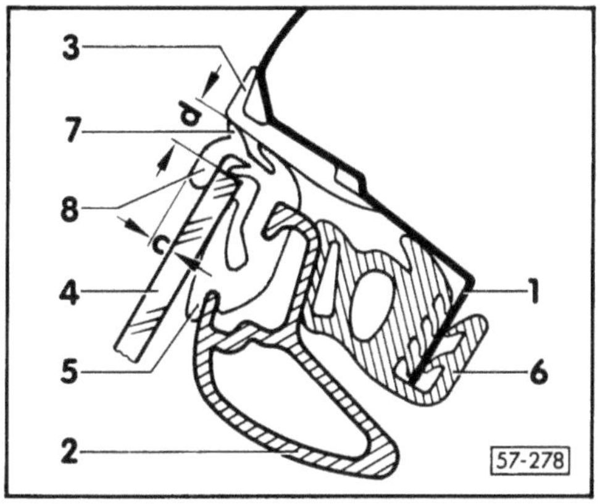

- Einbaulage des Türrahmens prüfen. Die Schnittzeichnung zeigt die Fahrertür.
- Die äußere Dichtlippe –7– muß an Säule und Dachzierleiste –3– konturmäßig anliegen.
- Die äußere Dichtlippe –8– der Scheibe –4– darf nicht nach außen über die Dachzierleiste –3– überstehen.
  c = 3,5 ± 1 mm
  d = 8,1 ± 1 mm
  Zusätzlich abgebildete Teile: 1 – Dichtungsflansch, 2 – Türrahmen, 5 – Türscheibendichtung, 6 – Türdichtung innen.
- Seilzug für Türinnenbetätigung einclipsen.
- Stecker für Fensterheber verbinden.
- Türinnenverkleidung einbauen.

Türfensterscheibe/Fensterheber aus- und einbauen

Nur Limousine

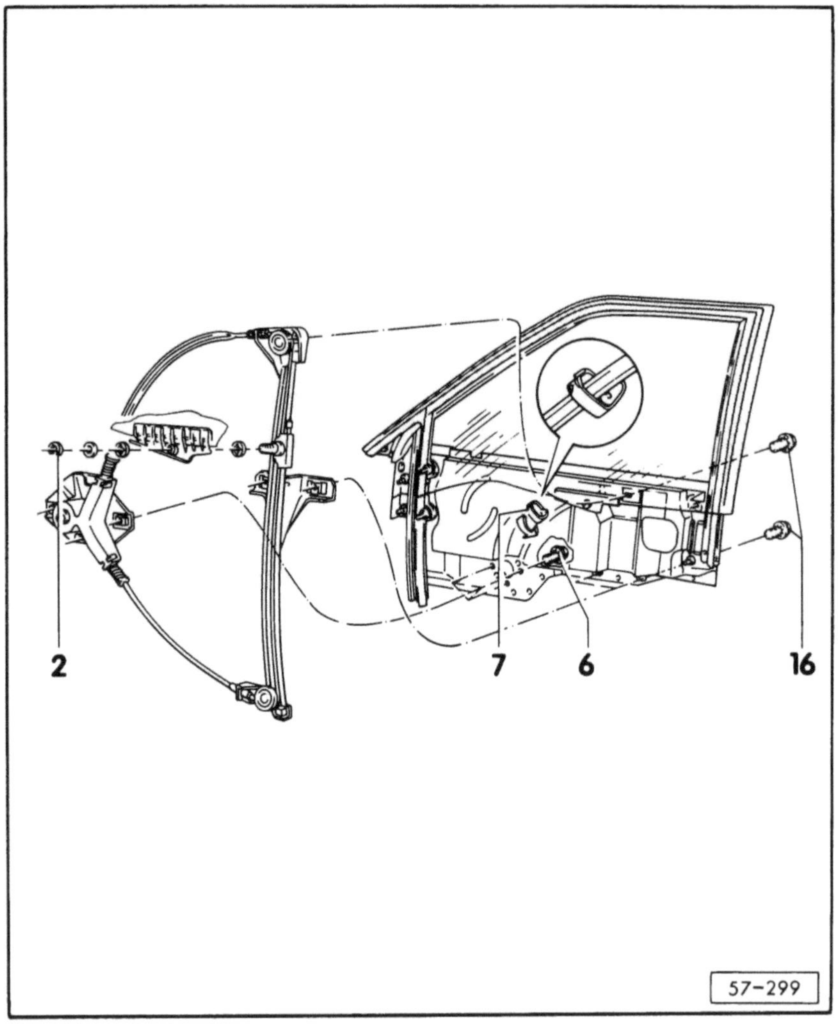

Ausbau

- Türrahmen ausbauen.
- Sicherungsscheibe -2- abziehen, Unterlegscheibe und Dämpfungsscheibe abnehmen.
- Türscheibe vom Fensterheberbolzen abziehen.
- Clip -7- in Pfeilrichtung aufbiegen und Bowdenzug aus Clip herausdrücken.
- 3 Schrauben -6- für Fensterheber herausdrehen. Bei elektrischem Fensterheber Befestigungsmuttern abschrauben.
- 2 Schrauben -16- herausdrehen und Fensterheber abnehmen.

Einbau

- Fensterheber mit 6 Nm anschrauben.
- Dämpfungsscheibe auflegen und Türfenster einsetzen.
- Dämpfungsscheibe und Unterlegscheibe auflegen, Sicherungsscheibe aufdrücken.
- Falls ausgebaut, Abdichtstopfen von unten in die Fensterführung schieben. Der Abstand des Stopfens zum unteren Ende der Fensterführung soll 65 mm betragen.
- Türrahmen einbauen und Türscheibe einstellen.

Türfensterscheibe einstellen

Nur Limousine

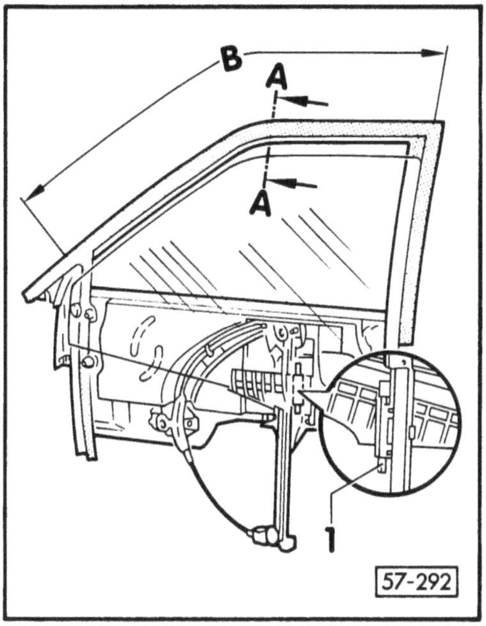

1 – Einstellbarer Scheibenanschlag des Fensterhebers.
B – Anlagebereich der Türscheibe an der inneren Dichtlippe.

Achtung: Türscheibe bei geschlossener Tür einstellen.

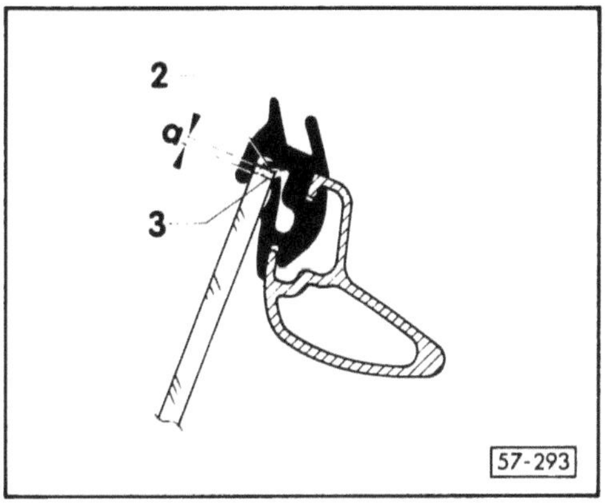

- Die Abbildung zeigt den Schnitt A-A aus Abbildung 57-292.
- Türscheibe nach oben kurbeln.
- Oberen Anschlag vom Fensterheber so einstellen, daß die innere Dichtlippe –2– im gesamten Bereich –B– (Abbildung 57-292) unter Vorspannung an der Scheibenoberkante –3– aufliegt; a = mindestens 0,5 mm.

Achtung: Türscheibe nicht zu hoch einstellen, sonst sind höhere Türschließkräfte erforderlich. Die Vorspannung von mindestens 0,5 mm muß eingehalten werden, da sonst die Dichtheit nicht sichergestellt ist.

Spiegelglas ersetzen

Die Spiegelgläser sind nur eingeclipst unabhängig davon, ob der Außenspiegel manuell oder elektrisch verstellbar ist.

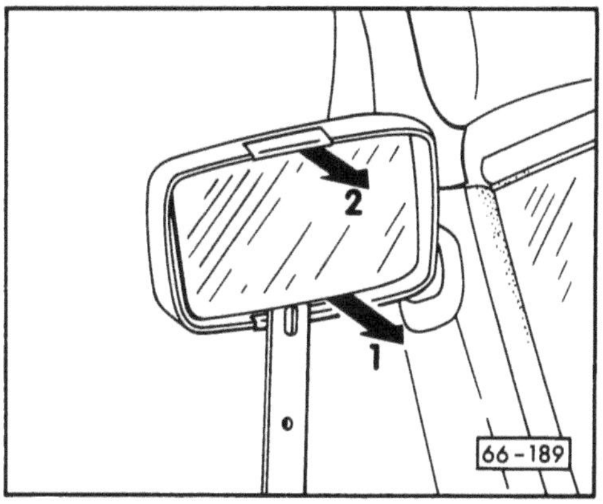

- Gehäusekante mit Tesaband abkleben und dadurch vor Beschädigung schützen.
- Spiegelglas mit flachem Kunststoffspachtel nach hinten vorsichtig abdrücken, zuerst unten –1–, dann oben –2–.

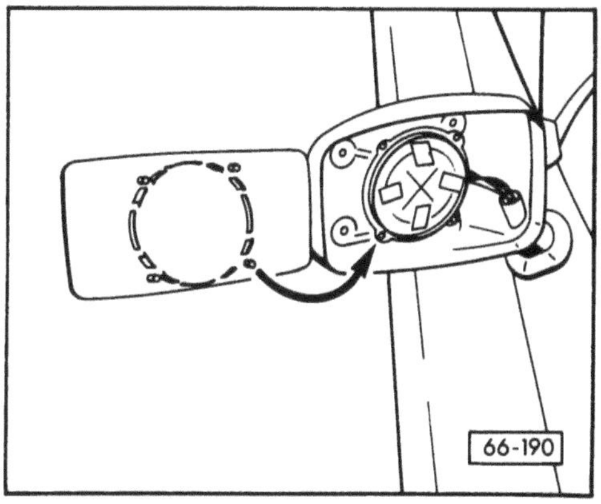

- Spiegelglas in die Führungszapfen einsetzen und einclipsen. Dabei nur auf die Glasmitte drücken. Um Verschmutzungen des Glases zu vermeiden und auch aus Sicherheitsgründen, empfiehlt es sich, einen sauberen Lappen zu unterlegen oder Handschuhe anzuziehen.

Außenspiegel aus- und einbauen

Ausbau

Achtung: Außenspiegel mit elektrischer Verstellung: Spiegelfuß abschrauben und Mehrfachsteckverbindung direkt am Spiegelfuß trennen.

- Türinnenverkleidung ausbauen.
- Träger für Türeinbauteile lösen. Dazu die Schrauben an der hinteren Stirnseite lösen, nicht abschrauben. Vordere Schrauben herausdrehen und Träger vorn etwas abziehen.

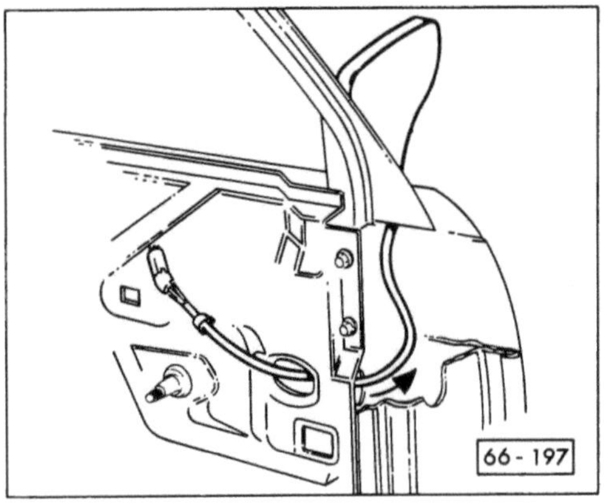

66 - 197

- Bowdenzüge ausclipsen und mit Einstellknopf aus dem Träger herausziehen.

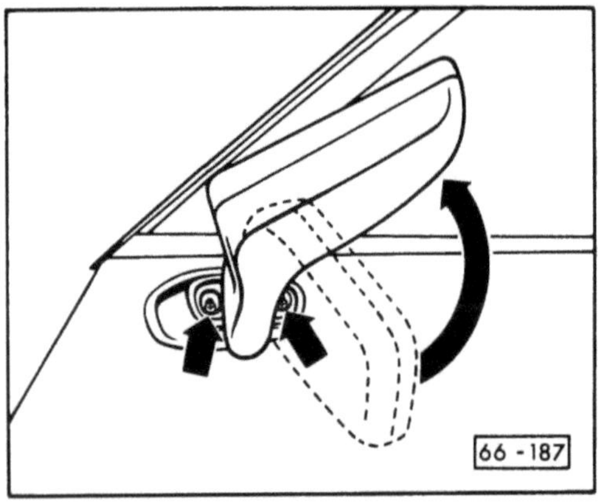

66 - 187

- Spiegel um 90° nach oben schwenken. Einbaulage der Schrauben mit Filzstift markieren und Spiegel abschrauben.

Einbau

- Außenspiegel ansetzen und festschrauben. Dabei die beim Ausbau markierten Befestigungspunkte einhalten, sonst ändert sich der Blickwinkel. Befestigungspunkte Fahrertür: vorn untere Bohrung, hinten obere Bohrung; Beifahrertür: vorn und hinten untere Bohrung. Neuere Modelle besitzen vorn nur eine Bohrung.
- Bowdenzüge durch die Träger führen und Träger anschrauben, gegebenenfalls einstellen. Darauf achten, daß die Bowdenzüge nicht verdreht eingebaut werden.
- Türinnenverkleidung einbauen.

Spiegelbetätigung einstellen

Die Spiegelbetätigung ist einzustellen, wenn die Verstellung zu schwer- oder zu leichtgängig ist. Der Leerweg am Verstellknopf oder Verstellring muß weniger als 90° betragen.

- Spiegelglas parallel zum Spiegelgehäuse stellen.
- Einstellknöpfe abziehen.

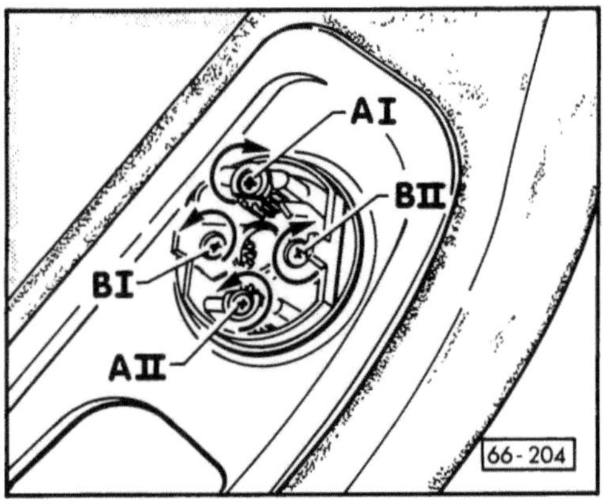

66-204

- Stellschrauben mit kleinem Schraubendreher (Feinmechaniker-Schraubendreher) folgendermaßen verdrehen:
  1. Stellschraube –AI– so weit **nach rechts** drehen, bis ein leichter Widerstand spürbar ist.
  2. Gegenüberliegende Schraube –AII– **nach links** drehen, bis ein leichter Widerstand spürbar ist.
  3. Stellschrauben –BI– und –BII– auf die gleiche Weise wie in der Abbildung gezeigt verdrehen. Die Abbildung zeigt die Einstellung für den Fahreraußenspiegel.

Achtung: Bei hohem Einstellwiderstand ist die Spiegelbetätigung schwergängig.

Schutzzierleiste ersetzen

Die Schutzleisten an Türen und Kotflügeln sind angeklebt. Beim Ausbau werden sie beschädigt.

- Schutzleiste mit Heißluftfön Stück für Stück erwärmen und abziehen.
- Zum Ankleben einer neuen Schutzleiste soll die Umgebungstemperatur mindestens +20° C betragen. Andernfalls müssen die Teile erwärmt werden.
- Auf dem Blech noch vorhandenes Klebedichtmaterial bis auf 1 mm zurückschneiden. **Achtung:** Dabei Lack nicht beschädigen. Das Restklebematerial dient für die Neuverklebung als Haftgrund.
- Klebeflächen schmutz- und fettfrei halten.
- Bei neu lackierten Blechteilen Klebebereiche mit Reinigungsbenzin reinigen und mit Silikonentferner nachbehandeln.
- An Kunststoffteilen Klebebereiche mit Reinigungslösung V.A.G-D00940001 reinigen und mit fusselfreiem Lappen trockenreiben.
- Auf Lack Lackprimer D009200 und auf Kunststoff Kunststoffprimer D009600 auftragen und ca. 10 Minuten trocknen lassen.
- PUR-Kleberaupe ∅ 4 mm mittig auftragen. Für Leiste am hinteren Kotflügel Kleberaupe umlaufend auftragen.
- Schutzleiste parallel zur Fahrzeugsicke in 10 mm Abstand ansetzen. Auf gleichmäßige Anlage achten und Schutzleiste kräftig andrücken, besonders an den Enden.
- Anschließend Schutzleiste mit textilverstärktem Klebeband spannen und dadurch die Anpreßkräfte erhöhen.
- Die Aushärtzeit beträgt bei +20° C ca. 4 Stunden.
- Versehentlich auf den Lack geratenen PUR-Kleber mit trockenem Lappen abwischen und Reste mit Waschbenzin beseitigen. Auf Kunststoffteilen PUR-Kleber ca. 2 – 3 Stunden antrocknen lassen und dann abziehen.

Innenspiegel aus- und einbauen

Ausbau

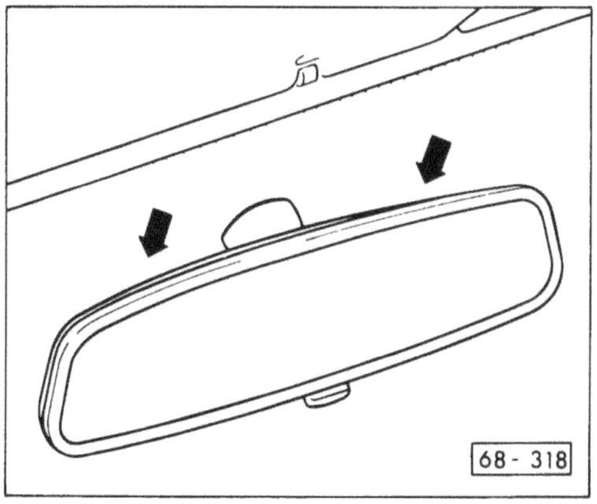

- Innenspiegel schräg nach unten von der Halteplatte abdrücken.

Einbau

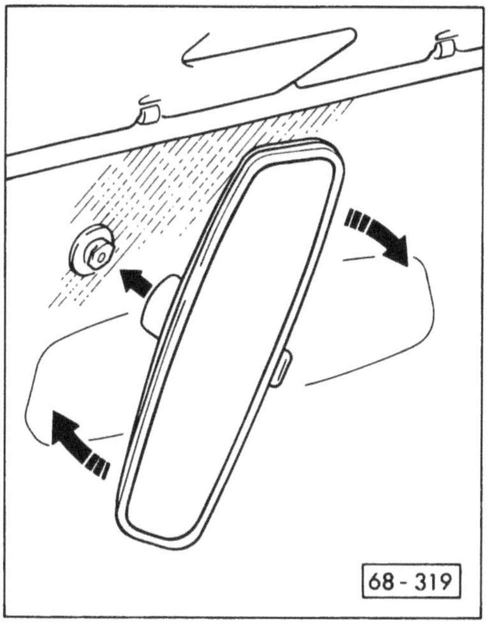

- Spiegel um 60° – 90° verdreht zur Anbaulage ansetzen und verdrehen, bis die Arretierfeder einrastet.

Achtung: Je nach Ausführung kann es erforderlich sein, den Spiegel vom Kugelkopf des Spiegelfußes abzudrücken. Zum Aufdrücken ist relativ großer Kraftaufwand erforderlich, bis die Klemmfeder in den Kugelkopf einrastet.

Untere Abdeckung links aus- und einbauen

Ausbau

- Falls vorhanden, Griff für Starterzug ausbauen. Dazu Starterzug ziehen. Von unten mit Schraubendreher durch das Loch im Griff Rastnase eindrücken und Griff abziehen.

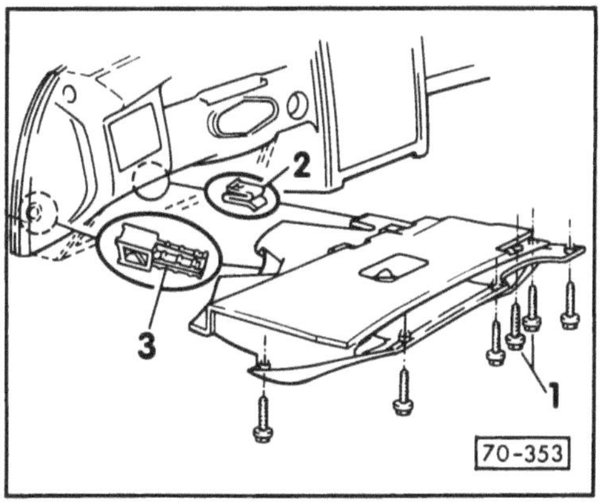

- Abdeckung mit 8 mm Steckschlüssel abschrauben. Die Schrauben -1- sind nur bei Fahrzeugen mit Starterzug vorhanden.
- Abdeckung aus Halteklammer -2- und Halter -3- herausziehen.

- Türinnendichtung im Bereich der unteren Verkleidung für die A-Säule vom Flansch abziehen.

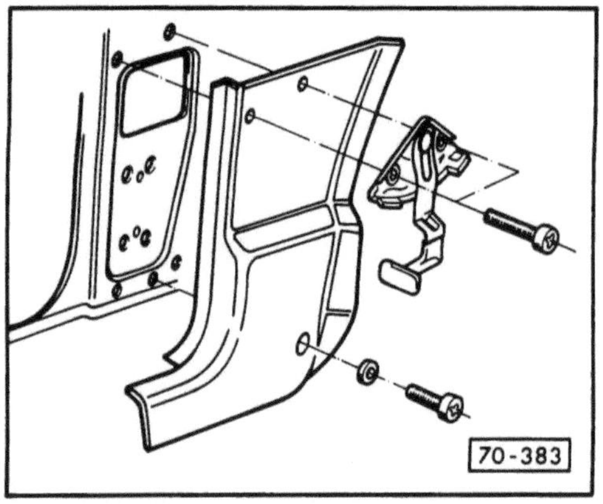

- Betätigung für Motorhaube mit 2 Schrauben abschrauben.
- Versenkte untere Kreuzschlitzschraube herausdrehen.
- Verkleidung abnehmen.

Einbau

- Untere linke Verkleidung ansetzen und mit Griff für Haubenzug anschrauben.
- Abdichtleiste aufdrücken.
- Untere Abdeckung über den Starterzug in die hinteren Halter einsetzen und anschrauben.
- Griff für Starterzug aufschieben und einrasten.

Handschuhfach aus- und einbauen

Ausbau

Fahrzeuge ohne Klimaanlage

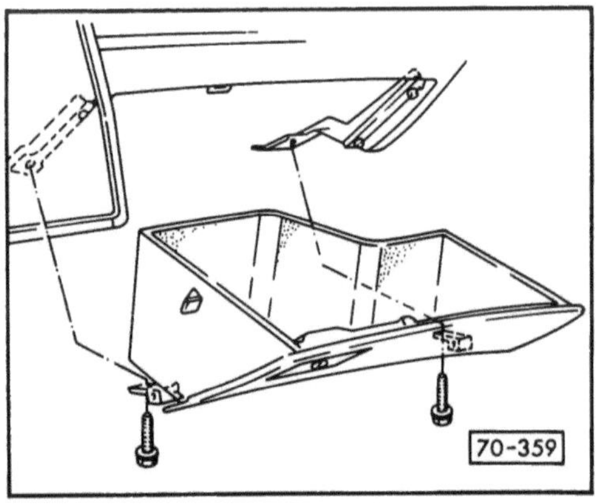

- Schraube vorn links, in Fahrtrichtung gesehen, herausdrehen.
- Schraube vorn rechts mit einem Steckschlüssel SW 8 durch die Öffnung in der vorderen Verkleidung herausdrehen; die Schraube ist nicht sichtbar.
- Handschuhfach öffnen, nach rechts drücken und aus linkem Widerlager aushängen. Anschließend nach links drücken und rechts aushängen.

Fahrzeuge mit Klimaanlage

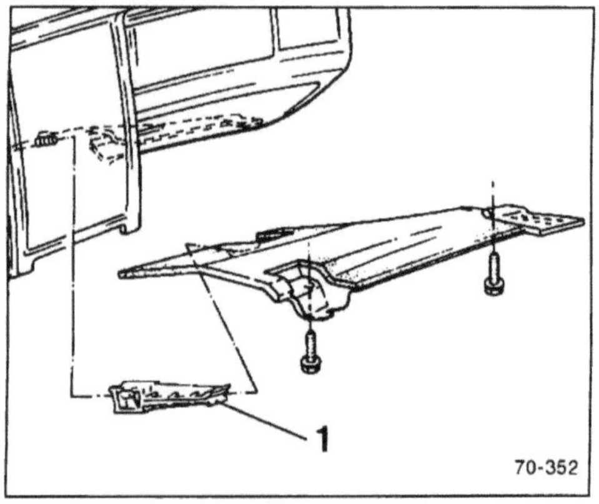

- Schrauben für Abdeckung unter Handschuhfach herausdrehen. Halter –1– abnehmen.

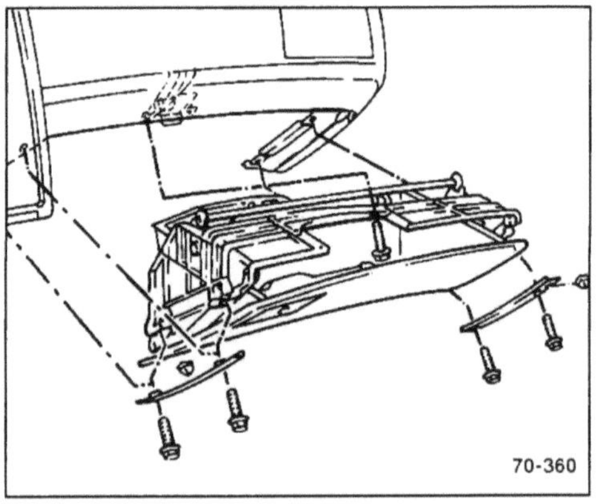

- Schrauben für Handschuhfach herausdrehen. Haltebügel entnehmen. Am Schließbügel vordere Schraube, in Fahrtrichtung, herausdrehen.
- Handschuhfach zur Fahrzeugmitte hin drücken und nach unten herausnehmen.

Einbau

Fahrzeuge ohne Klimaanlage

- Handschuhfach einhängen und anschrauben. Dabei rechte Schraube mit Steckschlüssel schräg von vorn ansetzen. Befestigungsschrauben nicht festziehen.
- Handschuhfach schließen, nach hinten drücken und Schrauben festziehen.
- Handschuhfach mehrmals öffnen und schließen. Dabei prüfen ob das Schloß mit geringen Kraftaufwand einwandfrei einrastet.

Fahrzeuge mit Klimaanlage

- Handschuhfach mit Haltebügeln von unten ansetzen und anschrauben. Vordere Schraube am Schließbügel einschrauben.
- Halter für untere Abdeckung einsetzen. Untere Abdeckung ansetzen und anschrauben.

Mittelkonsole aus- und einbauen

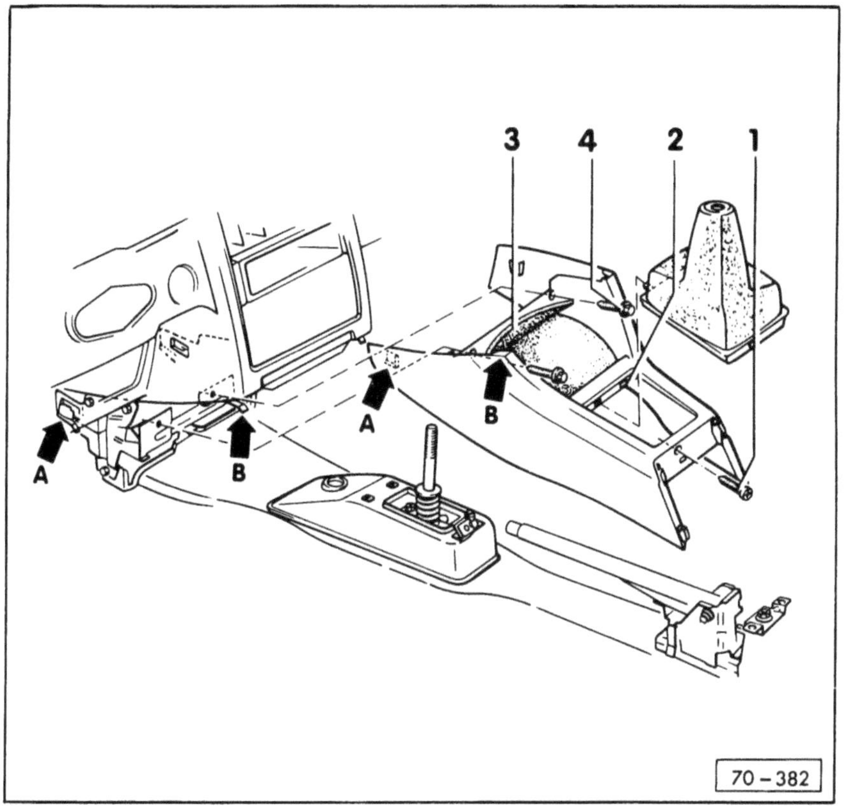

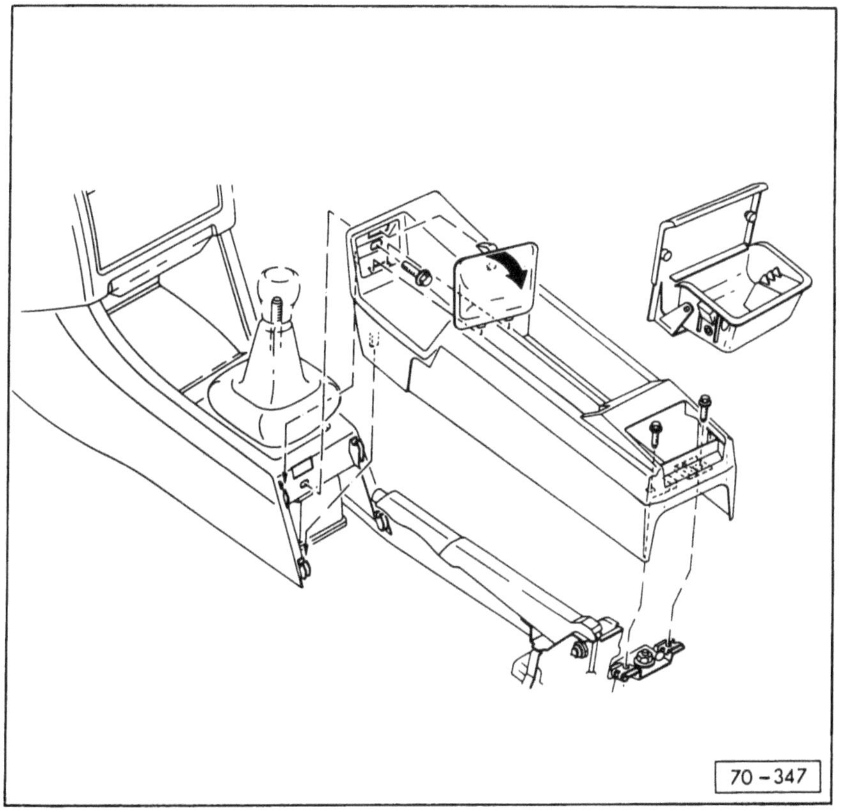

Ausbau

- Batterie-Massekabel abklemmen.
- Handbremshebel hochziehen.

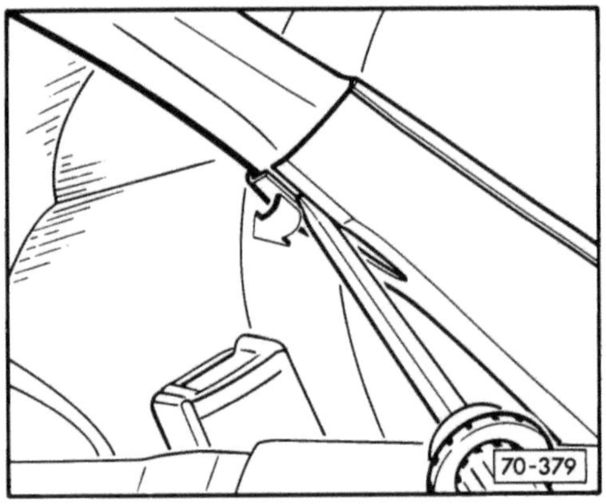

- Schmalen Schraubendreher von unten in den Schlitz des Handbremshebels einsetzen. Haltelippen der Verkleidung zuerst nach unten und dann nach außen drücken.

- Mit großem Schraubendreher unter die Verkleidung fahren. Schraubendreher waagerecht stellen und die gestrichelt gezeichnete Lasche des Handgriffs hochdrücken und dadurch aus dem Blechhaken des Handbremshebels aushängen. Handgriff nach vorn abziehen.
- Verkleidung für Handbremshebel nach vorn abziehen. Dabei Verkleidung ca. 2 cm hinter dem vorderen Abschluß hochziehen und dadurch über den Blechhaken des Handbremshebels heben.
- Abdeckblende vor dem Handbremshebel oben nach hinten klappen und aushängen. Anschließend Schraube herausdrehen.
- Aschenbecher hinter Handbremshebel nach oben herausziehen.
- In der Aschenbecheröffnung 2 Schrauben herausdrehen.
- Konsole vorn hochziehen, ausclipsen und über Handbremshebel herausnehmen. Bei Quattro-Modellen Mehrfachstecker vom Schalter für Differentialsperre abziehen.
- Schalthebelknopf abschrauben.
- Schraube –1– (Abbildung 70-382) für Schalthebelmanschette herausdrehen. Manschette hinten hochziehen, vorn aushängen und über den Schalthebel abziehen.
- Auskleidung –3– etwas zurückziehen und 2 Sechskantschrauben –4– herausdrehen.
- Vordere Konsole nach hinten aus den Arretierungen –A– und –B– herausziehen, hinten nach oben schwenken und über den Schalthebel hinweg abnehmen.

Einbau

- Vordere Konsole über den Schalthebel schwenken und in die Führungen einrasten.
- Konsole mit 2 Schrauben festschrauben.
- Schalthebelmanschette aufschieben, vorn einhängen, hinten herunterdrücken und festschrauben.
- Schalthebelknopf auf den Schalthebel schrauben.
- Hintere Konsole über Handbremshebel schieben, gegebenenfalls Mehrfachstecker verbinden.
- Konsole vorn einclipsen und mit 3 Schrauben festschrauben, dabei vorn die längere und hinten die 2 kürzeren Schrauben verwenden.
- Aschenbecher einsetzen und Abdeckung vor Handbremshebel einhängen und einclipsen.
- Verkleidung für Handbremshebel aufschieben, gleichzeitig Verkleidung hinten nach unten drücken und Haken der Verkleidung in die Öffnung am Hebel einrasten.

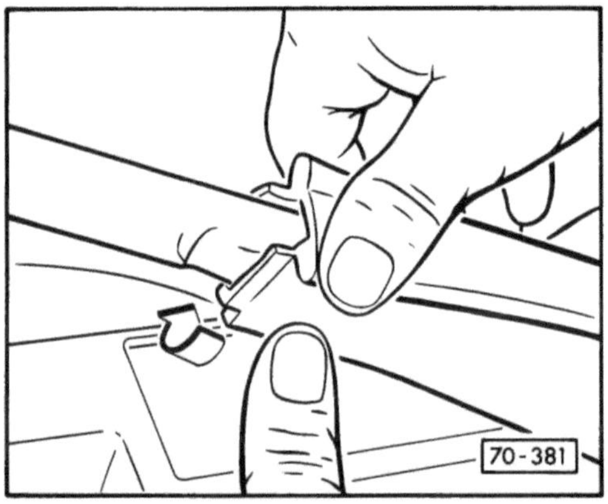

- Verkleidung einseitig herunterdrücken und Haltelippen in den Handbremshebel einhängen.
- Handgriff aufschieben und einrasten.
- Batterie-Massekabel anklemmen.

Hutablage aus- und einbauen

Ausbau

- Rücksitzbank und Rücksitzlehne ausbauen.
- Verkleidung für D-Säule (hintere Dachsäule) abclipsen und nach oben abziehen, dabei aus dem unteren Haken aushängen.
- Sicherheitsgurtbeschläge außen von der Bodengruppe abschrauben.
- 3 Blechlaschen vorn aufbiegen und Hutablage hinten anheben und nach vorn herausziehen.

Einbau

- Hutablage einsetzen, im Bereich der hinteren 3 Klammern nach unten drücken und vorn die 3 Blechlaschen umbiegen.
- Sicherheitsgurte mit 50 Nm anschrauben.
- Verkleidung für D-Säule einhängen und einclipsen.
- Rücksitzbank und Rücksitzlehne einbauen.

Rücksitzbank/Rücksitzlehne aus- und einbauen

Ausbau

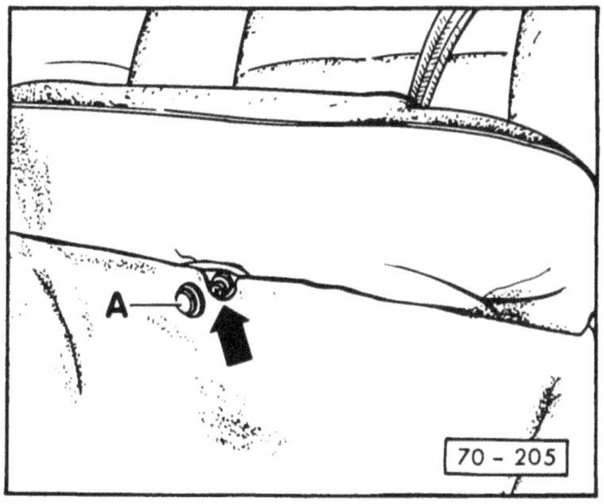

- Abdeckkappen -A- links und rechts mit schmalem Schraubendreher abhebeln.
- Kreuzschlitzschrauben herausdrehen.
- Sitzbank etwas anheben und nach vorn herausziehen.

- Blechlaschen aufbiegen und Rücksitzlehne nach oben herausheben.

Einbau

- Rücksitzlehne oben einhängen, unten ansetzen und Blechlaschen umbiegen.
- Sitzbank nach hinten unter die Lehne schieben und einrasten.
- Vorderteil der Sitzbank nach unten drücken und anschrauben.
- Abdeckkappen aufdrücken.

Die Zentralverriegelung

Die Zentralverriegelung besteht aus der elektrischen Versorgungspumpe, den Versorgungsleitungen und den Schaltelementen für die einzelnen Schlösser. Die elektrische Versorgungspumpe (Bi-Druckpumpe) baut zum Öffnen der Schlösser einen Überdruck und zum Schließen einen Unterdruck auf, der über Schlauchleitungen an die einzelnen Schaltelemente für die Schlösser gelangt.

Die Zentralverriegelung ist nach längerer Standzeit des Fahrzeuges und nach Ersetzen der Bi-Druckpumpe erst nach mehrfacher Betätigung wieder betriebsbereit.

Bei intakter Anlage muß die Verriegelung aller Schlösser nach ca. 2 Sekunden erfolgt sein. Läuft die Bi-Druckpumpe länger als 5 – 7 Sekunden, ist die Anlage undicht. Bei undichter Anlage darf die Bi-Druckpumpe max. 35 Sekunden laufen, danach muß die Steuereinheit in der Bi-Druckpumpe die Pumpe abschalten.

Damit die Zentralverriegelung einwandfrei funktionieren kann, müssen die Batterie geladen und die Sicherung Nr. 19 intakt sein. Gegebenenfalls Spannungsversorgung der Druckpumpe nach Stromlaufplan prüfen.

Ist die Anlage undicht, systematisch von der Pumpe her an den T-Stücken die Schläuche abziehen. Pumpe laufen lassen, jeweiligen Anschluß am T-Stück zuhalten und dadurch undichte Seite feststellen. Undichtes Schaltelement oder Schlauch ersetzen.

1 – **Bi-Druckpumpe**

2 – **Steuer-/Schaltelement**
Für Tür vorn links.

3 – **Steuer-/Schaltelement**
Für Tür vorn rechts.

4 – **Schaltelement**

5 – **Schaltelement**

6 – **Schaltelement Heckklappe**

7 – **X-Verteilerstück**
Einbauort: Im Kofferraum, am Radhaus rechts.

8 – **T-Verteilerstück**
Einbauort: Vor der vorderen äußeren Sitzführungsschiene.

9 – **T-Verteilerstück**
Einbauort: Vor der vorderen äußeren Sitzführungsschiene.

10 – **Kabelbinder**
Zur Befestigung der Leitungen an der Karosserie.

11 – **Kabelklemme**
Wird auf den Flansch vom Kraftstoffbehälter gesteckt.

12 – **Leitungsführung**

13 – **Faltenbalg**

14 – **Druckleitung**

15 – **Elektrische Leitung**

o.Abb. **Schaltelement Tankklappe**
Seit 9.89

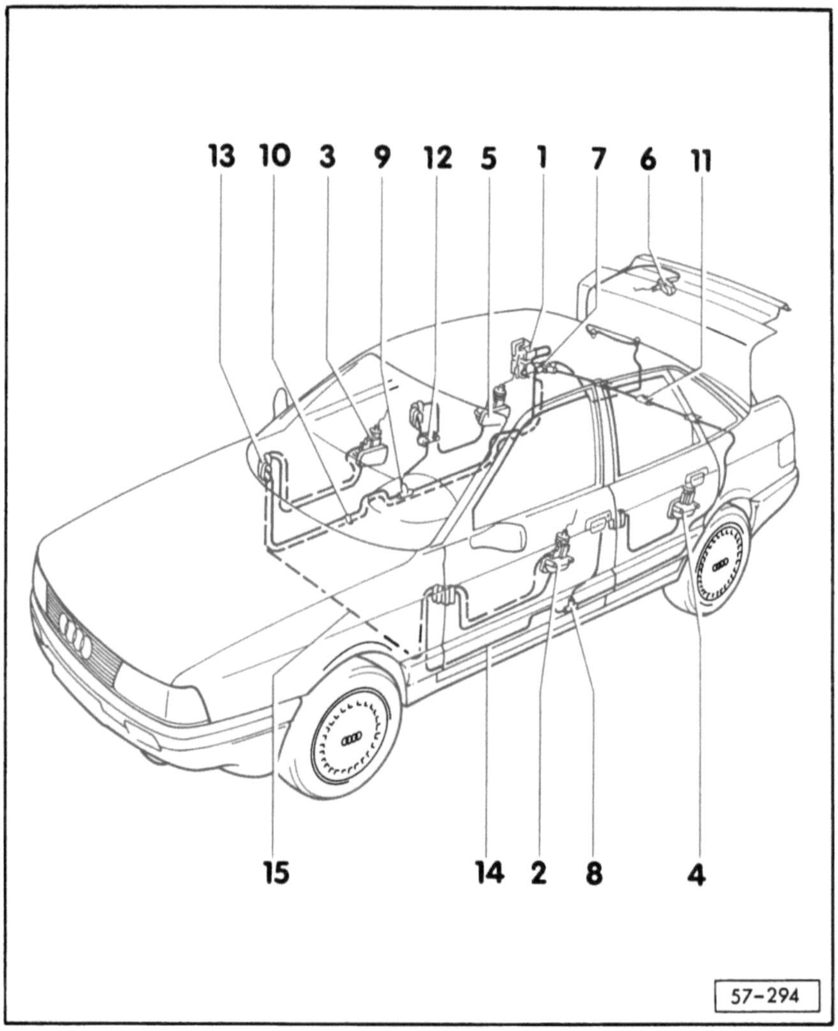

Schalt-/Steuerelemente aus- und einbauen

Ausbau

- Türinnenverkleidung ausbauen.

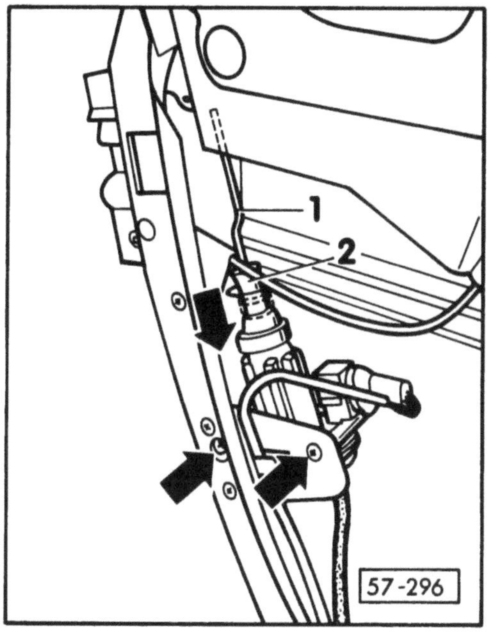

- Prüfen, ob sich die Betätigungsstange -1- und das Schalt-/Steuerelement in der oberen Endstellung befindet, also in der Stellung »Tür offen«.
- Verriegelungsring -2- nach unten schieben, dabei Betätigungsstange -1- festhalten.
- Betätigungsstange aus dem Schaltelement herausdrücken.
- Druckleitung abziehen und Befestigungsschrauben herausdrehen.
- Mehrfachstecker abziehen, dazu Drahtsicherung eindrücken.

Einbau

- Schaltelement anschrauben.
- Druckleitung aufschieben.
- Mehrfachstecker aufschieben und einrasten.
- Betätigungsstange eindrücken und Verriegelungsring nach oben schieben. Die Betätigungsstange darf dabei nicht verspannt werden.

Achtung: Zur Montage der Betätigungsstange müssen Sicherungsteil und Schalt-/Steuerelement in oberer Endstellung, »Tür offen«, stehen.

- Funktion des Schaltelementes prüfen, siehe auch Seite 220.
- Türinnenverkleidung einbauen.

Bi-Druckpumpe aus- und einbauen

Ausbau

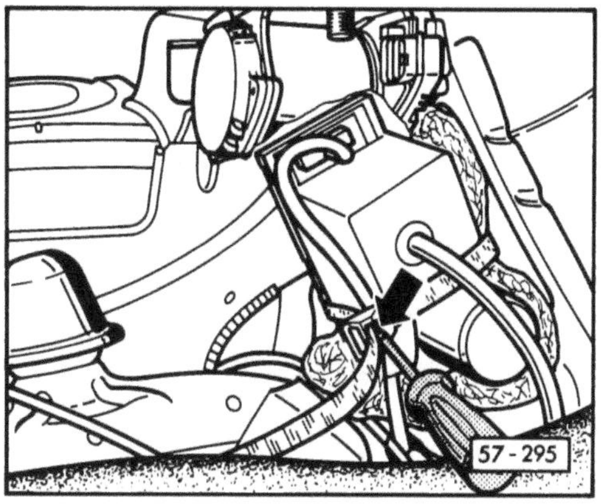

- Schraube für Kofferraumverkleidung rechts herausdrehen.
- Verkleidung herunterdrücken.
- Kabelbinder öffnen, dazu Haltenase mit Schraubendreher zurückdrücken -Pfeil-.
- Schlauchverbindungen und Mehrfachstecker abziehen.
- Bi-Druckpumpe herausnehmen.

Einbau

- Anschlußleitungen aufschieben.
- Pumpe mit Kabelbinder befestigen.
- Kofferraumverkleidung ansetzen und Schraube hineindrehen.

Wasserablaufschläuche reinigen

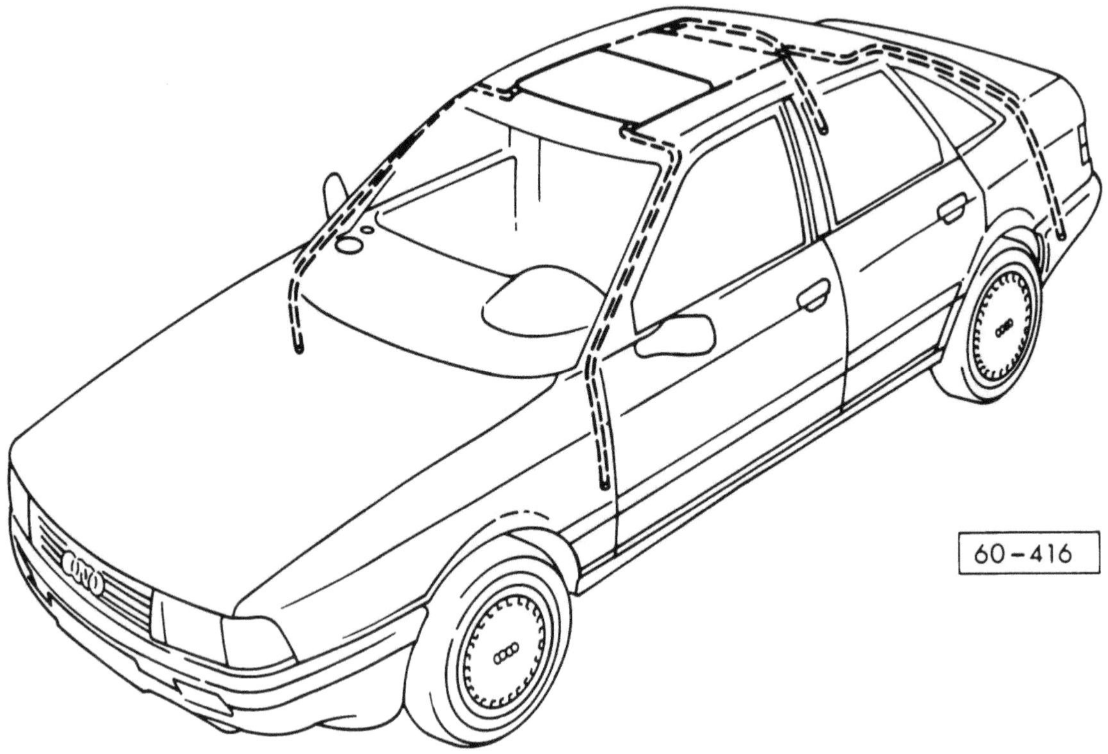

60–416

Bei Fahrzeugen mit Schiebedach sind Wasserablaufschläuche vorhanden, die das Wasser vom Schiebedach nach außen ableiten.

- Verstopfte Wasserablaufschläuche lassen sich am besten mit alten, flexiblen Tachowellen reinigen. Dazu Tachowellen zu einer ca. 230 cm langen Sonde zusammenfügen. Gegebenenfalls Tachowelle in eine elektronisch gesteuerte Bohrmaschine einspannen und mit langsamen Umdrehungen die Wasserablaufschläuche »durchbohren«.
- Die vorderen Wasserablaufschläuche verlaufen in den A-Säulen (vordere Karosseriesäulen) und enden über dem unteren Scharnier der vorderen Türen. Die Reinigung erfolgt vom Schiebe-/Ausstelldach-Ausschnitt.
- Die hinteren Wasserablaufschläuche verlaufen in den D-Säulen (hintere Karosseriesäulen) und enden seitlich hinter dem Stoßfänger. Die Reinigung erfolgt vom unteren Schlauchende her.

Wartungsarbeiten an der Karosserie

W

Sichtprüfung des Sicherheitsgurtes

Achtung: Geräusche, die beim Aufrollen des Gurtbandes entstehen, sind funktionsbedingt. Bei störenden Geräuschen muß der Sicherheitsgurt ausgetauscht werden. Auf keinen Fall darf zur Behebung von Geräuschen Öl oder Fett verwendet werden. Der Aufrollautomat darf nicht zerlegt werden, da hierbei die vorgespannte Feder herausspringen kann. Unfallgefahr!

- Sicherheitsgurt ganz herausziehen und Gurtband auf durchtrennte Fasern prüfen. Beschädigungen können zum Beispiel durch Einklemmen des Gurtes oder durch brennende Zigaretten entstehen. In diesem Fall Gurt austauschen.
- Sind Scheuerstellen vorhanden, ohne daß Fasern durchtrennt sind, braucht der Gurt nicht ausgewechselt zu werden.
- Schwergängigen Gurt auf Verdrehungen prüfen, gegebenenfalls Verkleidung an der Mittelsäule ausbauen.
- Wenn die Aufrollautomatik nicht mehr funktioniert, Gurt auswechseln.
- Gurtbänder nur mit Seife und Wasser reinigen, keinesfalls Lösungsmittel oder chemische Reinigungsmittel verwenden.

Karosserieteile schmieren

- Schließeinrichtungen für Türen, Front- und Gepäckraumklappe im Rahmen der Wartung nachziehen, ölen beziehungsweise fetten.

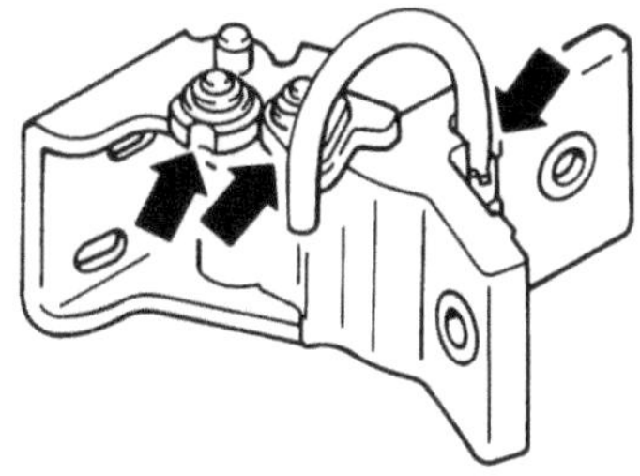

57–321

- Türscharnier unten mit V.A.G-Schmierfett G 000 150 schmieren –Pfeile–.
- Bei Fahrzeugen mit Schiebedach: Führungsschienen reinigen und mit Silikon-Gleitmittel V.A.G-007 000 04 einsprühen.

Die Lackierung

Ausbeul- und Lackierarbeiten an der Autokarosserie setzen Erfahrung über den Werkstoff und dessen Bearbeitung voraus. Derartiges Fachwissen wird in der Regel erst durch eine langjährige Praxis erworben. Aus diesem Grund wird hier nur das Ausbessern von kleineren Karosserie- und Lackschäden erläutert.

Zum Nachlackieren wird unbedingt dieselbe Lackfarbe benötigt, denn selbst kleinste Farbunterschiede fallen nach Abschluß der Arbeiten sofort ins Auge. Der jeweilige Farbton wird vom Hersteller auf einem innen an der Karosserie angeklebten Kennschild angegeben. Darauf stehen die Farbbezeichnung und die Farb-Kennummer.

Treten dennoch Differenzen zwischen dem Originallack und dem Reparaturlack auf, dann liegt das daran, daß Fahrzeug-Lackierungen sich durch Alterung, ultraviolette Sonnenbestrahlung, extreme Temperaturdifferenzen, Witterungsbedingungen und chemische Einflüsse wie beispielsweise Industrieabgase mit der Zeit verändern. Außerdem können Oberflächenschäden, Farbveränderungen und Ausbleichen des Lackes eintreten, wenn die Reinigung und Lackpflege mit ungeeigneten Mitteln durchgeführt wurden.

Die Metallic-Lackierung besteht aus 2 Schichten, dem Metallic-Grundlack und der farblosen Decklackierung. Beim Lackieren wird der Klarlack über den feuchten Grundlack gespritzt. Die Gefahr von Farbdifferenzen bei der nachträglichen Metallic-Lackierung ist besonders groß, da hier schon unterschiedliche Viskosität des Reparaturlackes gegenüber dem Originallack zu Farbverschiebungen führt. In der Praxis läßt sich daher mit einer Spraydose kaum eine ausreichende Farbübereinstimmung erzielen.

Steinschlagschäden ausbessern

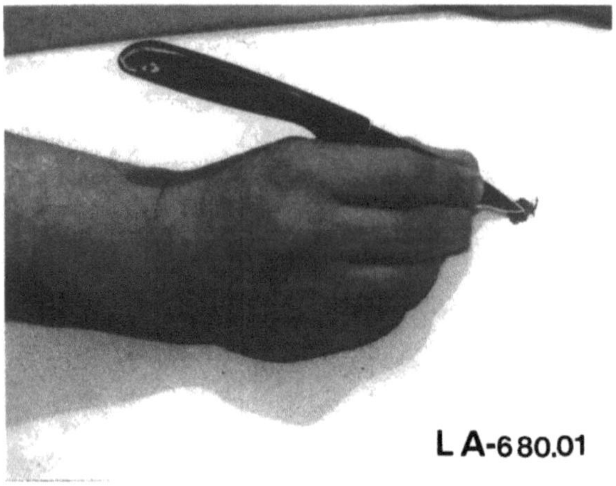

LA-680.01

- Steinschlagschäden oder kleine Rostpickel an der Karosserie mit einem »Rostradierer« beziehungsweise einem Messer oder einem kleinen Schraubendreher auskratzen, bis das blanke Blech erscheint. Wichtig ist, daß keine auch noch so kleine Roststelle mehr sichtbar ist. Bei »Rostradierern« handelt es sich um kleine Kunststoffhülsen, die zum Auskratzen des Rostes kurze Drahtborsten besitzen. Im Handel sind auch elektrisch betriebene Schleifmaschinen mit einer auswechselbaren Korrundsteinspitze.
- Auf die blanke Metallfläche mit einem Pinsel etwas Lackgrundierung auftragen. Da das Grundiermittel meist in Sprühdosen erhältlich ist, vorher etwas Grundiermittel in den Deckel der Dose sprühen.

Achtung: Die blanken Stellen müssen vorher gereinigt werden und einwandfrei trocken und fettfrei sein.

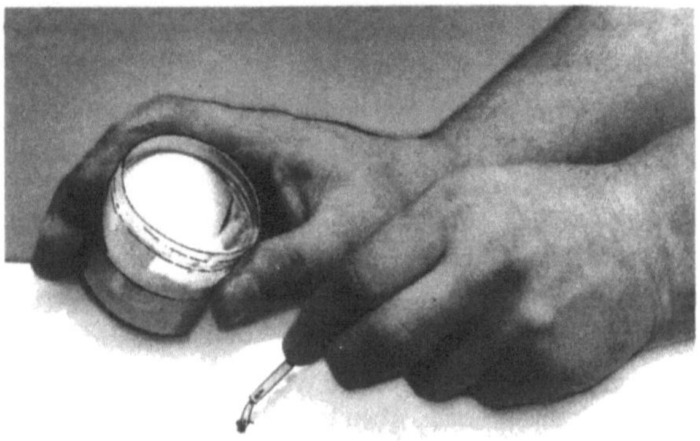

LA-680.02

- Nachdem die Grundierung trocken ist, Stelle mit Tupflack ausbessern. Bei den Tupflackdosen ist der Pinsel bereits im Deckel integriert. Falls nur eine Spraydose mit der entsprechenden Farbe zur Verfügung steht, etwas Farbe in den Deckel der Dose sprühen und anschließend Lack mit einem normalen Wasserfarbenpinsel auftragen. Dabei in einem Arbeitsgang immer nur eine dünne Lackschicht anbringen, damit der Lack nicht herunterlaufen kann. Anschließend Farbe gut trocknen lassen. Vorgang so oft wiederholen, bis der Krater ausgefüllt ist und die ausgebesserte Stelle gegenüber der umgebenden Lackfläche keine Vertiefung mehr bildet.

Karosserie ausbessern

Ausbeulen

Zum Ausbeulen sind ein Ausbeulhammer sowie ein passender Handamboß erforderlich. Roststellen und alte Lackreste sind nach dem Ausbeulen sorgsam von der Reparaturstelle zu entfernen. Entweder mit Sandpapier grober Körnung (120), das über einen Schleifblock gespannt wird, oder mit passenden Schleifblättern auf der Schwabbelscheibe beziehungsweise mit einer Karosseriefeile.

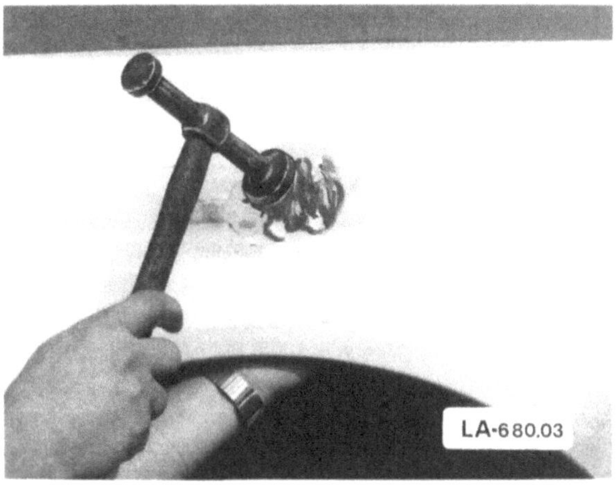
LA-680.03

- Kleinere Dellen mit einem Ausbeulhammer zurückschlagen. Dabei auf der anderen Seite mit einem Handamboß gegenhalten. Nicht zu stark hämmern, sonst dehnt sich das Blech zu stark und man bekommt es nicht mehr glatt. Vom Rand ausgehend gleichmäßig zur Mitte hin arbeiten.
- Die ausgebeulte Fläche immer wieder mit der Hand prüfen, bis man die gewünschte Form gefunden hat. Kleinere Unebenheiten werden später ausgespachtelt.
- Rostansatz und alte Lackreste im näheren Umkreis der ausgebeulten Fläche mit grobem Sandpapier entfernen.

Rostschäden ausbessern

Hier wird das Ausbessern von Rostlöchern an nichttragenden Karosserieteilen mit Glasfasermatten beschrieben.

- Durchgerostete Stellen in der Karosserie mit der Schleifscheibe bearbeiten, Ränder mit der Blechschere begradigen und leicht nach innen biegen.
- Provisorische Unterlage aus Holz oder dickem Karton herstellen und von hinten gegen das Rostloch spannen. Die Unterlagenform sollte der Karosseriewölbung entsprechen. **Achtung:** Ohne Unterlage läßt sich die Glasfasermatte nur schwer in die richtige Form bringen.
- Da die Unterlage später wieder entfernt wird, muß sie mit einem speziellen Trennmittel präpariert werden. Sie darf sich auf keinen Fall mit dem Polyesterharz verbinden.
- Das Glasfasergewebe in 3 Lagen auflegen, dabei soll die erste Lage die Blechränder nur geringfügig überlappen und die letzte Lage etwa 3 cm überstehen.
- Polyesterharz mit Härter entsprechend der Gebrauchsanweisung vermischen. Dabei ist unbedingt auf die Einhaltung des genauen Mischverhältnisses zu achten, sonst trocknet das angereicherte Harz zu schnell oder zu langsam. Als Gefäß eignet sich ein Gipserbecher. **Achtung:** Nicht zuviel Harz auf einmal anrühren, sonst trocknet es bereits im Bearbeitungsgefäß.
- Zunächst Unterlage mit Polyesterharz einpinseln, dann die erste Lage Glasfasergewebe auflegen und Harz mit einem Pinsel auftupfen.
- Eventuelle Lufteinschlüsse, als helle Stellen erkennbar, mit einem Scheibenroller kreuz und quer sorgfältig ausrollen, bevor die nächste Gewebeschicht aufgetragen und mit einem Pinsel angetupft wird.
- Polyesterharz etwa 24 Stunden aushärten lassen, Unterlage abnehmen. Überstehende Glasfaserteile mit einer Feile entfernen.

Lackierung vorbereiten

Spachteln

Man unterscheidet 2 Spachtelarten: Zweikomponentenspachtel und Füllspachtel. Zweikomponentenspachtel wird kurz vor der Verarbeitung mit Härter vermischt. Er härtet schnell aus und muß rasch verarbeitet werden. Man benutzt ihn, um größere Unebenheiten im Blech auszugleichen. Füllspachtel ist ein Ziehspachtel, mit dem feinere Unebenheiten geglättet werden. Man kann ihn in mehreren Lagen auftragen. Beide Spachtelarten gibt es in Tuben und Dosen.

- Auf die ausgebeulte oder mit Glasfasermatten ausgebesserte Stelle Zweikomponentenspachtel auftragen und antrocknen lassen.
- Nach dem Trocknen Unebenheiten mit Schleifscheibe oder Schwingschleifer abschleifen. Dabei sollte ein Schleifpapier mit der Körnung »180« verwendet werden.

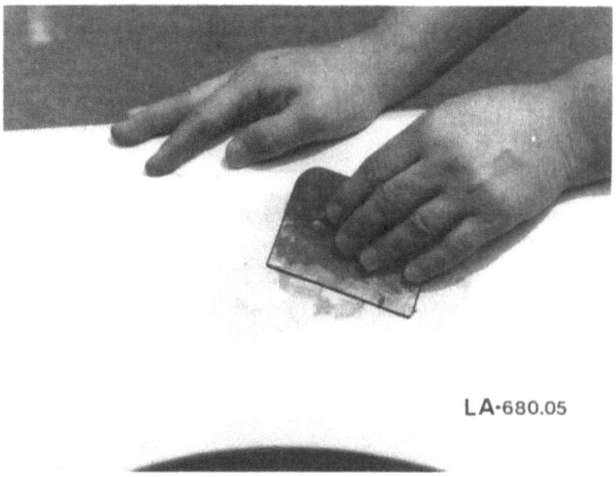
LA-680.05

- Mit breitem, elastischem Japanspachtel die Reparaturstelle mit feinem Füllspachtel überziehen und mindestens 2 Stunden lang aushärten lassen.

Schleifen

Schleifpapier ist in verschiedenen Körnungen erhältlich. Je kleiner die Zahl, um so grober der Schliff. Zum Schleifen von Zweikomponentenspachtel empfiehlt sich Körnung 180 bis 240; Füllspachtel und alter Lack werden mit Körnung 320 bis 360 naß geschliffen. Für den letzten Naßschliff vor der Lackierung empfiehlt sich 600er Schleifpapier.

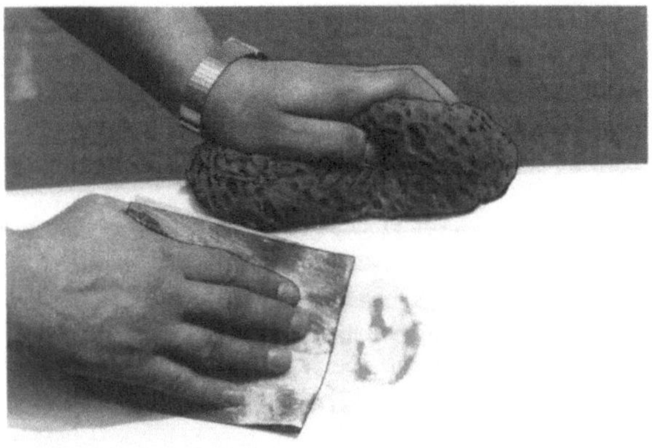

LA-680.06

- Fertige Spachtelstelle mit 180er Papier grob überschleifen, dabei zwischendurch mit einem Schwamm anfeuchten. Für den folgenden nassen Feinschliff eignet sich am besten spezielles Naßschleifpapier mit 320er Körnung, dabei wird auch der angrenzende und zu überspritzende Lack mit angeschliffen.

Reinigen

Vor dem Spritzen muß die geschliffene Lackoberfläche von Fett- und Silikonresten befreit werden. Am besten eignet sich dazu Silikonentferner.

- Nach dem Schleifen Reparaturstelle sorgfältig reinigen und alle angrenzenden Fahrzeugflächen mit Zeitungspapier und Tesakrepp ganz exakt abkleben. Bei Lackierungen an den Kotflügeln ebenfalls die Reifen und die Stoßdämpfer sorgfältig abkleben.

LA-680.07

Achtung: Reparaturstelle immer so abkleben, daß die gespritzte Fläche bis zur nächsten Zierleiste oder Karosseriekante reicht, da am Rand der Abklebung ein Farbgrat entsteht. Falls ein annähernd fließender Übergang zum Originallack unumgänglich ist, im 1. Spritzgang gesamte Reparaturstelle und etwa eine Handbreit der angrenzenden Fläche spritzen. Im 2. Spritzgang zwei Handbreit und im 3. Spritzgang drei Handbreit überlappen lassen.

- Fußboden zur Staubbindung mit Wasser anfeuchten.
- Füller auf die Reparaturstelle spritzen, damit eventuell entstandene Haarrisse und Poren verschlossen werden. Nach dem Trocknen der Reparaturstelle mit 600er Papier naß schleifen. Dazu Schwamm immer wieder in Wasser tauchen und während des Schleifens langsam ausdrücken.

Lackieren

Bei der Autolackierung werden 3 Grundlacke verwendet: Nitro-, Kunstharz- und Acryllack. Alle drei Lacke sind unterschiedlich aufgebaut und vertragen sich nicht unbedingt miteinander. So kann Acryllack beispielsweise alten Kunstharzlack auflösen. Das Werk verwendet nur Acryllack.

Damit beim Lackieren keine Probleme auftreten, sollte der zuvor aufgetragene Füller vom gleichen Hersteller stammen wie der Spraydosenlack. Der Lack wirft dann keine Blasen und schrumpft nicht. Empfehlenswert ist es, einen Acryl-Decklack zu verwenden.

Achtung: Es empfiehlt sich, den Lackiervorgang zunächst an einem geeigneten Blech, zum Beispiel einem alten Kotflügel, zu üben.

- Zum Lackieren muß das zu lackierende Teil trocken und staubfrei sein. Wenn möglich, mit Preßluft abblasen.
- Fußboden zur Staubbindung mit Wasser anfeuchten.
- Spraydose vor Gebrauch wenigstens 5 Minuten lang intensiv schütteln, sonst bilden sich auf dem Blech Lacknasen.

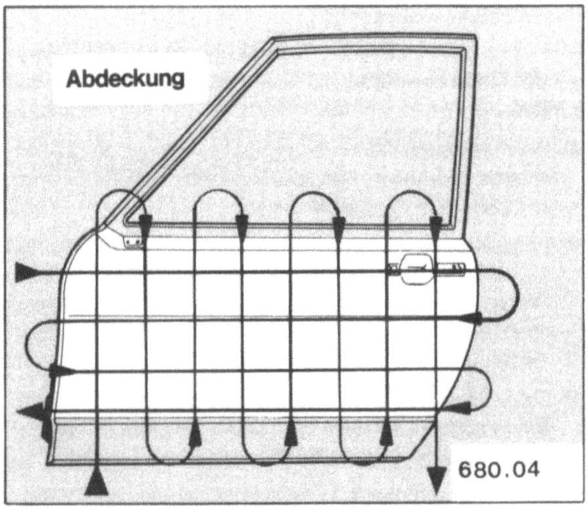

680.04

- Ebene Flächen, ob senkrecht oder waagerecht, werden im »Kreuzgang« gespritzt: Man beginnt außerhalb der Fläche und schwenkt den Spritzstrahl außerhalb in die andere Richtung.

- Spraydose mit gleichbleibender Geschwindigkeit und gleichmäßigem Abstand über die Oberfläche führen. Der richtige Abstand liegt zwischen 25 und 35 cm.

Achtung: Wird aus nächster Nähe gesprüht oder ist die Sprühbewegung zu langsam beziehungsweise von wechselnder Geschwindigkeit, treten sogenannte Lacknasen auf. Das heißt, der Lack läuft an einigen Stellen herunter, weil dort zuviel Farbe auf einmal aufgespritzt wurde. Ebenso verhält es sich, wenn die Richtungsänderungen beim Sprühvorgang nicht über der abgedeckten Fläche durchgeführt werden.

- Um mit der Spraydose eine ausreichende Farbdeckung zu erreichen, sind mehrere Spritzvorgänge nötig. Das Ende eines Arbeitsganges ist dann erreicht, wenn die Oberfläche durchgehend glänzt und keine einzelnen Pünktchen erkennbar sind.

Achtung: Der Spritzvorgang ist mit kleineren Pausen, zum Abdunsten des Lösungsmittels, so oft zu wiederholen, bis der Lack eine ausreichende Deckung erreicht hat. Ist dies der Fall, Düse der Spraydose freisprühen. Dazu Dose auf den Kopf stellen und so lange sprühen, bis keine Farbe mehr austritt.

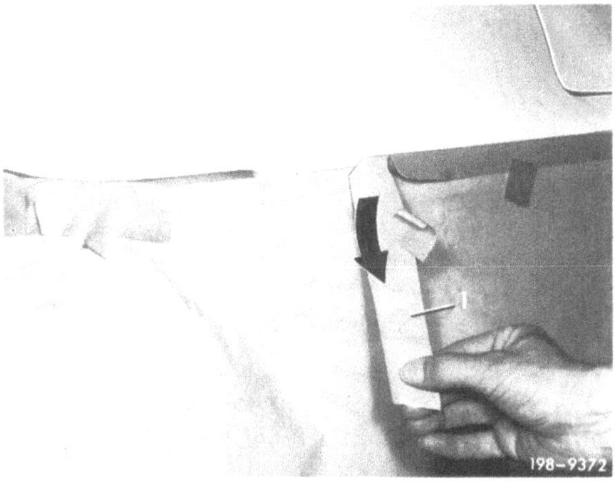

- Nach Abschluß der Lackierarbeiten Klebeband –1– von der frisch lackierten Fläche weg abziehen. Dadurch kann der nasse Lack am Übergang verlaufen.
- Gespritzte Fläche trocknen lassen. Der Trocknungsvorgang läßt sich mit einer Heizsonne oder einer starken Fotolampe beschleunigen. **Achtung:** Kein Gebläse-Heizgerät verwenden, dadurch würden aufgewirbelte Staubpartikel gegen den frischen Lack geblasen.
- Nach dem Aushärten der Farbe, nach etwa 3 Wochen, Sprühnebel, sofern vorhanden, auf den angrenzenden Flächen, mit Schleifpolierpaste und einem Wattebausch vorsichtig abtragen.
- Anschließend Lack konservieren.

Die Heizung

Die Frischluft für die Heizung gelangt über das Heizgebläse in den Fahrzeuginnenraum. Dabei durchströmt die Luft das Heizungsgehäuse und wird durch verschiedene Klappen auf die einzelnen Lufteintrittsdüsen verteilt. Wird die Heizung auf »warm« gestellt, so wird die kühle Luft durch den Wärmetauscher erwärmt. Der Wärmetauscher befindet sich im Heizungsgehäuse und wird durch das heiße Kühlmittel aufgeheizt. Die vorbeistreichende Frischluft erwärmt sich an den heißen Lamellen des Wärmetauschers und gelangt dann in den Fahrzeuginnenraum. Die Heizung wird luftseitig beeinflußt, das heißt, die Temperatur wird durch das Mischungsverhältnis von kalter und warmer Luft mit Hilfe der Temperaturmischklappe gesteuert.

Zur Verstärkung der Heizleistung dient ein vierstufiges Heizgebläse. Damit das Gebläse in den einzelnen Stufen mit unterschiedlicher Geschwindigkeit läuft, werden Widerstände vorgeschaltet. Die Widerstände befinden sich in der Anschlußplatte am Gebläse. Bei einem Defekt ist die komplette Anschlußplatte zu ersetzen.

1 – **Wärmetauscher**
Die Dichtungen müssen umlaufend und spaltenfrei geklebt sein. **Achtung:** Wenn beim Einbau des Wärmetauschers die Haltezungen nicht einrasten, Wärmetauscher mit 2 Blechschrauben am Heizungsgehäuse anschrauben.

2 – **Gehäusehälfte links**

3 – **Halteklammer**

4 – **Gehäusehälfte rechts**
Nicht zerlegbar.

5 – **Anschlußplatte**
Mit Vorwiderständen; komplett ersetzen.

6 – **Frischluftklappe**

7 – **Temperaturklappe**

8 – **Heizgebläse**

9 – **Fußraumausströmer**
Mit 3 Schrauben an der Heizung verschraubt.

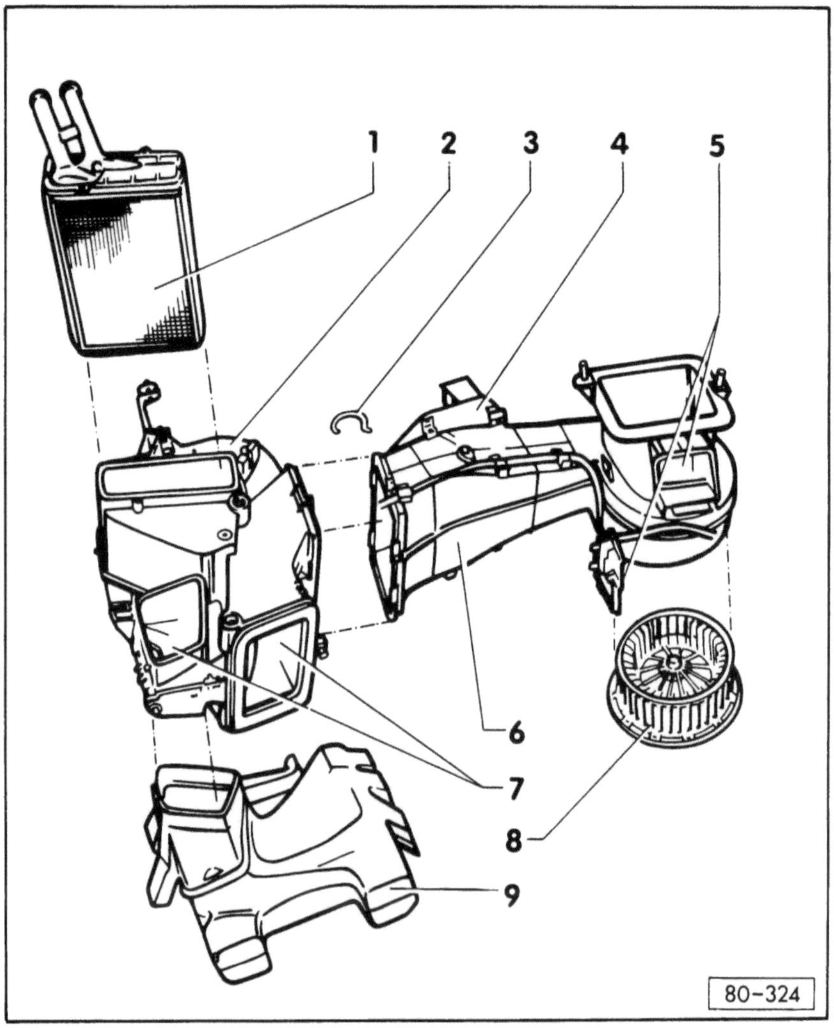

Anschlußplan für Heizungszüge

Heizungszüge/Farbe der Befestigung an der Heizung

A – Steuerklappe Fußraum, weiß
B – Zentralklappe; langer, schwarzer Seilzug
C – Frischluftklappe; kurzer, schwarzer Seilzug
D – Temperaturklappe, blau

Drehregler

A – Luftverteilung
B – Luftverteilung
C – Heizgebläse
D – Lufttemperatur

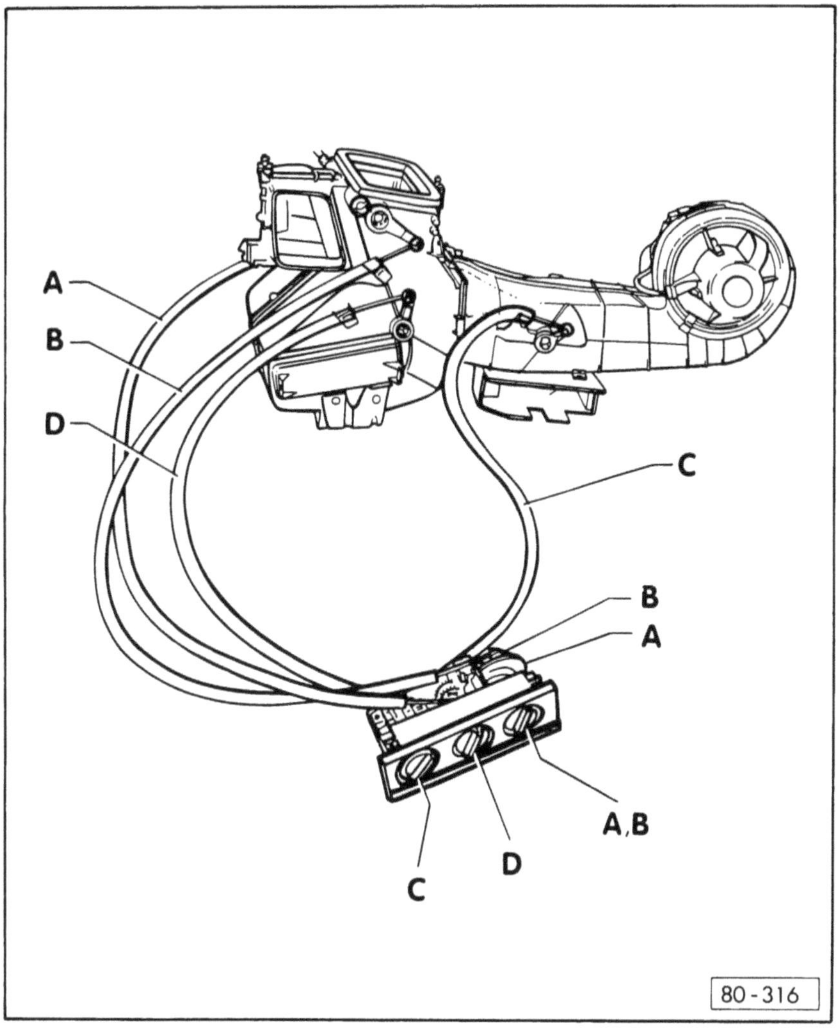

Heizungsbetätigung/Heizungszüge aus- und einbauen

Ausbau

Fahrzeuge ohne Klimaanlage

- Abdeckungen unter Armaturentafel ausbauen.
- Mittelkonsole ausbauen.

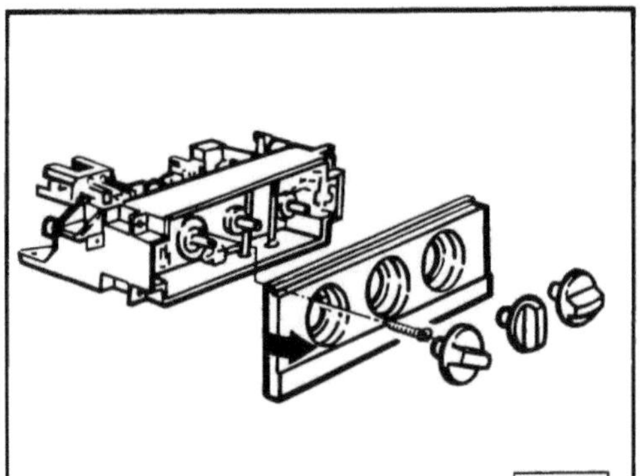

80-314

- Knöpfe für Heizungsbetätigung abziehen.
- 1 Schraube herausdrehen und Blende herausklappen.
- 4 Schrauben herausdrehen und Heizungsbetätigung vorsichtig herausziehen.

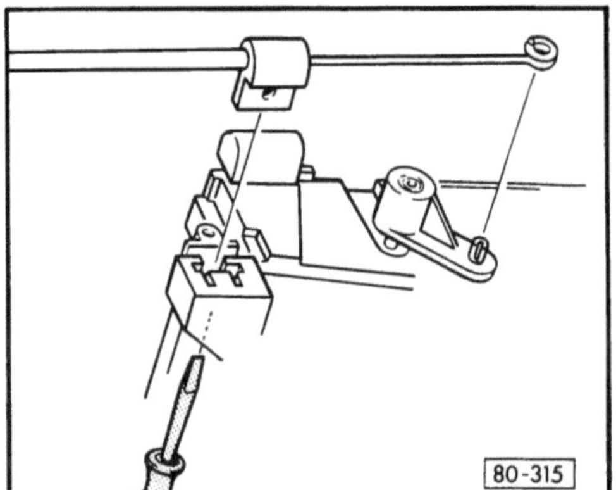

80-315

- Mit Schraubendreher Clip lösen und Bowdenzug an der Heizungsbetätigung herausziehen.
- Bowdenzug an der jeweiligen Luftklappe ausrasten und herausnehmen.

Einbau

Beschädigten oder schwergängigen Bowdenzug immer ersetzen.

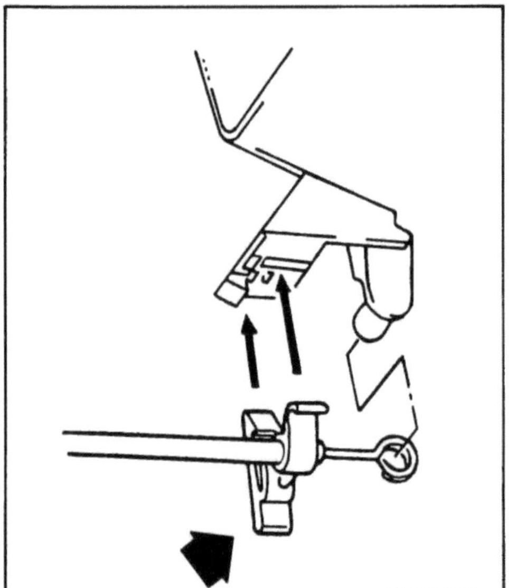

80–327

- Bowdenzug einhängen, Befestigungsclip einrasten. Die Abbildung zeigt die Befestigung an der Temperatur-, Fußraum- oder Zentralklappe.

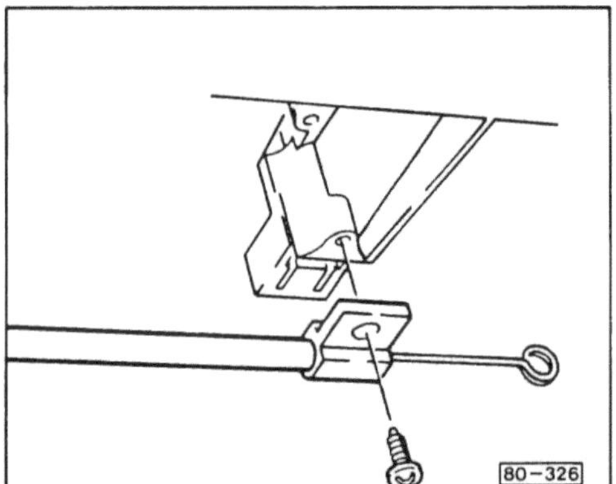

80–326

Achtung: Sollten die Rasthaken für den Zug an der Frischluftklappe abbrechen, Heizungszug mit Blechschraube festschrauben.

- Heizungsbetätigung hineindrücken und festschrauben.
- Blende einhängen und anschrauben.
- Knöpfe aufschieben.
- Mittelkonsole einbauen.
- Abdeckungen einbauen.

Heizgebläse prüfen/ aus- und einbauen

Ausbau

Fahrzeuge ohne Klimaanlage

- Batterie-Massekabel abklemmen.

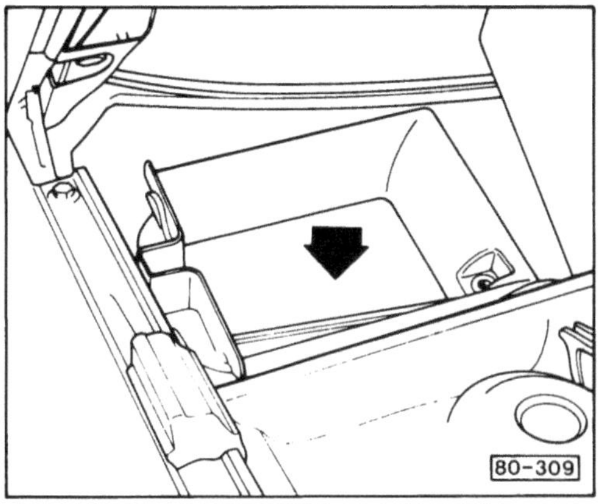

- Im Motorraum rechts, in Fahrtrichung gesehen, Abdekkung für Wasserkasten abnehmen.
- Lüfterrad in eingebautem Zustand auf Leichtgängigkeit prüfen.
- Handschuhfach und Abdeckung im Fußraum oben vor dem Handschuhfach ausbauen.

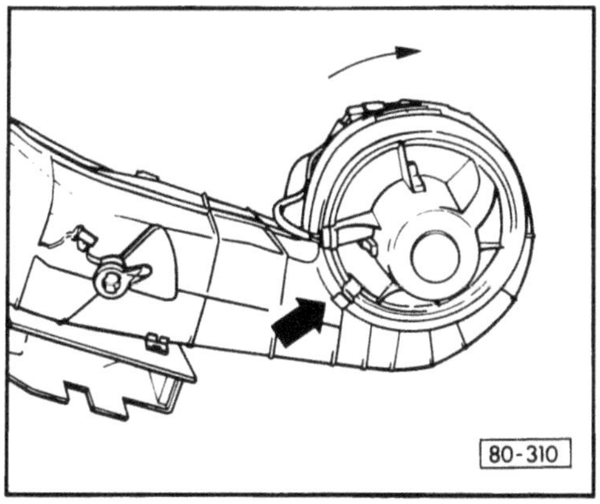

- Haltezunge -Pfeil- mit Schraubendreher nach unten drücken. Gebläse im Uhrzeigersinn drehen und herausnehmen.
- Eventuell vorhandene Fremdkörper aus dem Luftführungskanal herausnehmen.

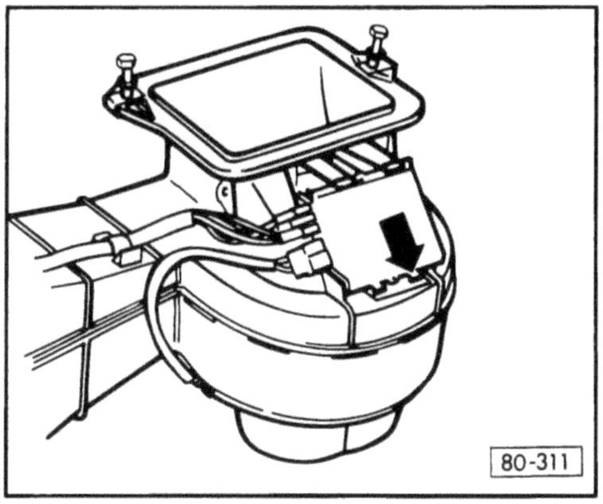

Achtung: Wenn das Heizgebläse nicht auf allen Stufen läuft, ist in der Regel ein Vorwiderstand defekt. In diesem Fall Anschlußplatte komplett ersetzen.

- Dazu Haltebügel nach unten drücken und Anschlußplatte nach unten herausziehen.

Einbau

- Anschlußplatte ansetzen und einrasten. Die Anschlußplatte muß dicht am Gehäuse sitzen, gegebenenfalls Platte oben mit einer Blechschraube anschrauben.
- Gebläse ansetzen, nach links drehen und einrasten.
- Abdeckung und Handschuhfach einbauen.
- Abdeckung für Wasserkasten einclipsen.
- Batterie-Massekabel anklemmen.

Fahrzeuge mit Klimaanlage

Hinweis: Das Frischluftgebläse bei Fahrzeuge mit Klimaanlage sieht anders aus. Aus- und Einbau gehen aber prinzipiell wie bei Fahrzeugen ohne Klimaanlage.

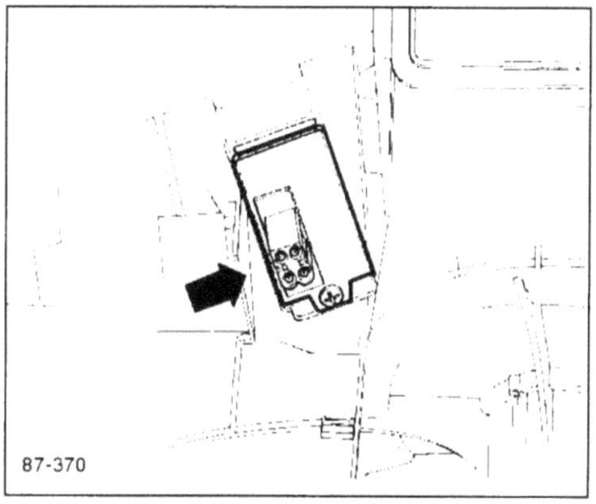

- Der Vorwiderstand für Frischluftgebläse -Pfeil- befindet sich am Gebläsegehäuse. Auf richtigen Sitz im Gehäuse achten.

Keilriemen für Kältekompressor spannen

- Der Keilriemen ist richtig gespannt, wenn er sich in der Mitte zwischen den Riemenscheiben mit dem Daumen ca. 5 mm durchdrücken läßt. Das entspricht einer Spannung von ca. 50 N (Newton).
- Fahrzeug aufbocken, siehe Seite 273.
- Untere Motorraumverkleidung ausbauen, siehe Seite 15.

Spannen

4-Zylinder-Motor

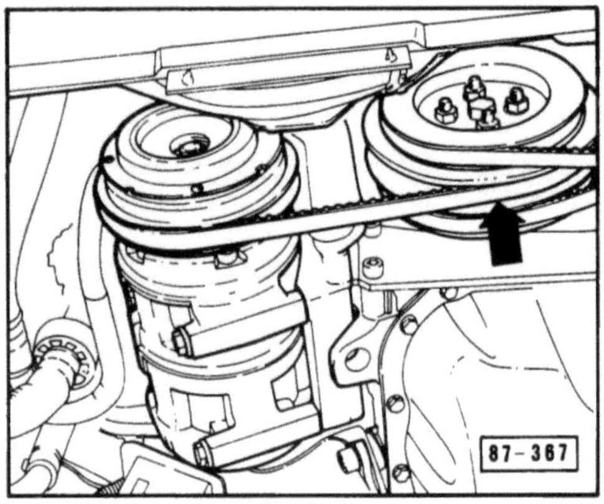

Beim 4-Zylinder-Motor ist der Kompressor starr mit dem Motor verbunden. Die Keilriemenscheibe an der Kurbelwelle ist geteilt. Zum Entspannen und Spannen werden mehr oder weniger Abstandscheiben zwischen die Riemenscheibenhälften eingelegt.

- Zum Spannen 4 Befestigungsmuttern herausdrehen und vordere Riemenscheibenhälfte abnehmen.
- Abstandscheiben herausnehmen und Riemenscheibenhälfte mit 22 Nm festschrauben. Beim Festziehen der Muttern Kurbelwelle an der Zentralschraube weiterdrehen.

Achtung: Überzählige Abstandscheiben gleichmäßig vor und hinter der Riemenscheibe ablegen.

5-Zylinder-Motor

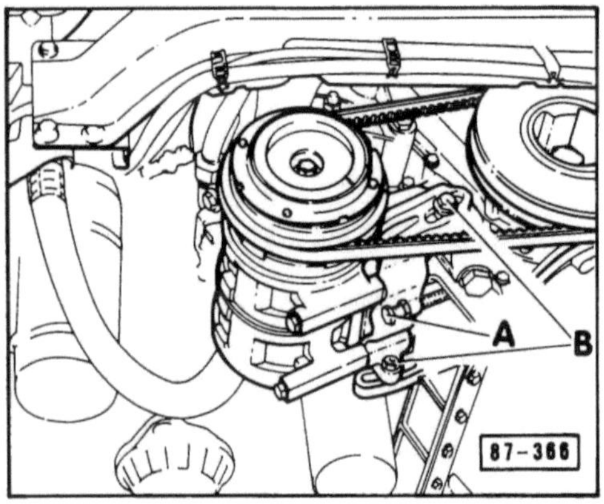

- 2 Schrauben -B- lösen.
- Keilriemen spannen, dazu Schraube -A- entkontern und hineindrehen.
- Befestigungsschrauben mit 22 Nm festziehen.
- Spannschraube -A- zurückdrehen, bis der Abstand zum Motorblock größer als ca. 5 mm ist. Anschließend Kontermutter festziehen.

- Keilriemenspannung prüfen, gegebenenfalls Einstellung wiederholen.
- Untere Motorraumverkleidung einbauen, siehe Seite 15.
- Fahrzeug ablassen, siehe Seite 273.

Staub- und Pollenfilter aus- und einbauen

Seit 3.90 ist auf Wunsch ein Staub- und Pollenfilter erhältlich. Der Filter soll in regelmäßigen Abständen erneuert werden und läßt sich auch nachträglich einbauen.

Ausbau

- Wasserkastenabdeckung ausbauen.

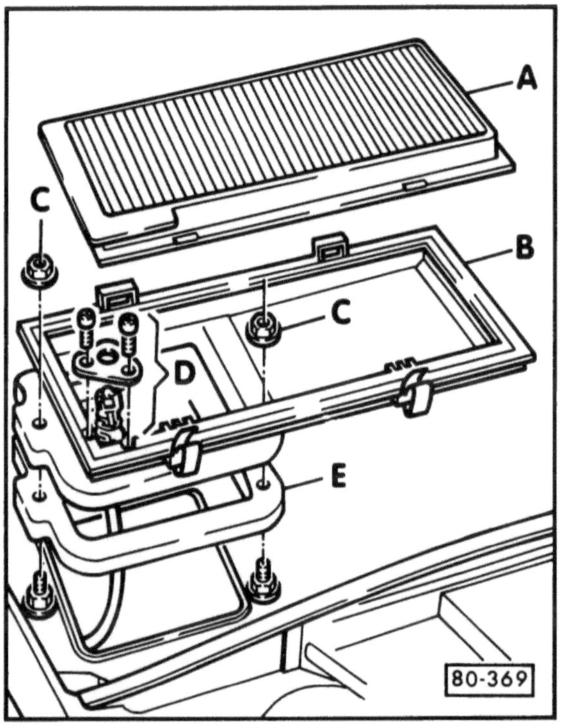

- Filter -A- herausnehmen.

Einbau

- Klebeschnur zwischen Wasserkastenabdeckung und Fahrzeug auf Beschädigung prüfen, gegebenenfalls ersetzen. Sonst kann Wasser auf den Filter laufen.
- Wasserablauföffnung im Wasserkasten auf freien Durchgang prüfen, gegebenenfalls reinigen.

- Dichtschnur im Filtergehäuse -B- auf Beschädigung und richtige Einbaulage prüfen.
- Neuen Filter einsetzen und Wasserkastenabdeckung einbauen. Beschädigte Wasserkastenabdeckung ersetzen.

Filter nachträglich einbauen

- Dichtung -E- auf Beschädigung und richtigen Sitz prüfen.
- Filtergehäuse -B- mit 2 selbstsichernden Muttern -C- und 5 Nm anschrauben. Immer neue Muttern verwenden.

Achtung: Bei Fahrzeugen mit Klimaanlage Außentemperaturfühler G57 -D- beziehungsweise Außentemperaturschalter F38 mit 2 Schrauben am Filtergehäuse -B- befestigen.

- Dichtschnur im Filtergehäuse auf richtige Einbaulage prüfen.
- Filter -A- einsetzen.
- Wasserkastenabdeckung einbauen.

Störungsdiagnose Heizung

Störung	Ursache	Abhilfe
Heizgebläse läuft nicht	Sicherung für Gebläsemotor defekt	■ Sicherung für Gebläse prüfen, gegebenenfalls ersetzen
	Gebläseschalter defekt	■ Prüfen, ob an den Vorwiderständen Spannung anliegt. Wenn nicht, Gebläseschalter ausbauen und prüfen
	Elektromotor defekt	■ Prüfen, ob bei eingeschalteter Zündung und betätigtem Gebläseschalter am Kontakt des Gebläsemotors Spannung anliegt. Wenn ja, Motor auswechseln
Heizgebläse läuft nur in einer Geschwindigkeitsstellung nicht	Vorwiderstand defekt	■ Anschlußplatte ersetzen
Heizung läßt sich durch den Heizungs-Drehregler nicht ausschalten	Schalter defekt	■ Schalter prüfen
	Seilzüge für Temperatur-Mischklappe beschädigt oder schwergängig	■ Seilzüge prüfen, ggf. ersetzen
Heizleistung zu gering	Kühlmittelstand zu niedrig	■ Kühlmittelstand prüfen, gegebenenfalls Kühlmittel auffüllen
	Heizungsbetätigung defekt, schwergängig	■ Heizungsbetätigung prüfen, gegebenenfalls Bowdenzug ersetzen
Geräusche im Bereich des Heizgebläses	Eingedrungener Schmutz, Laub	■ Gebläse ausbauen, reinigen, Luftkanal säubern
	Lüfterrad hat Unwucht, Lager defekt	■ Gebläsemotor ausbauen und auf leichten Lauf prüfen
Heizluft riecht süßlich, Scheiben beschlagen, wenn Heizung eingeschaltet wird	Heizungskühler undicht	■ Kühlsystem abdrücken, wenn Wasser aus Heizkasten austritt Heizungskühler erneuern

Die elektrische Anlage

Bei der Überprüfung der elektrischen Anlage stößt der Heimwerker in den technischen Unterlagen immer wieder auf die Begriffe Spannung, Stromstärke und Widerstand.

Die Spannung wird in Volt (V) gemessen, die Stromstärke in Ampère (A) und der Widerstand in Ohm (Ω). Mit dem Begriff Spannung ist beim Auto in der Regel die Batteriespannung gemeint. Es handelt sich dabei um eine Gleichspannung von ca. 12 Volt. Die Höhe der Batteriespannung hängt vom Ladezustand der Batterie und von der Außentemperatur ab. Sie kann etwa 10 bis 13 Volt betragen. Demgegenüber wird die Bordspannung vom Drehstromgenerator (Lichtmaschine) erzeugt, die bei mittleren Drehzahlen ca. 14 Volt beträgt.

Der Begriff Stromstärke taucht im Bereich der Automobil-Elektrik relativ selten auf. Die Stromstärke ist beispielsweise auf der Rückseite von Sicherungen angegeben und weist auf den maximalen Strom hin, der fließen kann, ohne daß die Sicherung durchbrennt und damit den Stromkreis unterbricht.

Überall wo ein Strom fließt, muß er einen Widerstand überbrücken. Der Widerstand ist unter anderem von folgenden Faktoren abhängig: Leitungsquerschnitt, Leitungsmaterial, Stromaufnahme usw. Ist der Widerstand mitunter zu groß, können Funktionsstörungen auftreten. Beispielsweise darf der Widerstand in Zündleitungen und Zündverteiler nicht zu hoch sein, sonst fehlt ein ausreichend starker Zündfunke an den Zündkerzen, der das Kraftstoff-Luftgemisch entzündet und damit den Motor zum Laufen bringt.

Meßgeräte

Zum Messen der Bord-Elektrik gibt es im Handel sogenannte Mehrfach-Meßgeräte. Sie vereinen in einem Gerät das Voltmeter, um Spannungen zu messen, das Ampèremeter, um die Stromstärke zu messen und das Ohmmeter, um den Widerstand zu messen. Mit einem Dreh- oder Tastschalter wird an dem Meßgerät der gewünschte Meßbereich (V,A,Ω) eingeschaltet. Die im Handel befindlichen Meßgeräte unterscheiden sich hauptsächlich im Meßbereich und in der Meßgenauigkeit. Durch den Meßbereich wird festgelegt, in welchem Bereich Spannungen oder Widerstände liegen müssen, damit sie überhaupt vom Gerät erfaßt werden können. Die Meßgenauigkeit wird in erster Linie vom Herstellungsaufwand bestimmt, der sich natürlich in den Kosten niederschlägt. Je größer die Genauigkeit, desto höher der Kaufpreis.

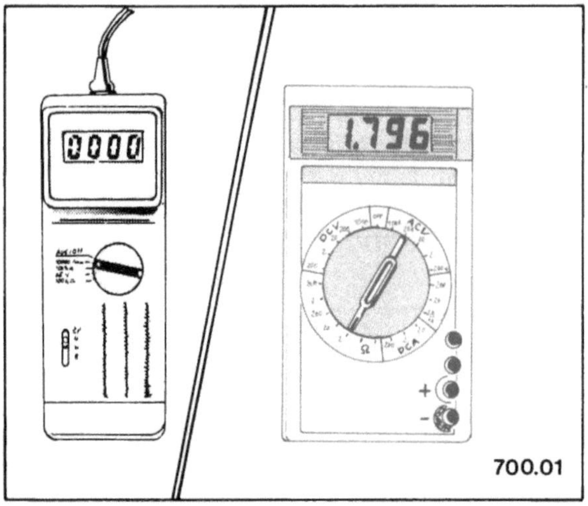

700.01

Für den Heimwerker gibt es Vielfach-Meßgeräte, die speziell für Prüfarbeiten am Auto abgestimmt sind. Mit solch einem Gerät kann man die Motordrehzahl und den Zünd-Schließwinkel messen und außerdem Spannungen bis zu 20 Volt. Bei Widerstandsmessungen beschränkt sich das Gerät in der Regel auf den Kilo-Ohm-Bereich, also etwa 1–1000 kΩ. Falls es eine Stromstärken-Messung zuläßt, dann nur im Bereich der Anlasserstromstärke.

Darüber hinaus werden Meßgeräte zur Überprüfung von elektrischen und elektronischen Bauteilen angeboten. Bei diesen Geräten fehlt naturgemäß die Meßmöglichkeit von Motordrehzahl und Zünd-Schließwinkel. Große Vorteile bietet ein solches Gerät jedoch auf dem Gebiet des Meßbereiches; denn dieser erlaubt eine umfassende Messung von kleinen Widerständen in Ohm (Ω) bis zu großen Widerständen im Mega-Ohm-Bereich (MΩ). Spannungen können bis auf drei Stellen hinter dem Komma genau gemessen werden, was vor allem bei elektronischen Bauteilen erforderlich ist.

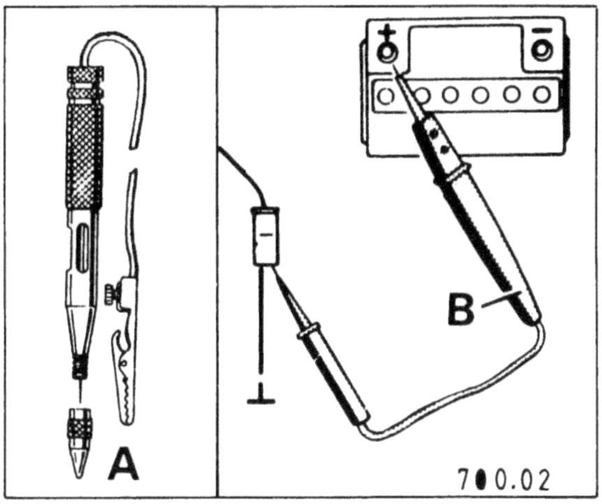

Wenn nur geprüft werden soll, ob überhaupt Spannung anliegt, eignet sich hierzu eine einfache Prüflampe –A–. Dies gilt allerdings nur für Stromkreise, in denen sich keine elektronischen Bauteile befinden. Denn elektronische Steuergeräte reagieren äußerst empfindlich auf zu hohe Ströme. Unter Umständen können elektronische Bauteile bereits durch das Anschließen einer Prüflampe zerstört werden. Für Fahrzeuge mit elektronischen Bauteilen, wie zum Beispiel die Transistorzündung oder die elektronisch gesteuerte Einspritzanlage, ist deshalb ein hochohmiger Spannungsprüfer –B– erforderlich. Er hat praktisch dieselben Funktionen wie die Prüflampe, ohne daß die elektronischen Bauteile geschädigt werden.

Meßtechnik

Spannung messen

Spannung kann schon mit einer einfachen Prüflampe oder einem Spannungsprüfer nachgewiesen werden. Allerdings erkennt man dann nur, ob überhaupt Spannung anliegt. Um die Höhe der anliegenden Spannung zu prüfen, muß ein Voltmeter (Spannungs-Meßgerät) angeschlossen werden. Das Voltmeter ist immer in einem Vielfachmeßgerät integriert.

Zunächst ist beim Voltmeter der Meßbereich einzustellen, in dem sich die zu messende Spannung voraussichtlich befindet. Spannungen am Fahrzeug sind in der Regel nicht höher als ca. 14 Volt. Eine Ausnahme bildet die Zündanlage; hier kann die Zündspannung bis zu 30000 Volt betragen, was sich nur mit einem speziellen Meßgerät oder einem Oszilloskop messen läßt.

Während man bei Meßgeräten, die speziell auf das Auto abgestimmt sind, am Wählschalter nur das Voltmeter einschalten muß, sind bei einem allgemeinen Vielfachmeßgerät erst eine Reihe von Entscheidungen zu fällen. Zunächst wird mit dem Wählschalter der Bereich Gleichspannung (DCV im Gegensatz zu ACV=Wechselspannung) eingestellt. Dann wird der Meßbereich gewählt. Da beim Auto außer an der Zündanlage (bis 30000 Volt) keine höheren Spannungen als ca. 14 Volt auftreten, sollte die Obergrenze des einzustellenden Meßbereiches etwas höher liegen (ca. 15 bis 20 Volt). Falls sicher ist, daß die gemessene Spannung wesentlich niedriger ist, zum Beispiel im Bereich von 2 Volt, kann der Meßbereich heruntergeschaltet werden, um eine größere Anzeigegenauigkeit zu erreichen. Liegen höhere Spannungen an, als sie vom Meßbereich des Gerätes erfaßt werden, kann das Meßgerät zerstört werden.

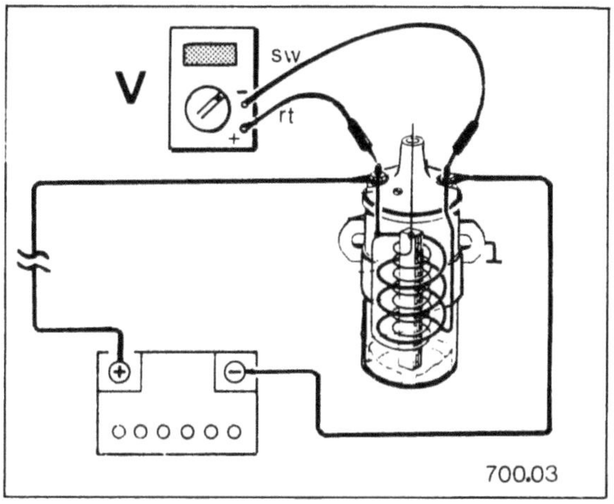

Die Kabel des Meßgerätes entsprechend der Zeichnung parallel zum Verbraucher anschließen. Dabei wird das rote Kabel an die vom Batterie-Pluspol kommende Leitung angelegt, das schwarze Kabel an die Masse-Leitung oder an Fahrzeugmasse, wie zum Beispiel den Motorblock.

Prüfbeispiel: Wenn der Motor nicht richtig anspringt, weil der Anlasser zu langsam dreht, ist es zweckmäßig, die Batteriespannung zu prüfen, während der Anlasser betätigt wird. Dazu das Voltmeter mit dem roten Kabel (+) an den Batterie-Pluspol und mit dem schwarzen Kabel an Fahrzeugmasse (–) anklemmen. Anschließend durch einen Helfer den Anlasser betätigen lassen und den Spannungswert ablesen. Liegt die Spannung unter ca. 7 Volt, muß die Batterie überprüft und eventuell vor den nächsten Startversuchen geladen werden.

Stromstärke messen

Am Auto ist es relativ selten erforderlich, die Stromstärke zu messen. Benötigt wird hierzu ein Ampèremeter, welches ebenfalls in einem Vielfachmeßgerät integriert ist.

Ebenso wie beim Voltmeter wird vor der Strommessung das Meßgerät auf den Meßbereich eingestellt, in dem sich die zu messende Stromstärke voraussichtlich befindet. Falls das nicht bekannt ist, höchsten Meßbereich einstellen und, falls keine Anzeige erfolgt, nacheinander in die nächstniedrigeren Meßbereiche schalten.

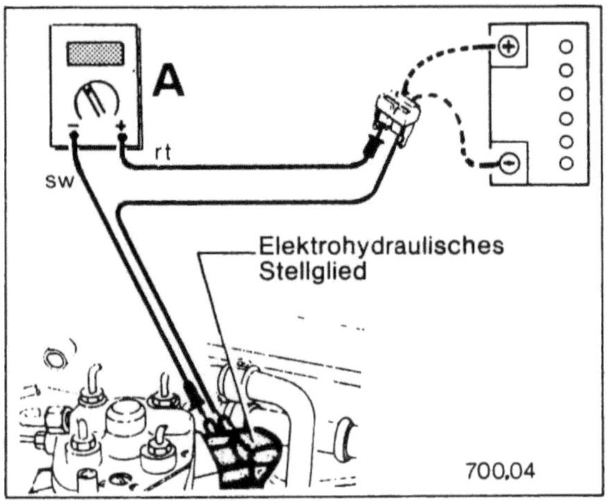

Für die Messung der Stromstärke muß der Stromkreis, wie in der Zeichnung gezeigt, aufgetrennt werden und das Meßgerät (Ampèremeter) wird dazwischengeschaltet. Dazu wird beispielsweise der Stecker abgezogen und das rote Kabel (+) des Ampèremeters an die stromführende Leitung angeschlossen (Klemme 30, Klemme 15). Das schwarze Kabel (–) wird an den Kontakt angelegt, an dem normalerweise die unterbrochene Leitung angeschlossen ist. Die Massekontakte zwischen Verbraucher und Stecker müssen dann mit einem Hilfskabel verbunden werden.

Beispiel: „Batterie entlädt sich selbständig", siehe Seite 238.

Achtung: Keinesfalls sollte mit einem normalen Ampèremeter die Stromstärke in der Leitung zum Anlasser (ca. 150 A) oder zu den Glühkerzen beim Dieselmotor (bis 60 A) gemessen werden. Durch die hierbei auftretenden hohen Ströme kann das Meßgerät zerstört werden. Die Werkstatt benutzt für diese Messungen ein Ampèremeter mit Gleichstromzange. Dabei wird eine Stromzange über das isolierte Stromkabel geklemmt und der Stromwert durch Induktion gemessen.

Widerstand messen

Vor der Prüfung des Widerstandes ist grundsätzlich sicherzustellen, daß an den Kontakten, an die das Ohmmeter angeschlossen wird, keine Spannung anliegt. Also immer vorher Stecker abziehen, Zündung ausschalten, Leitung beziehungsweise Aggregat ausbauen oder Batterie abklemmen. Andernfalls kann das Meßgerät beschädigt werden.

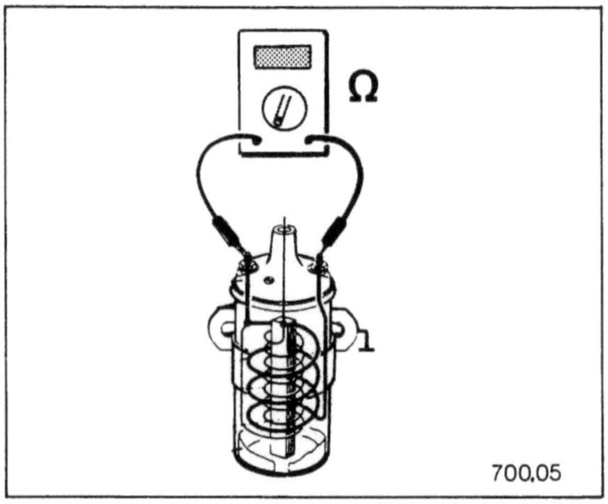

Das Ohmmeter wird an die 2 Anschlüsse eines Verbrauchers oder an die 2 Enden einer elektrischen Leitung angeschlossen. Dabei spielt es keine Rolle, welches Kabel (+/–) des Meßgerätes an welchen Kontakt angeklemmt wird.

Die Widerstandsmessung am Auto erstreckt sich weitgehend auf 2 Bereiche:

1. Kontrolle eines sich im Stromkreis befindenden Widerstandes mit festem oder variablem Wert. **Beispiel:** Widerstand des Temperaturfühlers prüfen. Dazu Stecker am Temperaturfühler abziehen und Ohmmeter zwischen den Kontakt am Fühler und Masse (Motorblock) anschließen. Ohmmeter in den Meßbereich schalten, in dem sich der Meßwert voraussichtlich befindet, und angezeigten Meßwert mit dem in der Tabelle angegebenen Sollwert vergleichen.

2. „Durchgangs"-Prüfung einer elektrischen Leitung, eines Schalters oder einer Heizwendel. Dabei wird geprüft, ob eine elektrische Leitung im Fahrzeug unterbrochen ist und deshalb das angeschlossene elektrische Gerät nicht funktionieren kann. Zur Messung wird das Ohmmeter an die beiden Enden der betreffenden elektrischen Leitung angeschlossen. Beträgt der Widerstand 0 Ω, dann ist „Durchgang" vorhanden, das heißt die elektrische Leitung ist in Ordnung. Bei unterbrochener Leitung zeigt das Meßgerät ∞ (unendlich) Ω an.

Elektrisches Zubehör nachträglich einbauen

Beim Bohren oder Schälen von Löchern in die Karosserie müssen die Lochränder anschließend entgratet, grundiert und lackiert werden. Die beim Bohren zwangsläufig anfallenden Späne sind restlos aus der Karosserie zu entfernen.

Bei allen Einbauarbeiten, die das elektrische Leitungssystem berühren, ist, um der Gefahr von Kurzschlüssen im elektrischen Leitungssystem vorzubeugen, grundsätzlich das Massekabel von der Fahrzeugbatterie abzuklemmen und zur Seite zu hängen.

Kabel, die beim Einbau von Zubehör zusätzlich zu dem serienmäßig eingebauten Kabelsatz im Fahrzeug verlegt werden müssen, sind nach Möglichkeit immer entlang der einzelnen Kabelstränge unter Verwendung der vorhandenen Kabelschellen und Gummitüllen zu verlegen.

Falls erforderlich, sind die neu verlegten Kabel, um entstehenden Geräuschen während der Fahrt vorzubeugen und das Scheuern von Kabeln zu vermeiden, mit Isolierband, plastischer Masse, Kabelbändern und dergleichen zusätzlich festzulegen. Hierbei ist besonders darauf zu achten, daß zwischen den Bremsleitungen und den festverlegten Kabeln ein Mindestabstand von 10 mm sowie zwischen den Bremsleitungen und den Kabeln, die mit dem Motor oder anderen Teilen des Fahrzeuges schwingen, ein Mindestabstand von 25 mm vorliegt.

Sofern zusätzliche elektrische Verbraucher eingebaut werden, ist in jedem Fall zu überprüfen, ob die erhöhte Belastung noch von der vorhandenen Drehstromlichtmaschine mit übernommen werden kann. Falls erforderlich, sollte ein Generator mit größerer Leistung vorgesehen werden.

Batterie aus- und einbauen

Die Batterie befindet sich auf der rechten Seite im Motorraum. **Achtung:** Wird die Batterie abgeklemmt, werden der Fehlerspeicher der Motor- und Getriebesteuerung, Antiblockiersystem sowie andere ständig im Eingriff befindliche Geräte (zum Beispiel Radio und Zeituhr) stillgelegt beziehungsweise gelöscht. Vor dem Abklemmen gegebenenfalls Fehlerspeicher abrufen lassen, nach dem Anklemmen betreffende Geräte neu programmieren.

Einige serienmäßig eingebaute Radios besitzen überdies eine Codierung. Die Anti-Diebstahl-Codierung verhindert die unbefugte Inbetriebnahme des Gerätes, wenn die Stromversorgung unterbrochen wurde. Die Stromversorgung ist beispielsweise unterbrochen beim Abklemmen der Batterie, beim Ausbau des Radios oder wenn die Radiosicherung durchgebrannt ist.

Falls das Radio codiert ist, Radiocode vor Abklemmen der Batterie feststellen. Ist der Code nicht bekannt, kann nur die V.A.G-Werkstatt das Autoradio wieder in Betrieb nehmen.

Ausbau

- Falls vorhanden, Abdeckung für Batterie abnehmen, dazu 2 Drahtklammern öffnen.
- Zuerst Batterie-Massekabel (–) abklemmen, dann das Pluskabel (+).
- Halteplatte abschrauben und Batterie herausnehmen.

Achtung: Batterien enthalten giftige Substanzen, diese dürfen nicht in den Hausmüll gelangen. Altbatterien auf der Sondermülldeponie abgeben. Gemeinde- und Stadtverwaltungen informieren darüber, wo sich die nächste Annahmestelle befindet.

Hinweis:
Wenn Sie eine neue Autobatterie kaufen, nehmen Sie die Altbatterie zum Händler mit. Sonst müssen Sie Pfand für die neue Batterie bezahlen.

Einbau

- Vor dem Einbau Batterie-Pole blank kratzen, geeignet ist dazu eine Messingdrahtbürste.
- Batterie einsetzen, Halteplatte mit 20 Nm festschrauben.
- Sicherstellen, daß Zündung ausgeschaltet ist. **Achtung:** Durch das Anklemmen der Batterie, bei eingeschalteter Zündung, werden die elektronischen Steuergeräte beschädigt.
- Pluskabel am Pluspol (+), dann Massekabel am Minuspol (–) anklemmen. **Achtung:** Durch eine falsch angeschlossene Batterie können erhebliche Schäden am Generator und an der elektrischen Anlage entstehen.
- Batterieabdeckung einsetzen und mit 2 Schnellverschlüssen befestigen.

Batterie laden

- Batterie niemals kurzschließen. Bei Kurzschluß erhitzt sich die Batterie und kann platzen. Nicht mit offener Flamme in Batterie leuchten. Batteriesäure ist ätzend und darf nicht in die Augen, auf die Haut oder die Kleidung gelangen, gegebenenfalls mit viel Wasser abspülen.
- Plus- und Massekabel von Batterie abklemmen, Massekabel zuerst.
- Vor dem Laden Säurestand prüfen, gegebenenfalls destilliertes Wasser nachfüllen.
- Gefrorene Batterie vor dem Laden auftauen. Eine geladene Batterie friert bei ca. –65° C, eine halbentladene bei ca. –30° C und eine entladene bei ca. –12° C.
- Stopfen aus der Batterie herausschrauben und leicht auf die Öffnungen legen. Dadurch werden Säurespritzer auf dem Lack vermieden, während die beim Laden entstehenden Gase entweichen können.
- Batterie nur in gut belüftetem Raum laden. Beim Laden der eingebauten Batterie Motorhaube geöffnet lassen.
- Bei der Normalladung beträgt der Ladestrom ca. 10 % der Kapazität. (Bei einer 45-Ah-Batterie also etwa 4,5 A).
- Pluspol der Batterie mit Pluspol, Minuspol der Batterie mit Minuspol des Ladegerätes verbinden.

- Die Säuretemperatur darf während des Ladens 55° C nicht überschreiten, gegebenenfalls Ladung unterbrechen oder Ladestrom herabsetzen.
- So lange laden, bis alle Zellen lebhaft gasen und bei drei im Abstand von je einer Stunde aufeinanderfolgenden Messungen das spezifische Gewicht der Säure und die Spannung nicht mehr angestiegen sind.
- Die Batterie darf auch mit einem Schnell-Ladegerät geladen werden.

Achtung: Das Schnelladen einer Batterie sollte nicht zur Gewohnheit werden! Batterien, die lange unbenutzt gestanden haben oder neu sind, dürfen nicht schnellgeladen werden.

- Nach der Ladung Säurestand prüfen, gegebenenfalls destilliertes Wasser nachfüllen.
- Säuredichte prüfen. Liegt der Wert in einer Zelle deutlich unterhalb der anderen Werte (z. B. 5 Zellen zeigen 1,26 g/ml und 1 Zelle 1,18 g/ml), so ist die Batterie defekt und sollte erneuert werden.
- Batterie ca. 20 Minuten ausgasen lassen, dann Verschlußstopfen aufschrauben.

Achtung: Der Motor darf nicht bei abgeklemmter Batterie laufen, da sonst die elektrische Anlage beschädigt wird.

Batterie entlädt sich selbständig

Wenn der Verdacht auf Kriechströme besteht, Bordnetz nach folgender Anleitung prüfen:

- Zur Prüfung geladene Batterie verwenden.

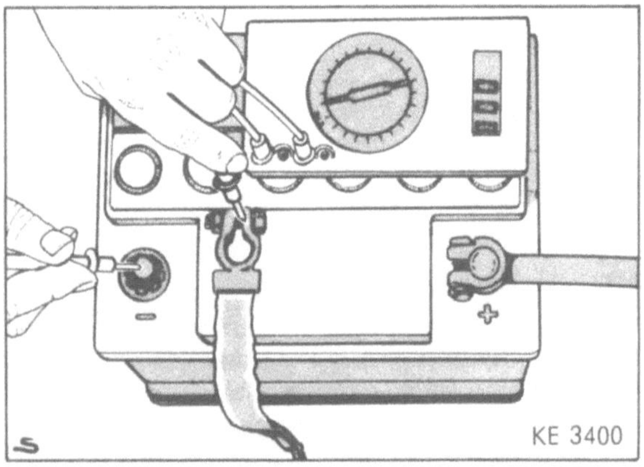

- Am Ampèremeter (Meßbereich von 0–5 mA bis 0–5 A) den höchsten Meßbereich einstellen. Massekabel von der Batterie abklemmen. Ampèremeter zwischen Batterie-Minuspol und Massekabel schalten. Ampèremeter-Plus-Anschluß an Massekabel und Ampèremeter-Minus-Anschluß an Batterie-Minuspol.

Achtung: Die Prüfung kann auch mit einer Prüflampe durchgeführt werden. Leuchtet die Lampe zwischen Masseband und Minuspol der Batterie jedoch nicht auf, ist auf jeden Fall ein Ampèremeter zu verwenden.

- Alle Verbraucher ausschalten, vorhandene Zeituhr abklemmen, Türen schließen.
- Vom Ampèrebereich so lange auf den Milliampèrebereich zurückschalten, bis eine ablesbare Anzeige erfolgt (1–3 mA sind zulässig).
- Durch Herausnehmen der Sicherungen nacheinander die verschiedenen Stromkreise unterbrechen. Wenn bei einem der unterbrochenen Stromkreise die Anzeige auf Null zurückgeht, ist hier die Fehlerquelle zu suchen. Fehler können sein: korrodierte und verschmutzte Kontakte, durchgescheuerte Leitungen, interner Schluß in Aggregaten.
- Wird in den abgesicherten Stromkreisen kein Fehler gefunden, so sind die Leitungen an den nicht abgesicherten Aggregaten abzuziehen. Dieses sind: Generator, Anlasser, Zündanlage, Instrumente im Schalttafeleinsatz.
- Masseband an Batterie anklemmen.

Wartungsarbeiten an der Batterie

Batterie prüfen

Säurestand prüfen

Achtung: Nicht mit offener Flamme in die Batterie leuchten. Explosionsgefahr!

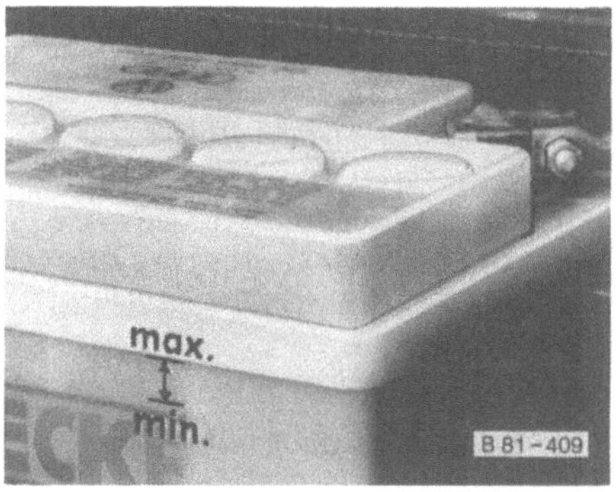

- Der Flüssigkeitsspiegel soll zwischen der min.- und der max.-Markierung –Pfeile– liegen.
- Ist der Flüssigkeitsstand von außen nicht erkennbar, Verschlußstopfen für die einzelnen Zellen abschrauben. Der Flüssigkeitsstand soll ca. 6 mm über den Platten einschließlich der Separatoren liegen. Ist eine Säurestandsmarkierung vorhanden, dann ist der Säurestand danach einzurichten.
- Falls erforderlich, Flüssigkeitsstand bis zur Sollhöhe auffüllen. **Achtung:** Zum Nachfüllen nur destilliertes Wasser verwenden.
- Batterien mit zu hohem Flüssigkeitsstand können bei starker Ladung (längere Fahrten am Tage) überkochen. Zu niedriger Säurestand verkürzt die Lebensdauer der Batterie.

Säuredichte prüfen

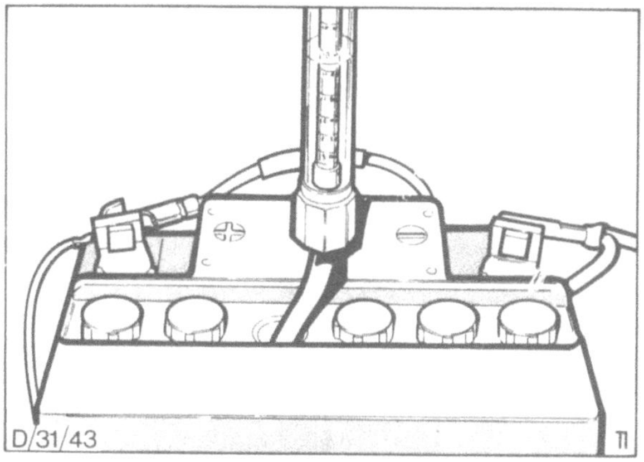

- Die Säuredichte ergibt in Verbindung mit der Spannungsmessung genauen Aufschluß über den Ladezustand der Batterie. Zur Prüfung dient ein Säureheber, der recht preiswert in Fachgeschäften angeboten wird. Je größer das spezifische Gewicht (Säuredichte) der angesaugten Batteriesäure ist, desto mehr taucht der Schwimmer auf. An der Skala kann man die Säuredichte in spezifischem Gewicht (g/ml) oder Baumégrad (+°Bé) ablesen. Folgende Werte müssen erreicht werden:

Ladezustand	norm. Klimazonen		Tropen	
	+°Bé	g/ml	+°Bé	g/ml
entladen	16	1,12	11	1,08
halb entladen	24	1,20	18	1,16
gut geladen	32	1,28	27	1,23

Batterie-Pole reinigen

Bei der regelmäßigen Durchsicht des Wagens sind auch die Batterie-Pole und Anschlußklammern zu reinigen und mit Säureschutzfett einzureiben.

Batterie-Konservierung

Eine unbenutzte Batterie entlädt sich mit der Zeit von selbst. Wenn das Fahrzeug für längere Zeit stillgelegt wird, sind folgende Maßnahmen zu treffen:

- Ladezustand der Batterie prüfen, gegebenenfalls Batterie laden.
- Massekabel von der Batterie abklemmen, damit sie nicht durch Dauerverbraucher, z. B. Zeituhr, entladen werden kann.
- Batterie nach 3 Monaten nachladen. **Achtung:** Ladezustand je nach Alter der Batterie in kürzeren Abständen prüfen. Batterie nicht in entladenem Zustand stehen lassen, sonst können bleibende Schäden an den Platten auftreten.

Störungsdiagnose Batterie

Störung	Ursache	Abhilfe
Säurestand zu niedrig	Überladung, Verdunstung (besonders im Sommer)	■ Destilliertes Wasser bis zur vorgeschriebenen Höhe nachfüllen (bei geladener Batterie)
Säure tritt aus den Verschlußstopfen aus	Ladespannung zu hoch	■ Spannungsregler prüfen, ggf. austauschen
	Säurestand zu hoch	■ Überschüssige Säure mit Säureheber absaugen
Säuredichte zu niedrig	Säuredichte in einer Zelle deutlich niedriger als in den übrigen Zellen	■ Kurzschluß in einer Zelle. Batterie erneuern
	Säuredichte in zwei benachbarten Zellen deutlich niedriger als in den übrigen Zellen	■ Trennwand undicht, dadurch enteht eine leitende Verbindung zwischen den Zellen, wodurch die Zellen entladen werden. Batterie erneuern
	Batterie entladen	■ Batterie laden
	Generator nicht in Ordnung	■ Generator prüfen, ggf. reparieren oder austauschen
	Kurzschluß im Leitungsnetz	■ Elektrische Anlage überprüfen
	Säure infolge Wartungsfehler verwässert	■ Säureausgleich durchführen
Säuredichte zu hoch	Säure wurde nachgefüllt	■ Säureausgleich durchführen
Abgebende Leistung ist zu gering, Spannung fällt stark ab	Batterie entladen	■ Batterie nachladen
	Ladespannung zu niedrig	■ Spannungsregler prüfen, ggf. austauschen
	Anschlußklemmen lose oder oxydiert	■ Anschlußklemmen reinigen und besonders Unterseite mit Säureschutzfett leicht einfetten, Befestigungsschrauben anziehen
	Masseverbindung Batterie-Motor-Karosserie ist schlecht	■ Masseverbindung überprüfen, ggf. metallische Verbindungen herstellen oder Schraubverbindungen festziehen
	Zu große Selbstentladung der Batterie durch Verunreinigung der Batteriesäure	■ Batterie austauschen
	Evtl. Batterie sulfatiert (grauweißer Belag auf den Plus- und Minusplatten)	■ Batterie mit kleinem Strom laden, damit sich der Belag langsam zurückbildet. Falls nach wiederholter Ladung und Entladung die abgegebene Leistung immer noch zu gering ist, Batterie austauschen
	Batterie verbraucht, aktive Masse der Platten ausgefallen	■ Batterie austauschen
Nicht ausreichende Ladung der Batterie	Fehler an Generator, Spannungsregler oder Leitungsanschlüssen	■ Generator und Spannungsregler überprüfen, instand setzen bzw. austauschen; Leitungen einwandfrei befestigen
	Keilriemen locker	■ Keilriemen spannen oder austauschen
	Zu viele Verbraucher angeschlossen	■ Größere Batterie einbauen; evtl. auch größeren Generator verwenden
Dauernde Überladung	Fehler am Spannungsregler, evtl. auch am Generator	■ Spannungsregler austauschen bzw. Generator überprüfen

Sicherungen auswechseln

Um Kurzschluß- und Überlastungsschäden an den Leitungen und Verbrauchern der elektrischen Anlage zu verhindern, sind die einzelnen Stromkreise durch Schmelzsicherungen geschützt. Es werden Sicherungen verwendet, die neuesten technischen Erkenntnissen entsprechen. Sie sind mit Messerkontakten ausgestattet, so daß herkömmliche Sicherungen nicht mehr verwendet werden können.

Die Sicherungen sind in einem Sicherungskasten untergebracht, der sich links hinten im Motorraum befindet.

- Vor dem Auswechseln einer Sicherung immer zuerst den betroffenen Verbraucher ausschalten.
- Deckel des Sicherungskastens hochklappen, dazu die beiden Laschen nach vorn unten drücken und Deckel entriegeln.
- Eine durchgebrannte Sicherung erkennt man am durchgeschmolzenen Metallstreifen.

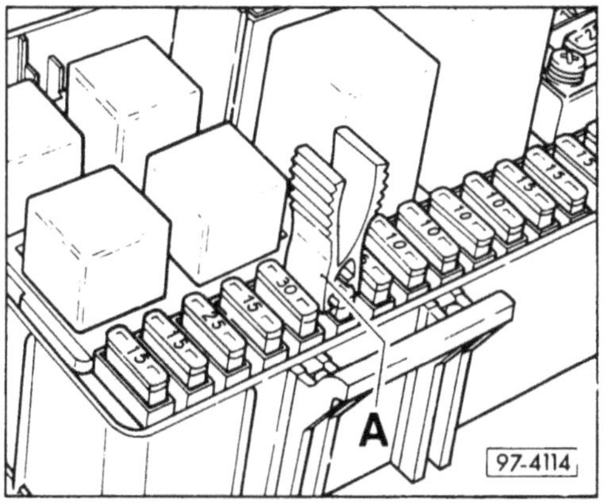

- Defekte Sicherung mit der auf dem Deckel befindlichen Kunststoff-Pinzette –A– herausziehen.
- Neue Sicherung **gleicher Sicherungsstärke** einsetzen.
- Brennt eine neu eingesetzte Sicherung nach kurzer Zeit wieder durch, muß der entsprechende Stromkreis überprüft werden.
- Auf keinen Fall Sicherung durch Draht oder ähnliche Hilfsmittel ersetzen, weil dadurch ernste Schäden an der elektrischen Anlage auftreten können.
- Es ist empfehlenswert, stets einige Ersatz-Sicherungen im Wagen mitzuführen. Zur Aufbewahrung befinden sich im Sicherungskastendeckel entsprechende Freiplätze.

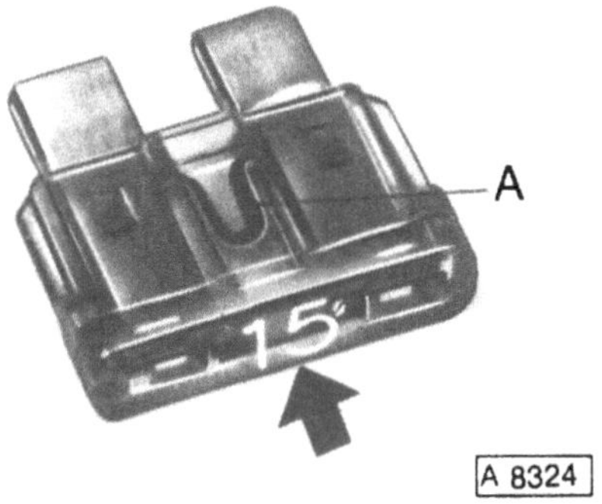

- Die Nennstromstärke der Sicherung ist auf der Rückseite des Griffes aufgedruckt. Außerdem hat der Griff eine Kennfarbe, an der ebenfalls die Nennstromstärke zu erkennen ist. A = Schmelzfaden.

Nennstromstärke Ampére	Kennfarbe
5	beige
10	rot
15	blau
20	gelb
25	weiß
30	grün

- Deckel für Sicherungskasten einrasten.

Sicherungs- und Relaisbelegung

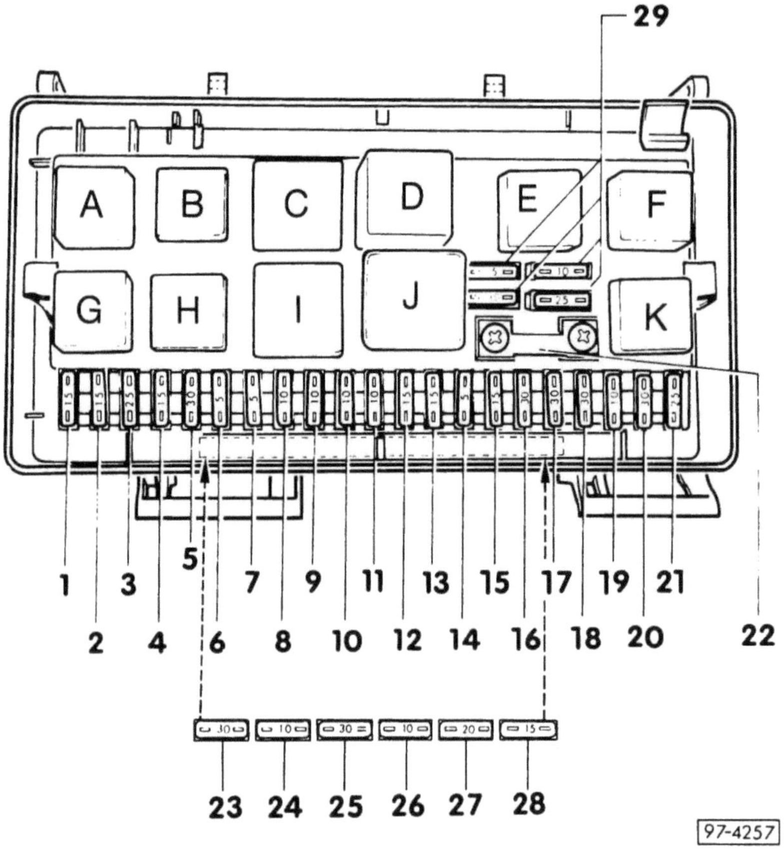

Sicherungsbelegung

Die Sicherungsbelegung ist abhängig von der Ausstattung und vom Baujahr des Fahrzeuges. Die aktuelle Belegung der Sicherungen befindet sich in der Betriebsanleitung.

Nr.	Amp.	Verbraucher
1	15	Nebelscheinwerfer/Nebelschlußleuchte
2	15	Warnlichtanlage, Blinkleuchten (bis 4/87)
3	25	Signalhorn, Bremsleuchten, Geschwindigkeits-Regelanlage (Brems- und Kupplungspedal)
4	15	Zeituhr, Gepäckraumleuchte, Innenleuchte, Make-up Spiegel, Steckdose/Zigarettenanzünder, Bordcomputer, Leseleuchten, Vollautomatische Klimaregelung
5	30	Kühlerlüfter-Vollast 4-Zylinder-Motor
6	5	Schluß- und Standlicht rechts
7	5	Schluß- und Standlicht links
8	10	Fernlicht rechts, Fernlicht-Kontrolleuchte
9	10	Fernlicht links
10	10	Abblendlicht rechts
11	10	Abblendlicht links
12	15	Schalttafeleinsatz, Rückfahrleuchte, Auto-Check-System, Steuergerät für Geschwindigkeits-Regelanlage, ABS, Differentialsperre, Bordcomputer, Leerlaufstabilisierung, Drosselklappenschalter, Zeitsteuergerät, elektronischer Thermoschalter, Steuergerät für Lüfternachlauf
13	15	Kraftstoffpumpe, Warmlaufregler
14	5	Kennzeichenbeleuchtung, Motorraumleuchte, Handschuhkastenleuchte
15	25	Scheibenwischeranlage, Thermoschalter, Kühlerlüfter, Klimaanlage, Blinkleuchten (seit 5/87)
16	30	Heckscheibenbeheizung, Spiegelheizung
17	30	Heizgebläse, Klimaanlage
18	5	Elektrisch verstellbare Außenspiegel
19	10	Zentralverriegelung
20	30	Kühlerlüfter Stufe 1, Lüfternachlauf 4-Zylinder-Motor
21	25	Zigarrenanzünder hinten
22	80	Diesel-Vorglühanlage
23	30	Elektrische Sitzverstellung Beifahrersitz, Steuergerät Memory-Sitz
24	10	Steuergerät KE-Jetronic
25	30	Sitzheizung
26	10	Taxi, Polizei
27	20	Schiebedach
28	15	Steuergerät KE-Jetronic
29	5/10 25/30	Reservesicherungen

Relaisbelegung

Platz	Relais, Steuergerät, Brücke für
A	Nebelscheinwerfer
B	Lüfter für Kühlmittel, Stufe II bei 2-stufigem Lüfter
C	Lüfternachlauf, Kühlgebläse für Einspritzventile beim 100-kW-Motor mit K-Jetronic
D	Scheinwerferreinigungsanlage
E	Entlastung Klemme X
F	Bei Klimaanlage, Heizlüfter Stufe I
G	Horn und Doppeltonhorn
H	Bei Schaltgetriebe, Brücke zwischen Kontakt 36 und 38 Automatisches Getriebe
I	Wisch-Wasch-Intervallautomatik
J	Ansaugrohrvorwärmung Elektrische Kraftstoffpumpe Vorglühung
K	Lüfter für Kühlmittel, Stufe I bei 2stufigem Lüfter

Achtung: Die Buchstaben-Kennzeichnung der Relais in der Abbildung 97-4257 ist nicht identisch mit der Anschluß-Kennzeichnung auf der Rückseite der Relaisplatte.

Anschlüsse für Steckverbindungen an der Unterseite der Relaisplatte

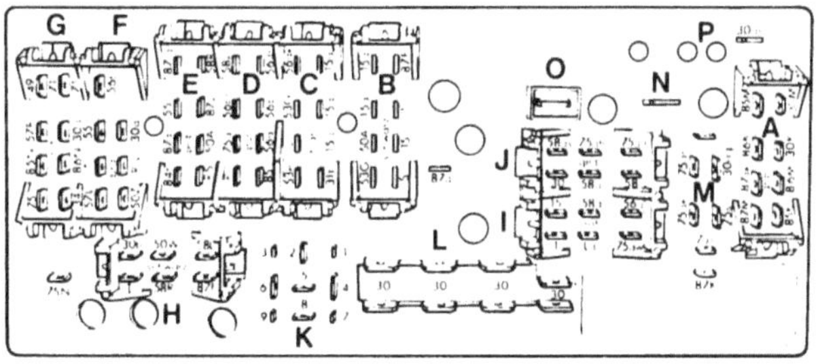

97-4117

Mehrfachstecker für / (Kennfarbe):
A – Leitungsstrang Klimaanlage (grau)
B – Leitungsstrang vorn rechts (schwarz)
C – Leitungsstrang Schalttafel (blau)
D – Leitungsstrang vorn links (grün)
E – Leitungsstrang vorn links (gelb)
F – Leitungsstrang Schalttafel (braun)
G – Leitungsstrang Schalttafel (rot)
H – Leitungsstrang hinten (schwarz)
I – Leitungsstrang Schalttafel (rot)
J – Leitungsstrang Schalttafel (gelb)
K – Relaisplatz 3 (schwarz)
L – Einzelstecker – Klemme 30
M – Einzelstecker für diverse M-Ausstattungen
N – Einzelstecker – Glühkerzen
O – Einzelstecker – Ansaugrohrvorwärmung
P – Einzelstecker – Sicherung Nr. 20

Steckergehäuse abziehen

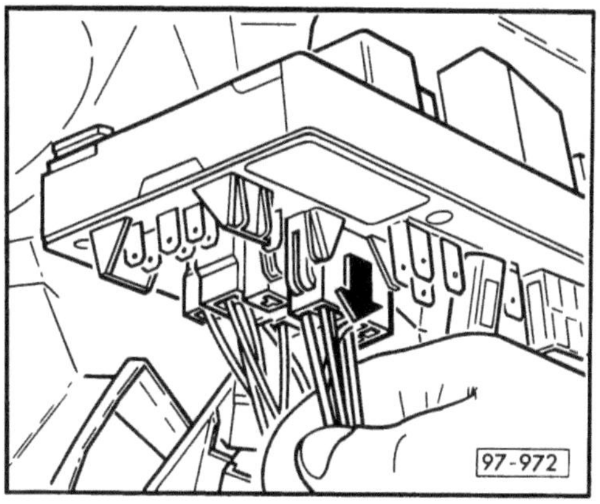

- Zum Abziehen der Stecker von der Relaisplatte die Steckgehäuse fest anfassen und abziehen. Falls das nicht möglich ist, kann auch an den gebündelten Leitungen mitgezogen werden.

Relaisbelegung Zusatzrelaisträger

Der Zusatzrelaisträger befindet sich im Innenraum hinter der linken Fußraumabdeckung.

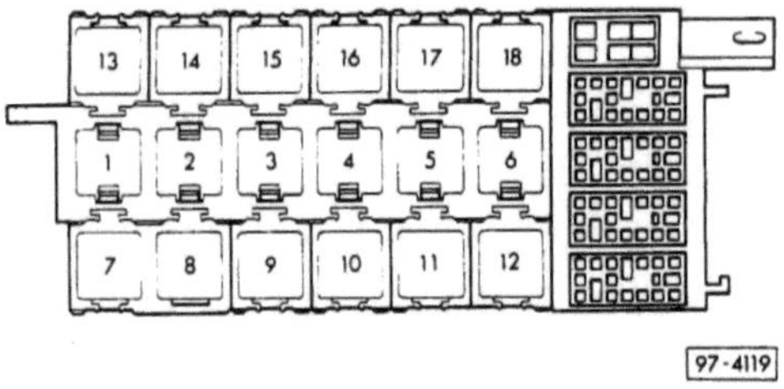

Platz	Relais, Steuergerät, Brücke für
1	Antiblockiersystem (ABS)
2	Warnsummer für Radio und Standlicht
3	Zeitverzögerung Innenleuchte
4	Magnetkupplung (Klimaanlage)
5	Heckwischer Lüfter für Ölkühler, nur bei Turbo-Diesel mit 59 kW und Anhängerkupplung
6	Öldruckkontrolle Lampenkontrolle bei Auto-Chek-System
7	Alarmanlage[1] (Taxi)
8	Alarmanlage[1] (Taxi)
9	Thermosicherung[3] für elektrische Fensterheber, Schiebedach, Sitzverstellung
10	Leerlaufstabilisierung[2], 5-Zylinder-Motor Digitale Leerlaufstabilisierung[1], nur 85-kW-Motor mit K-Jetronic Schubanhebung, Vergasermotor Kühlmittelnachlaufpumpe, Turbo-Diesel
11	Leerlaufstabilisierung[2], 5-Zylinder-Motor Digitale Leerlaufstabilisierung[1], nur 85-kW-Motor mit K-Jetronic Leerlaufdrehzahlanhebung, 66-kW-Motor mit KE-Jetronic und 82-kW-Motor mit K-Jetronic Glühzeitautomatik[1], Turbo-Diesel
12	Leerlaufstabilisierung[2], 5-Zylinder-Motor Glühzeitautomatik[1], Turbo-Diesel
13	Beheizbarer Fahrersitz
14	Beheizbarer Fahrersitz
15	Elektrisches Schiebedach zusammen mit elektrischem Fensterheber[1] Nur elektrisches Schiebedach
16	Elektrisches Schiebedach zusammen mit elektrischem Fensterheber[1]
17	Verteileradapter Klemme 75s
18	Tagesfahrlicht[4] Stadtfahrlicht[4] Katalysatorüberwachung[4] Lüfternachlauf[4]

[1]) Steuergerät nimmt 2 Relaisplätze ein.

[2]) Steuergerät nimmt 3 Relaisplätze ein.

[3]) Sicherungsautomat, schaltet bei Überlastung aus und nach kurzer Zeit wieder ein.

[4]) Nur Export.

Einbauorte für elektronische Steuergeräte

Leistungsendstufe für VEZ: An der Zündspule im Motorraum.

Relais für Glühkerzen (Nur Turbo-Diesel): Im Motorraum an der Spritzwand neben der Relaisplatte.

TSZ-Schaltgerät (nicht bei VEZ): Hinter der Abdeckung im Fußraum vorn links.

Blinkgeber für Warnblinkanlage: Links hinter der unteren Kante der Armaturentafel.

Bordcomputer: Hinter Schalttafeleinsatz.

KE-Jetronic-Steuergerät: Hinter Handschuhfach, zwischen Stirnwand und Gebläsekasten.

Steuergerät für Geschwindigkeitsregelanlage: Hinter Handschuhfach, oben unter der Armaturentafel.

Steuergerät für VEZ und **Höhengeber** für KE-Jetronic: Hinter der Abdeckung rechts im Fußraum.

Verstärker für Instrumentenbeleuchtung (nur bei Fahrzeugen mit Zusatzinstrumenten): Hinter Heizungsregulierung.

Steuergerät für elektrische Sitzverstellung: Unter dem Fahrersitz.

Bei Fahrzeugen mit Allradantrieb, **Steuergerät für Differentialsperre** und **Längsbeschleunigungsschalter für ABS:** In der Mitte unter der Rücksitzbank.

Steuergerät für Antiblockiersystem (ABS): Links unter der Rücksitzbank.

Antennenverstärker für Scheibenantenne: Im Innenraum hinter der linken Verkleidung für die D-Säule (hinterste Karosseriesäule).

Lampenkontrollgerät (nur bei Auto-Check-System): Seitlich hinter der linken Kofferraumabdeckung.

Motor für Zentralverriegelung (Bi-Druckpumpe): Seitlich hinter der rechten Kofferraumverkleidung.

Der Generator

Der AUDI 80/90 ist mit einem Drehstromgenerator ausgerüstet. Je nach Modell und Ausstattung kann ein Generator mit einer Leistung von 65 A bis 90 A eingebaut sein.

Der Generator wird von der Kurbelwelle über den Keilriemen angetrieben. Dabei dreht sich der Läufer mit der Erregerwicklung innerhalb der feststehenden Ständerwicklung mit ca. doppelter Motordrehzahl.

Über Kohlebürsten und Schleifringe fließt der Erregerstrom durch die Erregerwicklung. Dabei bildet sich ein Magnetfeld. Die Lage des magnetischen Feldes zur Ständerwicklung ändert sich ständig, entsprechend der Umdrehung des Läufers. Dadurch wird in der Ständerwicklung ein Drehstrom erzeugt.

Da die Batterie aber nur mit Gleichstrom geladen werden kann, wird der Drehstrom durch Gleichrichter in der Diodenplatte in Gleichstrom umgewandelt. Der Spannungsregler verändert den Ladestrom durch Ein- und Ausschalten des Erregerstromes, entsprechend dem Ladezustand der Batterie. Gleichzeitig hält der Regler die Betriebsspannung konstant bei ca. 14 Volt, unabhängig von der Drehzahl.

Achtung: Im Gegensatz zum Gleichstromgenerator darf der Drehstromgenerator niemals ohne Batterie betrieben werden. Motor nicht ohne Batterie laufen lassen.

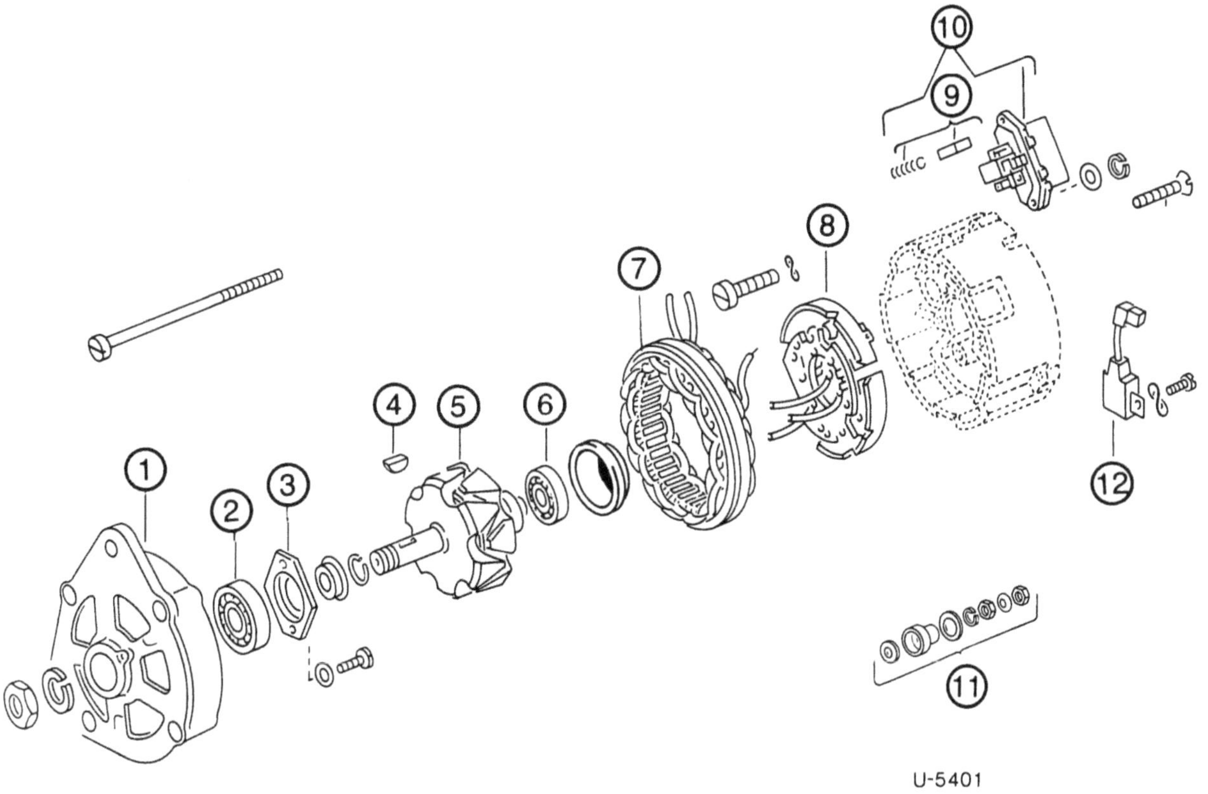

1 – Gehäuse vorn
2 – Antriebslager
3 – Abdeckplatte
4 – Scheibenfeder
5 – Läufer
6 – Rillenkugellager hinten
7 – Ständer
8 – Diodenplatte
9 – Kohlebürste
10 – Spannungsregler
11 – Anschlußteile
12 – Entstörungskondensator

Generator aus- und einbauen

Ausbau

- Batterie-Masseband abklemmen.
- Keilriemen entspannen und abnehmen, Klemmschraube herausdrehen.
- Kabelstrang hinten am Generator abschrauben.
- Schraube am Lagerbock für Generator herausdrehen, Generator abnehmen.

Einbau

- Generator einsetzen und am Lagerbock anschrauben.
- Spannschraube einsetzen.
- Keilriemen auf Verschleiß prüfen, gegebenenfalls ersetzen.
- Keilriemen auflegen und spannen.
- Elektrische Leitungen für Generator anschließen.
- Batterie-Masseband anklemmen.

Keilriemen ersetzen/spannen

- Befestigungsschraube für Spannbügel –A– und Generator ca. 1 Umdrehung lösen. **Achtung:** Der Generator muß nun leicht beweglich sein, das heißt, er muß durch sein eigenes Gewicht zur Seite fallen.
- Spannmutter –B– nach links drehen, dadurch Keilriemen entspannen und abnehmen.
- Keilriemen auflegen.
- Spannmutter nach rechts drehen und dadurch Keilriemen spannen. Der Keilriemen ist richtig gespannt, wenn die Spannmutter bei einem gelaufenen Keilriemen mit einem Drehmoment von 4 Nm (5-Zylinder-Motor: 3 Nm) nach rechts gedreht wird, bei einem neuen Keilriemen mit 8 Nm (5-Zylinder-Motor: 6 Nm). Mutter in dieser Stellung halten und Befestigungsschraube mit **35 Nm** festziehen.

Achtung: Zum Anziehen der Spannmutter wird ein Drehmomentschlüssel mit Ringschlüsseleinsatz SW 22 benötigt. Es kann auch der offene Steckschlüsseleinsatz HAZET 2593-22 in Verbindung mit einem Drehmomentschlüssel und einem tiefgekröpften Ringschlüssel SW 13 verwendet werden.

- Alle Befestigungsschrauben für Spannbügel und Generator festziehen.

Schleifkohlen für Generator/ Spannungsregler ersetzen/prüfen

Je nach Ausführung können Generatoren der Firmen BOSCH oder VALEO eingebaut sein. Die Schleifkohlen können nur beim BOSCH-Generator ersetzt werden. Beim VALEO-Generator muß gegebenenfalls der komplette Regler erneuert werden.

Ausbau

- Der Ausbau ist bei eingebautem Generator möglich.
- Batterie-Massekabel abklemmen.

Bosch-Regler

- Spannungsregler an der Rückseite des Generators abschrauben -Pfeile- und vorsichtig herausziehen.

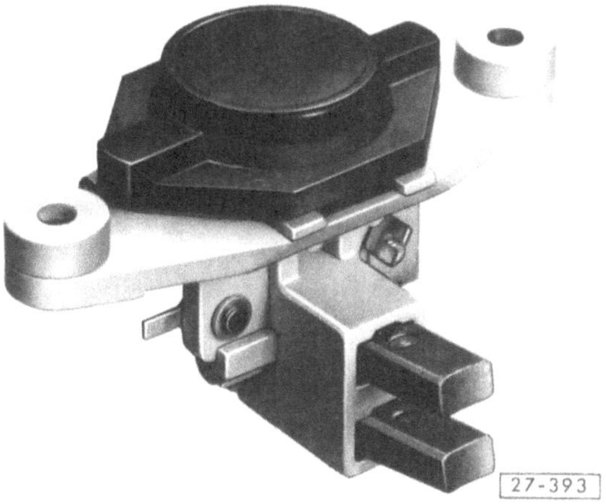

- Schleifkohlen ersetzen, wenn die Länge 5 mm oder weniger beträgt. Dazu Anschlußlitze auslöten.
- Schleifringe auf Verschleiß prüfen, gegebenenfalls feinstüberdrehen und polieren.
- Kontaktfläche reinigen und Vorspannung der Kontaktfeder prüfen, gegebenenfalls erneuern.

Einbau

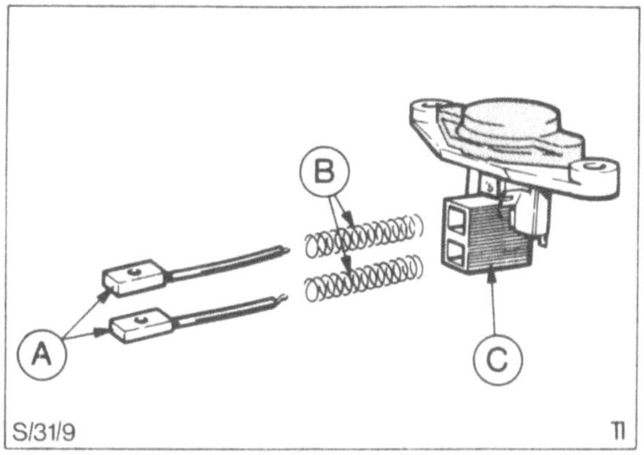

- Kohlebürsten -A- und Federn -B- in den Bürstenhalter -C- einsetzen und Anschlüsse verlöten.
- Damit beim Anlöten der neuen Bürsten kein Lötzinn in der Litze hochsteigen kann, Anschlußlitze der Bürsten mit einer Flachzange fassen. **Achtung:** Durch hochsteigendes Lötzinn würde die Litze steif und die Kohlebürste unbrauchbar werden.
- Der Isolierschlauch über der Litze muß neben der Lötstelle mit der vorhandenen Öse festgeklemmt werden.
- Nach dem Einbau neue Kohlebürsten auf leichten Lauf in den Bürstenhaltern prüfen.
- Spannungsregler erst mit einer Schraube von Hand befestigen, dann vorsichtig in endgültige Einbaulage drücken und festschrauben.
- Batterie-Massekabel anklemmen.

Störungsdiagnose Generator

Störung	Ursache	Abhilfe
Ladekontrollampe brennt nicht bei eingeschalteter Zündung	Lampe durchgebrannt	■ Ersetzen
	Masseband zwischen Motor und Aufbau locker oder korrodiert	■ Masseband auf einwandfreien Kontakt prüfen, Schraube festziehen
	Keilriemen nicht ausreichend gespannt	■ Keilriemen spannen
	Batterie leer	■ Laden
	Unterbrechung in der Leitungsführung zwischen Generator, Schalttafeleinsatz und Kontrollampe	■ Mit Voltmeter nach Stromlaufplan untersuchen
	Schleifkohlen liegen nicht auf dem Schleifring auf	■ Freigängigkeit der Schleifkohlen und Mindestlänge (5 mm) prüfen
	Erregerwicklung im Generator durchgebrannt	■ Läufer prüfen, gegebenenfalls ersetzen. Andernfalls Diodenplatte austauschen
Ladekontrollampe verlöscht nicht bei Drehzahlsteigerung	Leitung zwischen Drehstromgenerator und Kontrollampe hat Masseschluß	■ Leitung am Generator abziehen und Zündung einschalten. Wenn die Kontrollampe jetzt nicht leuchtet, sind Spannungsregler oder Generator defekt. Wenn die Lampe aufleuchtet, Masseschluß in Leitung oder Leiterplatte für Schalttafeleinsatz aufspüren und beseitigen, ggf. Leiterplatte ersetzen
Ladekontrollampe brennt bei ausgeschalteter Zündung	Plusdiode hat Kurzschluß	■ Dioden prüfen, gegebenenfalls Diodenplatte austauschen

Der Anlasser

Zum Starten des Verbrennungsmotors ist ein kleiner elektrischer Motor, der Anlasser, erforderlich. Damit der Motor überhaupt anspringen kann, muß der Anlasser den Verbrennungsmotor auf eine Drehzahl von mindestens 300 Umdrehungen in der Minute beschleunigen. Das funktioniert aber nur, wenn der Anlasser einwandfrei arbeitet und die Batterie hinreichend geladen ist.

Der Anlasser besteht aus einem Antriebs-, Pol- und Kollektorgehäuse. In dem Pol- und Kollektorgehäuse sind der Anker und der Kollektor gelagert sowie der Bürstenhalter. Im Bürstenhalter befinden sich Kohlebürsten, die ein Verschleißteil darstellen und sich zwar langsam, aber stetig abnutzen. Bei starker Abnutzung der Kohlebürsten kann der Anlasser nicht mehr einwandfrei arbeiten.

In dem vorderen Antriebsgehäuse ist der Ritzelantrieb untergebracht. Wenn über den Zündanlaßschalter der Anlasser Spannung erhält, wird über den Magnetschalter, der auf dem Anlassergehäuse sitzt, das Ritzel auf einem Steilgewinde gegen den Zahnkranz des Schwungrades geschoben. Sobald das Ritzel bis zum Anschlag auf der Spindel vorgelaufen ist, ist es formschlüssig mit dem Schwungrad verbunden. Nun kann der Anlasser den Motor auf die erforderliche Anlaßdrehzahl bringen. Wenn der Verbrennungsmotor angelaufen ist, wird das Ritzel vom Motor her beschleunigt, es läuft also kurzzeitig schneller als der Anlassermotor und spurt aus, wodurch die Verbindung zum Verbrennungsmotor aufgehoben ist.

Da zum Starten des Verbrennungsmotors eine hohe Stromaufnahme erforderlich ist, ist im Rahmen der Wartung auf eine einwandfreie Kabelverbindung zu achten. Korrodierte Anschlüsse säubern und mit Polschutzfett einstreichen.

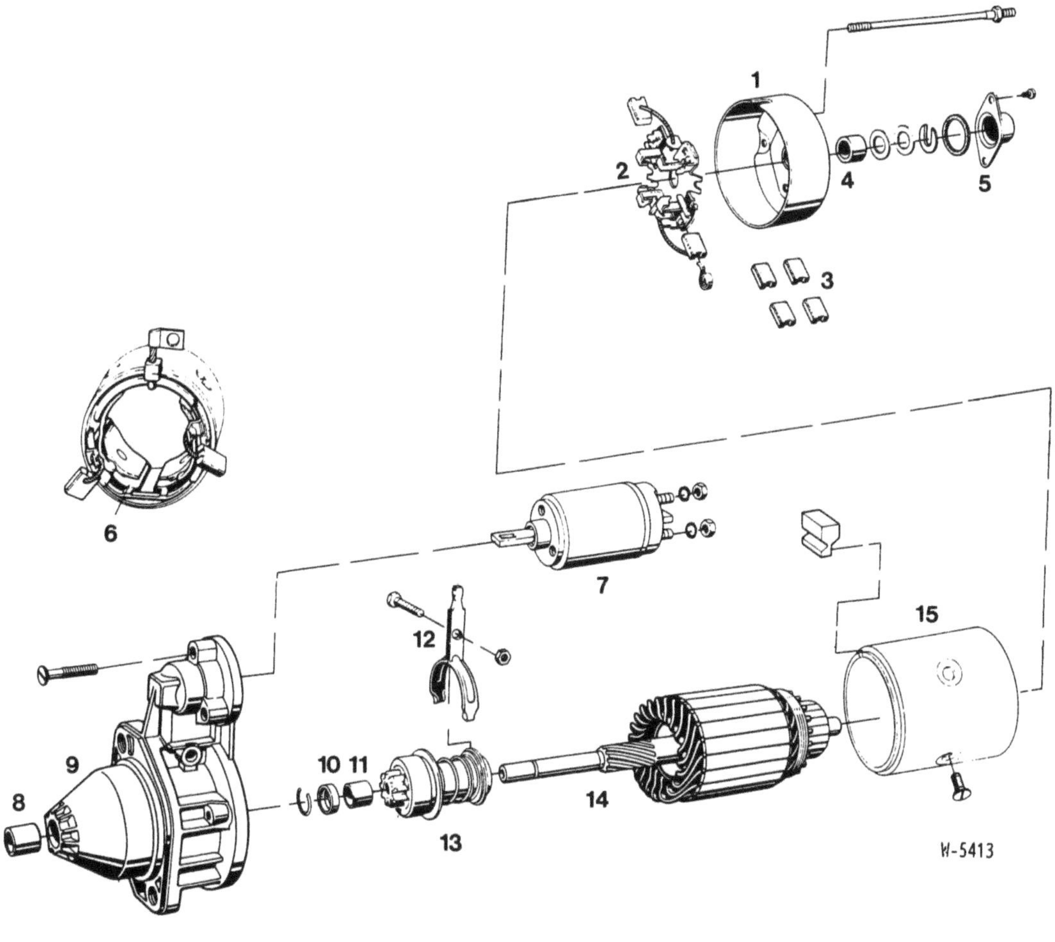

1 – Kollektorgehäuse
2 – Bürstenhalter
3 – Satz Kohlebürsten
4 – Sinterbuchse
5 – Kapsel
6 – Erregerwicklung
7 – Magnetschalter
8 – Sinterbuchse
9 – Antriebsgehäuse
10 – Anschlagring
11 – Sinterbuchse
12 – Gabelhebel
13 – Ritzel
14 – Anker
15 – Polgehäuse

Anlasser aus- und einbauen

Ausbau

Achtung: Batterie-Masseband abklemmen, sonst Kurzschlußgefahr.

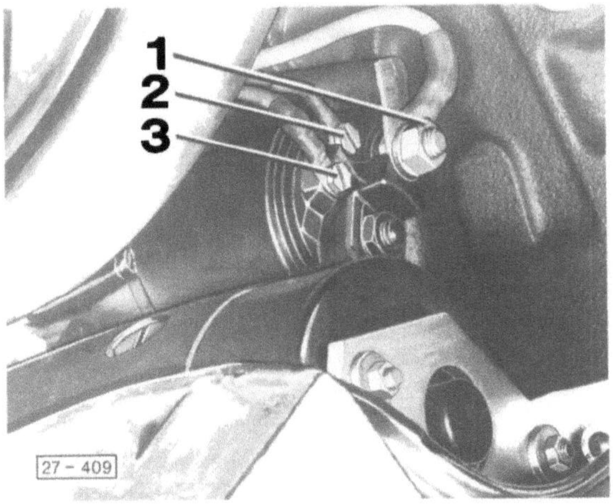

- Leitungen abklemmen: 1 – Klemme 30, direkt vom Batterie-Pluspol; 2 – Klemme 15a; 3-Klemme 50, zum Zündanlaßschalter.
- Anlasserbefestigungsschrauben am Motor/Getriebe lösen.
- Anlasser-Abstützblech am Motorblock abschrauben.
- Anlasserschrauben Motor/Getriebe herausnehmen, Anlasser abnehmen.

Einbau

- Anlasser einsetzen und Schrauben Motor/Getriebe festziehen.
- Befestigungsschraube für Abstützblech am Motorblock anziehen, gegebenenfalls Abstützblech ausrichten.
- Elektrische Leitungen anklemmen. **Achtung:** Darauf achten, daß Leitung 1 nicht am Motor zur Anlage kommt. Kurzschlußgefahr!
- Batterie-Masseband anklemmen.

Magnetschalter aus- und einbauen

Bei einem Defekt des Magnetschalters wird das Ritzel im Anlasser nicht gegen den Zahnkranz des Schwungrades gezogen. Dadurch kann der Anlasser den Motor nicht durchdrehen.

Ausbau

- Anlasser ausbauen.
- An Klemme 50 des Anlassers Batteriespannung 12 Volt anlegen.
- Mit Hilfskabel Klemme 50 und 30 am Anlasser kurz überbrücken, das Anlasserritzel muß nach vorne schnellen. Wenn nicht, Magnetschalter vom Anlasser abschrauben und ersetzen.

Einbau

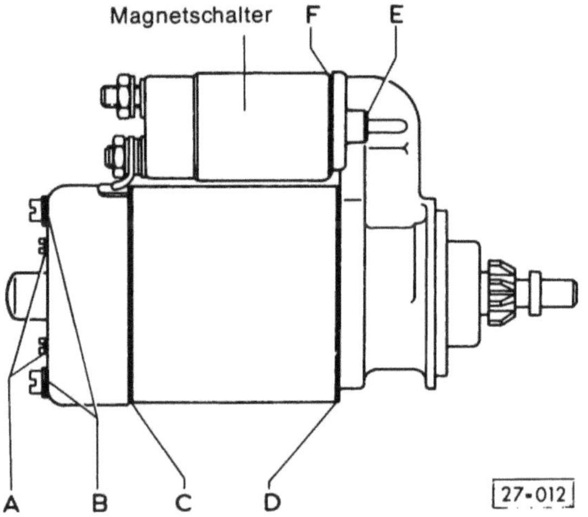

- Magnetschalter an Anlasser anschrauben, Trennfuge –F– zum Anlasser mit geeignetem Dichtmittel abdichten.
- Leitung für Magnetschalter anschrauben.
- Anlasser prüfen, wie unter »Ausbau« beschrieben.
- Anlasser einbauen.

Störungsdiagnose Anlasser

Wenn ein Anlasser nicht durchdreht, ist zunächst zu prüfen, ob an der Klemme 50 des Magnetschalters die zum Einziehen benötigte Spannung von mindestens 8 Volt vorhanden ist. Liegt die Spannung unter dem genannten Wert, dann müssen die Leitungen, die zum Anlasserstromkreis gehören, nach dem Stromlaufplan überprüft werden. Ob der Anlasser bei voller Batteriespannung einzieht, kann folgendermaßen geprüft werden.

Prüfvoraussetzung: Leitungsanschlüsse müssen festsitzen und dürfen nicht oxydiert sein.

Getriebe in Leerlaufstellung bringen, Zündung einschalten. Anschließend mit einer Hilfsleitung, Querschnitt mindestens 4 mm^2, die Klemmen 30 und 50 am Anlasser überbrücken, siehe auch Stromlaufplan.

Spurt der Anlasser dabei einwandfrei ein, so liegt der Fehler in der Leitungsführung zum Anlasser. Wenn der Anlasser nicht einspurt, muß er im ausgebauten Zustand überprüft werden.

Störung	Ursache	Abhilfe
Anlasser dreht sich nicht beim Betätigen des Zündanlaßschalters	Batterie entladen	■ Batterie laden
	Klemmen 30 und 50 am Anlasser überbrücken: Anlasser läuft an. Leitung 50 zum Zündanlaßschalter unterbrochen, Anlaßschalter defekt	■ Unterbrechung beseitigen, defekte Teile ersetzen
	Kabel oder Masseanschluß ist unterbrochen.	■ Batteriekabel und Anschlüsse prüfen. Spannung der Batterie messen
	Ungenügender Stromdurchgang infolge lockerer oder oxydierter Anschlüsse	■ Batteriepole und -klemmen reinigen. Stromsichere Verbindungen zwischen Batterie, Anlasser und Masse herstellen
	Keine Spannung an Klemme 50 (Magnetschalter)	■ Leitung unterbrochen Zündanlaßschalter defekt
Anlasser dreht sich zu langsam und zieht den Motor nicht durch	Batterie entladen	■ Batterie laden
	Ungenügender Stromdurchgang infolge lockerer oder oxydierter Anschlüsse	■ Batteriepole, -klemmen und Anschlüsse am Anlasser reinigen, Anschlüsse festziehen Masseband Motor/Aufbau reinigen und festziehen
	Kohlebürsten liegen nicht auf dem Kollektor auf, klemmen in ihren Führungen, sind abgenutzt, gebrochen, verölt oder verschmutzt	■ Kohlebürsten überprüfen, reinigen bzw. auswechseln. Führungen prüfen
	Ungenügender Abstand zwischen Kohlebürsten und Kollektor	■ Kohlebürsten ersetzen und Führungen für Kohlebürsten reinigen
	Kollektor riefig oder verbrannt und verschmutzt	■ Kollektor abdrehen oder Anker ersetzen
	Spannung an Klemme 50 fehlt (mind. 8 Volt)	■ Zündanlaßschalter oder Magnetschalter überprüfen
	Lager ausgeschlagen	■ Lager prüfen, ggf. auswechseln
	Magnetschalter defekt	■ Schalter auswechseln
Anlasser spurt ein und zieht an, Motor dreht nicht oder nur ruckweise	Ritzelgetriebe defekt	■ Ritzelgetriebe ersetzen
	Ritzel verschmutzt	■ Ritzel reinigen
	Zahnkranz am Schwungrad defekt	■ Zahnkranz nacharbeiten, ggf. erneuern
Ritzelgetriebe spurt nicht aus	Ritzelgetriebe oder Steilgewinde verschmutzt bzw. beschädigt	■ Ritzelgetriebe reinigen, ggf. ersetzen
	Magnetschalter defekt	■ Magnetschalter ersetzen
	Rückzugfeder schwach oder gebrochen	■ Rückzugfeder erneuern
Anlasser läuft weiter, nachdem der Zündschlüssel losgelassen wurde	Magnetschalter hängt, schaltet nicht ab	■ Zündung sofort ausschalten, Magnetschalter ersetzen
	Zündschloß schaltet nicht ab	■ Sofort Batterie abklemmen, Zündschloß ersetzen

Die Beleuchtungsanlage

Vor dem Auswechseln einer Glühlampe Schalter des betreffenden Verbrauchers ausschalten. **Achtung: Glaskolben nicht mit bloßen Fingern anfassen.** Der Fingerabdruck würde verdunsten und sich – aufgrund der Wärme – auf dem Reflektor niederschlagen und diesen erblinden lassen. Grundsätzlich Glühlampe nur durch eine gleiche Ausführung ersetzen. Versehentlich entstandene Berührungsflecken mit sauberem, nicht faserndem Tuch und Alkohol oder Spiritus entfernen.

Seit 7.89 wird serienmäßig eine elektrische Leuchtweitenregulierung eingebaut. Über ein Potentiometer an der Armaturentafel werden Stellmotoren angesteuert, die die Neigung der Scheinwerfer verändern. Die Leuchtweitenregulierung ist nur bei eingeschaltetem Abblendlicht wirksam. Für den späteren Einbau müssen beim AUDI 80 gleichzeitig die Scheinwerfer ersetzt werden. Bei AUDI 90 und AUDI Coupé können die bisherigen Scheinwerfer weiterverwendet werden.

Der Scheinwerfer

1 – **Streuscheibe**
2 – **Dichtung**
3 – **Blende**
4 – **Reflektor**
5 – **Schraube**
Zum Ausbau des Reflektors herausdrehen.
6 – **Blinkleuchte**
7 – **Blinklicht-Glühlampe**
12 V/21 W
8 – **Halteklammer**
9 – **Scheinwerfergehäuse**
10 – **Dichtring**
11 – **Fassung**
Für Glühlampe Blinklicht.
12 – **Dichtring**
13 – **Steckgehäuse**
14 – **Verschlußdeckel**
15 – **Dichtung**
16 – **Fassung**
Für Glühlampe Standlicht.
17 – **Standlicht-Glühlampe**
12 V/4 W
18 – **H4-Lampe für Abblend-/Fernlicht**
12 V/60/55 W
19 – **Einstellschraube**
20 – **Blechmutter**
21 – **Scheibe**
22 – **Blechschraube**

Hinweis: Zum Ausbau des Reflektors an den Einstellschrauben so lange drehen, bis das Gewinde ganz aus der Halterung herausgedreht ist. Nach dem Einbau grundsätzlich Scheinwerfereinstellung prüfen.

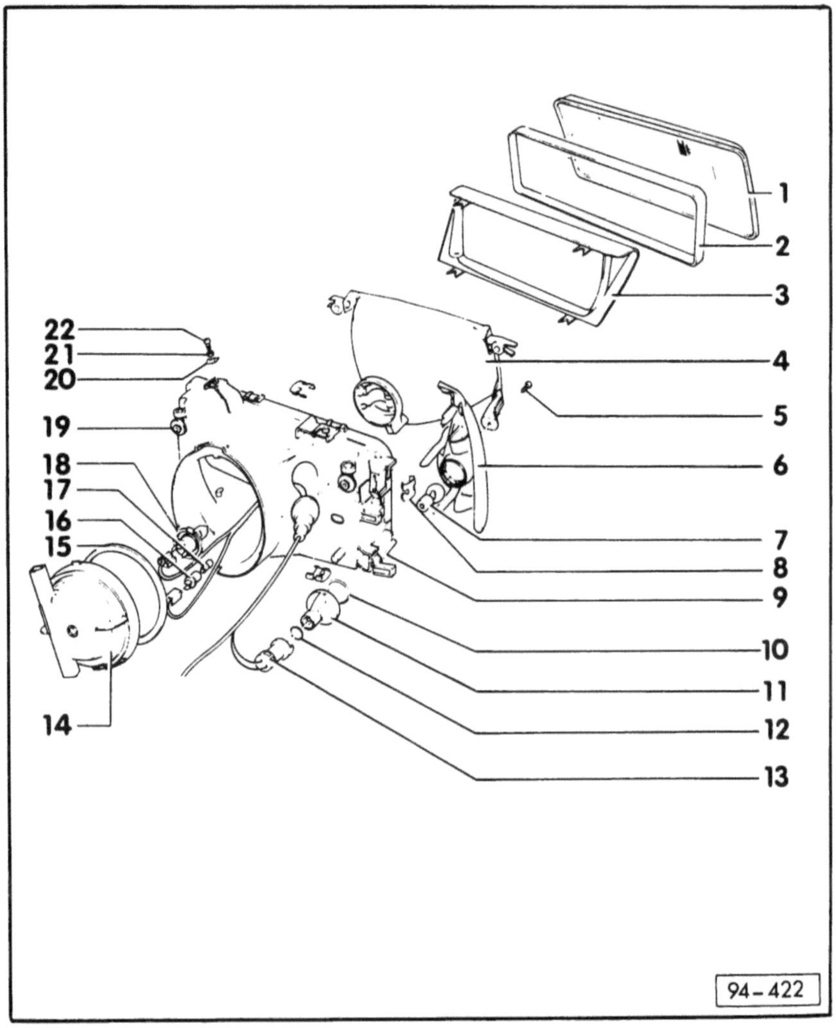

Glühlampen auswechseln

- Schalter der betreffenden Lampe ausschalten, beziehungsweise Massekabel von Batterie abklemmen.
- Motorhaube öffnen.
- Kunststoffverkleidung von der Scheinwerferrückseite abnehmen. Dazu am linken Scheinwerfer Abdeckung abschrauben und am rechten Scheinwerfer Abdeckung nach oben herausziehen.

Scheinwerfer/Standlicht

- Verschlußdeckel nach links drehen und aus Bajonettverschluß ausrasten. Beim AUDI 90 Drahtbügel abklappen.
- Mehrfachstecker abziehen.
- Federdrahtbügel der Lampenhalterung zusammendrükken, aushängen und abklappen.
- Defekte Scheinwerferlampe herausnehmen.
- Falls erforderlich, Fassung für Standlichtlampe aus dem Reflektor herausziehen.
- Standlichtlampe in die Fassung drücken, nach links drehen und herausnehmen.
- Neue Standlichtlampe in die Fassung eindrücken, nach rechts drehen und einrasten.
- Lampenfassung in den Reflektor stecken.
- Neue Scheinwerferlampe so einsetzen, daß die Fixiernase am Lampenteller in der Aussparung am Reflektor liegt. Die mittlere der drei Steckerfahnen am Lampensockel steht dann oben.
- **AUDI 90:** H1-Lampe für innere Fernscheinwerfer so einsetzen, daß die Anschrägung des Lampentellers der neuen Lampe oben ist, und die beiden Noppen in die Löcher eingreifen.
- Haltebügel über den Lampensockel klappen. Drahtbügel zusammendrücken und in die Haltenase einrasten.
- Mehrfachstecker aufschieben.
- Verschlußdeckel andrücken, nach rechts drehen und einrasten. Beim AUDI 90 Abdeckkappe so aufsetzen, daß die Nase am Scheinwerfer in die Aussparung der Abdeckkappe eingreift. Drahtbügel aufdrücken.

Vordere Blinkleuchte AUDI 80

Die Lampe kann bei eingebauter Blinkleuchte gewechselt werden.

- Lampenfassung nach links drehen und herausnehmen.
- Lampe in die Fassung drücken, nach links drehen und herausnehmen.
- Neue Lampe in die Fassung drücken und nach rechts drehen.
- Lampenfassung einsetzen und nach rechts drehen.

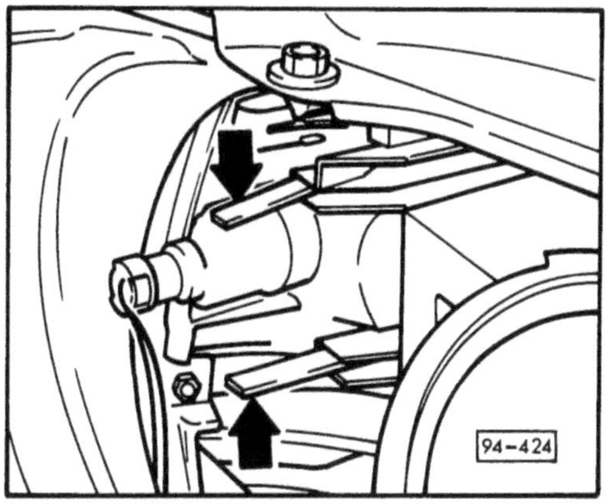

- Falls die Blinkleuchte ausgebaut werden soll, Arretierungen –Pfeile– zusammendrücken und Leuchte nach vorn herausschieben.
- Blinkleuchte in die Führungen einsetzen und eindrücken.
- Abdeckung für Scheinwerfer anschrauben beziehungsweise in die Führungen einschieben und einrasten.
- Funktion der neuen Lampe prüfen, gegebenenfalls vorher Batterie-Masseband anklemmen.
- Motorhaube schließen.

Vordere Blinkleuchte AUDI 90

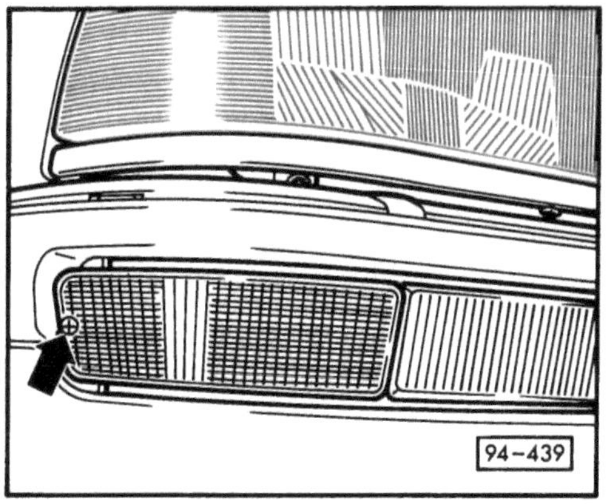

- Kreuzschlitzschraube herausdrehen und Blinkleuchte nach vorn abnehmen.
- Lampensockel nach links drehen und herausnehmen.
- Neue Lampe einsetzen.
- Blinkleuchte einsetzen und festschrauben.

Nebelscheinwerfer AUDI 80

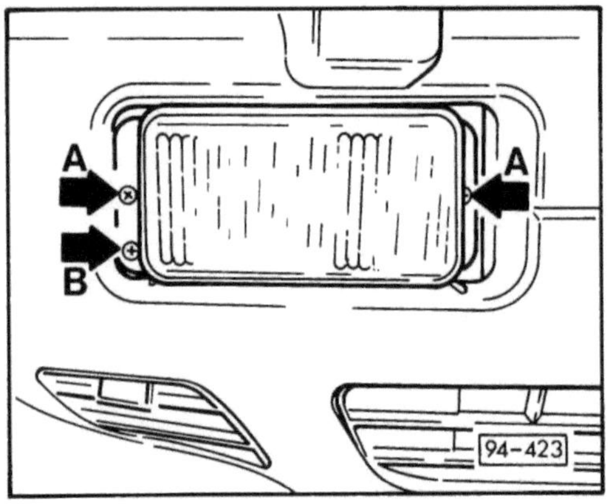

- Blende für Nebelscheinwerfer vorsichtig abhebeln.
- 2 Kreuzschlitzschrauben –A– herausdrehen und Gehäuse herausnehmen.
- Federdrahtbügel aushängen, Halogenlampe ersetzen.
- Drahtbügel einhängen, Gehäuse montieren.

Nebelscheinwerfer AUDI 90

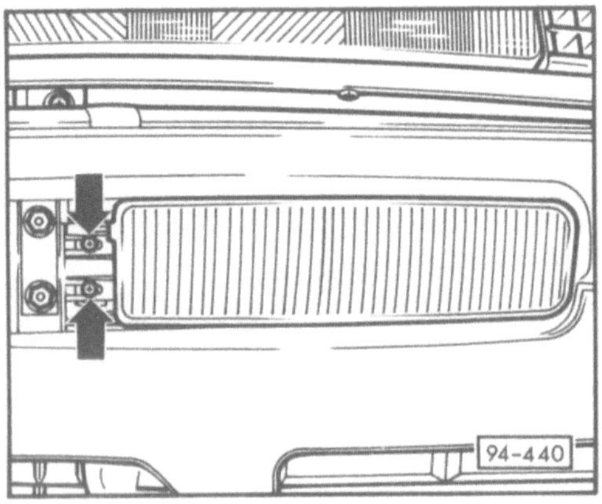

- Blinkleuchte ausbauen.
- 2 Schrauben herausdrehen und Gehäuse seitlich herausnehmen.
- Federdrahtbügel aushängen, Halogenlampe ersetzen.
- Drahtbügel einhängen, Gehäuse montieren.
- Blinkleuchte einbauen.

Scheinwerfer aus- und einbauen

Ausbau

- Stecker für Scheinwerferlampe(n) abziehen.
- Standlichtlampe herausziehen.
- **AUDI 80:** Blinkleuchte ausbauen.

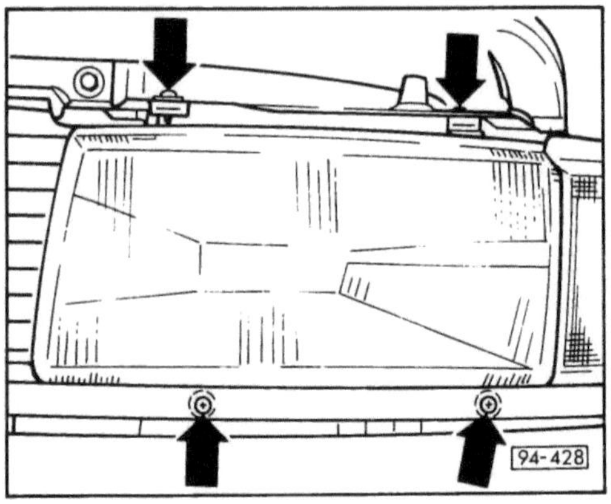

- Befestigungsschrauben herausdrehen.
- Scheinwerfer nach vorne ausheben und ablegen.

Einbau

- Scheinwerfer einsetzen und festschrauben.
- Standlichtlampe einsetzen, Mehrfachstecker aufschieben.
- **AUDI 80:** Blinkleuchte einbauen.

Motor für Leuchtweitenregulierung aus- und einbauen

Ausbau

- Scheinwerfer ausbauen.
- Anschlußstecker für Leuchtweitenregulierung abziehen.
- Stellmotor aus dem Tragrahmen entriegeln. Dazu Motor am rechten Scheinwerfer nach links drehen, linken Motor nach rechts drehen.
- **AUDI 90/Coupé:** Motor durch kräftigen Zug aus der Verrastung herausziehen.

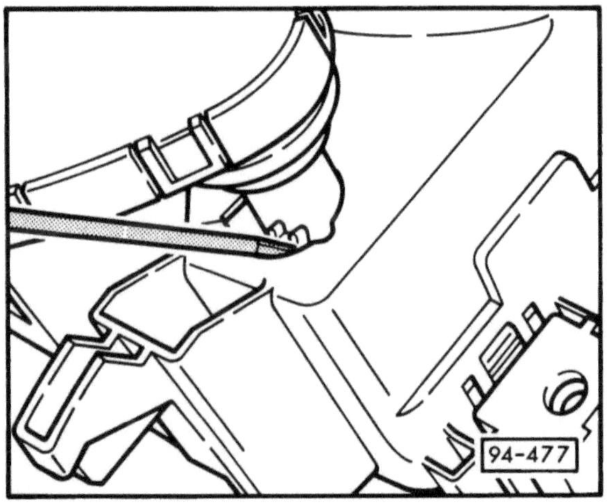

- **AUDI 80:** Stellmotor anheben dünnen Schraubendreher in die Öffnung schieben und Verrastung in Richtung Betätigungswelle drücken, dabei Stellmotor nach hinten herausziehen.

Einbau

- Am Scheinwerfer Haltebügel für Abdeckkappe abhebeln und Abdeckkappe hinten vom Scheinwerfer abnehmen.
- Stellmotor in die Verrastung eindrücken, bis er ganz einrastet. Dabei Reflektor über Durchbruch für Scheinwerferlampe gegenhalten. **Achtung:** Reflektor nicht an der Innenseite anfassen.
- Stellmotor durch Zurückdrehen in Ausgangsstellung verriegeln.
- Abdeckkappe aufdrücken und verriegeln.
- Scheinwerfer einbauen.
- Anschlußstecker aufschieben.

Scheinwerfer einstellen

Für die Verkehrssicherheit ist die richtige Einstellung der Scheinwerfer von großer Bedeutung. Die exakte Einstellung der Scheinwerfer ist nur mit einem Spezialeinstellgerät möglich. Es wird deshalb nur gezeigt, wo der Scheinwerfer eingestellt werden kann und welche Bedingungen zum richtigen Einstellen der Scheinwerfer erfüllt sein müssen.

- Reifen müssen den vorgeschriebenen Reifenfülldruck haben.
- Das unbeladene Fahrzeug muß mit 75 kg (eine Person) auf dem Fahrersitz belastet sein.
- Kraftstofftank füllen.
- Fahrzeug auf ebene Fläche stellen.
- Vorderwagen mehrmals kräftig nach unten drücken, damit die Federung der Vorderradaufhängung sich setzt.
- Leuchtweitenregulierung auf »0« stellen.
- Die Scheinwerfer dürfen nur bei Abblendlicht eingestellt werden. Das Neigungsmaß beträgt für Normalscheinwerfer X = 10 cm auf 10 m Entfernung. Nebelscheinwerfer X = 20 cm auf 10 m Entfernung.

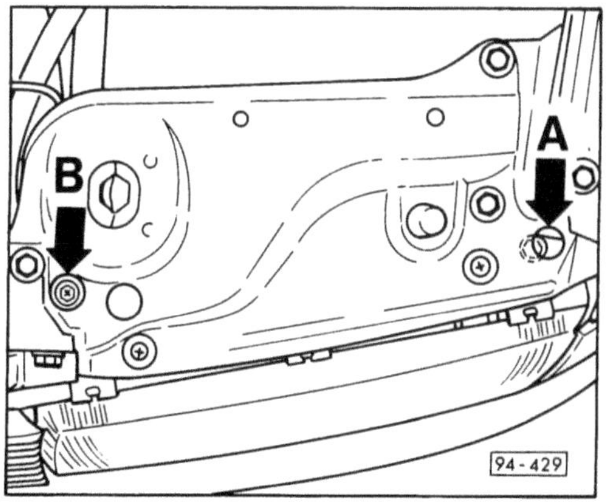

- Die Einstellschrauben sind von oben durch Bohrungen im Abschlußblech zu erreichen. Einstellschrauben –A– und/oder –B– mit Kreuzschlitzschraubendreher oder Innensechskantschlüssel entsprechend verdrehen. A = Höhenverstellung, B = Seitenverstellung.
- **AUDI 80:** Die Einstellung der Nebelscheinwerfer erfolgt durch Verdrehen der Einstellschraube –B– in Abbildung 94-423.

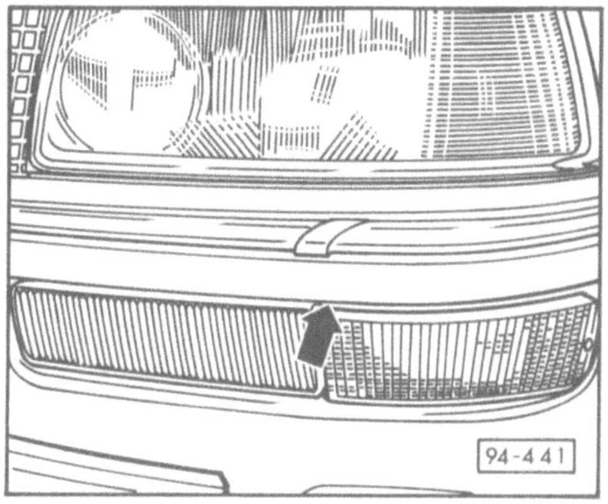

- **AUDI 90:** Nebelscheinwerfer mit Einstellschraube –Pfeil– einstellen. Zur Einstellung braucht die Blinkleuchte nicht ausgebaut zu werden.

Achtung: Die Nebelscheinwerfer können nur in der Höhe verstellt werden.

Die Heckleuchte

1 – **Mutter M5**

2 – **Scheibe**

3 – **Lampenträger für Nebelschlußleuchte**
Wird nachträglich eine Nebelschlußleuchte eingebaut, muß der entsprechende Lampenträger sowie das zugehörende Lichtfenster nachgerüstet werden. Die Nebelschlußleuchte darf **keinesfalls** im alten Lichtfenster nachgerüstet werden.

4 – **Steckverbindung**

5 – **Lampenträger für Rückfahrscheinwerfer**

6 – **Nebelschluß-Glühlampe**
12 V/21 W.

7 – **Glühlampe/Rückfahrscheinwerfer** 12 V/21 W.

8 – **Blechschraube**

9 – **Abdichtung**

10 – **Kennzeichenleuchte**

11 – **Kennzeichen-Glühlampe**
12 V/4 W.

12 – **Lampenträger für Kennzeichenleuchte**

13 – **Gummidichtung**

14 – **Inneres Lampenfenster**
Für Rückfahrscheinwerfer und Nebelschlußleuchte. Beim Ausbau muß auf der rechten Seite vorher das Heckschloß ausgebaut werden.

15 – **Dichtschnur**
Grundsätzlich erneuern.

16 – **Äußeres Lampenfenster**
Für Rücklicht, Blinklicht und Bremslicht.

17 – **Dichtschnur**
Grundsätzlich erneuern.

18 – **Brems- und Rücklichtlampe**
12 V/21/5 W.

19 – **Steckverbindung**

20 – **Blinklicht-Glühlampe**
12 V/21 W.

21 – **Lampenträger für Rücklicht, Bremslicht und Blinklicht**

22 – **Dichtring**

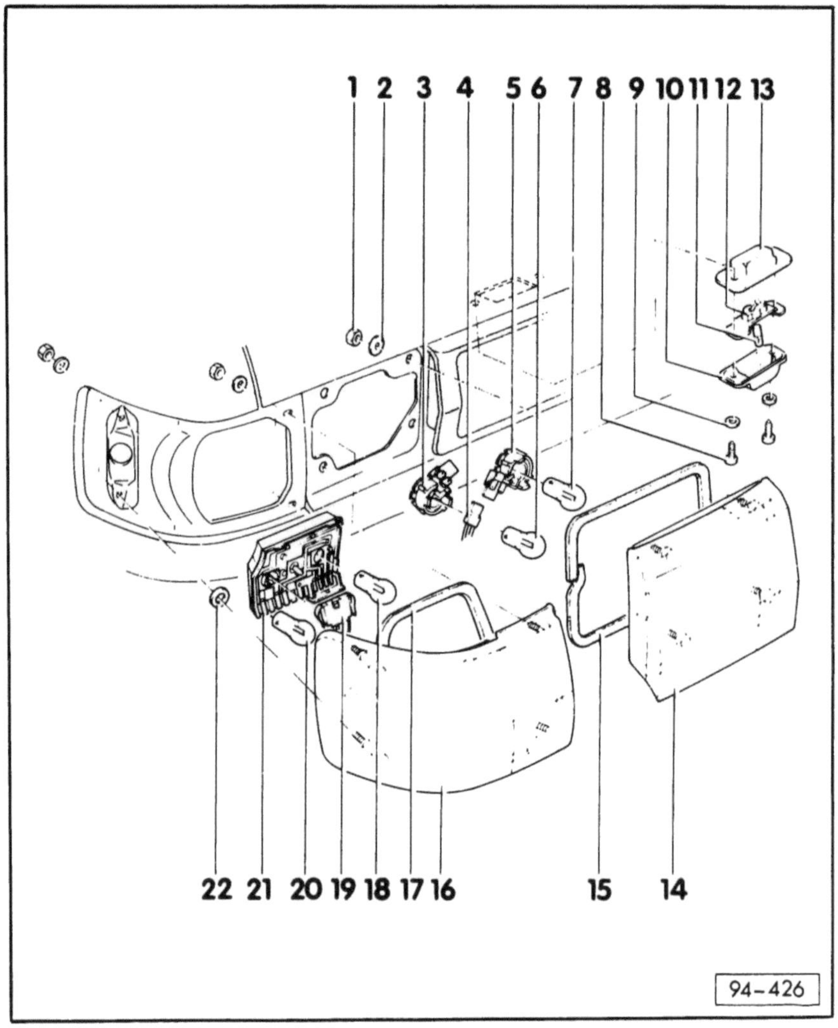

Lampen für Heckleuchte ersetzen

Lampen im Seitenteil

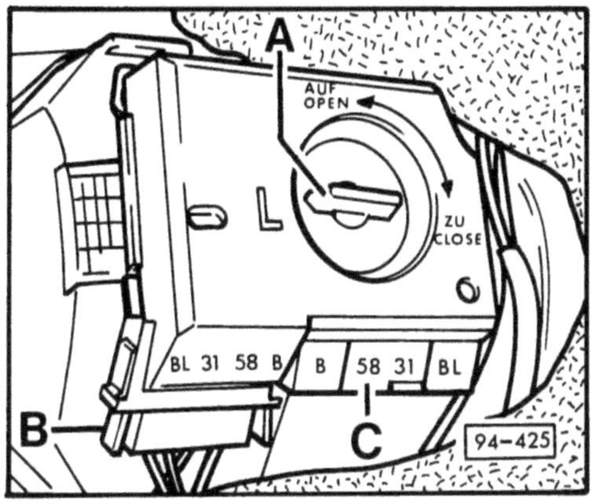

- Verschlußgriff -A- in Pfeilrichtung »AUF« drehen und Lampenträger abnehmen.
- Defekte Lampe eindrücken, nach links drehen, und herausnehmen.
- Neue Lampe einsetzen, eindrücken, bis zum Anschlag nach rechts drehen und einrasten.
- Lampenträger ansetzen und Schnellverschluß nach rechts drehen.

Achtung: Beim nachträglichen Einbau einer Anhängerkupplung Anschlüsse -C- verwenden.

Lampen in der Heckklappe

- Kunststoffabdeckung ausclipsen und herausnehmen.

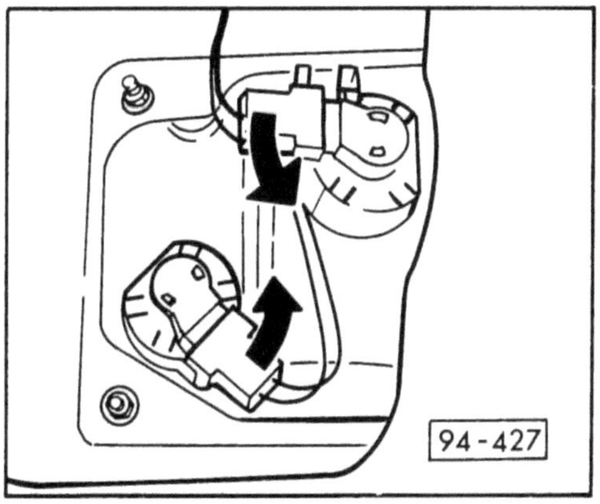

- Lampenträger in Pfeilrichtung drehen und herausnehmen.
- Defekte Lampe auswechseln, Lampenträger einsetzen und bis zum Anschlag nach rechts drehen.

Die Armaturen

Beim AUDI 80/90 sind die Armaturen in einem Schalttafeleinsatz zusammengefaßt. Nach Ausbau des Schalttafeleinsatzes können die Armaturen beziehungsweise Glühlampen ausgebaut werden. Seit März 1990 werden Schalttafeleinsätze der Marke " Nippon Seiko " verbaut. Der Aufbau und die Funktionsweise entspricht der bis dahin verwendeten " VDO "-Schalttafel. Die Einzelteile sind untereinander nicht vertauschbar.

1 – **Drehzahlmesser**

2 – **Digitaluhr**
Nur bei Fahrzeugen mit Drehzahlmesser.

3 – **Geschwindigkeitsmesser (Tacho)**

4 – **Befestigungsschrauben**

5 – **Analoguhr**
Bei Fahrzeugen ohne Drehzahlmesser.

6 – **Stift**
Drucktaster für Analoguhr bzw. Drehstift für Digitaluhr. Zum Ausbau beide Nasen am Stiftende zusammendrücken und Stift herausziehen.

7 – **Kühlmitteltemperaturanzeige**

8 – **Unterlegscheibe M5**

9 – **Stift**
Drehstift für Regler Schalttafelbeleuchtung bzw. Taster für Auto-Check-System.

10 – **Instrumententräger**

11 – **Befestigungsschrauben**

12 – **Leiterplatte**

13 – **Wellscheibe M5**

14 – **Mutter M5**

15 – **Befestigungsschrauben**

16 – **Regler**
Für Beleuchtung Schalttafeleinsatz.

17 – **Befestigungsschrauben**

18 – **Leiterplatte Analoguhr**

19 – **Kontrollampen**

20 – **Anzeigeeinheit**
Für Kühlmittelwarnlampe und Bremskontrolleuchte.

21 – **Befestigungsschrauben**

22 – **Glühlampen**
Für Kühlmittelwarnlampe und Bremskontrolleuchte.

23 – **Spannungskonstanter**

24 – **Kühlblech**

25 – **Mutter M5**

26 – **Wellscheibe M5**

27 – **Befestigungsschraube**

28 – **Unterlegscheibe M5**

29 – **Kraftstoffvorratanzeige**

30 – **Stift**
Für Einstellung Kraftstoffvorratanzeige.

31 – **Filzring**

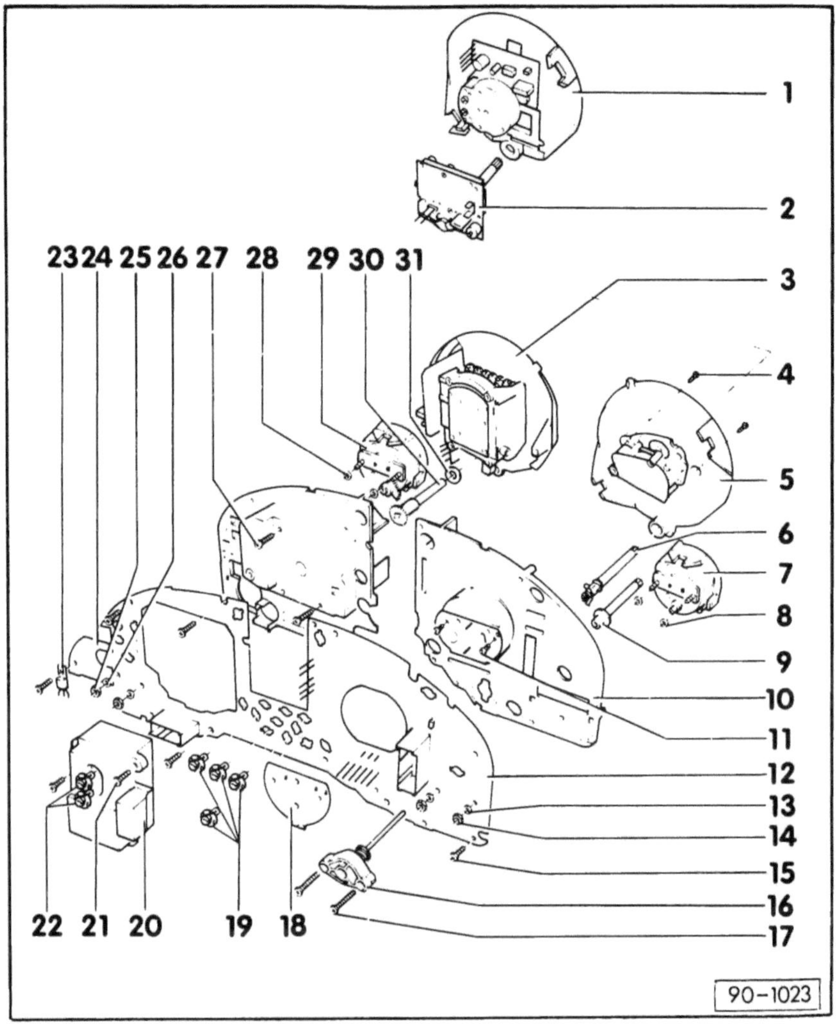

Schalttafeleinsatz aus- und einbauen

Ausbau

- Batterie-Massekabel abklemmen.
- Lenkrad ausbauen, siehe Seite 156.
- Lenkstockhebel ausbauen, siehe Seite 259.

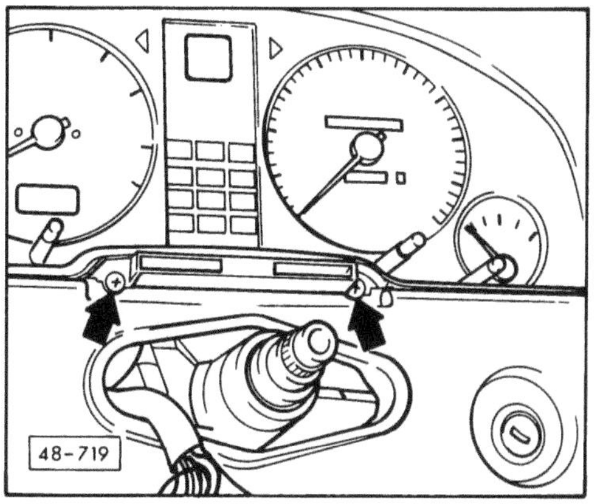

- 2 Kreuzschlitzschrauben unten am Schalttafeleinsatz herausdrehen.
- Schalttafeleinsatz unten herausziehen und gleichzeitig zurückklappen. Dann Einsatz aus der Schalttafel herausklappen.
- Steckverbindungen abziehen und Schalttafeleinsatz herausnehmen.

Einbau

- Schalttafeleinsatz einsetzen und anschrauben.
- Lenkstockhebel einbauen.
- Lenkrad einbauen.
- Batterie-Massekabel anklemmen.
- Alle elektrischen Funktionen für Schalttafeleinsatz überprüfen.

Lenkstockschalter aus- und einbauen

Fahrzeuge ohne Airbag

Ausbau

- Batterie-Massekabel abklemmen.
- Lenkrad ausbauen, siehe Seite 156.

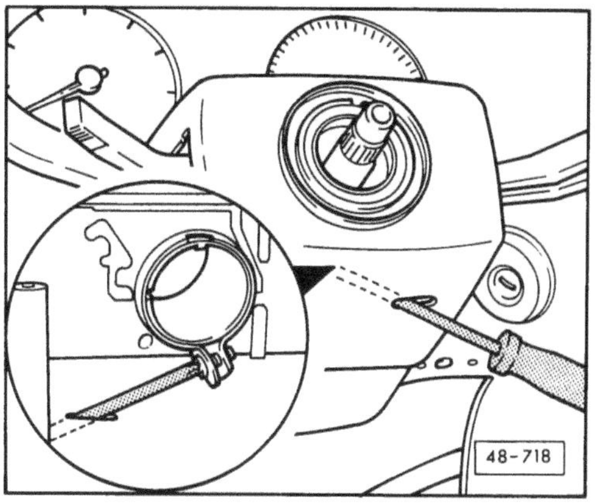

- Schraube für Spannschelle am Lenkstockschalter lösen. Dazu Kreuzschlitzschraubendreher von unten schräg durch die Bohrung der Verkleidung ansetzen. **Achtung:** Das Einführen des Schraubendrehers kann durch Kabelstränge erschwert sein. In diesem Fall Schraubendreher etwas steiler ansetzen und an der Klemme entlang bis zur Schraube schieben, oder obere Abdeckung mit 2 Schrauben von unten abschrauben.
- Schalter nach oben mit leichten Drehbewegungen über die Lenkspindel abziehen.
- 2 Mehrfachstecker abziehen, 1 Steckverbindung trennen.

Einbau

- Lenkstockschalter bis zum Anschlag auf die Lenkspindel aufschieben. Zur Erleichterung vorher Schraubendreher für Klemmschraube ansetzen.
- Klemmschraube festziehen.
- Lenkrad einbauen.
- Batterie-Massekabel anklemmen.

Anzeigeinstrumente / Kontroll-lampen aus- und einbauen

Lampen 1,2 Watt für:

1 – Schalttafeleinsatz
2 – Blinker rechts
3 – Bremsflüssigkeit
4 – Kühlmitteltemperatur
5 – Blinker links
6 – Fernlicht
7 – Funktionsstörung-Motorelektrik/ Leerlaufeinstellung
8 – Warnblinker
9 – Antiblockiersystem (ABS)
10 – Handbremse
11 – Anhänger-Blinker
12 – Diesel-Vorglühung/Starterzug bei Vergasermotor
13 – Öldruck
14 – Ladekontrolle, 2 Watt
15 – Digitaluhr
A, B, C – Befestigungsschrauben für Leiterplatten

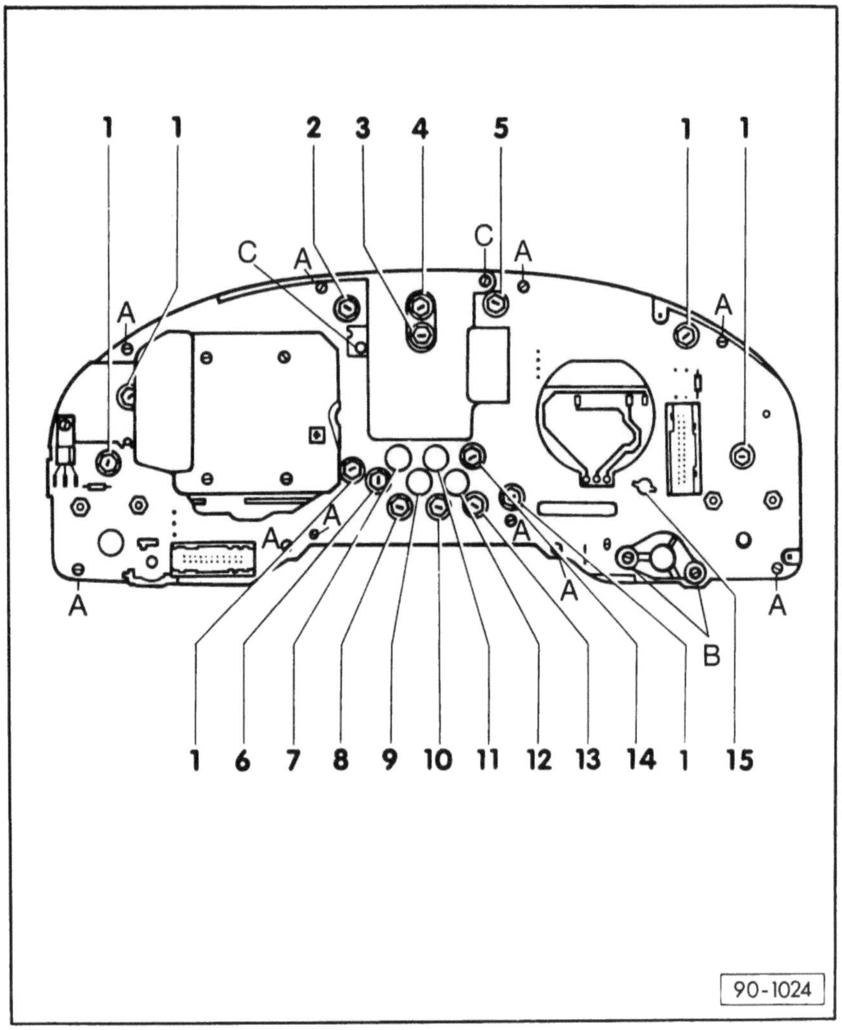

Ausbau

- Schalttafeleinsatz ausbauen und auf saubere, weiche Unterlage ablegen. Darauf achten, daß das Abdeckglas nicht verkratzt wird.
- Lampenfassung für defekte Kontrolleuchte von Hand oder mit schmalem Schraubendreher nach links drehen und herausnehmen.
- Glühlampe mit Fassung ersetzen.
- Helligkeitsregler für Instrumentenbeleuchtung abschrauben –B– und herausziehen.
- Abdeckkappe für Auto-Check-System mit 2 Schrauben –C– abschrauben.
- Leiterplatten abschrauben –A– und abnehmen. **Achtung:** Beim Abnehmen der Leiterplatten fällt der Stift für die Justierung der Kraftstoffvorratsanzeige heraus. Es ist deshalb empfehlenswert, die Stellung der Anzeigenadel zu notieren, sonst muß die Anzeige neu justiert werden. In diesem Fall Gummistift nur leicht in die Justierachse einstecken, damit er in eingebautem Zustand leicht entfernt werden kann.
- Anzeigeinstrumente von der jeweiligen Leiterplatte abschrauben.

Einbau

- Anzeigeinstrument an Leiterplatte anschrauben.
- Leiterplatten ansetzen und festschrauben. Dabei Justierstift für Kraftstoffvorratanzeige so in die Verzahnung einsetzen, daß der Zeiger in beide Richtungen verstellt werden kann. Gummikappe nicht vollständig in den Justierstift einstecken.
- Abdeckkappe für Auto-Check-System anschrauben.
- Helligkeitsregler für Instrumentenbeleuchtung einsetzen und anschrauben, Unterlegscheiben nicht vergessen.
- Schalttafeleinsatz einbauen.
- Tankanzeige justieren.
- Funktion der Anzeigeinstrumente überprüfen.

Spannungskonstanter prüfen

Der Spannungskonstanter stabilisiert für die Anzeigeinstrumente die Betriebsspannung.

- Schalttafeleinsatz ausbauen, Mehrfachstecker bleiben aufgesteckt.
- Batterie-Massekabel anklemmen.

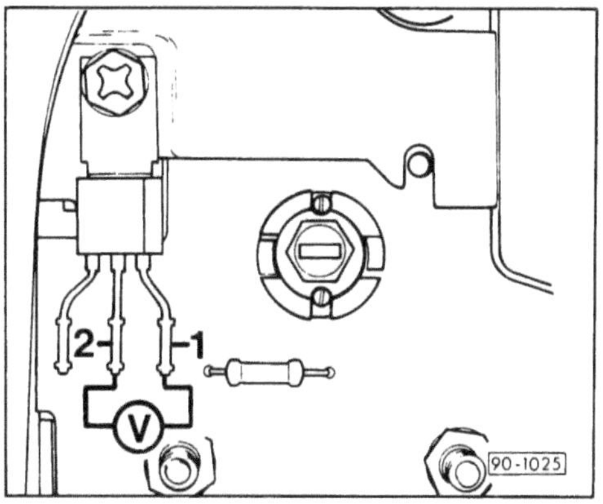

- Voltmeter an Plus-Eingang –1– und Masse –2– anschließen. Sollwert: ca. Batteriespannung (12 Volt). Andernfalls Leitungsunterbrechung nach Stromlaufplan ermitteln.

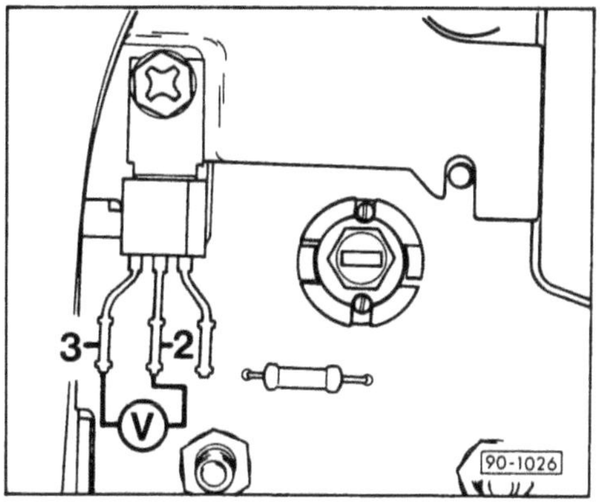

- Ausgangsspannung prüfen, dazu Voltmeter zwischen Plus-Ausgang –3– und Masse –2– anschließen. Sollwert: 9,75 – 10,25 Volt, andernfalls Spannungskonstanter ersetzen.

Kraftstoffvorratanzeige einstellen

Achtung: Die Prüfung und Einstellung kann nur bei einem Tankinhalt von 4 Liter durchgeführt werden.

- Kraftstoffbehälter entleeren. Dazu Kraftstoff mit geeigneter Pumpe abpumpen und in einen Reservebehälter leiten. Darauf achten, daß das Fassungsvermögen des Reservekanisters nicht überschritten wird.
- 4 Liter Kraftstoff auffüllen.
- Zündung mindestens 2 Minuten einschalten.

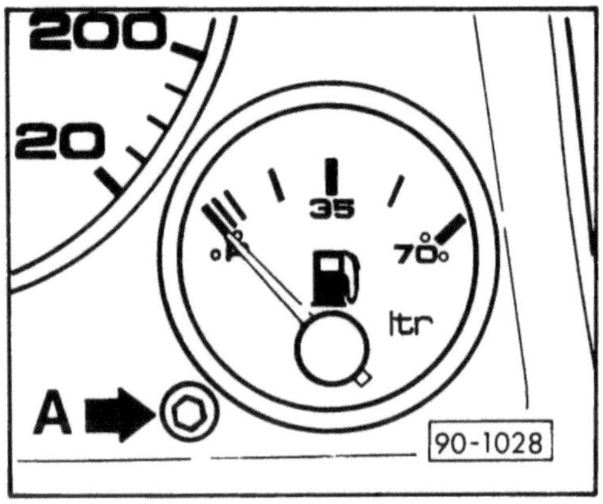

- Der Zeiger der Kraftstoffvorratanzeige muß am ersten großen Balken des roten Reservefeldes stehen.
- Andernfalls Gummistopfen aus der Justierachse -A- herausziehen und Einstellstift mit einem 3 mm Innensechskantschlüssel entsprechend verdrehen.

Achtung: Läßt sich der Gummistopfen nicht abziehen, Schalttafeleinsatz und Leiterplatten ausbauen.

Geber für Tachometer prüfen

Der Geber ist zu prüfen, wenn im Fahrbetrieb keine Anzeige der Geschwindigkeit erfolgt.

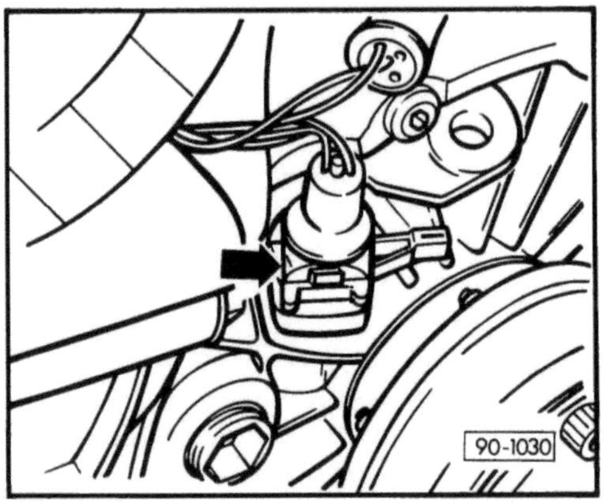

Der Geber ist links im Getriebegehäuse in der Nähe des Gelenkwellenflansches eingebaut.

- Schalttafeleinsatz ausbauen.

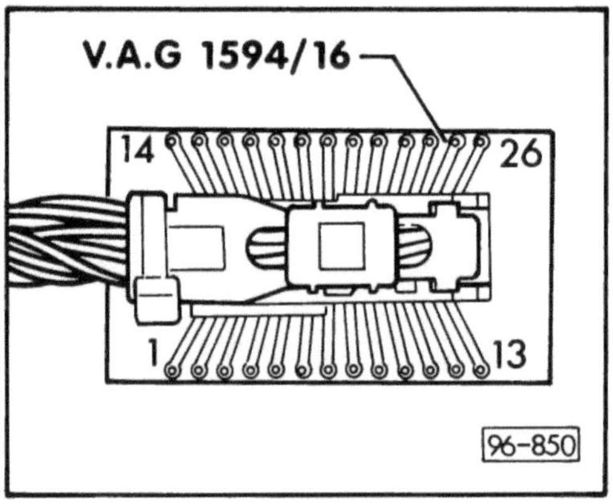

- Blauen, 26-poligen Stecker abziehen und Meßadapter V.A.G 1594/16 auf den Stecker aufschieben. **Achtung:** Prüfung nur mit dem angegebenem Meßadapter vornehmen, sonst können die empfindlichen Steckkontakte beschädigt werden.
- Ohmmeter zwischen die Kontakte 20 und 21 anschließen.
- Fahrzeug vorn links anheben bis das linke Vorderrad freigängig ist.
- Linkes Vorderrad von Hand durchdrehen.
- Die Anzeige des Meßgerätes muß zwischen 0 Ω und ∞ Ω pendeln. Andernfalls Leitungsunterbrechung ermitteln, beziehungsweise Geber für Geschwindigkeitsmesser ersetzen.

Automatikgetriebe

- Voltmeter an die Kontakte 16 (+) und (–) anschließen.
- Zündung einschalten und Fahrzeug ca. 1 m vor- oder zurückschieben. Dabei muß die Spannung von 0 Volt auf ca. 12 Volt ansteigen und anschließend wieder auf 0 Volt abfallen. Gegebenenfalls Leitungsunterbrechung nach Stromlaufplan ermitteln und beseitigen oder Geber ersetzen.

Radio aus- und einbauen

Die vom Werk eingebauten Radiogeräte sind mit einer Einschubhalterung ausgestattet, die den schnellen Ein- und Ausbau des Radios ermöglicht. Allerdings gelingt das nur mit einem Spezialwerkzeug, welches beim Kauf des Radios beigelegt oder im Fachhandel erhältlich ist. Ob ein Radio mit Einschubhalterung eingebaut ist, erkennt man in der Regel an den 4 Bohrungen in der Frontplatte.

Ausbau

- Batterie-Massekabel (–) abklemmen.
  Achtung: Beim Abklemmen der Batterie werden Speicher im Radio und in den elektronischen Steuergeräten gelöscht. Einige serienmäßig eingebaut Radios besitzen eine Anti-Diebstahl-Codierung. Diese verhindert eine unbefugte Inbetriebnahme des Gerätes, wenn die Stromversorgung unterbrochen wurde. Die Stromversorgung ist unterbrochen, wenn die Batterie abgeklemmt ist, beim Ausbau des Radios oder wenn die Radiosicherung durchgebrannt ist. Deshalb muß der Code vor dem Radioausbau bekannt sein. Ist der Code nicht bekannt , kann nur die V.A.G-Werkstatt das Autoradio in Betrieb nehmen.
  Die individuelle Code-Nummer ist in der Radio-Bedienungsanleitung angegeben. Sie sollte nicht im Fahrzeug aufbewahrt werden.

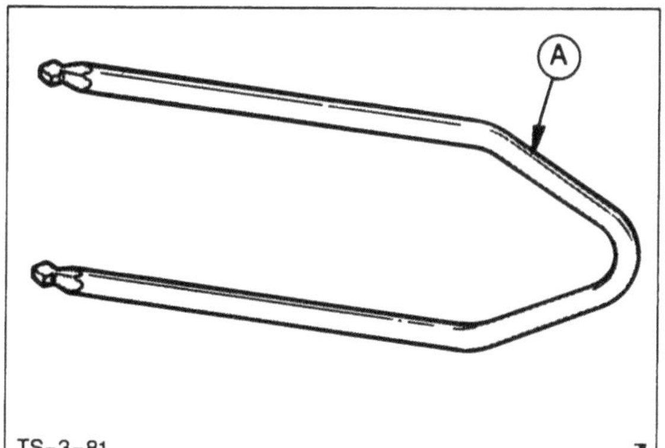

TS-3-81

- Beide Auszieher –A– links und rechts in die Öffnungen der Frontplatte einführen. Sind keine Öffnungen vorhanden, Bedienungsknöpfe und Blende abziehen. Auszieher einführen.
- Auszieher nach außen drücken, dadurch Haltelaschen ausrasten und Radio gleichmäßig herausziehen. Radio beim Herausziehen nicht verkanten.
- Steckverbindungen für Lautsprecher mit Tesaband kennzeichnen (links/rechts) und abziehen. Antenne herausziehen. Steckverbindung für B+ und Masse abziehen. Bei Digitalgeräten Steckverbindung für Spannungsversorgung (Klemme 30) abziehen.

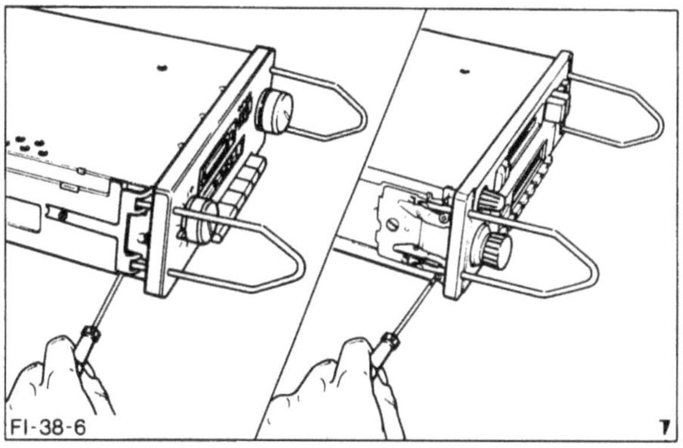
FI-38-6

- Auszieher abnehmen. Dazu Halteclipse mit kleinem Schraubendreher zusammendrücken.

Einbau

- Elektrische Anschlüsse und Antenne an der Rückseite des Radiogerätes anbringen, siehe unter »Ausbau«.
- Radio in Armaturentafel eindrücken, bis die Haltefedern einrasten.
- Batterie-Massekabel (–) anklemmen.
- Radio einschalten und Funktion überprüfen. Falls ein Radio mit Anti-Diebstahl-Codierung eingebaut ist, zuvor Geheimcode eingeben.

Achtung: Wurde das Radio nachträglich eingebaut, Radio auf Antenne abstimmen. Dazu schwachen Mittelwellensender einstellen und an der Antennenabgleichschraube (vorn rechts in der Blende des Radios) mit kleinem Schraubendreher auf besten Empfang einregulieren.

Hinweise für den nachträglichen Radioeinbau

- Der serienmäßig eingebaute Mehrfachstecker des Kabelstranges paßt zu allen Radiogeräten aus dem V.A.G-Zubehörprogramm mit separatem Anschluß für Skalenbeleuchtung.
- Für andere Radiogeräte ist ein V.A.G-Adapterkabel erhältlich.

Achtung: Wird das Adapterkabel nicht verwendet, unbedingt darauf achten, daß keine unisolierten Kabel frei herumliegen. Ein sonst möglicher Kurzschluß kann zu einem Kabelbrand führen.

- Darauf achten, daß nur typgeprüfte Entstörsätze (mit allgemeiner Betriebserlaubnis, ABE) verwendet werden, sonst kann die Zulassung des Fahrzeuges erlöschen.

Die Heckscheibenantenne

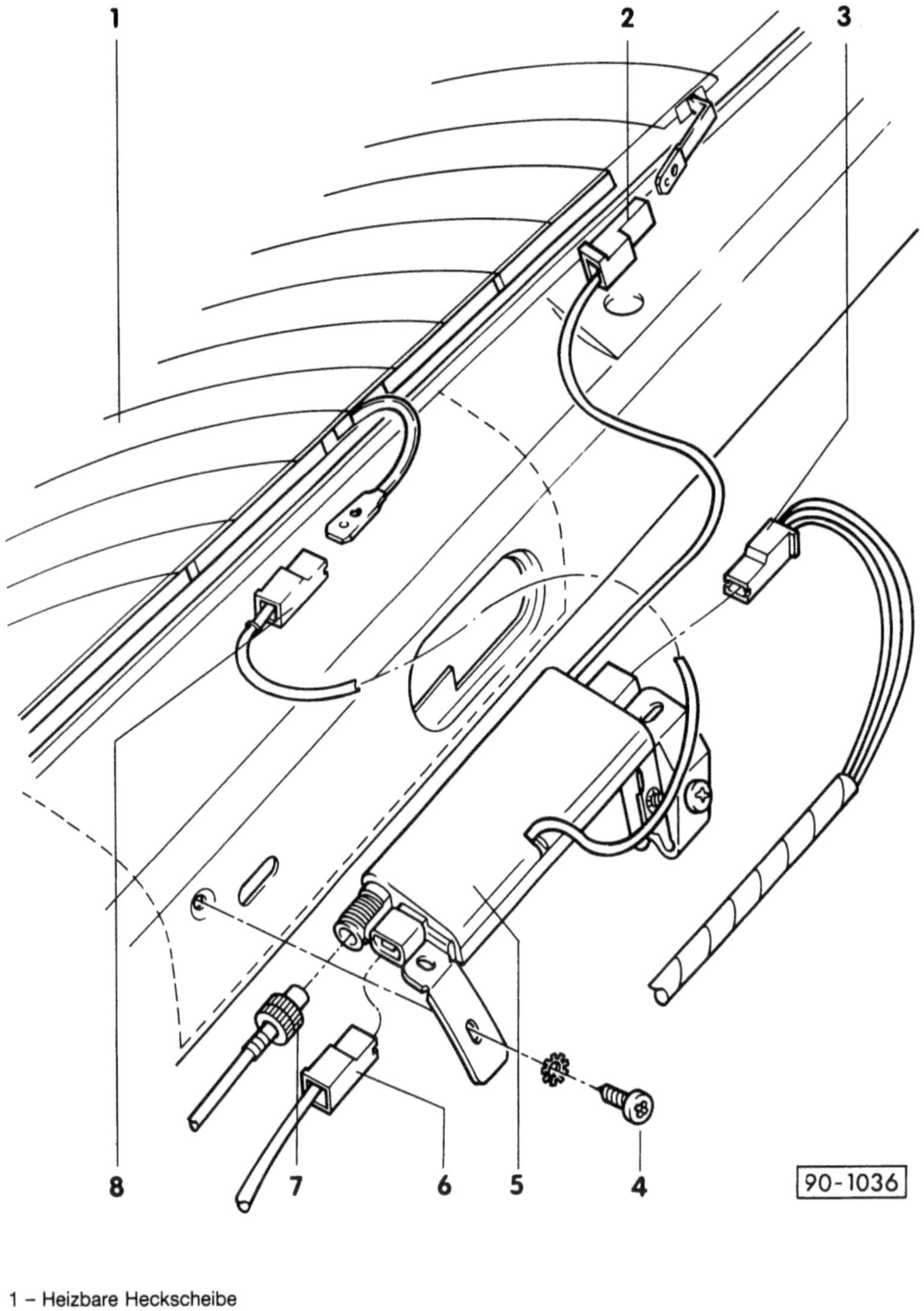

1 – Heizbare Heckscheibe
2 – Anschluß für Scheibenantenne, MW-Empfang, keine Beheizung
3 – Steuerleitung vom Radio
4 – Befestigungsschraube für Masseverbindung
5 – Antennenverstärker
6 – Anschluß vom Schalter für heizbare Heckscheibe
7 – Antennenleitung zum Radio
8 – Anschluß für heizbare Heckscheibe, UKW-Empfang und Beheizung

Die Scheibenwischeranlage

Scheibenwischergummi ersetzen

Ausbau

- Wischerarm hochklappen und Wischerblatt waagerecht stellen.

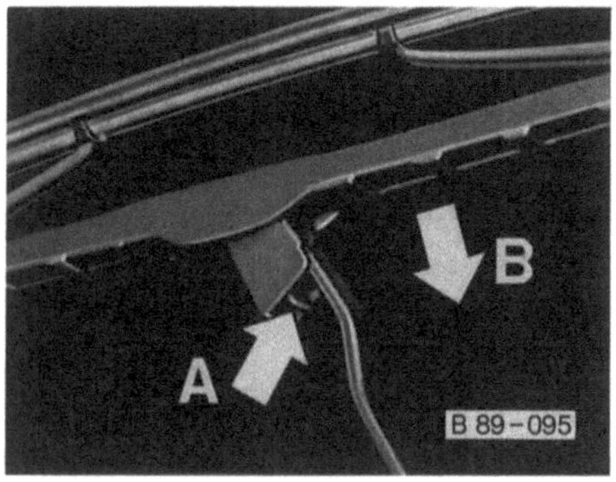

- Federklammer -A- niederdrücken und Wischerblatt nach unten -B-aus dem Haken am Wischerarm schieben.
- Wischerblatt nach oben schieben und vom Haken des Wischerarmes abnehmen.

- An der geschlossenen Seite des Wischgummis beide Stahlschienen mit Kombizange zusammendrücken, seitlich aus der oberen Klammer herausnehmen und Gummi komplett mit Schienen aus den restlichen Klammern des Wischerblattes herausziehen.

Einbau

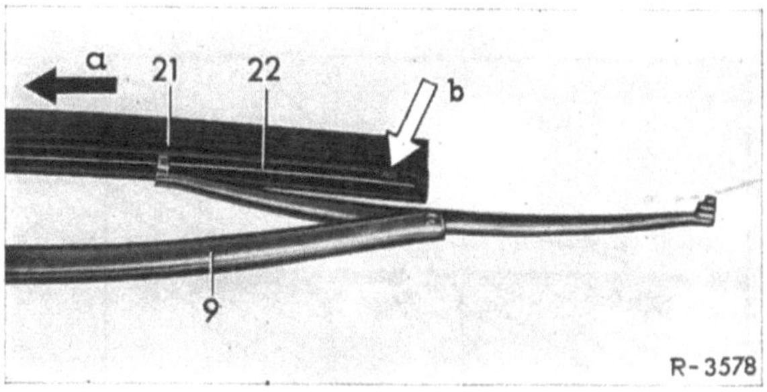

- Neues Wischgummi -21- ohne Halteschiene in die eine Klammer des Wischerblattes -9- lose einlegen.
- Beide Schienen -22- so in das Wischgummi einführen, daß die Aussparungen der Schienen zum Gummi zeigen und in die Gumminasen der Rille einrasten.
- Beide Stahlschienen und Gummi mit Kombizange zusammendrücken und so in die andere Klammer einsetzen (entgegen Pfeilrichtung -a-), daß die Klammernasen beidseitig in die Haltenuten des Wischgummis einrasten -Pfeil b-.
- Wischerblatt über den Wischerarm schieben und Federklammer in den Haken des Wischerarms einclipsen.
- Wischerarm zurückklappen. Darauf achten, daß das Wischgummi überall an der Scheibe anliegt.

Scheibenwaschdüse aus- und einbauen/einstellen

Ausbau

- Motorhaube öffnen.
- Zulaufschlauch für Düse abziehen.

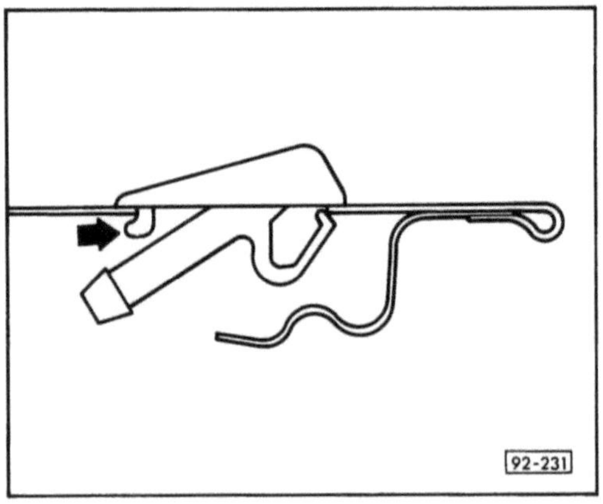

- Nase der Düse in Pfeilrichtung drücken und Düse nach oben abnehmen.

Einbau

- Düse von oben einsetzen und nach hinten schieben, bis sie einrastet.
- Zulaufschlauch aufschieben.

Einstellen

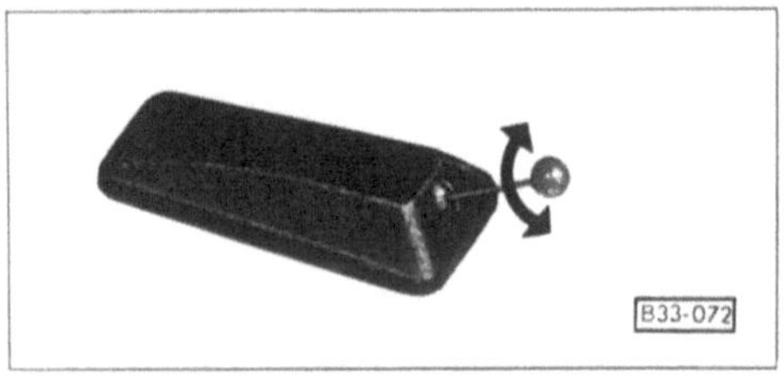

- Die Spritzrichtungen der Düsen können gegebenenfalls mit einem Dorn, ∅ 0,8 mm, korrigiert werden. Keine Nadel verwenden.

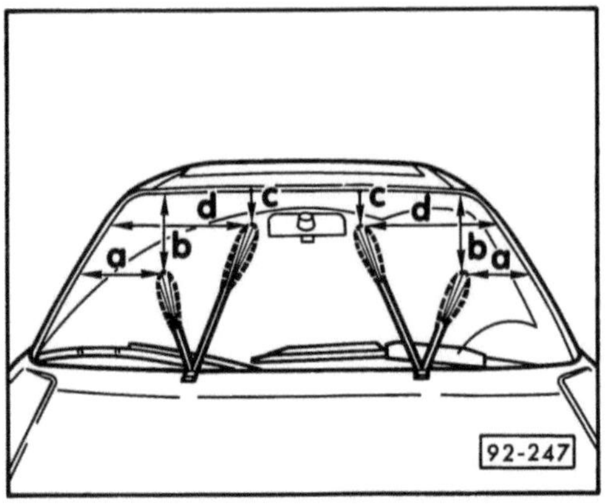

- Masse für Spritzstrahleinstellung: a = 200 mm, b = 450 mm, c = 220 mm, d = 480 mm.
- Die Düse kann mit Pressluft gereinigt werden.

Heckscheibe (Coupé)

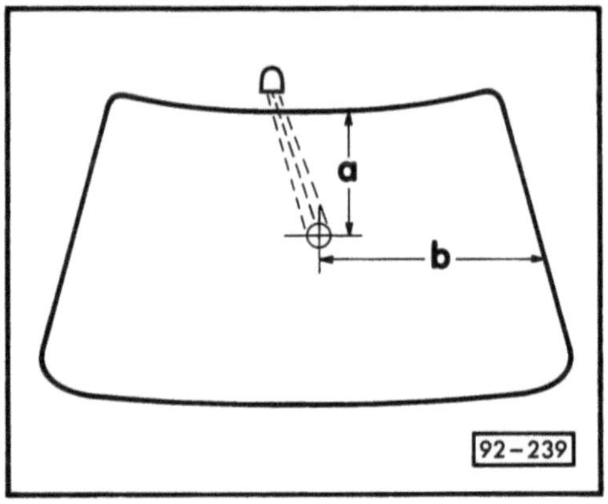

- Maß für Spritzstrahleinstellung: a = 300 mm, b = 550 mm.
- Die Düse kann mit Pressluft gereinigt werden.

Der Scheibenwischerantrieb

1 – **Wischerblatt**
2 – **Wischerarm**
3 – **Abdeckkappe**
4 – **Mutter, 16 Nm**
5 – **Scheibe**
6 – **Antriebsstange links**
Abhebeln; Kugelschalen mit MoS_2-Fett bestreichen.
7 – **Scheibenwischerrahmen**
8 – **Wischerlager**
9 – **Clip**
10 – **Kombischraube**
11 – **Wischermotor**
12 – **Gummiplatte**
13 – **Befestigungsschraube**
14 – **Kurbel**
15 – **Mutter, 22 Nm**
16 – **Niet**
17 – **Antriebsstange rechts**
Abhebeln; Kugelschalen mit MoS_2-Fett bestreichen.

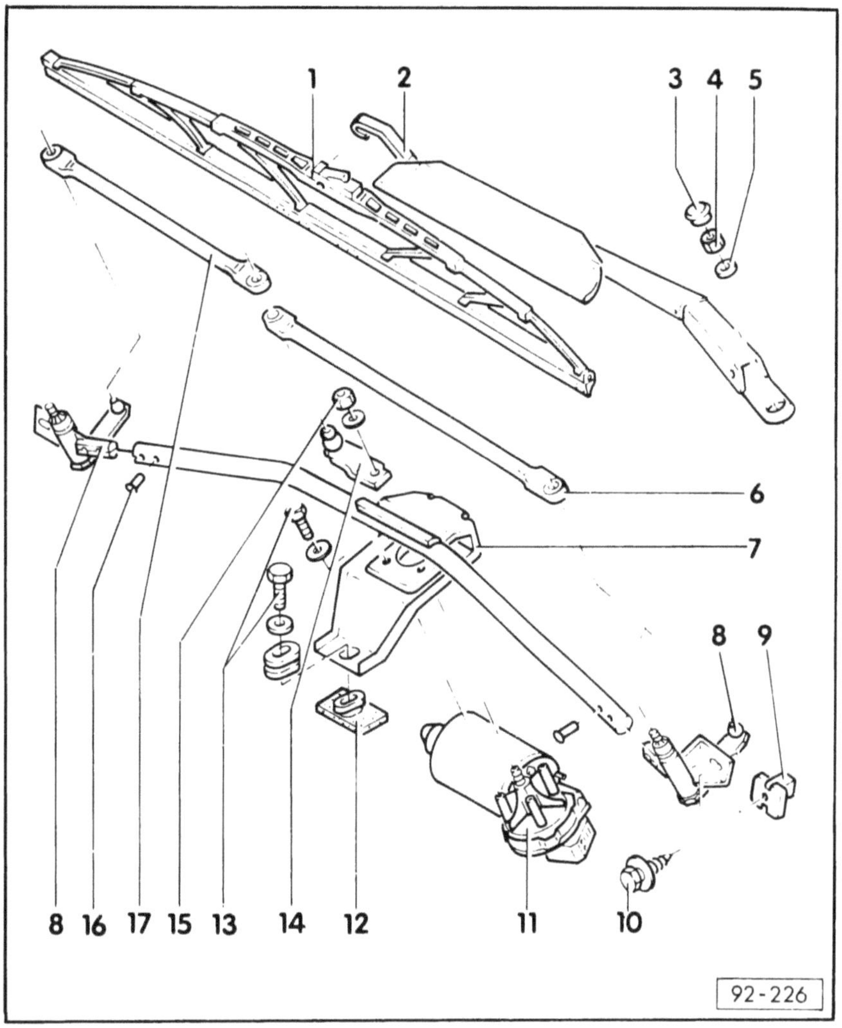

Scheibenwischermotor aus- und einbauen

Der Wischermotor wird komplett mit dem Rahmen ausgebaut. Dabei müssen die Wischerarme eine bestimmte Stellung einnehmen.

Vor dem Ausbau Lage der Wischerblätter auf der Scheibe mit Klebeband markieren.

Ausbau

- Zündung einschalten.

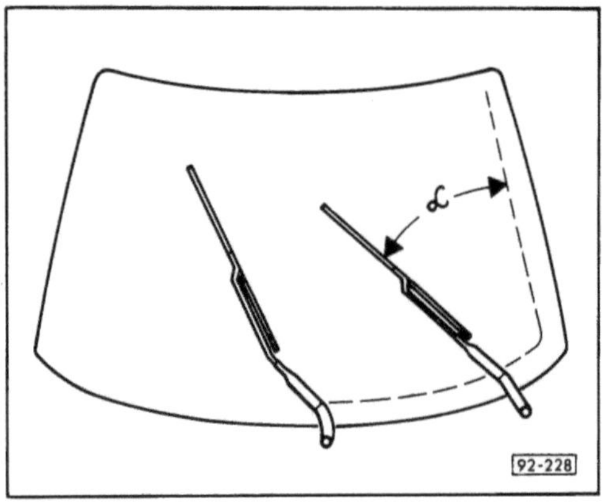

- Scheibenwischer laufen lassen, bis der linke Wischerarm einen Winkel von α = 45° einnimmt. In dieser Stellung Zündung ausschalten.
- Wischerarme abschrauben und von den Wischerachsen abziehen, vorher Abdeckkappen mit schmalem Schraubendreher abhebeln.
- Abdeckung für Wischermotor im Wasserkasten ausclipsen und herausnehmen.
- Wischerrahmen mit 3 Schrauben abschrauben und komplett mit Wischermotor herausnehmen.
- Mehrfachstecker abziehen.
- Antriebsstangen von der Kurbel abhebeln
- Motor vom Wischerrahmen abschrauben.
- Kurbel von der Motorachse abschrauben.

Einbau

- Wischermotor vor dem Einbau in Parkstellung bringen. Dazu Mehrfachstecker anschließen und Motor laufen lassen. Anschließend Motor mit Wischerschalter ausschalten und in Endstellung laufen lassen. Mehrfachstecker abziehen.

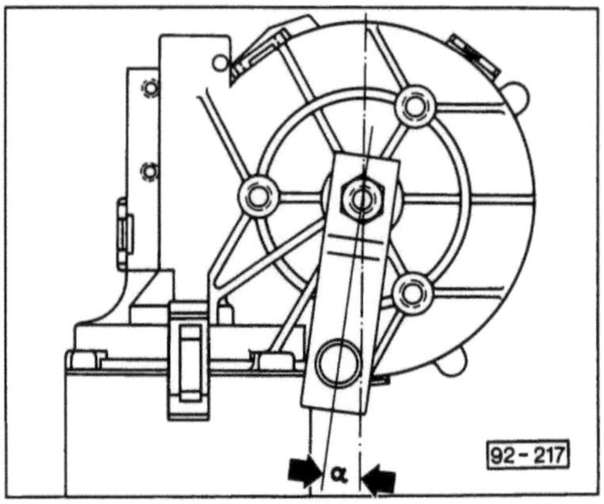

- Kurbel in einem Winkel von α = ca. 6° auf die Motorachse schieben und mit 22 Nm festschrauben.
- Wischermotor am Wischerrahmen anschrauben.
- Motorachse so verdrehen, daß die Antriebsstangen spielfrei aufgedrückt werden können.
- Motor mit Wischerrahmen einsetzen und festschrauben.
- Mehrfachstecker aufschieben und Wischermotor in Parkstellung laufen lassen.
- Abdeckung für Wasserkasten einsetzen.

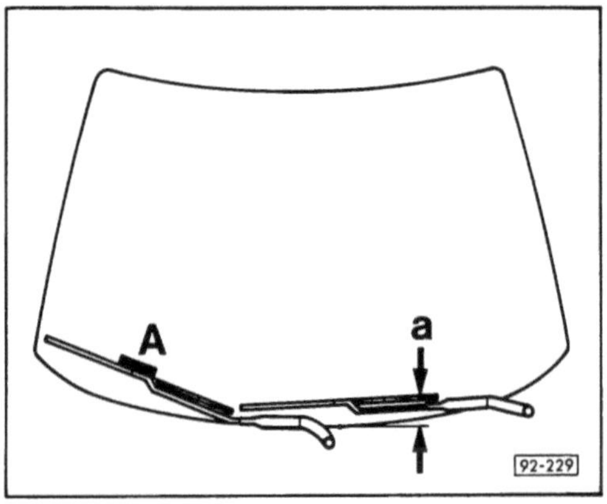

- Wischerarme entsprechend den vor dem Ausbau angebrachten Markierungen –A– auf die Wischerlager schieben und mit 16 Nm festschrauben. Für den linken Wischerarm soll das Maß a = 60 mm (Coupé: a = 65 mm) betragen.
- Abdeckkappen aufdrücken.
- Funktion der Wischeranlage überprüfen.

Störungsdiagnose Scheibenwischergummi

Wischbild	Ursache	Abhilfe
Schlieren Abb. 92-012	Wischgummi verschmutzt	■ Wischgummi mit harter Nylonbürste und einer Waschmittellösung reinigen
	Ausgefranste Wischlippen, Gummi ausgerissen oder abgenutzt	■ Wischgummi erneuern
	Wischgummi gealtert, rissige Oberfläche	■ Wischgummi erneuern
Im Wischfeld verbleibende Wasserreste ziehen sich sofort zu Perlen zusammen Abb. 92-013	Windschutzscheibe durch Lackpolitur, Öl oder Dieselrückstände verschmutzt	■ Windschutzscheibe mit sauberem Putzlappen und einem Fett-Öl-Silikonentferner reinigen
Wischerblatt wischt einseitig gut – einseitig schlecht, rattert Abb. 92-014	Wischgummi einseitig verformt, »kippt nicht mehr«	■ Neues Wischgummi einbauen
	Wischerarm verdreht, Blatt steht schief auf der Scheibe	■ Wischerarm vorsichtig verdrehen, bis richtige, senkrechte Stellung erreicht ist
Nicht gewischte Flächen	Wischgummi aus der Fassung herausgerissen	■ Wischgummi vorsichtig in die Fassung einsetzen
	Wischerblatt liegt nicht mehr gleichmäßig an der Scheibe an, da Federschienen oder Blech verbogen	■ Wischerblatt ersetzen. Dieser Fehler tritt vor allem bei unsachgemäßem Montieren eines Ersatzblattes auf
	Anpreßdruck zu gering	■ Wischerblattgelenke und Feder leicht einölen oder neues Wischerblatt einbauen

92-012

92-013

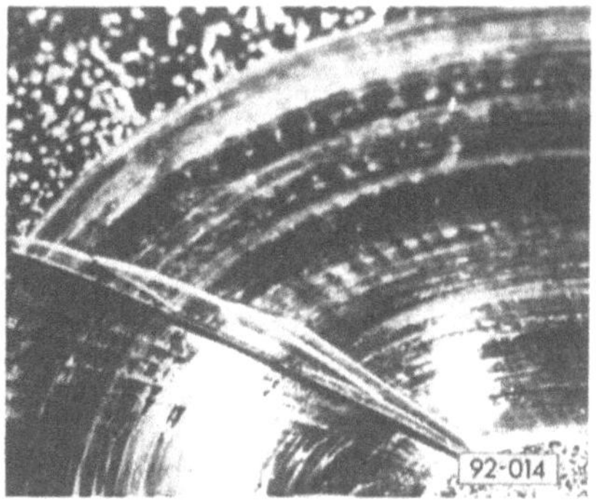
92-014

Die Wagenpflege

Fahrzeug waschen

- Verschmutzten Wagen möglichst umgehend waschen.
- Tote Insekten **vor** der Wagenwäsche einweichen und abwaschen.
- Reichlich Wasser verwenden.
- Weichen Schwamm oder sehr weiche Waschbürste mit Schlauchanschluß benutzen.
- Lackierung nicht scharf abspritzen, sondern nur abbrausen und Schmutz aufweichen lassen.
- Aufgeweichten Schmutz von oben nach unten mit reichlich Wasser abwaschen.
- Schwamm oft ausspülen.
- Zum Abtrocknen sauberes Leder verwenden.
- Nur gute, rückfettende Markenwaschmittel verwenden (falls überhaupt). Mit klarem Wasser gründlich nachspülen, um die Reste des Waschmittels zu entfernen.
- Zum Schutz der Lackierung kann dem Waschwasser ein Waschkonservierer beigegeben werden.
- Bei regelmäßiger Benutzung von Waschmitteln muß öfter konserviert werden.
- Wagen niemals in der Sonne waschen oder trocknen. Wasserflecken auf der Lackierung sind sonst unvermeidlich.
- Durch Streusalze besonders gefährdet sind alle innenliegenden Falze, Flansche und Fugen an Türen und Hauben. Diese Stellen müssen deshalb bei jedem Wagenwaschen – auch nach der Wäsche in automatischen Waschstraßen – mit einem Schwamm gründlich gereinigt und anschließend abgespült und abgeledert werden.
  Achtung: Nach der Wagenwäsche ergibt sich eine verringerte Bremswirkung durch Nässe. Deshalb Bremsscheiben kurz trockenbremsen.

  Durch Waschen allein lassen sich Teerspritzer, Ölspuren, Insekten und andere Verschmutzungen nicht immer entfernen. Grundsätzlich sollten derartige Verunreinigungen so bald wie möglich beseitigt werden, da sie sonst bleibende Lackschäden verursachen können. Anschließend sollte der Lack an diesen Stellen konserviert werden.

Lackierung pflegen

Konservieren

So oft wie möglich, soll die sauber gewaschene und getrocknete Lackierung mit einem Konservierungsmittel behandelt werden, um die Oberfläche durch eine porenschließende und wasserabweisende Wachsschicht gegen Witterungseinflüsse zu schützen.

Übergelaufenen Kraftstoff, übergelaufenes Öl oder Fett beziehungsweise übergelaufene Bremsflüssigkeit **sofort entfernen,** sonst kommt es zu Lackverfärbungen.

Das Konservieren muß wiederholt werden, wenn Wasser nicht mehr vom Lack abperlt, sondern großflächig verläuft. Regelmäßiges Konservieren bewirkt, daß der ursprüngliche Glanz der Lackierung sehr lange erhalten bleibt.

Eine weitere Möglichkeit, den Lack zu konservieren, bieten Wasch-Konservierer. Ein Meßbecher davon wird dem Waschwasser beigegeben (nachdem der Wagen zuerst mit reinem Wasser vom gröbsten Schmutz befreit wurde). Danach muß die Karosserie nur noch abgeledert werden.Wasch-Konservierer schützen die Lackierung jedoch nur ausreichend, wenn sie bei **jeder** Wagenwäsche verwendet werden und der zeitliche Abstand zwischen 2 Wäschen nicht mehr als 2 bis 3 Wochen beträgt. Nur Lackkonservierer verwenden, die Carnauba- oder synthetische Wachse enthalten.

Nach dem Anwenden von Waschmitteln (Schaumwäsche) ist eine Nachbehandlung mit einem Konservierungsmittel besonders zu empfehlen (Gebrauchsanweisung beachten).
Das Konservieren darf nicht in der prallen Sonne erfolgen.

Polieren

Das Polieren der Lackierung ist nur dann erforderlich, wenn der Lack infolge mangelhafter Pflege unter der Einwirkung von Straßenstaub, industriellen Abgasen, Sonne und Regen unansehnlich geworden ist und sich durch eine Behandlung mit Konservierungsmitteln kein Glanz mehr erzielen läßt.
Zu warnen ist vor stark schleifenden oder chemisch stark angreifenden Poliermitteln, auch wenn der erste Versuch damit noch so sehr zu überzeugen scheint.

Vor jedem Polieren muß der Wagen sauber gewaschen und sorgfältig abgetrocknet werden. Im übrigen ist nach der Gebrauchsanweisung für das jeweilige Poliermittel zu verfahren.

Die Bearbeitung soll in nicht zu großen Flächen erfolgen, um ein vorzeitiges Eintrocknen der Politur zu vermeiden. Bei manchen Poliermitteln muß anschließend noch konserviert werden. Nicht in der prallen Sonne polieren! Matt lackierte Teile dürfen nicht mit Konservierungs- oder Poliermitteln behandelt werden.

Leichtmetallteile an der Karosserie brauchen nicht besonders gepflegt zu werden.

Teerflecke

Teerflecke fressen sich innerhalb kurzer Zeit in den Lack ein und können dann nicht mehr vollkommen entfernt werden. Frische Teerflecke können mit einem in Waschbenzin getränkten weichen Lappen entfernt werden. Notfalls kann auch Tankstellenbenzin, Petroleum oder Terpentinöl verwendet werden. Sehr gut gegen Teerflecke eignet sich auch ein Lackkonservierer. Bei Verwendung dieses Mittels kann auf ein Nachwaschen verzichtet werden.

Insektenbefall

Die Reste von Insektenleichen tragen Stoffe in sich, die den Lackfilm beschädigen können, wenn sie nicht innerhalb kurzer Zeit entfernt werden. Einmal festgeklebt, lassen sie sich durch Wasser und Schwamm allein nicht entfernen, sondern müssen mit schwacher, lauwarmer Seifen- oder Waschmittel-Lösung abgewaschen werden. Es gibt auch spezielle Insekten-Entferner.

Zement-, Kalk- und andere Baumaterial-Spritzer

Spritzer jeglichen Baumaterials mit einer lauwarmen Lösung neutraler Waschmittel abwaschen. Nur leicht reiben, da sonst die Lackierung zerkratzt werden kann. Nach dem Waschen sorgfältig mit klarem Wasser nachspülen.

Kunststoffteile pflegen

Kunststoffteile, Kunstledersitze, Himmel, Leuchtengläser sowie mattschwarz gespritzte Teile mit Wasser und eventuell einem Shampoo-Zusatz säubern, Himmel nicht durchfeuchten. Kunststoffteile gegebenenfalls mit Kunststoffreiniger behandeln. Keinesfalls Lösungsmittel wie Nitroverdünner, Kaltreiniger oder Kraftstoff verwenden.

Reinigen der Scheiben

Fensterscheiben innen und außen mit sauberem, weichem Lappen abreiben. Bei starker Verschmutzung helfen Spiritus oder Salmiakgeist und lauwarmes Wasser, oder auch ein spezieller Scheibenreiniger. Beim Reinigen der Windschutzscheibe Scheibenwischerarm nach vorn klappen.

In manchen Lackpflegemitteln sind Silikone enthalten, welche die konservierende Wirkung unterstützen sollen. Gelangen Spuren davon auf die Windschutzscheibe, so bilden sich bei Regen Schlieren und Trübungen im Scheibenwischerfeld, die die Sicht und damit die Fahrsicherheit beeinträchtigen können. Mit einem auch gegen Silikone wirksamen Scheibenreiniger lassen sich diese Schlieren wieder beseitigen.

Bei der Reinigung der Windschutzscheibe sind auch die Wischerblätter zu säubern.

Achtung: Bei Verwendung silikonhaltiger Mittel dürfen die zur Reinigung der Lackierung verwendeten Waschbürsten, Schwämme, Lederlappen und Tücher nicht für die Scheiben verwendet werden. Beim Einsprühen der Lackierung mit silikonhaltigen Pflegemitteln sollten die Scheiben mit Pappe oder anderem Material abgedeckt werden.

Anbauteile pflegen

Leichtmetall-Scheibenräder mit Felgenreiniger besonders während der kalten Jahreszeit pflegen, jedoch keine aggressiven, säurehaltigen, stark alkalischen und rauhen Reinigungsmittel oder Dampfstrahler über 60° C verwenden.

Sicherheitsgurte nur mit milder Seifenlauge in eingebautem Zustand säubern, nicht chemisch reinigen, da dadurch das Gewebe zerstört werden kann. Automatikgurte nur in trockenem Zustand aufrollen und gegebenenfalls mit Gleitspray einsprühen, um das Zurücklaufen besonders am Umlenkbügel zu erleichtern. Gurtband nicht bei einer Temperatur von über 80° C oder direkter Sonneneinstrahlung trocknen.

Gummidichtungen pflegen

Sämtliche Gummidichtungen sollen von Zeit zu Zeit leicht mit Talkum eingepudert werden, um die gewünschte Geschmeidigkeit zu erhalten und an den Fensterabdichtungen ein gutes Gleiten zu erreichen.

Quietschende oder knarrende Geräusche, die an Gummidichtungen entstehen, können durch Einpudern der Dicht- und Gleitflächen mit Talkum oder Besprühen mit Silikonspray behoben werden. Auch das Einreiben der betreffenden Fläche mit Schmierseife beseitigt die Geräusche.

Unterbodenschutz/ Hohlraumkonservierung

Die gesamte Bodenanlage einschließlich der hinteren Radkästen ist mit PVC-Unterbodenschutz beschichtet. Die besonders stark gefährdeten Bereiche in den vorderen Radläufen sind mit Kunststoffschalen gegen Steinschlag geschützt. Sämtliche Hohlräume werden bei der Fertigung mit Spezialwachs geflutet. Darüber hinaus sind alle Karosserieteile aus beidseitig verzinktem Blech hergestellt. Vor der kalten Jahreszeit und nach einer Unterbodenwäsche sollte der Unterbodenschutz kontrolliert und mit einem Unterbodenschutzwachs nachkonserviert werden.

Im Schleuderbereich des Unterbaues können sich Staub, Lehm und Sand ablagern. Das Entfernen des angesammelten Schmutzes, der während der Winterzeit auch noch mit Salz angereichert sein kann, ist besonders wichtig. Wird der angesammelte Schmutz nicht restlos beseitigt, so besteht die Gefahr, daß diese Stellen ebenfalls nicht austrocknen. In allen Fällen kann dies zu einer von innen nach außen vordringenden Rostbildung führen, die auf die Dauer durch den aufgebrachten Korrosionsschutz nicht ganz verhindert werden kann.

Konservieren des Motorraumes

Zur Verhinderung von Korrosion am Vorderwagen (z. B. Seitenteile, Längsträger oder Abschlußblech) und des Antriebaggregates muß der Motorraum einschließlich der im Motorraum befindlichen Teile der Bremsanlage sowie der Vorderachselemente und der Lenkung mit einem hochwertigen Konservierungswachs eingesprüht werden. Vor allen Dingen natürlich nach einer Motorwäsche. **Achtung:** Vor der Motorwäsche Generator und Bremsflüssigkeitsbehälter mit Plastikhüllen abdecken. Die Lager des Generators sind zwar wassergeschützt, jedoch besteht bei einer Reinigung, zum Beispiel mit einem Dampfstrahlgerät, die Gefahr, daß die Lager durch fettlösende Zusätze ausgelaugt werden. Negative Erscheinungen, wie zum Beispiel Lagerlaufgeräusche oder sogar Ausfälle durch defekte Lager könnten die Folge sein.

Nach der Inbetriebnahme des Fahrzeugs kann es kurzzeitig zur Geruchsbelästigung kommen, da das Wachs an thermisch stark belasteten Teilen verbrennt. Nach dem Wachsauftrag alle Gelenke und Scharniere reinigen und mit einer MoS_2-Paste schmieren.

Polsterbezüge pflegen

Textilbezüge

Polsterbezüge mit Staubsauger absaugen oder mit einer nicht zu weichen Bürste ausbürsten. Bei starker Verschmutzung Textilbezüge mit Trockenschaum reinigen.

Fett- und Ölflecke mit Reinigungsbenzin oder Fleckenwasser behandeln. Das Reinigungsmittel darf aber nicht unmittelbar auf den Stoff gegossen werden, da sich sonst unweigerlich Ränder bilden. Fleck durch kreisförmiges Reiben von außen nach innen bearbeiten.
Andere Verschmutzungen lassen sich meistens mit lauwarmem Seifenwasser entfernen.

Kunstlederbezüge

Kunstlederbezüge besitzen eine schmutzabweisende Oberfläche. Besondere Pflegemittel sind hier nicht erforderlich. Bei normalen Verschmutzungen genügen folgende Reinigungsarten:

- Seifenlauge, hergestellt aus Wasser und einem handelsüblichen Feinwaschmittel.
- Reinigungslösung, hergestellt aus Wasser und einem handelsüblichen Kunstlederreiniger.

Eine weiche Bürste erleichtert das Entfernen des Schmutzes aus genarbten Oberflächen.

Lederbezüge

Bei starker Sonneneinstrahlung und längerer Standzeit Sitze und Kopfstützen abdecken, damit sie nicht ausbleichen.

Trikot- oder Wollappen mit Wasser leicht anfeuchten und Lederflächen säubern, ohne das Leder oder die Nahtstellen zu durchfeuchten. Anschließend das getrocknete Leder mit einem sauberen und weichen Tuch nachreiben.

Stärker verschmutzte Lederflächen können mit einem milden Feinwaschmittel ohne Aufheller (2 Eßlöffel auf 1 Liter Wasser) gereinigt werden. Fett- und Ölflecke vorsichtig ohne Reiben mit Reinigungsbenzin abtupfen.

Die gereinigten (lackierten) Lederpolster sollten anschließend mit einem handelsüblichen Pflegemittel für Lederflächen behandelt werden. Solche Mittel sind bei den Fachwerkstätten und im Autofachhandel erhältlich. Das Mittel vor Gebrauch gut schütteln und mit einem weichen Lappen dünn auftragen. Nach dem Eintrocknen mit einem sauberen und weichen Tuch nachreiben. Diese Behandlung empfiehlt sich bei normaler Beanspruchung alle 6 Monate.

Fahrzeug aufbocken

Für viele Wartungs- und Reparaturarbeiten muß das Fahrzeug aufgebockt beziehungsweise hochgehoben werden. In der Werkstatt wird der Wagen in der Regel mit der Hebebühne angehoben, man kann ihn jedoch auch mit dem Fahrzeug- oder Werkstatt-Wagenheber anheben. Grundsätzlich darf das Fahrzeug nur an den abgebildeten Aufnahmepunkten angehoben werden.

Bei Arbeiten unter dem Fahrzeug muß dieses, falls es nicht auf einer Hebebühne steht, auf vier stabilen Unterstellböcken stehen. **Auf keinen Fall dürfen Arbeiten unter dem Fahrzeug ausgeführt werden, wenn dieses nicht ausreichend gesichert ist.**

- Hebewerkzeuge zum Anheben des Fahrzeuges dürfen nur an den nachstehend gezeigten Stellen angesetzt werden, da sonst bleibende Verformungen am Fahrzeug nicht auszuschließen sind.

- Die Räder, die beim Anheben auf dem Boden stehen bleiben, mit Keilen gegen Vor- oder Zurückrollen sichern. Nicht auf die Feststellbremse verlassen, diese muß bei einigen Reparaturarbeiten gelöst werden.
- Fahrzeug nur auf ebener, fester Fläche aufbocken.

Achtung: Muß das Fahrzeug auf weichem Untergrund hochgebockt werden, müssen breite Bretter unter den Wagenheber und die Unterstellböcke gelegt werden, damit sich das Gewicht auf eine größere Fläche verteilt.

- Durch eine geeignete Gummi- oder Holzzwischenlage werden beim Anheben Beschädigungen an der Karosserie vermieden.
- Fahrzeug mit Unterstellböcken so abstützen, daß jeweils ein Bein seitlich nach außen zeigt.
- Das Fahrzeug darf nur in unbeladenem Zustand angehoben werden.

Achtung: Keinesfalls darf der Wagen an Motor- oder Getriebeteilen sowie an Vorder- oder Hinterachse angehoben oder abgestützt werden.

Anheb- und Aufbockpunkte

Bordwagenheber

- Wagenheber an einem der 4 Aufnahmepunkte so ansetzen, daß der Wagenheberfuß mit der großen Fläche auf der Fahrbahn aufliegt. Wagenheber also schräg nach außen ansetzen.
- Wagenheber hochkurbeln, bis das betreffende Rad frei ist.
- Fahrzeug mit Unterstellbock abstützen.

Hebebühne

- Anhebepunkte vorn an der Längsversteifung des Bodenbleches im Bereich der eingeprägten Markierung.

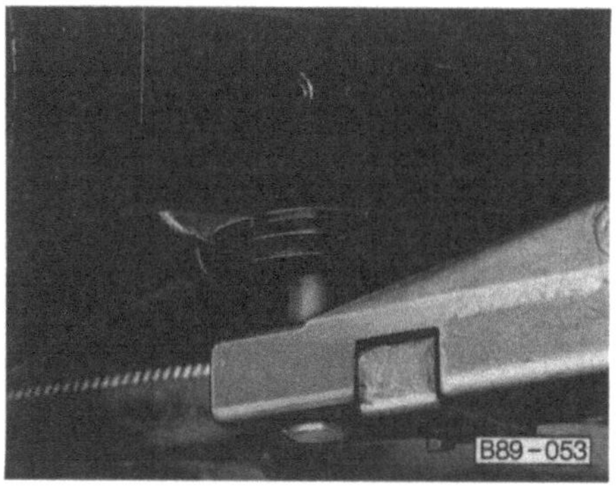

- Anhebepunkte hinten am Bodenblech.

Achtung: Die Befestigungslasche des Längslenkers darf vom Aufnahmeteller nicht berührt werden, da sonst die Radführung verändert werden könnte.

Das Werkzeug

Das Spezialwerkzeug

Der Aufwand an Werkzeug richtet sich ganz nach dem Umfang der Arbeiten, die am AUDI 80/90 ausgeführt werden sollen. Neben einer Grundausstattung ist in jedem Fall ein Drehmomentschlüssel empfehlenswert.

Gutes und stabiles Werkzeug wird von der Firma Hazet (42804 Remscheid, Postfach 100461) angeboten. In den Tabellen sind die Werkzeuge mit der Hazet-Bestellnummer aufgeführt. Vertrieben wird das Werkzeug über den Fachhandel.

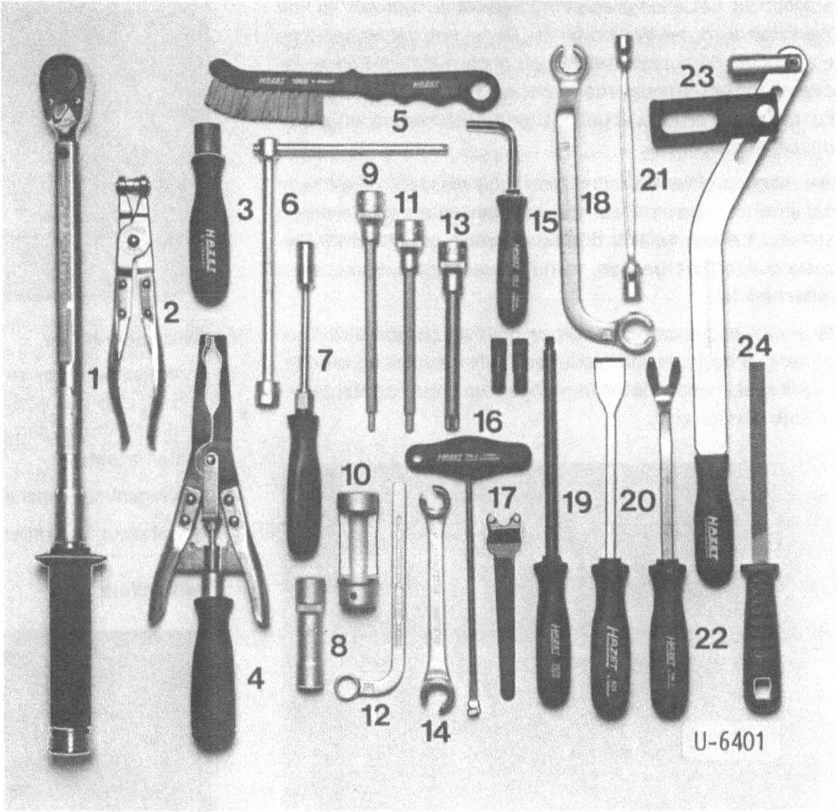

Werkzeug	Abb.	HAZET-Nr.
Drehmomentschlüssel 20-200 Nm	1	6122-1CT
Schlauchklemmenzange für Federbandschellen	2	798-5
Aufdrücker für Ventilschaftabdichtungen	3	2577
Schlag-Ausziehzange für Ventilschaftabdichtungen	4	791-2
Drahtbürste für Bremssättel	5	1968
Steckschlüssel für Generatorhalter und Kühlmittelpumpe (Diesel)	6	2528-13
Steckschlüssel für Innenverkleidungen, 8 mm	7	425-8
Steckschlüssel-Einsatz für Türschließzapfen	8	2564
Schraubendreher-Einsatz für Innensechskant-Schrauben 5 mm an der Ölwanne	9	986 Lg-5
Steckschlüssel-Einsatz für Einbau Federbein	10	2593-22
Schraubendreher-Einsatz, 6 mm für Ansaugkrümmerschrauben ohne Abbau des Abgaskrümmers	11	986 Slg-6
Einseitiger Ringschlüssel für Befestigungsschrauben an der Diesel-Einspritzpumpe, Wechsel des Zahnriemens, Türeinstellung	12	4561

Werkzeug	Abb.	HAZET-Nr.
Schraubendreher-Einsatz für Innenvielzahnschrauben M 12 (Zylinderkopfschrauben)	13	990 Slg-12
Offener-Doppelringschlüssel, 12 mm für Glühkerze am Dieselmotor	14	612-12x14
Winkelschraubendreher als Gegenhalter zum Aus- und Einbauen der vorderen Federbeine	15	2110-7
Hakenschlüssel für Auspuffgummi	16	2184-2
Zweilochmuttern-Dreher für Spannrolle des Zahnriemens	17	2587
Offener-Doppelringschlüssel für Einspritzleitungen	18	4560
Führungsbolzen-Satz zum Zentrieren der Zylinderkopfdichtung	19	2570/5
Flachschaber für Dichtungsreste	20	824
Gegenhalter zum Aus- und Einbau der hinteren Federbeine	21	2594
Ausdrücker für Türverkleidung (beim AUDI 80/90 ab '87 nicht erforderlich)	22	799-3
Ventilfeder-Spanner	23	2577-2
Bremssattelfeile	24	1968-1

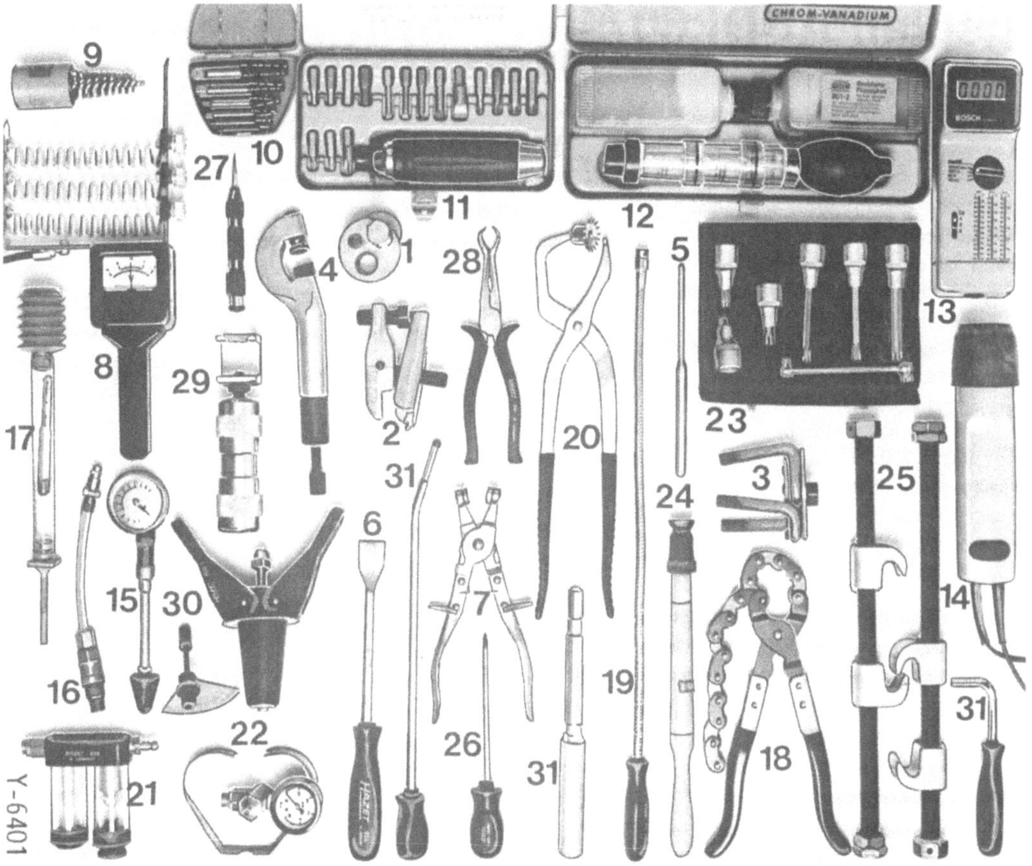

Werkzeug	Abb.	HAZET-Nr.
Stehbolzenausdreher	1	845
Ausdrücker für Spurstangen-köpfe	2	779
Ölfilterschlüssel	3	2172
Hydraulischer Muttersprenger	4	846-22
Splinttreiber für Sicherungsstifte	5	748Lgb-4
Flachschaber zur Beseitigung von Dichtungsrückständen an Zylinderkopf und Motorblock	6	824
Spezialzange für Federband-schellen	7	798-4
Batterietester	8	802-53
Pol- und Klemmenreinigungs-bürste	9	802-4
Schraubenausdreher für verschiedene Schrauben	10	840/8
Schlag-Schraubendreher	11	2272
Zylinderkopf-Dichtgkeits-prüfgerät	12	801/3
Pocket-Motortester[1]	13	BOSCH
Zündzeitpunkt-Stroboskop[1]	14	BOSCH
Kompressionsdruckprüfer	15	–
Druckluftadapter zum Ersetzen der Ventilschaftabdichtungen[1]	16	3428
Batteriesäureprüfer	17	802-1
Ketten-Abgasrohrschneider	18	2182

Werkzeug	Abb.	HAZET-Nr.
Magnet-Sucher	19	1976
Bremsfederzange	20	797
Prüfgerät zum Erkennen von Lecks zwischen Verbrennungs-raum und Kühlsystem	21	809[2]
Gerät zum Überprüfen des Kühlsystems	22	808[2]
Schraubendrehereinsätze für Innenvielzahnschrauben	23	3090
Ventileinschleifer	24	795
Federspanner[2]	25	–
Ausdreher für Sicherungskappen am Vergaser	26	4518
Sebstschlagender Körner	27	747
Zündkerzensteckerzange	28	1849
Schlag-Ausziehgerät für Scheibenwischerarme	29	1966-5
Winkelmeßgerät für Drossel-klappeneinstellung bei K-/KE-Jetronic	30	4502
Einschlagdorn für Eingriff-sicherungen am Vergaser	31	4519-1
Zentrierdorn für Kupplungsscheibe	31	–
Inbusschlüssel, 7 mm	31	2110-7

[1]) Nur für Benzinmotor
[2]) Nicht mehr im HAZET-Werkzeugprogramm

Wartungsplan AUDI 80/90

Pflegedienst

Der Pflegedienst ist für den **Benzinmotor alle 15000 km,** beziehungsweise **mindestens einmal im Jahr** durchzuführen. Beim **Dieselmotor** ist der Pflegedienst **alle 7500 km** erforderlich. Bei erschwerten Betriebsbedingungen, wie überwiegend Stadt- und Kurzstreckenverkehr, häufigen Gebirgsfahrten, Anhängerbetrieb und staubigen Straßenverhältnissen, Pflegedienst alle 5000 km durchführen.

■ Motor: Öl- und Filterwechsel.

■ Kraftstoffilter: Entwässern (nur Dieselmotor)

■ Scheibenbremsbeläge: Dicke prüfen

Wartung

Die Wartung ist in folgenden Abständen durchzuführen: Alle 12 Monate die mit ● gekennzeichneten Positionen und alle 30000 km sämtliche aufgeführten Wartungspunkte (● und **■).**

Motor

● Motor: Öl wechseln, Ölfilter ersetzen.

● Kühl- und Heizsystem: Flüssigkeitsstand prüfen, Konzentration des Frostschutzmittels prüfen. Sichtprüfung auf Undichtigkeiten und äußere Verschmutzung des Kühlers.

● Abgasanlage: Auf Beschädigungen prüfen.

● Motor: Sichtprüfung auf Ölundichtigkeiten.

● Leerlaufdrehzahl: Prüfen, gegebenenfalls einstellen.

● Benzinmotor: CO-Gehalt bei betriebswarmem Motor prüfen und auf Sollwert einregulieren.

● Dieselmotor: Kraftstoffilter entwässern.

■ Kraftstoffilter: Ersetzen (Diesel- und Vergasermotor).

■ Trockenluftfilter: Filtereinsatz erneuern.

■ Zahnriemen: Zustand und Spannung prüfen (nur Dieselmotor).

■ Keilriemen: Spannung und Zustand von allen Riemen prüfen.

■ Zündkerzen: Erneuern.

■ Kompression: Prüfen.

Getriebe, Achsantrieb

● Gelenkschutzhüllen: Auf Undichtigkeiten und Beschädigungen prüfen.

● Automatisches Getriebe: Flüssigkeitsstand prüfen, gegebenenfalls ATF auffüllen.

■ Schaltgetriebe: Sichtprüfung auf Undichtigkeiten.

■ Hinterachsgetriebe: Sichtprüfung auf Undichtigkeiten (nur Allrad).

■ Automatisches Getriebe: ATF wechseln, Ölwanne und Ölsieb reinigen, Ölwannendichtung ers. (alle 60000 km).

Vorderachse und Lenkung

● Spurstangenköpfe: Spiel und Befestigung prüfen, Staubkappen prüfen.

● Achsgelenke: Staubkappen auf Undichtigkeiten und Beschädigungen prüfen.

● Lenkung: Spiel prüfen, Faltenbälge auf Undichtigkeiten und Beschädigungen prüfen.

■ Servolenkung: Flüssigkeitsstand prüfen, gegebenenfalls Hydrauliköl auffüllen.

Aufbau

● Türfeststeller: Schmieren.

■ Unterbodenschutz und Hohlraumkonservierung: Prüfen.

■ Sicherheitsgurte: Auf Beschädigungen prüfen.

■ Schiebedach: Führungsschienen reinigen und mit Silikon-Gleitspray einsprühen. Wasserablauflöcher reinigen.

■ AUDI Coupé: Heckklappe einstellen.

■ Schließzylinder: Mit Fettspray G 000 400 01 schmieren.

■ Staub- und Pollenfilter (wo vorhanden): erneuern.

Bremsen, Reifen, Räder

● Bremsanlage: Leitungen, Schläuche, Bremszylinder und Anschlüsse auf Undichtigkeiten und Beschädigungen prüfen.

● Bremsflüssigkeitsstand: Prüfen, ggf. auffüllen.

● Scheibenbremse: Belagstärke der vorderen und hinteren Bremsbeläge prüfen.

● Bereifung: Profiltiefe und Reifenfülldruck prüfen; Reifen auf Verschleiß und Beschädigungen (einschließlich Reserverad) prüfen.

Elektrische Anlage

● Alle Stromverbraucher: Funktion prüfen.

● Beleuchtungsanlage: Prüfen, gegebenenfalls Scheinwerfer einstellen.

● Signalhorn: Prüfen.

● Scheibenwischer: Wischergummis auf Verschleiß prüfen.

● Scheibenwaschanlage: Funktion prüfen, Düsenstellung kontrollieren, Flüssigkeit nachfüllen, Scheinwerfer-Waschanlage prüfen.

● Batterie: Spannung und Säurestand prüfen.

Alle 2 Jahre

■ Bremsflüssigkeit: Erneuern.

Stromlaufpläne

Der Umgang mit dem Stromlaufplan

In einem Personenwagen werden bis zu 1000 Meter Leitungen verlegt, um alle elektrischen Verbraucher (Scheinwerfer, Radio usw.) mit Strom zu versorgen.

Will man einen Fehler in der elektrischen Anlage aufspüren oder nachträglich ein elektrisches Zubehör montieren, kommt man nicht ohne Stromlaufplan aus; anhand dessen der Stromverlauf und damit die Kabelverbindungen aufgezeigt werden. Grundsätzlich muß der betreffende Stromkreis geschlossen sein, sonst kann der elektrische Strom nicht fließen. Es reicht beispielsweise nicht aus, wenn an der Plusklemme eines Scheinwerfers Spannung anliegt, wenn nicht gleichzeitig über den Masseanschluß der Stromkreis geschlossen ist.

Deshalb ist auch das Massekabel der Batterie mit der Karosserie verbunden. Mitunter reicht diese Masseverbindung jedoch nicht aus, und der betreffende Verbraucher bekommt eine direkte Masseleitung, deren Isolierung in der Regel braun eingefärbt ist. In den einzelnen Stromkreisen können Schalter, Relais, Sicherungen, Meßgeräte, elektrische Motoren oder andere elektrische Bauteile integriert sein. Damit diese Bauteile richtig angeschlossen werden können, haben die einzelnen Kontakte entsprechende Klemmenbezeichnungen.

Um das Kabelgewirr zumindest auf dem Stromlaufplan übersichtlich zu ordnen, sind die einzelnen Strompfade senkrecht nebeneinander angeordnet und durchnumeriert.

Die senkrechten Linien münden oben in einem meist grau unterlegtem Feld. Dieses Feld symbolisiert die Relaisplatte mit Sicherungshalter und damit die plusseitigen Anschlüsse des Stromkreises. Allerdings befindet sich in der Relaisplatte auch eine interne Masseleitung (Klemme 31). Die feinen Striche in dem Feld machen deutlich, wie und welche Stromkreise intern in der Relaisplatte miteinander verschaltet sind. Unten mündet der Stromkreis auf einer waagerechten Linie, die den Masseanschluß symbolisiert. Die Masseverbindung wird normalerweise direkt über die Karosserie hergestellt oder aber über eine Leitung von einem an der Karosserie angebrachten Massepunkt.

Wenn der Stromkreis durch ein Quadrat unterbrochen wird, in dem eine Zahl steht, weist die Ziffer auf den Strompfad hin, in dem der Stromkreis weitergeführt wird.

Am sinnvollsten geht man bei der Benutzung des Stromlaufplanes folgendermaßen vor:

Zuerst sucht man in der Legende das betreffende Bauteil, zum Beispiel den Schalter für das Frischluftgebläse. In der rechten Spalte neben der Bauteil-Benennung wird dann der entsprechende Strompfad mit einer Nummer angezeigt, die im Stromlaufplan unten auf der waagerechten Linie wieder auftritt.

Um den Stromlaufplan lesen zu können, ist die Kenntnis einiger Bauteil-Bezeichnungen erforderlich, außerdem sollte man die wichtigsten Schaltzeichen kennen.

Die Kennbuchstaben der wichtigsten Bauteile sind:

Kennbuchstabe	Bauteil
A	Batterie
B	Anlasser
C	Drehstromgenerator
D	Zündanlaßschalter
E	Schalter für Handbedienung,
F	Mechanische Schalter
G	Geber, Kontrollgeräte
H	Horn, Doppeltonhorn, Fanfare
J	Relais, Steuergerät
K, L, M, W, X	Kontrollampen, Lampen, Leuchten
N	Elektroventile, Widerstände, Schaltgeräte
O	Zündverteiler
P, Q	Zündkerzenstecker, Zündkerzen
R	Radio
S	Sicherungen
T	Steckverbindungen
V	Elektromotoren

Zur genaueren Unterscheidung werden zu den Kennbuchstaben noch Zahlen angefügt.

Relais und elektronische Steuergeräte sind in der Regel grau unterlegt. Die darin eingezeichneten Linien sind interne Verdrahtungen. Sie zeigen, wie Relais und andere elektrische/ elektronische Bauteile sowohl zueinander als auch auf der Relaisplatte verschaltet sind.

Eine Ziffer im schwarzen Quadrat kennzeichnet den Relaisplatz auf der Relaisplatte mit Sicherungshalter. Direkt am eingezeichneten Relais befindet sich die Kontaktbezeichnung.
Beispiel: Lautet die Kontaktbezeichnung im Stromlaufplan 17/87, dann ist 17 die Bezeichnung der Klemme auf der Relaisplatte, 87 ist die Bezeichnung der Klemme am Relais/ Steuergerät.

Die Bezeichnung der Klemmen ist nach DIN genormt. **Die wichtigsten Klemmenbezeichnungen sind:**

Klemme 15 wird über das Zündschloß gespeist. Die Leitungen führen nur bei eingeschalteter Zündung Strom. Die Kabel sind meist grün oder mit farbigem Streifen.

Klemme X führt ebenfalls nur bei eingeschalteter Zündung Strom, dieser wird jedoch unterbrochen, wenn der Anlasser betätigt wird. Dadurch ist sichergestellt, daß während des Startvorganges der Zündanlage die volle Batterieleistung zur Verfügung steht. Alle größeren Stromaufnehmer liegen in diesem Stromkreis. Das Fernlicht wird ebenfalls über diese Klemme mit Strom versorgt. So wird bei eingeschaltetem Fernlicht und ausgeschalteter Zündung automatisch auf Standlicht umgeschaltet.

Klemme 30. An dieser Klemme liegt immer die Batteriespannung an. Die Kabel sind meist rot oder rot mit farbigem Streifen.

Klemme 31 führt zur Masse. Die Masse-Leitungen sind in der Regel braun.

Im Stromlaufplan sind in den einzelnen Leitungen Ziffern und darunter Buchstabenkombinationen eingefügt.

Beispiel: **1,5**
ws/ge

Die Ziffern geben an, welchen Leitungsquerschnitt die Leitung hat. Die Buchstaben weisen auf die Leitungsfarben hin. Besteht die Kennzeichnung aus zwei Buchstabengruppen, die durch einen Schrägstrich getrennt sind, wie im Beispiel, dann nennt die erste Buchstabenfolge die Leitungsgrundfarbe: ws = weiß und die zweite: ge = gelb – die Zusatzfarbe. Da es vorkommt, daß gleichfarbige Leitungen für verschiedene Stromkreise verwendet werden, empfiehlt es sich, die Farbkombination an den betreffenden Anschlußklemmen zu kontrollieren. Weiße Leitungen sind zur Unterscheidung zusätzlich mit einer Kennummer versehen, die im Stromlaufplan unter der Farbkennzeichnung steht.

Schlüssel für Leitungsfarben

bl = blau
br = braun
ge = gelb
gn = grün
gr = grau
rt = rot
sw = schwarz
li = lila
ws = weiß

Leitungen, die mittels Einzel- oder Mehrfachsteckverbindungen miteinander verbunden sind, haben zum Buchstaben »T« für die Steckverbindung eine zusätzliche Ziffern-Kombination. Beispiel: T2p = Zweifachstecker, T32/27 = 32fach Steckverbindung mit Kontaktpunkt 27.

Im Stromlaufplan sind alle Verbraucher und Schalter in Ruhestellung gezeichnet. Der geänderte Stromverlauf nach Betätigung eines Schalters wird hier am Beispiel eines Zweistufen-Schalters erläutert:

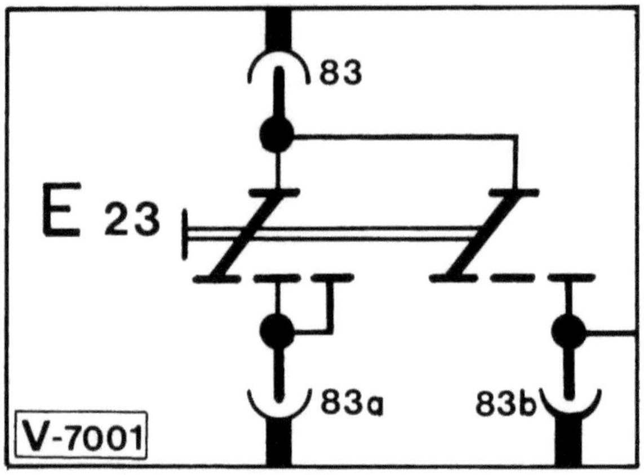

Wird am Schalter E23 die erste Stufe gedrückt, fließt der Strom von der Klemme 83 kommend über die Klemme 83a. Die zweite Brücke rückt eine Stufe weiter, jedoch ohne eine Verbindung herzustellen. Erst beim Drücken der zweiten Schalterstufe rückt die zweite Brücke von der internen Leitung 83 auf 83b und gibt den Strom über 83b weiter. Dabei bleibt über eine interne Verbindung im Schalter, der Stromfluß der ersten Schalterstufe über 83a bestehen.

Stromlaufpläne

Modelljahr 1991

Wegen des großen Umfangs können nicht alle Stromlaufpläne aus jedem Modelljahr berücksichtigt werden. Jedoch können sich auch Fahrzeugbesitzer älterer Modelle an den vorliegenden Plänen orientieren, da die laufenden Änderungen nur Detailbereiche betrafen.

Zuordnung der Stromlaufpläne

Motor		Stromlaufplan
66 kW (90 PS) Mono-Motronic	PM	1–30
125 kW (160 PS) 5-Zylinder MPI	7A	1, 3, 7–12, 15-17, 19-30
Alle anderen Motoren AUDI 80/90 außer Coupé		1, 3, 7–12, 15–17, 19–30

Schaltzeichen für Stromlaufpläne

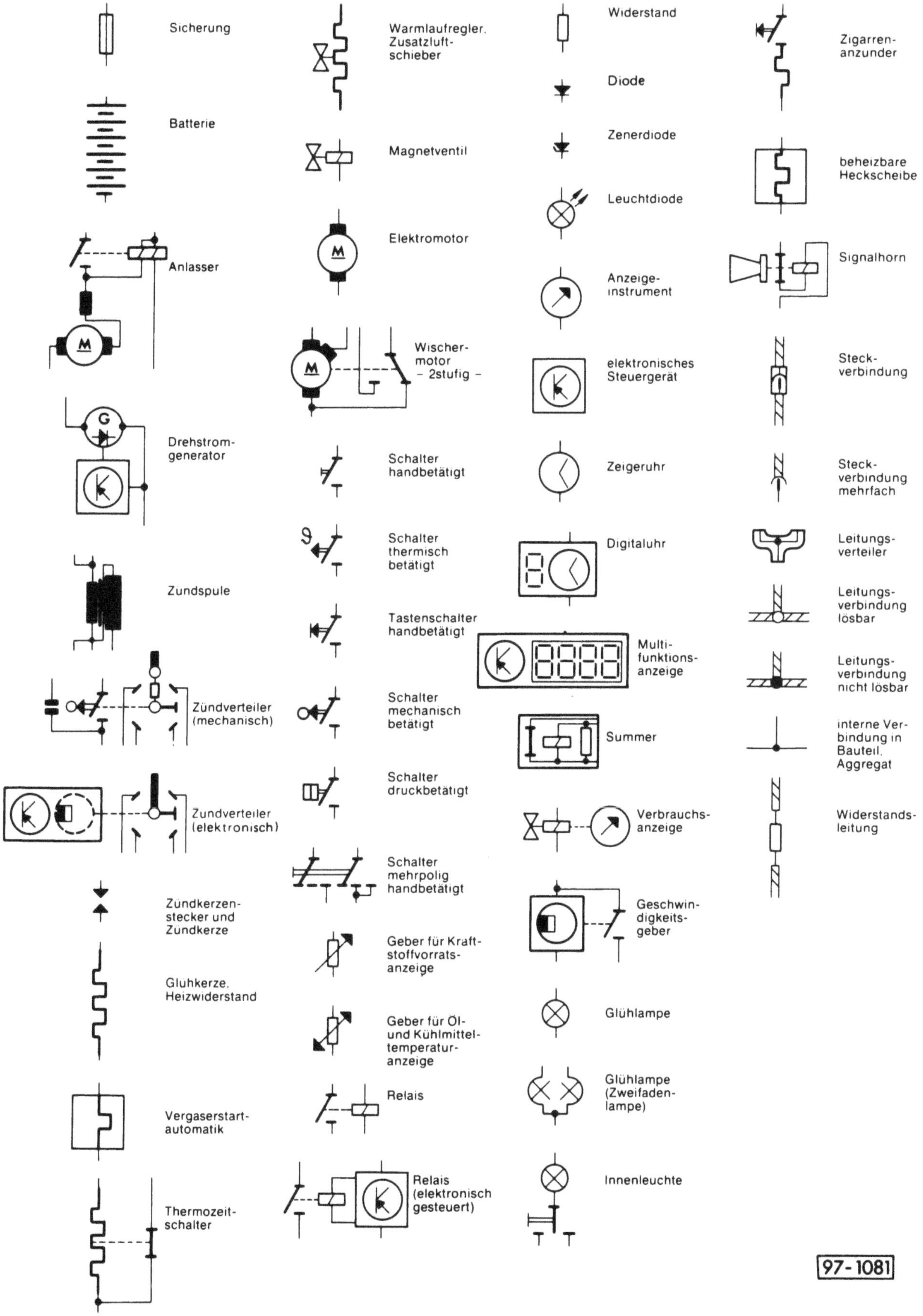

97-1081

Gebrauchsanleitung für Stromlaufpläne

Hinweis:
Alle Schalter und Kontakte sind in mechanischer Ruhestellung gezeichnet

Klemmenbezeichnung
15 – bei eingeschalteter Zündung liegt Batteriespannung an.

Interne Verbindungen (dünne Striche). Diese Verbindungen sind nicht als Leitungen vorhanden. Sie sind jedoch elektrisch leitende Verbindungen. Sie ermöglichen die Verfolgung des Stromverlaufes innerhalb von Bauteilen.

Dieses Feld kennzeichnet die Relaisplatte mit Sicherungshalter.

Kontaktbezeichnung am Relais/Steuergerät und auf der Relaisplatte/Zusatzrelaisträger – z. B.: 17/87 = auf der Relaisplatte

Die Buchstaben-Zahlenkombination an den Anschlüssen gibt die Belegung der Leitungen in den Mehrfach- bzw. Einzelsteckverbindungen an.
Z. B.: B 15 a – Mehrfachsteckverbindung B, Kontakt 15 a.

Zahlen in Quadraten kennzeichnen eine Unterbrechung der Leitung und geben an, in welchem Strompfad diese weitergeführt wird.

Relaisplatz-Nummer kennzeichnet den Relaisplatz auf der Relaisplatte bzw. auf dem Zusatzrelaisträger

Schaltzeichen hier Schalter für Rückfahrleuchte

Buchstaben/Zahlenkombination kennzeichnen Steckverbindungen, hier T 4 – Steckverbindung 4-fach. Lautet die Bezeichnung der Steckverbindung: T 14/12, bedeutet T 14: 14-fach-Steckverbindung, 12 = Kontakt 12

Leitungsquerschnitt in mm^2.

Leitungsfarbe entspricht der Leitungsfarbe im Auto, hier: grün/weiß.

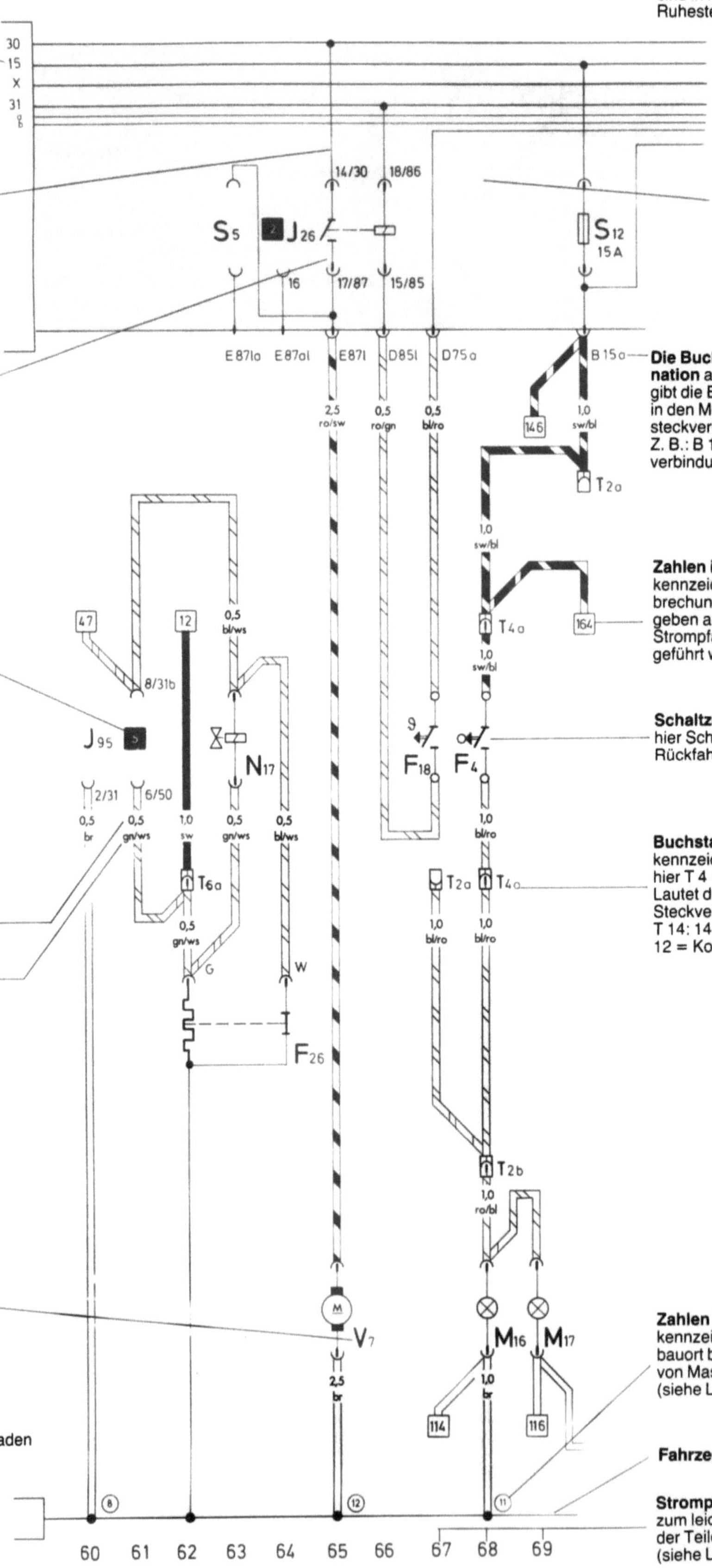

Teile-Bezeichnung
Damit findet man in der Legende, wie das als Schaltzeichen dargestellte Bauteil heißt, hier – Lüfter für Kühlmittel.

Zahlen in den Kreisen kennzeichnen den Einbauort bzw. die Lage von Masseanschlüssen (siehe Legende).

Fahrzeugmasse

Strompfadnummern zum leichteren Auffinden der Teile im Stromlaufplan (siehe Legende).

Bezeichnung der Teile, deren Schaltzeichen sich in den Strompfaden darüber finden.

Lüfter für Kühlmittel

Masseverbindungen

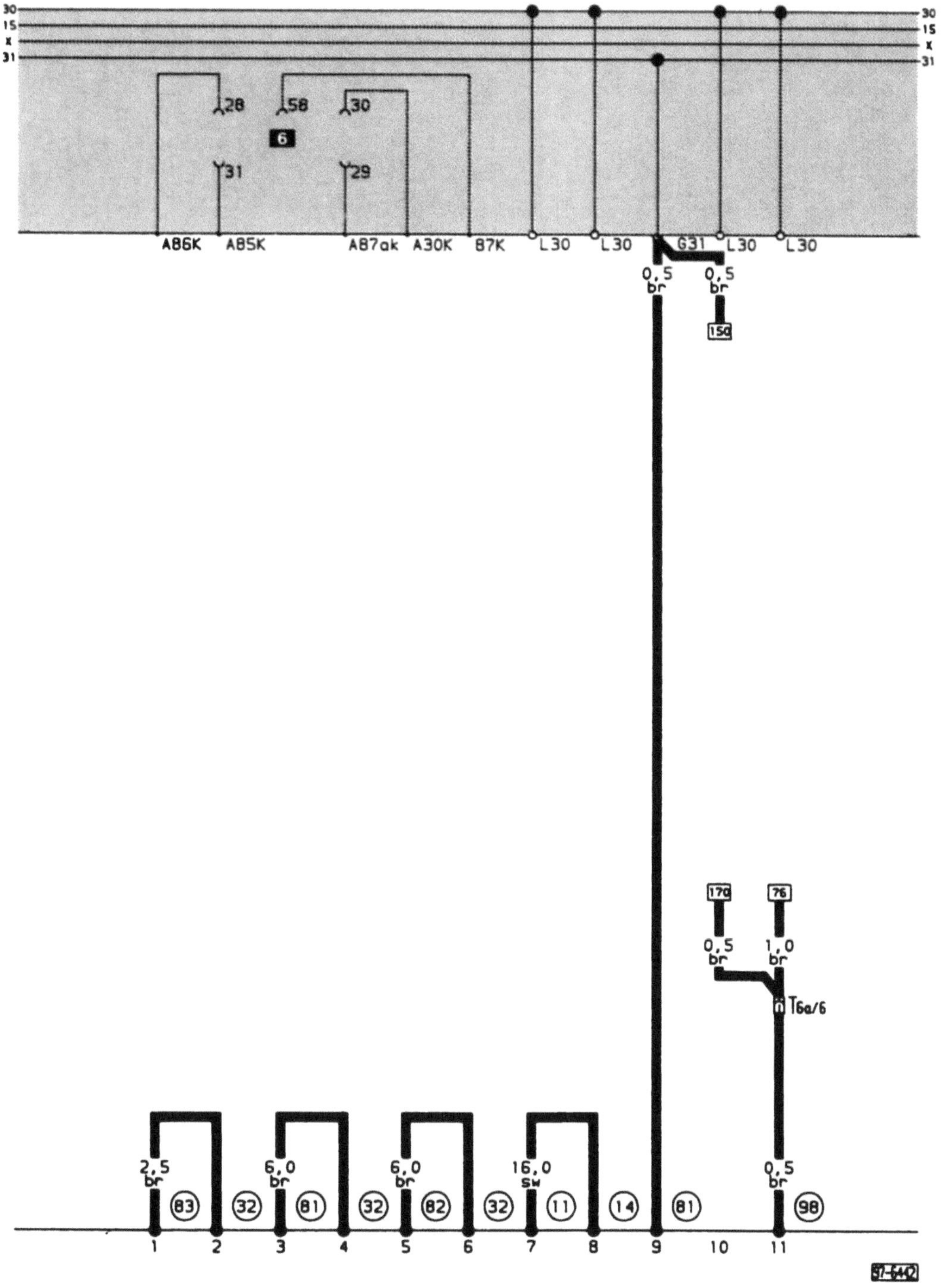

T 6a	– Steckverbindung 6-fach, weiß, im Kofferraum links	11
(11)	– Massepunkt im Batteriekasten	7
(14)	– Massepunkt am Getriebe	8
[32]	– Massepunkt hinter Schalttafel links	2,4,6
[81]	– Masseverbindung im Schalttafelleitungsstrang	3,9
[82]	– Masseverbindung im Leitungsstrang vorn links	5
[83]	– Masseverbindung im Leitungsstrang vorn rechts	1
[98]	– Masseverbindung im Leitungsstrang Heckklappe	11

Batterie,
Anlasser,
Drehstromgenerator

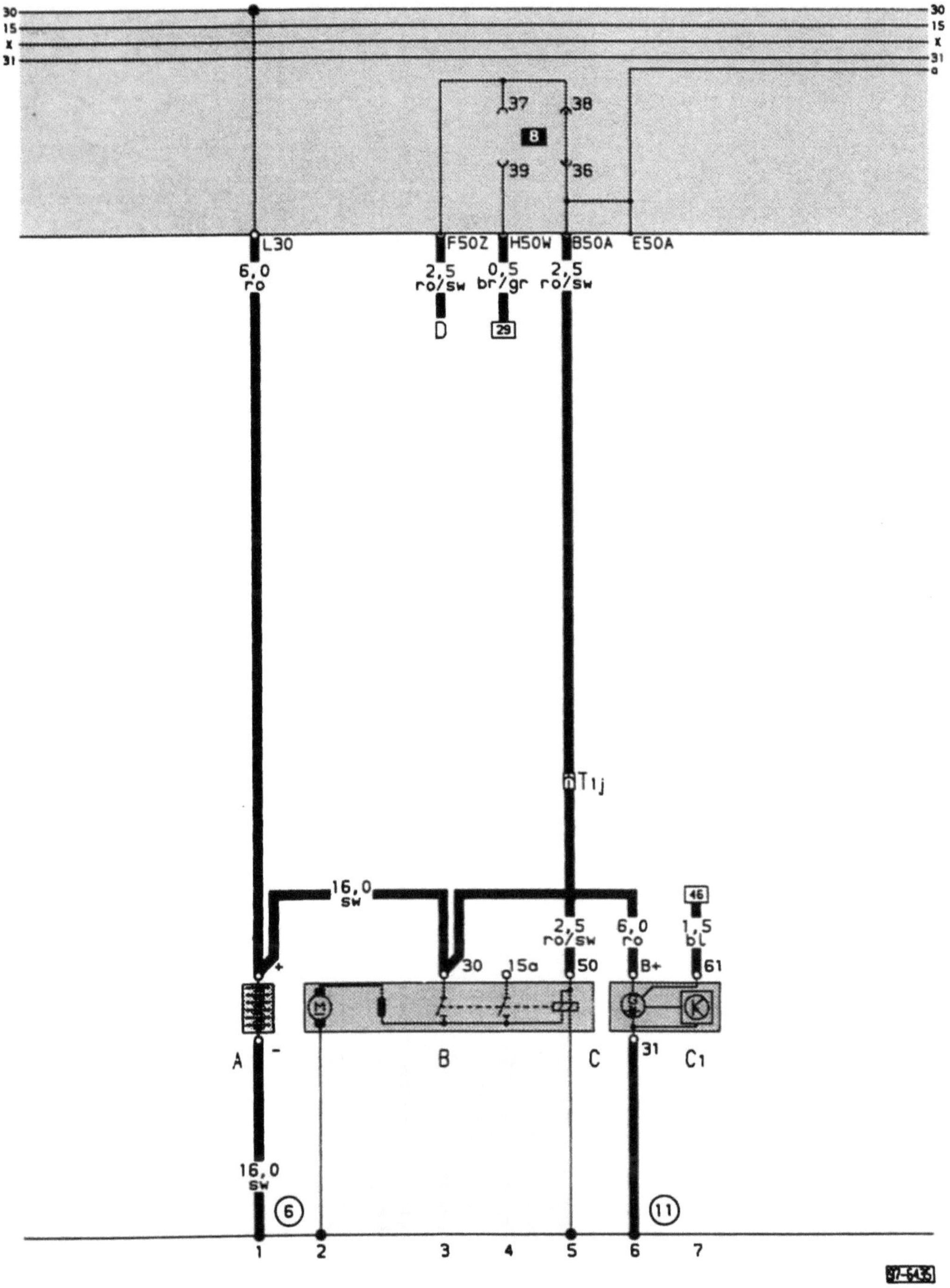

A	– Batterie	1
B	– Anlasser	2–5
C	– Drehstromgenerator	6
C 1	– Spannungsregler	7
D	– Zündanlaßschalter	3
T 1j	– Steckverbindung 1-fach, an der Spritzwand rechts	5
[6]	– Masseband Motor/Generator	1
[11]	– Massepunkt im Batteriekasten	6

Zündanlaßschalter,
Warnsummer für Standlicht und Radio

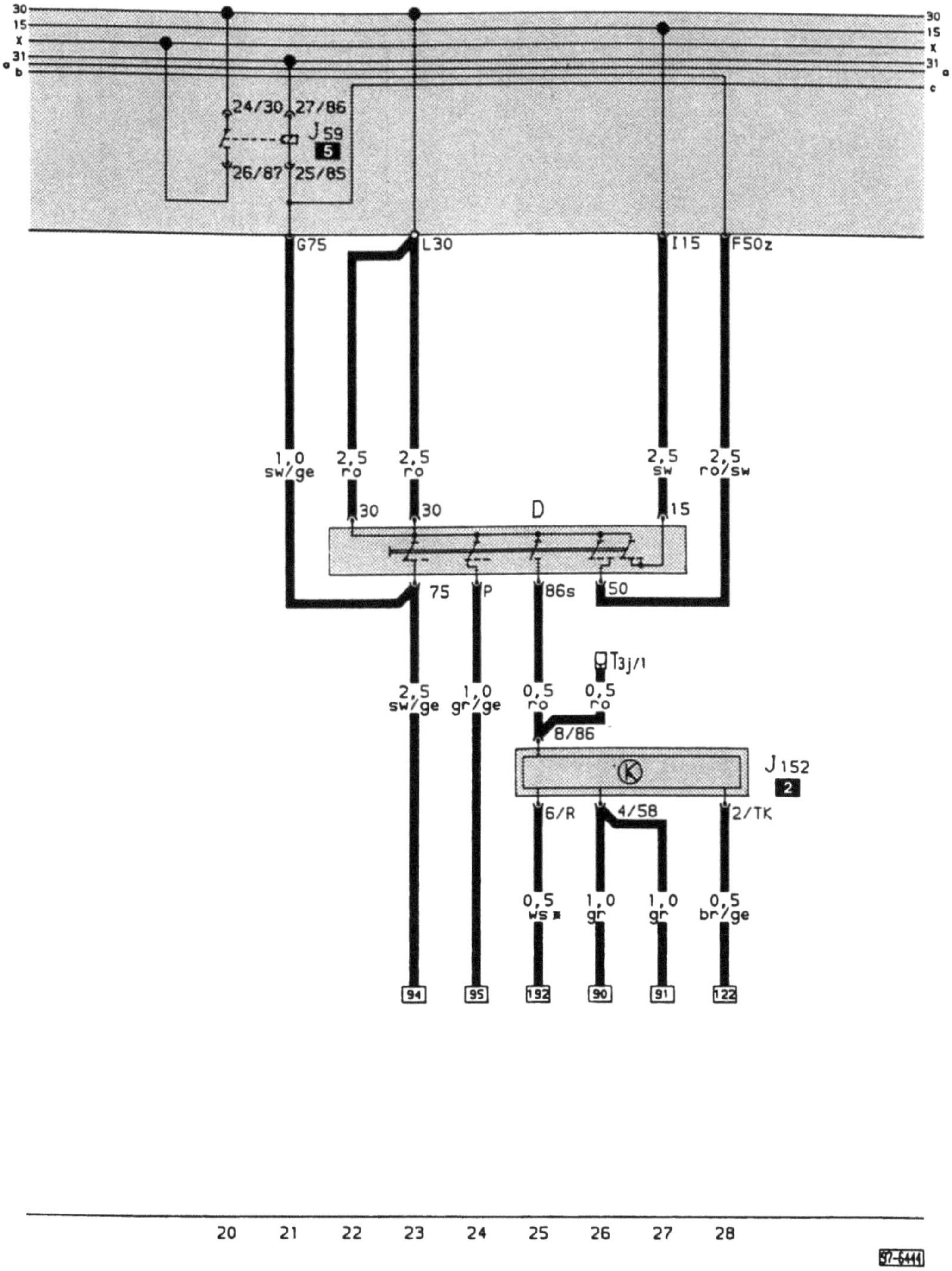

D – Zündanlaßschalter 22–27
J 59 – Entlastungsrelais für X-Kontakt 20–22
J 152 – Warnsummer für Standlicht und Radio 25–28
T 3j – Steckverbindung 3fach, schwarz, hinter der Schalttafel links 26
* – Nur bei Ausstattung »Radiovorbereitung« 25

Elektronische Kraftstoffeinspritzung
Lambda-Sonde, Kraftstoffpumpe
Kraftstoffpumpenrelais

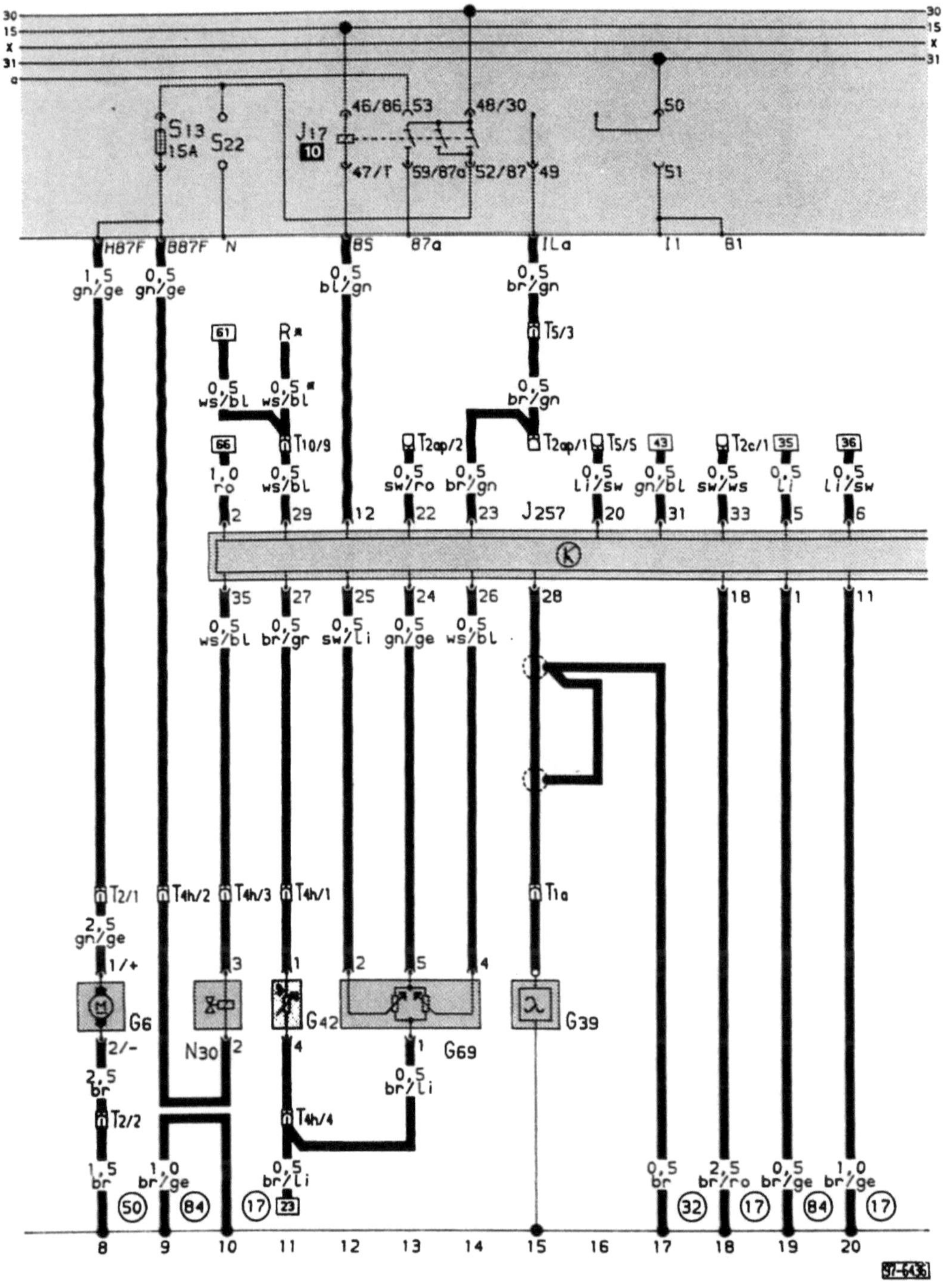

G 6	– Kraftstoffpumpe	8
G 39	– Lambda-Sonde mit Heizung	15
G 42	– Geber für Ansauglufttemperatur	11
G 69	– Drosselklappenpotentiometer	12–14
J 17	– Kraftstoffpumpenrelais	12–14
J 257	– Steuergerät für Mono-Jetronic	10–19
N 30	– Einspritzventil	10
R	– Anschluß für Radio	11
T 1a	– Steckverbindung 1-fach, im Motorraum rechts	15
T 2	– Steckverbindung 2-fach, unter dem Fondsitz links	8
T 2c	– Steckverbindung 2-fach, schwarz, unter der Schalttafel, (Diagnosestecker)	18
T 2ap	– Steckverbindung 2-fach, braun, unter der Schalttafel, (Diagnosestecker)	13,15
T 4h	– Steckverbindung 4-fach, braun, im Motorraum links	9–11
T 5	– Steckverbindung 5-fach, schwarz, Steckerstation im Zusatzrelaisträger	15,16
T 10	– Steckverbindung 10-fach, schwarz, Steckerstation im Zusatzrelaisträger	11
[17]	– Massepunkt am Saugrohr	10,18,20
[32U	– Massepunkt hinter Schalttafel links	17
[50]	– Massepunkt im Kofferraum links	9
[84]	– Masseverbindung, Motormasse, im Leitungsstrang vom rechts	10–17,19
•	– Nur bei Ausstattung «Radiovorbereitung»	11

Elektronische Kraftstoffeinspritzung

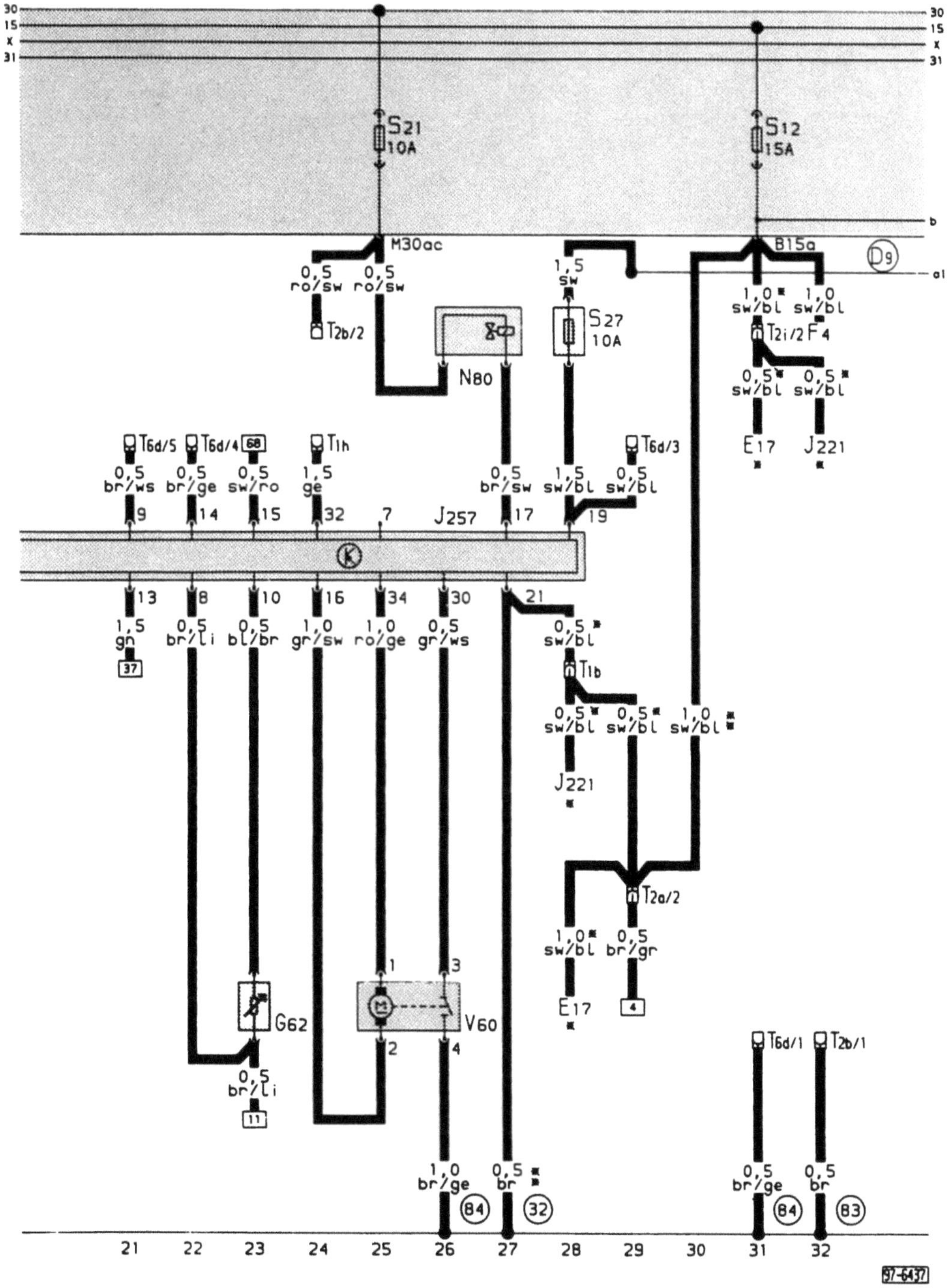

E 17 – Anlaßsperrschalter und Schalter für Rückfahrlicht 28,31
F 4 – Schalter für Rückfahrleuchten 32
G 62 – Geber für Kühlmitteltemperatur 23
J 221 – Steuergerät für Wählhebelsperre 28,32
J 257 – Steuergerät für Monomotronic 21-28
N 80 – Magnetventil 1 für Aktivkohlebehälter-Anlage (getaktet) 26,27
S 27 – Sicherung im Zusatzsicherungshalter (Motorsteuerung I-für elektronische Zündanlage) 28
T 1b – Steckverbindung 1-fach, weiß, hinter der Schalttafel links 28
T 1h – Steckverbindung 1-fach, gelb, hinter der Schalttafel links 24
T 2a – Steckverbindung 2-fach, weiß, hinter der Schalttafel links 29
T 2b – Steckverbindung 2-fach, schwarz, unter der Schalttafel (Diagnosestecker) 24,32
T 2i – Steckverbindung 2-fach, weiß, hinter der Schalttafel links 31
T 6d – Steckverbindung 6-fach, schwarz, hinter der Schalttafel 21,22,29,31
V60 – Drosselklappensteller 25,26
[32] – Massepunkt hinter Schalttafel links 27
[83] – Masseverbindung –1– im Leitungsstrang vorn rechts 32
[84] – Masseverbindung, Motormasse, im Leitungsstrang vorn rechts 25,31
[D9] – Plusverbindung (15) über Sicherung 27 im Leitungsstrang vorn rechts 29

* – Nur bei Fahrzeugen mit Automatikgetriebe 28,31,32
** – Nur bei Fahrzeugen mit Schaltgetriebe 27,30

Zündanlage

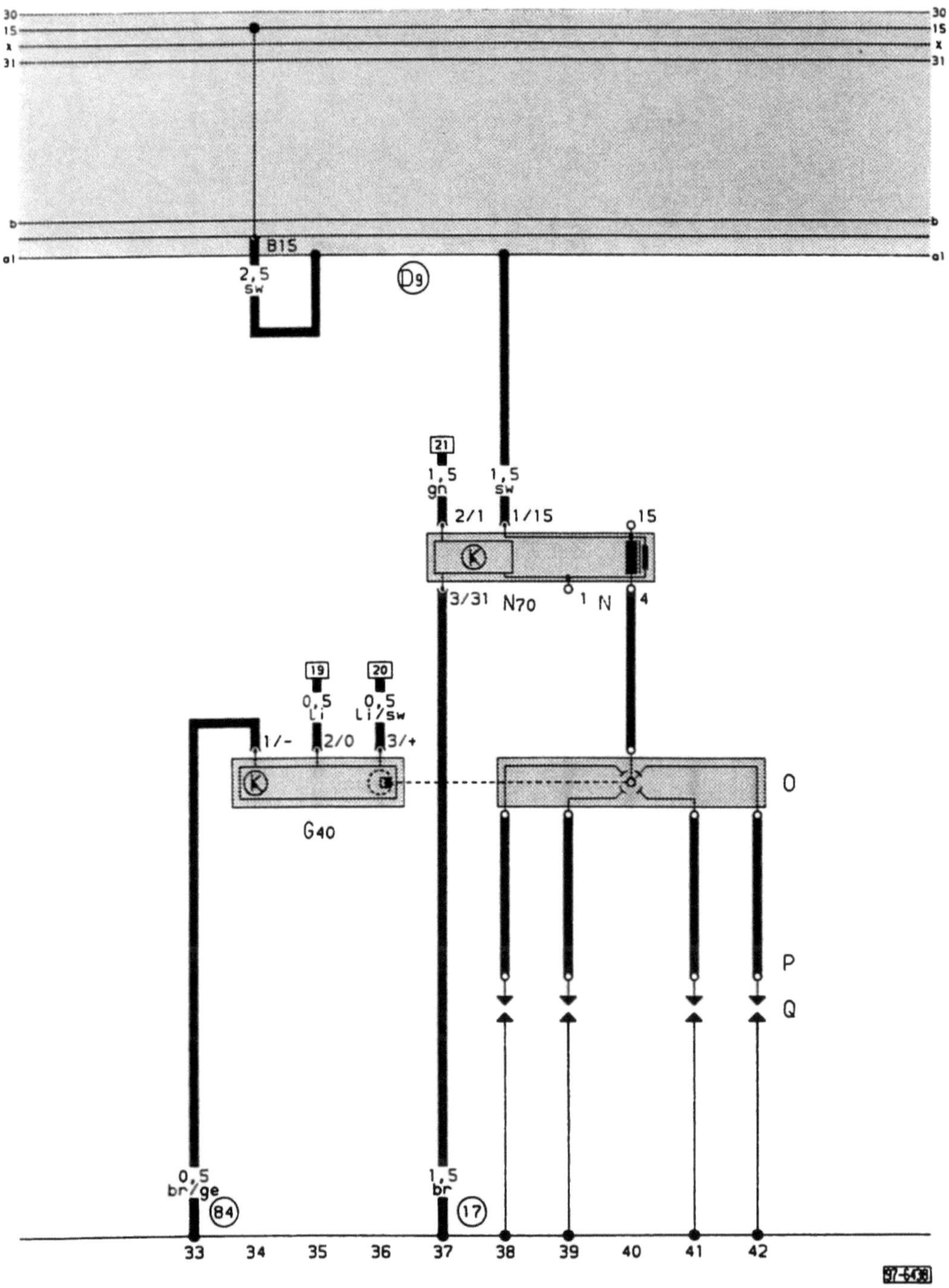

G 40	- Hallgeber	34–36
N	- Zündspule	40
N 70	- Zündspule mit Leistungsendstufe	37-40
O	- Zündverteiler	38–42
P	- Zündkerzenstecker	38,39,41, 42
Q	- Zündkerzen	38,39,41, 42
[17]	- Massepunkt am Saugrohr	37
[84]	- Masseverbindung, Motormasse, im Leitungsstrang vorn rechts	33
[D9]	- Plusverbindung (15) über Sicherung 27 im Leitungsstrang vorn rechts	35,38

Scheinwerfer
Standlicht, Schlußleuchten
Bremsleuchten

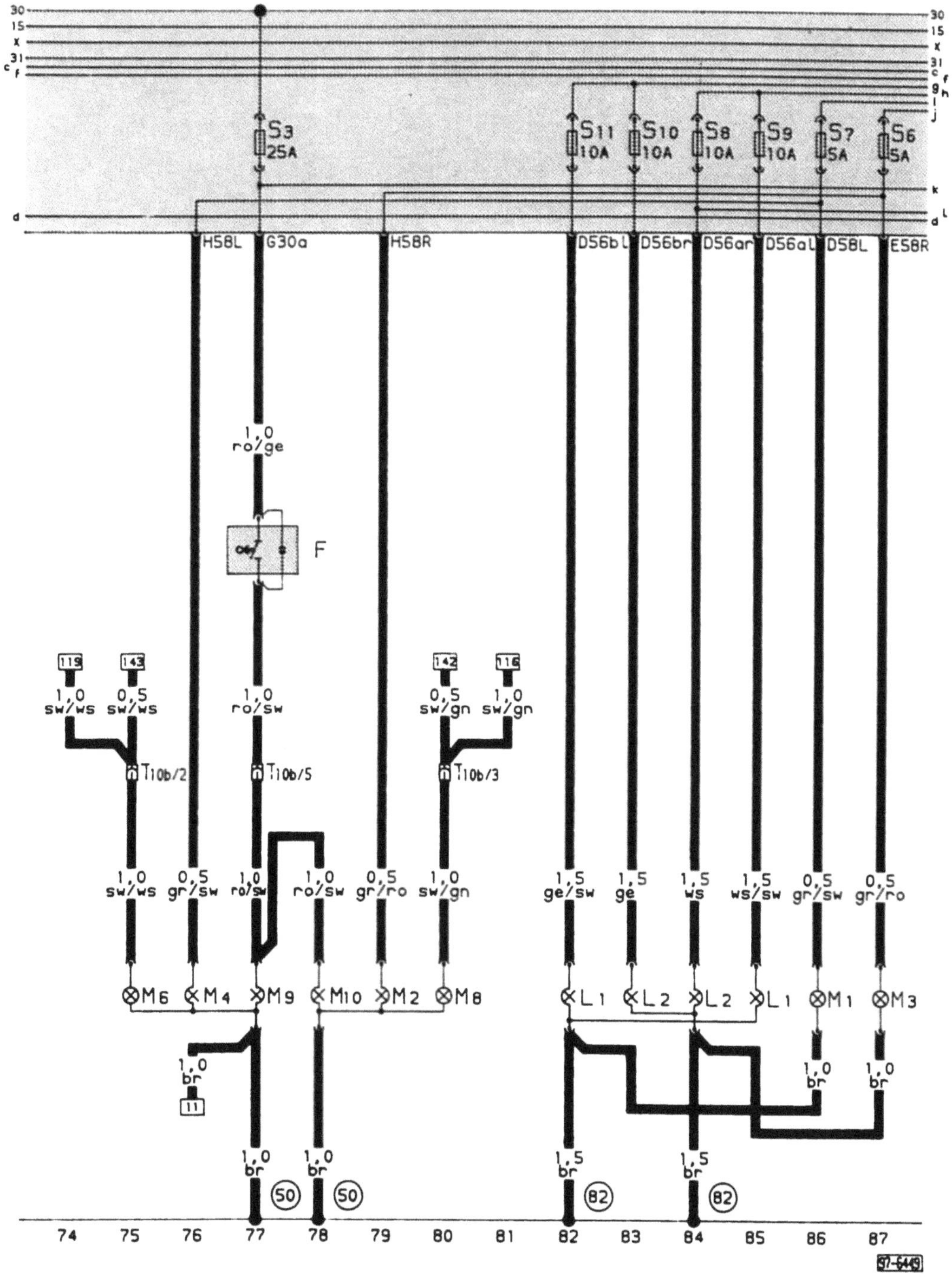

F	– Bremslichtschalter	77
L 1	– Zweifadenlampe für Scheinwerfer links	82,85
L 2	– Zweifadenlampe für Scheinwerfer rechts	83,84
M 1	– Lampe für Standlicht links	86
M 2	– Lampe für Schlußlicht rechts	79
M 3	– Lampe für Standlicht rechts	87
M 4	– Lampe für Schlußlicht links	76
M 6	– Lampe für Blinklicht hinten links	75
M 8	– Lampe für Blinklicht hinten rechts	80
M 9	– Lampe für Bremslicht links	77
M 10	– Lampe für Bremslicht rechts	78
T 10b	– Steckverbindung 10-fach, braun, Steckerstation im Zusatz-relaisträger	75,77,80
[50]	– Massepunkt, im Kofferraum links	77,78
[82]	– Masseverbindung, im Leitungsstrang vorn links	82,84

Lichtschalter
Schalter für Handabblendung
und Lichthupe

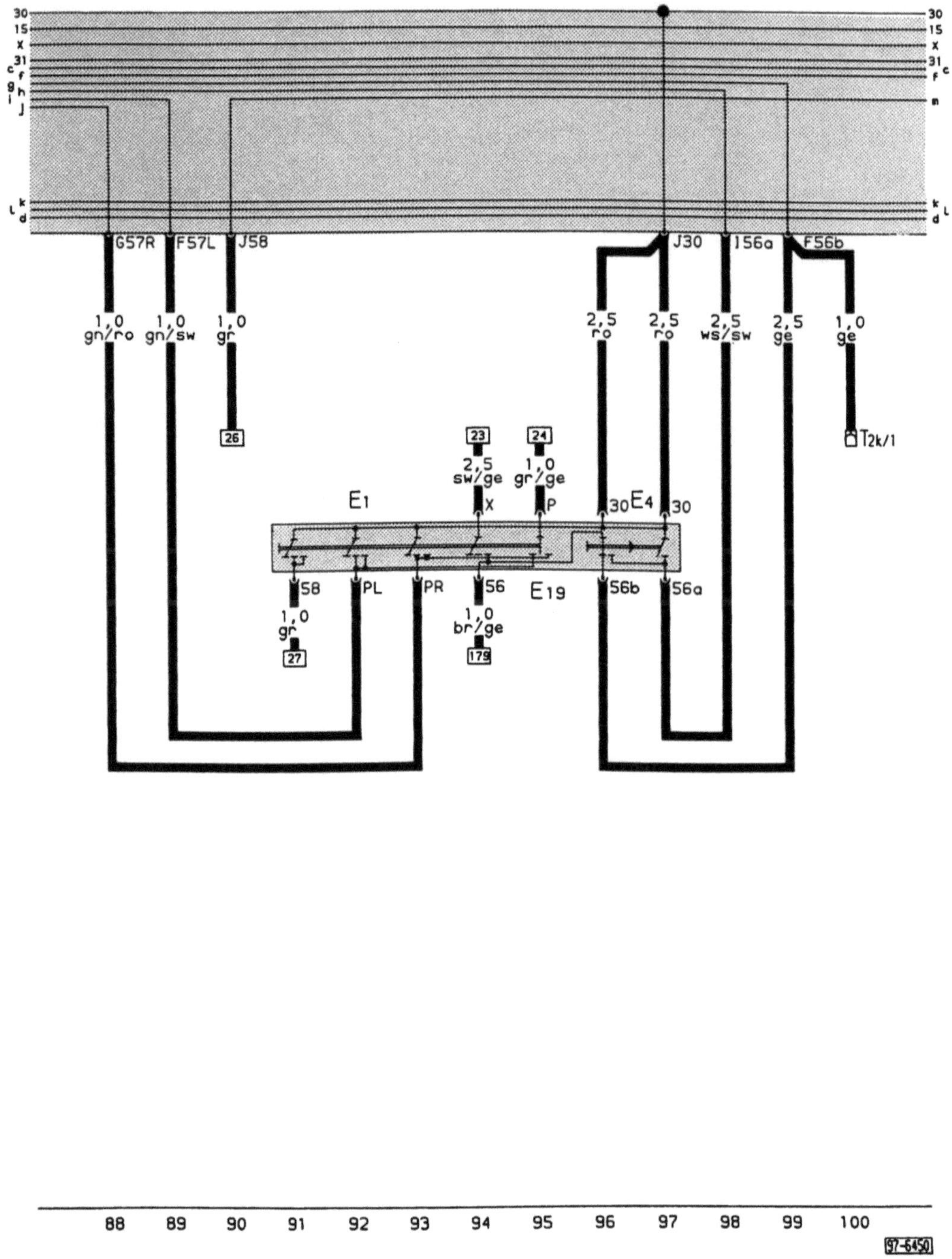

E 1	– Lichtschalter	91–95
E 4	– Schalter für Handabblendung und Lichthupe	96,97
E 19	– Schalter für Parklicht	95
T 6b	– Steckverbindung 6-fach, hinter der Schalttafel links	85

Handschuhfachleuchte, Kofferraumleuchte, Kennzeichenleuchte, Rückfahrleuchte Motorraumleuchte

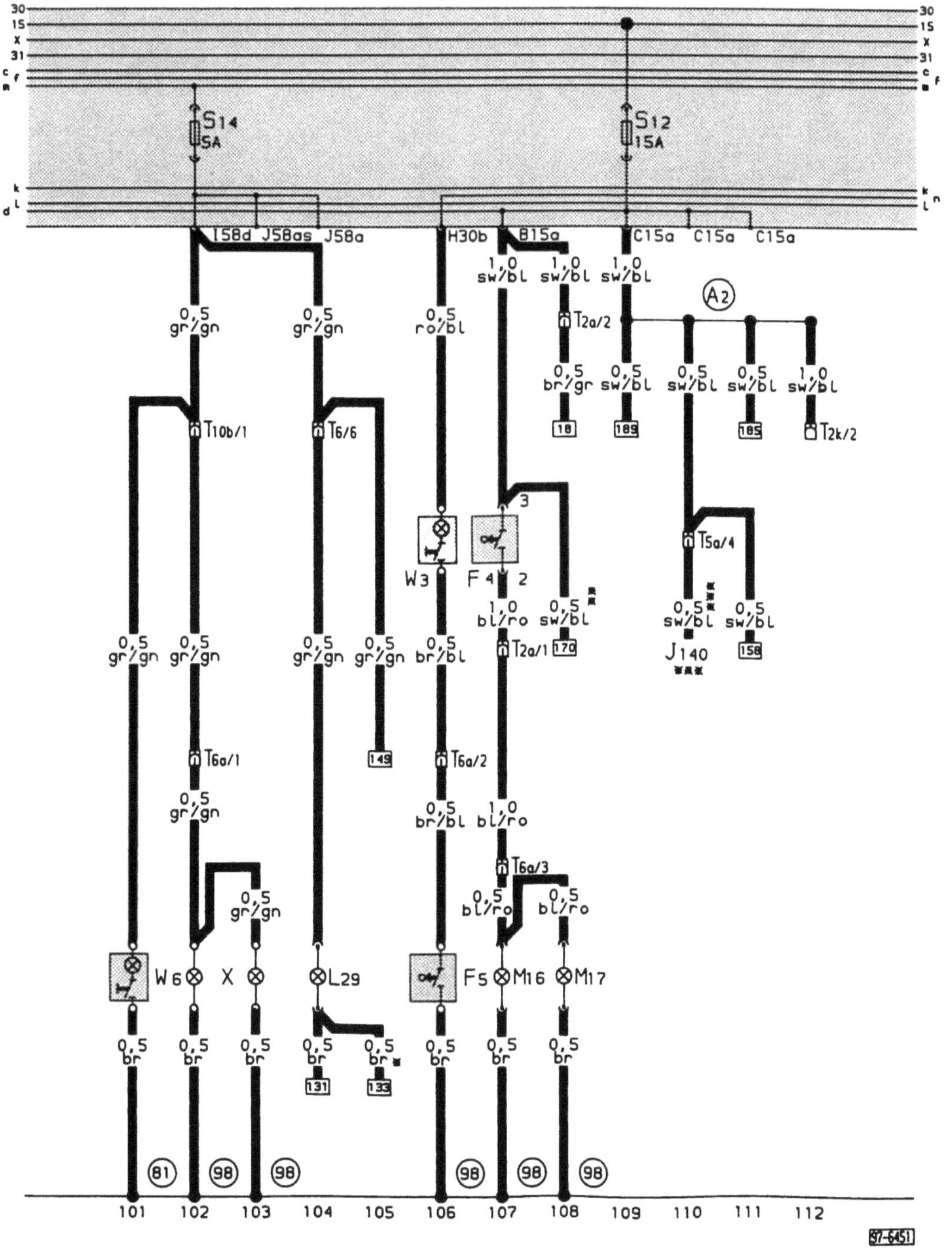

F 4 – Schalter für Rückfahrleuchten 107
F 5 – Schalter für Kofferraumleuchte 106
J 140 – Steuergerät für Ausschaltverzögerung der Innenbeleuchtung 110
L 29 – Lampe für Beleuchtung Motorraum 104
M 16 – Lampe für Rückfahrleuchte links 107
M 17 – Lampe für Rückfahrleuchte rechts 108
T 2a – Steckverbindung 2-fach, weiß, hinter der Schalttafel links 107,108
T 2k – Steckverbindung 2-fach, weiß, hinter der Schalttafel links 112
T 5a – Steckverbindung 5-fach, braun, Steckerstation im Zusatzrelaisträger 110
T 6 – Steckverbindung 6-fach, schwarz, Steckerstation im Zusatzrelaisträger 104
T 6a – Steckverbindung 6-fach, weiß, im Kofferraum links 102,106, 107
T 10b – Steckverbindung 10-fach, braun, Steckerstation im Zusatzrelaisträger 102
W 3 – Kofferraumleuchte 106
W 6 – Handschuhfachleuchte 101
X – Kennzeichenleuchte 102,103
[81] – Masseverbindung, im Schalttafelleitungsstrang 101
[98] – Masseverbindung im Leitungsstrang Heckklappe 102-108
* – Nur bei Ausstattung beheizbare Scheibenwaschdüsen 105
** – Nur bei Fahrzeuge mit Automatikgetriebe 108
*** – Nur bei Ausstattung verzögerte Innenleuchte 110

Blink- und Warnblinkanlage

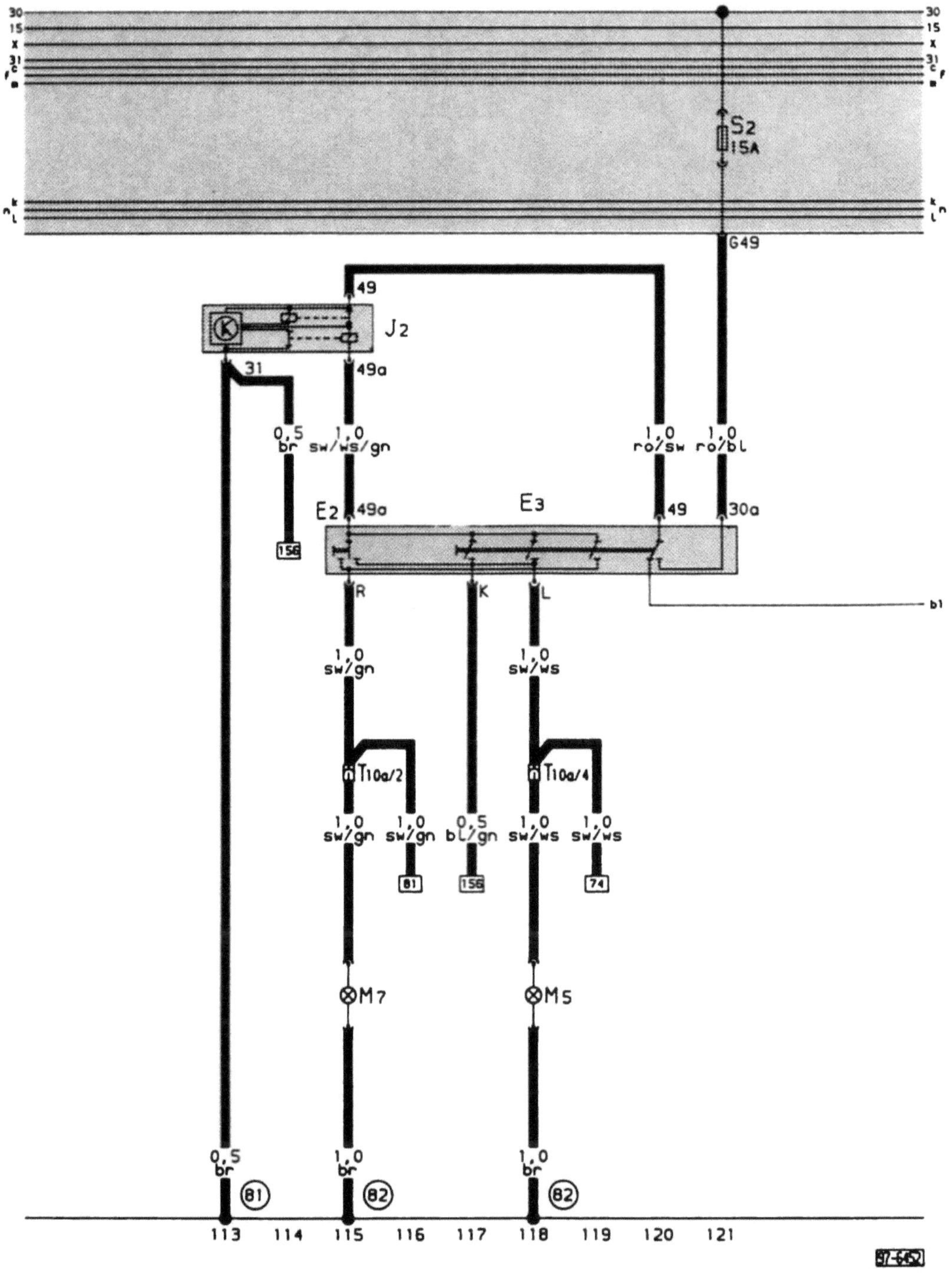

E 2 – Blinkerschalter 115
E 3 – Warnlichtschalter 115–121
J 2 – Warnblinkrelais 113–115
M 5 – Lampe für Blinklicht vorn links 118
M 7 – Lampe für Blinklicht vorn rechts 115
T 10a – Steckverbindung 10-fach, gelb, Steckerstation im Zusatzrelaisträger 115,118
[81] – Masseverbindung, im Schalttafelleitungsstrang 113
[82] – Masseverbindung, im Leitungsstrang vorn links 115, 118

Innenleuchte,
Türkontaktschalter

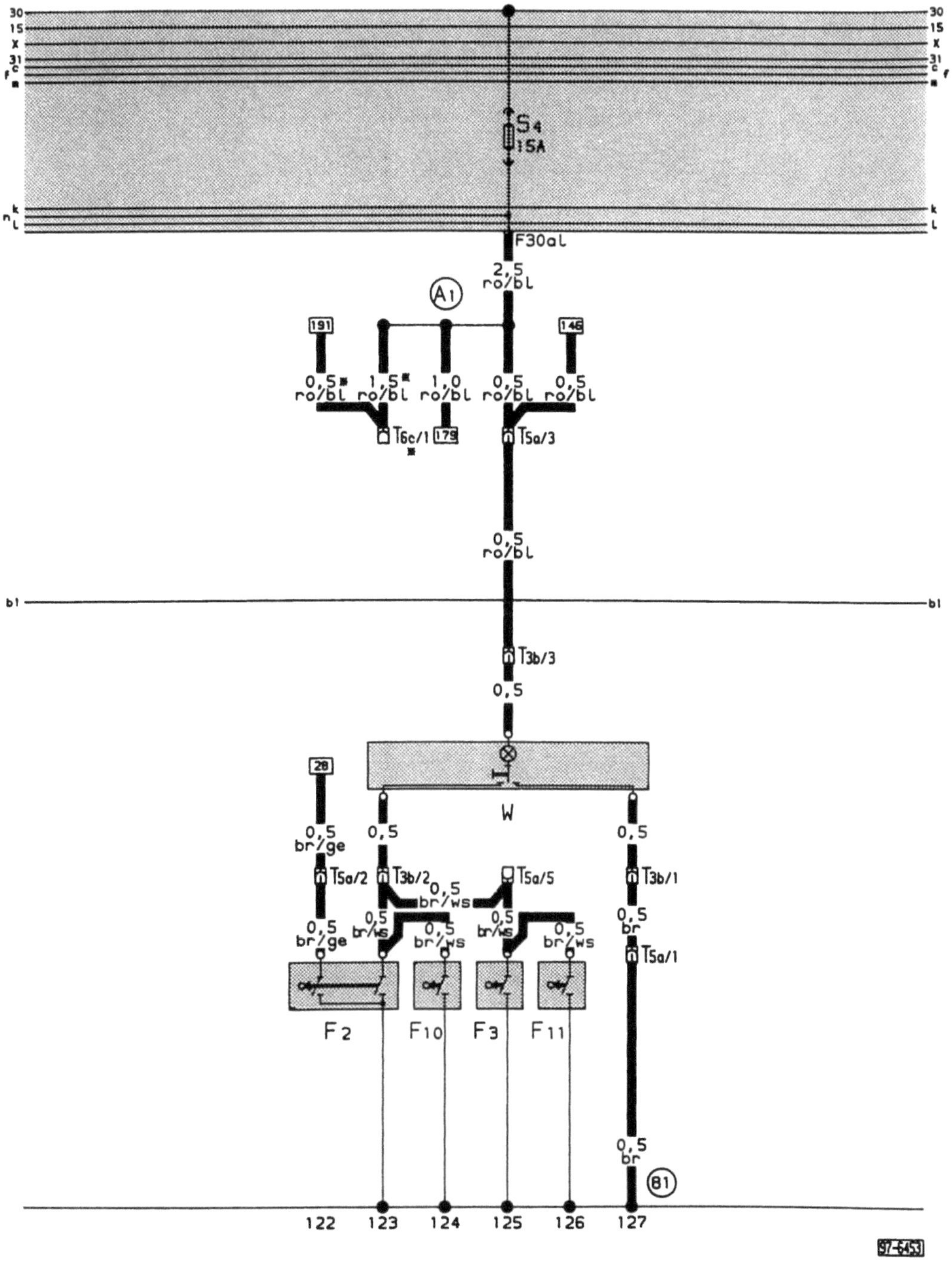

F 2 – Türkontaktschalter vorn links mit Kontakt für Summer 122, 123
F 3 – Türkontaktschalter vorn rechts 125
F 10 – Türkontaktschalter hinten links 124
F 11 – Türkontaktschalter hinten rechts 126
T 3b – Steckverbindung 3-fach, grün, hinter Schalttafel 123,125,-127
T 5a – Steckverbindung 5-fach, braun, Steckerstation im Zusatz-relaisträger 122,125 127
T 6c – Steckverbindung 6-fach, hinter der Konsole 123
W – Innenleuchte vorn 123-127
[81] – Masseverbindung, im Schalttafelleitungsstrang 127
[A1] – Plusverbindung (30a) im Schalttafelleitungsstrang 124
* – Nur bei Ausstattung Radiovorbereitung 122,123

Scheibenwisch- und -waschanlage, Scheinwerferreinigungsanlage, beheizbare Scheibenwaschdüsen, Signalhorn

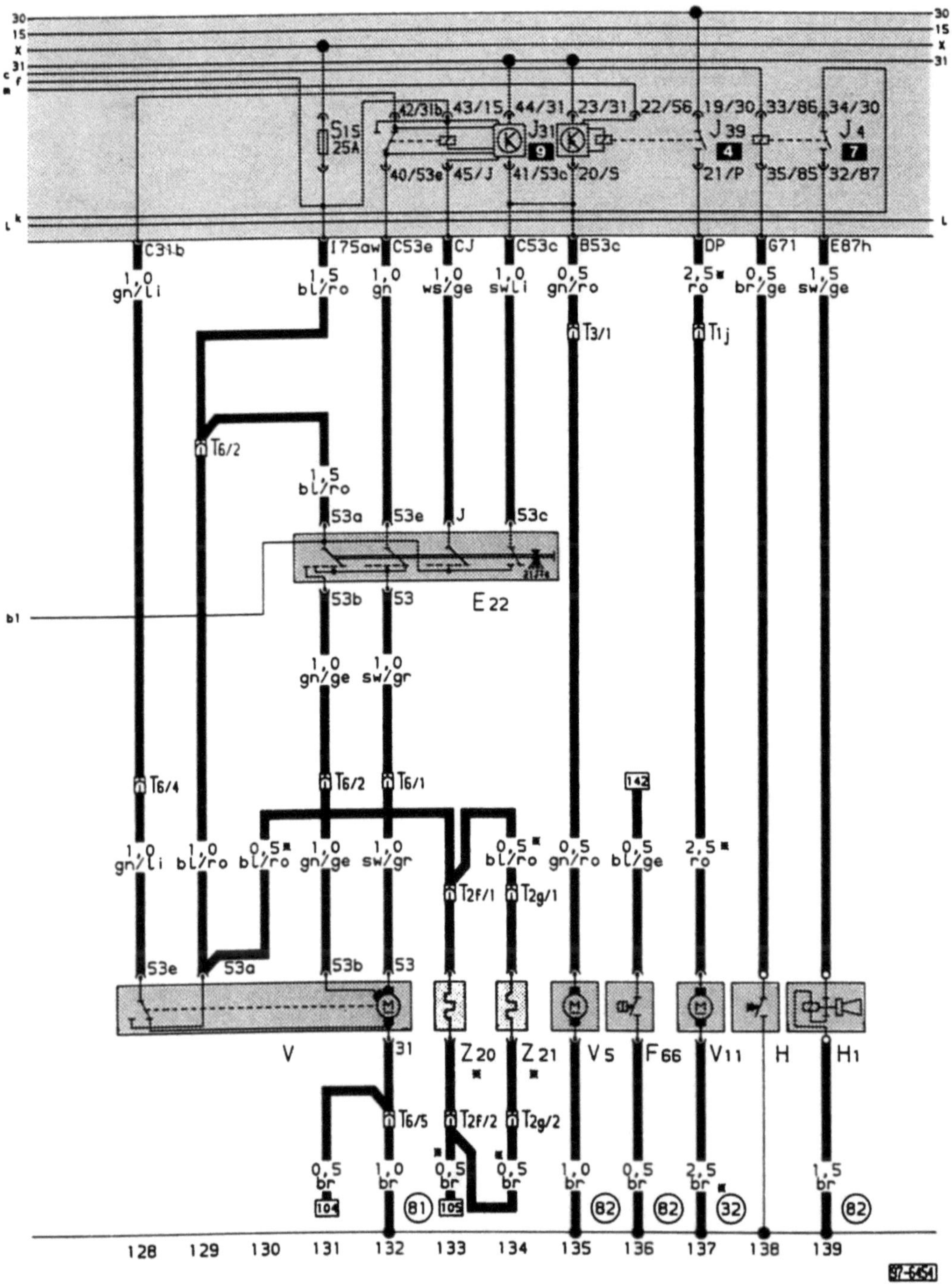

E 22 – Scheibenwischerschalter für Intervallbetrieb 131–134
F 66 – Schalter für Kühlmittelmangelanzeige 136
H – Signalhornbetätigung 138
H 1 – Signalhorn 139
J 4 – Relais für Signalhorn 138–139
J 31 – Relais für Wisch-Wasch-Intervallautomatik 132–135
J 39 – Relais für Scheinwerfer-Reinigungsanlage 137
T 1i – Steckverbindung 1-fach hinter Schalttafel links 137
T 2f – Steckverbindung 2-fach, Nähe Waschdüse 133
T 2g – Steckverbindung 2-fach, Nähe Waschdüse 134
T 3 – Steckverbindung 3-fach, braun, hinter Schalttafel 135
T 6 – Steckverbindung 6-fach, schwarz, Steckerstation im Zusatzrelaisträger 128,129, 131,132
V – Scheibenwischermotor 128-132
V 5 – Scheibenwaschpumpe 135
V 11 – Pumpe für Scheinwerferreinigungsanlage 137
Z 20 – Heizbare Scheibenwaschdüse links 133

Z 21 – Heizbare Scheibenwaschdüse rechts 134
[32] – Massepunkt hinter Schalttafel links 137
[81] – Masseverbindung im Schalttafelleitungsstrang 132
[82] – Masseverbindung im Leitungsstrang vorn links 135,136
* – Nur bei Ausstattung »Heizbare Scheibenwaschdüsen/Scheinwerferreinigungsanlage« 130,133 134,137

Optische und akustische Öldruckkontrolle Schalttafeleinsatz

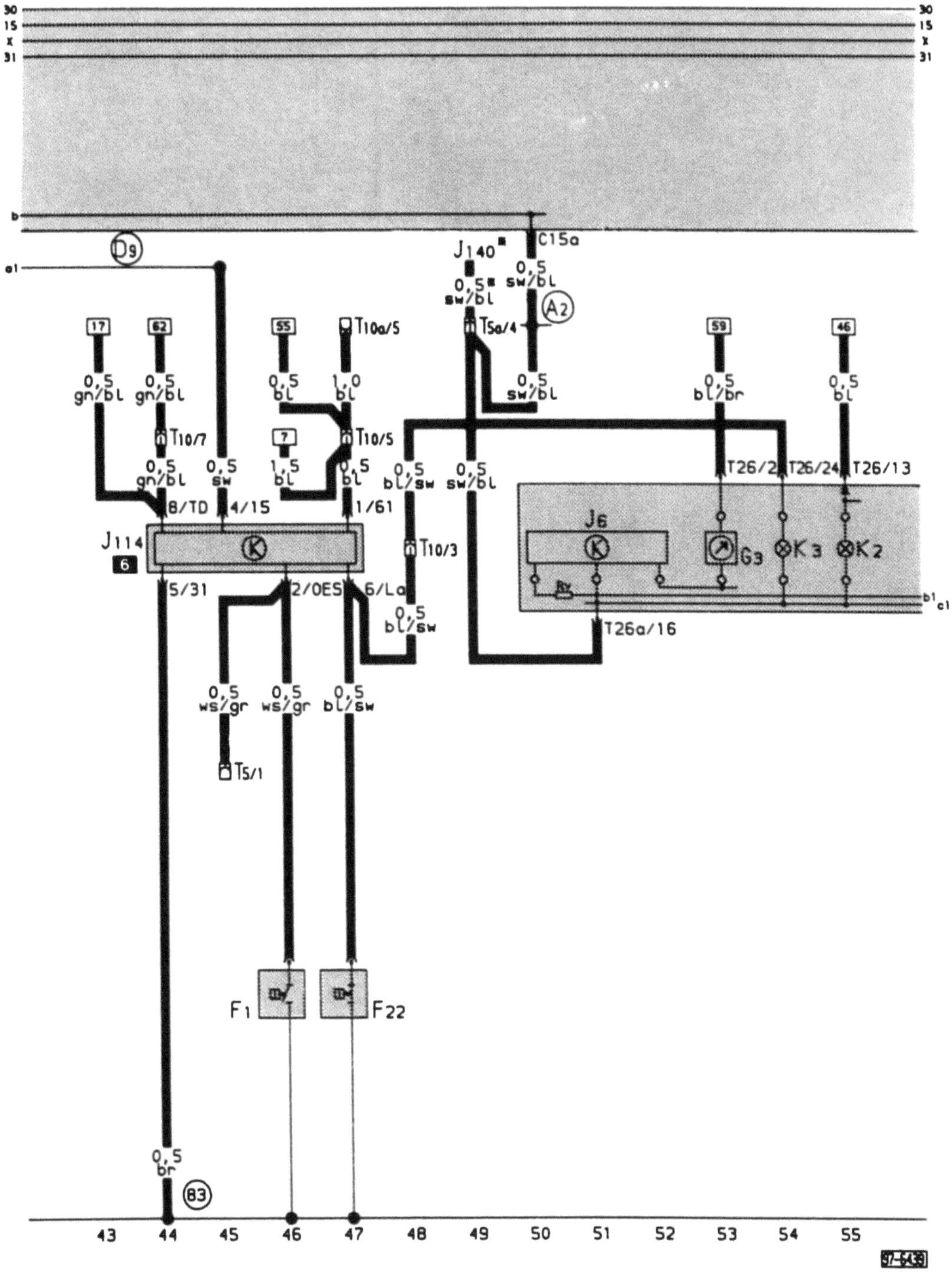

F 1	– Öldruckschalter (1,8 bar)	46
F 22	– Öldruckschalter (0,3 bar)	47
G 3	– Kühlmitteltemperaturanzeiger	53
J 6	– Spannungskonstanter	50–52
J 114	– Steuergerät für Öldruckkontrolle	44–47
J 140	– Steuergerät für Ausschaltverzögerung/Innenleuchten	49
K 2	– Kontrollampe für Generator	55
K 3	– Kontrollampe für Öldruck	54
T 5	– Steckverbindung 5-fach, schwarz, Steckerstation im Zusatzrelaisträger	45
T 5a	– Steckverbindung 5-fach, braun, Steckerstation im Zusatzrelaisträger	49
T 10	– Steckverbindung 10-fach, schwarz, Steckerstation imZusatzrelaisträger	45,47,48
T 10a	– Steckverbindung 10-fach, gelb, Steckerstation imZusatzrelaisträger	47
T 26	– Steckverbindung 26-fach, gelb, Schalttafeleinsatz	53–55
T 26a	– Steckverbindung 26-fach, blau, Schalttafeleinsatz	51
[83]	– Masseverbindung im Leitungsstrang vorn rechts	44
[A2]	– Plusverbindung (15a) im Schalttafel-Leitungsstrang	50
[D9]	– Plusverbindung (15) über Sicherung 27 im Leitungsstrang vorn rechts	45
*	– Nur bei Innenleuchte mit Zeitverzögerung	49

Schalttafeleinsatz, Kühlmittelüberwachung
Ansaugrohrvorwärmung, Drehzahlmesser

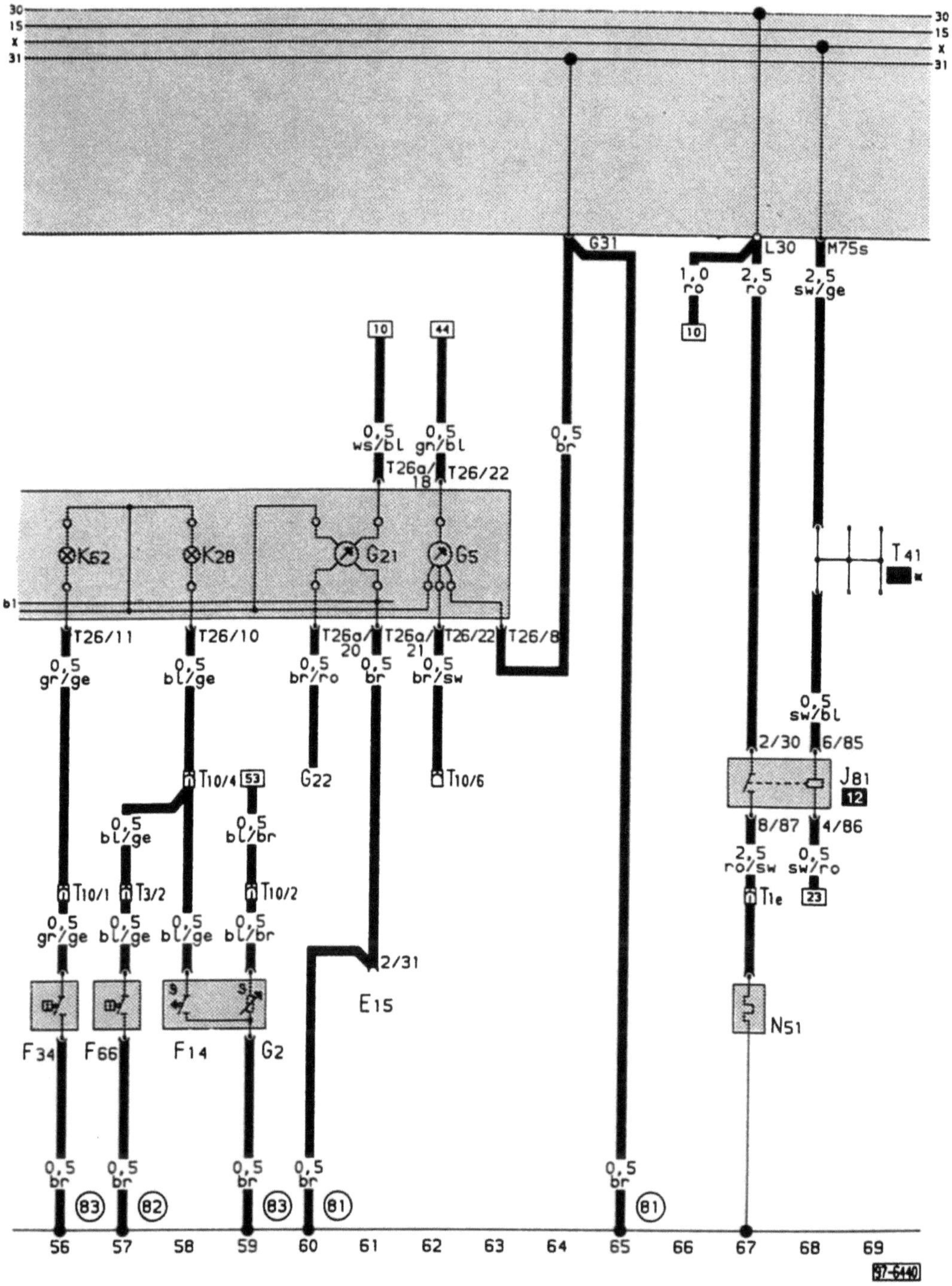

E 15 – Schalter für beheizbare Heckscheibe 61
F 14 – Kühlmittel-Temperatur-Kontrollschalter (heiß) 58
F 34 – Warnkontakt für Bremsflüssigkeitsstand 56
F 66 – Schalter für Kühlmittelmangelanzeige 57
G 2 – Geber für Kühlmitteltemperaturanzeiger 59
G 5 – Drehzahlmesser 62
G 21 – Geschwindigkeitsmesser 60,61
G 22 – Geber für Geschwindigkeitsmesser 60
J 81 – Relais für Ansaugrohrvorwärmung 67,68
K 28 – Kontrollampe für Kühlmitteltemperatur/Kühlmittelmangelanzeige 58
K 62 – Kontrollampe für Bremsflüssigkeitsstand 56
N 51 – Heizwiderstand für Ansaugrohrvorwärmung 67
T 1e – Steckverbindung 1-fach, Nähe Saugrohr 67
T 3 – Steckverbindung 3-fach, braun, hinter Schalttafel links 57
T 10 – Steckverbindung 10-fach, schwarz, Steckerstation im Zusatzrelaisträger 56–59
T 26 – Steckverbindung 26-fach, gelb, Schalttafeleinsatz 56-63
T 26a – Steckverbindung 26-fach, blau, Schalttafeleinsatz 60,61
T 41 – Leitungsverteiler für Klemme 75s 68
[81] – Masseverbindung im Schalttafel-Leitungsstrang 60,65
[82] – Masseverbindung im Leitungsstrang vorn links 57
[83] – Masseverbindung im Leitungsstrang vorn rechts 56,59
* – Auf beliebig freien Relaisplatz stecken 68

Schalttafeleinsatz

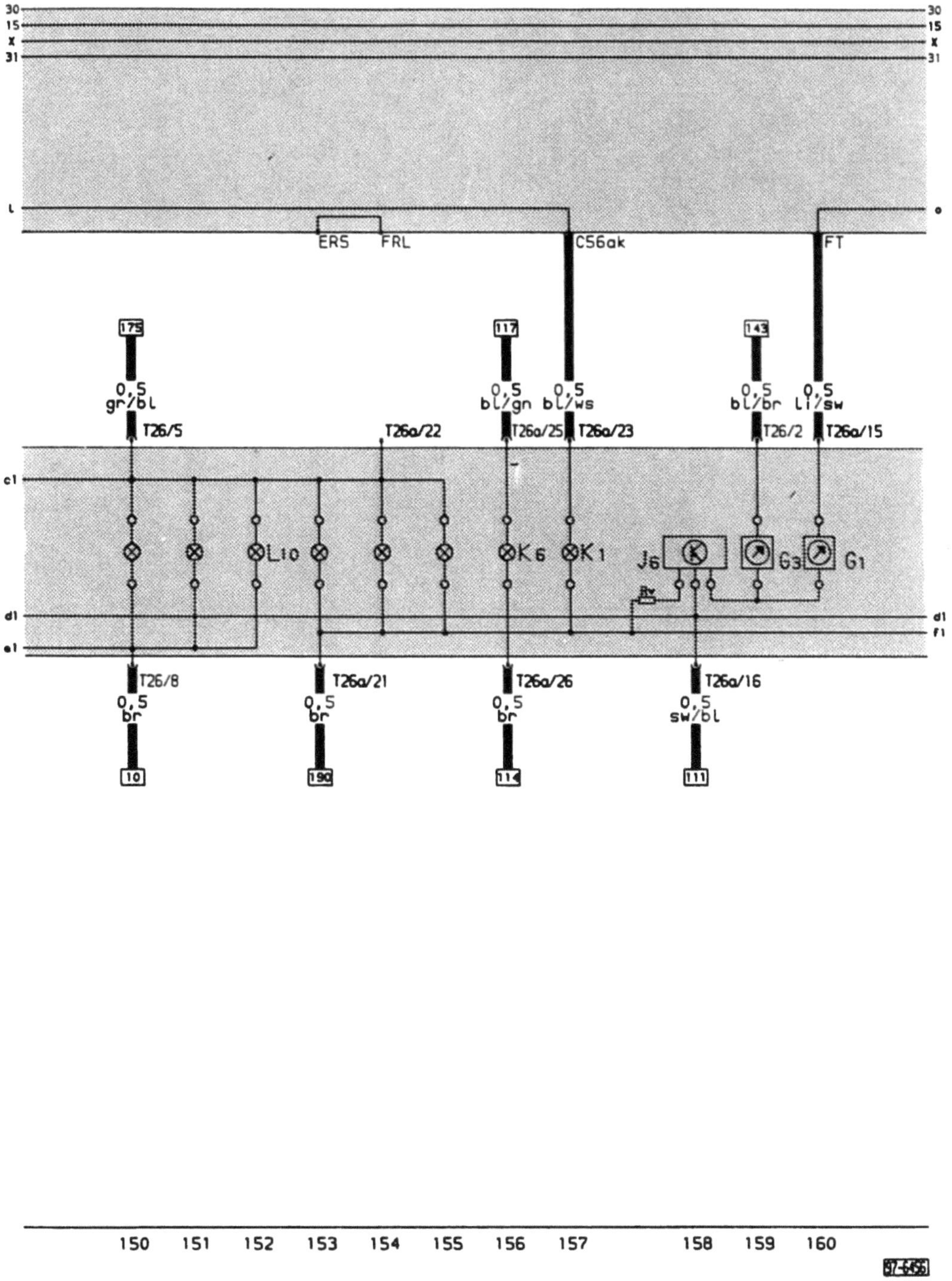

G 1	– Kraftstoffvorratsanzeiger	160
G 3	– Kühlmitteltemperaturanzeiger	159
J 6	– Spannungskonstanter	158
K 1	– Kontrollampe für Fernlicht	157
K 6	– Kontrollampe für Warnblinkanlage	156
L 10	– Lampen für Beleuchtung Schalttafeleinsatz	150–155
T 26	– Steckverbindung 26-fach, gelb, Schalttafeleinsatz	150,159
26a	– Steckverbindung 26-fach, blau, Schalttafeleinsatz	150–160

Schalttafeleinsatz,
Geschwindigkeitsmesser,

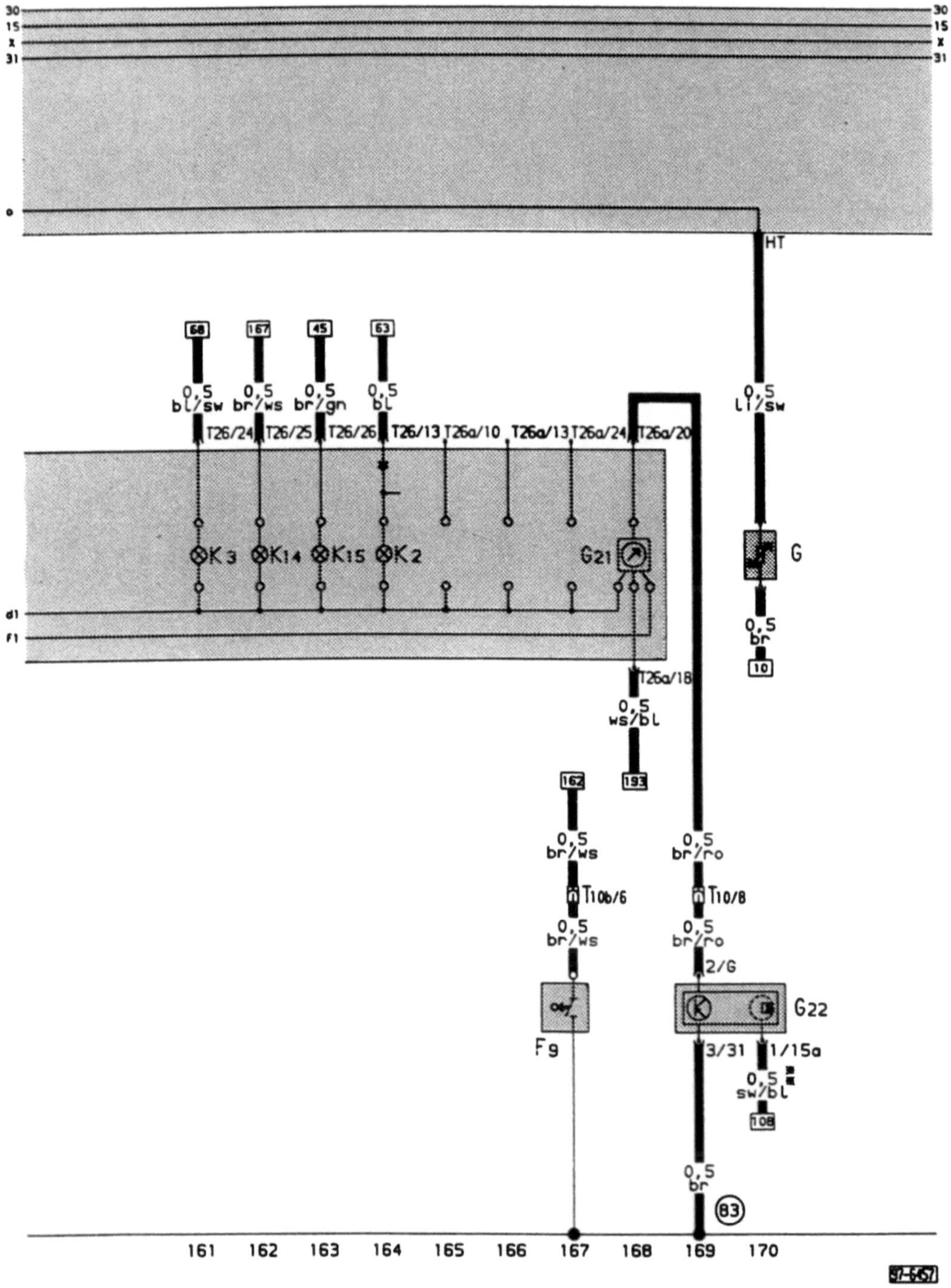

F 9	– Schalter für Handbremskontrolle	167
G	– Geber für Kraftstoffvorratsanzeige	170
G 21	– Geschwindigkeitsmesser	168
G 22	– Geber für Geschwindigkeitsmesser	169,170
K 2	– Kontrollampe für Generator	164
K 3	– Kontrollampe für Öldruck	161
K 14	– Kontrollampe für Handbremse	162
K 15	– Kontrollampe für Starteinrichtung	163
T 10	– Steckverbindung 10-fach, schwarz, Steckerstation im Zusatzrelaisträger	169
T 10b	– Steckverbindung 10-fach, braun, Steckerstation im Zusatzrelaisträger	167 176
T 26	– Steckverbindung 26-fach, gelb, Schalttafeleinsatz	161–164
T 26a	– Steckverbindung 26-fach, blau, Schalttafeleinsatz	165–168
[83]	– Masseverbindung im Leitungsstrang vorn rechts	167
**	– Nur bei Fahrzeuge mit Automatikgetriebe	169

Frischluftgebläse

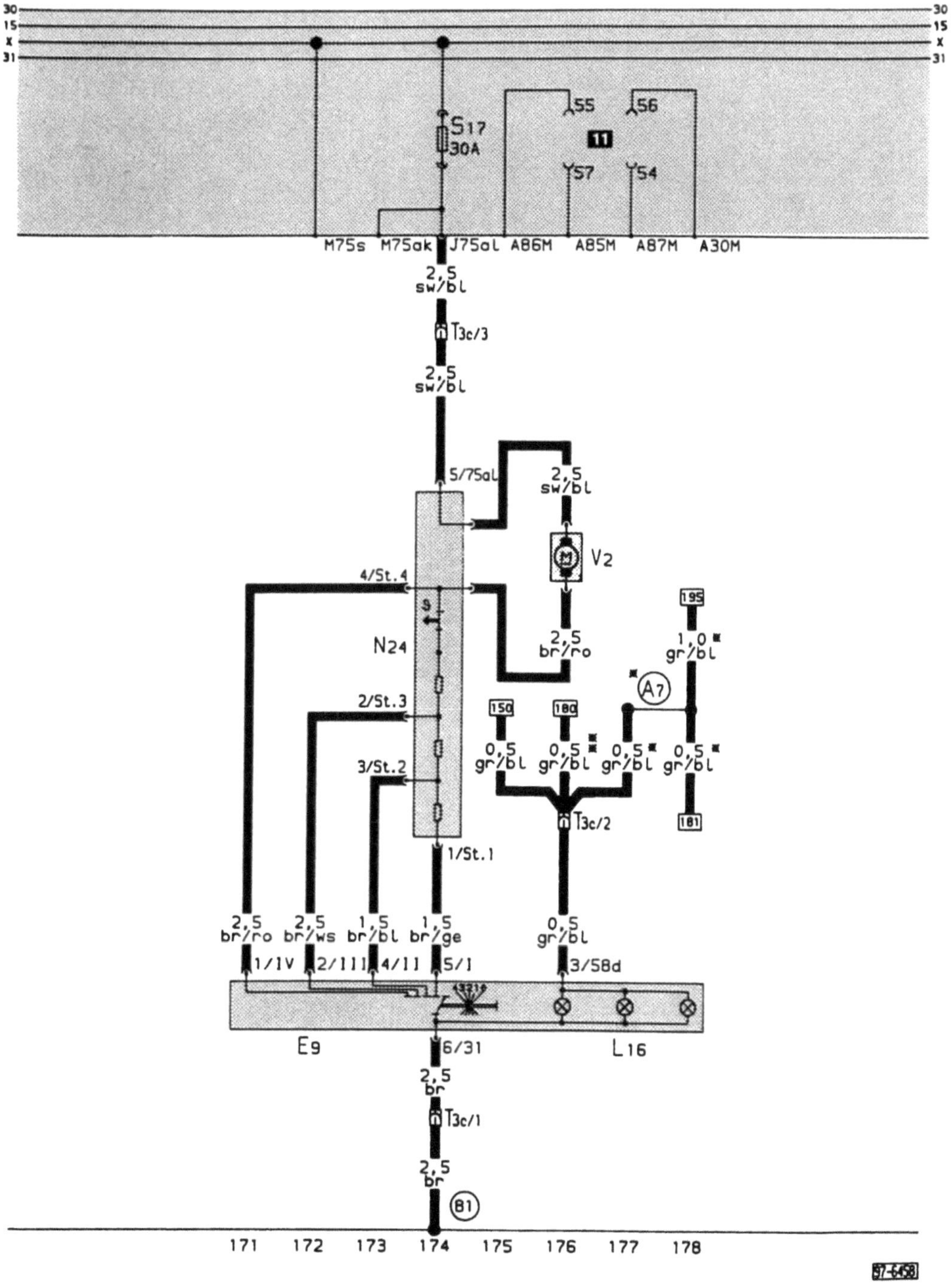

E 9	– Schalter für Frischluftgebläse	171–175
L 16	– Lampe für Beleuchtung Frischluftregulierung	176–178
N 24	– Vorwiderstand für Frischluftgebläse mit Überhitzungssicherung	174
T 3c	– Steckverbindung 3-fach, braun, hinter der Schalttafel mitte	174,176
V 2	– Frischluftgebläse	176
[81]	– Masseverbindung im Schalttafel-Leitungsstrang	172
[A7]	– Plusverbindung (58 D1) im Schalttafel-Leitungsstrang	177
*	– nur bei Ausstattung Radiovorbereitung	177,178
**	– ohne Ausstattung Radiovorbereitung	

Lüfter für Kühlmittel

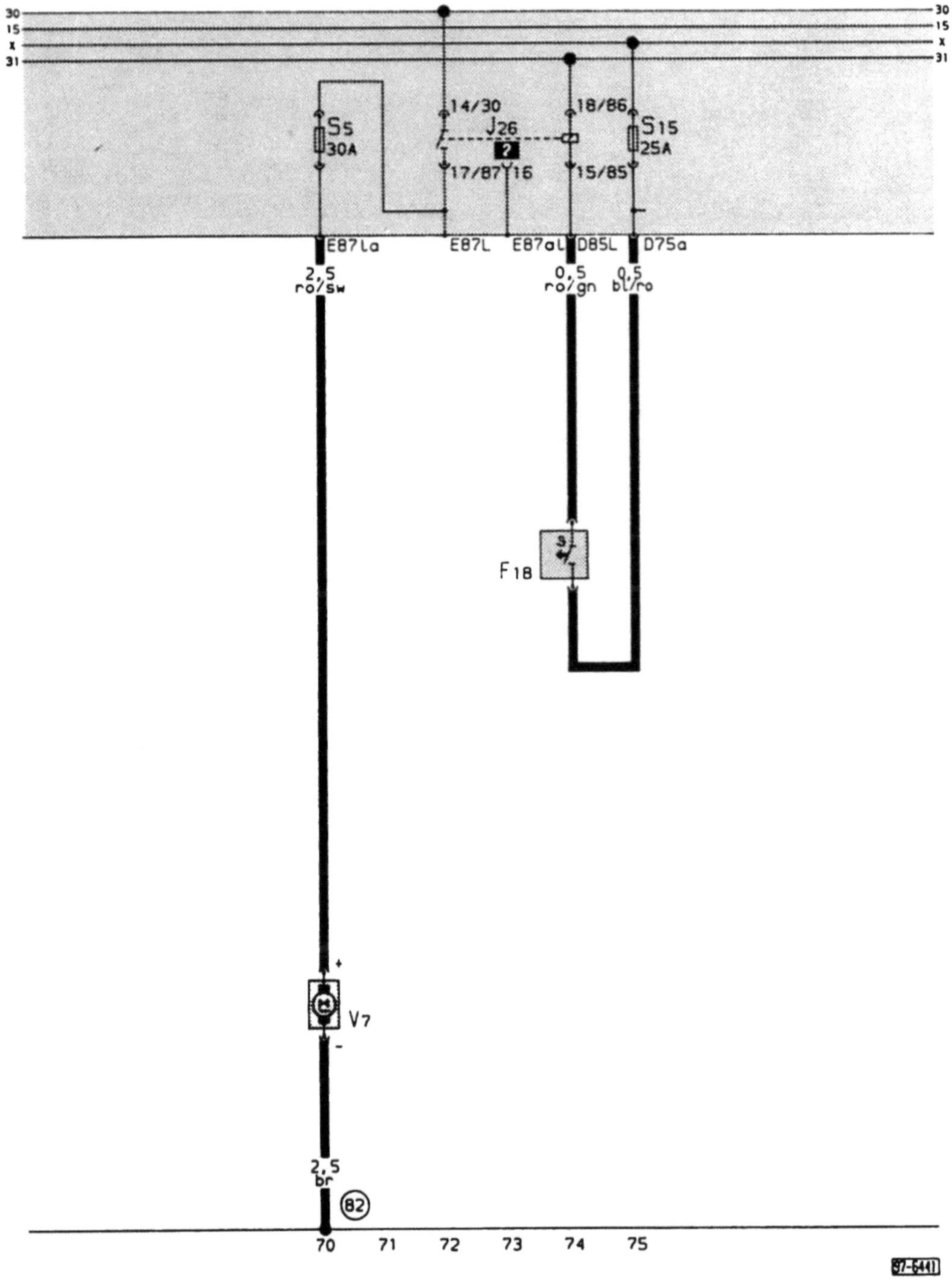

F 18 – Thermoschalter für Lüfter für Kühlmittel 74
J 26 – Relais für Lüfter für Kühlmittel 72–74
V 7 – Lüfter für Kühlmittel 70
[82] – Masseverbindung im Leitungsstrang vorn links 70

Zigarrenanzünder
Nebelschlußleuchte
Beheizbare Heckscheibe

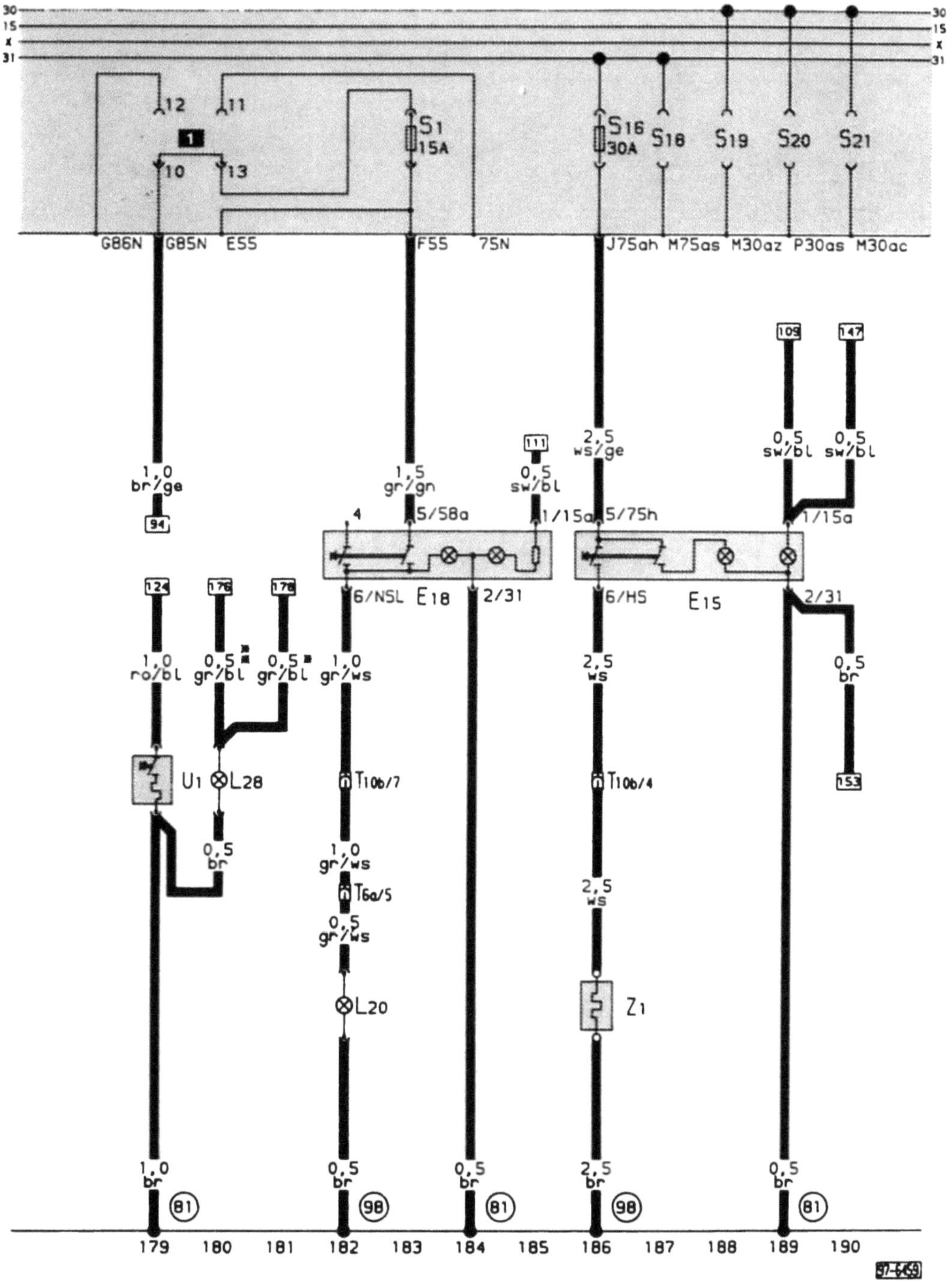

E 15	– Schalter für beheizbare Heckscheibe	186-189
E 18	– Schalter für Nebelschlußleuchte	182-185
L 20	– Lampe für Nebelschlußleuchte	182
L 28	– Lampe für Beleuchtung Zigarrenanzünder	180
T 6a	– Steckverbindung 6-fach, im Kofferraum links	182
T 10b	– Steckverbindung 10-fach, braun, Steckerstation im Zusatzrelaisträger	182,186
U 1	– Zigarrenanzünder	179
Z 1	– Beheizbare Heckscheibe	186
[81]	– Masseverbindung im Schalttafelleitungsstrang	179,184, 189,
[98]	– Masseverbindung im Leitungsstrang Heckklappe	182,186
*	– Nur bei Ausstattung Radiovorbereitung	181
**	– Ohne Ausstattung Radiovorbereitung	180

Radio

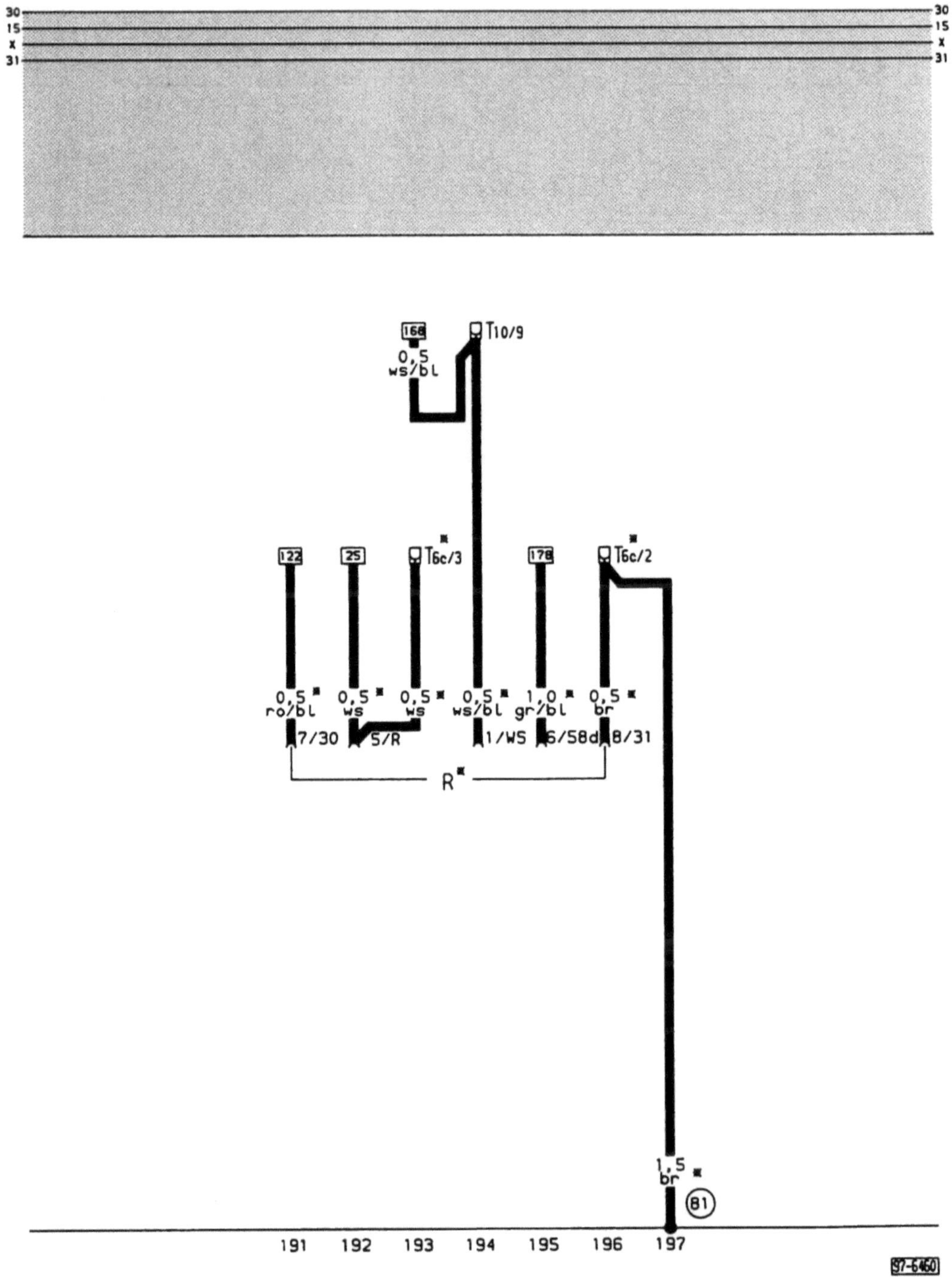

R	- Anschluß für Radio	191–196
T 6c	- Steckverbindung 6-fach, hinter der Konsole	193,196
T 10	- Steckverbindung 10-fach, schwarz, Steckerstation im Zusatzrelaisträger	194
[81]	- Masseverbindung im Schalttafel-Leitungsstrang	197
*	- Nur bei Ausstattung Radiovorbereitung	191–197

Zentralverriegelung

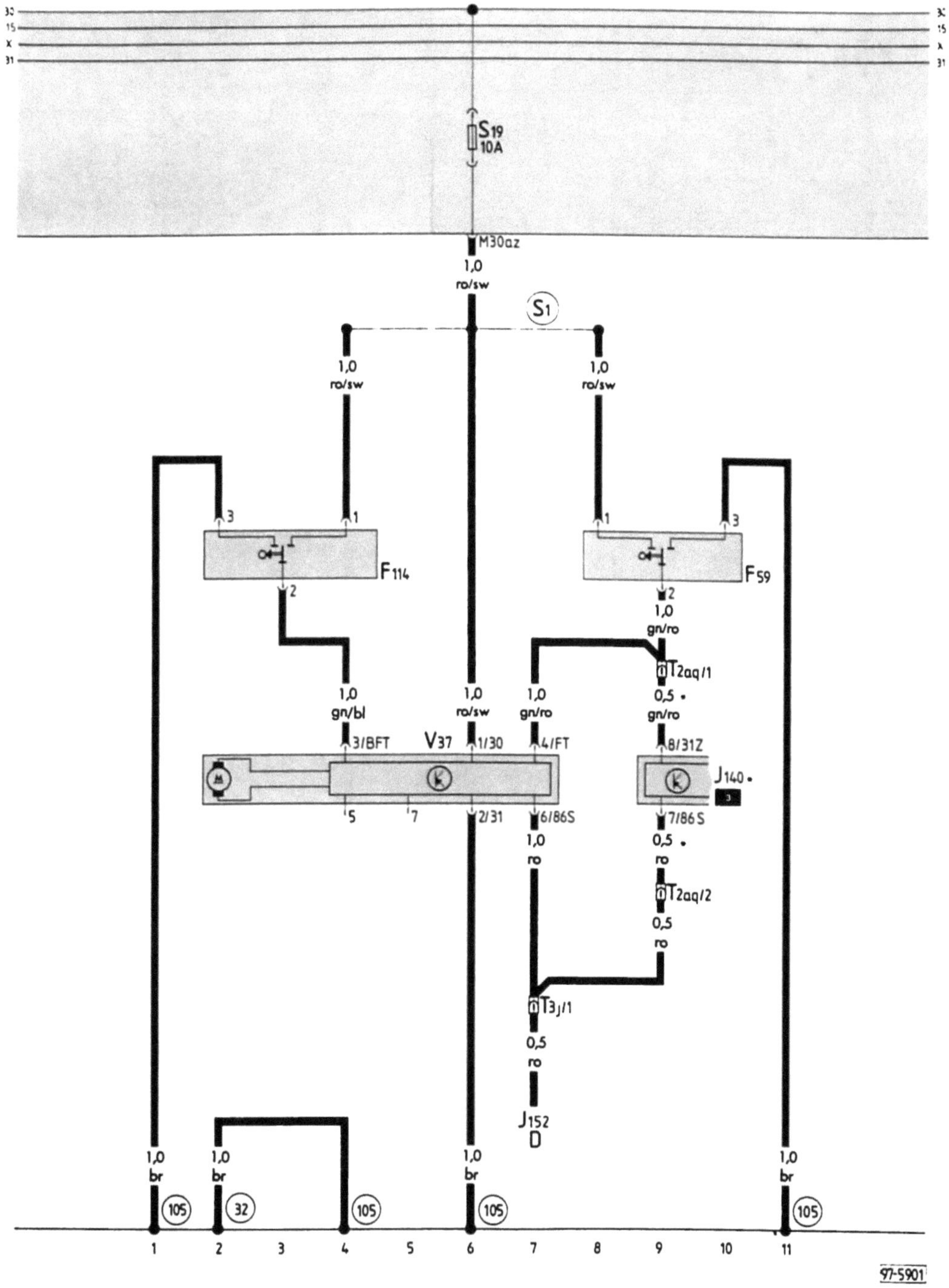

D	- Zündanlaßschalter	7
F 59	- Schalter für Zentralverriegelung (Fahrertüre)	8–10
F 114	- Schalter für Zentralverriegelung (Beifahrertür)	2–4
J 140	- Steuergerät für Ausschaltverzögerung (Innenleuchten)	7
J 152	- Warnsummer für Standlicht und Radio	7
T 2aq	- Steckverbindung 2-fach, grün, hinter Schalttafel links	7
T 3j	- Steckverbindung 3-fach, schwarz, hinter Schalttafel links	7
V 37	- Motor für Zentralverriegelung (Bidruckpumpe)	2–10
[32]	- Massepunkt hinter Schalttafel links	2
[105]	- Masseverbindung im Leitungsstrang Zentralverriegelung	1, 4, 6, 11
[S1]	- Plusverbindung (30) im Leitungsstrang Zentralverriegelung	4–8
•	- Nur bei verzögerter Innenleuchte	

Radio Stereo mit Passiv-Lautsprecher

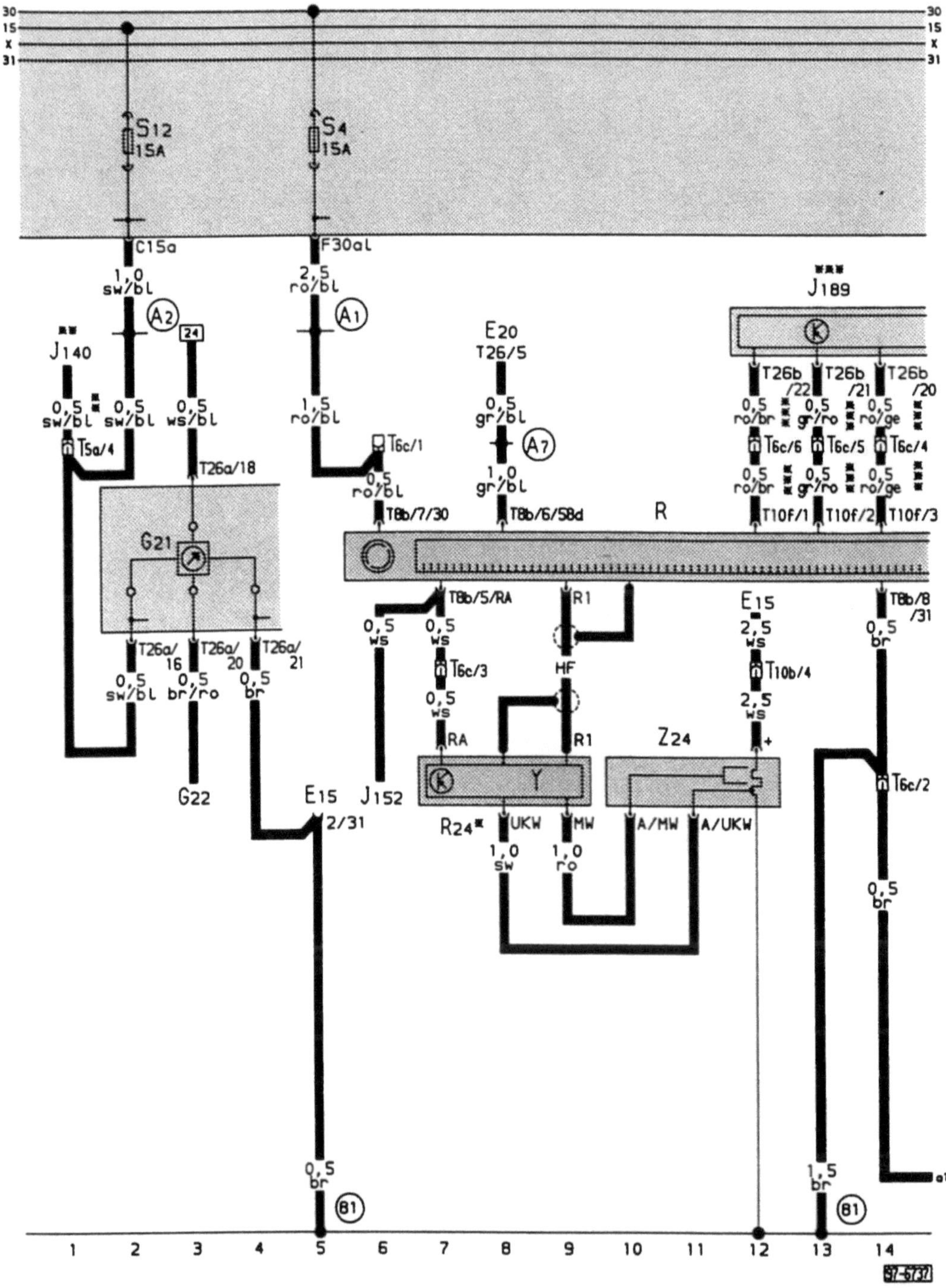

E 15	– Schalter für beheizbare Heckscheibe	5
E 20	– Regler für Instrumentenbeleuchtung Schalttafeleinsatz	8
G 21	– Geschwindigkeitsmesser	2–4
G 22	– Geber für Geschwindigkeitsmesser	3
J 140	– Steuergerät für Ausschaltverzögerung/Innenleuchten	1
J 152	– Warnsummer für Standlicht und Radio	6
J 189	– Autochecksystem	12–14
R	– Radio mit eingebautem Überblendregler	6–14
R 1	– Antennenanschluß	9
R 24	– Antennenverstärker	7-9
T 5a	– Steckverbindung 5-fach, braun, Steckerstation im Zusatzrelaisträger	1
T 6c	– Steckverbindung 6-fach, hinter der Konsole	6,7,12-14
T 8b	– Steckverbindung 8-fach, am Radio	6-8,14
T 10b	– Steckverbindung 10-fach, braun, Steckerstation am Zusatzrelaisträger	12
T 10f	– Steckverbindung 10-fach, am Radio	12–14
T 26	– Steckverbindung 26-fach, gelb, Schalttafeleinsatz	8
T 26a	– Steckverbindung 26-fach, blau, Schaltafeleinsatz	2–4
T 26b	– Steckverbindung 26-fach, weiß, Schaltafeleinsatz (Anzeigeeinheit mit Auto-Check-System)	12–14
Z 24	– beheizbare Heckscheibe mit Scheibenantenne	10–12
[81]	– Masseverbindung im Schalttafelleitungsstrang	5,13
[A1]	– Plusverbindung (30a) im Schalttafelleitungsstrang	5
[A2]	– Plusverbindung (15a) im Schalttafelleitungsstrang	2
[A7]	– Plusverbindung (58 D1) im Schalttafelleitungsstrang	8
*	– Darstellung: Heckscheibenantenne	7
**	– Nur bei Ausstattung verzögerte Innenleuchte	1
***	– Nur bei Auto-Check-System	12–14

Radio Stereo mit Passiv-Lautsprecher

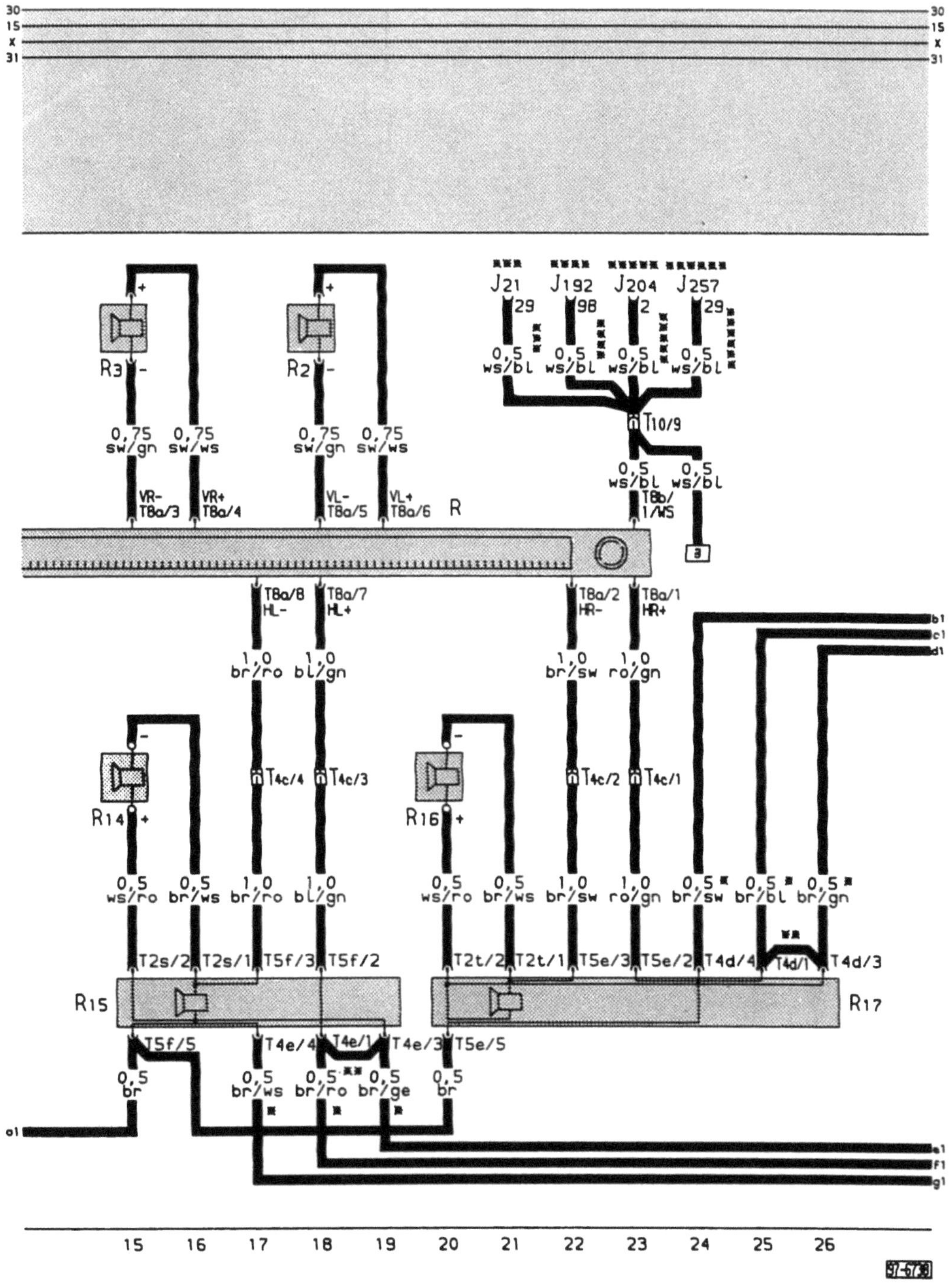

J 21	– Steuergerät für KE-Jetronic	21
J 192	– Steuergerät für Multipoint-Injection	22
J 204	– Steuergerät für KE-Motronic	23
J 257	– Steuergerät für Mono-Motronic	24
R	– Radio mit eingebautem Überblendregler	15–23
R 2	– Lautsprecher vorn links	18
R 3	– Lautsprecher vorn rechts	15
R 14	– Hochtonlautsprecher hinten links	15
R 15	– Tieftonlautsprecher hinten links	15–19
R 16	– Hochtonlautsprecher hinten rechts	20
R 17	– Tieftonlautsprecher hinten rechts	20–26
T 2s	– Steckverbindung 2-fach, am Lautsprecher hinten rechts	15,16
T 2t	– Steckverbindung 2-fach, am Lautsprecher hinten rechts	20,21
T 4c	– Steckverbindung 4-fach, hinter der Schalttafel	22,23
T 4d	– Steckverbindung 4-fach, am Lautsprecher hinten rechts	24–26
T 4e	– Steckverbindung 4-fach, am Lautsprecher hinten links	17–19
T 5e	– Steckverbindung 5-fach, am Lautsprecher hinten rechts	20,22,23
T 5f	– Steckverbindung 5-fach, am Lautsprecher hinten links	15,17,18
T 8a	– Steckverbindung 8-fach, am Radio	15–19, 22,23

*	– Nur bei Radio Duo-Sound	17–19, 24-26
**	– Nicht bei Radio Duo-Sound	18,26
***	– nur bei KE-III-Jetronic 100-kW	21
****	– nur bei MPI 125-kW	22
*****	– nur bei KE-Motronic 85-kW und K-Motronic 103-kW	23
******	– nur bei Mono-Motronic 66-kW	

Radio Stereo mit Passiv-Lautsprecher

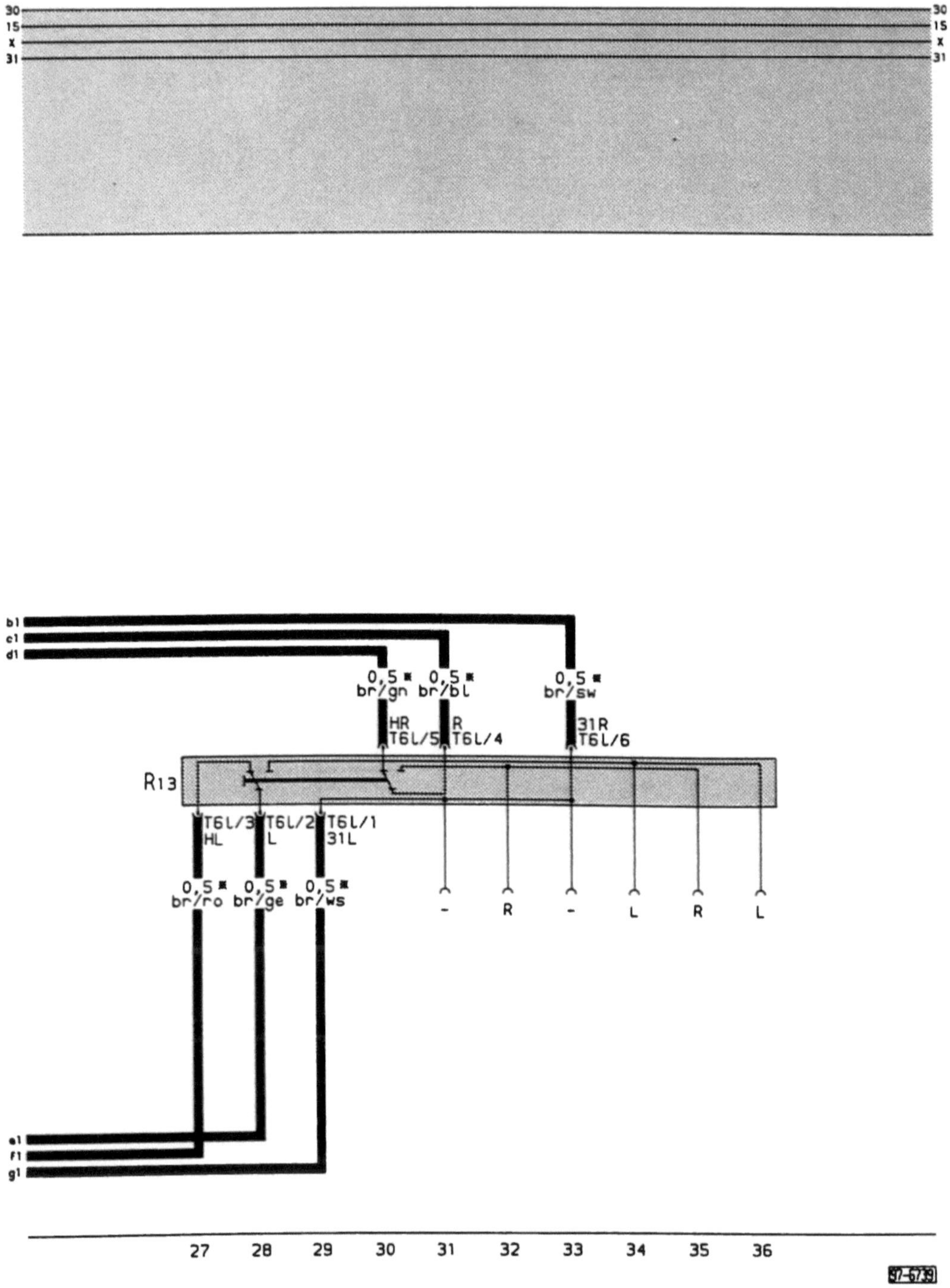

R 13 - Anschluß mit Kopfhörer 27–36
R 6l - Steckverbindung 6-fach, am Anschluß Kopfhörer 27–33
* - Nur bei Radio Duo-Sound 27–33

Elektrisch verstell- und beheizbare Außenspiegel

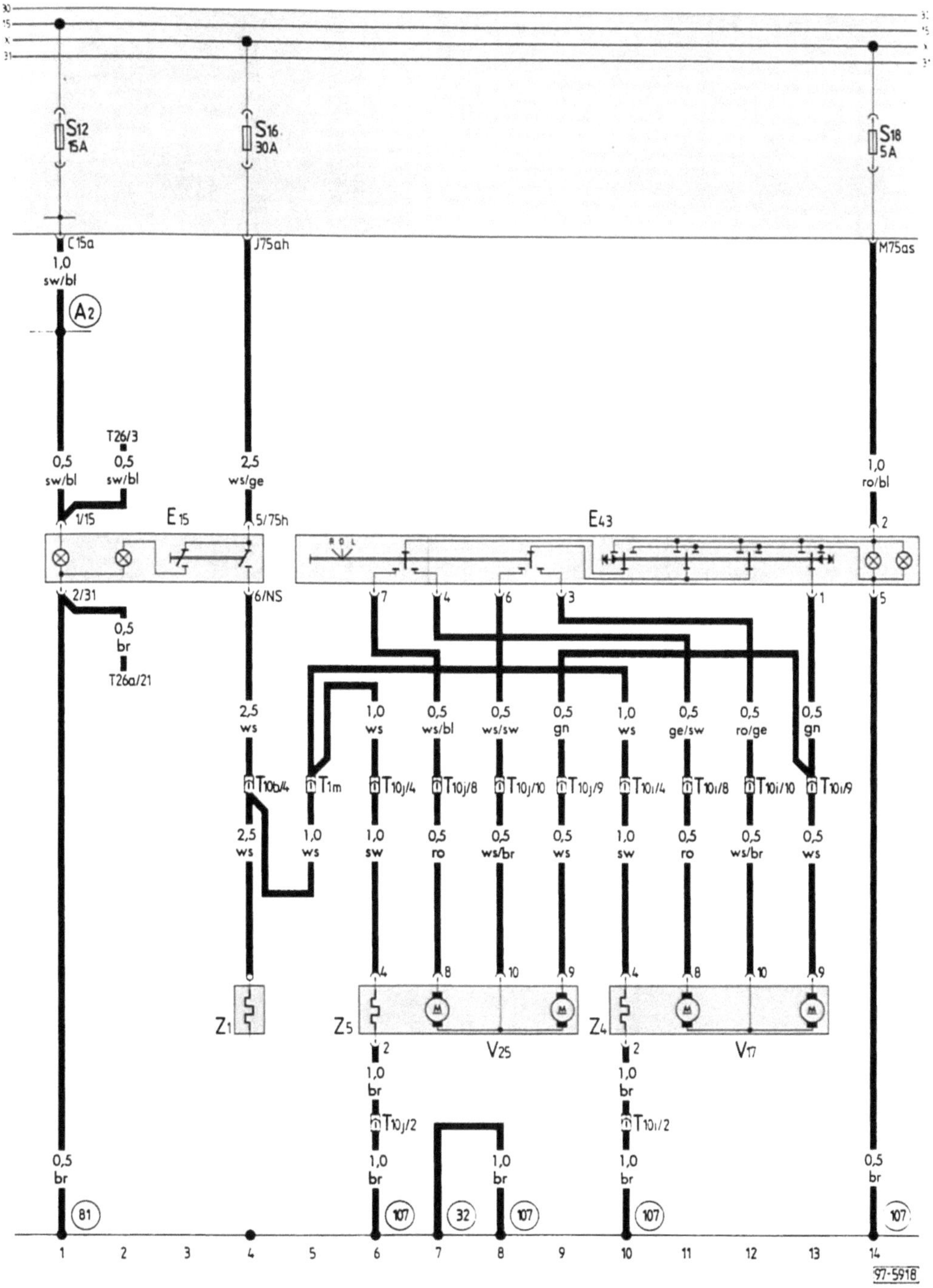

E 15 – Schalter für beheizbare Heckscheibe 3,4
E 43 – Schalter für Spiegelverstellung 6–13
T 1m – Steckverbindung 1-fach, blau, hinter der Schalttafel links 5
T 10b – Steckverbindung 10-fach, braun, Steckerstation am Zusatzrelaisträger 4
T 10i – Steckverbindung 10-fach, am Fahrerspiegel 10–13
T 10j – Steckverbindung 10-fach, am Beifahrerspiegel 6–9
T 26 – Steckverbindung 26-fach, gelb, Schalttafeleinsatz 2
T 26a – Steckverbindung 26-fach, blau, Schalttafeleinsatz 2
V 17 – Motor für Spiegelverstellung (Fahrerseite) 10–13
V 25 – Motor für Spiegelverstellung (Beifahrerseite) 6–9
Z 1 – Beheizbare Heckscheibe 4
Z 4 – Beheizbarer Außenspiegel (Fahrerseite) 10
Z 5 – Beheizbarer Außenspiegel (Beifahrerseite) 6
[32] – Massepunkt hinter Schalttafel links 7
[81] – Masseverbindung im Schalttafel-Leitungsstrang 1
[107] – Masseverbindung im Leitungsstrang Außenspiegel 6,8,14
[A2] – Plusverbindung (15a) im Schalttafel-Leitungsstrang 1

Nebelscheinwerfer
Nebelschlußleuchte

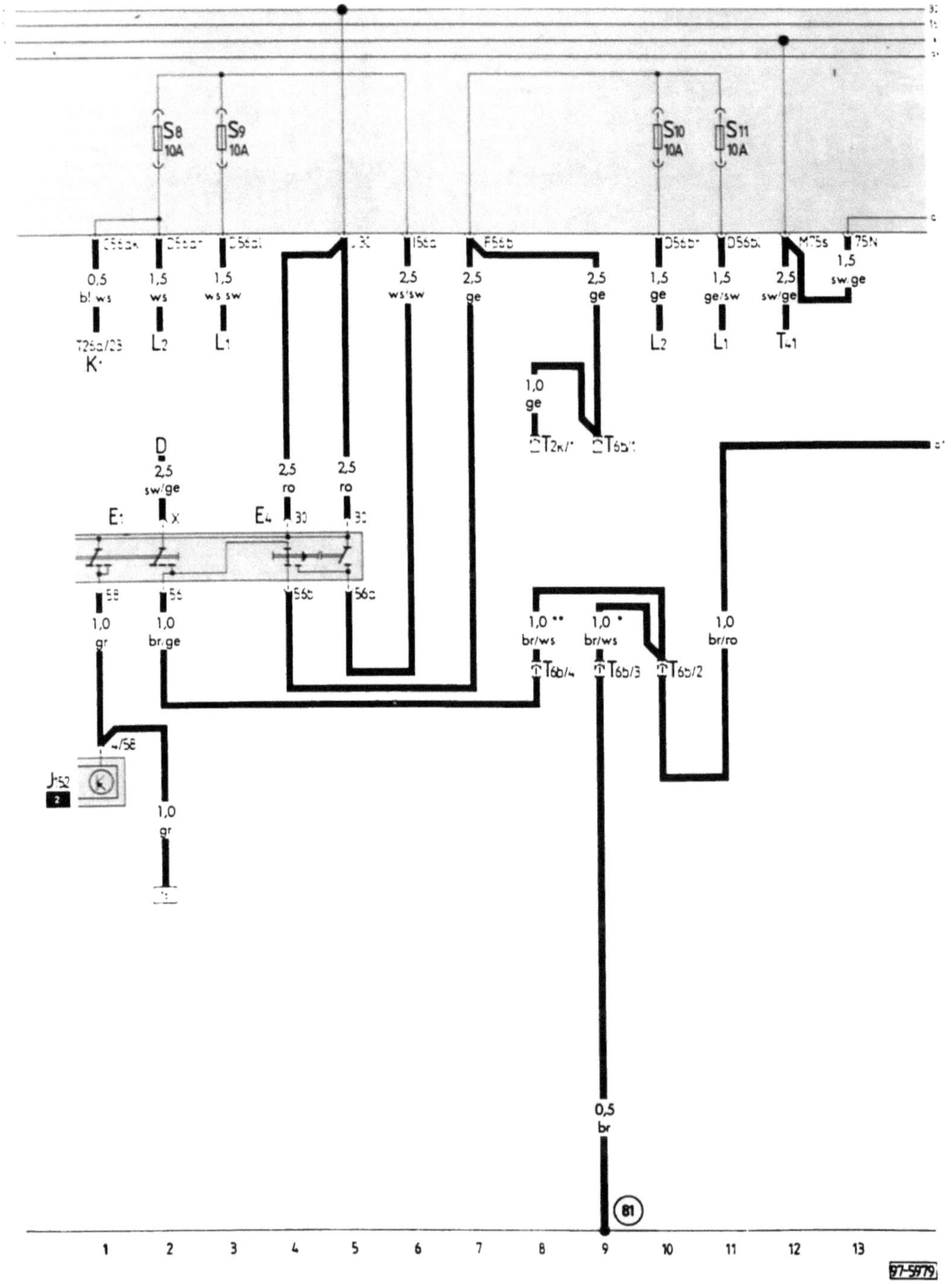

D	– Zündanlaßschalter	2
E 1	– Lichtschalter	1,2
E 4	– Schalter für Handabblendung und Lichthupe	4,5
J 152	– Warnsummer für Standlicht und Radio	1
K 1	– Kontrollampe für Fernlicht	1
L 1	– Zweifadenlampe für Scheinwerfer links	3,10
L 2	– Zweifadenlampe für Scheinwerfer rechts	2,11
T 2k	– Steckverbindung 2-fach, schwarz, hinter der Schalttafel links	8
T 6b	– Steckverbindung 6-fach, Anschluß Kodierstecker Nebelscheinwerfer, hinter der Schalttafel links	8–10
T 26a	– Steckverbindung 26-fach, blau, Schalttafeleinsatz	1
T 41	– Leitungsverteiler für Klemme 75s	12
[81]	– Masseverbindung im Schalttafel-Leitungsstrang	9
*	– Schweiz, Finnland, EG-Länder, Standard (geschaltet mit Standlicht, Abblendlicht, Fernlicht)	9
**	– Australien, Neuseeland, Holland (geschaltet nur mit Standlicht)	8

Nebelscheinwerfer
Nebelschlußleuchte

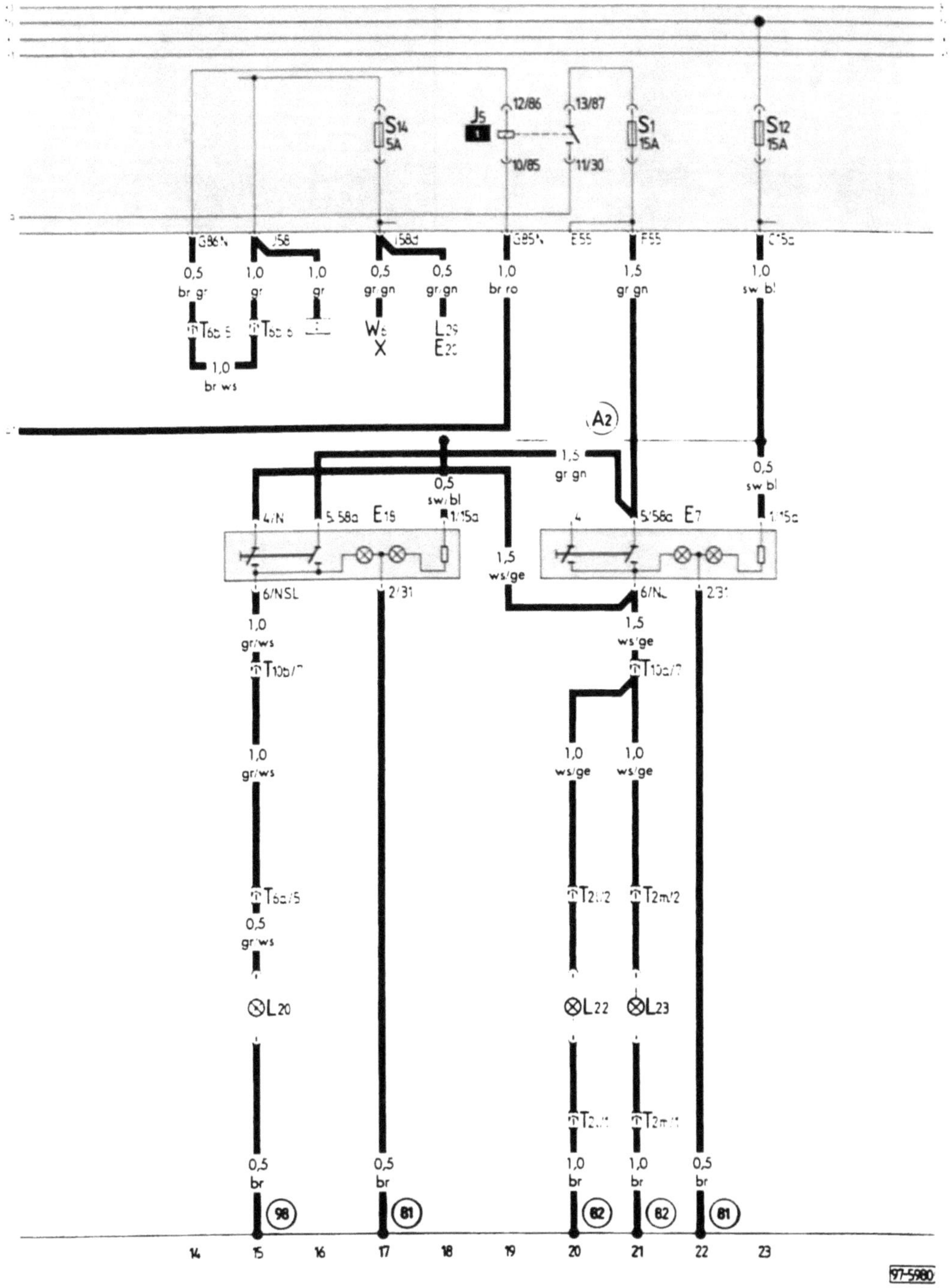

E 7 – Schalter für Nebelscheinwerfer 20–23
E 18 – Schalter für Nebelschlußleuchte 15–18
E 20 – Regler für Beleuchtung Instrumente/Schalttafeleinsatz 18
J 5 – Relais für Nebelscheinwerfer 19,20
L 20 – Lampe für Nebelschlußleuchte 15
L 22 – Lampe für Nebelscheinwerfer links 20
L 23 – Lampe für Nebelscheinwerfer rechts 21
L 29 – Lampe für Beleuchtung Motorraum 18
T 2l – Steckverbindung 2-fach, im Motorraum links 20
T 2m – Steckverbindung 2-fach, im Motorraum rechts 21
T 6a – Steckverbindung 6-fach, weiß, im Kofferraum links 98
T 6b – Steckverbindung 6-fach, Anschluß Kodierstecker Nebelscheinwerfer, hinter der Schalttafel links 14,15
T 10a – Steckverbindung 10-fach, gelb, Steckerstation am Zusatzrelaisträger 21
T 10b – Steckverbindung 10-fach, braun, Steckerstation am Zusatzrelaisträger 15

W 6 – Handschuhfachleuchte
X – Kennzeichenleuchte
[81] – Masseverbindung im Schalttafel-Leitungsstrang
[82] – Masseverbindung im Leitungsstrang vorn links
[98] – Masseverbindung im Leitungsstrang Heckklappe
[A2] – Plusverbindung (15a) im Schalttafel-Leitungsstrang

Elektrische Fensterheber (4-türig)

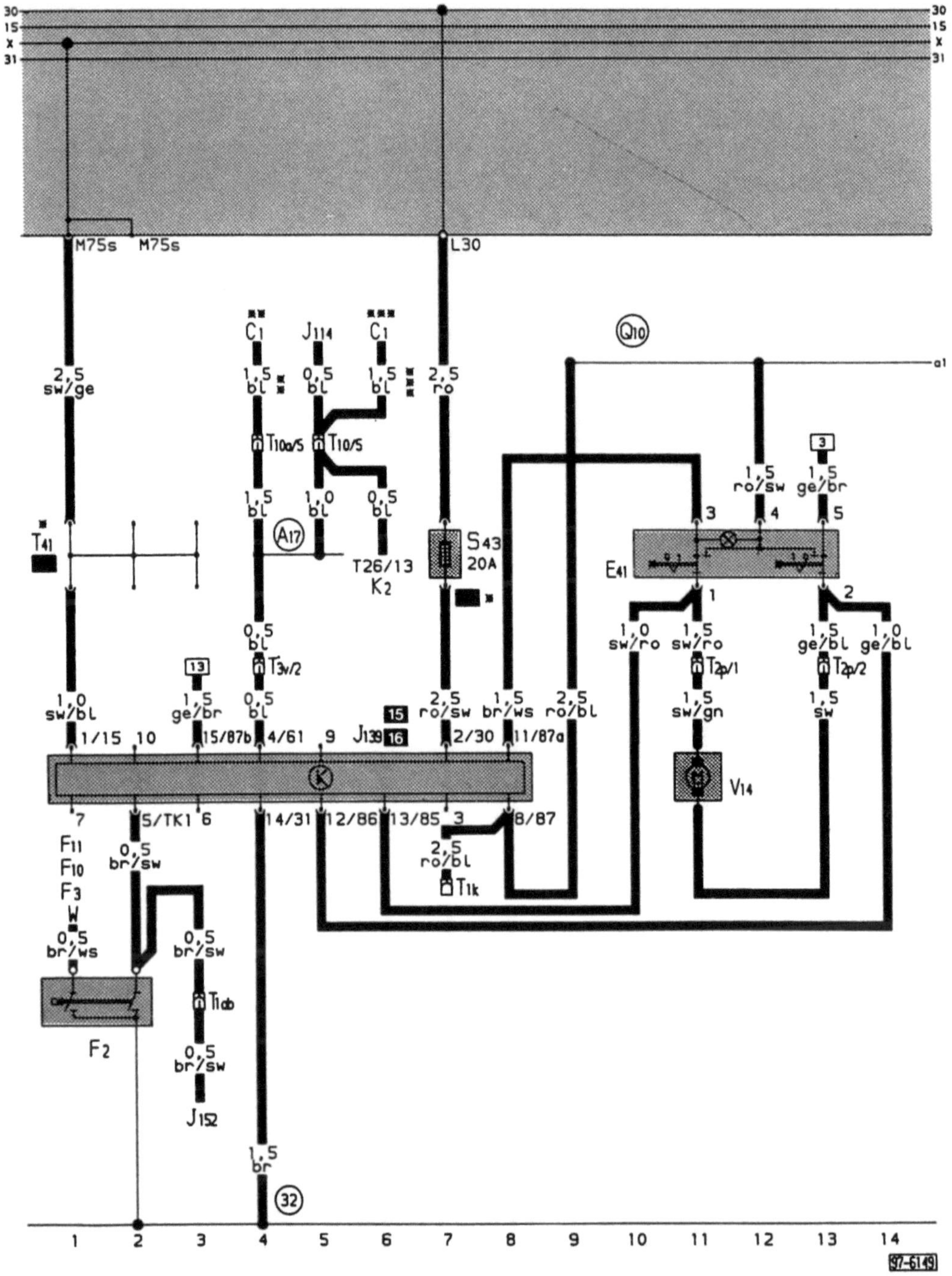

C 1	– Spannungswandler	4,6
E 40	– Schalter für Fensterheber, vorne links	11-13
F 2	– Türkontaktschalter vorn links, mit Kontakt für Summer	1,2
F 3	– Türkontaktschalter vorne rechts	1
F 10	– Türkontaktschalter hinten links	1
F 11	– Türkontaktschalter hinten rechts	1
J 114	– Steuergerät für Öldruckkontrolle	5
J 139	– Steuergerät für Fensterheber/Ausstellfenster und Schiebedach	1-8
J 152	– Warnsummer für Standlicht und Radio	3
K 2	– Kontrollampe für Generator	6
S 43	– Thermosicherung für Fensterheber/Schiebedach	7
T 1k	– Steckverbindung, 1-fach, hinter der Schalttafel links	7
T 1ab	– Steckverbindung, 1-fach, blau, im Motorraum links	3
T 2p	– Steckverbindung, 2-fach, in der Fahrertür	11,13
T 3v	– Steckverbindung, 3-fach, gelb, hinter der Schalttafel links	4
T 10	– Steckverbindung, 10-fach, schwarz, Steckstation im Zusatzrelaisträger	5
T 10a	– Steckverbindung, 10-fach, gelb, Steckerstation im Zusatzrelaisträger	4
T 26	– Steckverbindung, 26-fach, gelb, Schalttafeleinsatz	6
T 41	– Leitungsverteiler für Klemme 75s	1
V 14	– Motor für Fensterheber, links	11
W	– Innenleuchte vorn	1
[32]	– Massepunkt, hinter Schalttafel links	4
[Q 10]	– Plusverbindung(87), im Leitungsstrang Fensterheber/Zentralverriegelung und Türkontaktschalter	9,12
*	– Auf beliebig freie Relaisplätze stecken	1,7
**	– Nur bei Fahrzeugen mit 5-Zylinder-Motor	4
***	– Nur bei Fahrzeugen mit 4-Zylinder-Motor	6

Elektrische Fensterheber (4-türig)

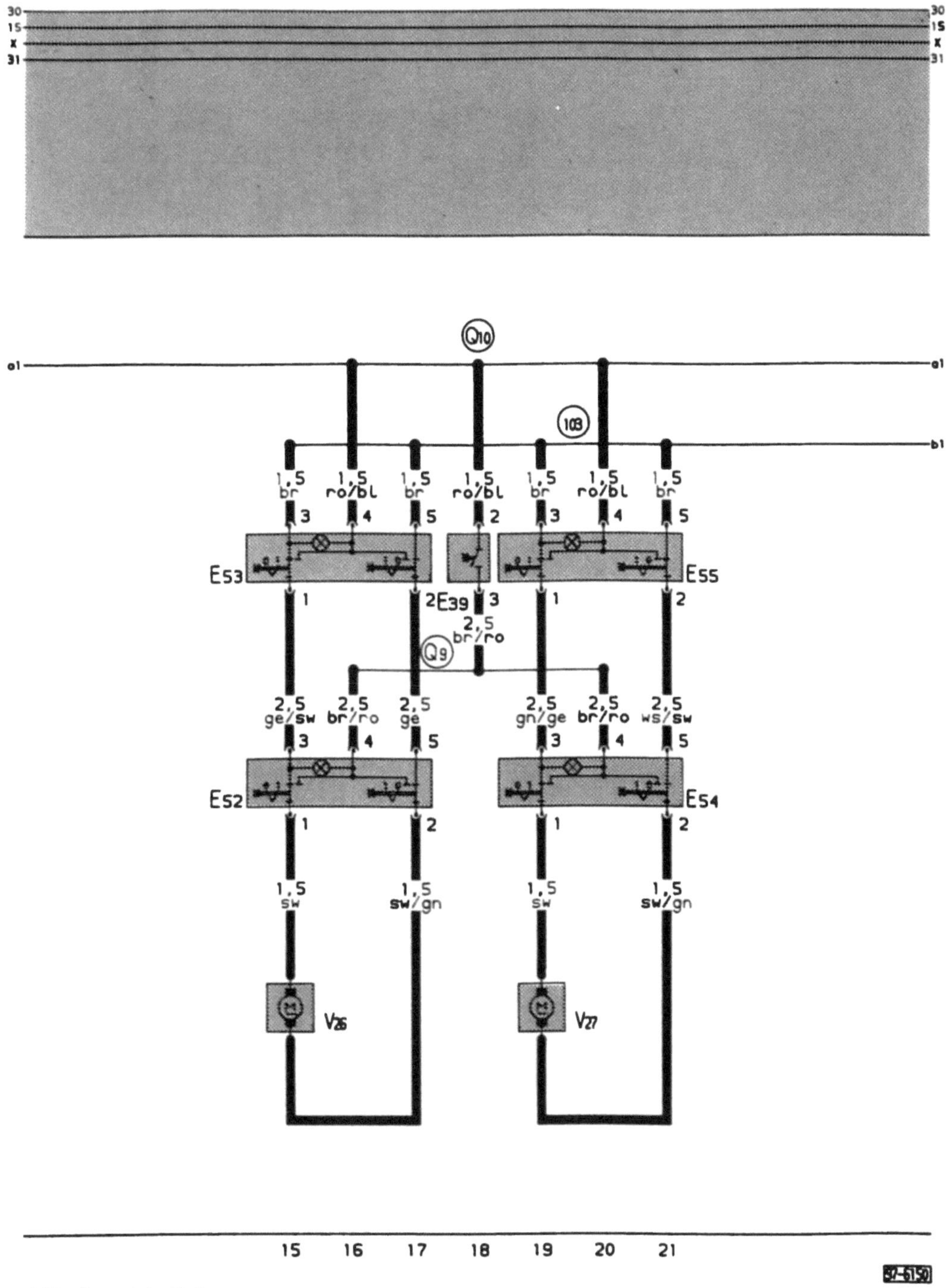

E 39 – Sperrschalter für Fensterheber hinten 18
E 52 – Schalter für Fensterheber hinten links (in der Tür) 15-17
E 53 – Schalter für Fensterheber hinten links (in der Konsole) 15-17
E 54 – Schalter für Fensterheber hinten rechts (in der Tür) 19-21
E 55 – Schalter für Fensterheber hinten rechts (in der Konsole) 19-21
V 26 – Motor für Fensterheber hinten links 15
V 27 – Motor für Fensterheber hinten rechts 19
[103] – Masseverbindung, im Leitungsstrang Fensterheber/Zentralverriegelung und Türkontaktschalter 15,17,19-,21
[Q9] – Verbindung Leitungstrang Fensterheber 16,18,20
[Q10] – Plusverbindung (87), im Leitungstrang Fensterheber/Zentralverriegelung und Türkontaktschalter 16,18,20

Elektrische Fensterheber (4-türig)

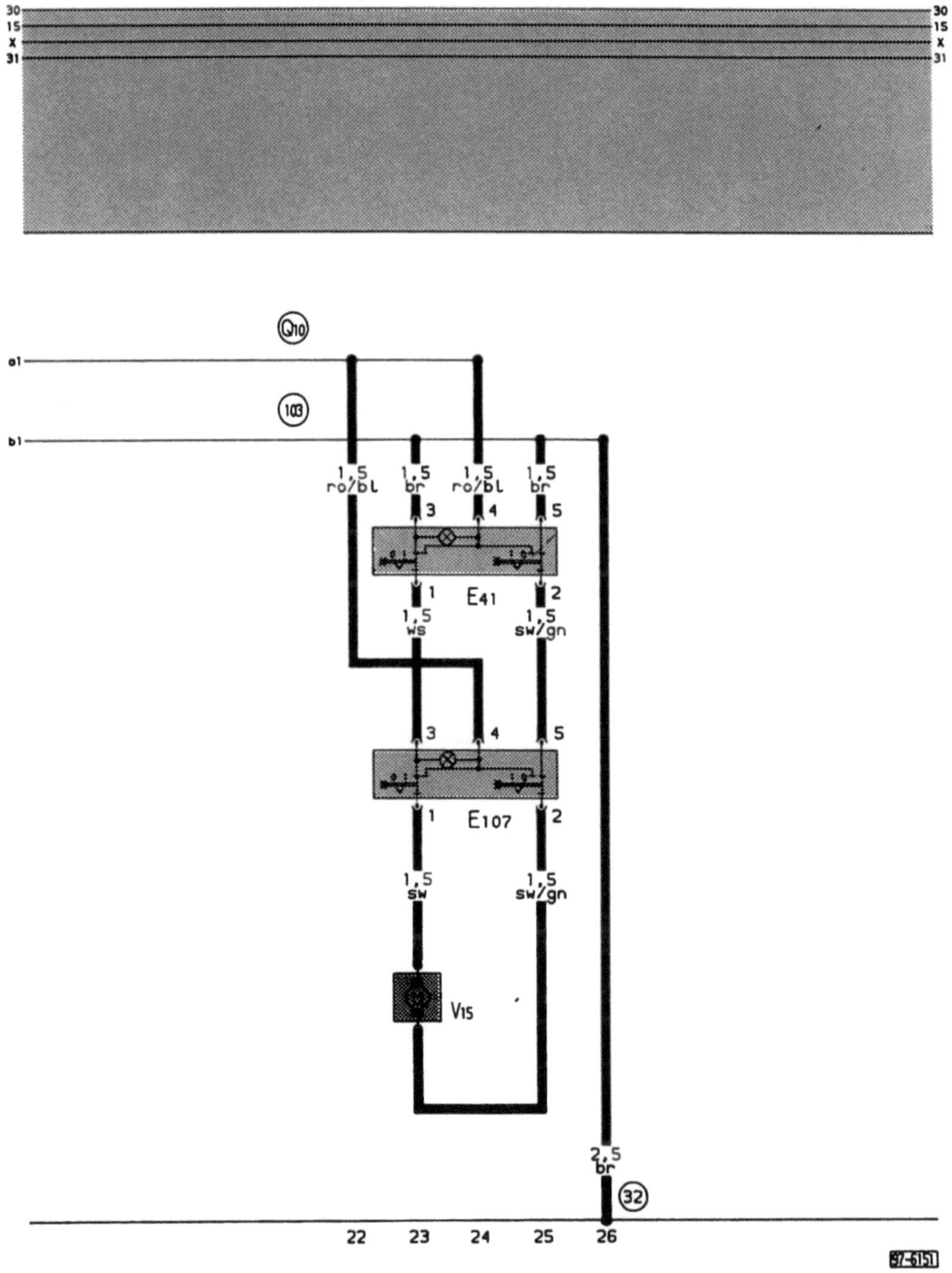

E 41	– Schalter für Fensterheber, vorn rechts	23-25
E 107	– Schalter für Fensterheber (in Beifahrertür)	23-25
V 15	– Motor für Fensterheber, rechts	23
[32]	– Massepunkt, hinter Schalttafel links	26
[103]	– Masseverbindung, im Leitungsstrang Fensterheber/Zentralverriegelung und Türkontaktschalter	23,25,26
[Q10]	– Plusverbindung (87), im Leitungsstrang Fensterheber/Zentralverriegelung und Türkontaktschalter	22,24